2025年版 | 三好康彦 著
YASUHIKO MIYOSHI

環境計量士試験
濃度・共通

攻略問題集

Ohmsha

本書を発行するにあたって，内容に誤りのないようできる限りの注意を払いましたが，本書の内容を適用した結果生じたこと，また，適用できなかった結果について，著者，出版社とも一切の責任を負いませんのでご了承ください．

本書は，「著作権法」によって，著作権等の権利が保護されている著作物です．本書の複製権・翻訳権・上映権・譲渡権・公衆送信権（送信可能化権を含む）は著作権者が保有しています．本書の全部または一部につき，無断で転載，複写複製，電子的装置への入力等をされると，著作権等の権利侵害となる場合があります．また，代行業者等の第三者によるスキャンやデジタル化は，たとえ個人や家庭内での利用であっても著作権法上認められておりませんので，ご注意ください．

本書の無断複写は，著作権法上の制限事項を除き，禁じられています．本書の複写複製を希望される場合は，そのつど事前に下記へ連絡して許諾を得てください．

出版者著作権管理機構
（電話 03-5244-5088，FAX 03-5244-5089，e-mail：info@jcopy.or.jp）

JCOPY ＜出版者著作権管理機構 委託出版物＞

■ はしがき

　本書は，国家資格試験「環境計量士試験（濃度関係）」について，2018（平成30）年12月から2024（令和6）年までの直近7回分の全問題を，出題内容別に分類・整理し，編集し直して解説したものです．問題の内容を分類していくと，似たような問題が繰り返し出題されていることに気が付きます．したがって，その類似の問題を繰り返し学習すれば，効率的に合格することが可能となります．この繰り返し学習は，理解があいまいなところもさらに深い理解へとつながっていき，そのうえ法令の規定や規則，化学の専門用語なども確実に記憶することができます．

　環境計量士試験（濃度関係）は，化学の基礎から，法令関係，分析および計量管理まで極めて広い範囲が出題されます．特に化学はかなりレベルの高い内容となっているので，大学などで化学を専攻していない受験生にとっては大変難しいと思います．このような受験生には，いきなり問題に挑戦せずに，問題を読んですぐにその解説を読み（または正誤を確認し），内容を理解する勉強方法を勧めます．何度か問題と解説を読み通すと，自然と全体の理解ができるようになります．

　ところで，読者のみなさんの中には既に実務に携わっている方も多いと思います．現場では，いろいろな問題に遭遇し解決することが求められます．この際に重要なことは，問題解決に必要な広範囲の知識と経験を身に付けていることはもとより，それらを有機的に結び付けて解決する能力が必要とされているということです．その能力は，関係するどんな些細なことにでも関心をもち，常に疑問の課題として抱えておくことによって身に付くのではないかと考えています．このように考えると，環境計量士の試験範囲が広いことは当然ともいえます．とりあえずは試験に合格することが重要ですが，真に必要とされている能力は何かを考えれば，試験勉強も苦にならなくなるのではないかと思います．

試験に合格するために，1日30分でかまわないので毎日確実に学習される
ことをお勧めします．

本書の読者から多くの合格者が誕生すれば，これに勝る喜びはありません．

2025年3月

著者しるす

主な法令名の略語一覧

法 ………… 計量法

令 ………… 計量法施行令

則 ………… 計量法施行規則

環基法 …… 環境基本法

大防法 …… 大気汚染防止法

大防令 …… 大気汚染防止法施行令

大防則 …… 大気汚染防止法施行規則

水防法 …… 水質汚濁防止法

水防令 …… 水質汚濁防止法施行令

水防則 …… 水質汚濁防止法施行規則

■ 目　次

■ 第1章　環境計量に関する基礎知識（環化）

1.1　環境基本法	002
1.2　大気汚染防止法	005
1.3　水質汚濁防止法	013
1.4　原子と元素	022
1.4.1　原子と電子，等電子構造	022
1.4.2　元素と周期表	024
1.4.3　原子核，同位体および放射性物質	026
1.5　化学結合・物質の物理化学	029
1.5.1　錯イオン・イオン結合・共有結合・分子間力・相互作用	029
1.5.2　物質と性質	036
1.5.3　物質の状態とその変化	043
1　気　体　043　　2　液体または気体と液体の混合物　047	
3　固体（結晶）　049　　4　状態図　057	
1.5.4　化学計算	060
1.6　化学反応と平衡および沈殿生成反応	063
1.7　化学熱力学	072
1.8　電解質溶液の性質	074
1.9　酸と塩基	076
1.10　酸化と還元	084
1.10.1　電極電位（ネルンストの式）	084
1.10.2　酸化還元と酸化還元反応	087
1.11　有機化学	090
1.11.1　物質の分類・精製・抽出・性質	090
1.11.2　脂肪族炭化水素化合物の性質および反応	093
1.11.3　芳香族炭化水素化合物の性質および反応・その他	102
1.11.4　脂肪族および芳香族炭化水素化合物の性質および反応	109
1.11.5　アミノ酸・DNA	111
1.11.6　立体化学	112
1.12　高分子化学・有機化合物の用途	117

v

1.13	分光・吸収スペクトル・発光	119
1.14	測定・分析	121
1.15	その他（試薬と容器，用語，単位）	123

■ 第2章　化学分析概論及び濃度の計量（環濃）

2.1	**計算問題など**	130
	2.1.1　濃度・抽出	130
	2.1.2　pHおよびpH計	139
	2.1.3　秤量および数値の取り扱い	144
2.2	**ガス関係**	145
2.3	**分析関係の前準備，その他**	146
	2.3.1　標準物質・薬品の調整など	146
	2.3.2　ガラス製体積計・標準不確かさ	152
	2.3.3　用語・単位	154
	2.3.4　試料容器と材質，洗浄	154
2.4	**測定法および測定器関係**	156
	2.4.1　大気関係	156

1　排ガス試料採取方法 156　　2　硫黄酸化物（SO_x） 162　　3　NO_x自動計測 163
4　NO_x化学分析法 165　　5　酸素濃度計 167　　6　一酸化炭素濃度計 171
7　浮遊粒子状物質および自動測定器 172　　8　ホルムアルデヒド（HCHO） 178
9　シアン化水素（HCN） 180　　10　アンモニア（NH_3） 181
11　ふっ素（F） 183　　12　VOC（メタンを含む） 184
13　POPs（ポリ塩素化ビフェニル等） 187　　14　ベンゼン（C_6H_6） 188
15　一酸化二窒素（N_2O） 188　　16　アクロレイン（$CH_2=CHCHO$） 189
17　臭素化合物 189　　18　赤外線ガス分析計 190　　19　メチルカプタン 191
20　トリクロロエチレンおよびテトラクロロエチレン 192

	2.4.2　ガスクロマトグラフの検出器	192
	2.4.3　ダイオキシン類	194
	2.4.4　水質測定法および測定機器	195

1　JIS K 0102およびJIS K 0094に関する出題 195
2　吸光光度法（分光光度計） 206　　3　原子吸光法 213
4　ガスクロマトグラフ分析法 220　　5　質量分析 225
6　ガスクロマトグラフ質量分析法 227　　7　ICP 229　　8　ICP質量分析法 231
9　高速液体クロマトグラフ法（MS/MS法も含む） 234
10　イオンクロマトグラフ法 236　　11　PCB 238　　12　塩素化炭化水素 240
13　ペルフルオロオクタンスルホン酸またはペルフルオロオクタン酸 241

14 フタル酸エステル類（フタル酸ジエチルなど） 244
15 アルキルフェノール類（ノニルフェノールなど） 245　16 イオン電極 245
17 マイクロプラスチック 247　18 用水・排水の農薬 248

2.4.5 流れ分析 ……………………………………………………………… 248
2.4.6 環境基準，試料採取法および測定法 ……………………………… 254

2.5 濃度計の保守・校正・操作 ……………………………………………… 255
2.6 その他（取引または証明用の濃度計） …………………………………… 258

■ 第3章　計量関係法規（法規）

3.1 計量法の目的および定義 ………………………………………………… 260
3.2 計量単位など ……………………………………………………………… 268
3.2.1 計量単位 ……………………………………………………………… 268
3.2.2 特定商品および特定物象量 ………………………………………… 276
3.3 適正な計量の実施 ………………………………………………………… 280
3.3.1 正確な計量 …………………………………………………………… 280
3.3.2 計量器の使用または使用方法等に関する規則 …………………… 285
3.3.3 定期検査 ……………………………………………………………… 291
3.3.4 指定定期検査機関 …………………………………………………… 297
3.4 正確な特定計量器などの供給 …………………………………………… 301
3.4.1 特定計量器の製造・修理・販売・譲渡 …………………………… 301
3.4.2 特殊容器 ……………………………………………………………… 311
3.5 検定などの制度 …………………………………………………………… 311
3.5.1 検定・検査・有効期間 ……………………………………………… 311
3.5.2 型式の承認 …………………………………………………………… 314
3.5.3 指定製造事業者 ……………………………………………………… 320
3.5.4 基準器検査 …………………………………………………………… 325
3.5.5 指定検定機関 ………………………………………………………… 330
3.6 計量証明事業 ……………………………………………………………… 331
3.6.1 計量証明の事業 ……………………………………………………… 331
3.6.2 特定計量証明事業 …………………………………………………… 337
3.6.3 計量証明検査 ………………………………………………………… 344
3.7 適正な計量管理 …………………………………………………………… 350
3.7.1 計量士 ………………………………………………………………… 350

vii

	3.7.2	適正計量管理事業所	359
3.8		**計量器の校正**	**365**
	3.8.1	特定標準器等による校正（それ以外も含む）	365
	3.8.2	登録および登録事業者	370
	3.8.3	標 章	372
3.9		**立入検査・罰則等**	**373**

第4章　計量管理概論（管理）

4.1	**計測管理**	**382**
4.2	**計測における単位とトレーサビリティ**	**390**
	4.2.1　単 位	390
	4.2.2　国家標準および測定のトレーサビリティ	395
4.3	**測定誤差の性質・計測用語**	**402**
4.4	**統計の基礎**	**419**
	4.4.1　平均値・期待値・分散・測定値・有効数字のばらつき	419
	4.4.2　いろいろな分布	430
4.5	**実験計画および分散分析の基本**	**433**
4.6	**回帰分析と相関分析**	**442**
4.7	**校正方法とＳＮ比**	**448**
4.8	**管理図・品質管理・工程管理**	**466**
4.9	**標準化・規格の整合**	**484**
4.10	**製品の検査・サンプリング**	**489**
4.11	**信頼性の基礎（保全性，アベイラビリティ）**	**493**
4.12	**自動制御（伝達関数や１次遅れ系など）・自動化**	**498**
4.13	**情報処理関係・通信技術**	**504**

参考文献	**515**
索　引	**516**

第1章

環境計量に関する
基礎知識（環化）

1.1 環境基本法

■問題1 【令和6年 問1】

環境基本法第15条（環境基本計画）の規定について，次の（ア）～（エ）に入る語句の組合せとして，正しいものを一つ選べ．

第15条　政府は，[（ア）]に関する施策の総合的かつ計画的な推進を図るため，[（イ）]に関する基本的な計画（以下「環境基本計画」という．）を定めなければならない．

2　環境基本計画は，次に掲げる事項について定めるものとする．

一　[（ウ）]に関する総合的かつ長期的な施策の大綱

二　前号に掲げるもののほか，[（エ）]に関する施策を総合的かつ計画的に推進するために必要な事項

	（ア）	（イ）	（ウ）	（エ）
1	環境	環境の保全	人の健康	生活環境
2	自然環境	環境の全般	生物多様性	環境の全般
3	環境の全般	環境	生活環境	人の環境
4	地球環境保全	環境の全般	気候変動	生物多様性
5	環境の保全	環境の保全	環境の保全	環境の保全

解説　（ア）「環境の保全」である．
（イ）「環境の保全」である．
（ウ）「環境の保全」である．
（エ）「環境の保全」である．
環基法第15条（環境基本計画）第1項および第2項参照．　▶答 5

■問題2 【令和5年 問1】

環境基本法第16条（環境基準）に規定する環境上の条件として定められていないものを次の中から一つ選べ．
1　水質の汚濁　　2　騒音　　3　土壌の汚染　　4　悪臭　　5　大気の汚染

解説　環基法第16条（環境基準）に規定する環境上の条件として定められているものは，大気の汚染，水質の汚濁，土壌の汚染および騒音に係る4つである．悪臭に係る環境上の条件については定められていない．　▶答 4

問題3　【令和4年 問1】

環境基本法第2条第1項に規定する「環境への負荷」に関する記述の（ア）～（ウ）に入る語句の組合せのうち，正しいものを一つ選べ．

「第2条　この法律において「環境への負荷」とは，(ア) により環境に加えられる影響であって，(イ) の (ウ) をいう．」

	（ア）	（イ）	（ウ）
1	地球環境の破壊の進行	人類	健康で文化的な生活への脅威
2	自然現象及び人の活動	環境の汚染	発生をもたらすもの
3	自然環境の利用	国民	健康で文化的な生活への脅威
4	環境の汚染	国民の福祉へ	脅威となるもの
5	人の活動	環境の保全上の支障	原因となるおそれのあるもの

解説　（ア）「人の活動」である．
（イ）「環境の保全上の支障」である．
（ウ）「原因となるおそれのあるもの」である．
環基法第2条（定義）第1項参照．

▶答 5

問題4　【令和3年 問1】

環境基本法第1条（目的）の記述の（ア）～（オ）に入る語句のうち，誤っているものを一つ選べ．

第1条　この法律は，環境の保全について，(ア) ，並びに国，地方公共団体，事業者及び国民の責務を明らかにするとともに，環境の保全に関する施策の (イ) ことにより，環境の保全に関する施策を (ウ) に推進し，もって (エ) の健康で文化的な生活の確保に寄与するとともに (オ) に貢献することを目的とする．

1　（ア）基本理念を定め
2　（イ）基本となる事項を定める
3　（ウ）総合的かつ計画的
4　（エ）現在及び将来の国民
5　（オ）国民の福祉

解説　1　正しい．（ア）は「基本理念を定め」である．
2　正しい．（イ）は「基本となる事項を定める」である．
3　正しい．（ウ）は「総合的かつ計画的」である．
4　正しい．（エ）は「現在及び将来の国民」である．
5　誤り．（オ）は「人類の福祉」である．

環基法第1条（目的）参照．　　　　　　　　　　　　　　　　　　　▶答 5

問題 5　　　　　　　　　　　　　　　　　【令和2年 問1】☑☑☑

環境基本法第2条第2項に規定する「地球環境保全」に関する記述の（ア）〜（オ）に入る語句のうち，誤っているものを一つ選べ．

　2　この法律において「地球環境保全」とは，人の活動による地球全体の温暖化又は　(ア)　の進行，　(イ)　，　(ウ)　その他の地球の全体又はその広範な部分の環境に影響を及ぼす事態に係る環境の保全であって，　(エ)　に貢献するとともに　(オ)　に寄与するものをいう．

1　（ア）オゾン層の破壊
2　（イ）海洋の汚染
3　（ウ）野生生物の種の減少
4　（エ）国民の福祉
5　（オ）国民の健康で文化的な生活の確保

解説　1　正しい．（ア）は「オゾン層の破壊」である．
2　正しい．（イ）は「海洋の汚染」である．
3　正しい．（ウ）は「野生生物の種の減少」である．
4　誤り．（エ）は「人類の福祉」である．
5　正しい．（オ）は「国民の健康で文化的な生活の確保」である．
環基法第2条（定義）第2項参照．　　　　　　　　　　　　　　　▶答 4

問題 6　　　　　　　　　　　　　　　　　【令和元年 問1】☑☑☑

環境基本法第16条に規定する「環境基準」に該当しないものを次の中から一つ選べ．

1　大気の汚染　　2　振動　　3　土壌の汚染　　4　水質の汚濁　　5　騒音

解説　環境基準は，大気の汚染，水質の汚濁，土壌の汚染および騒音の4つの環境である．振動，放射線などは定められていない．
環基法第16条第1項参照．　　　　　　　　　　　　　　　　　　▶答 2

問題 7　　　　　　　　　　　　　　　【平成30年12月 問1】☑☑☑

環境基本法第2条（定義）の記述の（ア）〜（ウ）に入る語句の組合せとして，正しいものを一つ選べ．

第2条　この法律において「環境への負荷」とは，　(ア)　により環境に加えられる影響であって，環境の保全上の支障の原因となるおそれのあるものをいう．

2 この法律において「地球環境保全」とは，[（イ）]による地球全体の温暖化又はオゾン層の破壊の進行，海洋の汚染，野生生物の種の減少その他の地球の全体又はその広範な部分の環境に影響を及ぼす事態に係る環境の保全であって，人類の福祉に貢献するとともに国民の健康で文化的な生活の確保に寄与するものをいう．

3 この法律において「公害」とは，環境の保全上の支障のうち，[（ウ）]に伴って生ずる相当範囲にわたる大気の汚染，水質の汚濁（水質以外の水の状態又は水底の底質が悪化することを含む．第21条第1項第1号において同じ．），土壌の汚染，騒音，振動，地盤の沈下（鉱物の掘採のための土地の掘削によるものを除く．以下同じ．）及び悪臭によって，人の健康又は生活環境（人の生活に密接な関係のある財産並びに人の生活に密接な関係のある動植物及びその生育環境を含む．以下同じ．）に係る被害が生ずることをいう．

	（ア）	（イ）	（ウ）
1	人の活動	人の活動	事業活動その他の人の活動
2	人の活動	人の活動	人の活動
3	人の活動	事業活動その他の人の活動	人の活動
4	事業活動その他の人の活動	人の活動	事業活動その他の人の活動
5	事業活動その他の人の活動	事業活動その他の人の活動	人の活動

解説 （ア）「人の活動」である．

（イ）「人の活動」である．

（ウ）「事業活動その他の人の活動」である．

環基法第2条（定義）第1項～第3項参照． ▶答 1

1.2 大気汚染防止法

■問題1 【令和6年 問2】

大気汚染防止法第4条第1項において，条例で，大気汚染防止法第3条第1項の排

出基準で定める許容限度よりきびしい許容限度を定めることができない物質を次の中から一つ選べ．
1　カドミウム　2　ばいじん　3　弗素　4　塩素　5　いおう酸化物

解説　いおう酸化物は重油燃焼から主に排出されるものであり，我が国では重油はほぼ輸入に依存している．そのために国が長期予測を立てて輸入する計画をするため，地方自治体の独自の規制と矛盾することがないように，いおう酸化物の規制は法律に一本化された．
大防法第4条第1項参照．　　　　　　　　　　　　　　　　　　　　▶答 5

■問題2　【令和6年 問3】

大気汚染防止法第13条の規定について，次の（ア）～（オ）に入る語句のうち，誤っているものを一つ選べ．

第13条　ばい煙発生施設において発生するばい煙を大気中に排出する者（以下「ばい煙排出者」という．）は，その （ア） 又は （イ） が当該ばい煙発生施設の （ウ） において （エ） に適合しないばい煙を （オ） ．

1　（ア）ばい煙量
2　（イ）ばい煙濃度
3　（ウ）排出口
4　（エ）環境基準
5　（オ）排出してはならない

解説　1　正しい．（ア）は「ばい煙量」である．
2　正しい．（イ）は「ばい煙濃度」である．
3　正しい．（ウ）は「排出口」である．
4　誤り．（エ）は「排出基準」である．
5　正しい．（オ）は「排出してはならない」である．
大防法第13条（ばい煙の排出の制限）第1項参照．　　　　　　　　　▶答 4

■問題3　【令和5年 問2】

大気汚染防止法第2条（定義等）第1項第3号において，物の燃焼，合成，分解その他の処理（機械的処理を除く．）に伴い発生する物質のうち，「ばい煙」に該当しない物質を次の中から一つ選べ．
1　弗化水素　2　鉛　3　メタン　4　塩素　5　カドミウム

解説　大防法第2条（定義等）第1項第三号および大防令第1条（有害物質）におい

て，ばい煙（有害物質）に該当するものは，カドミウムおよびその化合物，塩素および塩化水素，ふっ素，ふっ化水素およびふっ化けい素，鉛およびその化合物，窒素酸化物である．メタンは該当しない． ▶答 3

問題4 【令和5年 問3】

大気汚染防止法第3条（排出基準）第3項において，環境大臣は，施設集合地域（いおう酸化物，ばいじん又は特定有害物質に係るばい煙発生施設が集合して設置されている地域をいう．）の全部又は一部の区域における当該ばい煙発生施設において発生し，大気中に排出されるこれらの物質により政令で定める限度をこえる大気の汚染が生じ，又は生ずるおそれがあると認めるときは，特別の排出基準を定めることができると規定している．前記の「政令で定める限度」について，次の記述の中から正しいものを一つ選べ．

1 硫黄酸化物については，大気中における含有率の一時間値の一日平均値一万分の〇・〇四．ただし，一時間値の一日平均値一万分の〇・〇四以上である日数が年間七日を超えない場合を除く．
2 硫黄酸化物については，大気中における含有率の一時間値の一日平均値十万分の〇・〇四．ただし，一時間値の一日平均値十万分の〇・〇四以上である日数が年間七日を超えない場合を除く．
3 硫黄酸化物については，大気中における含有率の一時間値の一日平均値百万分の〇・〇四．ただし，一時間値の一日平均値百万分の〇・〇四以上である日数が年間七日を超えない場合を除く．
4 ばいじんについては，大気中における量の一日平均値一立方メートルにつき〇・一五ミリグラム
5 ばいじんについては，大気中における量の一時間平均値一立方メートルにつき〇・一五ミリグラム

解説 1 誤り．「一万分の〇・〇四」（2か所）が誤りで，正しくはいずれも「百万分の〇・〇四」である．
2 誤り．「十万分の〇・〇四」（2か所）が誤りで，正しくはいずれも「百万分の〇・〇四」である．
3 正しい．
4 誤り．「一日平均値」が誤りで，正しくは「年間平均値」である．
5 誤り．「一時間平均値」が誤りで，正しくは「年間平均値」である． ▶答 3

1.2 大気汚染防止法

■ 問題5　　　　　　　　　　　　　　　【令和4年 問2】 ✓✓✓

大気汚染防止法第2条第4項において，「揮発性有機化合物」とは，大気中に排出され，又は飛散した時に気体である有機化合物をいうとし，同法施行令第2条の2で定める物質を除くとしている．「揮発性有機化合物」に該当しないものを，次の中から一つ選べ．

1　トルエン　　2　キシレン　　3　酢酸エチル　　4　メタン　　5　メタノール

解説　メタンは安定な物質で，紫外線などで容易に分解しないため，揮発性有機化合物から除外されている．

大防法第2条（定義等）第4項かっこ書および大防令第2条の2（揮発性有機化合物から除く物質）第一号参照．　　　　　　　　　　　　　　　　　　　　　　　▶答4

■ 問題6　　　　　　　　　　　　　　　【令和4年 問3】 ✓✓✓

大気汚染防止法第1条（目的）の記述の（ア）～（オ）に入る語句として，誤っているものを1から5の中から一つ選べ．

「第1条　この法律は，工場及び事業場における事業活動並びに建築物等の解体等に伴う　(ア)　，　(イ)　及び　(ウ)　の排出等を規制し，水銀に関する水俣条約（以下「条約」という．）の的確かつ円滑な実施を確保するため工場及び事業場における事業活動に伴う水銀等の排出を規制し，有害大気汚染物質対策の実施を推進し，並びに　(エ)　に係る許容限度を定めること等により，大気の汚染に関し，国民の健康を保護するとともに生活環境を保全し，並びに大気の汚染に関して人の健康に係る被害が生じた場合における事業者の　(オ)　について定めることにより，被害者の保護を図ることを目的とする．」

1　（ア）ばい煙
2　（イ）揮発性有機化合物
3　（ウ）粉じん
4　（エ）自動車排出ガス
5　（オ）環境保全対策

解説　1　正しい．（ア）は「ばい煙」である．
2　正しい．（イ）は「揮発性有機化合物」である．
3　正しい．（ウ）は「粉じん」である．
4　正しい．（エ）は「自動車排出ガス」である．
5　誤り．（オ）は「損害賠償の責任」である．

大防法第1条（目的）参照．　　　　　　　　　　　　　　　　　　　　　　　▶答5

問題7　【令和3年 問2】

大気汚染防止法第4条の記述の（ア）〜（オ）に入る語句のうち，誤っているものを一つ選べ．

第4条　都道府県は，当該都道府県の区域のうちに，その ［(ア)］ から判断して，［(イ)］ 又は ［(ウ)］ に係る前条第1項又は第3項の排出基準によつては，［(エ)］ を保護し，又は ［(オ)］ を保全することが十分でないと認められる区域があるときは，その区域におけるばい煙発生施設において発生するこれらの物質について，政令で定めるところにより，条例で，同条第1項の排出基準にかえて適用すべき同項の排出基準で定める許容限度よりきびしい許容限度を定める排出基準を定めることができる．

1　（ア）自然的，社会的条件
2　（イ）いおう酸化物
3　（ウ）有害物質
4　（エ）人の健康
5　（オ）生活環境

解説　1　正しい．（ア）は「自然的，社会的条件」である．
2　誤り．（イ）は「ばいじん」である．
3　正しい．（ウ）は「有害物質」である．
4　正しい．（エ）は「人の健康」である．
5　正しい．（オ）は「生活環境」である．
大防法第4条参照．　　　　　　　　　　　　　　　　　　　　▶答 2

問題8　【令和3年 問3】

大気汚染防止法第5条の3で定める「指定ばい煙総量削減計画」について，都道府県知事が「指定ばい煙総量削減計画」を定めようとするとき，あらかじめ，環境大臣に協議しなければならない項目を，次の中から一つ選べ．

1　当該指定地域における事業活動その他の人の活動に伴って発生し，大気中に排出される当該指定ばい煙の総量
2　当該指定地域におけるすべての特定工場等に設置されているばい煙発生施設において発生し，排出口から大気中に排出される当該指定ばい煙の総量
3　当該指定地域における事業活動その他の人の活動に伴って発生し，大気中に排出される当該指定ばい煙について，大気環境基準に照らし環境省令で定めるところにより算定される総量
4　計画の達成の期間

5 計画の達成の方途

解説 1 該当しない．設問は，大防法第5条の3（指定ばい煙総量削減計画）第1項第一号に該当するが，環境大臣と協議しなければならない項目に指定されていない．同上第3項参照．
2 該当しない．設問は，同上第1項第二号に該当するが，環境大臣と協議しなければならない項目に指定されていない．同上第3項参照．
3 該当しない．設問は，同上第1項第三号に該当するが，環境大臣と協議しなければならない項目に指定されていない．同上第3項参照．
4 該当する．設問は，同上第1項第五号に該当し，環境大臣と協議しなければならない項目に指定されている．同上第3項参照．
5 該当しない．設問は，同上第1項第六号に該当するが，環境大臣と協議しなければならない項目に指定されていない．同上第3項参照． ▶答 4

■問題9　　　　　　　　　　　　　　　　【令和2年 問2】

大気汚染防止法第2条第16項の「自動車排出ガス」について，大気汚染防止法施行令第4条で定める物質に該当しないものを，次の中から一つ選べ．
1　二酸化炭素　　2　炭化水素　　3　鉛化合物
4　窒素酸化物　　5　粒子状物質

解説 1 該当しない．正しくは「一酸化炭素」である．
2〜5　該当する．
大防令第4条（自動車排出ガス）参照． ▶答 1

■問題10　　　　　　　　　　　　　　　【令和2年 問3】

大気汚染防止法で定める一般粉じんの規制に関する記述として，誤っているものを，次の中から一つ選べ．
1　一般粉じん発生施設を設置しようとする者は，環境省令で定めるところにより，都道府県知事に届け出なければならない．
2　一般粉じん発生施設の設置に係る届出には，一般粉じん発生施設の配置図その他の環境省令で定める書類を添付しなければならない．
3　一般粉じん発生施設の設置に係る届出をした者は，その届出に係る一般粉じん発生施設の構造及び一般粉じん発生施設の使用及び管理の方法に掲げる事項の変更をしようとするときは，環境省令で定めるところにより，その旨を都道府県知事に届け出なければならない．

4　一般粉じん発生施設を設置している者は，当該一般粉じん発生施設について，環境省令で定める構造並びに使用及び管理に関する基準を遵守しなければならない．
5　一般粉じん排出者は，環境省令で定めるところにより，その工場又は事業場の敷地の境界線における大気中の一般粉じんの濃度を測定し，その結果を記録しておかなければならない．

解説　1　正しい．大防法第18条（一般粉じん発生施設の設置等の届出）第1項参照．
2　正しい．同上第2項参照．
3　正しい．同上第3項参照．
4　正しい．大防法第18条の3（基準順守義務）参照．
5　誤り．一般粉じんには濃度規制はなく，規制方式は構造並びに使用および管理に関する基準のみである．大防法第18条の3（基準順守義務）および大防則第16条（一般粉じん発生施設の構造等に関する基準）別表第6参照．　　▶答 5

問題 11　【令和元年 問2】

大気汚染防止法第4条第1項において，条例で，大気汚染防止法第3条第1項の排出基準で定める許容限度よりきびしい許容限度を定めることができない物質を次の中から一つ選べ．
1　カドミウム　　2　ばいじん　　3　弗素　　4　いおう酸化物　　5　塩素

解説　いおう酸化物については，条例で国が定める排出基準より厳しい基準を定めることができない．その理由は，原油は国のエネルギー政策によって輸入が制限されており地方自治体では対応できないからである．その他の項目については，自治体が条例でより厳しい基準を定めることができる．なお，国の基準より緩い基準を定めることはできないことに注意．
大防法第4条第1項参照．　　▶答 4

問題 12　【令和元年 問3】

大気汚染防止法第15条に規定される燃料の使用に関する記述の（ア）～（オ）に入る語句のうち，誤っているものを一つ選べ．
　第十五条　　(ア)　は，いおう酸化物に係るばい煙発生施設で　(イ)　燃料の使用量に著しい変動があるものが　(ウ)　として政令で定める地域に係るいおう酸化物による著しい大気の汚染が生じ，又は生ずるおそれがある場合において，当該地域におけるいおう酸化物に係るばい煙発生施設において発生するいおう酸化物を大気中に排出する者が，当該ばい煙発生施設で　(エ)　に適合しない燃料の使

用をしていると認めるときは，その者に対し，期間を定めて，[(エ)]に従うべきことを[(オ)]．
1　(ア) 都道府県知事
2　(イ) 天候により
3　(ウ) 密集して設置されている地域
4　(エ) 燃料使用基準
5　(オ) 勧告することができる

解説　1　正しい．(ア) は「都道府県知事」である．
2　誤り．(イ) は「季節により」である．
3　正しい．(ウ) は「密集して設置されている地域」である．
4　正しい．(エ) は「燃料使用基準」である．
5　正しい．(オ) は「勧告することができる」である．
大防法第15条（季節による燃料の使用に関する措置）参照．　　　▶答 2

■問題13　【平成30年12月 問2】
大気汚染防止法第2条（定義等）に規定する「ばい煙」に該当しない物質を次の中から一つ選べ．
1　燃料その他の物の燃焼に伴い発生するいおう酸化物
2　物の燃焼，合成，分解その他の処理（機械的処理を除く．）に伴い発生するメタン
3　物の燃焼，合成，分解その他の処理（機械的処理を除く．）に伴い発生する弗化水素
4　物の燃焼，合成，分解その他の処理（機械的処理を除く．）に伴い発生する鉛
5　物の燃焼，合成，分解その他の処理（機械的処理を除く．）に伴い発生するカドミウム

解説　1　該当する．大防法第2条（定義等）第1項第一号参照．
2　該当しない．メタンは，物の燃焼，合成，分解その他の処理（機械的処理を除く）に伴い発生するばい煙である有害物質に指定されていない．大防令第1条（有害物質）第一号～第五号参照．
3　該当する．大防法第2条（定義等）第1項第三号参照．
4　該当する．同上参照．
5　該当する．同上参照．　　　▶答 2

■ 問題14　　　　　　　　　　　　　　【平成30年12月 問3】

以下の（ア）～（オ）の記述のうち，大気汚染防止法第1条の目的として規定されている事項として，正しいものがいくつあるか，次の1～5の中から一つ選べ．
（ア）工場及び事業場における事業活動並びに建築物等の解体等に伴うばい煙，揮発性有機化合物及び粉じんの排出等の規制．
（イ）水銀に関する水俣条約の的確かつ円滑な実施を確保するため工場及び事業場における事業活動に伴う水銀等の排出の規制．
（ウ）有害大気汚染物質対策の実施の推進．
（エ）自動車排出ガスの許容限度を定めること．
（オ）大気の汚染に関して人の健康に係る被害が生じた場合における事業者の損害賠償の責任について定めること．
1　1個　　2　2個　　3　3個　　4　4個　　5　5個

解説　（ア）正しい．規定あり．
（イ）正しい．規定あり．
（ウ）正しい．規定あり．
（エ）正しい．規定あり．
（オ）正しい．規定あり．
　大防法第1条（目的）参照．　　　　　　　　　　　　　　　　　▶ 答5

1.3　水質汚濁防止法

■ 問題1　　　　　　　　　　　　　　　【令和6年 問4】

水質汚濁防止法第2条第2項第2号の水の汚染状態を示す項目に該当しないものを，次の中から一つ選べ．
1　銅含有量
2　浮遊物質量
3　生物化学的酸素要求量及び化学的酸素要求量
4　鉛含有量
5　水素イオン濃度

解説 水防法第2条（定義）第2項第二号はいわゆる生活環境項目である．鉛は有害物質であるから，4が正解．
水防令第2条（カドミウム等の物質）第四号および第3条（水素イオン濃度等の項目）参照． ▶答 4

■問題2 【令和6年 問5】

水質汚濁防止法第5条（特定施設等の設置の届出）において，工場又は事業場から公共用水域に水を排出する者が，特定施設を設置しようとするとき，都道府県知事に届け出なければならない事項に該当しないものを，次の中から一つ選べ．
1　特定施設の使用の方法　　2　汚水等の処理の方法　　3　事故時の措置
4　特定施設の構造　　　　　5　特定施設の種類

解説 1　該当する．「特定施設の使用の方法」は届け出なければならない事項である．
2　該当する．「汚水等の処理の方法」は届け出なければならない事項である．
3　該当しない．「事故時の措置」は届け出なければならない事項として定められていない．
4　該当する．「特定施設の構造」は届け出なければならない事項である．
5　該当する．「特定施設の種類」は届け出なければならない事項である．
水防法第5条（特定施設等の設置の届出）第1項参照． ▶答 3

■問題3 【令和5年 問4】

水質汚濁防止法第2条（定義）第2項第1号において，カドミウムその他の人の健康に係る被害を生ずるおそれがある物質として政令で定める物質（「有害物質」という．）に該当しない物質を，次の中から一つ選べ．
1　シアン化合物
2　ホルムアルデヒド
3　テトラクロロエチレン
4　六価クロム化合物
5　四塩化炭素

解説 水防法第2条（定義）第2項第一号において定義する「有害物質」は，水防令第2条（カドミウム等の物質）に定められている．また，水防法第2条（定義）第4項において定義する「指定物質」は，水防令第3条の3（指定物質）に定められている．
1　該当する．シアン化合物は「有害物質」に該当する．水防令第2条（カドミウム等の物質）第二号参照．
2　該当しない．ホルムアルデヒドは「指定物質」である．水防令第3条の3（指定物質）

第一号参照.

3　該当する．テトラクロロエチレンは「有害物質」に該当する．水防令第2条（カドミウム等の物質）第十号参照.

4　該当する．六価クロム化合物は「有害物質」に該当する．同上第五号参照.

5　該当する．四塩化炭素は「有害物質」に該当する．同上第十二号参照.　　▶答2

■ 問題4　　　　　　　　　　　　　　　　　　　　　　【令和5年 問5】

水質汚濁防止法第3条（排水基準）の規定について，次の（ア）～（オ）に入る語句として誤っているものを，1～5の中から一つ選べ．

　(ア) の区域に属する (イ) のうちに，その (ウ) から判断して，第1項の排水基準によっては (エ) を保護し，又は (オ) を保全することが十分でないと認められる区域があるときは，その区域に排出される排出水の汚染状態について，政令で定める基準に従い，条例で，同項の排水基準にかえて適用すべき同項の排水基準で定める許容限度よりきびしい許容限度を定める排水基準を定めることができる．

1　（ア）市町村は，当該市町村

2　（イ）公共用水域

3　（ウ）自然的，社会的条件

4　（エ）人の健康

5　（オ）生活環境

解説　1　誤り．（ア）は「都道府県は，当該都道府県」である．

2　正しい．（イ）は「公共用水域」である．

3　正しい．（ウ）は「自然的，社会的条件」である．

4　正しい．（エ）は「人の健康」である．

5　正しい．（オ）は「生活環境」である．

水防法第3条（排水基準）第3項参照.　　　　　　　　　　　　　　　　　▶答1

■ 問題5　　　　　　　　　　　　　　　　　　　　　　【令和4年 問4】

「指定物質」は，公共用水域に多量に排出されることにより人の健康若しくは生活環境に係る被害を生ずるおそれがある物質として水質汚濁防止法施行令第3条の3に定められている．「指定物質」に該当しないものを，次の中から一つ選べ．

1　ホルムアルデヒド　　2　カドミウム　　　　3　ヒドロキシルアミン

4　塩化水素　　　　　　5　アクリロニトリル

解説　1　該当する．ホルムアルデヒドは「指定物質」に該当する．水防令第3条の3

15

1.3

水質汚濁防止法

（指定物質）第一号参照．

2 該当しない．カドミウムは「有害物質」である．水防令第2条（カドミウム等の物質）第一号参照．

3 該当する．ヒドロキシルアミンは「指定物質」に該当する．水防令第3条の3（指定物質）第三号参照．

4 該当する．塩化水素は「指定物質」に該当する．同上第五号参照．

5 該当する．アクリロニトリルは「指定物質」に該当する．同上第七号参照．　　▶答 2

■問題6　　　　　　　　　　　　　　　　　　　　　　　【令和4年 問5】☑☑☑

水質汚濁防止法第14条の4（事業者の責務）の記述の（ア）～（オ）に入る語句として，誤っているものを1から5の中から一つ選べ．

「第14条の4　事業者は，この章に規定する ［ア］ に関する措置のほか，その事業活動に伴う汚水又は廃液の ［イ］ 又は ［ウ］ の状況を把握するとともに，当該汚水又は廃液による ［エ］ 又は ［オ］ の防止のために必要な措置を講ずるようにしなければならない．」

1 （ア）排出水の排出の規制等
2 （イ）公共用水域への排出
3 （ウ）地下への浸透
4 （エ）公共用水域
5 （オ）自然生態系の悪化

解説 1　正しい．（ア）は「排出水の排出の規制等」である．

2　正しい．（イ）は「公共用水域への排出」である．

3　正しい．（ウ）は「地下への浸透」である．

4　正しい．（エ）は「公共用水域」である．

5　誤り．（オ）は「地下水の水質の汚濁」である．

水防法第14条の4（事業者の責任）参照．　　　　　　　　　　　　　　　　▶答 5

■問題7　　　　　　　　　　　　　　　　　　　　　　　【令和3年 問4】☑☑☑

水質汚濁防止法第1条（目的）の記述の（ア）～（オ）に入る語句のうち，誤っているものを一つ選べ．

第1条　この法律は，工場及び事業場から ［ア］ 及び ［イ］ を規制するとともに，［ウ］ を推進すること等によつて，公共用水域及び地下水の水質の汚濁（水質以外の水の状態が悪化することを含む．以下同じ．）の防止を図り，もつて ［エ］ を保護するとともに ［オ］ を保全し，並びに工場及び事業場から排出さ

れる汚水及び廃液に関して人の健康に係る被害が生じた場合における事業者の損害賠償の責任について定めることにより，被害者の保護を図ることを目的とする．
1　（ア）公共用水域に排出される水の排出
2　（イ）地下に浸透する水の浸透
3　（ウ）生活排水対策の実施
4　（エ）国民の健康
5　（オ）自然環境

解説　1　正しい．（ア）は「公共用水域に排出される水の排出」である．
2　正しい．（イ）は「地下に浸透する水の浸透」である．
3　正しい．（ウ）は「生活排水対策の実施」である．
4　正しい．（エ）は「国民の健康」である．
5　誤り．（オ）は「生活環境」である．
水防法第1条（目的）参照．　　　　　　　　　　　　　　　　　　　　▶答 5

問題8　　　　　　　　　　　　　　　　　　　　　　【令和3年 問5】

　水質汚濁防止法第2条第2項第1号において，カドミウムその他の人の健康に係る被害を生ずるおそれがある物質として政令で定める物質（「有害物質」という．）に該当しない物質を，次の中から一つ選べ．
1　ヒドラジン　　　　　2　ベンゼン　　　　　3　ポリ塩化ビフェニル
4　トリクロロエチレン　5　ジクロロメタン

解説　1　該当しない．ヒドラジンは「指定物質」である．水防令第3条の3（指定物質）第二号参照．
2　該当する．ベンゼンは「有害物質」に該当する．水防令第2条（カドミウム等の物質）第二十二号参照．
3　該当する．ポリ塩化ビフェニルは「有害物質」に該当する．同上第八号参照．
4　該当する．トリクロロエチレンは「有害物質」に該当する．同上第九号参照．
5　該当する．ジクロロメタンは「有害物質」に該当する．同上第十一号参照．　▶答 1

問題9　　　　　　　　　　　　　　　　　　　　　　【令和2年 問4】

　水質汚濁防止法第2条第2項第2号の水の汚染状態を示す項目について，水質汚濁防止法施行令第3条で定める項目に該当しないものを，次の中から一つ選べ．
1　水素イオン濃度　　2　いおう含有量　　　3　浮遊物質量
4　大腸菌群数　　　　5　溶解性鉄含有量

解説 1　該当する．水素イオン濃度は定められている．水防令第3条（水素イオン濃度等の項目）第1項第一号参照．
2　該当しない．「いおう含有量」は定められていない．同上第一号〜第十二号参照．
3　該当する．浮遊物質量は定められている．同上第三号参照．
4　該当する．大腸菌群数は定められている．同上第十一号参照．
5　該当する．溶解性鉄含有量は定められている．同上第八号参照．　　　　▶答2

■ **問題10**　　　　　　　　　　　　　　　　　　　　　【令和2年 問5】

水質汚濁防止法で定める水質の汚濁の状況の監視等に関する記述として，誤っているものを，次の中から一つ選べ．
1　環境大臣は，環境省令で定めるところにより，放射性物質（環境省令で定めるものに限る．）による公共用水域及び地下水の水質の汚濁の状況を常時監視しなければならない．
2　環境大臣は，環境省令で定めるところにより，放射性物質による公共用水域及び地下水の水質の汚濁の状況を公表しなければならない．
3　都道府県知事は，環境省令で定めるところにより，放射性物質によるものを含む，公共用水域及び地下水の水質の汚濁の状況を常時監視しなければならない．
4　都道府県知事は，環境省令で定めるところにより，水質汚濁防止法第15条第1項の常時監視の結果を環境大臣に報告しなければならない．
5　都道府県知事は，環境省令で定めるところにより，当該都道府県の区域に属する公共用水域及び当該区域にある地下水の水質の汚濁の状況を公表しなければならない．

解説 1　正しい．水防法第15条（常時監視）第3項参照．
2　正しい．水防法第17条（公表）第2項参照．
3　誤り．都道府県知事に対して放射性物質の常時測定義務は定められていない．環境大臣の義務である．水防法第15条（常時監視）第1項および第3項参照．
4　正しい．水防法第15条（常時監視）第2項参照．
5　正しい．水防法第17条（公表）第1項参照．　　　　▶答3

■ **問題11**　　　　　　　　　　　　　　　　　　　　　【令和元年 問4】

水質汚濁防止法第14条に規定される排出水の汚染状態の測定等に関する記述の（ア）〜（オ）に入る文章A〜Eの組合せのうち，正しいものを一つ選べ．
　第十四条　排出水を排出し，又は特定地下浸透水を浸透させる者は，環境省令で定めるところにより，当該排出水又は特定地下浸透水の　(ア)　．
　2　総量規制基準が適用されている指定地域内事業場から排出水を排出する者

は，環境省令で定めるところにより，当該排出水の ［（イ）］．

3　前項の指定地域内事業場の設置者は，あらかじめ，環境省令で定めるところにより，［（ウ）］．

4　排出水を排出する者は，当該公共用水域の水質の汚濁の状況を考慮して，［（エ）］．

5　有害物質使用特定施設を設置している者又は有害物質貯蔵指定施設を設置している者は，当該有害物質使用特定施設又は有害物質貯蔵指定施設について，環境省令で定めるところにより，［（オ）］．

A：当該特定事業場の排水口の位置その他の排出水の排出の方法を適切にしなければならない．

B：定期に点検し，その結果を記録し，これを保存しなければならない．

C：汚濁負荷量の測定手法を都道府県知事に届け出なければならない．届出に係る測定手法を変更するときも，同様とする．

D：汚濁負荷量を測定し，その結果を記録し，これを保存しなければならない．

E：汚染状態を測定し，その結果を記録し，これを保存しなければならない．

1　ア–A，イ–D，ウ–E，エ–B，オ–C

2　ア–D，イ–C，ウ–B，エ–E，オ–A

3　ア–E，イ–D，ウ–C，エ–A，オ–B

4　ア–D，イ–E，ウ–C，エ–B，オ–A

5　ア–C，イ–E，ウ–B，エ–A，オ–D

解説　（ア）はE「汚染状態を測定し，その結果を記録し，これを保存しなければならない．」である．

（イ）はD「汚濁負荷量を測定し，その結果を記録し，これを保存しなければならない．」である．

（ウ）はC「汚濁負荷量の測定手法を都道府県知事に届け出なければならない．届出に係る測定手法を変更するときも，同様とする．」である．

（エ）はA「当該特定事業場の排水口の位置その他の排出水の排出の方法を適切にしなければならない．」である．

（オ）はB「定期に点検し，その結果を記録し，これを保存しなければならない．」である．

水防法第14条（排出水の汚染状態の測定等）参照．　　　　　　　　　　▶答 3

■ **問題 12**　　　　　　　　　　　　　　　　　　【令和元年 問5】

次の1〜5の記述の中から，水質汚濁防止法第1条（目的）に規定されていないものを一つ選べ．

1 健全な水循環を維持し，又は回復するための施策を包括的に推進すること．
2 工場及び事業場から排出される汚水及び廃液に関して人の健康に係る被害が生じた場合における事業者の損害賠償の責任について定めること．
3 地下に浸透する水の浸透の規制．
4 生活排水対策の実施を推進．
5 工場及び事業場から公共用水域に排出される水の排出の規制．

解説 1 規定なし．「健全な水循環を維持し，又は回復するための施策を包括的に推進すること．」は規定されていない．
2〜5 規定あり．
水防法第1条（目的）参照． ▶答 1

問題 13 【平成30年12月 問4】

水質汚濁防止法第2条（定義）第2項第1号において，人の健康に係る被害を生じるおそれがある物質として政令で定める物質（「有害物質」という．）に該当しない物質を，次の中から一つ選べ．
1 シアン化合物 2 六価クロム化合物 3 四塩化炭素
4 ヒドラジン 5 ベンゼン

解説 1 該当する．シアン化合物は「有害物質」に該当する．水防令第2条（カドミウム等の物質）第二号参照．
2 該当する．六価クロム化合物は「有害物質」に該当する．同上第五号参照．
3 該当する．四塩化炭素は「有害物質」に該当する．同上第十二号参照．
4 該当しない．ヒドラジンは「指定物質」である．水防令第3条の3（指定物質）第二号参照．
5 該当する．ベンゼンは「有害物質」に該当する．水防令第2条（カドミウム等の物質）第二十二号参照． ▶答 4

問題 14 【平成30年12月 問5】

水質汚濁防止法第3条（排水基準）の記述の（ア）〜（オ）に入る語句の組合せとして，正しいものを一つ選べ．

　第3条　排水基準は，排出水の ［ア］（熱によるものを含む．以下同じ．）について，環境省令で定める．
　2　前項の排水基準は，有害物質による ［ア］ にあつては，排出水に含まれる ［イ］ について，［ウ］ ごとに定める許容限度とし，その他の ［ア］ にあ

つては，前条第2項第2号に規定する項目について，項目ごとに定める許容限度とする．

3　都道府県は，当該都道府県の区域に属する公共用水域のうちに，その ［(エ)］ 条件から判断して，第1項の排水基準によつては人の健康を保護し，又は生活環境を保全することが十分でないと認められる区域があるときは，その区域に排出される排出水の ［(ア)］ について，政令で定める基準に従い，条例で，同項の排水基準にかえて適用すべき同項の排水基準で定める許容限度よりきびしい許容限度を定める排水基準を定めることができる．

4　前項の条例においては，あわせて当該区域の範囲を明らかにしなければならない．

5　都道府県が第3項の規定により排水基準を定める場合には，当該都道府県知事は，あらかじめ， ［(オ)］ に通知しなければならない．

	(ア)	(イ)	(ウ)	(エ)	(オ)
1	有害物質の量	有害物質の種類	汚染状態	自然的，社会的	環境大臣
2	有害物質の種類	有害物質の量	汚染状態	地域的，環境的	関係都道府県知事
3	汚染状態	有害物質の量	有害物質の種類	自然的，社会的	環境大臣及び関係都道府県知事
4	有害物質の量	汚染状態	有害物質の種類	地域的，経済的	環境大臣
5	汚染状態	有害物質の種類	有害物質の量	地域的，環境的	環境大臣及び関係都道府県知事

解説　(ア) 「汚染状態」である．

(イ) 「有害物質の量」である．

(ウ) 「有害物質の種類」である．

(エ) 「自然的，社会的」である．

(オ) 「環境大臣及び関係都道府県知事」である．

　水防法第3条（排水基準）第1項～第5項参照．　　　　　　　　　　▶ 答 3

1.4 原子と元素

1.4.1 原子と電子，等電子構造

■ **問題 1** 　　　　　　　　　　　　　　　【令和 3 年 問 21】

原子に関する（ア）〜（エ）の記述について，正誤の組合せとして正しいものを 1 〜 5 の中から一つ選べ．
（ア）陽子と中性子が結合して一つの原子核を形成するときに起こる質量の減少を，質量欠損という．
（イ）主量子数が n の殻には，n^2 個の原子軌道が存在する．
（ウ）原子核の半径は，おおよそ 10^{-15} m 〜 10^{-14} m である．
（エ）電子 1 個の質量は，陽子 1 個の質量の約 1/180 である．

	（ア）	（イ）	（ウ）	（エ）
1	正	誤	誤	誤
2	正	正	誤	正
3	正	正	正	誤
4	誤	誤	正	正
5	誤	正	誤	誤

解説　（ア）正しい．
（イ）正しい．主量子数が n の殻には，n^2 個の原子軌道が存在する．なお，一つの原子軌道には最大 2 個の電子が充てんされるので，最大軌道電子の数は $2 \times n^2$ 個となる．
（ウ）正しい．
（エ）誤り．電子 1 個の質量は，陽子 1 個の質量の約 1/1,800 である．　　　　　▶ 答 3

■ **問題 2** 　　　　　　　　　　　　　　　【令和 2 年 問 6】

主量子数 $n = 4$ の電子殻（N 殻）に収容できる最大の電子数として，正しいものを一つ選べ．
1　18　　2　24　　3　28　　4　32　　5　36

解説　主量子数 $n = 4$ の電子殻（N 殻）の軌道は，4s4p4d4f であり，それぞれの電子軌道に電子が飽和すると，$4s^2 4p^6 4d^{10} 4f^{14}$ となるから，収容できる最大の電子数は $2 + 6 + 10 + 14 = 32$ 個となる．　　　　　▶ 答 4

問題 3 【令和2年 問9】

下に示した化合物またはイオンが，等電子構造であるものの組合せとして，正しいものを一つ選べ．

1　CO と CN⁻　　2　CO_2 と NO_2^-　　3　CO_3^{2-} と NF_3
4　C_2H_6 と B_2H_6　　5　CS_2 と SiO_2

解説　等電子構造とは，二つの化合物において，それぞれの化合物の電子数が等しいことをいう．各物質の電子数について考える．
1　正しい．CO について，C は6個，O は8で合計14個である．CN⁻ について，C は6個，N は7個で合計13個であるが，「−」(すなわち電子) が1個あるので $13 + 1 = 14$ 個である．いずれも14個なのでこれが正解．
2　誤り．CO_2 について，C は6個，O は $8 × 2 = 16$ 個で合計22個である．NO_2^- について，N は7個，O は $8 × 2 = 16$ 個で合計23個であるが，「−」が1個あるので $23 + 1 = 24$ 個である．
3　誤り．CO_3^{2-} について，C は6個，O は $8 × 3 = 24$ 個で合計30個であるが，「−」が2個あるので $30 + 2 = 32$ 個である．NF_3 について，N は7個，F は $9 × 3 = 27$ 個で合計34個である．
4　誤り．C_2H_6 について，C は $6 × 2 = 12$ 個，H は $1 × 6 = 6$ 個で合計18個である．B_2H_6 について，B は $5 × 2 = 10$ 個，H は $1 × 6 = 6$ 個で合計16個である．
5　誤り．CS_2 について，C は6個，S は $16 × 2 = 32$ 個なので合計38個である．SiO_2 について，Si は14個，O は $8 × 2 = 16$ 個で合計30個である．　　▶答 1

問題 4 【令和元年 問6】

原子の電子配置は次の例のように表される．
　例：ほう素原子（原子番号 5）の電子配置　$1s^2 2s^2 2p^1$
クロム原子（原子番号 24）の基底状態の電子配置として，正しいものを 1～5 の中から一つ選べ．

1　$1s^2 2s^2 2p^6 3s^2 3p^6 3d^6$
2　$1s^2 2s^2 2p^6 3s^2 3p^6 3d^5 4s^1$
3　$1s^2 2s^2 2p^6 3s^2 3p^6 3d^4 4s^2$
4　$1s^2 2s^2 2p^6 3s^2 3p^6 4s^1 4p^5$
5　$1s^2 2s^2 2p^6 3s^2 3p^6 4s^2 4p^4$

解説　クロム（Cr）の原子の基底状態の電子配置は，3d 軌道に5つ，4s 軌道に1つの電子が配置している構造 $1s^2 2s^2 2p^6 3s^2 3p^6 3d^5 4s^1$ であるから，2が正解．　　▶答 2

1.4.2　元素と周期表

■ 問題1　　　　　　　　　　　　　　　　　　【令和4年 問21】

原子の性質に関する次の記述の中から，誤っているものを一つ選べ．
1　電子親和力の値が大きい原子ほど陰イオンになりやすい．
2　イオン化エネルギーの値が小さい原子ほど陽イオンになりやすい．
3　イオン化エネルギーが最大の原子はヘリウムである．
4　1族元素の原子は，電子を1個放出して，周期表の同じ周期にある18族元素の原子と同じ電子配置をもつ陽イオンになりやすい．
5　17族元素の原子は，電子を1個受け取って，周期表の同じ周期にある18族元素の原子と同じ電子配置をもつ陰イオンになりやすい．

解説　1　正しい．電子親和力の値が大きい原子ほど陰イオンになりやすい．
　　　　例：$F + e^- \rightarrow F^-$
2　正しい．イオン化エネルギー（図1.1参照）の値が小さい原子ほど陽イオンになりやすい．
　　　　例：$Na \rightarrow Na^+ + e^-$

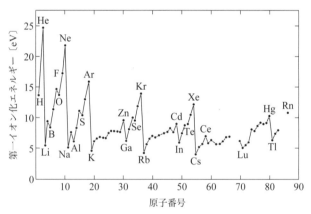

図1.1　原子の第一イオン化エネルギー

3　正しい．イオン化エネルギーが最大の原子はヘリウム（He）である（図1.1参照）．
4　誤り．1族元素の原子は，電子を1個放出して，周期表の一つ前の周期にある18族元素の原子と同じ電子配置をもつ陽イオンになりやすい．
5　正しい．　　　　　　　　　　　　　　　　　　　　　　　　　　▶ 答 4

■問題2　【令和3年 問18】

下の図はある範囲での元素の原子番号と第一イオン化エネルギーとの関係を示す．
①〜③の位置に当てはまる元素の組合せとして，正しいものを次の中から一つ選べ．

	①	②	③
1	Li	Na	K
2	Be	Mg	Ca
3	C	Si	Ge
4	F	Cl	Br
5	Ne	Ar	Kr

解説　原子番号と第一イオン化エネルギーの関係は図1.1のように表される．した
がって，①はNe，②はAr，③はKrである．　　　　　　　　　　　　　　▶答 5

1.4
原子と元素

■問題3　【令和元年 問21】

元素の性質とその周期性に関する次の記述の中から，正しいものを一つ選べ．
1　基底状態にある原子から電子を取り去って無限に遠ざけるために必要なエネル
ギーを電子親和力という．
2　同じ族に属する炭素（$_6$C）とけい素（$_{14}$Si）の第1イオン化エネルギーを比較す
ると，けい素のほうが小さい．
3　同じ族に属する酸素（$_8$O）と硫黄（$_{16}$S）の電気陰性度を比較すると，硫黄のほ
うが大きい．
4　アルゴンを除く第3周期の元素の原子半径は，原子番号の大きい元素ほど大きい．
5　窒素（N）の原子半径は，その陰イオン（N^{3-}）のイオン半径よりも大きい．

解説　1　誤り．基底状態にある原子から電子を取り去って無限に遠ざけるために必要
なエネルギーをイオン化エネルギーという．電子親和力は，原子の最外殻に1個の電子
を取り込んだときに放出するエネルギーである．
2　正しい．同じ族に属する炭素（$_6$C：第一イオン化エネルギー1,088 kJ/mol）とけい
素（$_{14}$Si：第一イオン化エネルギー787 kJ/mol）の第一イオン化エネルギーを比較する
と，けい素の方が小さい．
3　誤り．同じ族に属する酸素（$_8$O：ポーリングの電気陰性度3.44）と硫黄（$_{16}$S：ポー
リングの電気陰性度2.58）の電気陰性度を比較すると，硫黄の方が小さい．

25

4 誤り．アルゴン（Ar）を除く第3周期の元素の原子半径は，最外殻電子が同じM殻にあるため，原子番号の大きい元素ほど，原子核の正電荷と電子の負電荷が大きくなり，そのためクーロン力が大きくなって互いにより強く引き合うため，縮小し小さくなる．
5 誤り．窒素（N）の原子半径は，その陰イオン（N^{3-}）のイオン半径よりも小さい．一般に陰イオンのイオン半径は中性の原子半径より大きく，陽イオンのイオン半径は中性の原子半径より小さくなる．　　▶答 2

1.4.3 原子核，同位体および放射性物質

問題1　【令和6年 問21】

天然の水素には，水素（軽水素），重水素，三重水素の3つの同位体が存在する．これらのうち，重水素と三重水素それぞれの中性子数および放射性の有無について，正しく示されている組み合わせを1～5の中から一つ選べ．

	重水素 中性子数	重水素 放射性	三重水素 中性子数	三重水素 放射性
1	1	無	2	無
2	1	無	2	有
3	1	有	2	無
4	2	無	3	有
5	2	有	3	有

解説　水素 $^1_1H_0$ の陽子の数は1つで，重水素 $^2_1H_1$ でも三重水素 $^3_1H_2$ でも同じである．異なるのは中性子の数だけである．なお，水素記号Hの左上が質量数，左下が陽子数，右下が中性子の数である．陽子数と中性子数の合計が質量数である．なお，三重水素は放射性があり，半減期12.32年，β^-壊変（電子を放出）して質量3のHeとなる．

$$^3_1H_2 \rightarrow {}^3_2He_1 + e^-$$

▶答 2

問題2　【令和5年 問6】

質量数A，陽子数（原子番号）Zの放射性核種 ^A_ZX が α 壊変や β^- 壊変をしたときにそれぞれ生成する核種の質量数と陽子数の値について，正しいものの組合せを1～5の中から一つ選べ．

	α壊変		β^- 壊変	
	質量数	陽子数	質量数	陽子数
1	$A-1$	Z	$A-1$	$Z-1$
2	$A-2$	$Z-1$	A	$Z-1$
3	$A-2$	$Z-1$	A	$Z+1$
4	$A-4$	$Z-2$	$A-1$	$Z-1$
5	$A-4$	$Z-2$	A	$Z+1$

解説 α 壊変は，ヘリウム（He）の原子核（質量数 4，陽子数 2）が飛び出す壊変であるから，質量数は $A-4$，陽子数は $Z-2$ となる．β^- 壊変は，中性子が陽子となり電子が飛び出す壊変であるから，質量数 A は変化しないが，陽子数 Z は反対に 1 つ増加して $Z+1$ となる．　　　　　　　　　　　　　　　　　　　　　　　　　　　　　▶ 答 5

□ **問題 3**　　　　　　　　　　　　　　　　　　　　【令和 4 年 問 7】

^{32}P は β^- 崩壊する放射性同位体である．この崩壊によって生じる安定同位体として正しいものを一つ選べ．

1　^{27}Al　　2　^{29}Si　　3　^{30}Si　　4　^{31}P　　5　^{32}S

解説 β^- 崩壊は，次のように壊変する．

$$n \rightarrow p + e^- + \bar{\nu}$$

ここに，n：中性子，p：陽子，e^-：電子，$\bar{\nu}$：反ニュートリノ

したがって，質量数は不変であるが，原子番号は 1 つ増加するので，$^{32}_{15}P_{17} \rightarrow ^{32}_{16}S_{16}$ となる．　　　　　　　　　　　　　　　　　　　　　　　　　　　　▶ 答 5

□ **問題 4**　　　　　　　　　　　　　　　　　　　　【令和元年 問 25】

ある試料中に，放射性核種 A（半減期 4 年），B（半減期 3 年）が同じ物質量存在していた．6 年後，同試料中の B の物質量は A の物質量の何倍になるか．次の中から最も近いものを一つ選べ．ただし，その 6 年の間，同試料に対して物質の出入りはなく，他の核種から A または B が生成すること，あるいは B から A，A から B が生成することはないものとする．また，$\sqrt{2}=1.4$ とする．

1　0.50 倍　　2　0.71 倍　　3　0.90 倍　　4　1.4 倍　　5　2.1 倍

解説 次の公式を使用する．

$$N = N_0 \left(\frac{1}{2}\right)^{\frac{t}{T}} \qquad ①$$

1.4

原子と元素

ここに，N：時間 t 経過後の原子数，N_0：最初の原子数，t：経過時間，T：半減期

式①に核種A，核種Bについてそれぞれ与えられた数値を代入する．ただし，核種Aの6年後の物質量を N_A，核種Bの6年後の物質量を N_B，最初の物質量をいずれも N_0 とする．

$$N_A = N_0 \left(\frac{1}{2}\right)^{\frac{6}{4}} = N_0 \left(\frac{1}{2}\right)^{\frac{3}{2}} \qquad\qquad ②$$

$$N_B = N_0 \left(\frac{1}{2}\right)^{\frac{6}{3}} = N_0 \left(\frac{1}{2}\right)^{2} \qquad\qquad ③$$

式③を式②で割る．

$$\frac{N_B}{N_A} = \left(\frac{1}{2}\right)^{2} \div \left(\frac{1}{2}\right)^{\frac{3}{2}} = \frac{1}{4} \times 2\sqrt{2} = \frac{\sqrt{2}}{2} \fallingdotseq \frac{1.4}{2} = 0.7$$

▶答 2

■ **問題5**　　　　　　　　　　　　　　　　　　　　　　　【平成30年12月 問25】 ✓ ✓ ✓

塩素には質量数 35 と 37 の安定同位体（^{35}Cl，^{37}Cl）が存在するため，塩素分子（Cl_2）は $^{35}Cl^{35}Cl$，$^{35}Cl^{37}Cl$，$^{37}Cl^{37}Cl$ の三つの分子種からなる．^{35}Cl と ^{37}Cl の存在比が3：1である場合の各分子種のモル比（$^{35}Cl^{35}Cl$：$^{35}Cl^{37}Cl$：$^{37}Cl^{37}Cl$）として，正しいものを一つ選べ．

1　1：2：1　　2　3：2：1　　3　6：3：1　　4　9：3：1　　5　9：6：1

解説　^{35}Cl：^{37}Cl = 3：1 であるから，^{35}Cl は $\dfrac{3}{3+1} = \dfrac{3}{4}$，$^{37}Cl$ は $\dfrac{1}{3+4} = \dfrac{1}{4}$ の確率で存在する．したがって，$^{35}Cl^{35}Cl$ の存在確率は，$\dfrac{3}{4} \times \dfrac{3}{4} = \dfrac{9}{16}$ となる．同様に $^{37}Cl^{37}Cl$ の存在確率は $\dfrac{1}{4} \times \dfrac{1}{4} = \dfrac{1}{16}$ である．また，$^{35}Cl^{37}Cl$ の存在確率は $\dfrac{3}{4} \times \dfrac{1}{4} = \dfrac{3}{16}$ であるが，$^{37}Cl^{35}Cl$ も存在するため，$\dfrac{3}{16} \times 2 = \dfrac{6}{16}$ となる．以上から，

$$^{35}Cl^{35}Cl : (^{35}Cl^{37}Cl + {}^{37}Cl^{35}Cl) : {}^{37}Cl^{37}Cl = \frac{9}{16} : \frac{6}{16} : \frac{1}{16} = 9 : 6 : 1$$

となる．

▶答 5

1.5 化学結合・物質の物理化学

1.5.1 錯イオン・イオン結合・共有結合・分子間力・相互作用

■問題1 　　　　　　　　　　　　　　　　　　　【令和6年 問17】

分子やイオン，粒子間の相互作用に関する次の記述の中から，ファンデルワールス力が支配的に作用する現象として最も適切なものを一つ選べ．

1. 界面活性剤分子はある濃度以上の水溶液中でミセルを形成する．
2. 塩化ナトリウムの飽和水溶液にエタノールを添加すると結晶が析出する．
3. 安息香酸は無極性溶媒中で二量体を形成する．
4. 疎水コロイド分散液に少量の塩を加えるとコロイド粒子が凝集する．
5. 塩を水に溶かして生じるイオンは水分子を引きつけて水和する．

解説 　ファンデルワールス力とは，平均的にみると電気的に全く中性である分子が瞬間的には歪んでいる電子雲により電荷が絶えず移動しており，これによって生ずる双極子間の相互作用によって生ずる結合力をいう．

1. 不適切．界面活性剤分子（R–COO–Na$^+$）は，ある濃度以上の水溶液中で疎水性部分（Rの部分）の疎水性相互作用（極性溶媒の水中に存在する疎水物質が水を避けて会合する現象）によりミセルを形成する（図1.2参照）．ファンデルワールス力によるものではない．

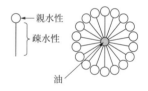

図1.2 ミセルの状態

2. 不適切．塩化ナトリウム（NaCl）の飽和水溶液でNaClが水とイオン結合をしているところにエタノールを添加すると，水とエタノールのイオン結合が加わるため，NaClの周辺には水が不足になり，結晶が析出するようになる．この現象はファンデルワールス力とは関係しない．

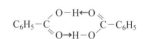

図1.3 安息香酸の二量体

3. 不適切．安息香酸（C$_6$H$_5$–COOH）は，図1.3に示すように，水素結合によって二量体となる．ファンデルワールス力とは関係しない．
4. 適切．疎水コロイドの分散液に少量の塩を加えると，塩の周辺に水分子が集まりコロイド粒子の周辺の水は減少するので，コロイド粒子は互いに近接するようになる．ファンデルワールス力の影響がある範囲まで近づくと，その力でコロイド粒子が凝集するようになる．

5 不適切．塩（例：NaCl）を水に溶かして生じるイオンが水分子を引き付けて水和する現象は，イオン結合である（図1.4参照）．ファンデルワールス力とは関係しない．

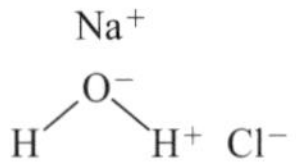

図1.4 水とNaClのイオン結合

問題2 【令和5年 問10】

イオン化エネルギー，電子親和力および電気陰性度に関する次の記述の中から，誤っているものを一つ選べ．
1 マグネシウム原子の第一および第二イオン化エネルギーの値は，それぞれ正および負の値である．
2 カルシウム原子の第一および第二イオン化エネルギーの絶対値は，前者の方が小さい．
3 硫黄原子の第一および第二電子親和力の値は，それぞれ正および負の値である．
4 元素の種類が異なる2個の原子が共有結合をつくるとき，2個の原子の電気陰性度の差が大きいほど，結合の極性は大きくなる．
5 貴ガスを除く元素のうち，電気陰性度が最も大きいのはふっ素である．

解説 1 誤り．イオン化エネルギーは，基底状態にある原子から電子を取り去って無限に遠ざけるために必要なエネルギーである．マグネシウム（Mg）原子の第一イオン化エネルギーは737.7 kJ/mol，第二イオン化エネルギーは1,450.7 kJ/molで，いずれも正の値である．
2 正しい．カルシウム（Ca）原子の第一イオン化エネルギーは589.8 kJ/mol，第二イオン化エネルギーは1,145.4 kJ/molで，その絶対値は前者の方が小さい．
3 正しい．電子親和力は，原子の最外殻に1個の電子を取り込んだときに放出するエネルギーである．硫黄（S）原子の第一電子親和力は正の値，第二電子親和力は負の値である．
4 正しい．
5 正しい．貴ガスを除く元素のうち，電気陰性度が最も大きいのはふっ素である（**表1.1**参照）．

表1.1 元素の電気陰性度[5]

H	2.1										
Li	1.0	Be	1.5	B	2.0	C	2.5	N	3.0	O	3.5	F	4.0
Na	0.9	Mg	1.2	Al	1.5	Si	1.8	P	2.1	S	2.5	Cl	3.0
K	0.9	Ca	1.0	Ga	1.6	Ge	1.8	As	2.0	Se	2.4	Br	2.8
Rb	0.8	Sr	1.0	In	1.7	Sn	1.8	Sb	1.9	Te	2.1	I	2.5
Cs	0.7	Ba	0.9	Tl	1.8	Pb	1.8	Bi	1.9	Po	2.0	At	2.2

問題3　【令和5年 問20】

分子中の原子Xから出ている結合のうち，二つの結合がつくる角度を結合角という．このとき，原子Xのもつ電子対は互いに反発しあい，最も離れた位置関係になろうとする．電子対同士の反発の大きさは，

非共有電子対同士 ＞ 共有電子対と非共有電子対 ＞ 共有電子対同士

である．このことから，次の結合角（ア）～（ウ）の大きさの順として正しいものを1～5の中から一つ選べ．

（ア）メタン分子のH–C–Hがつくる結合角
（イ）アンモニア分子のH–N–Hがつくる結合角
（ウ）水分子のH–O–Hがつくる結合角

1　（ア）＞（イ）＞（ウ）
2　（イ）＞（ア）＞（ウ）
3　（イ）＞（ウ）＞（ア）
4　（ウ）＞（ア）＞（イ）
5　（ウ）＞（イ）＞（ア）

解説　（ア）メタン（CH_4）分子は図1.5(a)のように正四面体の構造である．4つの共有電子対C–Hがすべて対等であるため，H–C–Hの結合角もすべて対等で109.5°である．
（イ）アンモニア（NH_3）分子は，図1.5(b)のように三角錐の構造（または四面体構造）である．Nには非共有電子対が1つあり，これが3つの共有電子対N–Hに影響を与えるため，H–N–Hの結合角（107.8°）はメタン分子のH–C–Hの結合角（109.5°）より少し小さくなる．
（ウ）水（H_2O）分子は図1.5(c)のように折れ線構造である．Oには非共有電子対が2つあり，これが2つの共有電子対O–Hに影響を与える（アンモニアのように1つの非共有電子対をもつ場合より影響力がより強い）ため，H–O–Hの結合角（104.5°）は，ア

ンモニア分子のH–N–Hの結合角（107.8°）よりさらに小さくなる．

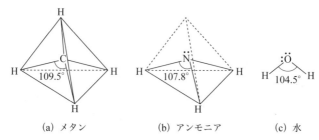

(a) メタン　　　(b) アンモニア　　　(c) 水

図1.5　分子中の原子の結合角

以上から（ア）＞（イ）＞（ウ）であるから1が正解．　　　　▶答1

問題4　　　　　　　　　　　　　　　　【令和4年 問23】 ✓✓✓

次の1～5の化合物のうち，下線の原子の酸化数が最も大きいものはどれか．正しいものを一つ選べ．
1　塩化ナトリウム（NaCl）
2　次亜塩素酸（HClO）
3　水素化ナトリウム（NaH）
4　過酸化水素（H$_2$O$_2$）
5　過塩素酸（HClO$_4$）

解説　1　塩化ナトリウム（NaCl）において，Naの酸化数は+1で分子全体は中性であるから，Clの酸化数について，次の式が成り立つ．

$$+1 + Cl = 0$$
$$Cl = -1$$

2　次亜塩素酸（HClO）において，Hの酸化数は+1，Oの酸化数は−2であるから，Clの酸化数について，次の式が成り立つ．

$$+1 + Cl - 2 = 0$$
$$Cl = +1$$

3　水素化ナトリウム（NaH）において，Naの酸化数は+1であるから，Hの酸化数について，次の式が成り立つ．

$$+1 + H = 0$$
$$H = -1$$

4　過酸化水素（H$_2$O$_2$）において，Hの酸化数は+1であるから，Oの酸化数について，次の式が成り立つ．

$$+1 \times 2 + 2O = 0$$
$$O = -1$$

5　過塩素酸（HClO₄）において，Hの酸化数は+1，Oの酸化数は−2であるから，Clの酸化数について，次の式が成り立つ．
$$+1 + Cl + (-2 \times 4) = 0$$
$$Cl = +7$$

以上から，過塩素酸（HClO₄）のClの酸化数が最も大きい．　　　　　▶答 5

問題 5　　　　　　　　　　　　　　　　　　　　　　【令和 2 年 問 21】

次の分子の下線で示した原子の混成軌道が，C₂H₆の炭素原子の混成軌道と同じものはどれか．1～5の中から一つ選べ．
1　H<u>C</u>HO　　2　<u>N</u>H₃　　3　<u>C</u>₂H₂　　4　<u>B</u>F₃　　5　CH₃<u>C</u>N

解説　エタン（C₂H₆）の1つの炭素原子（C）に注目すると，図1.6(a)のような四面体（sp³）の構造である．

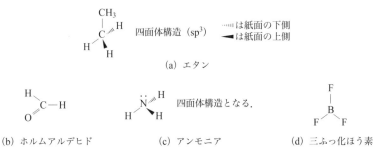

図 1.6　分子の構造

1　異なる．ホルムアルデヒド（HCHO）のCは，s軌道と2つのp軌道が混成（sp²）して図1.6(b)のように形成し，3つのσ結合（結合軸方向を向いた原子軌道同士による結合）と1つのπ結合（二重結合や三重結合に関係する結合）があり，平面である．
2　同じである．アンモニア（NH₃）のNは，1つの非共有電子対と3つのp軌道と合わせ混成軌道（sp³）として図1.6(c)のような四面体の構造（3つのσ結合）をとる．これが該当する．
3　異なる．アセチレン（C₂H₂）のCは，s軌道と1つのp軌道が混成（sp）して2つのσ結合があり，残りの2つの電子はπ結合となる．したがって，H−C≡C−Hのような三重結合となり，直線構造である．
4　異なる．三ふっ化ほう素（BF₃）は，図1.6(d)のようにs軌道と2つのp軌道が混成（sp²）し，120°の角度でFがBに結合しているため，平面となる．

5 異なる．CH₃CNのCは，アセチレンと同様にs軌道と1つのp軌道が混成（sp）して2つのσ結合があり，残りの2つの電子はπ結合となる．したがって，H₃C–C≡Nのような三重結合となり，直線構造である． ▶答 2

■問題6　【令和元年 問9】

ベンゼンでは6個の等価な炭素原子が，炭素原子1個あたり3個の価電子を互いに共有した環構造を形成するので，炭素–炭素原子間で共有される電子の数をベンゼン分子全体で平均すると3個となる．1～5の物質中の結合に関して，二原子間で共有される電子の平均の数がベンゼンの炭素–炭素原子間と同じものを一つ選べ．
1　グラファイトの炭素–炭素原子間
2　ダイヤモンドの炭素–炭素原子間
3　ポリエチレンの炭素–炭素原子間
4　酸素分子の酸素–酸素原子間
5　オゾンの酸素–酸素原子間

解説　ベンゼンの炭素–炭素原子間は，3つの電子が共有されている（図1.7(a)参照）．
1　該当しない．グラファイトの炭素–炭素原子間は，均等な3方向（3つの120°）にσ結合があり，その3つに1/3程度の二重結合があるため，炭素–炭素の結合には4つの電子が共有されている（図1.7(b)参照）．
2　該当しない．ダイヤモンドの炭素–炭素原子間は，4つの電子が共有されている（図1.7(c)参照）．
3　該当しない．ポリエチレンの炭素–炭素原子間は，2つの電子が共有されている（図1.7(d)参照）．
4　該当しない．酸素分子（O₂）の酸素–酸素原子間は，2つの電子が共有されている（図1.7(e)参照）．
5　該当する．オゾン（O₃）の酸素–酸素原子間は，3つの電子が共有されている（図1.7(f)参照）．

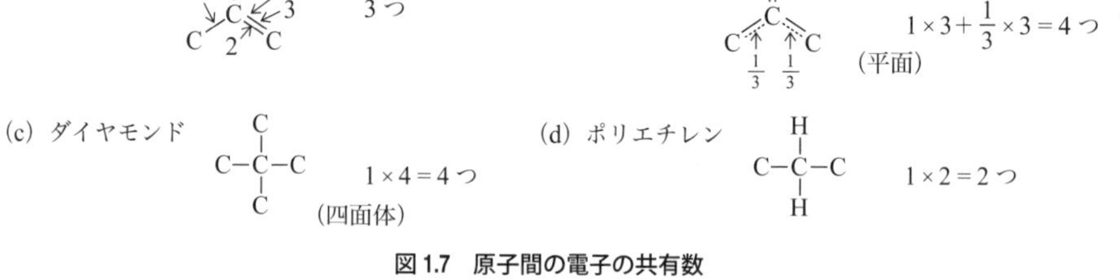

図1.7　原子間の電子の共有数

(e) O₂   O = O   2つ   (f) O₃   O=O⁺−O⁻ ⟷ O⁻−O⁺=O   3つ

図1.7 原子間の電子の共有数（つづき）

▶ 答 5

問題7 【令和元年 問11】

遷移金属の錯イオン（ア）〜（エ）について，下線部の原子の酸化数の大きい順として，正しいものを1〜5の中から一つ選べ．

(ア) [CrO₄]²⁻　(イ) [Fe(CO)₄]²⁻　(ウ) [NiBr₄]²⁻　(エ) [Cu(CN)₃]²⁻

1　(ア) > (イ) > (ウ) > (エ)
2　(ア) > (ウ) > (エ) > (イ)
3　(ア) > (イ) > (エ) > (ウ)
4　(イ) > (ア) > (ウ) > (エ)
5　(イ) > (ア) > (エ) > (ウ)

解説 （ア）[CrO₄]²⁻について，Crの酸化数をX_1とすれば，Oの価数は-2であるから次のように算出される．

$$X_1 + (-2) \times 4 = -2 \quad X_1 = +6$$

（イ）[Fe(CO)₄]²⁻について，Feの酸化数をX_2とすれば，COは中性で価数は0であるから次のように算出される．

$$X_2 + (0) \times 4 = -2 \quad X_2 = -2$$

（ウ）[NiBr₄]²⁻について，Niの酸化数をX_3とすれば，Brの価数は-1であるから次のように算出される．

$$X_3 + (-1) \times 4 = -2 \quad X_3 = +2$$

（エ）[Cu(CN)₃]²⁻について，Cuの酸化数をX_4とすれば，CNの価数は-1であるから次のように算出される．

$$X_4 + (-1) \times 3 = -2 \quad X_4 = +1$$

以上から，（ア）[CrO₄]²⁻ > （ウ）[NiBr₄]²⁻ > （エ）[Cu(CN)₃]²⁻ > （イ）[Fe(CO)₄]²⁻となる．

▶ 答 2

問題8 【平成30年12月 問12】

下記の構造式において，sp²混成軌道をとる炭素原子の個数として，正しいものを一つ選べ．

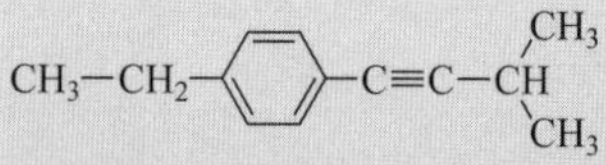

$$CH_3-CH_2-\underset{}{\bigcirc}-C\equiv C-CH\underset{CH_3}{\overset{CH_3}{<}}$$

1　2個　　2　4個　　3　5個　　4　6個　　5　8個

解説　sp² 軌道（σ 結合に 2s 軌道の電子 1 個，2p 軌道の電子 2 個が関与することを表し，他の 1 個は π 結合に関与する．図 1.8 参照）は，2s 軌道と 2p 軌道が混成し，平面で互いに 120°C 方向に広がった軌道で，炭素では二重結合が見られるものである．ベンゼン環にある 6 個の炭素は sp² 混成軌道をとる．

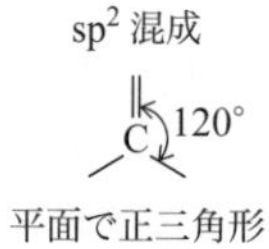

sp² 混成

平面で正三角形

図 1.8　sp² 軌道

▶答 4

■ **問題 9**　　　　　　　　　　　　　　【平成 30 年 12 月 問 18】

炭素とけい素に関する次の記述の中から，誤っているものを一つ選べ．
1　炭素原子は互いに共有結合で結合し，六員環を形成することができる．
2　一般にダイヤモンドは絶縁体であるが，黒鉛（グラファイト）は電気伝導性をもつ．
3　けい素は地殻中で炭素よりも存在度の小さい元素である．
4　けい素−けい素の単結合は，炭素−炭素の単結合よりも結合エネルギーが小さい．
5　けい素単体の結晶は，常温常圧でダイヤモンド型の結晶構造をとる．

解説　1，2　正しい．
3　誤り．けい素（Si：地殻中の存在度 27.7 wt%）は，地殻中で炭素（C：地殻中の存在度 0.03 wt%）よりも存在度の大きい元素である．なお，その他の元素の地殻中の存在度は，酸素（O）46.6 wt%，アルミニウム（Al）8.1 wt%，鉄（Fe）5.0 wt% である．
4，5　正しい．　　　　　　　　　　　　　　　　　　　　　　　　　　▶答 3

1.5.2　物質と性質

■ **問題 1**　　　　　　　　　　　　　　　　　　　【令和 6 年 問 9】

次の化合物のうち，常温常圧で三原子分子である物質を一つ選べ．
1　$MgCl_2$　　2　SO_2　　3　SiO_2　　4　CaH_2　　5　CaC_2

解説　常温常圧で三原子分子とは，気体の状態であれば 3 個の原子で分子となる．結晶であれば，お互いに作用し合って弱い結合状態となっている．

1 該当しない．MgCl₂の融点は714℃であるから，常温常圧では結晶状態である．
2 該当する．SO₂の沸点は−10℃であるから，常温常圧で気体であるため，三原子分子である．
3 該当しない．SiO₂の融点は1,710℃であるから，常温常圧では結晶状態である．
4 該当しない．CaH₂（水素化カルシウム）の分解温度は600℃以上（融点1,000℃以上）であるから，常温常圧では結晶状態である．
5 該当しない．CaC₂（カルシウムカーバイド）の融点は約2,300℃であるから，常温常圧では結晶状態である． ▶答 2

■ 問題 2 【令和6年 問10】

気体の酸素を吹き込んでつくったシャボン玉に強い磁石を近づけると，シャボン玉は磁石に引き寄せられる．その理由として正しいものを一つ選べ．
1 酸素原子の電気陰性度が十分大きいから．
2 酸素分子は等核二原子分子だから．
3 酸素分子内に二重結合があるから．
4 酸素分子内に不対電子があり，三重項状態にあるから．
5 酸素分子内に非共有電子対があるから．

解説 1～3 誤り．
4 正しい．気体の酸素は，酸素分子内に不対電子があり，三重項状態となっており，そのため常磁性の性質を持つので，磁石に引き寄せられる．
5 誤り． ▶答 4

■ 問題 3 【令和4年 問25】

ハロゲンを含む化合物に関する次の記述の中から，誤っているものを一つ選べ．
1 よう化カリウムは，空気中の酸素と光によって徐々によう素を遊離させる．
2 臭化ナトリウムは，塩化ナトリウム型結晶構造をとる．
3 過塩素酸カリウムは，有機物と混合して加熱すると爆発することがある．
4 ふっ化水素酸は，同一濃度の塩酸よりも強い酸性を示す．
5 1 atmにおいて，ふっ化水素の沸点は，塩化水素の沸点よりも高い．

解説 1 正しい．よう化カリウム（KI）は，空気中の酸素と光によって徐々によう素を遊離させる．よう素が遊離すると黒ずむので，遮光の上，密栓して保存する．
2 正しい．臭化ナトリウム（NaBr）は，塩化ナトリウム型結晶構造（面心立方格子）をとる．

3　正しい．過塩素酸カリウム（KClO₄）は，有機物と混合して加熱すると爆発することがある．

4　誤り．ふっ化水素酸（ふっ化水素（HF）水溶液）は，H^+とF^-のイオン結合が強いため，H^+が分離しにくく，弱酸である．一方，塩酸（HCl）は，ふっ化水素酸ほどH^+とCl^-のイオン結合が強くないため，H^+が分離して，ふっ化水素酸より強い酸となる．

5　正しい．1 atmにおいて，ふっ化水素の沸点（19.5℃）は，塩化水素の沸点（−85℃）よりもはるかに高い．これはふっ化水素が水素結合で多量体となり，大きな分子となっているためである．

▶答 4

■問題4　　　　　　　　　　　　　　　　　【令和3年 問22】

1 atmにおける化合物の沸点を比較した1〜5の記述の中から，誤っているものを一つ選べ．

1　プロパンの沸点は，オクタンの沸点よりも低い．
2　ふっ化水素の沸点は，塩化水素の沸点よりも低い．
3　1,2-ジクロロエチレンのトランス体の沸点は，1,2-ジクロロエチレンのシス体の沸点よりも低い．
4　ジメチルエーテルの沸点は，エタノールの沸点よりも低い．
5　2,2-ジメチルプロパン（ネオペンタン）の沸点は，ペンタンの沸点よりも低い．

解説　1　正しい．プロパン（C_3H_8）の沸点（−42℃），オクタン（C_8H_{18}）の沸点（125.6℃）よりも低い．炭化水素化合物では分子量の小さい方の沸点が低い．

2　誤り．ふっ化水素（HF）の沸点（19.5℃）は，塩化水素（HCl）の沸点（−85℃）よりも高い．ふっ化水素の沸点は，水素結合が強く働くため高くなる．

3　正しい．1,2-ジクロロエチレン（$C_2H_2Cl_2$）のトランス体（図 **1.9**(a) 参照）の沸点（47.5℃）は，1,2-ジクロロエチレンのシス体（図 **1.9**(b) 参照）の沸点（60.3℃）よりも低い．これはトランス体の方がシス体よりも極性が低いためである．

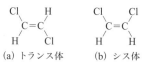

(a) トランス体　　(b) シス体

図1.9　1,2-ジクロロエチレン

4　正しい．ジメチルエーテル（CH_3-O-CH_3）の沸点（−24℃）は，極性の強いエタノール（CH_3CH_2OH）の沸点（78.37℃）よりも低い．

5　正しい．2,2-ジメチルプロパン（$C(CH_3)_4$：ネオペンタン．**図1.10**(a) 参照）の沸点（9.5℃）は，鎖状のペンタン（$CH_3(CH_2)_3CH_3$：図1.10(b) 参照）の沸点（36.1℃）よ

りも低い．鎖状のペンタンは，丸みのあるネオペンタンより水分子との相互作用が多いため，沸点が高くなる．

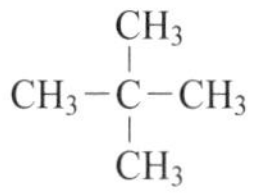

(a) 2,2-ジメチルプロパン（ネオペンタン）

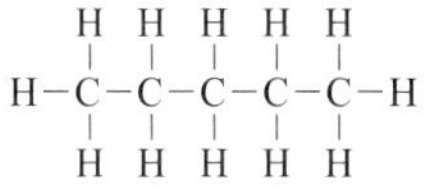

(b) 鎖状ペンタン

図1.10　C_5H_{12} の構造異性体

問題 5 【令和2年 問17】

コロイドの性質に関する次の記述の中から，誤っているものを一つ選べ．
1　球状の金コロイドは粒子サイズが 10 nm 程度のとき赤色を示す．
2　ブラウン運動はコロイドの熱運動によって生じる．
3　粘土が分散している水では，硫酸ナトリウムよりも硫酸アルミニウムの方が少ない物質量の添加で凝析が起こる．
4　界面活性剤分子は溶液中でコロイドを形成できる．
5　コロイドは空気中にも存在する．

解説　1　正しい．球状の金コロイドは粒子サイズが 10 nm 程度のとき赤色を示す．なお，コロイドとは，粒子が分散している状態をいう．
2　誤り．ブラウン運動（微細粒子が液体または気体中で不規則に動き回る現象）は，コロイド（粒子）の熱運動ではなく，溶液の場合では熱運動する水分子がコロイドに衝突することによって生じる．
3　正しい．粘土が分散している水では，硫酸ナトリウム（Na_2SO_4）よりも硫酸アルミニウム（$Al_2(SO_4)_3$）の方が少ない物質量の添加で凝析（少量の電解質によってコロイド粒子が凝集し沈殿する現象）が起こる．これは，粘土粒子の表面が水中でマイナスイオンとなって分散しているが，Al^{3+} が電気的にそれを中和するため，ファンデルワールス力で凝集するためである．
4　正しい．
5　正しい．コロイドは空気中にも存在する．これをエアロゾルという．

問題 6 【令和元年 問15】

硫化水素（H_2S）分子の双極子モーメントが 3.2×10^{-30} Cm であるとき，S–H の結合モーメントは幾らになるか．次の中から最も近いものを一つ選べ．

ただし，H–S–Hの結合角は90°とする．また，$\sqrt{2} = 1.4$とする．
1 1.1×10^{-30} C m   2 2.3×10^{-30} C m   3 4.5×10^{-30} C m
4 6.4×10^{-30} C m   5 9.0×10^{-30} C m

解説　図1.11に示すように，S–Hの結合モーメントをxとすれば，分子の双極子モーメントは$\sqrt{2}x$となるから，次式でxを求めることができる．

$$\sqrt{2}x = 3.2 \times 10^{-30} \text{ C·m}$$

$$x = \frac{3.2 \times 10^{-30}}{\sqrt{2}} \fallingdotseq \frac{3.2 \times 10^{-30}}{1.4} \fallingdotseq 2.3 \times 10^{-30} \text{ C·m}$$

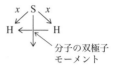

図1.11　硫化水素分子の双極子モーメント

▶答 2

■ **問題7**　【令和元年 問17】

物質の性質に関する次の記述の中から，正しいものを一つ選べ．
1 臭素は常温・常圧で無臭である．
2 酸素を常温・常圧で水に溶かすと，その水溶液は酸性を示す．
3 水素と窒素を均一に混合した気体を容器に入れて常温で静置すると，上部に水素が濃縮される．
4 $0.050\,\text{mol L}^{-1}$硫酸水溶液の25℃におけるpHは1.0である．
5 塩酸は，一般に酸化力をもたない酸に分類される．

解説　1　誤り．臭素（Br_2）は常温・常圧で液体（融点-7.3℃）であり，刺激臭をもつ物質である．
2 誤り．酸素を常温・常圧で水に溶かすと，その水溶液は中性を示す．
3 誤り．水素と窒素を均一に混合した気体を容器に入れて常温で静置しても，上部に水素が濃縮されることはない．常温では，水素と窒素の分子の熱運動が激しいため，お互いに交じり合うからである．
4 誤り．完全解離するとすれば，次に示すように，pHは1.0である．

$$H_2SO_4 \rightarrow 2H^+ + SO_4^{2-}$$
$\quad 0.050\,\text{mol/L} \quad\quad 0.10\,\text{mol/L}$

$\text{pH} = -\log 0.10 = -\log 10^{-1} = 1$

しかし，硫酸が水中で完全解離するためには，濃度が1.0×10^{-4} mol/L以下であることが必要である．濃度が0.050 mol/L（電離度約0.15）では，[H^+]が0.10 mol/L以下となるからpHは1よりも大きい値（1.8）となる．
5 正しい．

▶答 5

■ 問題 8 　　　　　　　　　　　　　　　　　　　　【令和元年 問22】

次の（ア）〜（オ）の分子の中で，永久双極子モーメントをもつものはどれとどれか．1〜5の組合せの中から一つ選べ．
（ア）NH$_3$　（イ）BF$_3$　（ウ）CO$_2$　（エ）CH$_4$　（オ）H$_2$O
1　（ア）と（イ）　2　（イ）と（ウ）　3　（ウ）と（エ）
4　（エ）と（オ）　5　（ア）と（オ）

解説　（ア）永久双極子モーメントあり．アンモニア（NH$_3$）は三角錐の構造（図 1.12(a)参照）をしており，N–Hの双極子モーメントが互いに打ち消しあわないため，永久双極子モーメントが存在する．

（イ）永久双極子モーメントなし．三ふっ化ほう素（BF$_3$）は，平面構造（図 1.12(b)参照）をしており，正三角形であるため，B–Fの双極子モーメントは互いに打ち消しあい，永久双極子モーメントは存在しない．

（ウ）永久双極子モーメントなし．二酸化炭素（CO$_2$）は，直線構造（図1.12(c)参照）をしているため，C–Oの双極子モーメントは互いに打ち消しあい，永久双極子モーメントは存在しない．

（エ）永久双極子モーメントなし．メタン（CH$_4$）は，正四面体（図1.12(d)参照）であるため，C–Hの双極子モーメントは互いに打ち消しあい，永久双極子モーメントは存在しない．

（オ）永久双極子モーメントあり．水（H$_2$O）は，図1.12(e)のように104.5°で，イオン化しているため，永久双極子モーメントが存在する．

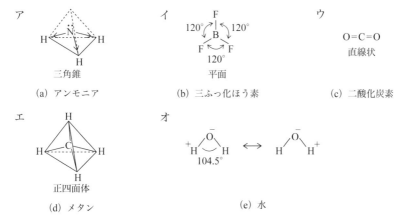

図 1.12　分子の構造

▶ 答 5

■ 問題9　　　　　　　　　　　　　　　　　　【平成30年12月 問10】☑☑☑

　水素の単体および化合物に関する次の記述の中から，下線部に誤りを含むものを一つ選べ．

1　常温常圧で安定な水素の単体はH_2のみであり，同素体は知られていない．

2　自然界に存在する水素（H_2）2.000 g の分子数は，6.022×10^{23} 個よりも少ない．

3　水素（H_2）は，ニッケルを不均一触媒として，エチレン（エテン）に付加してエタンを与える．

4　14族元素の水素化合物 CH_4，SiH_4，GeH_4，SnH_4 は，分子量の大きいものほど沸点が高くなる．

5　常温常圧の第2周期元素の水素化合物 LiH，NH_3，H_2O，HF 中の結合は全て共有結合である．

解説　1　正しい．常温常圧で安定な水素の単体はH_2のみであり，同素体（同じ元素がいくつかの異なる化学形態をとる場合，それらをいい，O_2とO_3がその例である）は知られていない．

2　正しい．水素原子（H）には質量数1の^{1}Hだけでなく，質量数2の重水素（^{2}H）や質量数3のトリチウム（^{3}H）などの同位体が存在するため，自然界に存在する水素（H_2）2.000 g の分子数は，6.022×10^{23} 個（分子量 1 mol に相当する分子の数）よりも少ない．

3　正しい．水素（H_2）は，ニッケル（Ni）を不均一触媒として，エチレン（エテン：$H_2C=CH_2$）に付加してエタン（H_3C-CH_3）を与える．

$$H_2C=CH_2 + H_2 \rightarrow H_3C-CH_3$$

4　正しい．14族元素の水素化物である，メタン（CH_4：分子量16.0，沸点 -162℃），モノシラン（SiH_4：分子量32.1，沸点 -112℃），ゲルマン（GeH_4：分子量76.6，沸点 -90℃），スタンナン（SnH_4：分子量122.7，沸点 -52℃）は，分子量の大きいものほど沸点が高くなる．

5　誤り．水素化リチウム（LiH）のLiは金属元素であるからイオン結合で，アンモニア（NH_3），水（H_2O），ふっ化水素（HF）は共有結合である．　　▶答 5

1.5.3 物質の状態とその変化

● 1　気　体

■ 問題 1　　　　　　　　　　　　　　　　　　　　【令和6年 問16】

気体の性質に関する（ア）～（エ）の記述のすべてに該当する気体として，正しいものを1～5の中から一つ選べ．
（ア）無色である．
（イ）空気よりも重い．
（ウ）特有の臭いをもつ．
（エ）水溶液は酸性を示す．
1　メタン　　2　塩素　　3　硫化水素　　4　二酸化窒素　　5　オゾン

解説　1　誤り．メタン（CH_4）は，無色であり，分子量が16であるから空気（分子量29）よりも軽い．特有の臭いはもたない．水溶液にほとんど溶解しないが，水溶液は中性を示す．
2　誤り．塩素（Cl_2）は，黄緑色であり，分子量が71であるから空気よりも重い．特有の刺激臭をもつ．水溶液は酸性を示す．
3　正しい．硫化水素（H_2S）は，無色であり，分子量が34であるから空気よりも重い．卵の腐ったような特有の臭いをもつ．水溶液は酸性を示す．
4　誤り．二酸化窒素（NO_2）は，赤褐色であり，分子量が46であるから空気よりも重い．特有の刺激臭をもつ．水溶液は酸性を示す．
5　誤り．オゾン（O_3）は，淡青色であり，分子量が48であるから空気よりも重い．特有の臭いをもつ．水溶液は中性を示す．　　　　　　　　　　　　　　　　▶ 答 3

■ 問題 2　　　　　　　　　　　　　　　　　　　　【令和6年 問19】

二酸化炭素の固体（ドライアイス）が完全に昇華するとき，発生する気体の体積は0℃，1 atmの条件下でドライアイスの体積の何倍になるか．最も近いものを次の中から一つ選べ．ただし，二酸化炭素の分子量は44，ドライアイスの密度は$1.6\,\mathrm{g\,cm^{-3}}$とする．また，0℃，1 atmの条件下で二酸化炭素1 molが占める体積は22.4 Lとする．
1　350倍　　2　630倍　　3　700倍　　4　810倍　　5　1,600倍

解説　今，M〔g〕のドライアイス（CO_2）をとり上げる．ドライアイスM〔g〕の体積は

$$\frac{M\,〔\mathrm{g}〕}{1.6\,\mathrm{g/cm^3}} = \frac{M}{1.6}\,\mathrm{cm^3} \qquad ①$$

である．

M〔g〕が気体の二酸化炭素になったときの体積は次のように算出される．

$$\frac{M〔\mathrm{g}〕}{44\,\mathrm{g/mol}} \times 22.4\,\mathrm{L/mol} = \frac{M}{44} \times 22.4\,\mathrm{L} = \frac{M}{44} \times 22.4 \times 10^3\,\mathrm{cm}^3 \quad ②$$

発生する気体の体積が，0℃，1 atm の条件下でドライアイスの体積の何倍かは，次のように算出される．

$$\frac{式②}{式①} = \frac{M/44 \times 22.4 \times 10^3}{M/1.6} = \frac{22.4 \times 1.6 \times 10^3}{44} \fallingdotseq 810〔倍〕$$

▶ 答 4

■ **問題 3** 【令和6年 問20】

窒素の体積百分率80%，酸素の体積百分率20%の混合気体28.8 gを10 Lの密閉容器に入れ，27℃に保った．このとき，容器内の圧力として最も近いものを次の中から一つ選べ．ただし，窒素の分子量は28，酸素の分子量は32，気体定数 $R = 8.3 \times 10^3$ 〔Pa L K^{-1} mol^{-1}〕とする．

1　5.0×10^4 Pa　　2　7.5×10^4 Pa　　3　2.0×10^5 Pa
4　2.2×10^5 Pa　　5　2.5×10^5 Pa

解説　次の気体の状態方程式を使用する．

$$PV = nRT \quad ①$$

ここに，P：全圧〔Pa〕，V：体積〔L〕，n：混合気体のモル数〔mol〕，
　　　　R：気体定数（$= 8.31 \times 10^3$ Pa·L/(K·mol)），T：絶対温度〔K〕

混合気体のモル数 n は，混合気体の平均分子量から次のように算出される．
混合気体の平均分子量の算出

$$0.8 \times 28 + 0.2 \times 32 = 28.8 \quad ②$$

混合気体 28.8 g のモル数 n は，式②から

$$n = \frac{28.8\,\mathrm{g}}{28.8\,\mathrm{g/mol}} = 1.0\,\mathrm{mol} \quad ③$$

式①に式③および与えられた数値を代入すると，容器内の圧力 P は次のように算出される．

$$P = \frac{nRT}{V} = \frac{1.0 \times 8.3 \times 10^3 \times (27 + 273)}{10} \fallingdotseq 2.5 \times 10^5\,\mathrm{Pa}$$

▶ 答 5

■ **問題 4** 【令和5年 問18】

気体の状態に関する1〜5の記述の中から，実在気体の説明として誤っているもの

を一つ選べ.

1 　物質量と体積を一定にして温度を上げると，圧力が上がる.
2 　物質量と温度を一定にして体積を増やすと，圧力が下がる.
3 　温度が同じ場合，一般に分子の平均の速さは気体分子の種類により異なる.
4 　温度，体積，物質量が同じ場合，気体分子の種類によらず気体の圧力は等しい.
5 　1 atm 下で 1 mol の実在気体の温度を上げると，その体積は，同じ物質量，温度，圧力の理想気体の体積に近づく.

解説 　1 　正しい. 実在気体（理想気体ではないこと）について，物質量 n と体積 V を一定にして温度 T を上げると，圧力 P が上がる. なお，状態方程式 $PV = nRT$（ここに，R：気体定数）は，理想気体で成立する方程式である.

2 　正しい. 物質量 n と温度 T を一定にして体積を増やすと，圧力 P が下がる.

3 　正しい. 分子の平均の速さ $\sqrt{\overline{v^2}}$ は，次式で表される.

$$\sqrt{\overline{v^2}} = \sqrt{\frac{3RT}{M}}$$

ここに，R：気体定数，T：絶対温度，M：分子量

したがって，気体分子の種類により分子量 M が異なるため，温度 T が同じ場合，一般に分子の平均の速さ $\sqrt{\overline{v^2}}$ は気体分子の種類により異なる.

4 　誤り. 実在気体の状態方程式として，次のファンデルワールスの式が用いられている.

$$\left(P + \frac{n^2 a}{V^2}\right)(V - nb) = nRT \qquad ①$$

ここに，P：圧力，n：物質量，V：体積，R：気体定数，T：絶対温度，
　　　　a および b：物質固有の定数

ここで，温度 T，体積 V，物質量 n が同じであっても，気体分子の種類によって定数 a と b が異なるため，気体の圧力 P も異なる.

5 　正しい. 式①において，$P = 1$ atm，$n = 1$ mol を代入すると，

$$\left(1 + \frac{a}{V^2}\right)(V - b) = RT \qquad ②$$

となる. ここで，T を増加させると，V も増加するから，$a/V^2 \to 0$，$(V - b) \to V$ となるため，式②は次の式に近づく.

$$1 \times V = RT \qquad ③$$

式③は圧力 1 atm の理想気体の状態方程式である. 　　　　　　　　▶ 答 4

問題 5 　　　　　　　　　　　　　　　　　　　　　　　【令和 4 年 問 19】

理想気体に関する次の記述の中から，誤っているものを一つ選べ.

1 　理想気体では，分子間に相互作用は働かない.

2 理想気体は，液体や固体に状態変化しない．
3 理想気体は，絶対零度では体積が0になる．
4 実在気体1 molの体積は，一定の圧力下では低温になるにしたがって理想気体1 molの体積に近づく．
5 実在気体1 molの体積は，一定の温度下では低圧になるにしたがって理想気体1 molの体積に近づく．

解説 1 正しい．
2 正しい．理想気体は，分子間相互作用がなく，低温では体積が0に近づき，絶対零度では体積が0となるから，液体や固体への状態変化（相変化）はない．
3 正しい．理想気体は，絶対零度では，分子の大きさや分子間の相互作用がないこと（液体や固体にならないこと）を前提としているため，体積は0である．
4 誤り．実在気体を低温にすると，分子の運動エネルギーが小さくなり，相対的に分子間相互作用が大きくなるため，理想気体から離れる．また，さらに低温にすると液体または固体になるため，理想気体1 molの体積に近づかない．
5 正しい．実在気体1 molの体積は，一定温度下では低圧になるにしたがって，分子間隔が大きくなり，分子間相互作用が小さくなるため，理想気体1 molの体積に近づく．

▶答 4

問題6 【令和2年 問18】

容器内の液体窒素が完全に気化したとき，0°C，1 atmの条件下で2,240 Lの窒素ガスが発生した．はじめに存在した液体窒素の体積は幾らか．次の中から最も近いものを一つ選べ．ただし，窒素の原子量は14.0，液体窒素の密度は0.800 g cm^{-3}とする．また，0°C，1 atmの条件下での窒素ガス1 molの占める体積は22.4 Lとする．

1　1.40 L　　2　1.75 L　　3　2.80 L　　4　3.50 L　　5　5.60 L

解説 体積からモル数を求め，それにモル質量（g/mol）を乗じて得た質量を密度で除して液体窒素の溶液を算出する．

$$窒素ガスのモル数 = \frac{2{,}240\,\text{L}}{22.4\,\text{L/mol}} = 100\,\text{mol}$$

$$窒素ガスの質量 = 100\,\text{mol} \times 28.0\,\text{g/mol} = 2{,}800\,\text{g}$$

$$液体窒素の体積 = \frac{2{,}800\,\text{g}}{0.800\,\text{g/cm}^3} = \frac{2{,}800}{0.800}\,\text{cm}^3 = 3.50 \times 10^3\,\text{cm}^3 = 3.5\,\text{L}$$

▶答 4

● 2　液体または気体と液体の混合物

■問題 1　【令和 6 年 問 15】

17.1 g のスクロース（分子量 342）を 180 g の水に溶かした．この水溶液の 25°C における水蒸気圧は幾らか．次の中から最も近いものを一つ選べ．ただし，25°C の純水の水蒸気圧は 3.17 kPa とし，スクロース水溶液はラウールの法則に従うものとする．

1　2.29 kPa　　2　2.61 kPa　　3　2.89 kPa　　4　3.03 kPa　　5　3.15 kPa

解説　25°C におけるこの水溶液の水蒸気圧 p_w は，ラウールの法則から 25°C における純水の水蒸気圧 p_{w0} に水溶液中の水のモル分率 m_w を掛けた値である．

水溶液中の水のモル分率は，スクロースのモル数が $\dfrac{17.1\,\text{g}}{342\,\text{g/mol}} = 0.05\,\text{mol}$，水のモル数が $\dfrac{180\,\text{g}}{18\,\text{g/mol}} = 10\,\text{mol}$ であるから，次のように表される．

$$\text{水のモル分率} = \frac{10\,\text{mol}}{10\,\text{mol} + 0.05\,\text{mol}} \fallingdotseq 0.995 \qquad ①$$

式①を使用して，25°C におけるこの水溶液の水蒸気圧 p_w は次のように算出される．

$$p_w = m_w \times p_{w0}\,[\text{kPa}] = 0.995 \times 3.17\,\text{kPa} \fallingdotseq 3.15\,\text{kPa}$$

▶ 答 5

■問題 2　【令和 2 年 問 16】

水 180 g にグルコース（モル質量 180 g mol^{-1}）18.0 g を溶かした水溶液の 25°C における蒸気圧は幾らか．次の中から最も近いものを一つ選べ．ただし，25°C における水の蒸気圧は 3.17 kPa であり，水溶液は理想溶液とし，ラウールの法則に従うものとする．

1　1.41 kPa　　2　1.76 kPa　　3　2.24 kPa　　4　2.85 kPa　　5　3.14 kPa

解説　グルコースを溶解した水溶液の水のモル分率 n は，水のモル数 $\dfrac{180\,\text{g}}{18\,\text{g/mol}} = 10\,\text{mol}$，グルコースのモル数 $\dfrac{18.0\,\text{g}}{180\,\text{g/mol}} = 0.1\,\text{mol}$ から，

$$n = \frac{10}{10 + 0.1} = \frac{10}{10.1}$$

である．25°C の水の飽和蒸気圧 p_0 は 3.17 kPa であるから，水溶液の蒸気圧 $p = np_0$ は

$$p = \frac{10}{10.1} \times 3.17 \fallingdotseq 3.14\,\text{kPa}$$

となる．

▶ 答 5

■ **問題3** 【令和元年 問16】 ✓ ✓ ✓

気圧が P（atm）のときの水の沸点 t（K）を与える式として，正しいものを 1 ～ 5 の中から一つ選べ．ただし，水蒸気圧 p（atm）と温度 T（K）との間には，A を定数として，次の関係式が成立するものとする．また，1 atm での水の沸点は 373 K とする．

$$\log_{10} p = A - \frac{2{,}121}{T}$$

1 $\quad t = \dfrac{1}{\dfrac{1}{373} - \dfrac{\log_{10} P}{2{,}121}}$ 　　 2 $\quad t = \dfrac{1}{\dfrac{1}{373} + \dfrac{\log_{10} P}{2{,}121}}$ 　　 3 $\quad t = 373 + \dfrac{\log_{10} P}{2{,}121}$

4 $\quad t = \dfrac{373}{1 + \dfrac{\log_{10} P}{2{,}121}}$ 　　 5 $\quad t = \dfrac{373}{1 - \dfrac{\log_{10} P}{2{,}121}}$

解説 　与えられた式（式①）から A を求める．水蒸気圧 $p = 1$ atm，温度 $T = 373$ K（$= 100℃$．水の沸点）を式①に代入すれば算出できる．

$$\log_{10} p = A - \frac{2{,}121}{T} \tag{①}$$

$$\log_{10} 1 = A - \frac{2{,}121}{373}$$

$$0 = A - \frac{2{,}121}{373}$$

$$A = \frac{2{,}121}{373} \tag{②}$$

式②の A の値および $p = P$，$T = t$ を式①に代入する．

$$\log_{10} P = \frac{2{,}121}{373} - \frac{2{,}121}{t} \tag{③}$$

式③を変形する．

$$\frac{2{,}121}{t} = \frac{2{,}121}{373} - \log_{10} P$$

$$\frac{1}{t} = \frac{1}{373} - \frac{\log_{10} P}{2{,}121}$$

$$t = \frac{1}{\dfrac{1}{373} - \dfrac{\log_{10} P}{2{,}121}}$$

▶ 答 1

■ **問題4** 【平成30年12月 問11】 ✓ ✓ ✓

水にわずかに溶け，ジエチルエーテルによく溶ける非電解質 A の水溶液からジエ

第1章　環境計量に関する基礎知識（環化）

48

チルエーテルを使って溶媒抽出を行うとき，ジエチルエーテル相，水相のそれぞれにおけるAの濃度をC_e $(\mathrm{g\,L^{-1}})$ および C_w $(\mathrm{g\,L^{-1}})$ と表すと，分配比 D は $D = \dfrac{C_e}{C_w}$ で示される．W_0 (g) のAを溶かした V_w (mL) の水溶液を V_e (mL) のジエチルエーテルで抽出したとき，水溶液中に残っているAの質量 W (g) を求める式として，正しいものを一つ選べ．ただし，$C_e > C_w$ であり，抽出後の溶液の体積はジエチルエーテル相，水相ともに変わらないものとする．

1 $\quad W = \dfrac{V_w}{V_w + V_e} W_0$ 　　 2 $\quad W = \dfrac{V_w}{V_w + DV_e} W_0$ 　　 3 $\quad W = \dfrac{V_w}{DV_w + V_e} W_0$

4 $\quad W = \dfrac{DV_w}{V_w + V_e} W_0$ 　　 5 $\quad W = \dfrac{DV_w}{DV_w + V_e} W_0$

解説 抽出後，ジエチルエーテルに残る非電解質Aは，$(W_0 - W)$ 〔g〕，水溶液に残るAは W 〔g〕であるから，次の式が成立する．

$$D = \frac{(W_0 - W)/V_e}{W/V_w}$$

これを変形すると，

$$D \times \frac{W}{V_w} = \frac{W_0 - W}{V_e}$$

となる．W を左辺に移項すると，

$$D \times \frac{W}{V_w} + \frac{W}{V_e} = \frac{W_0}{V_e}$$

となる．W でくくると，

$$W\left(\frac{D}{V_w} + \frac{1}{V_e}\right) = \frac{W_0}{V_e}$$

となり，W は

$$W = \frac{W_0/V_e}{D/V_w + 1/V_e} = \frac{V_w}{V_w + DV_e} W_0$$

となる． ▶答 2

● 3 固体（結晶）

■ 問題1 　　　　　　　　　　　　　　　　　　　　【令和6年 問18】 ✓ ✓ ✓

下図の正六角柱は六方最密構造を示しており，その単位格子は正六角柱の1/3にあたる．単位格子中に含まれる原子数として，正しいものを1〜5の中から一つ選べ．

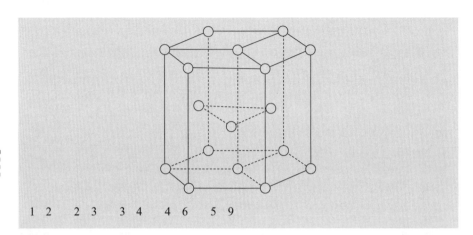

解説　六方最密構造を示した正六角柱における単位格子とは，図1.13で示す角柱である．図から単位格子は，正六角柱の1/3にあたる．この中の原子（番号1）は，中心に1個含まれるので，8個の角にある原子（番号2～9）の単位格子に含まれる数を求めればよい．

今，番号2をとり上げると，1/2がこの正六角柱に含まれ，単位格子に含まれる角度が120°であるから，その1/3が単位格子に含まれる．すなわち，番号2の原子は，1/2×1/3個が単位格子に含まれる．このような原子は2, 4, 6, 8であるから全部で4個である．原子数は

$$\frac{1}{2} \times \frac{1}{3} \times 4 = \frac{2}{3} \qquad ①$$

となる．

図1.13　六方最密構造の単位格子

次に，原子3は，1/2がこの正六角柱に含まれ，単位格子に含まれる角度は60°であるから，その1/6が単位格子に含まれる．すなわち，番号3の原子は，1/2×1/6個が単位格子に含まれる．このような原子は，3, 5, 7, 9であるから全部で4個である．

原子数は，

$$\frac{1}{2} \times \frac{1}{6} \times 4 = \frac{1}{3} \qquad ②$$

となる．したがって，単位格子に含まれる原子数は，中心の1個を加えて次のように算出される．

$$1 + 式① + 式② = 1 + \frac{2}{3} + \frac{1}{3} = 2$$

▶答1

問題2 【令和5年 問17】

下図のように一辺の長さが a の体心立方構造をもつ金属結晶に関して，金属の原子半径を示す式として正しいものを一つ選べ．ただし，結晶中の金属原子は球体で，最も近い原子と互いに接しているものとする．

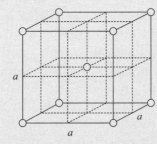

(図中の○は金属原子の中心位置を示す)

1　$\sqrt{2}a/4$　　2　$\sqrt{3}a/4$　　3　$\sqrt{6}a/4$　　4　$\sqrt{2}a/2$　　5　$\sqrt{3}a/2$

解説　図1.14から，最も近い金属原子で互いに接するものは，中心の原子Cと角の原子Aである．したがって，距離ACの半分が原子の半径となる．距離ACを求めるためには，BCがわかればよい．

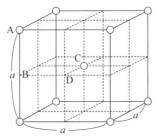

(図中の○は金属原子の中心位置を示す)

図1.14　体心立方構造

$$BC = \sqrt{(BD^2 + DC^2)} = \sqrt{\left(\frac{a}{2}\right)^2 + \left(\frac{a}{2}\right)^2} = \frac{a}{\sqrt{2}}$$

$$AC = \sqrt{(AB^2 + BC^2)} = \sqrt{\left(\frac{a}{2}\right)^2 + \left(\frac{a}{\sqrt{2}}\right)^2} = \frac{\sqrt{3}a}{2} \quad ①$$

式①の半分が原子の半径となるから

$$原子半径 = 式① \times \frac{1}{2} = \frac{\sqrt{3}a}{2} \times \frac{1}{2} = \frac{\sqrt{3}a}{4}$$

となる．

▶ 答 2

問題3　【令和5年 問19】

氷に関する次の記述中の空欄（ア）〜（ウ）に入る語句の組合せとして，正しいものを一つ選べ．

氷結晶中で水分子の酸素原子は，すき間の多い正四面体型に配列し，4個の水素原子によって囲まれている．酸素原子は，2個の水素原子と（ア）結合し，隣接する2個の水分子の水素原子と（イ）結合している．0°Cで氷が融解すると，一部の（イ）結合が切れ，水分子1個あたりの空間が（ウ）する．このため，水の密度は氷の密度よりも大きくなる．

	（ア）	（イ）	（ウ）
1	σ	共有	減少
2	π	共有	増加
3	σ	イオン	減少
4	π	水素	増加
5	σ	水素	減少

解説　正四面体構造をとる氷の結晶を図1.15に示す．
（ア）「σ」である．
（イ）「水素」である．
（ウ）「減少」である．

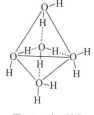

図1.15　氷の結晶

▶ 答 5

問題4　【令和4年 問11】

封管中300°Cでグラファイト（黒鉛）にカリウム蒸気を作用させると，グラフェン（黒鉛単層）層間にカリウム原子が挿入され，グラフェン層とカリウム原子層が交互に積み重なった結晶構造をもつ化合物が生成する．この化合物の隣り合うグラフェン層とカリウム原子層の一組の構造を下図に示す．この化合物の化学式として正しいものを一つ選べ．

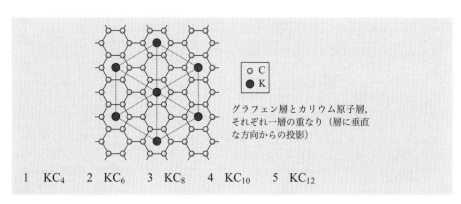

グラフェン層とカリウム原子層，それぞれ一層の重なり（層に垂直な方向からの投影）

1 KC$_4$ 2 KC$_6$ 3 KC$_8$ 4 KC$_{10}$ 5 KC$_{12}$

解説　本問の図において，六角形の破線の内側を考えると，Cは全部で24個である．Kは全部で見かけ上7個あるが，中心は1個と数えられ，周辺の6個は，破線の内側にあるのはそれぞれ120°の部分だから，実質的にはそれぞれ1/3個として数えられる．したがって，Kは $1 + 6 \times 1/3 = 3$ 個である．よって，この化合物の化学式は，K$_3$C$_{24}$，すなわちKC$_8$ となる． ▶答 3

問題 5 【令和4年 問18】

下の図はある結晶の単位格子である．●をA原子，○をB原子とすると，この物質の組成式として，正しいものを次の中から一つ選べ．ただし，B原子は単位格子を8等分した立方体の各中心に位置する．

1 AB 2 AB$_2$ 3 A$_2$B 4 A$_2$B$_3$ 5 A$_7$B$_4$

解説　図1.16から，A原子は，単位格子の中で次のように数えられる．

[1] 1/8個となるもの
番号1, 2, 3, 4, 5, 6, 7, 8 の8個である．したがって，

$$\frac{1}{8} \times 8 = 1 \text{個} \qquad ①$$

[2] 1/2個となるもの
番号9，10，11，12，13，14の6個である．したがって，
$$\frac{1}{2} \times 6 = 3 \text{個} \qquad ②$$
よって合計は，式① + 式②で4個になる．
B原子は，8個が単位格子の中にある．よって，この物質の組成式は，A_4B_8，すなわちAB_2となる．

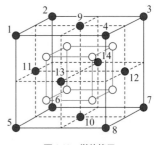

図 1.16　単位格子

▶ 答 2

問題6　【令和3年 問11】

黄りんP_4は，下図に示すような四面体型の分子構造をもつ．

黄りんP_4を原子化する過程$\frac{1}{4}P_4(g) \to P(g)$に対応するりんの原子化エンタルピーは幾らか．次の中から最も近いものを一つ選べ．ただし，P–P結合の結合解離エンタルピーは$200\,\mathrm{kJ\,mol^{-1}}$である．

1　$50\,\mathrm{kJ\,mol^{-1}}$　　2　$100\,\mathrm{kJ\,mol^{-1}}$　　3　$200\,\mathrm{kJ\,mol^{-1}}$
4　$300\,\mathrm{kJ\,mol^{-1}}$　　5　$400\,\mathrm{kJ\,mol^{-1}}$

解説　黄りん分子（P_4）中の4個の黄りん原子（P）間のP–P結合は全部で6個ある．したがって，6個の結合解離エンタルピーは合計で
$$(200\,\mathrm{kJ/mol})/\text{個} \times 6\text{個} = 1{,}200\,\mathrm{kJ/mol} \qquad ①$$
である．$\frac{1}{4}P_4(g) \to P(g)$は，4個結合していた黄りん原子（P）が解離して1個ずつになるので，原子化エンタルピーは，式①の値を4で除して求められる．
$$\frac{1{,}200\,\mathrm{kJ/mol}}{4} = 300\,\mathrm{kJ/mol}$$

▶ 答 4

問題7　【令和3年 問19】

アルミニウム，銅などの金属結晶は，図に示す面心立方格子構造をとる．この単位格子中に含まれる原子数として，正しいものを次の中から一つ選べ．

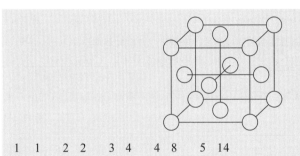

1 1　　2 2　　3 4　　4 8　　5 14

解説　角にある8つの原子は1/8だけ単位格子に含まれる．したがって，合計では
$$\frac{1}{8} \times 8 = 1 個 \qquad ①$$
である．6つある面の真中にある原子は，1/2だけ単位格子に含まれる．したがって，合計では
$$\frac{1}{2} \times 6 = 3 個 \qquad ②$$
である．これらの合計は
　　1個 + 3個 = 4個
となる．

▶答 3

問題8　　　　　　　　　　　　　　　　　　　【令和3年 問20】

下図のように波長 λ のX線が面間隔 d の結晶に角度 θ で入射するとき，X線が回折する条件は，以下の式で与えられる．
$$2d \sin\theta = n\lambda$$
ただし，n は自然数とする．回折に関する次の記述の中から，誤っているものを一つ選べ．

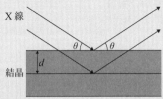

1　回折はX線以外の電磁波にも共通して生じる現象である．
2　面間隔 d の結晶に連続した波長のX線（白色X線）を角度 θ で入射すると，角度 θ の方向には波長 λ のX線のみが回折し観測される．
3　結晶が同一組成で構造が異なる場合，回折角 θ の違いにより結晶構造の違いを区別できる．

4 温度変化により結晶の面間隔 d が広がると,波長 λ の X 線の回折角 θ は大きくなる.
5 結晶内の不均一ひずみにより面間隔 d が僅かに変化した領域が混在すると,不均一なひずみが存在しない場合に比べて回折線幅が広がる.

解説 1 正しい.回折は X 線以外の電磁波にも,波長があるので,共通して生じる現象である.
2,3 正しい.
4 誤り.温度変化により結晶の面間隔 d が広がると,n と λ は一定であるためその分 $\sin\theta$ の値が小さくなるので,波長 λ の X 線の回折角 θ も小さくなる.
5 正しい. ▶答 4

■ **問題 9** 【令和元年 問 20】

次の化学式で表される物質が形成する結晶のうち,分子結晶ではないものを一つ選べ.
1 I_2　2 SiO_2　3 CO_2　4 Ar　5 H_2O

解説 分子結晶とは,多数の分子が分子間の相互作用で結びついている状態である.これに該当するものは,よう素 (I_2),二酸化炭素(ドライアイス:CO_2),Ar(アルゴン),水(氷:H_2O) などである.二酸化けい素(SiO_2) は,共有結合で四面体の結晶を形成している. ▶答 2

■ **問題 10** 【平成 30 年 12 月 問 17】

下図のように,波長 λ の X 線を θ の角度で結晶に入射したとき,X 線回折測定において回折ピークが出現する条件式として,正しいものを一つ選べ.ただし,d は面間隔,n は自然数とする.また,回折ピークは,反射した X 線の位相が一致して互いの波を強め合うときに現れるものとする.

1 $2d\sin\theta = n\lambda$
2 $\sin\theta/d = n\lambda$
3 $d\cos\theta = n\lambda$
4 $\cos\theta/2d = n\lambda$
5 $d/\cos\theta = n\lambda$

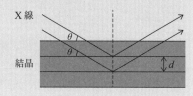

解説 図 1.17 から,a の光は b の光に対して $2 \times d\sin\theta$ だけ結晶中の進行距離が短い.したがって,$2d\sin\theta$ が波長の倍数であれば,a と b の光は波長が重なり合い互いに波を強め合うことができ,回折ピークが出現することとなる.

$2d\sin\theta = n\lambda$

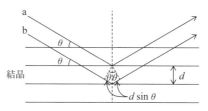

図 1.17 結晶中の X 線の進行

▶ 答 1

問題 11 【平成 30 年 12 月 問 20】

図に示す結晶格子の格子面の面指数（ミラー指数）として，正しいものを一つ選べ．

1　(200)
2　(110)
3　(111)
4　(102)
5　(221)

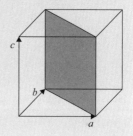

1.5 化学結合・物質の物理化学

解説 ミラー指数とは，結晶面の，a, b, c 軸の切片の逆数をとり，3 つの分母の最小公倍数を掛けて同じ比の最も簡単な整数比としたものである．例えば，結晶面の a 軸を 1，b 軸を 2，c 軸を 3 の長さとすれば，これらの逆数をとると，$\frac{1}{1}, \frac{1}{2}, \frac{1}{3}$ となるが，最小公倍数 6 を掛けて最も簡単な整数比とすると 6, 3, 2 となるので，ミラー指数は (632) となる．なお，結晶面が軸を切らない平行な面であるときは，∞ で切ったとしてその逆数は 0 となる．

a, b 軸の切片（ここでは切った長さ）は同じで 1 とし，この格子面は c 軸とは平行であるから，a, b, c 軸の切片は $(1, 1, \infty)$ となり，その逆数は $\left(\frac{1}{1}, \frac{1}{1}, 0\right) = (1, 1, 0)$ となる．

▶ 答 2

● 4 状態図

問題 1 【令和 2 年 問 19】

圧力一定の条件で静置した希薄食塩水を一定の冷却速度で冷却したところ，凝固点付近で以下の冷却曲線が得られた．この冷却曲線に関する次の記述の中から，誤っているものを一つ選べ．

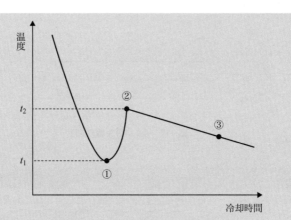

1 凝固点温度から点①の温度 t_1 に至るまでの間は過冷却状態であり，液相のみが存在する．
2 希薄食塩水の凝固では，先に溶媒だけが凝固する．
3 この希薄食塩水の凝固点は，点②の温度 t_2 である．
4 点③では，固相と液相が共存する．
5 純水の冷却曲線では，点②〜③区間で見られる液温の低下は起こらない．

解説 1 正しい．凝固点温度（図1.18のように，直線②–③を延長して冷却曲線と交わった点bから，冷却時間の横軸に平行に移動し，温度の縦軸と交わった点a）から点①の温度 t_1 に至るまでの間は過冷却状態であり，液相のみが存在する．

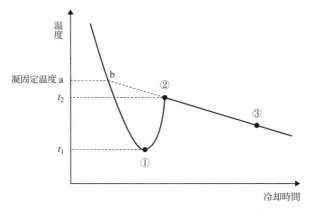

図1.18 冷却曲線

2 正しい．希薄食塩水の凝固では，先に溶媒（水）だけが凝固する．

3 誤り．凝固点温度は，設問1の解説で説明したとおり，直線②-③を延長して冷却曲線と交わった点 b から，冷却時間の横軸に平行に移動し，温度の縦軸と交わった点 a である．
4 正しい．点③では，固相（氷）と液体が共存する．なお，右下がりになるのは，固相が増加するに従い液濃度が上昇し，凝固点が低下するためである．
5 正しい．純水の冷却曲線では，点②～③区間は冷却時間軸に平行であり，右下がりとはならない（液温の低下は起こらない）．　　　　　　　　　　　　　　▶ 答 3

■ **問題 2**　　　　　　　　　　　　　　　　　　　　　　　　　【令和元年 問19】

下の二酸化炭素の状態図を参考に，次の記述の中から誤っているものを一つ選べ．

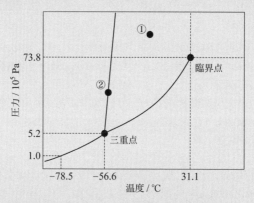

1 点①の温度・圧力下では，二酸化炭素は液体である．
2 点②の温度・圧力下で熱を加えても，二相が共存する間は温度上昇しない．
3 固体の二酸化炭素に圧力を加えていくと，融点は低くなる．
4 気体の二酸化炭素を大気圧下で冷却しても液化しない．
5 気体の二酸化炭素を 35℃で加圧しても液化しない．

解説　1　正しい．
2 正しい．点②の温度・圧力下で熱を加えても，二相が共存する間，すなわち固体から液体になる間は，温度上昇しない．
3 誤り．固体の二酸化炭素に圧力を加えていくと，固体と液体の境界の線は，わずかに右側に傾いているため，融点は高くなる．「低くなる」が誤り．
4 正しい．気体の二酸化炭素を大気圧下（1.0×10^5 Pa）で冷却しても，三重点と臨界点を結ぶ曲線と交わらないので，液化しない．
5 正しい．気体の二酸化炭素を 35℃で加圧しても，臨界点より右側であるから液化し

ない．なお，臨界点より上側では，超臨界流体状態で，液体とは言えない． ▶答 3

■問題3 　【平成30年12月 問19】

水の状態変化に関する次の記述の中から，誤っているものを一つ選べ．
1　水は，三重点において固体，液体，気体が共存する．
2　水の沸点は，大気圧条件において硫化水素の沸点よりも高い．
3　水の融点は，10 MPaの圧力条件下で0°Cよりも高くなる．
4　水の飽和蒸気圧は，大気圧条件で0°Cから100°Cまでの温度上昇に伴って高くなる．
5　水は，超臨界状態で加圧しても状態変化しない．

解説　1　正しい．
2　正しい．水の沸点（100°C）は，大気圧条件において硫化水素（H_2S）の沸点（−60.7°C）よりも高い．水は硫化水素よりもはるかに強い水素結合があるため，沸点が高くなる．
3　誤り．水の融点は，10 MPaの圧力条件下で0°Cよりも低くなる．クラウジウス-クラペイロンの式から次のように考えてもよい．

$$\frac{dT}{dP} = \frac{(V_l - V_s)T}{\Delta H} \qquad ①$$

ここに，T：絶対温度，P：圧力，V_l：液体の体積，V_s：固体の体積，
　　　　ΔH：エンタルピー変化

式①において，液体から固体になると，体積が増加するから$V_l - V_s < 0$である．したがって，$dT/dP < 0$となるから，温度が低下することになる．
4　正しい．水の飽和蒸気圧は，大気圧条件で0°Cから100°Cまでの温度上昇に伴って高くなる．100°Cで飽和水蒸気圧は大気圧と同じになる．
5　正しい．水は，超臨界状態（液体と気体の区別がつかない状態）で加圧しても状態変化しない． ▶答 3

1.5.4　化学計算

■問題1 　【令和5年 問22】

シュウ酸二水和物（$H_2C_2O_4 \cdot 2H_2O$）の結晶 6.3 mgを含む水溶液に希硫酸を加えて温め，2.0×10^{-3} mol L^{-1}の過マンガン酸カリウム（$KMnO_4$）水溶液で滴定した．終点までに要した過マンガン酸カリウム水溶液は何mLか．次の中から最も近いもの

を一つ選べ．ただし，H，C，O の原子量をそれぞれ 1.0, 12.0, 16.0 とする．また，この滴定の化学反応式は以下のとおりである．

$$2KMnO_4 + 3H_2SO_4 + 5H_2C_2O_4 \rightarrow 2MnSO_4 + K_2SO_4 + 10CO_2 + 8H_2O$$

1　1.0 mL　　2　2.0 mL　　3　5.0 mL　　4　10 mL　　5　20 mL

解説　シュウ酸二水和物（$H_2C_2O_4 \cdot 2H_2O$：分子量 126.0）6.3 mg について，二水和物をとったシュウ酸（$H_2C_2O_4$：分子量 90.0）の質量は次のようになる．

$$\text{シュウ酸の質量} = 6.3\,\text{mg} \times \frac{90.0}{126.0} = \frac{6.3 \times 90.0}{126.0}\,\text{mg} \qquad ①$$

シュウ酸のモル数は，

$$\frac{\text{式①}}{\text{シュウ酸のモル質量}} = \frac{6.3 \times 90.0/126.0\,〔\text{mg}〕}{90.0\,\text{mg/mmol}} = \frac{6.3}{126.0}\,\text{mmol}$$

$$= 5.0 \times 10^{-2}\,\text{mmol} \qquad ②$$

となる．

　与えられた化学反応式から，2 mol の過マンガン酸カリウム（$KMnO_4$）と 5 mol のシュウ酸（$H_2C_2O_4$）が反応するから，滴定で要した 2.0×10^{-3} mol/L $= 2.0 \times 10^{-3}$ mmol/mL の過マンガン酸カリウムの体積を X〔mL〕とすれば，式②を使用して次のような関係式が成り立つ．

$$2 : 5 = (2.0 \times 10^{-3} \times X) : (5.0 \times 10^{-2})$$

$$5 \times 2.0 \times 10^{-3} \times X = 2 \times 5.0 \times 10^{-2}$$

$$X = \frac{2 \times 5.0 \times 10^{-2}}{5 \times 2.0 \times 10^{-3}} = 10\,\text{mL}$$

▶答 4

問題2　　　　　　　　　　　　　　　　　　　　　　　　【令和4年 問22】

　液体状態のヘリウム 1 L が全て蒸発して 300 K，1 atm の気体になったとき，体積は元の状態から何倍に変化するか．1～5 の中から最も近いものを一つ選べ．ただし，液体ヘリウムの密度は 0.13 g cm^{-3}，ヘリウムの原子量は 4.0，気体定数 $R = 0.082$ L atm K^{-1} mol^{-1} とし，気体は理想気体としてふるまうものとする．

1　25 倍　　2　360 倍　　3　400 倍　　4　730 倍　　5　800 倍

解説　1 L（$= 1,000$ cm^3）のヘリウム（He）の質量を算出して，気体の状態方程式（$PV = nRT$）から，300 K，1 atm における体積 V を算出すればよい．

　体積 1 L のヘリウムの質量 $= 1,000$ cm$^3 \times 0.13$ g/cm$^3 = 130$ g

ヘリウム130gのモル数は，

$$\frac{130\,\mathrm{g}}{4.0\,\mathrm{g/mol}} = \frac{130}{4.0}\,\mathrm{mol}$$

である．

$$V = \frac{nRT}{P} = \frac{130/4.0\,[\mathrm{mol}] \times 0.082\,\mathrm{L\cdot atm/(K\cdot mol)} \times 300\,\mathrm{K}}{1\,\mathrm{atm}} \fallingdotseq 800\,\mathrm{L}$$

液体状態のヘリウム1Lが800Lの気体となるから，体積は800/1 = 800倍に変化する．

▶ 答 5

■問題3　【平成30年12月 問24】

メタン，アセチレン，ブタンをそれぞれ1g燃焼させるのに必要な酸素量の多い順として，正しいものを一つ選べ．なお，燃焼は化学量論的に進み，生成物は二酸化炭素と水のみとする．また，炭素，水素，酸素の原子量をそれぞれ12, 1, 16とする．
1　メタン＞アセチレン＞ブタン
2　メタン＞ブタン＞アセチレン
3　アセチレン＞ブタン＞メタン
4　ブタン＞メタン＞アセチレン
5　ブタン＞アセチレン＞メタン

解説　メタン（CH_4），アセチレン（C_2H_2），ブタン（C_4H_{10}）のそれぞれの燃焼式から1g燃焼させるに必要な酸素量を算出する．

メタン（分子量16）

$$CH_4 + 2O_2 \rightarrow CO_2 + 2H_2O$$

16 g　　2 × 32 g
1 g　　X_1 [g]

$$X_1 = \frac{2 \times 32}{16} = 4\,\mathrm{g} \qquad ①$$

アセチレン（分子量26）

$$C_2H_2 + 5/2O_2 \rightarrow 2CO_2 + H_2O$$

26 g　　2.5 × 32 g
1 g　　X_2 [g]

$$X_2 = \frac{2.5 \times 32}{26} \fallingdotseq 3.1\,\mathrm{g} \qquad ②$$

ブタン（分子量58）

$$C_4H_{10} + 6.5O_2 \rightarrow 4CO_2 + 5H_2O$$

58 g　　6.5 × 32 g
1 g　　X_3 [g]

$$X_3 = \frac{6.5 \times 32}{58} \fallingdotseq 3.6\,\text{g} \qquad ③$$

式①〜③から大きい順は，
　①メタン＞③ブタン＞②アセチレン
である．

1.6 化学反応と平衡および沈殿生成反応

■問題 1　　　　　　　　　　　　　　　　　　　　【令和4年 問8】

水溶液中の塩化物イオンを定量するために，塩化物イオンを含む試料水溶液を硝酸銀標準液で沈殿滴定した．この滴定の当量点において，水溶液（試料水溶液＋標準液）中に溶解している塩化物イオンのモル濃度は幾らか．次の中から最も近いものを一つ選べ．ただし，このときの塩化銀の溶解度積を $[Ag^+][Cl^-] = 1 \times 10^{-10}$ $(\text{mol}\,\text{L}^{-1})^2$ とし，さらに，この沈殿生成以外の反応は起こらないものとする．

1　$1 \times 10^{-2}\,\text{mol}\,\text{L}^{-1}$　　2　$1 \times 10^{-5}\,\text{mol}\,\text{L}^{-1}$　　3　$1 \times 10^{-7}\,\text{mol}\,\text{L}^{-1}$
4　$1 \times 10^{-9}\,\text{mol}\,\text{L}^{-1}$　　5　$1 \times 10^{-10}\,\text{mol}\,\text{L}^{-1}$

解説　硝酸銀（$AgNO_3$）水溶液を加えると，塩化物イオン（Cl^-）は，塩化銀（AgCl）として沈殿する．この沈殿物の一部が次のように溶解して，平衡が成立している．

　　$AgCl \rightleftarrows Ag^+ + Cl^-$ 　　　　　　　　　　　　　　　　　　　　　　①

式①において，$[Ag^+]$ と $[Cl^-]$ は等しい値となる．したがって，塩化物イオンのモル濃度〔mol/L〕は次のように算出される．

　　$[Ag^+][Cl^-] = [Cl^-]^2 = 1 \times 10^{-10}\,(\text{mol/L})^2$
　　$[Cl^-] = 1 \times 10^{-5}\,\text{mol/L}$

■問題 2　　　　　　　　　　　　　　　　　　　　【令和4年 問10】

みょうばん $AlK(SO_4)_2 \cdot 12H_2O$ の $0.01\,\text{mol}\,\text{L}^{-1}$ 水溶液に関する（ア）〜（エ）の記述について，正しいものをすべて含む組合せを1〜5の中から一つ選べ．

（ア）25℃の水溶液に同じ温度の濃アンモニア水を十分量加えると，白色の沈殿を生じる．

（イ）25℃の水溶液に同じ温度の水酸化バリウム飽和水溶液を十分量加えると，白色の沈殿を生じる．
（ウ）水溶液にフェノールフタレイン溶液を滴下すると，水溶液は赤色になる．
（エ）水溶液を白金線の先につけてガスバーナーの外炎の中に入れると，炎の色が赤紫色になる．

1　（ア）と（イ）と（ウ）
2　（ア）と（イ）と（エ）
3　（ア）と（ウ）
4　（イ）と（ウ）と（エ）
5　（イ）と（エ）

解説　（ア）正しい．水中では，
$$AlK(SO_4)_2 \cdot 12H_2O \rightarrow Al^{3+} + K^+ + 2SO_4^{2-} + 12H_2O$$
となって溶解する．濃アンモニア水（水酸化アンモニウム：NH_4OH）を加えると，次のように反応して白色沈殿の水酸化アルミニウム（$Al(OH)_3$）を生じる．
$$Al^{3+} + 3NH_4OH \rightarrow Al(OH)_3\downarrow + 3NH_4^+$$

（イ）正しい．水酸化バリウム（$Ba(OH)_2$）飽和水溶液を加えると，次のように反応して白色沈殿の硫酸バリウム（$BaSO_4$）や水酸化アルミニウムを生じる．
$$Ba(OH)_2 + SO_4^{2-} \rightarrow BaSO_4\downarrow + 2OH^-$$
$$Al^{3+} + 3OH^- \rightarrow Al(OH)_3\downarrow$$

（ウ）誤り．みょうばんの水溶液は，次のように酸性である．
$$AlK(SO_4)_2 \cdot 12H_2O \rightarrow Al^{3+} + K^+ + 2SO_4^{2-} + 12H_2O$$
$$Al^{3+} + H_2O \rightarrow Al(OH)_3 + 3H^+$$
したがって，フェノールフタレイン溶液を滴下すると，水溶液は無色になる．なお，フェノールフタレインは，アルカリ性で赤色となる．

（エ）正しい．水溶液を白金線の先につけてガスバーナーの外炎の中に入れると，カリウム（K）によって炎の色が赤紫色になる．なお，アルミニウム（Al）は銀色（白色）の炎色反応を示す．

▶答2

■**問題3**　【令和4年　問15】

AとBからCを生成する素反応について，AとBの初濃度（$[A]_0$と$[B]_0$）を変えてCの初期生成速度v_0を測定する実験（ア）〜（ウ）を行ったところ，下表の結果が得られた．この化学反応式として正しいものを1〜5の中から一つ選べ．

実験	$[A]_0/\text{mol L}^{-1}$	$[B]_0/\text{mol L}^{-1}$	$v_0/\text{mol L}^{-1}\text{s}^{-1}$
(ア)	0.10	0.10	1.0×10^{-3}
(イ)	0.10	0.20	2.0×10^{-3}
(ウ)	0.20	0.20	1.6×10^{-2}

1 $A + B \to C$ 2 $A + 2B \to C$ 3 $2A + B \to C$
4 $2A + 3B \to C$ 5 $3A + B \to C$

解説　反応速度 v_0 を次のように表す（なお，k は反応速度定数である）．

$$xA + yB \rightleftarrows C$$
$$v_0 = k[A]^x[B]^y \quad \text{①}$$

式①に，(ア)，(イ) および (ウ) の条件を代入して，x と y を求める．

(ア) $1.0 \times 10^{-3} = k \times 0.10^x \times 0.10^y$　②

(イ) $2.0 \times 10^{-3} = k \times 0.10^x \times 0.20^y$　③

(ウ) $1.6 \times 10^{-2} = k \times 0.20^x \times 0.20^y$　④

式②を式③で除す．

$$\frac{1}{2} = \frac{0.10^y}{0.20^y} = \left(\frac{1}{2}\right)^y$$
$$y = 1 \quad \text{⑤}$$

式⑤の値を代入し，式②を式④で除す．

$$\frac{1.0}{16} \times 10^{-1} = \frac{0.10^x}{0.20^x} \times \frac{0.10}{0.20}$$

$$\frac{1.0}{16} = \left(\frac{1}{2}\right)^x \times \frac{1}{2}$$

$$\left(\frac{1}{2}\right)^3 = \left(\frac{1}{2}\right)^x$$

$$x = 3 \quad \text{⑥}$$

式⑤および式⑥から

$$3A + B \to C$$

となる．

▶ 答 5

問題 4　　【令和 4 年 問 20】

ある物質の分解反応は一次反応で表せる．$20°C$ での反応速度定数 k が $7.0 \times 10^{-2} \text{min}^{-1}$ の場合，この分解反応の半減期は幾らか．次の中から最も近いものを一つ選べ．ただし，C_0：時刻 0 での濃度，C：時刻 t での濃度，とすると，一次反応では $C = C_0 \exp(-kt)$ の関係が成立する．また，必要ならば $\ln 2 = 0.693$ を用いよ．

| 1 | 1 min | 2 | 10 min | 3 | 14 min | 4 | 29 min | 5 | 100 min |

解説 一次反応式は，次のように与えられている．

$$C = C_0 e^{-kt} \qquad ①$$

C が C_0 の半分となる経過期間（すなわち半減期）を $t_{1/2}$ とすると，次のように表される．

$$\frac{C_0}{2} = C_0 e^{-kt_{1/2}} \qquad ②$$

式②を整理する．

$$\frac{1}{2} = e^{-kt_{1/2}}$$

$$\ln 2 = kt_{1/2}$$

$$t_{1/2} = \frac{\ln 2}{k} \qquad ③$$

式③に，与えられた数値を代入する．

$$t_{1/2} = \frac{0.693}{7.0 \times 10^{-2}\,\text{min}^{-1}} \fallingdotseq 10\,\text{min}$$

▶ **答 2**

問題5 【令和3年 問7】 ✓ ✓ ✓

金属イオン M と錯形成剤 L は，水溶液中で可溶の錯体 ML を生成する．金属イオン M の水溶液（$0.02\,\text{mol L}^{-1}$）と錯形成剤 L の水溶液（$0.04\,\text{mol L}^{-1}$）を，同体積ずつ混合した．混合後の平衡に達した水溶液中で，錯形成していない金属イオン M の濃度は幾らか．次の中から最も近いものを一つ選べ．

ただし，錯体 ML の安定度定数を $K = [\text{ML}]/([\text{M}][\text{L}]) = 1 \times 10^{10}\,(\text{mol L}^{-1})^{-1}$ とし，この錯形成反応以外の反応は起こらないものとする．

| 1 | $1 \times 10^{-2}\,\text{mol L}^{-1}$ | 2 | $1 \times 10^{-5}\,\text{mol L}^{-1}$ | 3 | $1 \times 10^{-8}\,\text{mol L}^{-1}$ |
| 4 | $1 \times 10^{-10}\,\text{mol L}^{-1}$ | 5 | $1 \times 10^{-12}\,\text{mol L}^{-1}$ |

解説 反応式は次のように表される．

$$
\begin{array}{cccc}
\text{M} & + & \text{L} & \rightarrow & \text{ML} \\
x\,（未反応） & & 0.01 + x\,（未反応） & & 0.01 - x\,（生成）
\end{array} \qquad ①
$$

式①において金属イオン M の未反応の濃度を x〔mol/L〕とすれば，反応直前の M の濃度は 0.01 mol/L であるから，生成した ML 錯体の濃度は $(0.01 - x)$ mol/L となる．なお，両水溶液を同体積ずつ混合するため，混合後の溶液濃度は混合前の溶液濃度の半分になることに注意しなければならない．また，L が $(0.01 - x)$ mol/L だけ錯形成に消費されるため，L の未反応の濃度は，$0.02 - (0.01 - x) = (0.01 + x)$ mol/L となる．

式①の平衡式から次のように表される．

$$K = \frac{0.01 - x}{x(0.01 + x)} = 1 \times 10^{10} \qquad ②$$

ここで，安定度定数Kが大きいのでxが極めて小さいため，$x \ll 0.01$であるから，$0.01 - x \fallingdotseq 0.01$，$0.01 + x \fallingdotseq 0.01$となる．したがって，式②は次のように近似してよい．

$$\frac{0.01}{x \times 0.01} = \frac{1}{x} = 1 \times 10^{10} \ (\text{mol/L})^{-1} \qquad ③$$

式③からxは

$$x = 1 \times 10^{-10} \, \text{mol/L}$$

となる． ▶答 4

問題6 【令和3年 問16】

金属イオンとしてAg^+，Ba^{2+}，Cu^{2+}，Pb^{2+}，Fe^{3+}のみを含む混合水溶液から各金属イオンを分離・確認するため，(ア)～(ウ)の操作を順に行った．このとき，(ウ)のろ液に最も多く分離される金属イオンとして正しいものを1～5の中から一つ選べ．

(ア) 混合水溶液に塩酸を加え，新たな沈殿が生じなくなったらろ別する．
(イ) (ア)のろ液に硫酸を加え，新たな沈殿が生じなくなったらろ別する．
(ウ) (イ)のろ液に過剰のアンモニア水を加え，生じた沈殿をろ別する．

1　Ag^+　　2　Ba^{2+}　　3　Cu^{2+}　　4　Pb^{2+}　　5　Fe^{3+}

解説　(ア) の操作では，塩化銀（AgCl）が沈殿し除去される．
(イ) の操作では，硫酸バリウム（$BaSO_4$）が沈殿し除去される．
(ウ) の操作では，水酸化鉛（$Pb(OH)_2$）と水酸化鉄(III)（$Fe(OH)_3$）が沈殿し除去される．Cu^{2+}はアンモニア水ではじめに水酸化銅（$Cu(OH)_2$）の沈殿が生じるが，過剰のアンモニアでアンモニア錯体を生成し，再溶解するため，水酸化物沈殿を生じない．

▶答 3

問題7 【令和3年 問17】

Fe^{3+}を触媒に用いた過酸化水素の分解反応により，質量分率16％の過酸化水素水溶液は反応開始100秒後に8％へと質量分率が減少した．この反応が一次反応で進行する場合，16％の質量分率が1％になるのは反応開始から何秒後か．次の中から最も近いものを一つ選べ．ただし，$\ln 2 = 0.693$とする．

1　188秒　　2　277秒　　3　400秒　　4　577秒　　5　1,100秒

解説　一次反応では，反応速度は反応物の濃度Aに比例する．

$$-\frac{dA}{dt} = kA \quad \text{①}$$

ここに，k：反応定数

Aの初期濃度をa，時間t後にxだけ減少したとすれば，時間tにおける濃度は$(a-x)$であるから，式①に代入すると，次のように表される．

$$-\frac{d}{dt}(a-x) = k(a-x) \quad \text{②}$$

式②を整理すると（aは定数で$\frac{da}{dt}=0$）

$$\frac{dx}{dt} = k(a-x) \quad \text{③}$$

となる．

式③を書き換えると

$$\frac{1}{a-x}dx = kdt \quad \text{④}$$

である．式④を積分$(x=0 \to x)$して整理する．

$$k = \frac{1}{t} \times \ln\frac{a}{a-x} \quad \text{⑤}$$

式⑤に与えられた数値を代入してkの値を求める．

$$k = \frac{1}{100} \times \ln\frac{16}{16-8} = \frac{1}{100} \times \ln 2 = \frac{\ln 2}{100} \quad \text{⑥}$$

式⑥を使用して$a=16$，$x=16-1=15$を式⑤に代入してtを求める．

$$t = \frac{1}{k} \times \ln\frac{a}{a-x} = \frac{100}{\ln 2} \times \ln\frac{16}{16-15} = \frac{100}{\ln 2} \times \ln 2^4$$

$$= \frac{100}{\ln 2} \times 4 \times \ln 2 = 400$$

▶ 答 3

問題 8 【令和3年 問25】

容器の中で次の反応が平衡状態にある．

$$N_2(g) + 3H_2(g) \rightleftarrows 2NH_3(g)$$

この系に（ア）～（オ）の操作を行うとき，初期状態の平衡が右に移動する組合せとして，正しいものを1～5の中から一つ選べ．ただし，アンモニアの標準生成エンタルピーは，$-46.2\,\mathrm{kJ\,mol^{-1}}$とする．

（ア）温度を一定に保ち，全圧を高くする．
（イ）全圧を一定に保ち，温度を高くする．
（ウ）全圧と温度を一定に保ちながら，アンモニアを取り出す．

（エ）体積と温度を一定に保ちながら，アルゴンを加える．

（オ）全圧と温度を一定に保ちながら，触媒を加える．

1　（ア）と（ウ）　　2　（ア）と（エ）　　3　（イ）と（エ）

4　（イ）と（オ）　　5　（ウ）と（オ）

解説　（ア）正しい．温度を一定に保ち，全圧を高くすると，原系のモル数が合計 4 mol，生成系のモル数の合計が 2 mol であるから，原系のモル数を減じるように平衡は右に移動する．このような現象をル・シャトリエの法則という．

（イ）誤り．全圧を一定に保ち，温度を高くすると，その温度を低下させるように平衡が移動する．この反応の標準生成エンタルピーは負であるから発熱反応であるため，平衡は左に移動する．なお，標準生成エンタルピーが正であれば吸熱反応である．

（ウ）正しい．全圧と温度を一定に保ちながら，アンモニアを取り出すと，アンモニアが減少するので，それを補うように平衡は右に移動する．

（エ）誤り．体積と温度を一定に保ちながらアルゴンを加えても，窒素と水素の分圧 $P = nRT/V$ は変化しないので，平衡は移動しない．なお，圧力と温度を一定に保ちながらアルゴンを加えると，分圧が低下するから，平衡は左に移動する．

（オ）誤り．全圧と温度を一定に保ちながら，触媒を加えると，反応速度は変化するが，平衡の移動には関係しない． ▶答 1

■ 問題 9　　　　　　　　　　　　　　　　　　　【令和 2 年 問 7】 ✓ ✓ ✓

同体積の $0.03\,\mathrm{mol\,L^{-1}}$ 硝酸銀水溶液と $0.01\,\mathrm{mol\,L^{-1}}$ 塩化ナトリウム水溶液を混合した．混合後の溶液中に溶解している塩化物イオンの濃度は幾らか．次の中から最も近いものを一つ選べ．

ただし，塩化銀の溶解度積を $[\mathrm{Ag^+}][\mathrm{Cl^-}] = 1 \times 10^{-10}\,(\mathrm{mol\,L^{-1}})^2$ とする．

1　$1 \times 10^{-5}\,\mathrm{mol\,L^{-1}}$　　2　$1 \times 10^{-6}\,\mathrm{mol\,L^{-1}}$　　3　$1 \times 10^{-7}\,\mathrm{mol\,L^{-1}}$

4　$1 \times 10^{-8}\,\mathrm{mol\,L^{-1}}$　　5　$1 \times 10^{-9}\,\mathrm{mol\,L^{-1}}$

解説　反応式は次のとおりである．

$$\mathrm{AgNO_3} \quad + \quad \mathrm{NaCl} \quad \rightarrow \quad \mathrm{AgCl} \quad + \quad \mathrm{NaNO_3} \qquad ①$$
$$0.015\,\mathrm{mol/L} \qquad 0.005\,\mathrm{mol/L}$$

硝酸銀と塩化ナトリウムを同体積にとるから，これを混合すると体積は 2 倍となるため，混合直後の濃度はそれぞれ式①に示したように半分の濃度となり，反応後は次のような濃度となる．

$$\mathrm{AgNO_3} \quad + \quad \mathrm{NaCl} \quad \rightarrow \quad \mathrm{AgCl} \quad + \quad \mathrm{NaNO_3} \qquad ②$$
$$0.010\,\mathrm{mol/L} \qquad 0\,\mathrm{mol/L} \qquad 0.005\,\mathrm{mol/L}$$

式①の NaCl の濃度は AgNO₃ の濃度の 1/3 であるため，NaCl は式②の反応ですべて AgCl となるから存在しない（0 mol/L）．生成した AgCl はごくわずかに次のようにイオン分離する．

$$AgCl \rightleftarrows Ag^+ + Cl^- \hspace{4cm} ③$$

式③においてイオン分離したイオンの溶解度積は

$$[Ag^+][Cl^-] = 1 \times 10^{-10} \, (mol/L)^2 \hspace{3cm} ④$$

である．ここで，過剰の AgNO₃ は低濃度であるから次のようにほぼイオン分離している．

$$AgNO_3 \hspace{2cm} \rightarrow \hspace{1cm} Ag^+ \hspace{1cm} + \hspace{1cm} NO_3^- \hspace{1cm} ⑤$$
$$0.010 \, mol/L \rightarrow 0 \, mol/L \hspace{1cm} 0.010 \, mol/L \hspace{1cm} 0.010 \, mol/L$$

そこで，

$$[Cl^-] = x \, [mol/L] \hspace{4cm} ⑥$$

とすれば，全体の [Ag⁺] は，式③の [Ag⁺] に式⑤の [Ag⁺] を加えた値である．

$$[Ag^+] = x + 0.010 \, [mol/L] \hspace{3cm} ⑦$$

式④に式⑥と式⑦を代入して x を算出する．

$$x(x + 0.010) = 1 \times 10^{-10}$$
$$x^2 + 0.010x = 1 \times 10^{-10}$$

ここで，$x^2 \ll 10^{-10}$ であるからこれを無視すると，

$$0.010x = 1 \times 10^{-10}$$
$$x = \frac{1 \times 10^{-10}}{0.010} = 1 \times 10^{-8} \, mol/L$$

となる．

▶答 4

■ **問題 10** 　　　　　　　　　　　　　　　　　　　　　　　　　【令和元年 問8】 ✓ ✓ ✓

$1.0 \times 10^{-3} \, mol \, L^{-1}$ の MgSO₄ 水溶液に塩基を加えて pH を上昇させたとき，Mg(OH)₂ の沈殿が生じ始める pH は幾らか．次の中から最も近いものを一つ選べ．ただし，塩基を加えたときの水溶液の体積変化は無視できるものとする．また，Mg(OH)₂ の溶解度積を $[Mg^{2+}][OH^-]^2 = 1.0 \times 10^{-11} \, (mol \, L^{-1})^3$ とする．

1　8　　2　9　　3　10　　4　11　　5　12

解説　Mg²⁺ 濃度が，溶解度積を満たす [OH⁻] 濃度を算出すればよい．[Mg²⁺] は $1.0 \times 10^{-3} \, mol/L$ であるから，このときの [OH⁻] は次のように算出する．

$$Mg(OH)_2 \rightleftarrows Mg^{2+} + 2OH^-$$
$$[Mg^{2+}][OH^-]^2 = 1.0 \times 10^{-11} \, (mol/L)^3 \hspace{3cm} ①$$

式①を変形し，与えられた数値を代入すると

$$[OH^-]^2 = \frac{1.0 \times 10^{-11}}{1.0 \times 10^{-3}} = 1.0 \times 10^{-8} \, (mol/L)^2$$

となり，[OH⁻] は

$$[OH^-] = 1.0 \times 10^{-4} \,\text{mol/L}$$

となる．したがって，[H⁺] は [H⁺][OH⁻] = 10⁻¹⁴ より $[H^+] = \dfrac{10^{-14}}{[OH^-]}$ であるから

$$[H^+] = \dfrac{1.0 \times 10^{-14}}{1.0 \times 10^{-4}} = 1.0 \times 10^{-10} \,\text{mol/L}$$

となる．pH は

$$pH = -\log[H^+] = -\log(1.0 \times 10^{-10}) = 10$$

となる．

▶答 3

問題 11　【平成 30 年 12 月 問 22】

20℃において，(ア)〜(オ)の操作で沈殿を生じるものはいくつあるか．その数を 1〜5 の中から一つ選べ．ただし，混合前の各水溶液の物質量濃度（モル濃度）は 0.1 mol L⁻¹ とし，過飽和は考えないこととする．

(ア) 硫酸銅(II)水溶液と水酸化ナトリウム水溶液の等量を混合する．
(イ) 塩化ナトリウム水溶液と炭酸カリウム水溶液の等量を混合する．
(ウ) 塩化カルシウム水溶液と炭酸ナトリウム水溶液の等量を混合する．
(エ) 臭化カリウム水溶液と硝酸銀水溶液の等量を混合する．
(オ) 塩化鉄(III)水溶液とアンモニア水溶液の等量を混合する．

1　1 個　　2　2 個　　3　3 個　　4　4 個　　5　5 個

解説　(ア) 水酸化銅（Cu(OH)₂）の沈殿が生成する．

$$CuSO_4 + 2NaOH \rightarrow Cu(OH)_2 \downarrow + Na_2SO_4$$

(イ) 沈殿は生じない．塩化ナトリウム（NaCl）と炭酸カリウム（K₂CO₃）は反応しない．
(ウ) 炭酸カルシウム（CaCO₃）の沈殿が生成する．

$$CaCl_2 + Na_2CO_3 \rightarrow CaCO_3 \downarrow + 2NaCl$$

(エ) 臭化銀（AgBr）の沈殿が生成する．

$$KBr + AgNO_3 \rightarrow AgBr \downarrow + KNO_3$$

(オ) 水酸化鉄（Fe(OH)₃）の沈殿が生成する．

$$FeCl_3 + 3NH_4OH \rightarrow Fe(OH)_3 \downarrow + 3NH_4Cl$$

▶答 4

1.7 化学熱力学

問題1 【令和5年 問15】

温度一定の条件で金属などの固体表面に気相から分子が吸着するとき，系のエンタルピー H およびエントロピー S はどのように変化するか．変化の組合せとして正しいものを一つ選べ．

	エンタルピー H	エントロピー S
1	増大する	増大する
2	増大する	減少する
3	変化なし	増大する
4	減少する	増大する
5	減少する	減少する

解説 ギブズの自由エネルギー ΔG（仕事として取り出せるエネルギーの最大値）を定温，定圧で考えると，ΔG は次のように表される．

$$\Delta G = \Delta H - T\Delta S \qquad ①$$

ここに，ΔH：エンタルピーの変化量，T：絶対温度，ΔS：エントロピーの変化量

金属などの固体表面に気相などから分子が吸着することは，分子が一定の方向に揃うこととなるから，エントロピー変化 ΔS は，

$$\Delta S < 0 \qquad ②$$

である．すなわち，エントロピー S は減少する．なお，分子の向きがばらばらになると，エントロピーは増大する．

式①の $-T\Delta S$ は式②から

$$-T\Delta S > 0 \qquad ③$$

となる．ところが，式①の ΔG は，定温，定圧における変化では常に

$$\Delta G \leqq 0 \qquad ④$$

である．式④は，仕事として取り出せるエネルギーは，常に減少することを表す．したがって，式③と式④から ΔH はマイナスとなり，すなわち，エンタルピー H は減少することになる．

以上から，エンタルピー H は「減少する」，エントロピー S は「減少する」である．

▶ 答 5

■問題2　　【令和4年 問17】

27℃において，2種類の純粋な液体を0.50 molずつ混合して理想溶液をつくるとき，系全体の自由エネルギー変化は幾らになるか．次の中から最も近いものを一つ選べ．ただし，溶液中の成分Aのモル分率をx_A，Rを気体定数（8.31 J mol^{-1} K^{-1}），Tを絶対温度とすると，混合による液体Aの1 molあたりの自由エネルギー変化（ΔG_A）は$\Delta G_A = RT \ln x_A$で与えられる．また，$\ln 2 = 0.693$とする．

1　$-1,728$ J　　2　-864 J　　3　383 J　　4　864 J　　5　$1,728$ J

解説　成分Aの自由エネルギーΔG_Aおよび成分Bの自由エネルギーΔG_Bは，次式で与えられる．

$$\Delta G_A = RT \ln x_A \qquad ①$$
$$\Delta G_B = RT \ln x_B \qquad ②$$

これらを混合した場合の系全体の自由エネルギーΔGは，次のように表される．

$$\Delta G = x_A \Delta G_A + x_B \Delta G_B = RT(x_A \ln x_A + x_B \ln x_B) \qquad ③$$

式③に与えられた数値を代入する．ただし，$x_A = x_B = \dfrac{0.50}{0.50+0.50} = \dfrac{1}{2}$である．

$$\Delta G = 8.31 \times (27+273) \times \left(\frac{1}{2} \times \ln \frac{1}{2} + \frac{1}{2} \times \ln \frac{1}{2}\right)$$
$$= 8.31 \times 300 \times \ln \frac{1}{2} \fallingdotseq 8.31 \times 300 \times (-0.693) \fallingdotseq -1,728 \text{ J}$$

▶答 1

■問題3　　【令和3年 問15】

27℃の一定温度において，1 molの理想気体を圧縮して1 atmから10 atmに変化させたとき，この気体の自由エネルギー変化ΔGは幾らか．次の中から最も近いものを一つ選べ．ただし，気体の体積をVとすると，温度一定の条件で圧力をp_1からp_2に変化させたときのΔGは次式で与えられる．

$$\Delta G = \int_{p_1}^{p_2} V dp$$

また，気体定数Rは8.31 J K^{-1} mol^{-1}，$\ln 10 = 2.30$とする．

1　83.1 J　　2　202 J　　3　636 J　　4　1.08 kJ　　5　5.73 kJ

解説　与えられた式を次のように変形する（$pV = RT$より$V = RT/p$を利用する）．

$$\Delta G = \int_{p_1}^{p_2} V dp = \int_{p_1}^{p_2} \frac{RT}{p} dp = RT \int_{p_1}^{p_2} \frac{1}{p} dp = RT[\ln p]_{p_1}^{p_2} = RT \ln \frac{p_2}{p_1} \qquad ①$$

式①に与えられた数値を代入する．

$$\Delta G = 8.31 \times (27+273) \times \ln\frac{10}{1} \fallingdotseq 8.31 \times 300 \times 2.30 \fallingdotseq 5{,}730\,\text{J} = 5.73\,\text{kJ}$$

▶答 5

■問題 4 【平成 30 年 12 月 問 15】

エタノールは，1気圧で 78.3℃の沸点を示す．この温度におけるエタノールの蒸発熱が $39.3\,\text{kJ}\,\text{mol}^{-1}$ であるとすると，蒸発エントロピーは幾らか．次の中から最も近いものを一つ選べ．

1. $-502\,\text{J}\,\text{K}^{-1}\,\text{mol}^{-1}$　　2. $-112\,\text{J}\,\text{K}^{-1}\,\text{mol}^{-1}$　　3. $0\,\text{J}\,\text{K}^{-1}\,\text{mol}^{-1}$
4. $112\,\text{J}\,\text{K}^{-1}\,\text{mol}^{-1}$　　5. $502\,\text{J}\,\text{K}^{-1}\,\text{mol}^{-1}$

解説 エントロピー S は，系に与えた熱量 Q をその時の温度 T で除した値で与えられる．

$$S = \frac{Q}{T}$$

与えられた数値を代入すると，

$$S = \frac{39.3 \times 10^3\,\text{J/mol}}{(78.3+273)\,\text{K}} = 112\,\text{J/(K·mol)}$$

となる．

▶答 4

1.8 電解質溶液の性質

■問題 1 【令和 2 年 問 23】

質量モル濃度が等しい次の不揮発性物質の希薄水溶液の中から，沸点が最も高いものを一つ選べ．ただし，水溶液中で硝酸カルシウム及び塩化ナトリウムは完全に電離しているものとする．

1. グルコース水溶液　　2. 尿素水溶液　　3. 硝酸カルシウム水溶液
4. 塩化ナトリウム水溶液　　5. しょ糖（スクロース）水溶液

解説 質量モル濃度は，溶媒 1 kg 当たりに含まれる溶質のモル数をいう．沸点上昇 ΔT は，質量モル濃度が小さい範囲では，次のように溶質のモル数 m に比例する（ただし，K_b は定数）．

$$\Delta T = K_\text{b} m$$

したがって，ΔT は m の大小によるが，質量モル濃度が等しくても，イオンに分離すれ

ばモル数（イオン分子モル数）が増加することになり，ΔTは大きくなる．

グルコース，尿素，しょ糖などは，水に溶解してもイオン分子として分離しないので，イオン分子のモル数を考慮する必要がないため，質量モル濃度がm〔mol/kg〕であれば，溶液中の質量モル濃度もm〔mol/kg〕となる．しかし，硝酸カルシウム（$Ca(NO_3)_2$）と塩化ナトリウム（NaCl）は，希薄水溶液（低濃度）では次のように完全分離する．ただし，単位〔mol/kg〕は省略．

$$Ca(NO_3)_2 \rightarrow Ca^{2+} + 2NO_3^-$$
$m \rightarrow 0 \qquad\qquad m \qquad\quad 2m \qquad 合計\ 3m$

$$NaCl \rightarrow Na^+ + Cl^-$$
$m \rightarrow 0 \qquad\quad m \qquad\ m \qquad 合計\ 2m$

以上から，最もイオン分子モル数が大きいものは，硝酸カルシウム水溶液となる．

▶答 3

■問題2　【令和元年 問23】

25℃，1 atmにおいて，水に溶けやすく，かつその化合物を飽和させたときに水溶液が最も高い電気伝導率を示すものを，次の1〜5の中から一つ選べ．
1　一酸化炭素　　2　1-ブタノール　　3　四塩化炭素
4　二酸化窒素　　5　D-グルコース

解説　1　一酸化炭素（CO）は，水にほとんど溶解しない．また，溶解してもイオン化しにくいため，電気伝導率はほとんど変化しない．
2　1-ブタノール（$HOCH_2CH_2CH_2CH_3$）は，電気伝導率が極めて小さいので，水に少し溶解する（7.7 g/100 mL）が，電気伝導率はわずかに低下する．
3　四塩化炭素（CCl_4）は，電気伝導率が極めて小さいので，水にわずかに溶解する（0.08 g/100 mL）が，電気伝導率はわずかに低下する．
4　二酸化窒素（NO_2）は，水に溶解すると，
$$3NO_2 + H_2O \rightarrow 2HNO_3 + NO$$
となり，
$$HNO_3 は HNO_3 \rightarrow H^+ + NO^{3-}$$
のようにイオンに分離するから，電気伝導率は高くなる．
5　D-グルコース（CHO–$(HC$–$OH)_4$–CH_2OH）は，水に溶けやすいが，イオンに分離することはないので，電気伝導率の増加は二酸化窒素よりははるかに低い．
以上から，選択肢の中で水溶液が最も高い電気伝導率を示すものは二酸化窒素である．

▶答 4

1.9 酸と塩基

■ 問題1 【令和6年 問8】 ✓✓✓

$1.0 \times 10^{-3}\,mol\,L^{-1}$ の Mg^{2+} を含む水溶液に塩基を加えて pH 12.0 としたとき，水溶液中に溶存する Mg^{2+} の濃度は幾らか．次の中から最も近いものを一つ選べ．ただし，塩基を加えたときの水溶液の体積変化は無視でき，水のイオン積は $[H^+][OH^-] = 1.0 \times 10^{-14}$ $(mol\,L^{-1})^2$，$Mg(OH)_2$ の溶解度積は $[Mg^{2+}][OH^-]^2 = 1.0 \times 10^{-11}$ $(mol\,L^{-1})^3$ とする．また，すべての化学種の活量係数は1とする．

1　$1.0 \times 10^{-6}\,mol\,L^{-1}$　　2　$1.0 \times 10^{-7}\,mol\,L^{-1}$　　3　$1.0 \times 10^{-8}\,mol\,L^{-1}$

4　$1.0 \times 10^{-9}\,mol\,L^{-1}$　　5　$1.0 \times 10^{-10}\,mol\,L^{-1}$

解説 与えられた式は次のとおりである．

$$[H^+][OH^-] = 1.0 \times 10^{-14}\ (mol/L)^2 \tag{①}$$

$$[Mg^{2+}][OH^-]^2 = 1.0 \times 10^{-11}\ (mol/L)^3 \tag{②}$$

Mg^{2+} を含む水溶液に塩基を加えて pH12 にしたとき，式①から $[OH^-]$ を求める．

$$12 = -\log[H^+] \tag{③}$$

式③から $[H^+]$ は次のように表される．

$$[H^+] = 1.0 \times 10^{-12}\,mol/L \tag{④}$$

式④を式①に代入すると

$$[OH^-] = \frac{1.0 \times 10^{-14}}{[H^+]} = \frac{1.0 \times 10^{-14}}{1.0 \times 10^{-12}} = 1.0 \times 10^{-2}\,mol/L \tag{⑤}$$

式⑤を式②に代入して $[Mg^{2+}]$ を求める．

$$[Mg^{2+}] = \frac{1.0 \times 10^{-11}}{[OH^-]^2} = \frac{1.0 \times 10^{-11}}{(1.0 \times 10^{-2})^2} = 1.0 \times 10^{-7}\,mol/L$$

▶ 答 2

■ 問題2 【令和5年 問7】 ✓✓✓

弱酸 HA の $0.10\,mol\,L^{-1}$ 水溶液の pH は幾らか．次の中から最も近いものを一つ選べ．ただし，HA の酸解離定数は $K_a = 1.0 \times 10^{-5}$ $(mol\,L^{-1})$ とし，水分子の解離は無視できるものとする．また，活量係数は1とする．

1　1.0　　2　2.0　　3　3.0　　4　4.0　　5　5.0

解説 弱酸 HA は，次のように一部が解離する．

$$HA \rightleftharpoons H^+ + A^- \tag{①}$$

式①は，酸解離定数を K_a とすれば，次の式が成り立つ.

$$K_a = \frac{[H^+][A^-]}{[HA]} \qquad ②$$

ただし，[ ] は各成分のモル濃度〔mol/L〕を表す. 式②は，$[H^+] = [A^-]$ を考慮すると，次のように変形される.

$$[H^+]^2 = K_a[HA]$$
$$[H^+] = (K_a[HA])^{\frac{1}{2}} \qquad ③$$

式③に与えられた数値を代入し，pHを次のように算出する.

$$\mathrm{pH} = -\log[H^+] = -\log(K_a[HA])^{\frac{1}{2}} = -\frac{1}{2}\log(1.0 \times 10^{-5} \times 0.10)$$
$$= -\frac{1}{2}\log(1.0 \times 10^{-6}) = 3.0 \qquad ④$$

▶ 答 3

1.9 酸と塩基

■ **問題3** 【令和5年 問11】 ✓ ✓ ✓

次のアミン類（ア）～（エ）について，水中，25℃での塩基性の強い順として正しいものを1～5の中から一つ選べ.

CH₃NH₂　　（NH₂）　　（NHCH₃）　　（NH₂ / NO₂）

（ア）　　　（イ）　　　（ウ）　　　（エ）

1　（ア）＞（ウ）＞（イ）＞（エ）
2　（イ）＞（ア）＞（エ）＞（ウ）
3　（ウ）＞（エ）＞（イ）＞（ア）
4　（エ）＞（イ）＞（ア）＞（ウ）
5　（エ）＞（ウ）＞（ア）＞（イ）

解説 　窒素の非共有電子対が水分子（H⁺–OH⁻）の H⁺ と結合（または配位）すると，OH⁻ が残るため，塩基となる（**図1.19**参照）. 塩基の強弱は，窒素の非共有電子対がその位置に安定的に存在できるかどうかで決まる. すなわち，窒素の非共有電子対の密度が大きければ強い塩基となり，密度が小さければ弱い塩基となる. CH₃– は電子をやや供給する側にある. 一方，ベンゼン環は，電子を引き付ける力がある. また，–NO₂ は電子を強く引き付ける性質がある.

77

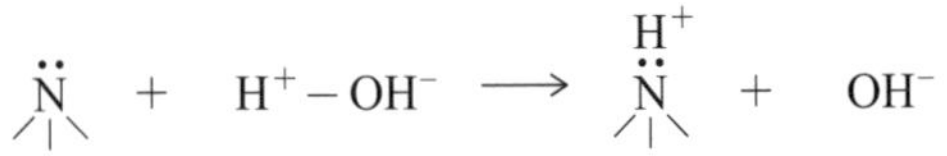

$$\ddot{N} \;+\; H^+ - OH^- \;\longrightarrow\; \overset{H^+}{\ddot{N}} \;+\; OH^-$$

図 1.19 アンモニアの非共有電子対と水分子の関係

（ア）の CH_3-NH_2 について，CH_3- は電子をやや供給する側であるから，N の非共有電子対の密度はアンモニア（NH_3）の非共有電子対の密度より大きくなり，アンモニアより塩基性が強いことになる．

（イ）の $NH_2-C_6H_5$ は，ベンゼン環が電子を吸引する性質があるので，アンモニアよりも非共有電子対の密度が低下し，アンモニアよりも塩基性は低い．

以上から塩基性の強さは，（ア）＞（イ）となる．

（ウ）の $CH_3-NH-C_6H_5$ について，ベンゼン環が電子を吸引する性質があるので，非結合電子対の密度は低下するが，N に CH_3- は結合しているため，これから電子がやや供給されるため，N の非共有電子対の密度は $NH_2-C_6H_5$ よりも高くなる．

以上から塩基性の強さは，（ア）＞（ウ）＞（イ）となる．

（エ）の $NH_2-C_6H_4-NO_2$ について，$-NO_2$ は電子を強く引き付ける性質があり，しかもパラ位置にあるため，N の非結合電子対の密度は $NH_2-C_6H_5$ よりも大幅に低下し，それよりも塩基性は低い．

以上から塩基性の強さは，（ア）＞（ウ）＞（イ）＞（エ）となる． ▶ 答 1

問題 4 【令和 4 年 問 9】

水溶液の液性と H^+ のモル濃度 $[H^+]$，OH^- のモル濃度 $[OH^-]$ の関係は

酸性：$[H^+] > [OH^-]$
中性：$[H^+] = [OH^-]$
塩基性：$[H^+] < [OH^-]$

である．10℃ および 40℃ の水の pK_w はそれぞれ 14.54 および 13.54 であるとすると，各温度における pH = 7.00 の水溶液は，酸性，中性，塩基性のどれになるか．正しい組合せを一つ選べ．ただし，$pK_w = -\log_{10} K_w = -\log_{10}[H^+][OH^-]$ であり，溶存するすべてのイオンの活量係数を 1.00 とする．

	10℃	40℃
1	酸性	塩基性
2	酸性	酸性
3	中性	中性
4	塩基性	塩基性
5	塩基性	酸性

解説 10°C，pH = 7.00 のとき，H^+ のモル濃度は，

$$[H^+] = 10^{-7.00} \, \text{mol/L} \qquad ①$$

である．一方，10°C では $pK_w = 14.54$ であるから

$$[H^+][OH^-] = 10^{-14.54} \qquad ②$$

である．式②に式①を代入して，$[OH^-]$ を求める．

$$[OH^-] = \frac{10^{-14.54}}{10^{-7.00}} = 10^{-7.54} \qquad ③$$

式①と式③から，$[H^+] > [OH^-]$ であるため，10°C，pH = 7.00 の水溶液は酸性である．

40°C，pH = 7.00 のとき，H^+ のモル濃度は，

$$[H^+] = 10^{-7.00} \, \text{mol/L} \qquad ④$$

である．一方，40°C では $pK_w = 13.54$ であるから

$$[H^+][OH^-] = 10^{-13.54} \qquad ⑤$$

である．式⑤に式④を代入して，$[OH^-]$ を求める．

$$[OH^-] = \frac{10^{-13.54}}{10^{-7.00}} = 10^{-6.54} \qquad ⑥$$

式④と式⑥から，$[H^+] < [OH^-]$ であるため，40°C，pH = 7.00 の水溶液は塩基性である．

以上から，pH7.00 の水溶液は，10°C において酸性，40°C において塩基性を示す．

▶ 答 1

■ 問題5 　　　　　　　　　　　　　　　　　　　　　　【令和3年 問8】

　水溶液中の酢酸の酸解離定数を $K_a = 2 \times 10^{-5}$ (mol L^{-1}) とするとき，その共役塩基である酢酸イオンの塩基解離定数 K_b は幾らか．次の中から最も近いものを一つ選べ．ただし，このときの水のイオン積を $K_w = [H^+][OH^-] = 1 \times 10^{-14}$ $(\text{mol L}^{-1})^2$ とする．

1　5×10^{-5} (mol L^{-1})　　　2　5×10^{-7} (mol L^{-1})　　　3　5×10^{-10} (mol L^{-1})

4　5×10^{-13} (mol L^{-1})　　　5　5×10^{-15} (mol L^{-1})

解説 　酢酸とその共役塩基は次のような平衡が成立する．

$$CH_3COOH \rightleftarrows CH_3COO^- + H^+ \qquad ①$$

$$CH_3COO^- + H_2O \rightleftarrows CH_3COOH + OH^- \qquad ②$$

式①から

$$K_a = \frac{[CH_3COO^-][H^+]}{[CH_3COOH]} \qquad ③$$

式②から

$$K_b = \frac{[CH_3COOH][OH^-]}{[CH_3COO^-]} \qquad ④$$

である．題意から

$$H_2O \rightleftarrows H^+ + OH^-$$

$$K_w = [H^+][OH^-] = 1 \times 10^{-14} \ (mol/L)^2 \qquad ⑤$$

である．式③と式④を掛けると

$$K_aK_b = \frac{[CH_3COO^-][H^+]}{[CH_3COOH]} \times \frac{[CH_3COOH][OH^-]}{[CH_3COO^-]} = [H^+][OH^-] \qquad ⑥$$

となる．式⑤から式⑥は次のように整理される．

$$K_aK_b = 1 \times 10^{-14} \ (mol/L)^2$$

したがって，K_b は次のように算出される．

$$K_b = \frac{1 \times 10^{-14} \ (mol/L)^2}{K_a \ [mol/L]} = \frac{1 \times 10^{-14}}{2 \times 10^{-5}} \ mol/L = 5 \times 10^{-10} \ mol/L$$

▶答 3

問題6　　　　　　　　　　　　　　　　　　　　【令和3年 問9】 ✓✓✓

塩素のオキソ酸である $HClO_2$，$HClO_3$，$HClO_4$ について，酸強度の大小関係として，正しいものを一つ選べ．

1　$HClO_2 > HClO_3 > HClO_4$

2　$HClO_2 > HClO_3 = HClO_4$

3　$HClO_2 = HClO_3 = HClO_4$

4　$HClO_2 < HClO_3 = HClO_4$

5　$HClO_2 < HClO_3 < HClO_4$

解説　　$HClO_2$ の価数は次のとおりである．

塩素原子の価数を X とすれば，次の等式が成立する．なお H は +1，O は −2 である．

$$+1 + X + (-2) \times 2 = 0 \qquad ①$$

右辺の 0 は，全体として $HClO_2$ が電気的に中性であることを表す．

式①から

$$X = +3$$

である．以下同様にすると，$HClO_3$ の価数は +5，$HClO_4$ の価数は +7 となる．

塩素原子の価数がプラスで大きくなると，それだけ H^+ を放出しやすくなるため，酸強度は大きくなる．したがって，酸強度の大きさは，

$$HClO_2 < HClO_3 < HClO_4$$

となる．

▶答 5

問題7　　　　　　　　　　　　　　　　　　　　【令和2年 問22】 ✓✓✓

$25°C$ における $0.10 \ mol \ L^{-1}$ の酢酸水溶液の pH は幾らか．この温度での酢酸の pK_a

は4.8として，次の中から最も近いものを一つ選べ．

なお，$pK_a = -\log_{10} K_a$（K_a：酸解離定数）とする．

1   0.5   2   1.9   3   2.9   4   3.8   5   4.2

解説　酢酸の水溶液中の解離は次のとおりである．H^+のモル濃度をX〔mol/L〕とすれば，次のように表される．

$$CH_3COOH \rightleftarrows CH_3COO^- + H^+$$
$$0.10 - X \qquad\qquad X \qquad\quad X$$
①

式①の平衡では，次の式が成り立つ．

$$K_a = \frac{[CH_3COO^-][H^+]}{[CH_3COOH]} = \frac{X^2}{0.10 - X}$$
②

ここで$K_a = 10^{-4.8}$，$0.10 - X \fallingdotseq 0.10$であるから，式②は次のように表される．

$$10^{-4.8} = \frac{X^2}{0.10}$$

$$X^2 = 1.0 \times 10^{-1} \times 10^{-4.8} = 10^{-5.8}$$

$$X = 10^{-5.8/2} = 10^{-2.9}$$
③

式③からpHを求める．

$$pH = -\log[H^+] = -\log X = -\log(10^{-2.9}) = 2.9$$

▶ 答 3

■問題8 【令和元年 問7】

0.10 mol L^{-1}酢酸水溶液75 mLと0.10 mol L^{-1}水酸化ナトリウム水溶液25 mLを混合して緩衝液を調製した．この緩衝液のpHは幾らか．次の中から最も近いものを一つ選べ．ただし，酢酸のpK_aは4.75とする．なお，$pK_a = -\log_{10} K_a$（K_a：酸解離定数）である．また，必要ならば$\log_{10} 2 = 0.30$を用いよ．

1   4.15   2   4.45   3   4.75   4   5.05   5   5.35

解説　中和前のCH_3COOHのモル濃度をC_a〔mol/L〕，NaOHのモル濃度をC_b〔mol/L〕とする．

$$CH_3COOH + NaOH \rightarrow CH_3COONa + H_2O$$
$$C_a - C_b \qquad C_b \rightarrow 0 \qquad\quad C_b$$
①

CH_3COONaは完全に解離する．

$$CH_3COONa \rightarrow CH_3COO^- + Na^+$$
$$C_b \rightarrow 0 \qquad\qquad C_b \qquad\quad C_b$$

81

CH_3COOH の解離度を α とする.

$$CH_3COOH \;\rightleftarrows\; CH_3COO^- \;+\; H^+$$
$$(C_a - C_b)(1-\alpha) \qquad (C_a - C_b)\alpha + C_b \qquad (C_a - C_b)\alpha = [H^+] \qquad ②$$

式②の平衡式は,

$$K_a = \frac{((C_a - C_b)\alpha + C_b)[H^+]}{(C_a - C_b)(1-\alpha)} \qquad ③$$

となる. α は極めて小さいから $(C_a - C_b)\alpha \ll C_b$ であるため, $(C_a - C_b)\alpha + C_b \fallingdotseq C_b$, $1 - \alpha \fallingdotseq 1$ とすれば, 式③は次のように表される.

$$K_a = \frac{C_b[H^+]}{C_a - C_b}$$

変形すると,

$$[H^+] = K_a \times \frac{C_a - C_b}{C_b} \qquad ④$$

となる.

式①の C_b〔mol/L〕を算出する.

C_b は濃度 0.10 mol/L で 25 mL に含まれるモル数を算出し, 混合後は 100 mL になるから, 1 L 中では次のように算出される. 単位に注意.

$$酢酸イオンのモル数 = 0.10\,mol/L \times 25 \times 10^{-3}\,L = 2.5 \times 10^{-3}\,mol$$

$$酢酸イオン濃度\,C_b = \frac{2.5 \times 10^{-3}\,mol}{100 \times 10^{-3}\,L} = 2.5 \times 10^{-2}\,mol/L \qquad ⑤$$

同様に, 過剰酢酸濃度 $(C_a - C_b)$ を算出する.

$$過剰酢酸のモル数 = 0.10\,mol/L \times 75 \times 10^{-3}\,L - 0.10\,mol/L \times 25 \times 10^{-3}\,L$$
$$= 7.5 \times 10^{-3}\,mol - 2.5 \times 10^{-3}\,mol = 5.0 \times 10^{-3}\,mol \qquad ⑥$$

同様に, 式⑥で表される混合後の過剰酢酸は 100 mL にあるから, 1 L に換算すると,

$$過剰酢酸濃度\,(C_a - C_b) = \frac{5.0 \times 10^{-3}\,mol}{100 \times 10^{-3}\,L} = 5.0 \times 10^{-2}\,mol/L \qquad ⑦$$

となる. 式⑤と式⑦の値を式④に代入すると, $pK_a = 4.75$ から $K_a = 10^{-4.75}$ であるから

$$[H^+] = K_a \times \frac{C_a - C_b}{C_b} = 10^{-4.75} \times \frac{5.0 \times 10^{-2}}{2.5 \times 10^{-2}} = 2.0 \times 10^{-4.75}$$

$$pH = -\log[H^+] = -\log(2.0 \times 10^{-4.75}) \fallingdotseq 4.75 - 0.30 = 4.45$$

となる.

▶答 2

■ 問題9　　　　　　　　　　　　　　　　　　　　【平成30年12月 問7】　✓ ✓ ✓

次のアンモニアを含むアミン類（ア）～（カ）について, それぞれの共役酸の pK_a 値（水中, 25℃）の大小関係として, 誤っているものを一つ選べ. ただし, $pK_a = -\log K_a$（K_a：イオン強度が 0 のときの酸解離定数）とする.

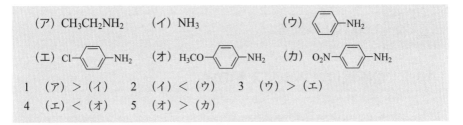

1　(ア) ＞ (イ)　　2　(イ) ＜ (ウ)　　3　(ウ) ＞ (エ)
4　(エ) ＜ (オ)　　5　(オ) ＞ (カ)

解説　酸解離定数pK_aは，その値が小さいほど酸性が強く，反対にその値が大きいほどアルカリ性が強い．ここでは，Nの非共有電子対（孤立電子対）濃度が問題で，高くなるとアルカリ性が強まりpK_aの値は大きくなり，反対に非共有電子対の濃度が低くなると，酸性が強まりpK_aの値は小さくなる．

1　正しい．Nの非共有電子対濃度が高まれば，そこにH_2OのH^+がより強く配位するため，残ったOH^-の濃度が高くなるので，よりアルカリ性が強まりpK_aの値は大きくなる．CH_3CH_2-はやや電子供与性があるので，(ア) は (イ) よりアルカリ性が強くなり，(ア) ＞ (イ) となる．

2　誤り．(ウ) のベンゼン環は，電子吸引性があるため，$-NH_2$のNの非共有電子対濃度が低下するので，(イ) の方がNの非共有電子対濃度が高い．したがって，(イ) の方がアルカリ性が高くなるので，(イ) ＞ (ウ) となる．

3　正しい．(エ) の$Cl-$（電気陰性度が大）はパラの位置にあるNの非共有電子対を吸引するため，(ウ) のNの非共有電子対濃度が (エ) のそれよりも高いので，よりアルカリ性が強くなる．したがって，(ウ) ＞ (エ) となる．

4　正しい．$Cl-$の方がH_3CO-より電子吸引性が強いので，Nの非共有電子対濃度は (オ) の方が高い．したがって，(エ) ＜ (オ) となる．

5　正しい．H_3CO-よりもO_2N-の方がNの非共有電子対をより強く吸引するため，(オ) のNの方の非共有電子対濃度が高い．したがって，(オ) ＞ (カ) となる．　　▶ 答 2

1.10 酸化と還元

1.10.1 電極電位（ネルンストの式）

■問題1　【令和6年 問11】

ある金属を銅板とともに希硫酸中に浸し，両者を導線でつないだ．このとき，最も大きな起電力を与える金属を一つ選べ．
1　Al　2　Fe　3　Ni　4　Pt　5　Pb

解説　銅板とともに希硫酸中に浸し，両者を導線でつないだとき最も大きな起電力を与える金属は，イオン化系列において銅と最も離れた位置にある金属である．金属のイオン化傾向の順序は次のとおりである．

K > Ca > Na > Mg > Al > Zn > Fe > Ni > Sn > Pb > (H) > Cu > Hg > Ag > Pt > Au

選択肢の中で銅と最も離れている金属はAlである．　　　　　　　　　　　▶答 1

■問題2　【令和5年 問16】

水素を燃料とする燃料電池を $0.60\,\text{V}$ の電圧で運転したとき，$12\,\text{W}$ の電力が得られた．この電池を同条件で16分間運転する場合，消費される水素の体積は標準状態で幾らか．次の中から最も近いものを一つ選べ．ただし，ファラデー定数は $9.6 \times 10^4\,\text{C}\,\text{mol}^{-1}$ とし，水素はすべて電極で反応して電子を生じるものとする．
1　0.53 L　2　0.97 L　3　1.4 L　4　2.2 L　5　3.1 L

解説　燃料電池の電圧が $0.60\,\text{V}$ で $12\,\text{W}$ の電力が得られたことから，そのときの電流 I は，

$$I = \frac{12\,\text{W}}{0.6\,\text{V}} = 20\,\text{A}$$

である．電池を同条件で16分間運転する場合，流れる電気量（クーロン：単位 C）は

　　　$20\,\text{A} \times 16\,\text{min} = 20 \times 16 \times 60\,\text{C}$　　　　　　　　　　　　　　　　　①

ファラデー定数を F，水素のモル数を $M\,[\text{mol}]$ とすれば，次の関係式が成立する．

　　　$F \times M =$ 式①　　　　　　　　　　　　　　　　　　　　　　　　　　　　②

式②に与えられた数値を代入して M を求める．

　　　$9.6 \times 10^4 \times M = 20 \times 16 \times 60$

$$M = \frac{20 \times 16 \times 60}{9.6 \times 10^4}\,\text{mol} \qquad ③$$

式③から水素の体積 V は，

$$V = 式③ \times 22.4\,\text{L/mol} = \frac{20 \times 16 \times 60}{9.6 \times 10^4} \times 22.4\,\text{L} \qquad ④$$

となる．しかし，水素（H_2）は1分子当たり2つの水素原子があるため，式④の体積の半分でよいことになる．

$$式④ \times \frac{1}{2} = \frac{20 \times 16 \times 60}{9.6 \times 10^4} \times 22.4 \times \frac{1}{2} \fallingdotseq 2.2\,\text{L}$$

▶答 4

■問題3　【令和2年 問10】

次の（ア）～（エ）の化学電池のうち，負極活物質または正極活物質に遷移元素（3～11族元素）を含む組合せとして，正しいものを1～5の中から一つ選べ．

（ア）ダニエル電池
（イ）マンガン乾電池
（ウ）鉛蓄電池
（エ）りん酸形燃料電池

1　（ア）と（イ）　2　（ア）と（ウ）　3　（ア）と（エ）
4　（イ）と（ウ）　5　（イ）と（エ）

解説　（ア）正しい．ダニエル電池は，希硫酸（H_2SO_4）に亜鉛（Zn）極板（マイナス側：負極活物質），銅（Cu）極板（プラス側：正極活物質）を使用した電池である．銅は遷移元素である．なお，亜鉛は典型元素である．
（イ）正しい．マンガン乾電池は，二酸化マンガン（MnO_2：プラス側，正極活物質），亜鉛（マイナス側：負極活物質）を使用した電池である．マンガン（Mn）は遷移元素である．亜鉛は典型元素である．
（ウ）誤り．鉛蓄電池は，二酸化鉛（PbO_2：プラス側，正極活物質），海綿状鉛（Pb：マイナス側，負極活物質）を使用した電池である．鉛は典型元素である．
（エ）誤り．りん酸形燃料電池は，濃厚りん酸（H_3PO_4）液と触媒に白金（Pt）を使用した電池である．水素（マイナス側：負極活物質），酸素（プラス側：正極活物質）を使用した電池である．酸素は典型元素である．なお，水素は典型元素や遷移元素ではない．

▶答 1

■問題4　【令和2年 問15】

燃料電池は化学エネルギーを電気エネルギーに変換する装置で，水素を燃料とする

場合，以下の反応が進行する．

$$H_2 + \frac{1}{2}O_2 \rightarrow H_2O$$

25℃において水の標準生成ギブズエネルギー $\Delta G°$ が $-237\,\mathrm{kJ\,mol^{-1}}$ であるとき，この燃料電池の標準起電力 $E°$ は幾らか．次の中から最も近いものを一つ選べ．ただし，ファラデー定数を F（$96,500\,\mathrm{C\,mol^{-1}}$），化学反応で移動する電子数を n とすると，$\Delta G° = -nFE°$ の関係が成立するものとする．

1　0.41 V　　2　0.59 V　　3　0.82 V　　4　1.23 V　　5　2.46 V

解説　燃料電池の反応は次のとおりである．

負極　　$H_2 \rightarrow 2H^+ + 2e^-$

正極　　$O_2 + 4H^+ + 4e^- \rightarrow 2H_2O$

この反応では電子2個が関係するので $n = 2$ である．したがって，次のように標準起電力 $E°$ が算出される．

$$E° = -\frac{\Delta G°}{nF} = -\frac{-237 \times 10^3\,\mathrm{J/mol}}{2 \times 96,500\,\mathrm{C/mol}} \fallingdotseq 1.23\,\mathrm{J/C} = 1.23\,\mathrm{V}$$

▶答 4

■ **問題5**　　　　　　　　　　　　　　　　　　　　　　【平成30年12月 問23】 ✓ ✓ ✓

　次の記述の下線部（ア）〜（エ）に関する正誤の組合せの中から，正しいものを一つ選べ．

　ダニエル電池 Zn | ZnSO$_4$（$a = 0.01$）‖ CuSO$_4$（$a = 1$）| Cu（a：活量）が放電するとき，正極の (ア) 銅電極では (イ) 酸化反応が起こる．このとき，25℃におけるこの電池の初期の起電力は，標準起電力 (ウ) 1.10 V よりも (エ) 大きくなる．ただし，$Zn^{2+} + 2e^- \rightleftarrows Zn$ および $Cu^{2+} + 2e^- \rightleftarrows Cu$ の標準電極電位は，25℃でそれぞれ $-0.763\,\mathrm{V}$ および $+0.337\,\mathrm{V}$ であり，液間電位は無視できるものとする．

	（ア）	（イ）	（ウ）	（エ）
1	正	正	誤	誤
2	誤	誤	正	正
3	正	誤	正	誤
4	誤	正	正	誤
5	正	誤	正	正

解説　（ア）正しい．「銅電極」である．銅極では

$$Cu^{2+} + 2e^- \rightarrow Cu$$

の還元反応が生じる．銅極がカソードである．

(イ) 誤り．正しくは「還元反応」である．
(ウ) 正しい．「1.10 V」である．
$$+0.337 - (-0.763) = 1.10\,\text{V}$$
(エ) 正しい．「大きくなる」である．電池の初期の起電力はネルンストの式から次のように表される．

$$\Delta E = E° - \frac{RT}{nF}\log\frac{Red}{O_x} = E° - \frac{0.059}{n} \times \log\frac{[\text{Zn}^{2+}]}{[\text{Cu}^{2+}]} \quad ①$$

ここに，$E°$：標準起電力，R：気体定数，T：絶対温度，n：移動電子数，
F：ファラデー定数，Red：電子を与える側，
O_x：電子を受け取る側，$\text{Cu}^{2+} + \text{Zn} \to \text{Cu} + \text{Zn}^{2+}$

式①に与えられた数値を代入する．
$$\Delta E = 1.10 - \frac{0.059}{2} \times \log\frac{[\text{Zn}^{2+}]}{[\text{Cu}^{2+}]} = 1.10 - \frac{0.059}{2} \times \log\frac{0.01}{1}$$
$$= 1.10 - \frac{0.059}{2} \times (-2) = 1.10 + 0.059 = 1.159\,\text{V}$$

▶ 答 5

1.10.2 酸化還元と酸化還元反応

■問題1　　　　　　　　　　　　　　　　　　【令和5年 問24】

次の物質のうち，反応する物質によって酸化剤としても還元剤としてもはたらくことができるものはどれか．正しいものを一つ選べ．
1　過マンガン酸カリウム　　2　硫化水素　　3　よう化カリウム
4　二酸化硫黄　　5　オゾン

解説　1　誤り．酸化剤である．過マンガン酸カリウム（KMnO$_4$）は，Mn^{7+} → Mn^{2+} であるから，Mn は還元され，相手を酸化する．なお，右上の数値が増加すれば酸化，減少すれば還元と考える．
2　誤り．還元剤である．硫化水素（H$_2$S）は，H$_2$S → S で S^{2-} → S^0 であるから，S は酸化され，相手を還元する．
3　誤り．還元剤である．よう化カリウム（KI）は，2KI → I$_2$ で 2I$^-$ → I$^0_2$ であるから，I は酸化され，相手を還元する．
4　正しい．酸化剤となることも還元剤となることもある．酸化剤となる場合，SO$_2$ → S で S^{4+} → S^0 であるから，S は還元され，相手を酸化する．還元剤となる場合，SO$_2$ →

H_2SO_4 で $S^{4+} \rightarrow S^{6+}$ であるから，S は酸化され，相手を還元する．

5　誤り．酸化剤である．オゾン (O_3) は，$O_3 \rightarrow O_2 + H_2O$ で $O^0_3 \rightarrow O^{2-}$（水分子の酸素）であるから，O は還元され，相手を酸化する． ▶答 4

問題 2　【令和3年 問10】

アルカリ金属（M = Li, Na, K, Rb, Cs）において，次の半反応式

$$M^+ + e^- \rightarrow M$$

に対応する標準電極電位（25℃，pH = 0 の水溶液中，標準水素電極基準）は，それぞれ $-3.045\,\mathrm{V}$，$-2.714\,\mathrm{V}$，$-2.925\,\mathrm{V}$，$-2.924\,\mathrm{V}$，$-2.923\,\mathrm{V}$ である．最も強い還元作用を示す元素として正しいものを一つ選べ．

1　Li　　2　Na　　3　K　　4　Rb　　5　Cs

解説　金属イオンが電子を受け取る場合，標準電極電位が負の値でその程度が大きいほど還元作用が強いことになる．したがって，選択肢の中では Li が最も標準電極電位が低いので，最も強い還元作用を示す元素である．なお，金属イオンが電子を受け取る場合，標準電極電位が正の値ならば金属イオンは酸化剤となる． ▶答 1

問題 3　【令和3年 問24】

よう素酸カリウム水溶液 100 mL に十分な量のよう化カリウム及び希硫酸を加えて完全に反応させ，遊離したよう素を $C\,\mathrm{mol\,L^{-1}}$ のチオ硫酸ナトリウム水溶液で滴定したところ，$V\,\mathrm{mL}$ を要した．反応前のよう素酸カリウム水溶液の濃度（$\mathrm{mol\,L^{-1}}$）を求める計算式として正しいものを 1～5 の中から一つ選べ．なお，反応は，次に示す化学反応式に従って化学量論的に進むものとする．

$$KIO_3 + 5KI + 3H_2SO_4 \rightarrow 3K_2SO_4 + 3H_2O + 3I_2$$
$$2Na_2S_2O_3 + I_2 \rightarrow 2NaI + Na_2S_4O_6$$

1　$\dfrac{C}{V}$　　2　$\dfrac{CV}{600}$　　3　$\dfrac{100C}{V}$　　4　$\dfrac{300V}{C}$　　5　CV

解説
$$KIO_3 + 5KI + 3H_2SO_4 \rightarrow 3K_2SO_4 + 3H_2O + 3I_2 \quad ①$$
$$2Na_2S_2O_3 + I_2 \rightarrow 2NaI + Na_2S_4O_6 \quad ②$$

式②においてチオ硫酸ナトリウム（$Na_2S_2O_3$）水溶液中の $Na_2S_2O_3$ のモル数は，

$$C\,[\mathrm{mol/L}] \times V\,[\mathrm{mL}] \times 10^{-3}\,\mathrm{L/mL} = CV \times 10^{-3}\,\mathrm{mol}$$

である．式②からこれと反応する I_2 のモル数は，1/2 であるから

$$\dfrac{CV \times 10^{-3}}{2}\,\mathrm{mol}$$

である． $\dfrac{CV \times 10^{-3}}{2}$ mol の I_2 は，式①で生成した I_2 で，これと反応した KIO_3 は I_2 のモ

ル数の1/3である．したがって，KIO₃ は

$$\frac{CV \times 10^{-3}}{2} \times \frac{1}{3} \, \text{mol} = \frac{CV \times 10^{-3}}{6} \, \text{mol}$$

となる．

$\dfrac{CV \times 10^{-3}}{6}$ mol は 100 mL に含まれているので，これを 10 倍して 1 L に含まれるとすれば，

$$\frac{CV \times 10^{-3}}{6} \times 10 \, \text{mol/L} = \frac{CV}{600} \, \text{mol/L}$$

となる．

▶答 2

問題 4 【令和 2 年 問 8】

硫酸酸性下，濃度不明の過酸化水素水 20.0 mL を 0.100 mol L⁻¹ 過マンガン酸カリウム水溶液で滴定したところ，終点までに 12.0 mL を要した．この過酸化水素水の濃度は幾らか．次の中から最も近いものを一つ選べ．なお，化学反応式は以下のとおりである．

$$2KMnO_4 + 3H_2SO_4 + 5H_2O_2 \rightarrow 2MnSO_4 + K_2SO_4 + 8H_2O + 5O_2$$

1 0.0600 mol L⁻¹   2 0.120 mol L⁻¹   3 0.150 mol L⁻¹
4 0.300 mol L⁻¹   5 0.600 mol L⁻¹

解説 $KMnO_4$ と H_2O_2 がモル数で 2 : 5 で反応することから算出する．

反応に要した $KMnO_4$ のモル数

$\quad 0.100 \, \text{mol/L} \times 12.0 \times 10^{-3} \, \text{L} = 0.100 \times 12.0 \times 10^{-3} \, \text{mol}$ ①

反応に要した H_2O_2 のモル数

H_2O_2 の濃度を X [mol/L] とする．

$\quad X \, [\text{mol/L}] \times 20.0 \times 10^{-3} \, \text{L} = X \times 20.0 \times 10^{-3} \, \text{mol}$ ②

式①と式②の比が 2 : 5 であるから次式が成り立つ．

$\quad (0.100 \times 12.0 \times 10^{-3}) : (X \times 20.0 \times 10^{-3}) = 2 : 5$ ③

式③を変形して X を算出する．

$\quad X \times 20.0 \times 10^{-3} \times 2 = 0.100 \times 12.0 \times 10^{-3} \times 5$

$\quad X = \dfrac{0.100 \times 12.0 \times 5}{20.0 \times 2} = 0.150 \, \text{mol/L}$

▶答 3

問題 5 【平成 30 年 12 月 問 21】

硫酸酸性水溶液中での過マンガン酸カリウムとしゅう酸との反応式

$$2KMnO_4 + x(COOH)_2 + 3H_2SO_4 \rightarrow 2MnSO_4 + K_2SO_4 + yCO_2 + zH_2O$$

における係数 x, y および z の和として，正しいものを一つ選べ．

1　19　　2　21　　3　23　　4　25　　5　27

解説　H，C，O について，それぞれ左右の原子数が等しいとして等式を作成し，x，y，z を算出すればよい．

H について

$$2x + 6 = 2z \qquad\qquad ①$$

C について

$$2x = y \qquad\qquad ②$$

O について

$$8 + 4x + 12 = 8 + 4 + 2y + z \qquad\qquad ③$$

式①，式②，式③から x，y，z を算出すると，

$$x = 5$$
$$y = 10$$
$$z = 8$$

となり，これらの合計は

$$x + y + z = 5 + 10 + 8 = 23$$

となる．

▶答 3

1.11 有機化学

1.11.1　物質の分類・精製・抽出・性質

■問題1　　　　　　　　　　　　　　　　　　　　　【令和6年 問12】

次の有機化合物（ア）～（エ）について，沸点の高い順として正しいものを 1 ～ 5 の中から一つ選べ．

（ア）酢酸

（イ）エタノール

（ウ）ジメチルエーテル

（エ）アセトアルデヒド

1　（ア）＞（イ）＞（エ）＞（ウ）
2　（ア）＞（エ）＞（ウ）＞（イ）
3　（イ）＞（ア）＞（ウ）＞（エ）
4　（ウ）＞（エ）＞（ア）＞（イ）
5　（エ）＞（ウ）＞（イ）＞（ア）

解説　沸点の高いものは，一般的に次のことが挙げられる．

1）分子量が大きい．炭素数が多い．
2）酸素原子が分子中に多い．水素結合による会合または水分子との水素結合ができる．
3）2）と関係して水に溶解しやすい．

（ア）　選択肢の有機化合物の炭素数はいずれも 2 個である．分子量は，酢酸（CH_3COOH）が 60，エタノール（CH_3CH_2OH または C_2H_5OH）が 46，ジメチルエーテル（CH_3OCH_3）が 46，アセトアルデヒド（CH_3CHO）が 44 で，酢酸が最も大きい．他の有機化合物の分子量に大きな差はない．酢酸は酸素が 2 つもあり，選択肢の中では最も多い．酢酸は水素結合による分子会合（二量体）となる．さらに，酢酸は水と水素結合し，無限に溶解する（図 1.20(a) 参照）．以上から，選択肢の中では酢酸の沸点（118.1℃）が最も高い．

（イ）　エタノールは，図 1.20(b) のように水素結合するため，水に無限に溶解する．

（ウ）　ジメチルエーテルは，水素結合はできないので，非会合の状態で存在する．水分子とは水素結合するが，溶解度は 7.0 % 程度である（図 1.20(c) 参照）．したがって，沸点（−24℃）は選択肢の中で最も低い．

（エ）　アセトアルデヒドは，水酸基がないため，水素結合による会合は存在しない．しかし，水とは水素結合するため，水には無限に溶解する（図 1.20(d) 参照）．したがって，分子会合するエタノールの沸点（78.4℃）の方がアセトアルデヒドの沸点（20.2℃）より高くなる．

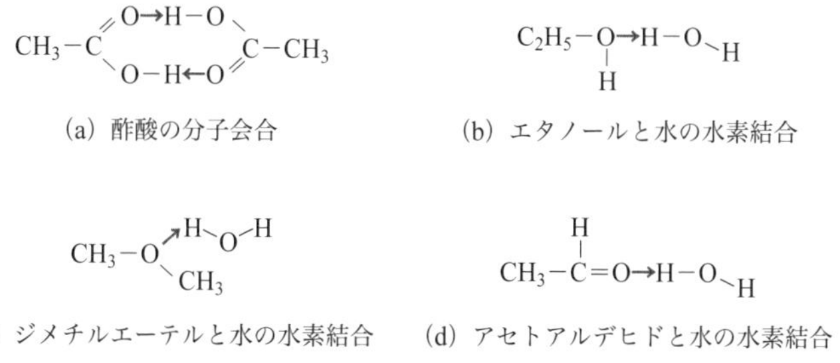

（a）酢酸の分子会合　　（b）エタノールと水の水素結合

（c）ジメチルエーテルと水の水素結合　　（d）アセトアルデヒドと水の水素結合

図 1.20　水溶液中の会合と水素結合

▶答 1

1.11

有機化学

■ **問題2**　　　　　　　　　　　　　　　　　　　　　　【令和5年 問14】☑ ☑ ☑

　　物質Aを1.20 g含む100 mLの水溶液を二つ用意し，一方の水溶液に100 mLのヘキサンを加えてよく振り混ぜたところ，0.80 gのAがヘキサン相に移動することが認められた．他方の水溶液はヘキサンを半分に分けて50 mLずつ2回の抽出操作を繰り返したが，この場合水相からヘキサン相に抽出されたAは何gになるか．次の中から最も近いものを一つ選べ．ただし，Aは水相およびヘキサン相中で会合や解離をせず，両相へ溶解するAの濃度比は一定値を保つとする「分配の法則」が成立するものとする．

1　0.85 g　　2　0.90 g　　3　0.95 g　　4　1.00 g　　5　1.05 g

解説　　分配の法則が成立するとは，抽出剤であるヘキサンの量を変えても分配係数（抽出係数）Kは変化しないことを意味する．

1回に100 mLのヘキサンで抽出した場合から抽出係数Kを求める．

$$K = \frac{ヘキサン中の物質Aの量/ヘキサン量}{水溶液中の物質Aの量/水溶液量} = \frac{0.80\,\mathrm{g}/100\,\mathrm{mL}}{0.40\,\mathrm{g}/100\,\mathrm{mL}} = 2.0 \qquad ①$$

1回のヘキサン抽出量を50 mLとして2回抽出した場合

1回目の抽出量をX_1〔g〕とし，式①の抽出係数を使用する．

$$2.0 = \frac{X_1\,〔\mathrm{g}〕/50\,\mathrm{mL}}{(1.20 - X_1)\,\mathrm{g}/100\,\mathrm{mL}} = \frac{2X_1}{1.20 - X_1} \qquad ②$$

式②からX_1を求める．

$$X_1 = 0.60\,\mathrm{g} \qquad ③$$

2回目の抽出量をX_2〔g〕とし，同様に式①の抽出係数Kを使用する．式③から水溶液中の物質Aは1.20 − 0.60 = 0.60 gである．

$$2.0 = \frac{X_2\,〔\mathrm{g}〕/50\,\mathrm{mL}}{(0.60 - X_2)\,\mathrm{g}/100\,\mathrm{mL}} = \frac{2X_2}{0.60 - X_2} \qquad ④$$

式④からX_2を求める．

$$X_2 = 0.30\,\mathrm{g} \qquad ⑤$$

以上から水溶液からヘキサン層に移動した物質Aは

　　式③＋式⑤ = 0.60 g + 0.30 g = 0.90 g

である．　　　　　　　　　　　　　　　　　　　　　　　　　　　　　　▶答 2

■ **問題3**　　　　　　　　　　　　　　　　　　　　【平成30年12月 問9】☑ ☑ ☑

　　不純物を少量含む物質の純度を高めるための方法に関して，次に示した組合せの中から，誤っているものを一つ選べ．

	物質	不純物	純度を高めるための方法
1	窒素	酸素	低温で液化した後，蒸留
2	よう素	よう化カリウム	加熱による昇華
3	塩化ナトリウム	塩化マグネシウム	水溶液の電気分解
4	硝酸カリウム	塩化ナトリウム	高温の水に飽和させた後，冷却して再結晶
5	o-ニトロフェノール	p-ニトロフェノール	シリカゲル吸着クロマトグラフィー

解説 1 正しい．窒素（沸点 −196℃）は，低温で液化した後，蒸留することにより，少量の酸素（沸点 −183℃）を沸点の違いによって除去し，純度を高めることができる．

2 正しい．よう素は昇華するため，加熱することにより，少量のよう化カリウムを含む状態から純度を高めることができる．

3 誤り．塩化ナトリウムの純度を高めるには，水溶液をアルカリ性にし，難溶性の水酸化マグネシウム（$Mg(OH)_2$）を生成させて除去する．

4 正しい．高温の水に飽和させた後，冷却して硝酸カリウムを再結晶させると，少量の塩化ナトリウムを含む状態から硝酸カリウムの純度を高めることができる．

5 正しい．o-ニトロフェノールは分子内で水素結合をしているが，p-ニトロフェノールは分子間で水素結合しているため，シリカゲル吸着クロマトグラフィーを使用すると，吸着しにくいo-ニトロフェノールが先に通過し，分離することにより，少量のp-ニトロフェノールを含む状態からo-ニトロフェノールの純度を高めることができる． ▶ 答 3

1.11.2 脂肪族炭化水素化合物の性質および反応

■問題1 【令和6年 問13】

多くのアルケンは，以下に示したような酸化剤 X との反応とそれに続く反応によって，中間体 Y を経由した炭素–炭素間の二重結合の開裂が可能である．この反応で用いられる酸化剤 X として正しいものを一つ選べ．

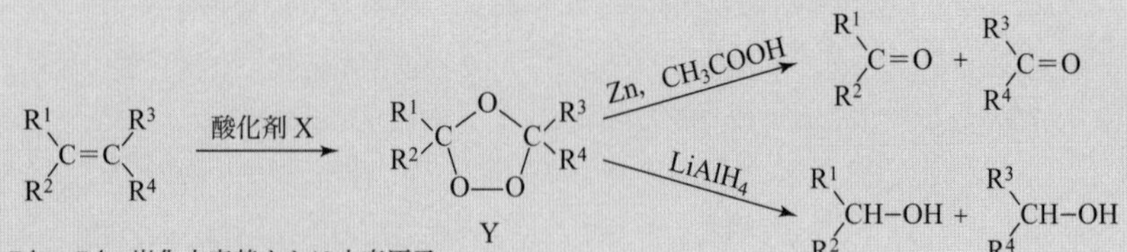

R^1 ～ R^4：炭化水素基または水素原子

1　過酢酸　　2　オゾン　　3　過酸化水素
4　四酸化オスミウム　　5　過よう素酸ナトリウム

解説　1　誤り．アルケンと過酢酸（$H_3CC(=O)OOH$）との反応では，オキシドが生成する（**図 1.21**(a) 参照）．Y のように五員環にはならない．

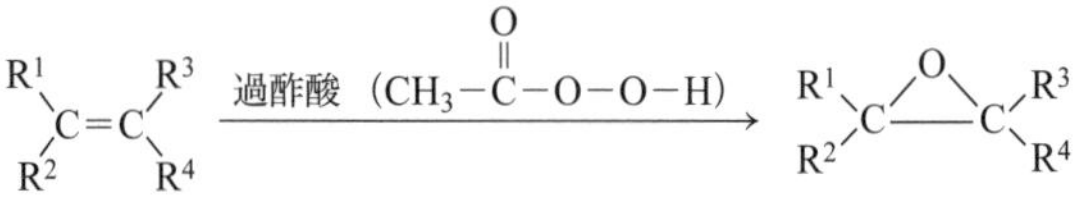

(a) オキシドの生成

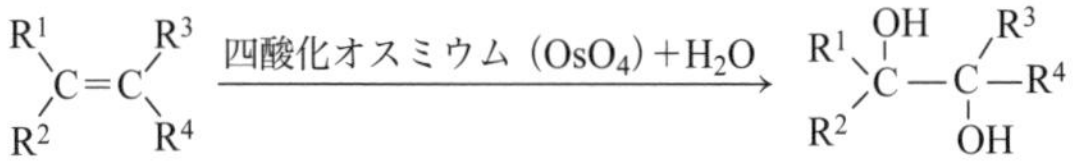

(b) アルコール化合物の生成

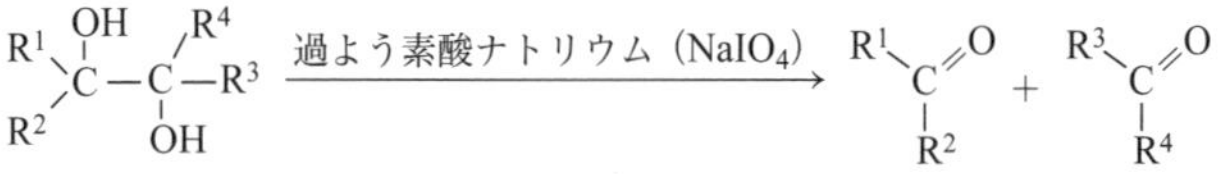

(c) アルコール化合物の炭素–炭素結合の切断とケトンの生成

図 1.21　酸化剤によるアルケンの開裂

2　正しい．アルケンとオゾン（O_3）の反応では，Y のように五員環になり，二重結合が開裂してケトン類（Zn，CH_3COOH を使用）やアルコール類（$LiAlH_4$ を使用）が生成する．

3　誤り．アルケンと過酸化水素（H_2O_2）との反応は，オキシドが生成する．Y のように五員環にはならない．

4　誤り．アルケンと四酸化オスミウム（OsO_4）の反応では，図 1.21(b) のように 2 つの OH が付加する．

5　誤り．アルケンと過よう素酸ナトリウム（$NaIO_4$）だけでは二重結合を切断できない．OsO_4 と過剰の過よう素酸ナトリウムを併用することで，二重結合を切断して対応するカルボニル化合物へと変換することができる．OsO_4 はまずオレフィンをグリコー

ルに変え，過よう素酸ナトリウムがこれを切断しケトンにする（図1.21(c)参照）．ジオールの炭素-炭素の結合を切断するので，Yのような五員環は生成しない． ▶答 2

問題2 【令和6年 問22】

分子内の共有結合に関する1〜5の記述の中から誤っているものを一つ選べ．
1 エチレン分子は二重結合をもつ．
2 二硫化炭素分子は二重結合をもつ．
3 塩化水素分子は二重結合をもつ．
4 アセチレン分子は三重結合をもつ．
5 窒素分子は三重結合をもつ．

解説 1 正しい．エチレンは，図1.22のように二重結合をもつ．

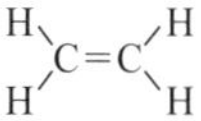

図1.22 エチレンの二重結合

2 正しい．二硫化炭素は，S=C=Sの構造をしており，二重結合をもつ．
3 誤り．塩化水素は，H$^+$Cl$^-$のようにイオン結合をしており，二重結合はしていない．
4 正しい．アセチレンは，H–C≡C–Hの構造をしており，三重結合をもつ．
5 正しい．窒素分子は，N≡Nの構造をしており，三重結合をもつ． ▶答 3

問題3 【令和5年 問12】

以下の有機反応（ア）〜（エ）と反応の種類（置換反応，付加反応，脱離反応，転位反応）の組合せとして正しいものを1〜5の中から一つ選べ．なお反応における溶媒や触媒，副生成物，反応条件などは省略されている．

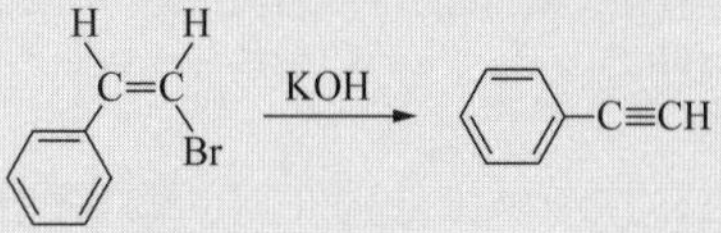

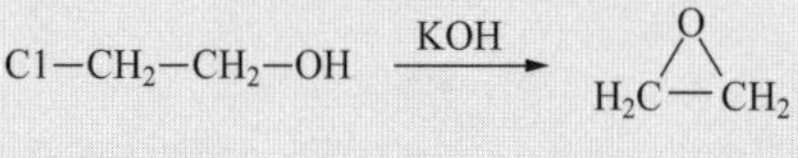

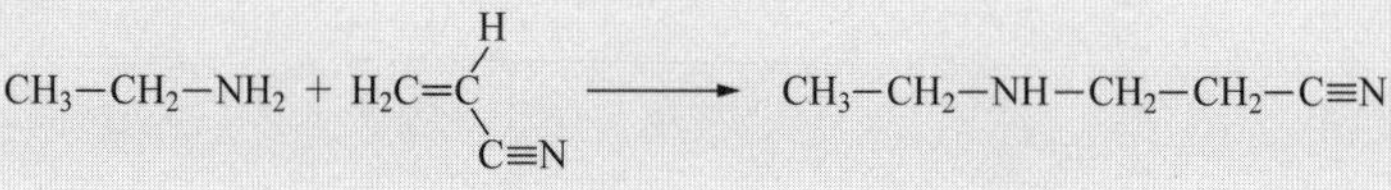

	(ア)	(イ)	(ウ)	(エ)
1	脱離反応	転位反応	付加反応	置換反応
2	脱離反応	置換反応	転位反応	付加反応
3	置換反応	脱離反応	付加反応	転位反応
4	転位反応	付加反応	置換反応	脱離反応
5	付加反応	置換反応	脱離反応	転位反応

解説 （ア）脱離反応である．HBrとして脱離すると（離脱反応），フェニルアセチレンが生成する．
（イ）置換反応である．図1.23のように，O原子がCl原子に置換して（置換反応），生成する．

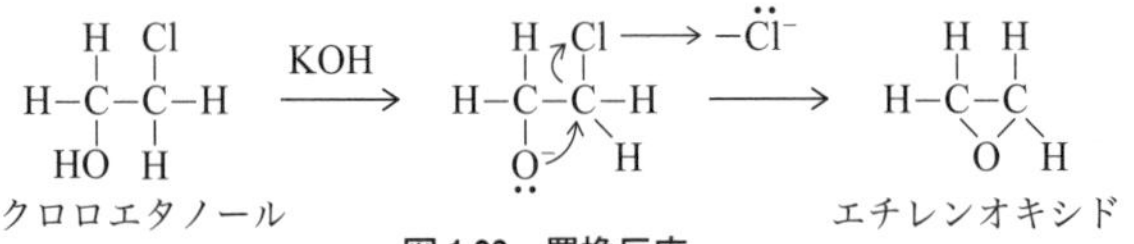

図1.23 置換反応

（ウ）転移反応である．図1.24において，5のCH$_3$が3のC原子に転移し（転位反応），OHは隣のOHの水素と水分となって離脱し，生成する．

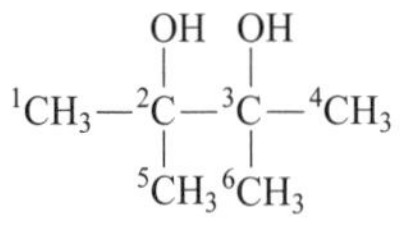

図1.24 転移反応

（エ）付加反応である．両方の分子が結びついて（付加反応），生成する．

▶答 2

問題4 【令和5年 問23】

炭化水素に関する（ア）～（エ）の記述について，正誤の組合せとして正しいものを1～5の中から一つ選べ．

（ア）エタンの炭素原子間の結合距離は，アセチレンの炭素原子間の結合距離より長い．
（イ）C$_n$H$_{2n}$の分子式をもつ炭化水素は，すべて不飽和炭化水素である．
（ウ）エチレンは，160℃～170℃程度に加熱した濃硫酸にエタノールを加えることで生成する．
（エ）アセチレンにシアン化水素を付加させると，アクリロニトリルが生成する．

	(ア)	(イ)	(ウ)	(エ)
1	正	正	正	誤
2	正	正	誤	正

3	正	誤	正	正
4	誤	正	誤	正
5	正	誤	正	誤

解説 （ア）正しい．エタン（CH$_3$–CH$_3$）の炭素原子間（σ結合のみ）の結合距離は，アセチレン（HC≡CH）の炭素原子間（σ結合と2つのπ結合）の結合距離より長い．なお，炭素間の結合距離は，単結合 > 二重結合 > 三重結合の順である．

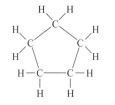

図1.25 シクロペンタン（C$_5$H$_{10}$）

（イ）誤り．C$_n$H$_{2n}$ の分子式をもつ炭化水素であっても，環状の場合は，不飽和炭化水素にならない．
例：シクロペンタン（C$_5$H$_{10}$：図1.25参照）

（ウ）正しい．エチレン（H$_2$C=CH$_2$）は，160〜170℃程度に加熱した濃硫酸にエタノール（CH$_3$CH$_2$OH）を加えると，脱水反応で生成する．
$$CH_3CH_2OH \rightarrow H_2C=CH_2 + H_2O$$

（エ）正しい．アセチレンにシアン化水素（HCN）を付加すると，次のようにアクリロニトリル（CH$_2$=CH–CN）が生成する．
$$HC\equiv CH + HCN \rightarrow CH_2=CH-CN$$

▶ 答 3

問題5 【令和4年 問13】

カルボニル基を有し，ケト–エノール互変異性化が可能な以下の有機化合物の中で，室温においてエノール形の割合が最も多いものを一つ選べ．

1 アセトン
2 酢酸エチル
3 アセチルアセトン（2,4-ペンタンジオン）
4 アセトアルデヒド
5 シクロヘキサノン

解説 各物質の構造図は図1.26のとおりである．

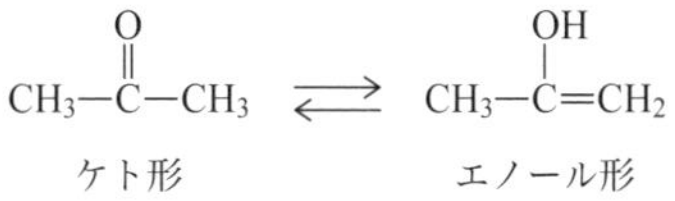

$$CH_3-\overset{O}{\overset{\|}{C}}-CH_3 \rightleftarrows CH_3-\overset{OH}{\overset{|}{C}}=CH_2$$

ケト形　　　　　　エノール形

(a) アセトン

図1.26 ケト–エノール互変異性化が可能な有機化合物

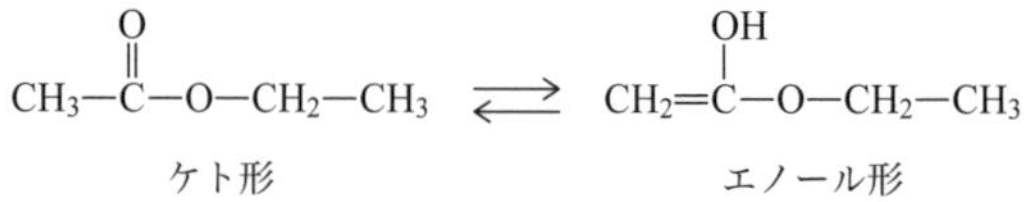

$$CH_3-\overset{\displaystyle O}{\overset{\|}{C}}-O-CH_2-CH_3 \rightleftarrows CH_2=\overset{\displaystyle OH}{\overset{|}{C}}-O-CH_2-CH_3$$

ケト形 エノール形

(b) 酢酸エチル

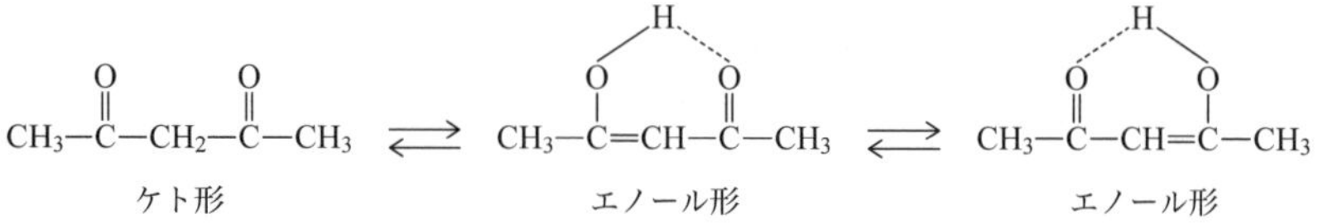

$$CH_3-\overset{O}{\overset{\|}{C}}-CH_2-\overset{O}{\overset{\|}{C}}-CH_3 \rightleftarrows CH_3-C=CH-C-CH_3 \rightleftarrows CH_3-C-CH=C-CH_3$$

ケト形 エノール形 エノール形

(c) アセチルアセトン (2,4-ペンタンジオン)

$$CH_3-\overset{O}{\overset{\|}{C}}-H \rightleftarrows CH_2=\overset{OH}{\overset{|}{C}}-H$$

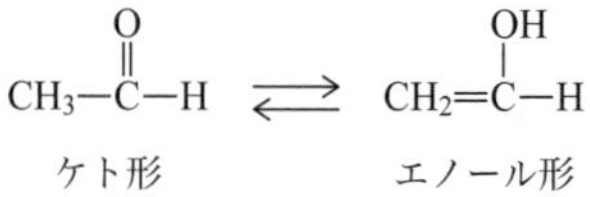

ケト形 エノール形

(d) アセトアルデヒド

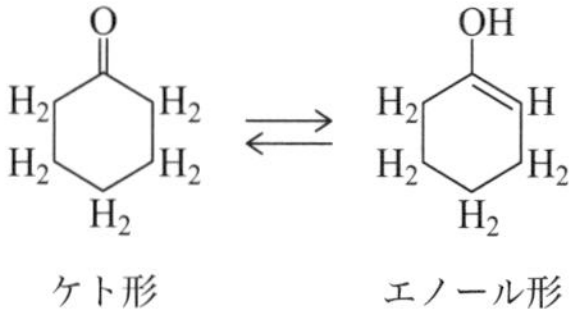

ケト形 エノール形

(e) シクロヘキサン

図1.26 ケト-エノール互変異性化が可能な有機化合物（つづき）

アセチルアセトン（2,4-ペンタンジオン）は結合形態で安定化するため，大部分がエノール形である．したがって，3が正解． ▶答 3

問題6 【令和4年 問14】 ✓ ✓ ✓

2-ペンタノールを50%硫酸水溶液に加え，水浴上で加熱したときに得られる主生成物の構造式として正しいものを一つ選べ．

1 $CH_3-CH_2-CH_2-CH_2-CH_3$

2 $CH_2=CH-CH_2-CH_2-CH_3$

3
$$\overset{H}{\underset{CH_3}{>}}C=C\overset{CH_2-CH_3}{\underset{H}{<}}$$

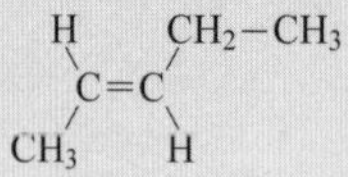

4
$$\overset{H}{\underset{CH_3}{>}}C=C\overset{H}{\underset{CH_2-CH_3}{<}}$$

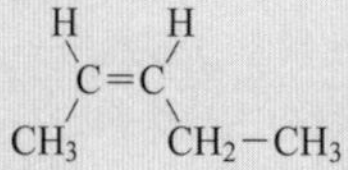

5 CH₃
   |
   CH—CH₂
   | |
   CH₂—CH₂

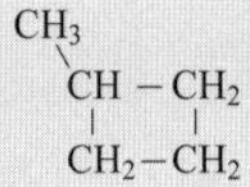

解説 2-ペンタノールを50％硫酸水溶液に加え，水浴上で加熱すると，脱水反応を起こして，次のようにトランス-2-ブテンが生成する（**図1.27**参照）．

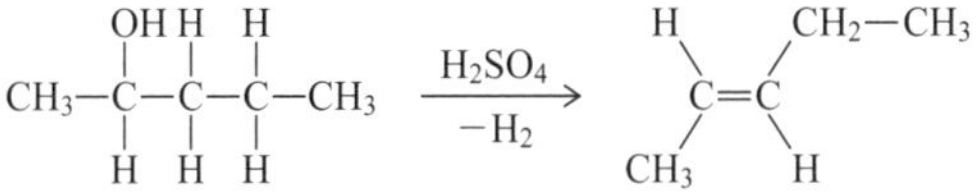

$$CH_3-\underset{H}{\overset{OH}{C}}-\underset{H}{\overset{H}{C}}-\underset{H}{\overset{H}{C}}-CH_3 \xrightarrow[-H_2]{H_2SO_4} \underset{CH_3}{\overset{CH_2-CH_3}{C}}=\underset{H}{\overset{}{C}}$$

図1.27　2-ペンタノールの脱水反応

▶答 3

問題7　【令和3年 問12】

次の有機化合物（ア）～（ウ）について，20℃の水に対する溶解度の大小関係として，正しいものを1～5の中から一つ選べ．
（ア）ペンタン　　（イ）1-ペンタノール　　（ウ）ヘキサン

1　（ア）＞（ウ）＞（イ）
2　（イ）＞（ア）＞（ウ）
3　（イ）＞（ウ）＞（ア）
4　（ウ）＞（ア）＞（イ）
5　（ウ）＞（イ）＞（ア）

解説　各物質の溶解度は次のとおりである．ただし，いずれも20℃，水100gである．
（ア）ペンタン　　　　　　30 mg
（イ）1-ペンタノール　　　2,200 mg
（ウ）ヘキサン　　　　　　1.3 mg

ヒドロキシ基（–OH）があると，親水性なので溶解度が飽和炭化水素化合物より大きくなる．ペンタンとヘキサンでは，ヘキサンの方が異性体の数が多い（ヘキサン5つ，ペンタン2つ）ことと炭素数の数が多いことが，溶解度の減少に関係している．
以上から，溶解度は（イ）1-ペンタノール＞（ア）ペンタン＞（ウ）ヘキサンとなる．

▶答 2

問題8　【令和3年 問14】

アセトアルデヒドと水酸化ナトリウムを水とエタノールの混合溶媒中室温（25℃）で長時間反応させたところ，アセトアルデヒドの自己縮合体が主生成物として得られ

た. この構造式として正しいものを一つ選べ.

1　$CH_3-CH_2-CH_2-CH=O$

2
$$\underset{CH_3}{\overset{H}{}}C=C\underset{H}{\overset{CH=O}{}}$$

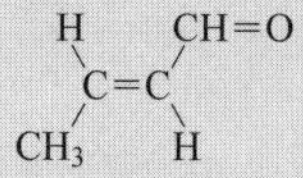

3
$$\underset{CH_3}{\overset{H}{}}C=C\underset{H}{\overset{CH_2-OH}{}}$$

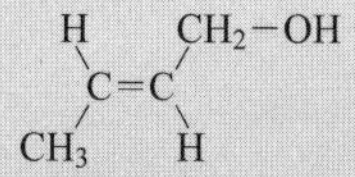

4　$CH_3-C\equiv C-CH=O$

5　$CH_3-C\equiv C-CH_2-OH$

解説　アセトアルデヒド（CH_3CHO）の自己縮合反応（アルドール縮合）は**図1.28**のとおりである.

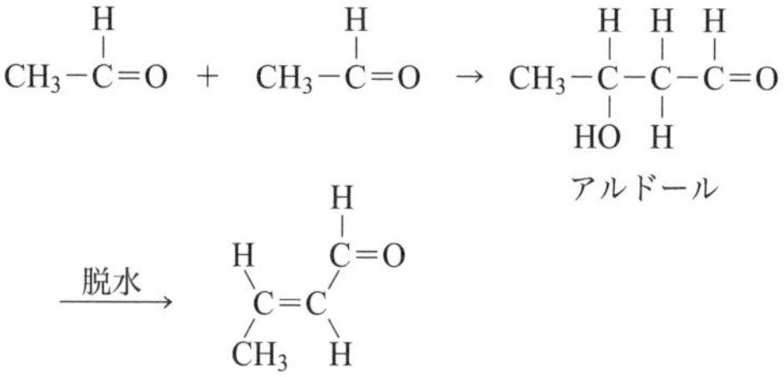

$$CH_3-\overset{H}{C}=O \ + \ CH_3-\overset{H}{C}=O \ \rightarrow \ CH_3-\overset{H}{\underset{HO}{C}}-\overset{H}{C}-\overset{H}{C}=O$$

アルドール

$$\xrightarrow{\text{脱水}} \ \underset{CH_3}{\overset{H}{}}C=C\underset{H}{\overset{\overset{H}{C}=O}{}}$$

図1.28　アセトアルデヒドの自己縮合反応（アルドール縮合）

▶答 2

■ **問題9**　　　　　　　　　　　　　　　　　　【令和2年 問12】

次のカルボン酸（ア）～（エ）について，水中での酸性の強さの順として，正しいものを1～5の中から一つ選べ. ただし，不等号で大きい方が強い酸性を示すものとする.

（ア）CH_3COOH

（イ）CF_3COOH

（ウ）CH_3CH_2COOH

（エ）CF_3CH_2COOH

1　（ア）＞（ウ）＞（イ）＞（エ）

2　（イ）＞（エ）＞（ア）＞（ウ）

3　（ウ）＞（イ）＞（ア）＞（エ）

4　（エ）＞（ア）＞（ウ）＞（イ）

5　（エ）＞（イ）＞（ウ）＞（ア）

解説 （ア）酢酸（CH_3COOH）と（イ）トリフルオロ酢酸（CF_3COOH）を比較すると，Fの電気陰性度が大きく電子を吸引する力が強いため，酢酸基の水素は容易にH^+となって遊離するので，酸性の強さは（イ）＞（ア）である．

同様に，（ウ）プロピオン酸（CH_3CH_2COOH）と（エ）3,3,3-トリフルオロプロピオン酸（CF_3CH_2COOH）を比較すると，酸性の強さは（エ）＞（ウ）である．

したがって，これらの条件を満たす選択肢は2と5であるが，CF_3-と酢酸基の水素までの距離が近いほどFの影響が強いので（イ）＞（エ）である．

以上から，酸性の強さは（イ）CF_3COOH ＞（エ）CF_3CH_2COOH ＞（ア）CH_3COOH ＞（ウ）CH_3CH_2COOHである． ▶答 2

問題10 【令和2年 問14】

200℃，300 atmの高温高圧下でエチレンと1,3-ブタジエンとの反応から，主生成物として炭素数6の炭化水素が得られた．この炭化水素の名称として，正しいものを一つ選べ．

1　ベンゼン　　　　2　ヘキサン　　　　3　1-ヘキセン
4　シクロヘキサン　5　シクロヘキセン

解説 この反応は図1.29に示すようにDiels-Alder反応と言われるもので，4つのπ電子をもつ共役した4つの原子集団が2つのπ電子をもつ二重結合と反応する4＋2の環化付加反応で，シクロヘキセンが生成される．

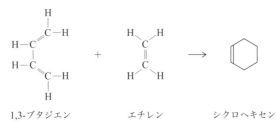

1,3-ブタジエン　　　エチレン　　　シクロヘキセン

図1.29　Diels-Alder反応

問題11 【令和元年 問24】

有機溶媒であるヘキサンとエタノールに関する次の記述の中から，正しいものを一つ選べ．

1　比誘電率は，ヘキサンよりもエタノールのほうが大きい．
2　いずれも常温では金属ナトリウムと反応しない．
3　いずれの分子も非共有電子対をもたない．

4 いずれも水と任意の割合で混和する．

5 分子量は，ヘキサンよりもエタノールのほうが大きい．

解説 1 正しい．比誘電率は，媒質の誘電率と真空の誘電率の比をいう．ヘキサン（CH_3–CH_2–CH_2–CH_2–CH_2–CH_3）の比誘電率は 1.9，エタノール（CH_3–CH_2–OH）の比誘電率は 25 で，エタノールの方が大きい．

2 誤り．ヘキサンは常温では金属ナトリウムと反応しないが，エタノールは次のように反応する．

$$Na + CH_3CH_2OH \rightarrow CH_3CH_2ONa + 1/2H_2$$

3 誤り．ヘキサンは非共有電子対をもたないが，エタノールは，CH_3–CH_2–$\ddot{O}$–H のように非共有電子対をもつ．

4 誤り．ヘキサンは水にほとんど溶解しないが，エタノールは水と任意の割合で混和する．

5 誤り．分子量は，ヘキサン（分子量 86）よりもエタノール（分子量 62）の方が小さい．

▶答 1

1.11.3　芳香族炭化水素化合物の性質および反応・その他

問題 1　　　　　　　　　　　　　　　　　【令和6年 問14】

ベンズアルデヒドとエチレングリコール（1,2-エタンジオール）の o-キシレン溶液に触媒として硫酸を加え，100℃で十分に反応させた．主生成物の構造式として正しいものを一つ選べ．ただし，用いたベンズアルデヒドとエチレングリコールの物質量は等しいものとする．

解説 図1.30のような反応をしてアルデヒド基とエチレンのアルコール基で五員環を形成する．したがって5が正解．

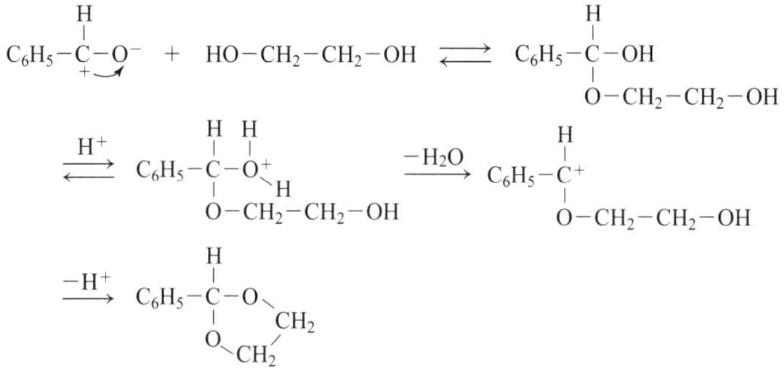

$$C_6H_5-\overset{H}{\underset{+}{C}}-O^- + HO-CH_2-CH_2-OH \rightleftarrows C_6H_5-\overset{H}{\underset{O-CH_2-CH_2-OH}{C}}-OH$$

$$\overset{H^+}{\rightleftarrows} C_6H_5-\overset{H}{\underset{O-CH_2-CH_2-OH}{C}}-\overset{H}{\underset{H}{O^+}} \overset{-H_2O}{\longrightarrow} C_6H_5-\overset{H}{\underset{O-CH_2-CH_2-OH}{C^+}}$$

$$\overset{-H^+}{\longrightarrow} C_6H_5-\overset{H}{\underset{O-CH_2}{C}}\overset{O-CH_2}{\underset{}{}}$$

図1.30 ベンズアルデヒドとエチレングリコールの反応

▶ 答 5

問題2 【令和6年 問23】

次の化合物の名称として，正しいものを一つ選べ．

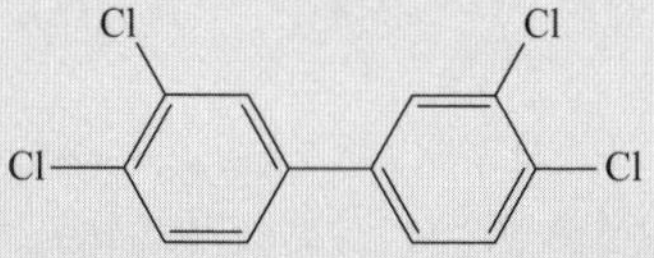

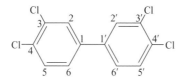

1　1,1′,2,2′-テトラクロロビフェニル
2　2,2′,3,3′-テトラクロロビフェニル
3　2,3,8,9-テトラクロロビフェニル
4　3,4,4′,5′-テトラクロロビフェニル
5　3,3′,4,4′-テトラクロロビフェニル

解説 ビフェニルにおいて，炭素の番号は図1.31のように記す．したがって，4つの塩素原子が結合している場合は，3,3′,4,4′-テトラクロロビフェニルと表す．

図1.31　3,3′,4,4′-テトラクロロビフェニル

▶ 答 5

■ 問題3 【令和5年 問9】 ✓ ✓ ✓

フェロセン $Fe(C_5H_5)_2$ は，下のスキームによって合成される芳香族分子であり，二つのシクロペンタジエニル基によって鉄原子がはさまれたサンドイッチ型構造をもつ．フェロセンに関する次の記述の中から，誤っているものを一つ選べ．

1　分子中の鉄の酸化数は+3である．
2　水よりもベンゼンによく溶ける．
3　大気圧下で加熱すると，ナフタレン同様に昇華する．
4　分子中のすべてのC–C間の結合距離は等しい．
5　塩化アセチルと無水塩化アルミニウムを作用させるとフリーデル・クラフツ反応によるアセチル化を起こす．

解説　1　誤り．フェロセン $Fe(C_5H_5)_2$ 分子中の鉄の酸化数は+2である．なお，上下のシクロペンタジエニル基がそれぞれマイナスに荷電しており，全体として中性となっている．

2　正しい．フェロセンは，水には不溶でベンゼンなど有機溶媒によく溶ける．

3　正しい．大気圧下で加熱すると，ナフタレン（$C_{10}H_8$）同様に昇華する．減圧下で加熱すると容易に昇華する．

4　正しい．フェロセンのπ電子は非局在化しているため，分子中のすべてのC–C間の結合距離は等しい．

5　正しい．塩化アセチル（CH_3COCl）と無水塩化アルミニウム（$AlCl_3$）を作用させると，フリーデル・クラフツ反応（無水塩化アルミニウムなどの存在下で芳香族化合物やオレフィン（エチレン系炭化水素）のうち不飽和結合に関与している炭素原子がハロゲン化アルキルやハロゲン化アシルなどと反応してアルキル化またはアシル化される反応：図1.32参照）によるアセチル化を起こす．なお，アシル化とはRCO–を導入する反応，アセチル化とはRが CH_3– の場合（CH_3CO–）をいう．またアルキル化とはアルキル基（C_nH_{2n-1}–）を導入する反応をいう．

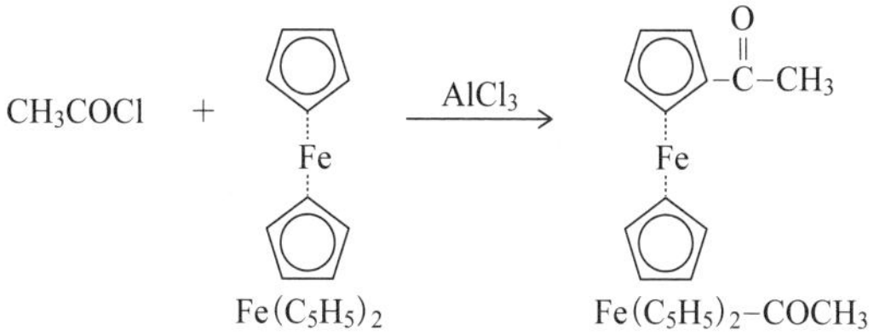

$$CH_3COCl + Fe(C_5H_5)_2 \xrightarrow{AlCl_3} Fe(C_5H_5)_2\text{-}COCH_3$$

図 1.32 フリーデル・クラフツ反応

$CH_3COCl + Fe(C_5H_5)_2 \rightarrow (AlCl_3) \rightarrow Fe(C_5H_5)_2\text{-}COCH_3$

▶答 1

■ 問題 4 　【令和5年 問13】

臭化フェニルマグネシウム（C_6H_5MgBr）のジエチルエーテル溶液をドライアイス（固体の二酸化炭素）に滴下し，さらに希塩酸を滴下したところ，白色の結晶が主生成物として得られた．主生成物の名称として正しいものを一つ選べ．
1 　ベンジルアルコール　　2 　安息香酸　　　3 　テレフタル酸
4 　ビフェニル　　　　　　5 　ぎ酸フェニル

解説　臭化フェニルマグネシウム（C_6H_5MgBr）はグリニャール試薬で，二酸化炭素と次のように反応する．

$C_6H_5MgBr + CO_2 \rightarrow C_6H_5COO^- + MgBr^+$
$C_6H_5COO^- + MgBr^+ + HCl \rightarrow C_6H_5COOH + MgBrCl$

したがって，安息香酸（C_6H_5COOH）が生成する．

▶答 2

■ 問題 5 　【令和3年 問13】

次の芳香族化合物について，濃硝酸と濃硫酸の混合物を用いてニトロ化反応を行ったとき，ベンゼンよりもニトロ化反応が進行しやすいものを一つ選べ．
1 　トルエン
2 　安息香酸
3 　クロロベンゼン
4 　ベンゾニトリル
5 　ベンズアルデヒド

解説　ニトロ化反応では，次のように NO_2^+ がベンゼン環に反応するため，求電子反応となる．

$HNO_3 \rightarrow NO_2^+ + HO^-$

1 　正しい．トルエン（$C_6H_5\text{-}CH_3$）の $CH_3\text{-}$ はベンゼン環に電子を供与しプラスに荷電

し，ベンゼン環が負に荷電するため，ベンゼンよりニトロ化反応（オルト，パラ配向）が進行しやすい．

2 誤り．安息香酸（C_6H_5–COOH）は，–COOH がベンゼン環から電子を吸引するため，ベンゼンより環の電子密度が小さくなり，メタ配向であるが，ベンゼンよりニトロ化反応は進行しにくい．

3 誤り．クロロベンゼン（C_6H_5–Cl）は，Cl– の非共有電子対がベンゼン環に吸引されるため，反応性が低いオルト，パラ配向となる．しかし，Cl は電気陰性度が大きいため σ 結合（C–Cl）の電子を引き付け，ベンゼン環の σ 結合の炭素の電子密度を下げる（誘起効果）．このような効果から結果的に，ベンゼンよりニトロ化反応が進行しにくい．

4 誤り．ベンゾニトリル（C_6H_5–CN）は，NC– が電子を吸引するので，ベンゼンの電子度が減少し，メタ配向となり，ベンゼンよりニトロ化反応が進行しにくい．

5 誤り．ベンズアルデヒド（C_6H_5–COH）は，HOC– が電子を吸引するので，ベンゼンの電子度が減少し，メタ配向となり，ベンゼンよりニトロ化反応が進行しにくい．

▶答 1

■問題6　　　　　　　　　　　　　　【令和3年 問23】

次の化合物の名称として，正しいものを 1 ～ 5 の中から一つ選べ．

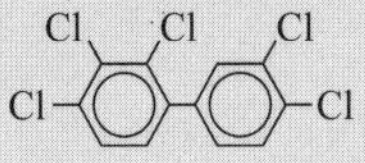

1　3,3',4,4',5-ペンタクロロビフェニル
2　2,3,4,4',5-ペンタクロロビフェニル
3　2,3',4,4',5-ペンタクロロビフェニル
4　2,3,3',4,4'-ペンタクロロビフェニル
5　2',3,4,4',5-ペンタクロロビフェニル

解説　コプラナー PCB については，炭素の番号を**図1.33**のように記す．塩素の記述は，番号の小さい順に行うので，2,3,3'4,4'-ペンタクロロビフェニルとなる．

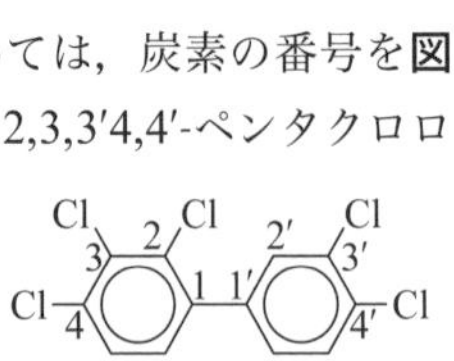

図1.33　2,3,3'4,4'-ペンタクロロビフェニル

▶答 4

■問題7　　　　　　　　　　　　　　【令和2年 問13】

フェノールに十分な量の臭素水を加えたとき，得られる主生成物の構造式として正

しいものを一つ選べ.

1
OH
Br　　Br

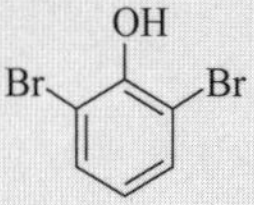

2
OH
Br　　　Br

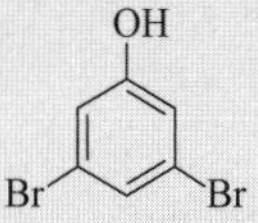

3
OH
Br　　　Br
　　Br

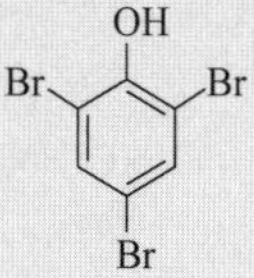

4
OH
Br　　Br
　Br

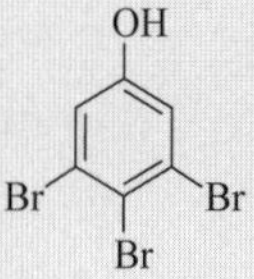

5
OH
Br　　　Br
Br　　　Br

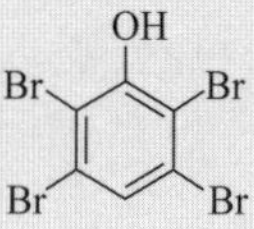

解説　フェノールは，ベンゼン環が図**1.34**のようにオルトとパラの位置にOH基から電子を引き寄せるため，オルト・パラ配向となるので，3が正解.

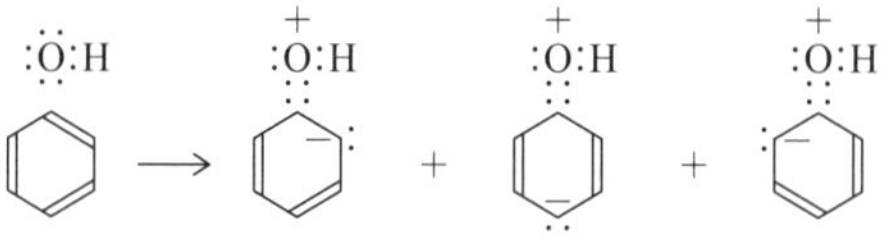

:Ö:H　　　:Ö:H　　　:Ö:H　　　:Ö:H
　　　→　　　　＋　　　　＋

図1.34　フェノールの非共有電子対の共鳴

▶答3

■ **問題8**　　　　　　　　　　　　　　　　　　　【平成30年12月 問6】☑ ☑ ☑

　濃硝酸と濃硫酸の混合物による一置換ベンゼンのモノニトロ化反応における，置換基Xの配向性に関する次の記述の中から，誤っているものを一つ選べ.ただし，反応式中生成物の構造式は，オルト位，メタ位またはパラ位のいずれかにニトロ基が一つ置換されていることを示す.また，反応はそれぞれ最適条件で行うものとする.

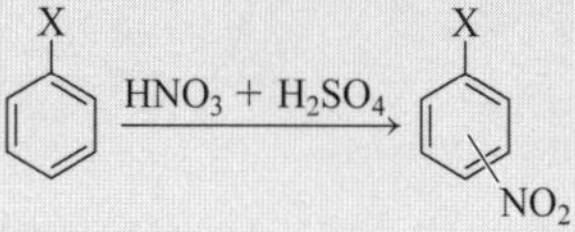

X
　　　HNO₃ + H₂SO₄
　　　────────→
　　　　　　　　　　　　NO₂

1　トルエン（X=CH₃）は主にオルト体とパラ体の混合物を与える.
2　安息香酸メチル（X=COOCH₃）は主にメタ体を与える.
3　アセトアニリド（X=NHCOCH₃）は主にメタ体を与える.
4　クロロベンゼン（X=Cl）は主にオルト体とパラ体の混合物を与える.
5　（トリフルオロメチル）ベンゼン（X=CF₃）は主にメタ体を与える.

解説　HNO₃ + H₂SO₄によるニトロ化反応は，[–NO₂]⁺の求電子置換反応であり，ベ

ンゼン環の炭素の電子密度がより高い位置で反応する.

1 正しい. トルエン (X=CH$_3$) は，-CH$_3$ が電子供与性であるため，やや活性の o, p 配向で，主にオルト体とパラ体の混合物となる.

2 正しい. 安息香酸メチル (X=COOCH$_3$) は，-COOCH$_3$ が電子吸引性であるため，主にメタ体を与える.

3 誤り. アセトアニリド (X=NHCOCH$_3$) は，-NHCOCH$_3$ が電子供与性であるため，o, p 配向で，主にオルト体とパラ体の混合物となる.

4 正しい. クロロベンゼン (X=Cl) は，-Cl が電子供与性であるため，やや活性の o, p 配向で，主にオルト体とパラ体の混合物となる.

5 正しい. (トリフルオロメチル) ベンゼン (X=CF$_3$) は，-CF$_3$ が電子吸引性であるため，主にメタ体を与える.　　　　　　　　　　　　　　　　　▶ 答 3

■ **問題9**　　　　　　　　　　　　　　　　　【平成 30 年 12 月 問 13】　✓ ✓ ✓

カルボニル化合物の反応に関する（ア）〜（エ）の記述の中から，正しい記述を全て選んでいるものを 1 〜 5 の中から一つ選べ.

（ア）アセトアルデヒドのアルドール (Aldol) 反応では，主生成物として炭素数 4 のカルボン酸が得られる.

（イ）グリニャール (Grignard) 反応は水中で行われる.

（ウ）クレメンゼン (Clemmensen) 還元は酸性下で行われる.

（エ）ベンズアルデヒドのカニッツァーロ (Cannizaro) 反応による生成物のうちの一つは，ベンジルアルコールである.

1　（ア）

2　（イ）

3　（イ）と（エ）

4　（ウ）と（エ）

5　（ア）と（イ）と（ウ）

解説　（ア）誤り. アセトアルデヒド (CH$_3$CHO) のアルドール反応では，次のような生成物（3-ヒドロキシブタナール）が得られる.

$$CH_3-CHO + CH_3-CHO \rightarrow CH_3-CH(OH)-CH_2-CHO$$

（イ）誤り. グリニャール反応は，無水エーテル中で行う. なお，水中では次のように反応する.

$$CH_3MgI + HOH \rightarrow CH_4 + Mg(OH)I$$

（ウ）正しい. クレメンゼン還元（**図 1.35** 参照）は，亜鉛アマルガム-塩酸を用い，酸性の条件下で芳香環と共役したカルボニル基のメチレンへの還元反応である.

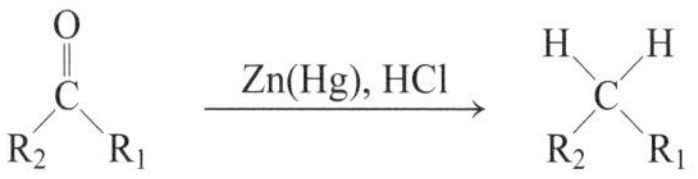

図1.35 クレメンゼン還元

(エ) 正しい．ベンズアルデヒドのカニッツァーロ反応は，濃アルカリ溶液とともに加熱すると，安息香酸とベンジルアルコールができる反応である．

C_6H_5-CHO + C_6H_5-CHO + H_2O → C_6H_5-COOH + $C_6H_5-CH_2OH$
ベンズアルデヒド　　　　　　　　　　　　　　安息香酸　　　　　ベンジルアルコール

▶答 4

1.11.4　脂肪族および芳香族炭化水素化合物の性質および反応

■問題1　　　　　　　　　　　　　　　　　　　　　　　　【令和元年 問12】

グリニャール（Grignard）試薬を構成する金属の元素記号として，正しいものを一つ選べ．

1　Ag　　2　Al　　3　Cu　　4　Mg　　5　Mn

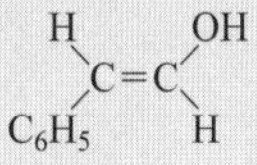

解説　グリニャール（Grignard）試薬（例えば，CH_3MgI, CH_3MgBr, C_2H_5MgI など）を構成する金属はマグネシウム（Mg）である．

▶答 4

■問題2　　　　　　　　　　　　　　　　　　　　　　　　【令和元年 問14】

硫酸と硫酸水銀（Ⅱ）を触媒としたエチニルベンゼン（$C_6H_5-C≡C-H$）の水和反応で得られる主生成物として，正しいものを一つ選べ．

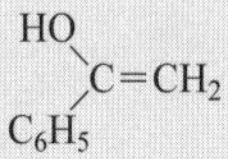

4　$C_6H_5-CH_2-CH=O$　　5　$C_6H_5-CO-CH_3$ の構造式

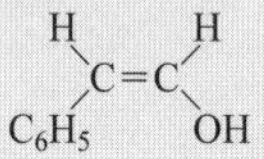

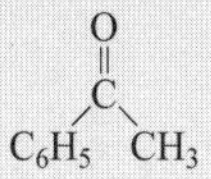

解説　硫酸と硫酸水銀（Ⅱ）を触媒としたエチニルベンゼン（$C_6H_5-C≡C-H$）の水和反応は，ケトンが生成する反応である．

$C_6H_5-C≡C-H + H_2O → C_6H_5-CO-CH_3$

▶答 5

1.11 有機化学

■ 問題3　　　　　　　　　　　　　　　　　　　【平成30年12月 問8】

　次の炭素陰イオン（ア）〜（エ）の安定性の大きい順として，1〜5の中から正しいものを一つ選べ．ただし，炭素陰イオンは，いずれも気相または代表的な非プロトン性極性溶媒であるジメチルスルホキシド中で生成されたものとする．

（ア）$:CH_3$　　（イ）〈ベンゼン環〉$-\overset{\ominus}{C}H_2$　　（ウ）〈ベンゼン環〉$-\overset{O}{\underset{\underset{CH_2}{\ominus}}{C}}$　　（エ）$O_2N-\overset{\ominus}{C}H_2$

1　（ア）＞（イ）＞（ウ）＞（エ）
2　（イ）＞（ウ）＞（エ）＞（ア）
3　（ウ）＞（イ）＞（ア）＞（エ）
4　（エ）＞（ウ）＞（イ）＞（ア）
5　（ウ）＞（エ）＞（イ）＞（ア）

解説　　炭素陰イオンの安定性は，非局在化する方が安定である．

　（ア）について，炭素陰イオンは，固定され局在化しているので，最も安定性が小さい．

　（エ）について，図1.36(a)のように陰イオンが非局在化する3つの場合があり，安定である．

　（ウ）について，図1.36(b)のように陰イオンが非局在化する2つの場合があり，（エ）の方がより安定である．

　（イ）について，$-\overset{\ominus}{C}H_2$はベンゼンの炭素と二重結合を図1.36(c)のように作ることができるが，これらは平面上にあるものの，H同士の立体障害のため，このような非局在化は極めて困難である．しかし，非局在化の割合が極めて小さいながらもあると考えると，全く非局在化のない（ア）よりは安定である．

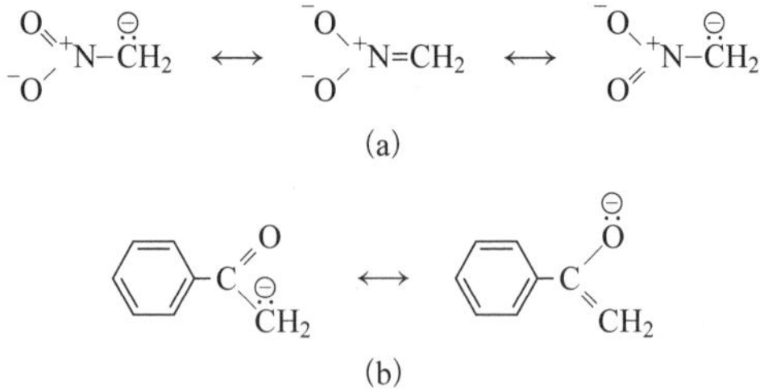

(a)

(b)

図1.36　炭素陰イオン

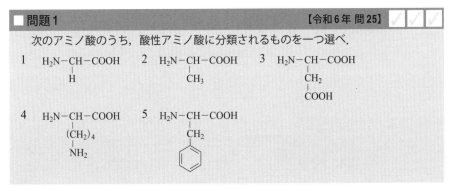

図 1.36 炭素陰イオン（つづき）

以上から，安定性の大きい順は（エ）＞（ウ）＞（イ）＞（ア）となる． ▶答 4

1.11.5 アミノ酸・DNA

■ **問題 1**　【令和 6 年 問 25】

次のアミノ酸のうち，酸性アミノ酸に分類されるものを一つ選べ．

1　H₂N－CH－COOH
　　　　｜
　　　　H

2　H₂N－CH－COOH
　　　　｜
　　　　CH₃

3　H₂N－CH－COOH
　　　　｜
　　　　CH₂
　　　　｜
　　　　COOH

4　H₂N－CH－COOH
　　　　｜
　　　　(CH₂)₄
　　　　｜
　　　　NH₂

5　H₂N－CH－COOH
　　　　｜
　　　　CH₂
　　　　｜
　　　　（フェニル基）

解説　アミノ酸は，アミノ基（–NH₂）とカルボキシル酸基（–COOH）が結合している分子をいうが，これが一ずつであれば，次のように中性となる．

$-COOH \rightarrow -COO^- + H^+$

$-NH_2 + H^+ \rightarrow -N^+H_3$

したがって，酸性アミノ酸になるためには，カルボキシル基の数がアミノ基の数より多いことが必要である．選択肢の中では 3 が該当する．なお，1 はグリシン，2 はアラニン，3 はアスパラギン酸，4 はリシン，5 はフェニルアラニンである． ▶答 3

■ **問題 2**　【令和 2 年 問 24】

次の化合物の中から，アミノ酸に分類されないものを一つ選べ．

1　アルブミン　　　2　リジン　　　3　バリン
4　フェニルアラニン　5　イソロイシン

解説 アミノ酸は，アミノ基とカルボキシル基を有する化合物をいう．

1 分類されない．アルブミンは一群のたんぱく質に名付けられた総称である．代表的なものに卵白を構成する卵アルブミン，人の血液の血漿に含まれる血清アルブミン，乳汁に含まれる乳アルブミンがある．
2 分類される．リジンは，図 1.37(a) に示すように，アミノ基とカルボキシル基を有する化合物である．
3 分類される．バリンは，図 1.37(b) に示すように，アミノ基とカルボキシル基を有する化合物である．
4 分類される．フェニルアラニンは，図 1.37(c) に示すように，アミノ基とカルボキシル基を有する化合物である．
5 分類される．イソロイシンは，図 1.37(d) に示すように，アミノ基とカルボキシル基を有する化合物である．

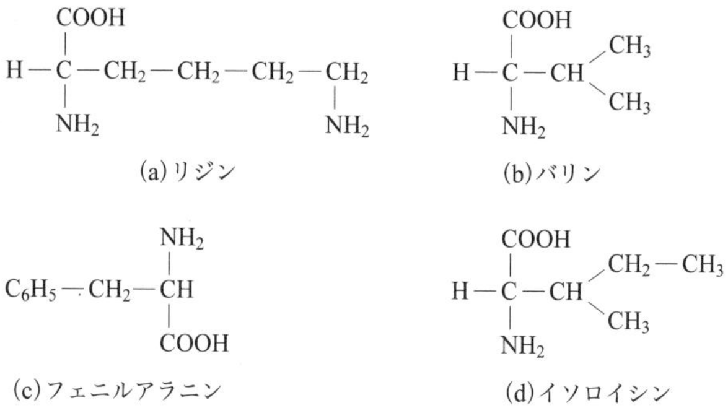

$$\begin{array}{c}\text{COOH}\\|\\ \text{H}-\text{C}-\text{CH}_2-\text{CH}_2-\text{CH}_2-\text{CH}_2\\|\qquad\qquad\qquad\qquad\qquad|\\ \text{NH}_2\qquad\qquad\qquad\qquad\text{NH}_2\end{array}$$

(a) リジン

$$\begin{array}{c}\text{COOH}\\|\qquad\quad\text{CH}_3\\ \text{H}-\text{C}-\text{CH}\\|\qquad\quad\text{CH}_3\\ \text{NH}_2\end{array}$$

(b) バリン

$$\begin{array}{c}\text{NH}_2\\|\\ \text{C}_6\text{H}_5-\text{CH}_2-\text{CH}\\|\\ \text{COOH}\end{array}$$

(c) フェニルアラニン

$$\begin{array}{c}\text{COOH}\\|\qquad\quad\text{CH}_2-\text{CH}_3\\ \text{H}-\text{C}-\text{CH}\\|\qquad\quad\text{CH}_3\\ \text{NH}_2\end{array}$$

(d) イソロイシン

図 1.37 アミノ酸

1.11.6 立体化学

問題 1 【令和 6 年 問 24】

次の化合物のうち，シス-トランス異性体（幾何異性体）が存在するものを一つ選べ．
1 $CH_2=CH_2$　　2 $CH_2=CHCl$　　3 $CHCl=CHCl$
4 CH_3-CH_2-COOH　　5 $CH_3-CHOH-COOH$

解説 シス-トランス異性体（幾何異性体）は，二重結合がなければならない．一重結合のまわりの回転に起因する異性体（コンフォメーション異性体）は，単離できないので幾何異性体とは異なる．したがって，選択肢 4（CH_3-CH_2-COOH：プロピオン酸）と 5

(CH_3–CHOH–COOH：乳酸またはα-オキシプロピオン酸）
は幾何異性体にならない．

1　（CH_2＝CH_2：エチレン）は，水素原子で同一であるか
　　ら区別できないため，幾何異性体にならない（**図 1.38**(a)
　　参照）．

2　（CH_2＝CHCl：塩化ビニル）は，塩素原子が1つであるか
　　ら，シス-トランスの構造になりえない（図 1.38(b) 参照）．

3　（CHCl＝CHCl：1,2-ジクロロエチレン）は，図 1.38(c)
　　のようにシス-トランスの幾何異性体が成立する．

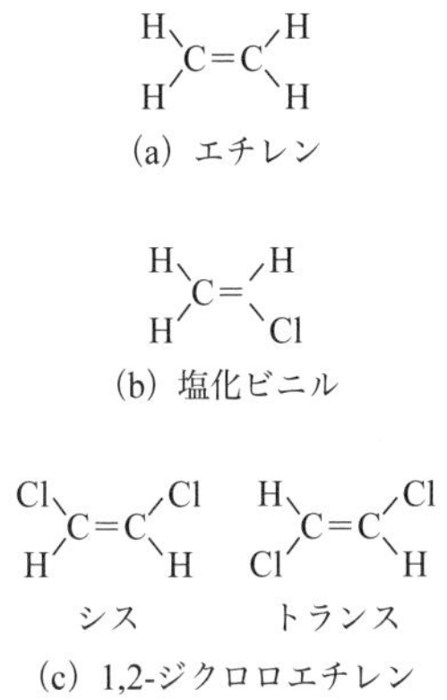

(a) エチレン

(b) 塩化ビニル

シス　　　　トランス

(c) 1,2-ジクロロエチレン

**図 1.38　シス-トランス異性体
（幾何異性体）の有無**

1.11

有機化学

▶ 答 3

■**問題 2**　　　　　　　　　　　　　　　　　【令和5年 問21】

　エチレンの水素 ^{1}H または炭素 ^{12}C が，それぞれ ^{2}H（D）または ^{13}C で置換され，
分子量30のエチレンが生成するとき，何種類の分子種が考えられるか．次の中から
正しいものを一つ選べ．ただし ^{1}H，^{2}H（D），^{12}C，^{13}C の原子量をそれぞれ1，2，
12，13とする．

1　3　　　2　4　　　3　5　　　4　6　　　5　7

解説　　エチレン（C_2H_4）の水素 ^{1}H または炭素 ^{12}C が，それぞれ ^{2}H（D）または ^{13}C で
置換され，分子量30のエチレンが生成するときの分子種は，**図 1.39** のように，大きく分
けて3通りある．

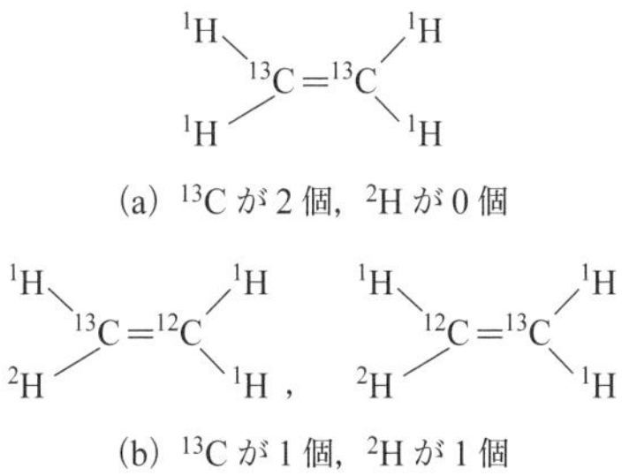

(a) ^{13}C が2個，^{2}H が0個

(b) ^{13}C が1個，^{2}H が1個

図 1.39　分子量が30となるエチレン

113

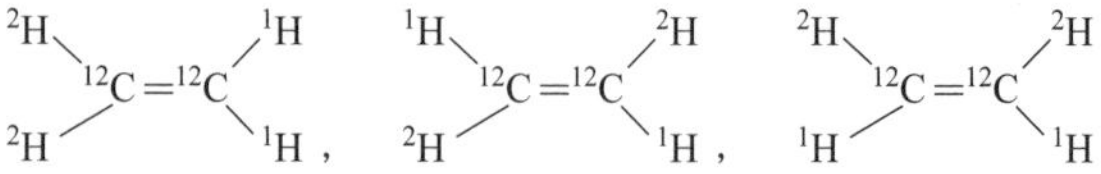

$$^2H\diagdown_{^{12}C=^{12}C}\diagup^1H \quad , \quad ^1H\diagdown_{^{12}C=^{12}C}\diagup^2H \quad , \quad ^2H\diagdown_{^{12}C=^{12}C}\diagup^2H$$
$^2H\diagup \qquad \diagdown^1H \qquad ^2H\diagup \qquad \diagdown^1H \qquad ^1H\diagup \qquad \diagdown^1H$

(c) ^{13}C が 0 個，^{2}H が 2 個

図 1.39　分子量が 30 となるエチレン（つづき）

^{13}C が 2 個，^{2}H が 0 個となる場合　1 種類（図 1.39(a) 参照）
^{13}C が 1 個，^{2}H が 1 個となる場合　2 種類（図 1.39(b) 参照）
^{13}C が 0 個，^{2}H が 2 個となる場合　3 種類（図 1.39(c) 参照）
以上から，合計で 1 ＋ 2 ＋ 3 ＝ 6 種類である．　　　　　　　　　▶ 答 4

■問題 3　【令和 4 年 問 12】

次の有機化合物の中で，不斉炭素原子を有するものを一つ選べ．
1　1-フェニルエタノール
2　2-メチルブタン
3　2-ニトロトルエン（o-ニトロトルエン）
4　クロロヨードメタン
5　メチルシクロプロパン

解説　不斉炭素原子とは，1 分子中の炭素原子に 4 個の互いに異なる原子または原子団が結合しているときの炭素原子をいう．各物質の構造式は**図 1.40** のとおりである．構造式の黒印（・）の炭素が，不斉炭素原子である．

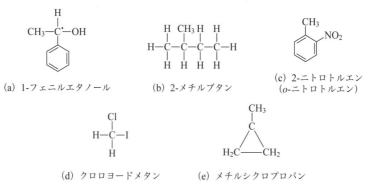

図 1.40　不斉炭素原子の有無

1-フェニルエタノール（図 1.40(a) 参照）は構造式から不斉炭素原子を有する．　▶ 答 1

■ 問題 4　　　　　　　　　　　　　　　　　　　　　【令和2年 問11】

鏡像異性体をもたない分子またはイオンの構造式として，正しいものを一つ選べ．

1
O　　OH
　C
H―C―OH
　　CH₃

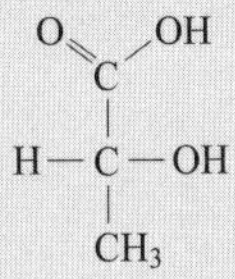

2
O　　OH
　C
H―C―OH
HO―C―H
　C
　O　　OH

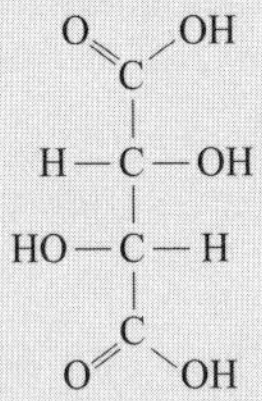

3
O　　OH
　C
　C
O　　OH

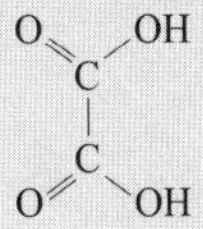

4
[　O　　　O
　　　C　　C
　O　　O　　O
　O　C　　　　C―O
　　　　　Co
　O　C　　　　C―O
　O　　O　　O
　　　C　　C
　　　O　　O　]³⁻

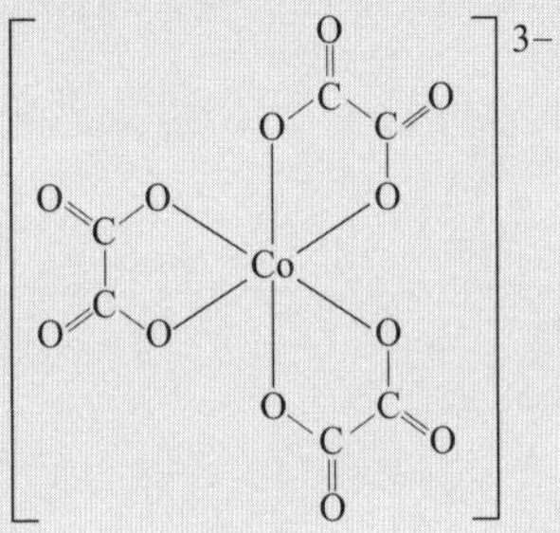

5
P(C₆H₅)₂
P(C₆H₅)₂

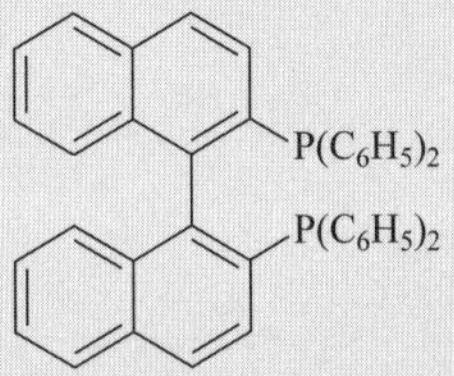

解説　1　誤り．不斉炭素（結合している官能基がすべて異なっている炭素）を1つも
つため，図 **1.41**(a)のように鏡像異性体（重ね合わせができない関係）をもつ．2-ヒド
ロキシプロピオン酸である．

2　誤り．図 1.41(b)のように鏡像関係があるので鏡像異性体をもつ．酒石酸である．

3　正しい．炭素に二重結合があるため，4本の結合がすべて異なる原子との結合となら
ないので，不斉炭素が存在しない．また図 1.41(c)のように平面構造をとり，鏡像体で
あっても重ね合わせができ，鏡像異性体をもたない．シュウ酸である．

4　誤り．コバルト（Co）の八面体錯体は，図 1.41(d)のように鏡像異性体をもつ．な
お，八面体錯体において2座配位子を2個以上もつ錯体は鏡像異性体をもつ．

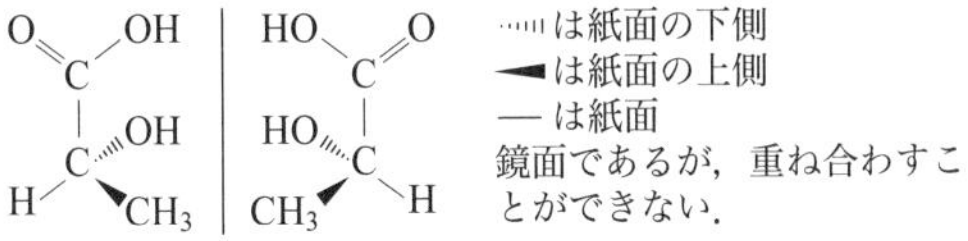

O　　OH
　C
　C―OH
H　　CH₃
｜
HO　　O
　C
HO―C
CH₃　　H

……は紙面の下側
◢は紙面の上側
―は紙面
鏡面であるが，重ね合わすこ
とができない．

(a) 2-ヒドロキシプロピオン酸

図 1.41　鏡像異性体の有無

1.11

有機化学

115

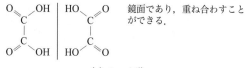

(b) 酒石酸

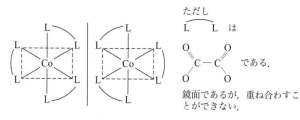

(c) シュウ酸

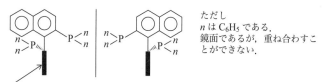

(d) コバルトの八面体錯体

(e) 2,2'-ビス（ジフェニルホスフィノ）-1-1'-ビナフチル

図1.41 鏡像異性体の有無（つづき）

5 誤り．2つのナフタレンの平面がほぼ直交しているので，図1.41(e)のように鏡像異性体をもつ． ▶答 3

1.12 高分子化学・有機化合物の用途

■問題1　【令和5年 問25】

次の高分子化合物のうち，縮合重合によって合成されるものを一つ選べ．

1　ポリスチレン
2　ポリ塩化ビニル
3　ポリエチレンテレフタラート
4　ポリ酢酸ビニル
5　ポリテトラフルオロエチレン

解説　1　誤り．付加重合である．ポリスチレンは，スチレン（$CH_2=CH-C_6H_5$）が付加重合して生成する高分子化合物である（図1.42(a)参照）．

$nCH_2=CH-C_6H_5 \rightarrow -(-CH_2-CH-C_6H_5-)_n-$

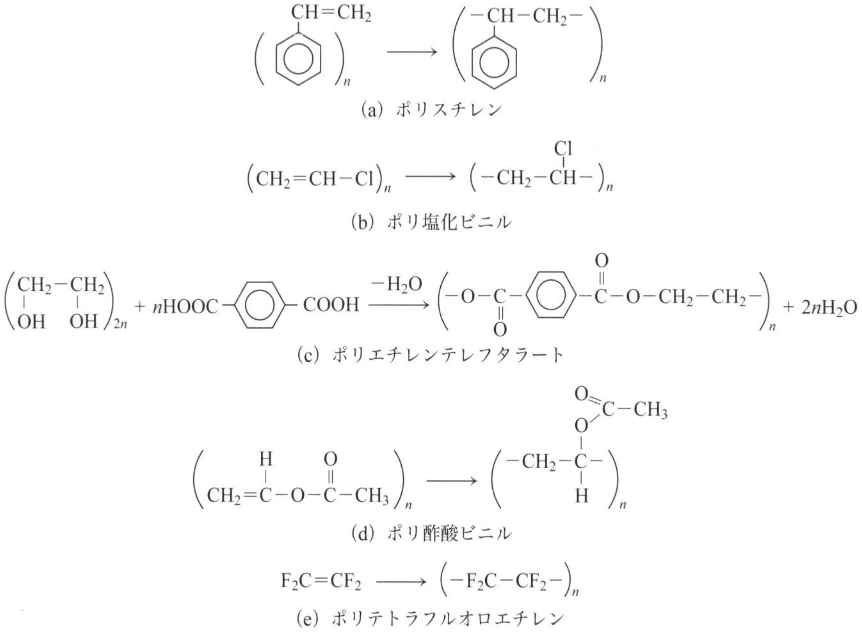

(a) ポリスチレン

(b) ポリ塩化ビニル

(c) ポリエチレンテレフタラート

(d) ポリ酢酸ビニル

(e) ポリテトラフルオロエチレン

図1.42　高分子化合物の生成

2　誤り．付加重合である．ポリ塩化ビニルは，塩化ビニル（$CH_2=CH-Cl$）が付加重合

して生成する高分子化合物である（図1.42(b) 参照）．

$$nCH_2=CH–Cl \rightarrow –(–CH_2–CHCl–)_n–$$

3　正しい．縮合重合である．縮合とは，水分などの簡単な分子が取れて重合する反応を
いう．ポリエチレンテレフタレートは，エチレングリコール（HO–CH$_2$–CH$_2$–OH）と
テレフタル酸（HOOC–C$_6$H$_4$–COOH）が縮合して生成する高分子化合物である（図
1.42(c) 参照）．

$$nHO–CH_2–CH_2–OH + nHOOC–C_6H_4–COOH$$
$$\rightarrow –(–O–CO–C_6H_4–CO–O–CH_2–CH_2–)_n– + nH_2O$$

4　誤り．付加重合である．ポリ酢酸ビニルは，酢酸ビニル（CH$_2$=CH–O–CO–CH$_3$）
が付加重合して生成する高分子化合物である（図1.42(d) 参照）．

$$nCH_2=CH–O–CO–CH_3 \rightarrow –(–CH_2–CH–(–O–CO–CH_3)–)_n–$$

5　誤り．付加重合である．ポリテトラフルオロエチレンは，テトラフルオロエチレン
（F$_2$C=CF$_2$）が付加重合して生成する高分子化合物である（図1.42(e) 参照）．

$$nF_2C=CF_2 \rightarrow –(–F_2C–CF_2–)_n–$$

▶答 3

■問題2　　　　　　　　　　　　　　　　　　　　　　【令和元年 問13】

　下に挙げた有機化合物とその用途（ア）～（エ）との組合せとして，正しいものを
1 ～ 5の中から一つ選べ．

　　　　　　　用途
（ア）　合成ゴムの原料
（イ）　生分解性高分子の原料
（ウ）　有機溶剤
（エ）　解熱鎮痛剤

	1,3-ブタジエン	乳酸	アセチルサリチル酸 (2-アセトキシ安息香酸)	ジエチルエーテル
1	（ア）	（イ）	（エ）	（ウ）
2	（ア）	（ウ）	（イ）	（エ）
3	（イ）	（エ）	（ウ）	（ア）
4	（ウ）	（エ）	（ア）	（イ）
5	（エ）	（ア）	（イ）	（ウ）

解説　1,3-ブタジエン（CH$_2$=CH–CH=CH$_2$）の用途は，（ア）「合成ゴムの原料」で
ある．

乳酸（$CH_3-CHOH-COOH$）の用途は，（イ）「生分解性高分子の原料」である．
アセチルサリチル酸（オルト $HOOC-C_6H_4-O-CO-CH_3$）の用途は，（エ）「解熱鎮痛剤」である．
ジエチルエーテル（$CH_3-CH_2-O-CH_2-CH_3$）の用途は，（ウ）「有機溶剤」である．

▶答 1

1.13 分光・吸収スペクトル・発光

■問題1　【令和4年 問6】

赤外領域の光のエネルギーを表すために用いられる波数（cm^{-1}）は1波長分の波を1個と数えたときの単位長さ（1 cm）当たりの波の個数を示す．波長 5,000 nm の赤外光の波数は幾らか．次の中から正しいものを一つ選べ．

1　$200\,cm^{-1}$　　2　$500\,cm^{-1}$　　3　$1,000\,cm^{-1}$
4　$2,000\,cm^{-1}$　　5　$5,000\,cm^{-1}$

解説　波数〔cm^{-1}〕を求めるには，波長 5,000 nm について，単位を cm として，逆数にすればよい．

$$5,000\,nm = 5,000 \times 10^{-9}\,m = 5,000 \times 10^{-7}\,cm = 5 \times 10^{-4}\,cm \quad ①$$

式①を逆数にする．

$$\frac{1}{5 \times 10^{-4}\,cm} = 0.2 \times 10^4\,cm^{-1} = 2,000\,cm^{-1}$$

▶答 4

■問題2　【令和4年 問16】

カルボニル基をもつ化合物の赤外吸収スペクトルを溶液法で測定したところ，下図のとおり波数 $1,750\,cm^{-1}$ 付近に C=O 伸縮振動の吸収が現れた．
$5.0 \times 10^{-2}\,mol\,L^{-1}$ の溶液においてこの吸収ピークの透過率が 1.0% であるとき（実線），10% の透過率（点線）を示す溶液の濃度は幾らか．1～5 の中から最も近いものを一つ選べ．ただし，測定した濃度範囲で次の Lambert-Beer の法則が成立するものとする．

$$-\log_{10}\frac{I}{I_0} = \varepsilon Cl \quad \begin{bmatrix} I_0：入射光強度，\ I：透過光強度，\ \varepsilon：モル吸光係数 \\ C：溶液のモル濃度，\ l：測定セルの光路長 \end{bmatrix}$$

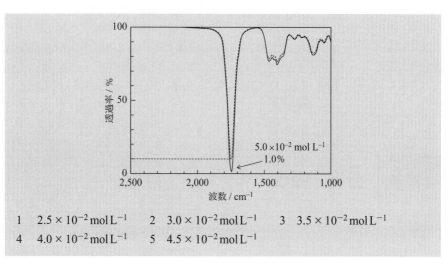

1 　$2.5 \times 10^{-2}\,\mathrm{mol\,L^{-1}}$　　2 　$3.0 \times 10^{-2}\,\mathrm{mol\,L^{-1}}$　　3 　$3.5 \times 10^{-2}\,\mathrm{mol\,L^{-1}}$
4 　$4.0 \times 10^{-2}\,\mathrm{mol\,L^{-1}}$　　5 　$4.5 \times 10^{-2}\,\mathrm{mol\,L^{-1}}$

解説　$5.0 \times 10^{-2}\,\mathrm{mol/L}$ の溶液において，吸収ピークの透過率（I/I_0）が 1.0% であるときは，次のように表される．

$$-\log 0.010 = \varepsilon \times 5.0 \times 10^{-2} \times l \qquad ①$$

同様に，吸収ピークの透過率が 10% であるときは，次のように表される．

$$-\log 0.10 = \varepsilon C l \qquad ②$$

式①と式②から C を算出する．式①を式②で除す．

$$\frac{\log 0.010}{\log 0.10} = \frac{5.0 \times 10^{-2}}{C}$$

$$\frac{-2}{-1} = \frac{5.0 \times 10^{-2}}{C}$$

$$C = \frac{5.0 \times 10^{-2}}{2} = 2.5 \times 10^{-2}\,\mathrm{mol/L}$$

▶答 1

問題3　　　　　　　　　　　　　　　　　　　【令和3年 問6】

水素ガスを封入したガラス管内で放電を行うと，水素原子の発光スペクトルが得られる．これは離散的な波長の一連の線スペクトルからなり，その線スペクトルの波長 λ（m）は以下の式で与えられることが知られている．

$$\frac{1}{\lambda} = R\left(\frac{1}{n_1^2} - \frac{1}{n_2^2}\right) \qquad R:リュードベリ定数（\mathrm{m^{-1}}）$$

ここで，$n_1 = 1$（ライマン系列），$n_1 = 2$（バルマー系列），$n_1 = 3$（パッシェン系列）であり，それぞれの場合について $n_2 = n_1 + 1,\ n_1 + 2,\ \ldots\ldots$ である．今，簡単

のためリュードベリ定数を $R = 1.0 \times 10^7 \mathrm{m}^{-1}$ としたとき，ライマン系列の最長波長（nm）は幾らか．次の中から最も近いものを一つ選べ．

1　100 nm　　2　130 nm　　3　400 nm　　4　720 nm　　5　900 nm

解説　ライマン系列であるから $n_1 = 1$ である．最長波長は，$\left(\dfrac{1}{n_1{}^2} - \dfrac{1}{n_2{}^2}\right)$ が最も小さい値であるとき，これを逆数にして λ を算出するので最も大きくなる．$\left(\dfrac{1}{n_1{}^2} - \dfrac{1}{n_2{}^2}\right)$ が最も小さい値になるのは，$n_1 = 1$，$n_2 = 1 + 1 = 2$ の場合である．したがって，次のように λ を算出する．

$\dfrac{1}{\lambda} = R\left(\dfrac{1}{n_1{}^2} - \dfrac{1}{n_2{}^2}\right)$ に与えられた数値を代入する．

$$\dfrac{1}{\lambda} = 1.0 \times 10^7 \times \left(\dfrac{1}{1^2} - \dfrac{1}{2^2}\right) = 1.0 \times 10^7 \times \left(1 - \dfrac{1}{4}\right)$$
$$= 1.0 \times 10^7 \times \dfrac{3}{4} \qquad \qquad ①$$

式①を逆数にして λ を求める．

$$\lambda = 1.0 \times 10^{-7} \times \dfrac{4}{3} \fallingdotseq 1.3 \times 10^{-7} \mathrm{m} = 130 \times 10^{-9} \mathrm{m} = 130 \, \mathrm{nm}$$

▶ 答 2

1.14　測定・分析

問題 1　　【令和 2 年 問 20】

ある溶質の濃度が c である水溶液の光の透過率を測定した．光路長が t のセルを用いた場合，光の透過率が 50% であった．その後，光路長が $2t$ のセルを用い，光の透過率が 50% になるようにこの水溶液の濃度を調整した．物質による光の吸収はランベルト・ベールの法則（$I = I_0 \exp(-kct)$）に従うとすると，濃度調整後の水溶液濃度は幾らか．次の中から正しいものを一つ選べ．ただし，I_0：入射光強度，I：透過光強度，k：比例定数，t：光路長とする．また，水とセルの吸収は無視できるものとする．

1　$c/10$　　2　$c/8$　　3　$c/6$　　4　$c/4$　　5　$c/2$

解説 ランバート-ベールの法則を使用する.

$$I = I_0 e^{-kct} \tag{①}$$

ここに，I_0：入射光強度，I：透過光強度，k：比例定数，t：光路長

式①を変形すると，透過率 T $(= I/I_0)$ は

$$T = \frac{I}{I_0} = e^{-kct} \tag{②}$$

となる．式②に与えられた数値を代入する．

$$0.5 = e^{-kct} = (e^{(-kt)})^c \tag{③}$$

式③を変形する．

$$0.5^{1/c} = e^{-kt} \tag{④}$$

光路長 t を $2t$ にして，そのときの濃度を c' とすると，透過率は 50% であるから，式②から次のように表される．

$$0.5 = e^{-kc'2t} = (e^{(-kt)})^{2c'} \tag{⑤}$$

式⑤を変形する．

$$0.5^{1/(2c')} = e^{-kt} \tag{⑥}$$

式④と式⑥の右辺は等しいので

$$0.5^{1/(2c')} = 0.5^{1/c} \tag{⑦}$$

式⑦から

$$\frac{1}{2c'} = \frac{1}{c}$$

$$c' = \frac{c}{2}$$

となる． ▶答 5

■ 問題 2 【令和元年 問18】

物質の測定に関する次の記述における（ア）と（イ）の組合せとして，適切なものを 1 ～ 5 の中から一つ選べ．

構造が未知の結晶の昇温過程において，（ア）により相転移による吸熱ピークが確認された．次に，（ア）の測定により得られた相転移温度よりも高い温度で（イ）を行ったところ，ピークが消失したことから非晶質への変化が確認された．

	（ア）	（イ）
1	ラマン分光分析	X線回折分析
2	示差熱分析	X線光電子分光分析
3	質量分析	X線光電子分光分析
4	示差熱分析	X線回折分析

5　ラマン分光分析　　核磁気共鳴分光分析

解説　（ア）「示差熱分析」である．示差熱分析は，試料と基準物質の温度を一定のプ
ログラムに従って変化させながら両者の温度差を温度の関数として測定する方法で，こ
れによって相転移による吸熱などの情報が得られる．
（イ）「X線回折分析」である．結晶であれば結晶中の各原子によりX線が散乱され，干渉
しあい，特定の方向に強い回折X線のピークが現れるが，結晶が消失すると現れない．
　なお，ラマン分光分析は，入射光と異なった波長をもつ光（ラマン光）の性質を調べる
ことによって，物質の分子構造や結晶構造などを知る手法である．
　X線光電子分光分析は，X線を試料に照射して生じる光電子のエネルギーを測定して，
試料の構成元素やその電子状態を分析する手法である．
　核磁気共鳴分光分析は，試料に強い磁気とパルス状のラジオ波を用いて核磁気共鳴させ
た後，分子が元の安定状態に戻るときに発生する信号を検知して有機化合物の分子構造な
どを解明する手法である．
　ラマン分光分析，X線光電子分光分析および核磁気共鳴分光分析は，いずれも結晶の有
無の分析には使用しない．　　　　　　　　　　　　　　　　　　　　　　　▶答 4

1.15 | その他（試薬と容器，用語，単位）

■問題1　　　　　　　　　　　　　　　　　　　　　　　　【令和6年 問6】

　電子ボルト（eV）はエネルギーの単位の一つであり，光子，電子，原子などのエネ
ルギーの単位として用いられる．1 eVは，電気素量 e（$= 1.602176634 \times 10^{-19}$ C）
をもつ荷電粒子が真空中で1 Vの電位差で加速されるときに得る運動エネルギーで
$1.602176634 \times 10^{-19}$ Jである．いま，E（eV）のエネルギーをもつ光子の波長が
λ（m）であるとき，E と λ の関係を示す式として正しいものを次の中から一つ選べ．
ただし，プランク定数は h（Js），真空中の光速は c（ms^{-1}）とする．

1　$E = \dfrac{h\lambda}{ce}$　　2　$E = \dfrac{he}{c\lambda}$　　3　$E = \dfrac{hc}{e\lambda}$　　4　$E = \dfrac{\lambda e}{hc}$　　5　$E = \dfrac{\lambda c}{he}$

解説　電子1つのエネルギー〔J〕は，$h\nu = hc/\lambda$（ここに，ν：振動数）である．この
エネルギーをeVで変換するためには，この値を電気素量 e の値で除すればよい．した
がって，

$$E = \frac{hc/\lambda}{e} = \frac{hc}{e\lambda}$$

となる． ▶答 3

■ 問題 2 　【令和6年 問7】

質量百分率60%のふっ化水素酸（HF）（比重1.2）のモル濃度（$mol\,L^{-1}$）は幾らか．次の中から最も近いものを一つ選べ．ただし，HFの分子量は20.0とする．

1　$15\,mol\,L^{-1}$　　2　$18\,mol\,L^{-1}$　　3　$30\,mol\,L^{-1}$
4　$36\,mol\,L^{-1}$　　5　$60\,mol\,L^{-1}$

解説　ふっ化水素（HF）溶液をm〔g〕とする．HFの質量は$m \times 0.6 = 0.6m$〔g〕である．そのモル数は

$$\frac{0.6m\,〔g〕}{20.0\,g/mol} = \frac{0.6m}{20.0}\,mol \quad ①$$

m〔g〕の体積〔L〕は，

$$\frac{m}{1.2}\,mL = \frac{m}{1.2} \times 10^{-3}\,L \quad ②$$

モル濃度〔mol/L〕は，式①を式②で除して求められる．

$$\frac{式①}{式②} = \frac{0.6m/20.0}{m/1.2 \times 10^{-3}} = \frac{0.6 \times 1.2}{20.0 \times 10^{-3}} = 36\,mol/L$$

▶答 4

■ 問題 3 　【令和5年 問8】

次の試薬と，その保管に使用可能な容器との組合せとして，誤っているものを一つ選べ．

	試薬	保管に使用可能な容器
1	ふっ化水素酸	ポリエチレン製容器
2	塩化銀	遮光されたガラス製容器
3	過酸化水素水	開放弁付きポリエチレン製容器
4	ナトリウム	試薬が完全に浸る量の石油（灯油）が入ったガラス製容器
5	十酸化四りん	試薬が完全に浸る量の水が入ったガラス製容器

解説　1　正しい．ふっ化水素酸（HF）は，ポリエチレン製容器に保管する．ふっ化水素酸は，ガラスを溶解させるのでガラス製容器は使用できない．
2　正しい．塩化銀（AgCl）は，日光で銀が遊離する反応をするため，遮光されたガラス製容器に保管する．

3　正しい．過酸化水素水（H_2O_2）は，次第に酸素を放出して分解するので，開放弁付きポリエチレン製容器に保管する．なお，ガラス製容器ではガラス中の微量の成分が過酸化水素水の分解を促進する触媒になるおそれがあるため使用しない．
4　正しい．ナトリウム（Na）は，試薬が完全に浸る量の石油（灯油）が入ったガラス製容器に保管する．
5　誤り．十酸化四りん（P_4O_{10}）は，乾燥剤であるから，「試薬が完全に浸る量の水が入ったガラス製容器」では保管しない．なお，十酸化四りんは水と次のように反応して正りん酸（オルトりん酸：H_3PO_4）が生成する．

$$P_4O_{10} + 6H_2O \rightarrow 4H_3PO_4$$

▶答 5

■問題4　【令和4年 問24】

次に示す組立単位と基本単位の関係式の中から，誤っているものを一つ選べ．
1　$N = kg\,m\,s^{-2}$　　2　$J = kg\,m$　　3　$W = kg\,m^2\,s^{-3}$
4　$Hz = s^{-1}$　　5　$V = kg\,m^2\,s^{-3}\,A^{-1}$

解説　1　正しい．$N = 力 = 質量 \times 加速度 = kg \times m/s^2 = kg\,m\,s^{-2}$
2　誤り．$J = 熱量（エネルギー）= 力 \times 距離 = N \times m = kg\,m\,s^{-2} \times m = kg\,m\,s^{-2}$
3　正しい．$W = 単位時間の熱量 = J/s = kg\,m^2\,s^{-2}/s = kg\,m^2\,s^{-3}$
4　正しい．$Hz = 単位時間当たりの周波数 = 1/s = s^{-1}$
5　正しい．$V = 熱量/電気量 = J/C = kg\,m^2\,s^{-2}/(A \cdot s) = kg\,m^2\,s^{-3}\,A^{-1}$

▶答 2

■問題5　【令和2年 問25】

次の基礎物理定数とその単位の組合せの中から，誤っているものを一つ選べ．
1　プランク定数　　　$J\,kg^{-1}$
2　アボガドロ定数　　mol^{-1}
3　気体定数　　　　　$J\,K^{-1}\,mol^{-1}$
4　ボルツマン定数　　$J\,K^{-1}$
5　電気素量　　　　　C

解説　1　誤り．プランク定数（$6.6 \times 10^{-34}\,J \cdot s$）の単位は，$J \cdot s$ である．
2　正しい．アボガドロ定数（$6.0 \times 10^{23}\,mol^{-1}$）の単位は，$mol^{-1}$ である．
3　正しい．気体定数（$8.3\,J\,K^{-1}\,mol^{-1}$）の単位は，$J\,K^{-1}\,mol^{-1}$ である．
4　正しい．ボルツマン定数（$1.4 \times 10^{-23}\,J\,K^{-1}$）の単位は，$J\,K^{-1}$ である．
5　正しい．電気素量（$1.6 \times 10^{-19}\,C$）の単位は，C である．

▶答 1

■ **問題6**　　　　　　　　　　　　　　　　　　　　　　【令和元年 問10】☑☑☑

　濃度を示す量についての関係式として，正しいものを次の中から一つ選べ．なお，それぞれ単成分の溶質と溶媒から調製した溶液に関する，SI基本単位（kg, m, mol）ないしその組立単位で表した量について考えるものとする．

1　溶質の質量分率＝溶質の質量濃度×溶液の密度
2　溶質の物質量濃度＝溶質の物質量÷溶液の質量
3　溶質の質量濃度＝溶質の物質量濃度×溶質のモル質量
4　溶質の物質量分率＝溶質の物質量÷溶媒の物質量
5　溶質の物質量分率＝溶質の体積分率

解説　1　誤り．

$$溶質の質量分率 = \frac{溶質の質量〔kg〕}{溶液の質量〔kg〕}$$

2　誤り．

$$溶質の物質量濃度〔mol/L〕 = \frac{溶質の物質量〔mol〕}{溶液の体積〔L〕}$$

3　正しい．

$$溶質の質量濃度〔kg/L〕$$
$$= 溶質の物質量濃度〔mol/L〕×溶質のモル質量〔kg/mol〕$$

4　誤り．

$$溶質の物質量分率（モル分率）〔-〕 = \frac{溶質の物質量〔mol〕}{溶媒中の各物質の物質量の合計〔mol〕}$$

5　誤り．溶質の物質量分率（モル分率）〔-〕と溶質の体積分率〔-〕は異なる．溶質の体積分率は，溶質の体積〔L〕を混合する前の各物質の体積の合計〔L〕で除した値である．

▶答 3

■ **問題7**　　　　　　　　　　　　　　　　　　　【平成30年12月 問14】☑☑☑

　下に挙げた4名の化学者と代表的業績（ア）～（エ）との組合せとして，正しいものを一つ選べ．

　　　代表的業績
　（ア）導電性高分子の発見
　（イ）ベンゼンの構造式の提唱
　（ウ）ビニロンの合成法の発明
　（エ）硝酸の工業的製法の発明

	白川英樹	ケクレ (A. Kekulé)	桜田一郎	オストワルト (F. Ostwald)
1	(ア)	(イ)	(ウ)	(エ)
2	(イ)	(ア)	(エ)	(ウ)
3	(イ)	(ウ)	(ア)	(エ)
4	(ウ)	(エ)	(ア)	(イ)
5	(エ)	(イ)	(ウ)	(ア)

解説 (ア) 導電性高分子の発見は，白川英樹による．
(イ) ベンゼンの構造式の提唱は，ケクレによる．
(ウ) ビニロンの合成法の発明は，桜田一郎による．
(エ) 硝酸の工業的製法の発明は，オストワルトによる． ▶答 1

問題 8 【平成30年12月 問16】

化合物の有害性などに関する次の記述の中から，正しいものを一つ選べ．
1 三酸化二ひ素は両性化合物であり，塩基と反応して生成する亜ひ酸塩も一般に有毒である．
2 酢酸鉛(Ⅱ)は有機金属化合物であり，アンチノック剤としてガソリンに添加され，鉛汚染の原因となった．
3 ジメチル水銀は脂溶性が高く生体組織に取り込まれにくいため，無機水銀化合物と異なり人体には無害である．
4 酸化クロム(Ⅲ)は，水溶液がクロムめっきのめっき液などに用いられるが，強い酸化力のため，皮膚や粘膜に付着すると炎症などを起こす．
5 硫化カドミウムは土壌中では酸化的な環境で生成し，水溶性が高いため，容易に植物に吸収される．

解説 1 正しい．三酸化二ひ素（As_2O_3）は，両性化合物（酸性水溶液にもアルカリ性水溶液にも溶解する性質をもつ化合物）であり，塩基と反応して生成する亜ひ酸塩（Na_3AsO_3）も一般に有毒である．
2 誤り．「アンチノック剤としてガソリンに添加され，鉛汚染の原因となった」のは，四エチル鉛（$Pb(CH_3CH_2)_4$）である．なお，アンチノック剤とは，プラグ点火より先にガソリンが着火しないようにするために使用するものである．
3 誤り．ジメチル水銀は脂溶性が高く生体組織に取り込まれやすいため，無機水銀化合物と異なり人体に有害である．
4 誤り．酸化クロム(Ⅵ)は，水溶液がクロムめっきのめっき液などに用いられるが，強い

酸化力のため，皮膚や粘膜に付着すると炎症などを起こす．「酸化クロム(III)」が誤り．

5　誤り．硫化カドミウム（CdS）は土壌中では還元的な環境で生成し，水溶性が低いため，容易には植物に吸収されない．還元的な環境について，硫酸イオン（SO_4^{2-}）の硫黄はS^{6+}で，CdSのSはS^{2-}であるから，Sは還元されたことになり，還元的な環境でこの反応が生じることとなる．　　　　　　　　　　　　　　　　　　　▶答 1

第2章

化学分析概論及び
濃度の計量（環濃）

2.1 | 計算問題など

2.1.1 　濃度・抽出

問題1　　　　　　　　　　　　　　　　　　　　　　　　【令和6年 問2】☑☑☑

　硝酸イオン（NO_3^-）と亜硝酸イオン（NO_2^-）が含まれる溶液の窒素濃度を測定し，得られた濃度を硝酸イオン濃度に換算したところ184 mg/Lであった．一方，この溶液に含まれる亜硝酸イオン濃度を測定したところ92.0 mg/Lであった．このとき，この溶液に含まれる硝酸イオン濃度として最も近いものを，次の中から一つ選べ．ただし，硝酸イオンおよび亜硝酸イオン以外に窒素濃度に影響する成分は含まないものとする．また，窒素および酸素の原子量はそれぞれ14.0および16.0とする．

1　45 mg/L　　2　60 mg/L　　3　92 mg/L　　4　124 mg/L　　5　156 mg/L

解説　　硝酸イオン（NO_3^-）の分子量は62，亜硝酸イオン（NO_2^-）の分子量は46であるから，亜硝酸イオン濃度が92.0 mg/Lであれば，亜硝酸イオン濃度を硝酸イオン濃度に換算すると，その値は次のように表される．

$$\frac{62}{46} \times 92.0 \, \text{mg/L} \tag{①}$$

　得られた窒素濃度を硝酸イオン濃度に換算した値が184 mg/Lであるから，この溶液に含まれる硝酸イオン濃度は，184 mg/Lから換算した亜硝酸イオン濃度（式①）を差し引けばよい．

$$\text{硝酸イオン〔mg/L〕} = 184 \, \text{mg/L} - \frac{62}{46} \times 92 \, \text{mg/L} = 60 \, \text{mg/L}$$

▶ 答 2

問題2　　　　　　　　　　　　　　　　　　　　　　　　【令和6年 問12】☑☑☑

　200 mLの水に溶けているある溶質1.0 mmolを有機溶媒で抽出する．有機溶媒40 mLで1回抽出した場合の抽出量として最も近いものを，次の中から一つ選べ．ただし，この溶質の分配比は20とする．また，有機溶媒と水は互いに溶解しないものとする．

1　0.90 mmol　　2　0.80 mmol　　3　0.70 mmol

4　0.60 mmol　　5　0.50 mmol

解説 1回抽出した有機溶媒中の溶質量をX〔mmol〕とすれば，水中の溶質量は$(1.0 - X)$ mmol となる．分配比が20であるから，次のように表される．

$$20 = \frac{X \text{〔mmol〕}/40 \text{ mL}}{(1.0 - X) \text{ mmol}/200 \text{ mL}} \quad \text{①}$$

式①を整理してXを求める．

$$\frac{X}{40} = 20 \times \frac{1.0 - X}{200}$$

$$X = 0.8 \text{ mmol}$$

▶答 2

■ **問題3** 【令和5年 問2】

亜硝酸体窒素濃度が10.0 mg/Lであったとき，亜硝酸イオン濃度として最も近いものを次の中から一つ選べ．ただし，水素，窒素，酸素の原子量はそれぞれ1.0，14.0，16.0とする．

1 2.98 mg/L   2 3.04 mg/L   3 32.9 mg/L
4 33.6 mg/L   5 44.3 mg/L

解説 亜硝酸態窒素（N）と亜硝酸イオン（NO_2^-）の関係は

N → NO_2^-
14.0   46.0

これは，亜硝酸態窒素が14.0 mgのとき，亜硝酸イオンが46.0 mgであることを表す．したがって，1 L中の亜硝酸態窒素が10.0 mgであれば，1 L中の亜硝酸態イオンの質量X〔mg〕は，

$$14.0 : 46.0 = 10.0 : X$$

の関係がある．Xを求めると

$$X = \frac{46.0 \times 10.0}{14.0} ≒ 32.9 \text{ mg}$$

となる．したがって，亜硝酸イオン濃度は32.9 mg/Lとなる．

なお，試験問題では「亜硝酸体窒素」と表記されているが，通常は「亜硝酸態窒素」と表記する．

▶答 3

■ **問題4** 【令和5年 問12】

濃度1.0 g/Lの亜鉛標準液を10 mL採取し，EDTA溶液で滴定したところ，滴定終点までに15 mLを要した．次に濃度が未知のカルシウム標準液を8.0 mL採取し，同じEDTA溶液で滴定したところ，滴定終点までに20 mLを要した．このとき，カルシウム標準液の濃度（g/L）としてもっとも近いものを次の中から一つ選べ．ただ

し，亜鉛及びカルシウムの原子量は，それぞれ65及び40とする．

1　0.050 g/L　　2　0.10 g/L　　3　0.50 g/L　　4　1.0 g/L　　5　5.0 g/L

解説　亜鉛とカルシウムは，EDTAとそれぞれ1 molと1 molで反応する．したがって，亜鉛とカルシウムのモル数とEDTAのモル数を算出して，1対1の対応からカルシウム標準液の濃度を算出する．

亜鉛の質量

$$1.0\,\text{g/L} \times 10\,\text{mL} = 1.0\,\text{g/L} \times 10 \times 10^{-3}\,\text{L} = 1.0 \times 10 \times 10^{-3}\,\text{g} \tag{①}$$

亜鉛のモル数

$$\frac{\text{式①}}{\text{亜鉛のモル質量}} = \frac{1.0 \times 10 \times 10^{-3}\,\text{g}}{65\,\text{g/mol}} = \frac{1.0 \times 10 \times 10^{-3}}{65}\,\text{mol} \tag{②}$$

亜鉛と反応したEDTAのモル数は，比で計算する場合，体積15 mLから単に15としてもよいが，根本に戻ってその仕組みを示すと，次のようになる．EDTAの濃度をA〔g/L〕とし，EDTAのモル質量をM〔g/mol〕とすれば，EDTAのモル数は

$$\frac{A\,\text{〔g/L〕} \times 15\,\text{mL}}{M\,\text{〔g/mol〕}} = \frac{A\,\text{〔g/L〕} \times 15 \times 10^{-3}\,\text{L}}{M\,\text{〔g/mol〕}} = \frac{A}{M} \times 15 \times 10^{-3}\,\text{mol} \tag{③}$$

次に，濃度未知のカルシウム標準液8.0 mLの滴定に要したEDTAの溶液は20 mLであるから，カルシウム標準液の濃度をX〔g/L〕とすれば，カルシウムのモル数とEDTAのモル数はそれぞれ次のように表される．

カルシウムのモル数

$$\frac{X\,\text{〔g/L〕} \times 8.0 \times 10^{-3}\,\text{L}}{40\,\text{g/mol}} = \frac{X \times 8.0 \times 10^{-3}}{40}\,\text{mol} \tag{④}$$

EDTAのモル数

$$\frac{A\,\text{〔g/L〕}}{M\,\text{〔g/mol〕}} \times 20 \times 10^{-3}\,\text{L} = \frac{A}{M} \times 20 \times 10^{-3}\,\text{mol} \tag{⑤}$$

以上から次の比をとる．

亜鉛のモル数（式②）：亜鉛滴定時のEDTAのモル数（式③）

　　＝カルシウムのモル数（式④）：カルシウム滴定時のEDTAのモル数（式⑤）　⑥

式⑥に式②，式③，式④および式⑤を代入すると，

$$\left(\frac{1.0 \times 10 \times 10^{-3}}{65}\right) : \left(\frac{A}{M} \times 15 \times 10^{-3}\right) = \left(\frac{X \times 8.0 \times 10^{-3}}{40}\right) : \left(\frac{A}{M} \times 20 \times 10^{-3}\right)$$

$$\tag{⑦}$$

式⑦を整理すると

$$\left(\frac{1.0 \times 10}{65}\right) : 15 = \left(\frac{X \times 8.0}{40}\right) : 20 \tag{⑧}$$

式⑧から$A/M \times 10^{-3}$は，Xの算出には無関係になるから，先に述べたようにEDTAの

モル数を単に15および20としてもよいことがわかる．式⑧からXを求めると，

$$X = \frac{\frac{1.0 \times 10}{65} \times 20}{\frac{8.0}{40} \times 15} = \frac{1.0 \times 10 \times 20 \times 40}{8.0 \times 15 \times 65} \fallingdotseq 1.0\,\text{g/L}$$

▶ 答 4

■問題5 【令和4年 問18】

H形の陽イオン交換樹脂0.50 g（乾燥質量）をカラムに詰めた．そこにNaCl水溶液を十分に流してH$^+$をすべて溶出させた．この溶出液の全量を0.20 mol/LのNaOH水溶液で滴定したところ，中和するのに10 mLを要した．このとき，単位質量あたりの樹脂が保持していたH$^+$の物質量として最も近いものを次の中から一つ選べ．

1　0.25 mmol/g　　2　0.50 mmol/g　　3　1.0 mmol/g
4　2.0 mmol/g　　5　4.0 mmol/g

解説　NaOH水溶液中のNaOHは，H$^+$と次のように反応する．

$$\text{NaOH} + \text{H}^+ \rightarrow \text{Na}^+ + \text{H}_2\text{O} \quad ①$$

式①から，NaOHのモル数がH$^+$のモル数と同じであるから，中和に要したNaOHのモル数を算出すればよい．

$$0.20\,\text{mol/L} \times 10\,\text{mL} = 0.20\,\text{mmol/mL} \times 10\,\text{mL} = 2.0\,\text{mmol} \quad ②$$

式②を陽イオン交換樹脂量0.50 gで除せば，単位質量当たりの樹脂が保持していたH$^+$の量が算出される．

$$\frac{式②}{0.50\,\text{g}} = \frac{2.0\,\text{mmol}}{0.50\,\text{g}} = 4.0\,\text{mmol/g}$$

▶ 答 5

■問題6 【令和3年 問12】

10 mmol/Lの塩酸100 mLに10 mmol/Lの水酸化ナトリウム水溶液を50 mL加えたとき，溶液中の水素イオン濃度として最も近い濃度を次の中から一つ選べ．なお，この操作は室温で行い，操作に伴う温度上昇は無視する．

1　1.3 mmol/L　　2　2.3 mmol/L　　3　3.3 mmol/L
4　4.3 mmol/L　　5　5.0 mmol/L

解説　過剰のHClのモル数を算出し，合計の溶液の体積150 mLを1 Lに換算して水素イオン濃度を求める．

100 mL 中の HCl のモル数

$10 \text{ mmol/L} \times 100 \times 10^{-3} \text{ L} = 1 \text{ mmol}$ ①

50 mL 中の NaOH のモル数

$10 \text{ mmol/L} \times 50 \times 10^{-3} \text{ L} = 0.5 \text{ mmol}$ ②

	HCl	+	NaOH	→	NaCl	+	H$_2$O
反応前	1 mmol		0.5 mmol		0 mmol		0 mmol
反応後	0.5 mmol		0 mmol		0.5 mmol		0.5 mmol

過剰の HCl 0.5 mmol が 150 mL にあるから，1 L（= 1,000 mL）中では

$$\frac{0.5 \text{ mmol}}{150 \text{ mL}} = \frac{0.5 \text{ mmol}}{150 \times 10^{-3} \text{ L}} = \frac{0.5 \times 1,000}{150} \fallingdotseq 3.3 \text{ mmol/L}$$

となる． ▶答 3

問題 7 【令和 3 年 問 18】

0.10 g の硫酸銅(II)五水和物を水に溶解し，全量を 1.0 L にした．その水溶液に塩化バリウム水溶液を少しずつ加えていった．硫酸バリウムが析出し始めるときの溶液中のバリウムイオンの濃度として，最も近い濃度を次の中から一つ選べ．ただし，この操作において硫酸バリウムの溶解度積（K_{sp}）は一定であり，K_{sp} は 1.1×10^{-10} (mol/L)^2 とする．また，水素，酸素，硫黄，銅の原子量はそれぞれ 1.0，16.0，32.1，63.5 とする．なお，添加する塩化バリウム水溶液の体積は十分に小さく，溶液の全体積は 1.0 L から変化しないとみなせるものとする．

1　8.8×10^{-8} mol/L　　2　1.4×10^{-7} mol/L　　3　1.8×10^{-7} mol/L
4　2.7×10^{-7} mol/L　　5　3.5×10^{-7} mol/L

解説　硫酸イオンの濃度によってバリウムイオン濃度は規定されることから，バリウムイオン濃度を算出する．

硫酸イオンのモル濃度の算出

硫酸銅(II)五水和物（CuSO$_4$·5H$_2$O）の分子量

$= 63.5 + 32.1 + 16.0 \times 4 + 5 \times 18 = 63.5 + 96.1 + 90 = 249.6$

硫酸イオン（式量 96.1）のモル濃度 [SO$_4^{2-}$]

$= \dfrac{0.10 \text{ g} \times 96.1/249.6}{96.1 \text{ g/mol}} \times \dfrac{1}{1.0 \text{ L}} = \dfrac{0.1}{249.6} \text{ mol/L}$ ①

硫酸バリウムの溶解度積 K_{sp}

BaSO$_4$ → Ba^{2+} + SO$_4^{2-}$ ②

$K_{sp} = [\text{Ba}^{2+}][\text{SO}_4^{2-}] = 1.1 \times 10^{-10}$ (mol/L)^2 ③

式②で生成する [SO$_4^{2-}$] は極めて微量であるから，溶液中の [SO$_4^{2-}$] は式①と考えて

よい．したがって，式③に式①の値を代入して $[Ba^{2+}]$ を求める．

$$[Ba^{2+}] = \frac{1.1 \times 10^{-10}}{[SO_4{}^{2-}]} = \frac{1.1 \times 10^{-10}}{0.1/249.6} = 1.1 \times 249.6 \times 10^{-9}$$

$$\fallingdotseq 2.7 \times 10^{-7}\,mol/L$$

▶答 4

■問題8　　　　　　　　　　　　　　　　　　　【令和2年 問2】

成分Aの質量濃度が 10 mg/L の水溶液 100 mL に，成分Bを質量分率 90% で含む試薬を加えて均一な溶液とし，成分Aと成分Bの質量濃度が等しい混合溶液を調製するとき，成分Bを含む試薬の加えるべき質量（mg）として，もっとも近い値を次の中から一つ選べ．ただし，混合前の成分Aの水溶液に成分Bは含まれておらず，また，成分Bを含む試薬に成分Aは含まれていないものとする．さらに，混合により成分Aと成分Bは反応しないものとし，混合前後の体積変化は無視できるものとする．

1　0.80　　2　0.90　　3　1.0　　4　1.1　　5　1.3

解説　　成分Aの質量は，

$$10\,mg/1{,}000\,mL \times 100\,mL = 1\,mg \tag{①}$$

である．成分Bを含む試薬の質量を X〔mg〕とすれば，成分Bの質量は

$$X\,〔mg〕 \times 0.90 = 0.90X\,〔mg〕 \tag{②}$$

である．式① = 式②であるから，

$$0.90X = 1$$

$$X = \frac{1}{0.90} \fallingdotseq 1.1\,mg$$

▶答 4

■問題9　　　　　　　　　　　　　　　　　　【令和2年 問12】

100 mL の水に溶けているある溶質 1.0 mmol を有機溶媒で抽出する．有機溶媒 20 mL で1回抽出した場合の抽出量として最も近いものを次の中から一つ選べ．なお，この溶質の分配比（溶質の有機溶媒中の濃度と水中の濃度の比）は20とする．また，有機溶媒と水とは互いに溶解しないものとする．

1　0.10 mmol　　　2　0.30 mmol　　　3　0.60 mmol

4　0.80 mmol　　　5　0.90 mmol

解説　　20 mL の有機溶媒中の溶質を x〔mmol〕とすると，100 mL の水中に溶けている溶質の量は $(1.0 - x)$ mmol となるから，次のように表される．

2.1

計算問題など

135

$$20 = \frac{x \, [\text{mmol}]/20\,\text{mL}}{(1.0 - x)\,\text{mmol}/100\,\text{mL}} \qquad ①$$

式①を変形してxを求める.

$$20 = \frac{5x}{1.0 - x}$$

$$20(1.0 - x) = 5x$$

$$25x = 20$$

$$x = 0.80\,\text{mmol}$$

▶答 4

問題10 【令和2年 問18】

　ある量のアンモニアを$0.10\,\text{mol L}^{-1}$の硫酸$200\,\text{mL}$に完全に吸収させた後，メチルレッドを指示薬にして$0.10\,\text{mol L}^{-1}$の水酸化ナトリウム水溶液で滴定したところ，滴定終点までの滴定量は$300\,\text{mL}$であった．吸収させたアンモニアの体積は標準状態で何Lか．次の中から最も近いものを一つ選べ．なお，滴定終点は中和反応の当量点と一致しているものとする．また，アンモニアは理想気体であるものとし，標準状態における理想気体$1\,\text{mol}$の体積は$22.4\,\text{L}$とする.

1　0.11　　2　0.22　　3　0.45　　4　0.67　　5　0.90

解説　関係する化学反応は，次のとおりである.

$$\begin{array}{ccccc}
2\text{NH}_3 & + & \text{H}_2\text{SO}_4 & \rightarrow & (\text{NH}_4)_2\text{SO}_4 \\
2(0.02 - 0.015)\,\text{mol} & & (0.02 - 0.015)\,\text{mol} & &
\end{array} \qquad ①$$

$$\begin{array}{ccccc}
\text{H}_2\text{SO}_4 & + & 2\text{NaOH} & \rightarrow & \text{Na}_2\text{SO}_4 + 2\text{H}_2\text{O} \\
0.015\,\text{mol} & & 0.03\,\text{mol} & &
\end{array} \qquad ②$$

アンモニアの吸収に用いた硫酸のモル数は，

$$0.10\,\text{mol/L} \times 200\,\text{mL} = 0.10\,\text{mol/L} \times 0.20\,\text{L} = 0.02\,\text{mol} \qquad ③$$

である．過剰の硫酸を水酸化ナトリウム水溶液で中和した際に要した水酸化ナトリウムのモル数は，

$$0.10\,\text{mol/L} \times 300\,\text{mL} = 0.10\,\text{mol/L} \times 0.30\,\text{L} = 0.03\,\text{mol} \qquad ④$$

である．式④から消費された水酸化ナトリウムが$0.03\,\text{mol}$であるから，式②から過剰の硫酸のモル数はその$1/2$で$0.015\,\text{mol}$である．したがって，式①からアンモニアと反応した硫酸のモル数は$(0.02 - 0.015)\,\text{mol}$となり，結局，反応したアンモニアのモル数はその2倍となる．アンモニアのモル数は

$$2 \times (0.020 - 0.015)\,\text{mol} = 0.01\,\text{mol}$$

である．したがって，アンモニアの体積は，

$$0.01 \, \text{mol} \times 22.4 \, \text{L/mol} \fallingdotseq 0.22 \, \text{L}$$

となる. ▶答 2

■ 問題 11 【令和元年 問2】

濃硫酸（H_2SO_4の質量分率95.0%，密度1.84 g/mL）を水で希釈し，3.00 mol/L の硫酸水溶液を正確に500 mL 調製する際に要する濃硫酸の量として，最も近いもの を次の中から一つ選べ．ただし，温度変化による体積変化はないものとし，H_2SO_4 のモル質量は98.0 g/molとする．

1　76 mL　　2　80 mL　　3　84 mL　　4　160 mL　　5　168 mL

解説　3.00 mol/L の硫酸水溶液500 mL 中の硫酸の質量は，

$$3.00 \, \text{mol/L} \times 0.5 \, \text{L} \times 98.0 \, \text{g/mol} = 1.5 \, \text{mol} \times 98.0 \, \text{g/mol} = 1.5 \times 98.0 \, \text{g} \qquad ①$$

である．濃硫酸の量（体積）をx〔mL〕とすると，その中の硫酸の質量は

$$1.84 \, \text{g/mL} \times x \, \text{〔mL〕} \times 0.950 = 1.84 \times x \times 0.95 \, \text{g} \qquad ②$$

である．

式①と式②は等しい．

$$1.84 \times x \times 0.95 = 1.5 \times 98.0$$

$$x = \frac{1.5 \times 98.0}{1.84 \times 0.95} \fallingdotseq 84 \, \text{mL}$$

▶答 3

■ 問題 12 【令和元年 問12】

H形の陽イオン交換樹脂0.50 g（乾燥質量）をカラムに詰めた．そこにNaCl水溶 液を十分に流してH^+をすべて溶出させた．この溶出液の全量を0.20 mol/L のNaOH 水溶液で滴定したところ，中和するのに5.0 mL を要した．このとき，単位質量あた りの樹脂が保持していたH^+の物質量として，最も近いものを次の中から一つ選べ．

1　0.20 mmol/g　　2　0.50 mmol/g　　3　1.0 mmol/g

4　2.0 mmol/g　　5　4.0 mmol/g

解説　中和反応は次のとおりである．

$$H^+ + OH^- \rightarrow H_2O$$

NaOHは，

$$NaOH \rightarrow Na^+ + OH^-$$

である．以上から，NaOHのモル数と，H^+と反応するOH^-のモル数は同じである．した がって，中和に要したNaOHのモル数を算出すれば，そのモル数が樹脂が保持していた H^+のモル数に相当する．

NaOH のモル数の算出は次のとおりである.

$0.20 \, \text{mol/L} \times 5.0 \times 10^{-3} \, \text{L} = 0.20 \times 5.0 \times 10^{-3} \, \text{mol} = 0.20 \times 5.0 \, \text{mmol}$

したがって，陽イオン交換樹脂 1 g 当たりの H^+ のミリモル数は，

$$\frac{0.20 \times 5.0 \, \text{mmol}}{0.50 \, \text{g}} = 2.0 \, \text{mmol/g}$$

となる.

▶答 4

■問題 13 　　　　　　　　　　　　　　　　　　【平成 30 年 12 月 問 12】 ✓✓✓

物質 A を 90 %（質量分率）含む試薬を 1.0 kg の溶媒に溶かし，物質 A の質量濃度が 1.0 mg/L の標準液を調製する．このとき，量り取るべき試薬の質量として，最も近いものを次の中から一つ選べ．ただし，標準液の密度は 0.80 g/mL とする.

1　0.80 mg　　2　1.0 mg　　3　1.2 mg　　4　1.4 mg　　5　1.6 mg

解説　標準液の密度が 0.80 g/mL であるから，単位を kg/L にすると，

$0.80 \, \text{kg/L}$　　　　　　　　　　　　　　　　　　　　　　　①

となる．試薬を 1.0 kg の溶媒に溶かす容積は式①から

$$\frac{1.0 \, \text{kg}}{0.80 \, \text{kg/L}} = \frac{1.0}{0.80} \, \text{L}$$　　　　　　　②

である．次に 1.0 mg/L を調製するのに必要な物質 A を x 〔mg〕とすると，次の比例式が成立する．試薬が少量のため，溶液の体積に与える影響は無視する.

$$1.0 \, \text{mg} : 1 \, \text{L} = x \, \text{〔mg〕} : \frac{1.0}{0.80} \, \text{L}$$

$$x = \frac{1.0}{0.80} \times 1.0 \, \text{mg}$$　　　　　　　③

ここで，試薬は物質 A の含有率が 90 % であるから，量り取るべき試薬の質量は，式③を 0.90 で除せばよい.

$$\frac{1.0}{0.80} \times 1.0 \times \frac{1}{0.90} \fallingdotseq 1.4 \, \text{mg}$$

▶答 4

■問題 14 　　　　　　　　　　　　　　　　　　【平成 30 年 12 月 問 18】 ✓✓✓

次に示す三つの方法で硫酸の質量分率が 96 % である濃硫酸を希釈し，得られた溶液の硫酸濃度をそれぞれ A ～ C とするとき，それらの大小関係を表した式として正しいものを，次の 1 ～ 5 の中から一つ選べ．ただし，希釈には純水を使用し，希釈前の濃硫酸の密度は 1.83 g/cm^3，希釈後の溶液の密度はいずれも 1.01 g/cm^3 とする.

	希釈方法	希釈後の硫酸濃度
濃硫酸 $1.00\,\mathrm{cm^3}$ を全量 $100\,\mathrm{cm^3}$ に希釈した.		A
濃硫酸 $1.00\,\mathrm{g}$ を全量 $100\,\mathrm{g}$ に希釈した.		B
濃硫酸 $1.00\,\mathrm{cm^3}$ を全量 $100\,\mathrm{g}$ に希釈した.		C

1　A = B < C　　2　B < A < C　　3　B < C < A

4　C < A = B　　5　A = B = C

解説　A, B, C の希釈後の濃度を質量濃度〔%〕で表す.

A　$\dfrac{1.00\,\mathrm{cm^3} \times 1.83\,\mathrm{g/cm^3} \times 0.96}{100\,\mathrm{cm^3} \times 1.01\,\mathrm{g/cm^3}} \times 100 = \dfrac{1.83 \times 0.96}{101} \times 100 \fallingdotseq 1.74\,\mathrm{(\%)}$

B　$\dfrac{1.00\,\mathrm{g} \times 0.96}{100\,\mathrm{g}} \times 100 = 0.96\,\mathrm{(\%)}$

C　$\dfrac{1.00\,\mathrm{cm^3} \times 1.83\,\mathrm{g/cm^3} \times 0.96}{100\,\mathrm{g}} \times 100 = 1.83 \times 0.96 \fallingdotseq 1.76\,\mathrm{(\%)}$

したがって, 大小関係は, B < A < C となる.　　　　　　▶答 2

2.1.2　pH および pH 計

■問題 1　　　　　　　　　　　　　　　【令和 6 年 問 1】

「JIS Z 8802 pH 測定方法」に規定されている, 試料溶液の pH 値が 7 を超える場合に pH 計のスパン校正に使用することができる pH 標準液の組合せとして, 正しいものを一つ選べ.

1　しゅう酸塩 pH 標準液, ほう酸塩 pH 標準液

2　しゅう酸塩 pH 標準液, りん酸塩 pH 標準液

3　フタル酸塩 pH 標準液, ほう酸塩 pH 標準液

4　フタル酸塩 pH 標準液, 炭酸塩 pH 標準液

5　りん酸塩 pH 標準液, 炭酸塩 pH 標準液

解説　試料溶液の pH 値が 7 を超えるときは, りん酸塩 pH 標準液と炭酸塩 pH 標準液または, ほう酸塩標準液を使用する.

なお, 各標準液の pH（25℃）は次のとおりである.

しゅう酸塩 pH 標準液　　　1.68

フタル酸塩 pH 標準液　　　4.01

中性りん酸塩 pH 標準液　　6.86

りん酸塩pH標準液	7.41
ほう酸塩pH標準液	9.18
炭酸塩pH標準液	10.02

▶答 5

問題2 【令和6年 問18】 ✓ ✓ ✓

0.20 mol/L酢酸水溶液10 mLと0.10 mol/L酢酸ナトリウム水溶液20 mLを混合して，30 mLの混合溶液とした．このとき，この溶液のpHとして最も近いものを，次の中から一つ選べ．ただし，$pK_a = -\log_{10} K_a$（K_a；酸解離定数）とし，酢酸のpK_aは4.76とする．また，溶液を混合した時の体積変化および温度変化は無視できるものとする．必要があれば，$\log_{10} 2 = 0.30$，$\log_{10} 3 = 0.48$を使用せよ．

1　4.3　　2　4.5　　3　4.8　　4　5.1　　5　5.3

解説 0.20 mol/Lの酢酸水溶液10 mL中には，酢酸がモル数として

$$0.20\,\text{mol/L} \times 10 \times 10^{-3}\,\text{L} = 2.0 \times 10^{-3}\,\text{mol} \qquad ①$$

存在する．同様に，0.10 mol/Lの酢酸ナトリウム水溶液20 mL中には，酢酸ナトリウムがモル数として

$$0.10\,\text{mol/L} \times 20 \times 10^{-3}\,\text{L} = 2.0 \times 10^{-3}\,\text{mol} \qquad ②$$

存在する．

式①と式②は，合計30 mLの混合溶液に存在するから，mol/Lで表すとそれぞれ次のように表される．

酢酸濃度〔mol/L〕

$$\frac{\text{式①}}{30\,\text{mL}} = \frac{2.0 \times 10^{-3}\,\text{mol}}{30 \times 10^{-3}\,\text{L}} \fallingdotseq 0.07\,\text{mol/L} \qquad ③$$

酢酸ナトリウム濃度〔mol/L〕

$$\frac{\text{式②}}{30\,\text{mL}} = \frac{2.0 \times 10^{-3}\,\text{mol}}{30 \times 10^{-3}\,\text{L}} \fallingdotseq 0.07\,\text{mol/L} \qquad ④$$

酢酸と酢酸ナトリウムは，それぞれ次のように分離している．なお，αは酢酸の分離濃度である（ただし，単位は省略）．

$$\begin{array}{cccc} CH_3COOH & \rightleftarrows & CH_3COO^- & + & H^+ \\ 0.07 - \alpha & & \alpha & & \alpha \end{array} \qquad ⑤$$

$$\begin{array}{cccc} CH_3COONa & \rightarrow & CH_3COO^- & + & Na^+ \\ 0.07 \rightarrow 0 & & 0.07 & & 0.07 \end{array} \qquad ⑥$$

酢酸と酢酸ナトリウムの混合溶液では，式⑥のCH_3COO^-が0.07 mol/Lあるため，式⑤のCH_3COO^-は平衡が左側に移動し（αはほぼゼロ近くなる），CH_3COOHはほぼ0.07 mol/Lとなる．したがって，式⑤から次の平衡式が成立する．なお，式⑤の

140

CH_3COO^- はゼロ近くなるが，式⑥の CH_3COO^- が濃度 0.07 mol/L で存在することになる．

$$\frac{[CH_3COO^-][H^+]}{[CH_3COOH]} = 10^{-4.76} \quad ⑦$$

式⑦に数値を代入すると

$$\frac{0.07 \times [H^+]}{0.07} = 10^{-4.76}$$

$$[H^+] = 10^{-4.76}$$

となる．したがって，式⑦から pH は，酢酸と酢酸ナトリウム（CH_3COO^- に完全に分離）の濃度が同じであれば，濃度に関係なく

$$pH = -\log[H^+] = -\log 10^{-4.76} = 4.76$$

となる．

■ 問題3　　　　　　　　　　　　　　　　　　　【令和5年 問1】

pHに関する次の記述の中から，誤っているものを一つ選べ．

1　計量法は，ペーハーを法定計量単位として規定している．
2　計量法は，ガラス電極式水素イオン濃度指示計を特定計量器として規定している．
3　計量法トレーサビリティ制度（JCSS）で供給されるpH標準液は，国家標準にトレーサブルである．
4　「JIS Z 8802 pH測定方法」は，ガラス電極を用いたpH計で0℃～95℃の水溶液のpH値を測定する方法について規定している．
5　環境基本法に基づく「水質汚濁に係る環境基準」の「生活環境の保全に関する環境基準」には，河川等における水素イオン濃度（pH）の基準値が定められている．

解説　1　誤り．ペーハー（pH）は，計量法による法定計量単位として規定されていない．法第2条（定義等）第1項第一号および第二号参照．
2　正しい．法第2条（定義等）第4項および令第2条（特定計量器）第十七号ル参照．
3　正しい．
4　正しい．「JIS Z 8802 pH測定方法」は，ガラス電極を用いたpH計で0～95℃の水溶液のpH値を測定する方法について，7.2で規定している．
5　正しい．

■ 問題4　　　　　　　　　　　　　　　　　　　【令和3年 問1】

「JIS Z 8802 pH測定方法」に規定されているpH計の校正方法に従ったとき，試料

溶液のpH値が7以下の場合にスパン校正で用いるpH標準液として，正しいものを次の中から一つ選べ.

1　フタル酸塩pH標準液
2　中性りん酸塩pH標準液
3　りん酸塩pH標準液
4　ほう酸塩pH標準液
5　炭酸塩pH標準液

解説　1　正しい．フタル酸塩pH標準液は，pH4.01（25℃）である．なお，しゅう酸塩pH標準液は，pH1.68（25℃）である．

2　誤り．中性りん酸塩pH標準液は，pH6.86（25℃）で中性液の標準液である．

3　誤り．りん酸塩pH標準液は，pH7.41（25℃）である．

4　誤り．ほう酸塩pH標準液は，pH9.18（25℃）である．

5　誤り．炭酸塩pH標準液は，pH10.02（25℃）である．　　　　　　　　▶答 1

■ 問題5　　　　　　　　　　　　　　　　　　　　【令和元年 問1】

「JIS Z 8802 pH測定方法」に関する次の記述の中から，正しいものを一つ選べ.

1　pH標準液は，使用前に大気中に開放して，しばらく放置した後に使用する.

2　検出部の洗浄は水で行うが，特に汚れている場合には，必要に応じて洗剤，0.1 mol/L塩酸などで短時間洗い，更に流水で十分に洗う.

3　pH値が11以上の測定に対しては，通常のガラス電極ではアルカリ誤差を生じ，その測定値が高く出るおそれがある.

4　pH計のゼロ校正は，二酸化炭素を除いた水に検出部を浸して行う.

5　トレーサビリティが必要な場合には，3種類以上のpH標準液を使用して校正を行わなければならない.

解説　1　誤り．pH標準液は，一度使用したものおよび大気中に開放して放置したものは再度使用してはならない．

2　正しい．

3　誤り．pH値が11以上の測定に対しては，通常のガラス電極ではアルカリ誤差を生じ，その測定値が低く出るおそれがある．「高く」が誤り．

4　誤り．pH計のゼロ校正は，検出部を中性りん酸塩pH標準液に浸し，pH標準液の温度に対応する値に調整して校正する．

5　誤り．トレーサビリティが必要な場合には，認証pH標準液を用いなければならない．

　　　　　　　　　　　　　　　　　　　　　　　　　　　　　　　　　▶答 2

問題6 【平成30年12月 問2】

濃度 1.0×10^{-7} mol/L の塩酸の pH 値として最も近いものを次の中から一つ選べ．ただし，塩酸は完全解離しているものとし，塩酸中のイオンは H^+，Cl^-，OH^- の3種類しか存在しないものとする．また，水のイオン積は 1.0×10^{-14} mol^2/L^2，$\sqrt{5} = 2.2$，$\log_{10} 2 = 0.3$ とする．

1　6.0　　2　6.4　　3　6.8　　4　7.0　　5　7.4

解説　　$[H^+] = x$，$[OH^-] = y$ と置くと，次の等式が成立する．

水のイオン積から
$$x \times y = 1.0 \times 10^{-14} \quad ①$$
である．

イオンバランスから
$$x = y + [Cl^-] \quad ②$$
である．

ここで，$[Cl^-] = 1.0 \times 10^{-7}$ mol/L であるから，式②にこれを代入する．
$$x = y + 1.0 \times 10^{-7} \quad ③$$

式①と式③から x を算出する．式①から
$$y = \frac{1.0 \times 10^{-14}}{x} \quad ④$$

式④を式③に代入する．
$$x = \frac{1.0 \times 10^{-14}}{x} + 1.0 \times 10^{-7}$$

変形して移項すると，
$$x^2 - 1.0 \times 10^{-7} x = 1.0 \times 10^{-14} \quad ⑤$$

となる．ここで，
$$x = X \times 10^{-7} \quad ⑥$$

とすれば，
$$(X \times 10^{-7})^2 - 1.0 \times 10^{-7} \times X \times 10^{-7} = 1.0 \times 10^{-14}$$
$$X^2 \times 10^{-14} - X \times 10^{-14} = 10^{-14}$$

となるが，両辺を 10^{-14} で割ると
$$X^2 - X = 1 \quad ⑦$$

となる．式⑦を変形して X を算出する．

$$\left(X - \frac{1}{2}\right)^2 - \frac{1}{4} = 1$$

$$\left(X - \frac{1}{2}\right)^2 = \frac{5}{4}$$

$X > 0$ であるから,

$$X - \frac{1}{2} = \frac{\sqrt{5}}{2} \fallingdotseq \frac{2.2}{2} = 1.1$$

$X = 1.1 + 0.5 = 1.6$

したがって,式⑥から

$x = 1.6 \times 10^{-7}$ mol/L

pH $= -\log(1.6 \times 10^{-7}) = -\log(16 \times 10^{-8}) = 8 - 4\log 2 \fallingdotseq 8 - 4 \times 0.3 = 6.8$

▶ 答 3

2.1.3 秤量および数値の取り扱い

■問題1　　　　　　　　　　　　　　　　　　　　　　【令和3年 問4】

「JIS K 0050 化学分析方法通則」の規定に基づく,数値の表し方に関する次の記述の中から,誤っているものを一つ選べ.
1 「10.0 ± 0.2」と表したとき,9.76 はこの表記の表す範囲に含まれる.
2 温度範囲を指定する場合を除いて「10 〜 15」と表したとき,9.9 はこの表記の表す範囲に含まれる.
3 「約 10」と表したとき,9.1 はこの表記の許容範囲に含まれる.
4 液体の体積について「正確に 10 mL」と指定されたとき,呼び容量 10 mL の全量ピペットを用いてはかることは許容される.
5 質量について「正確に 10.0 g」と指定されたとき,10.01 g は許容されない.

解説 1 正しい.「10.0 ± 0.2」は「9.8 〜 10.2」で,9.76 は小数点第 2 位を四捨五入すると 9.8 であるから,この範囲に含まれる.
2 正しい.温度範囲を指定する場合を除いて「10 〜 15」と表したとき,9.9 は小数点第 1 位を四捨五入して 10 とするから,この表記の範囲に含まれる.なお,温度範囲を指定する場合は,範囲の最低値は 1 桁下の数値を切り捨てた温度を,最高値は切り上げた温度を意味する.
3 正しい.「約 10」と表したとき,許容範囲を ±10 % とすれば,「9 〜 11」の範囲であるから,9.1 はこの許容範囲に含まれる.
4 正しい.液体の体積について「正確に 10 mL」と指定されたとき,呼び容量 10 mL の全量ピペットを用いてはかることは許容される.なお,呼び容量とは,例えば 20 mL

メスシリンダーにおいて標線で合わせても一定の許容範囲にあり正確な 20 mL ではないので呼び容量としている．

5 誤り．質量について「正確に 10.0 g」と指定されたとき，10.01 g は 10.0 g とすることができるので許容される． ▶答 5

2.2 ガス関係

問題 1 【令和5年 問15】

次の高圧ガスの分類に関する組合せの中から，正しいものを一つ選べ．ただし，毒性ガス，可燃性ガス及び不活性ガスの分類は，「一般高圧ガス保安規則」の記載による．また，支燃性ガスは，厚生労働省による「職場のあんぜんサイト」に記載された安全データシートのうち，支燃性・酸化性ガス類の項目に区分1が設定されているガスを指すものとする．

1　アセチレン　　　　　　　　毒性ガス・可燃性ガス
2　アルシン（水素化ひ素）　　毒性ガス・可燃性ガス
3　アンモニア　　　　　　　　毒性ガス・不活性ガス
4　一酸化炭素　　　　　　　　毒性ガス・支燃性ガス
5　二酸化炭素　　　　　　　　毒性ガス・不活性ガス

解説　1　誤り．アセチレン（H–C≡C–H）は，毒性ガスではないが，可燃性ガスである．

2　正しい．アルシン（水素化ひ素：AsH_3）は，毒性ガスであり，可燃性ガスである．

3　誤り．アンモニア（NH_3）は，毒性ガスであり，可燃性ガスである．不活性ガスではない．

4　誤り．一酸化炭素（CO）は，毒性ガスであり，可燃性ガスである．支燃性ガスではない．

5　誤り．二酸化炭素（CO_2）は，毒性ガスではないが，不活性ガスである．

一般高圧ガス保安規則第2条（用語の定義）第1項第一号，同上第四号および厚生労働省「職場のあんぜんサイト」参照． ▶答 2

問題 2 【令和2年 問15】

アセチレンの性質及びアセチレンガスボンベ（高圧ガス容器）の使用法に関する次

の記述の中から，正しいものを一つ選べ．
1 アセチレンは，支燃性ガスである．
2 アセチレンガスボンベを，床に横置きのまま使用した．
3 アセチレンガスボンベを，ゴム製のシートの上に置いて固定した．
4 アセチレンガスボンベと装置の間を，銅管で配管した．
5 アセチレンガスの使用中，ガスボンベの開閉用ハンドルを取り付けたままにした．

解説 1 誤り．アセチレン（H–C≡C–H）は，支燃性ガスではない．支燃性ガスとは，自らは燃焼しないが他の燃焼を助けるガスで，空気，酸素，塩素，ふっ素，一酸化窒素などである．
2 誤り．アセチレンガスボンベは，容器内にマスと呼ばれる多孔質物質（ゼオライト等）を充てんしてあり，それにアセチレンが非常によく溶解するアセトンまたはDMF（ジメチルホルムアミド）が浸潤されて容器中に加圧溶解させて充てんされているため，アセチレン容器を横に（転倒）すると，アセトンまたはDMFが流出して危険がある．
3 誤り．アセチレンガスボンベは，可燃性であるゴム製シートの上に置いて固定しない．
4 誤り．アセチレンガスは，銅や銅合金（62％以上の含有率）と反応し銅アセチリドを生成するので，アセチレンガスボンベと装置の間を，銅管で配管しない．
5 正しい．アセチレンガスの使用中，ガスボンベの開閉用ハンドルは取り付けたままにする．これは緊急時に速やかに容器バルブを閉とすることができるようにするためである．

▶答 5

2.3 分析関係の前準備，その他

2.3.1 標準物質・薬品の調整など

■ **問題 1**   【令和 4 年 問 2】

　成分 A を含む試薬を溶媒 1.00 kg に溶解して，成分 A の濃度が 1.00 mg/L の標準液を調製するとき，量り取るべき試薬の質量（mg）としてもっとも近い値を次の中から一つ選べ．ただし，その試薬に含まれる成分 A の質量分率は 95.0％ であり，調製した標準液の密度は 0.950 g/mL とする．なお，溶媒には成分 A が含まれていないものとする．

| 1 | 0.95 | 2 | 1.00 | 3 | 1.05 | 4 | 1.10 | 5 | 1.15 |

解説 溶媒 1.00 kg の体積を V〔mL〕とし，量り取るべき試薬の質量を X〔g〕とすれば，次の式が成り立つ．ただし，試薬を溶媒に溶解しても溶媒の体積 V〔mL〕は変化しないものとする．

[1] 濃度関係

成分 A（$95.0/100 \times X$〔g〕$= 0.950X$〔g〕）が，$1.00 \text{ mg/L} = (1.00 \times 10^{-3}\,g)/(1 \times 10^3$ mL）$= 1.00 \times 10^{-6}\,g/mL$ の標準液を調製するから，次の関係式が成り立つ．

$$\frac{0.950X\,〔g〕}{V\,〔mL〕} = 1.00 \times 10^{-6}\,g/mL$$

$$\frac{0.950X}{V} = 1.00 \times 10^{-6} \tag{①}$$

[2] 質量関係

調整した標準液の密度が $0.950\,g/mL$ であるから，$0.950\,g/mL \times V$〔mL〕$= 0.950V$〔g〕は標準液の質量であり，これは溶媒 1.00 kg（$= 1,000\,g$）と試薬の質量 X〔g〕の合計 $(1,000 + X)\,g$ と等しい．ここで，試薬の質量は溶媒の質量よりも極めて小さいので無視し，$(1,000 + X)\,g \fallingdotseq 1,000\,g$ とする．すなわち，

$$0.950V = 1,000 \tag{②}$$

である．式①と式②から V を消去して（式①と式②の辺々を掛ける），X を算出する．

$$0.950X \times 0.950 = 1.00 \times 10^{-6} \times 1,000 = 1.00 \times 10^{-3} \tag{③}$$

X〔g〕を X〔mg〕にするため，10^3 を掛けることに注意する．

$$X = \frac{1.00 \times 10^{-3}}{0.950 \times 0.950}\,g \times 10^3\,mg/g = \frac{1.00}{0.950 \times 0.950}\,mg \fallingdotseq 1.11\,mg$$

▶ 答 4

■問題2 　　　　　　　　　　　　　　　　　　　　　　　　【令和4年 問12】

銅標準原液（銅濃度 1,000 mg/L，硝酸濃度 1.00 mol/L），濃硝酸及び濃硫酸を混合し，純水で 100.0 mL に希釈して標準液（銅濃度 100.0 mg/L，硝酸濃度 1.00 mol/L，硫酸濃度 2.00 mol/L）を調製した．この標準液を調製する際に要した濃硝酸（硝酸の質量分率 60.0%，密度 1.38 g/mL，硝酸のモル質量 63.0 g/mol）と濃硫酸（硫酸の質量分率 98.0%，密度 1.83 g/mL，硫酸のモル質量 98.0 g/mol）の量の組合せとして，最も近いものを次の中から一つ選べ．ただし，混合による発熱の影響は無視できるものとする．

	濃硝酸	濃硫酸
1	6.9 mL	10.9 mL
2	6.9 mL	20.0 mL

147

3	7.6 mL	10.9 mL
4	7.6 mL	20.0 mL
5	9.5 mL	10.9 mL

解説　[1]　濃硝酸について

銅濃度に注目すると，100.0 mL に希釈して銅濃度が 1,000 mg/L から 100.0 mg/L に低下したから，銅標準原液は 10.0 mL（銅標準原液を V 〔mL〕とすれば，1,000 mg/L × V〔mL〕= 100.0 mg/L × 100.0 mL となるから，V = 10.0 mL）となる．この原液中の硝酸の量〔mol〕は，

$$1.00 \text{ mol/L} \times 10.0 \text{ mL} = 1.00 \text{ mol/L} \times 0.01 \text{ L} = 0.01 \text{ mol} \qquad ①$$

である．一方，100.0 mL に希釈した標準液中の硝酸の量〔mol〕は，

$$1.00 \text{ mol/L} \times 100.0 \text{ mL} = 1.00 \text{ mol/L} \times 0.10 \text{ L} = 0.10 \text{ mol} \qquad ②$$

である．したがって，式②から式①を差し引いた値が，濃硝酸を加えた量となる．

$$式② - 式① = 0.10 \text{ mol} - 0.01 \text{ mol} = 0.09 \text{ mol} \qquad ③$$

ここで，標準液を調製するのに要した硝酸の体積を X〔mL〕とすると，X〔mL〕中の硝酸の量〔mol〕は，次のように表される．

$$\frac{X \text{〔mL〕} \times 1.38 \text{ g/mL} \times 0.600}{63.0 \text{ g/mol}} = \frac{X \times 1.38 \times 0.600}{63.0} \text{ mol} \qquad ④$$

式④ = 式③であるから，次の等式が成立する．

$$\frac{X \times 1.38 \times 0.600}{63.0} \text{ mol} = 0.09 \text{ mol}$$

$$X = \frac{0.09 \times 63.0}{1.38 \times 0.600} \fallingdotseq 6.8 \text{ mL} \qquad ⑤$$

[2]　硫酸について

100.0 mL に希釈した標準液中の硫酸の量〔mol〕は，

$$2.00 \text{ mol/L} \times 100.0 \text{ mL} = 2.00 \text{ mol/L} \times 0.10 \text{ L} = 0.20 \text{ mol} \qquad ⑥$$

である．ここで，標準液を調整するのに要した濃硫酸の体積を Y〔mL〕とすると，Y〔mL〕中の硫酸の量〔mol〕は，次のように表される．

$$\frac{Y \text{〔mL〕} \times 1.83 \text{ g/mL} \times 0.980}{98.0 \text{ g/mol}} = \frac{Y \times 1.83 \times 0.980}{98.0} \text{ mol} \qquad ⑦$$

式⑥ = 式⑦であるから，次の等式が成立する．

$$\frac{Y \times 1.83 \times 0.980}{98.0} \text{ mol} = 0.20 \text{ mol}$$

$$Y = \frac{0.20 \times 98.0}{1.83 \times 0.980} \fallingdotseq 10.9 \text{ mL} \qquad ⑧$$

▶ 答 1

問題3 【令和4年 問15】

消防法で規定されている危険物の貯蔵方法に関する次の記述の中から，誤っているものを一つ選べ．
1 黄りんを硫黄粉末の中に完全に埋めた上，屋内貯蔵所に貯蔵した．
2 トルエンを，屋根上に蒸気を排出する設備のある屋内貯蔵所に貯蔵した．
3 アセトンと二硫化炭素を，同じ屋内貯蔵所に隣り合った状態で貯蔵した．
4 ニトロセルロースと過塩素酸カリウムを，1m以上の距離をとって同じ屋内貯蔵所に貯蔵した．
5 金属ナトリウムを灯油の中に完全に沈めた上，屋内貯蔵所に貯蔵した．

解説 1 誤り．黄りんは，空気に触れると発火しやすいので，水中に沈めてビンに入れ，さらに砂を入れた缶中に固定して冷暗所に保管する．
2 正しい．トルエンは，屋根上に蒸気を排出する設備のある屋内貯蔵所に貯蔵する．
3 正しい．アセトンと二硫化炭素は，同じ屋内貯蔵所に隣り合った状態で貯蔵する．
4 正しい．ニトロセルロースと過塩素酸カリウムは，1m以上の距離をとって同じ屋内貯蔵所に貯蔵する．
5 正しい．金属ナトリウムは，灯油の中に完全に沈めた上，屋内貯蔵所に貯蔵する．

▶答 1

問題4 【令和4年 問17】

ある溶質の質量分率が1.0 ppmである溶液を確実に調製できる手順として，正しいものを一つ選べ．ただし，各選択肢における「原液」はある溶質を含む希釈前の溶液を指し，「溶媒」はある溶質を含まない液体を指すものとする．また，原液，溶媒及び希釈後の溶液の密度はそれぞれ未知とする．
1 $1.0\,\mathrm{kg/m^3}$の原液を$1.0\,\mathrm{mL}$採取し，溶媒を用いて全量$1.0\,\mathrm{kg}$に希釈した．
2 $10\,\mathrm{g/m^3}$の原液を$10\,\mathrm{cm^3}$採取し，溶媒を用いて全量$0.10\,\mathrm{L}$に希釈した．
3 $1.0\,\mathrm{g/L}$の原液を$1.0\,\mathrm{g}$採取し，溶媒を用いて全量$0.10\,\mathrm{kg}$に希釈した．
4 質量分率1.0%の原液を$1.0\,\mathrm{g}$採取し，溶媒を用いて全量$1.0\,\mathrm{kg}$に希釈した．
5 質量分率$100\,\mathrm{ppm}$の原液を$1.0\,\mathrm{L}$採取し，溶媒を用いて全量$0.10\,\mathrm{m^3}$に希釈した．

解説 1 正しい．$1.0\,\mathrm{kg/m^3}$の原液の濃度は，
$$1.0\,\mathrm{kg/m^3} = \frac{1.0 \times 10^3\,\mathrm{g}}{1.0 \times 10^6\,\mathrm{mL}} = 1.0 \times 10^{-3}\,\mathrm{g/mL} \quad ①$$
であるから，この原液を$1.0\,\mathrm{mL}$採取した質量は，
$$式① \times 1.0\,\mathrm{mL} = 1.0 \times 10^{-3}\,\mathrm{g/mL} \times 1.0\,\mathrm{mL} = 1.0 \times 10^{-3}\,\mathrm{g} \quad ②$$

となる．溶媒で全量 $1.0\,\text{kg}$ に希釈するから，その質量分率〔ppm〕は，式②を $1.0\,\text{kg}$ $(= 1.0 \times 10^3\,\text{g})$ で除して，10^6 を掛けて算出される．

$$\frac{\text{式②}}{1.0\,\text{kg}} \times 10^6 = \frac{1.0 \times 10^{-3}\,\text{g}}{1.0 \times 10^3\,\text{g}} \times 10^6 = 1.0 \times 10^{-6} \times 10^6 = 1.0\,\text{ppm}$$

2　誤り．$10\,\text{g/m}^3$ の原液の濃度は，

$$10\,\text{g/m}^3 = \frac{10\,\text{g}}{1.0 \times 10^6\,\text{mL}} = 1.0 \times 10^{-5}\,\text{g/mL}$$

であり，原液を $10\,\text{mL}\ (= 10\,\text{cm}^3)$ 採取するから，溶質の質量は，

$$1.0 \times 10^{-5}\,\text{g/mL} \times 10\,\text{mL} = 1.0 \times 10^{-4}\,\text{g} \qquad ③$$

である．これを溶媒 $0.10\,\text{L}$ に希釈する．溶媒の密度を ρ〔g/mL〕とすると，その質量は，

$$0.10\,\text{L} \times \rho\ \text{〔g/mL〕} = 0.10 \times 10^3\,\text{mL} \times \rho\ \text{〔g/mL〕} = 1.0 \times 10^2 \times \rho\ \text{〔g〕} \qquad ④$$

である．したがって，その質量分率〔ppm〕は，式③を式④で除して，10^6 を掛けて次のように表される．

$$\frac{\text{式③}}{\text{式④}} \times 10^6 = \frac{1.0 \times 10^{-4}\,\text{g}}{1.0 \times 10^2 \times \rho\ \text{〔g〕}} \times 10^6 = \frac{1.0}{\rho}\,\text{ppm} \qquad ⑤$$

溶媒の密度 ρ が不明であるから，質量分率 $1.0\,\text{ppm}$ の調整はできない．

3　誤り．$1.0\,\text{g/L}$ の原液を $1.0\,\text{g}$ 採取し，この中の溶質の含有率を C とすると，溶媒で全量 $0.10\,\text{kg}$ に希釈するから，質量分率〔ppm〕は次のように表される．

$$\frac{1.0\,\text{g} \times C}{0.10\,\text{kg}} \times 10^6 = \frac{1.0 \times C\ \text{〔g〕}}{0.10 \times 10^3\,\text{g}} \times 10^6 = C \times 10^4\,\text{ppm} \qquad ⑥$$

含有率 C が不明であるから，質量分率 $1.0\,\text{ppm}$ の調整はできない．

4　誤り．質量分率 $1.0\,\%$ の原液を $1.0\,\text{g}$ 採取すると，溶質の質量は，

$$1.0\,\text{g} \times 0.010 = 1.0 \times 10^{-2}\,\text{g} \qquad ⑦$$

となる．溶媒 $1.0\,\text{kg}$ に希釈するから，質量分率〔ppm〕は式⑦を $1.0\,\text{kg}$ で除して，10^6 を掛けて算出される．

$$\frac{\text{式⑦}}{1.0\,\text{kg}} \times 10^6 = \frac{1.0 \times 10^{-2}\,\text{g}}{1.0 \times 10^3\,\text{g}} \times 10^6 = 10.0\,\text{ppm}$$

5　誤り．原液（質量分率 $100\,\text{ppm}$）の密度を ρ〔g/mL〕とすると，原液 $1.0\,\text{L}$ 中の溶質の質量は，次のように表される．

$$1.0\,\text{L} \times \rho\ \text{〔g/mL〕} \times 100 \times 10^{-6}\,\text{g/g}$$
$$= 1.0 \times 10^3\,\text{mL} \times \rho\ \text{〔g/mL〕} \times 100 \times 10^{-6}\,\text{g/g} = \rho \times 10^{-1}\,\text{g} \qquad ⑧$$

溶媒を用いて全量 $0.10\,\text{m}^3$ に希釈するので，溶媒の密度を ρ' とすれば，質量分率〔ppm〕は次のように表される．

$$\frac{\text{式⑧}}{0.10\,\text{m}^3 \times \rho'\ \text{〔g/mL〕}} \times 10^6 = \frac{\rho \times 10^{-1}\,\text{g}}{0.10 \times 10^6\,\text{mL} \times \rho'\ \text{〔g/mL〕}} \times 10^6 = \frac{\rho}{\rho'}\,\text{ppm}$$

原液の密度 ρ,溶媒の密度 ρ' が不明であるから,質量分率 1.0 ppm の調整はできない.

▶ 答 1

問題 5 【令和 3 年 問 2】

ある溶質の質量分率が 20.0 mg/kg の溶液がある.ここからある体積をはかりとり,この溶液と同じ溶媒で希釈して質量濃度が 10.0 mg/L の溶液を 200 mL 調製したい.はかりとる体積として,最も近い体積を次の中から一つ選べ.ただし,希釈前の溶液の密度は 1.25 g/mL とする.

1　60 mL　　2　80 mL　　3　100 mL　　4　125 mL　　5　150 mL

解説　溶媒で希釈した質量濃度 10.0 mg/L の溶液 200 mL 中の溶質の質量

$$10.0 \,\text{mg/L} \times 200 \,\text{mL} = 10.0 \,\text{mg/L} \times 0.2 \,\text{L} = 2.0 \,\text{mg} \tag{①}$$

希釈前の溶液の密度の単位変換

$$1.25 \,\text{g/mL} = \frac{1.25 \times 10^{-3} \,\text{kg}}{10^{-3} \,\text{L}} = 1.25 \,\text{kg/L} \tag{②}$$

式②において,希釈前の 1 L(質量 1.25 kg)中の溶質の質量

$$20.0 \,\text{mg/kg} \times 1.25 \,\text{kg/L} \times 1 \,\text{L} = 20.0 \times 1.25 \,\text{mg} \tag{③}$$

式①の値を含み,希釈前のはかりとる溶液の体積

式③で 1 L(= 1,000 mL)に溶質 $20.0 \times 1.25 \,\text{mg}$ を含むから,式①の溶質 2.0 mg を含む希釈前の溶液の体積 X 〔mL〕は次のように表される.

$$1{,}000 \,\text{mL} : 20.0 \times 1.25 \,\text{mg} = X \,\text{[mL]} : 2.0 \,\text{mg} \tag{④}$$

式④から X を算出する.

$$X = \frac{2.0 \times 1{,}000}{20.0 \times 1.25} = 80 \,\text{mL}$$

▶ 答 2

問題 6 【令和元年 問 20】

「JIS K 0050 化学分析方法通則」に従って硝酸(1 + 10)を調製する手順として,次の記述の中から正しいものを一つ選べ.

1　硝酸(質量分率 60 % 〜 61 %)10 g に純水を加えて総質量を 100 g とした.
2　硝酸(質量分率 60 % 〜 61 %)10 mL と純水 100 mL を混合した.
3　硝酸(質量分率 69 % 〜 70 %)10 g に純水を加えて総質量を 100 g とした.
4　硝酸(質量分率 69 % 〜 70 %)10 mL と純水 100 mL を混合した.
5　硝酸(質量分率 69 % 〜 70 %)10 g と純水 100 g を混合した.

解説　試薬の調整は,液体試薬の場合,質量ではなく容量で行う.したがって,選択

肢の1，3，5は誤り．また，濃度については，60〜61％を使用するから2が正解．

 ▶答 2

2.3.2 ガラス製体積計・標準不確かさ

■ 問題1　　　　　　　　　　　　　　　　　　　【令和4年 問4】

「JIS R 3505 ガラス製体積計」に関する次の記述の中から，誤っているものを一つ選べ．
1. 目盛は，25℃の水を測定した時の体積を表すものとして付されている．
2. 全量フラスコに付されている標識として，"TC" は受入体積を測定するものを表し，"TD" は排出体積を測定するものを表している．
3. メスピペットは，呼び容量に応じて排水時間が決められている．
4. 目盛は，水際の最深部と目盛線の上縁とを水平に視定して測定するものとして付されている．
5. 乳脂計以外のガラス製体積計の等級は，体積の許容誤差により2等級に区分されている．

解説 　1　誤り．目盛は，20℃の水を測定したときの体積を表すものとして付されている．
2　正しい．全量フラスコに付されている標識として，"TC" は受入体積を測定するものを表し（その他，"受用" または "In" 等の標識がある），"TD" は排出体積を測定するものを表している（その他，"出用" または "Ex" 等の標識がある）．
3，4　正しい．
5　正しい．乳脂計以外のガラス製体積計の等級は，体積の許容誤差により，クラスAおよびクラスBの2等級に区分されている．　　　　　　　　　　　　　　▶答 1

■ 問題2　　　　　　　　　　　　　　　　　　　【令和元年 問18】

ある成分の濃度が 1,000 mg/L である標準液 1 mL を全量ピペットで採取し，全量フラスコを用いて水で 100 mL に希釈した．このとき，希釈後の標準液の濃度（10 mg/L）について，最も大きな寄与を持つ不確かさの要因を次の中から一つ選べ．ただし，次の1〜5以外の要因は無視できるものとする．
1. 希釈前の標準液の濃度（1,000 mg/L）．ただし，その拡張不確かさ（$k=2$）は 6 mg/L とする．
2. 全量ピペットの容積（1 mL）．ただし，その標準不確かさは 0.004 mL とする．

152

> 3 全量フラスコの容積（100 mL）．ただし，その標準不確かさは 0.04 mL とする．
> 4 分析者の希釈操作に伴う調製濃度のばらつき．ただし，その分析者が同じ希釈操作を繰り返したときの調製濃度のばらつきは，標準偏差の相対値で 0.1 % とする．
> 5 希釈に使用した水に含まれている対象成分．ただし，その濃度は 0.17 μg/L 以下とする．

解説　最も大きな寄与を持つ不確かさの要因を変動係数で検討する．なお，変動係数は，不確かさを平均値で除した値である．

1　希釈前の標準液の濃度（1,000 mg/L）．これを平均値とする．その拡張不確かさ（$k = 2$）を 6 mg/L とするから，標準不確かさは，

$$\frac{6\,\text{mg/L}}{2} = 3\,\text{mg/L}$$

である．したがって，変動係数は

$$\frac{3\,\text{mg}}{1,000\,\text{mg}} = 3 \times 10^{-3}$$

となる．

2　全量ピペットの容積（1 mL）．これを平均値とする．その標準不確かさを 0.004 mL とするから，変動係数は

$$\frac{0.004\,\text{mL}}{1\,\text{mL}} = 4 \times 10^{-3}$$

である．

3　全量フラスコの容積（100 mL）．これを平均値とする．その標準不確かさを 0.04 mL とするから，変動係数は

$$\frac{0.04\,\text{mL}}{100\,\text{mL}} = 4 \times 10^{-4}$$

である．

4　分析者の希釈操作に伴う調製濃度のばらつき．標準不確かさを 0.1 として平均値を 100 とするから，変動係数は

$$\frac{0.1}{100} = 1 \times 10^{-3}$$

である．

5　希釈に使用した水に含まれている対象成分．標準不確かさを希釈水に含まれる対象成分として，平均値を希釈後の標準液に含まれる対象成分とするから，変動係数は

$$\frac{0.17\,\mu\text{g/L} \times 100\,\text{mL}}{1,000\,\text{mg/L} \times 1\,\text{mL}} = \frac{0.17 \times 10^{-3}\,\text{mg/L} \times 0.1\,\text{L}}{1,000\,\text{mg/L} \times 10^{-3}\,\text{L}} = \frac{0.17 \times 10^{-4}\,\text{mg}}{1\,\text{mg}}$$
$$= 1.7 \times 10^{-5}$$

である．
以上から最も大きい値は2であるからこれが正解． ▶答 2

2.3.3 用語・単位

■ 問題1 　　　　　　　　　　　　　　　　　【令和5年 問17】
濃度の法定計量単位ではないものを次の中から一つ選べ．
1　グラム毎リットル（g/L）
2　質量百分率（%）
3　質量百万分率（ppm）
4　モル毎キログラム（mol/kg）
5　モル毎リットル（mol/L）

解説　1　グラム毎リットル（g/L）は，法定計量単位である．法第3条（国際単位系に係る計量単位）および計量単位令第2条（計量単位の定義）別表第1参照．
2　質量百分率（%）は，法定計量単位である．法第4条（その他の計量単位）第2項別表第3参照．
3　質量百万分率（ppm）は，法定計量単位である．法第4条（その他の計量単位）第2項別表第3参照．
4　モル毎キログラム（mol/kg）は，法定計量単位ではない．計量単位令第2条（計量単位の定義）別表第1参照．
5　モル毎リットル（mol/L）は，組立単位で法定計量単位である．なお，mol/m^3が法定計量単位として規定されている．計量単位令第2条（計量単位の定義）別表第1参照．
▶答 4

2.3.4 試料容器と材質，洗浄

■ 問題1 　　　　　　　　　　　　　　　　　【令和5年 問4】
「JIS K 0050 化学分析方法通則」に従った器具の洗浄方法として，誤っているものを次の記述の中から一つ選べ．
1　金属元素の分析に用いるガラス器具を，硝酸（1＋10）に24時間以上浸し，超純水で洗浄した．

2　金属元素以外の試験に用いる磁器器具を，ふっ化水素酸に24時間以上浸し，超純水で洗浄した．

3　プラスチック器具を，弱アルカリ性洗浄剤の水溶液に1昼夜浸し，超純水で十分に洗い流した．

4　金属元素以外の試験に用いる石英ガラス器具を，超純水で洗浄した．

5　表面が曇った白金器具を，水で湿らせた炭酸水素ナトリウムで磨き，超純水で十分に洗い流した．

解説　1　正しい．金属元素の分析に用いるガラス器具は，硝酸（1 + 10）に24時間以上浸し，超純水で洗浄する．

2　誤り．金属元素以外の試験に用いる磁器器具は，超純水で洗浄する．なお，磁器器具をふっ化水素酸に浸すと，SiO_2 成分があるため，磁器器具の一部が溶解する可能性がある．

3　正しい．プラスチック器具は，弱アルカリ性洗浄剤の水溶液に1昼夜浸し，超純水で十分に洗い流す．

4　正しい．金属元素以外の試験に用いる石英ガラス器具は，超純水で洗浄する．

5　正しい．表面が曇った白金器具は，水で湿らせた炭酸水素ナトリウム（弱アルカリ性で柔らかい粒子）で磨き，超純水で十分に洗い流す．　　　　　　　　▶答 2

2.3　分析関係の前準備，その他

■問題2　　　　　　　　　　　　　　　　　　　　　　　　　【令和元年 問17】

公定法で試験法が規定されている試験対象と，その試験法で使用される試料容器の材質との組合せとして，誤っているものを一つ選べ．

公定法で試験法が規定されている試験対象	試料容器の材質
1　用水・排水中の揮発性有機化合物 （JIS K 0125）	ガラス
2　工業用水・工場排水中のPCB（JIS K 0093）	ガラス
3　工業用水・工場排水中のダイオキシン類 （JIS K 0312）	ガラス
4　公共用水域のアルキル水銀（環告第59号）	硬質ポリエチレン
5　排水中のノルマルヘキサン抽出物質 （環告第64号）	ポリエチレン

解説　1　正しい．用水・排水中の揮発性有機化合物（JIS K 0125 用水・排水中の揮発性有機化合物試験方法）の試験に用いる試料容器の材質は，ガラスである．

2　正しい．工業用水・工場排水中のPCB（JIS K 0093 工業用水・工場排水中のポリクロ

ロビフェニル（PCB）試験方法）の試験に用いる試料容器の材質は，ガラスである．

3　正しい．工業用水・工場排水中のダイオキシン類（JIS K 0312 工業用水・工場排水中のダイオキシン類の測定方法）の試験に用いる試料容器の材質は，ガラスである．

4　正しい．公共用水域のアルキル水銀（昭和46年環境庁告示第59号「水質汚濁に係る環境基準」）の試験に用いる試料容器の材質は，硬質ポリエチレンである．

5　誤り．排水中のノルマルヘキサン抽出物質（昭和49年環境庁告示第64号「排水基準を定める省令の規定に基づく環境大臣が定める排水基準に係る検定方法」）の試験に用いる試料容器の材質は，ガラスである．　　　　　　　　　　　　　　　　　▶答 5

2.4 測定法および測定器関係

2.4.1　大気関係

●1　排ガス試料採取方法

■ 問題1　　　　　　　　　　　　　　　　　　　　　　　　【令和6年 問13】☑☑☑

「JIS K 0095 排ガス試料採取方法」に規定されている採取管に関する次の記述の中から，誤っているものを一つ選べ．

1　一次ろ過材は，採取管の先端または後段に装着する．

2　採取管の内径は，試料ガスの流量，採取管の機械的強度および清掃のしやすさなどを考慮して決める．

3　採取管の先端形状は，試料ガス中にダストが混入しにくい構造が望ましい．

4　ふっ化水素を測定する場合は，採取管の材質はセラミックスでもよい．

5　採取管は，ダクト内の排ガス流に対してほぼ直角に挿入する．

解説　1～3　正しい．

4　誤り．ふっ化水素を測定する場合，採取管の材質にセラミックスは使用しない．ほうけい酸ガラス，ステンレス鋼，チタン，四ふっ化エチレン樹脂などを使用する（**表2.1**参照）．

5　正しい．ダスト採取管（**図2.1**参照）は，等速吸引（排ガスの流速とダスト捕集器の吸引ノズルの流速を等しくすること）を行うため，ダスト内の排ガス流に対してほぼ直角に挿入する（**図2.2**参照）．

表 2.1　採取管，導管，ろ過材などの材質と使用例[2)]

部品	採取管・分岐管						導管					接手管			ろ過材						
材質	ほうけい酸ガラス	シリカガラス	ステンレス鋼*2	チタン	セラミックス	四ふっ化エチレン樹脂	ほうけい酸ガラス	シリカガラス	ステンレス鋼*2	四ふっ化エチレン樹脂	硬質塩化ビニル樹脂	ふっ素ゴム	シリコーンゴム	クロロプレーンゴム	無アルカリガラスウール	シリカウール	焼結ガラス	焼結ステンレス鋼網*2	ステンレス鋼*2	多孔質セラミックス	四ふっ化エチレン樹脂
最高使用温度〔℃〕*1	400	1,000	800	800	1,000	200	400	1,000	800	200	70	180	150	80	400	1,000	400	700	700	1,000	200
硫黄酸化物	○	○	○	○	○	○	○	○	○	○					○	○	○	○	○	○	○
窒素酸化物	○	○	○	○	○	○	○	○	○	○					○	○	○	○	○	○	○
一酸化炭素	○	○	○	○	○	○	○	○	○	○					○	○	○	○	○	○	○
硫化水素	○	○	○	○	○	○	○	○	○	○					○	○	○	○	○	○	○
シアン化水素	○	○	○	○	○	○	○	○	○	○					○	○	○	○	○	○	○
酸素	○	○	○	○	○	○	○	○	○	○					○	○	○	○	○	○	○
アンモニア	○	○	○	○	○	○	○	○	○	○	○	○	○	○	○	○	○	○	○	○	○
塩素	○	○				○	○	○		○	○						○			○	○
塩化水素	○	○				○	○	○		○	○						○			○	○
ふっ化水素	○	○				○	○	○		○							○			○	○
メルカプタン	○	○	○	○	○	○	○	○	○	○					○	○	○	○	○	○	○

*1　四ふっ化エチレン樹脂を短時間使用する場合には 260℃.
*2　JIS G 3459 および JIS G 4303 に規定するステンレス鋼の材質には，SUS304（18Cr–8Ni），SUS316（18Cr–12Ni–2.5Mo），SUS316 L（18Cr–12Ni–2.5Mo–低 C）などがあり，測定対象成分および共存成分に応じて選択する.

［備考］（1）　○印は使用例を示す.
　　　　（2）　SUS316 および SUS316 L は，NO_x 測定において，NH_3 が共存する場合には，ステンレス鋼中のモリブデン（Mo）が触媒作用をして，負の誤差を生じる.

［JIS K 0095 表 1］

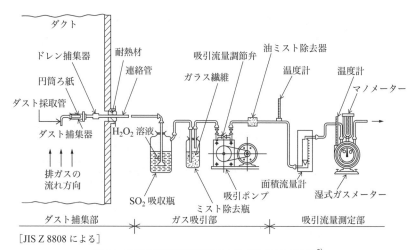

[JIS Z 8808 による]

図 2.1　普通形手動試料採取装置の構成例（1形の場合）[2]

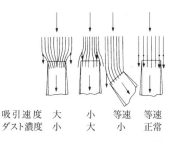

図 2.2　吸引速度とダスト濃度との関係 [2]

▶ 答 4

■ 問題 2　　　　　　　　　　　　　　　　【令和 5 年 問 13】

「JIS K 0095 排ガス試料採取方法」に規定されている測定成分と使用可能な導管の材質の組合せとして，正しいものを一つ選べ．

	測定成分	導管の材質
1	アンモニア	硬質塩化ビニル樹脂
2	ふっ化水素	シリカガラス
3	塩素	四ふっ化エチレン樹脂
4	メルカプタン	ステンレス鋼
5	硫化水素	ほうけい酸ガラス

解説　表 2.1 参照．

1　誤り．アンモニアの採取の導管の材質に硬質塩化ビニル樹脂は使用不可である．
2　誤り．ふっ化水素の採取の導管の材質にシリカガラスは使用不可である．
3　誤り．塩素の採取の導管の材質に四ふっ化エチレン樹脂は使用不可である．
4　誤り．メルカプタンの採取の導管の材質にステンレス鋼は使用不可である．
5　正しい．硫化水素の採取の導管の材質にほうけい酸ガラスは使用可能である． ▶答 5

■ 問題3　　　　　　　　　　　　　　　　　　【令和4年 問13】

「JIS K 0095 排ガス試料採取方法」に関する次の記述の中から，正しいものを一つ選べ．
1　採取口を開けられる管の材質は，炭素鋼，ステンレス鋼又はコンクリート製とする．
2　採取管と捕集部又は前処理部とを接続する導管の長さは，なるべく長くする．
3　ろ過材は，必要に応じて採取管の先端又は後段に装着する．
4　シリカガラス製の採取管は，ふっ化水素ガスを含む排ガス試料の採取に使用できる．
5　吸引ポンプを保護するための乾燥管には，乾燥剤として鉄粉を用いる．

解説　1　誤り．採取口を開けられる管の材質は，炭素鋼，ステンレス鋼またはプラスチック製（120℃程度の加熱にも耐えられる材質のもの）とする．
2　誤り．採取管と捕集部または前処理部とを接続する導管の長さは，なるべく短くする．
3　正しい．
4　誤り．シリカガラス製の採取管は，ふっ化水素とシリカが反応するため，ふっ化水素ガスを含む排ガス試料の採取に使用できない．
5　誤り．吸引ポンプを保護するための乾燥管には，乾燥剤としてシリカゲルなどを用いる．鉄粉は使用しない． ▶答 3

■ 問題4　　　　　　　　　　　　　　　　　　【令和3年 問13】

「JIS K 0095 排ガス試料採取方法」に規定されている煙道排ガスの連続採取に関する次の記述の中から，誤っているものを一つ選べ．
1　採取管の内径は，試料ガスの流量，採取管の機械的強度などを考慮して決める．
2　ろ過材は，試料ガス中のダストなどが混入するのを防ぐために装着する．
3　除湿器は，試料ガス中の水分を一定値以下に除湿するために設ける．
4　気液分離器は，冷却除湿などで凝縮した水を試料ガスから分離するために用いる．
5　安全トラップは，高温の排出ガスによる計測器の破損を防止するために用いる．

解説 1～4 正しい．
5 誤り．安全トラップは，凝縮水トラップ中の水が計測器内部の配管へ流入することを防ぐため，必要に応じて凝縮水トラップの排出管に接続する．　　　　▶答 5

■問題5 【令和2年 問13】

「JIS K 0095排ガス試料採取方法」に示されている測定成分と使用可能な採取管・分岐管の材質との組合せとして，誤っているものを一つ選べ．

	測定成分	採取管・分岐管の材質
1	アンモニア	ほうけい酸ガラス
2	塩素	ステンレス鋼
3	塩化水素	チタン
4	ふっ化水素	四ふっ化エチレン樹脂
5	窒素酸化物	セラミックス

解説 表2.1参照．
1 正しい．アンモニアの採取管・分岐管の材質にほうけい酸ガラスは使用可能である．
2 誤り．塩素の採取管・分岐管の材質にステンレス鋼材は使用不可である．その他，チタンや四ふっ化エチレン樹脂なども使用不可である．
3 正しい．塩化水素の採取管・分岐管の材質にチタンは使用可能である．
4 正しい．ふっ化水素の採取管・分岐管の材質に四ふっ化エチレン樹脂は使用可能である．なお，シリカガラスは使用不可であるが，ほうけい酸ガラスは使用可能である．
5 正しい．窒素酸化物の採取管・分岐管の材質にセラミックスは使用可能である．

▶答 2

■問題6 【令和元年 問13】

「JIS K 0095排ガス試料採取方法」に規定されている連続分析のための前処理部での除湿に関して，次の記述の中から誤っているものを一つ選べ．
1 試料ガス中の湿度，分析計の特性，要求測定精度などに応じて除湿器を選択する．
2 複数の方式の除湿器を組み合わせて用いてもよい．
3 水冷式の除湿器において，冷却温度は規定されていない．
4 水分による干渉を受ける分析計では，自然空冷式の除湿器を用いる．
5 気液分離器は，凝縮水を試料ガスから速やかに分離させるためのものである．

解説 1～3 正しい．
4 誤り．水分による干渉を受ける分析計では，前処理部を出たガスの露点を一定に保持

する電子冷却式を用いる．
5　正しい．　　　　　　　　　　　　　　　　　　　　　　　　▶答 4

■ 問題 7　　　　　　　　　　　　　　　　【平成30年12月 問13】

「JIS K 0095 排ガス試料採取方法」に記載されている試料ガス吸引採取方式における，測定成分と使用可能な採取管の材質の組合せとして，誤っているものを一つ選べ．

	測定成分	採取管の材質
1	シアン化水素	ステンレス鋼
2	アンモニア	ステンレス鋼
3	硫黄酸化物	ステンレス鋼
4	ふっ化水素	シリカガラス
5	塩化水素	シリカガラス

解説　表2.1参照．
1　正しい．シアン化水素の採取管の材質にステンレス鋼は使用可能である．
2　正しい．アンモニアの採取管の材質にステンレス鋼は使用可能である．
3　正しい．硫黄酸化物の採取管の材質にステンレス鋼は使用可能である．
4　誤り．ふっ化水素の採取管の材質にシリカガラスは使用不可である．なお，ステンレス鋼は使用可能である．
5　正しい．塩化水素の採取管の材質にシリカガラスは使用可能である．　　▶答 4

■ 問題 8　　　　　　　　　　　　　　　　【平成30年12月 問16】

日本工業規格（JIS）に規定されている排ガスの分析方法において，測定対象と使用可能な試料採取法の組合せとして，誤っているものを一つ選べ．

	測定対象（適用JIS）	試料採取法
1	ベンゼン（JIS K 0088）	捕集バッグ法
2	アクロレイン（JIS K 0089）	真空捕集瓶法
3	ホスゲン（JIS K 0090）	吸収瓶法
4	メルカプタン（JIS K 0092）	真空捕集瓶法
5	ホルムアルデヒド（JIS K 0303）	捕集バッグ法

解説　1　正しい．ベンゼン採取に捕集バッグ法は使用可能である．
2　正しい．アクロレイン採取に真空捕集瓶法は使用可能である．
3　正しい．ホスゲン採取に吸収瓶法は使用可能である．

4 正しい．メルカプタン採取に真空捕集瓶法は使用可能である．
5 誤り．ホルムアルデヒド採取に捕集バッグ法は使用不可である．2,4-ジニトロフェニルヒドラジン含浸シリカゲルを充てんした捕集管に吸引し，試料中のホルムアルデヒドをヒドラゾン誘導体として濃縮・捕集する．　　　　　　　　　　　▶答 5

● 2　硫黄酸化物（SO_x）

■問題1　　　　　　　　　　　　　　　　　　【令和4年 問8】

「JIS K 0103 排ガス中の硫黄酸化物分析方法」に関する次の記述の中から，誤っているものを一つ選べ．
1　イオンクロマトグラフ法では，試料ガスに硫化物などの還元性ガスが高濃度に共存すると影響を受ける．
2　イオンクロマトグラフ法では，過酸化水素水を吸収液として用いる．
3　イオンクロマトグラフ法では，硫黄酸化物を硫酸に変換して測定する．
4　沈殿滴定法では，アルセナゾⅢを指示薬として酢酸バリウム溶液で滴定する．
5　自動計測法の対象成分は，一酸化硫黄のみである．

解説　1～3　正しい．
4　正しい．沈殿滴定法では，アルセナゾⅢを指示薬として酢酸バリウム溶液で滴定する．液の青い色が1分間継続した点を終点とする．
5　誤り．自動計測法の対象成分は，二酸化硫黄（SO_2）のみである．　　　▶答 5

■問題2　　　　　　　　　　　　　　　　　　【令和元年 問8】

「JIS K 0103 排ガス中の硫黄酸化物分析方法」に関する次の記述の中から，誤っているものを一つ選べ．
1　イオンクロマトグラフ法は，試料ガスに還元性ガスが高濃度に共存すると影響を受ける．
2　イオンクロマトグラフ法では，過酸化水素水を吸収液として用いる．
3　イオンクロマトグラフ法では，硫黄酸化物をチオ硫酸に変換して測定する．
4　沈殿滴定法では，アルセナゾⅢを指示薬として酢酸バリウム溶液で滴定する．
5　自動計測法の対象成分は，二酸化硫黄のみである．

解説　1　正しい．イオンクロマトグラフ法は，試料ガスに還元性ガスが高濃度に共存すると，硫酸イオンが還元されるため，影響を受ける．
2　正しい．イオンクロマトグラフ法では，硫黄酸化物（SO_x）を硫酸イオン（SO_4^{2-}）

に酸化するため，過酸化水素水を吸収液として用いる．

3 誤り．イオンクロマトグラフ法では，硫黄酸化物（SO_x）を硫酸イオン（SO_4^{2-}）に変換して測定する．

4 正しい．沈殿滴定法では，アルセナゾ III を指示薬として酢酸バリウム溶液で滴定する．硫酸イオンは，硫酸バリウムとして沈殿するが，過剰となった酢酸バリウムのバリウムイオンがアルセナゾ III とキレートを生成し，青色に着色した時点で終了である．

5 正しい．自動計測法の対象成分は，二酸化硫黄（SO_2）のみである． ▶答 3

● 3 NO_x 自動計測

問題1 【令和5年 問11】

「JIS B 7982 排ガス中の窒素酸化物自動計測システム及び自動計測器」に規定されている計測器に関する次の記述の中から，誤っているものを一つ選べ．

1 化学発光方式の計測器は，共存する二酸化炭素の影響を考慮する必要はない．

2 紫外線吸収方式の計測器は，一酸化窒素及び二酸化窒素の濃度を別々に測定することができるので，窒素酸化物濃度はそれらの測定値の合量から得る．

3 試料ガス吸引採取方式の試料採取部には，必要に応じ水分を除去または一定量に保つ機能を有するものを使用する．

4 複光束形の赤外線吸収方式分析計における比較セルには，試料セルと同じ形状で，窒素などを封入したものを用いる．

5 一酸化窒素濃度だけを測定できる計測器で窒素酸化物濃度を測定する場合は，あらかじめ二酸化窒素を一酸化窒素に変換して測定する．

解説 1 誤り．化学発光方式の計測器は，共存する二酸化炭素（発光のエネルギーを奪う性質がある．これをクエンチング現象という）の影響を考慮する必要がある．

2 正しい．紫外線吸収方式の計測器は，図 2.3 に示すように，一酸化窒素（NO）と二酸化窒素（NO_2）の濃度を別々に測定することができるので，窒素酸化物（NO_x）濃度はそれらの測定値の合量から得る．

3 正しい．

4 正しい．複光束形（光源から検出部までの間で，光路が試料側と対照側とに分岐している方式）の赤外線吸収方式分析計における比較セルには，試料セルと同じ形状で，窒素などを封入したものを用いる．

5 正しい．一酸化窒素濃度だけを測定できる計測器（化学発光法や赤外線吸収法などの計測器）で窒素酸化物濃度を測定する場合は，あらかじめ二酸化窒素を白金触媒などで一酸化窒素に変換（還元）して測定する．

2.4

測定法および測定器関係

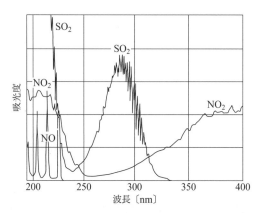

図2.3 SO_2,NO,NO_2 の紫外線領域の吸収スペクトル[2)]

▶答 1

■問題2 　　　　　　　　　　　　　　　　　【令和4年 問11】 ✓✓✓

「JIS B 7953 大気中の窒素酸化物自動計測器」に規定されている化学発光方式による計測器の原理について,次の記述の(ア)〜(ウ)に入る語句の組合せとして,正しいものを一つ選べ.

本計測器は,試料ガス中の (ア) と (イ) の反応によって生ずる化学発光強度が (ウ) 濃度と比例関係にあることを利用している.

	(ア)	(イ)	(ウ)
1	一酸化窒素	アンモニア	一酸化二窒素
2	二酸化窒素	水素	二酸化窒素
3	二酸化窒素	水素	一酸化窒素
4	一酸化窒素	オゾン	一酸化窒素
5	一酸化窒素	オゾン	二酸化窒素

解説 (ア)「一酸化窒素」である.
(イ)「オゾン」である.
(ウ)「一酸化窒素」である.

$$NO + O_3 \rightarrow NO_2^* + O_2$$
$$NO_2^* \rightarrow NO_2 + 光$$

▶答 4

問題3 【令和2年 問11】

「JIS B 7982 排ガス中の窒素酸化物自動計測システム及び自動計測器」に規定されている化学発光方式の計測器に関する次の記述の中から,誤っているものを一つ選べ.
1 測光部には,光電子増倍管又は半導体光電変換素子などが用いられる.
2 試料吸引ポンプの接ガス系には,耐食材料を用いる.
3 試料採取部の導管は,十分に冷却する.
4 本装置で計測する窒素酸化物とは,一酸化窒素と二酸化窒素の合量である.
5 本装置の原理は,一酸化窒素とオゾンを反応させたときに生ずる化学発光を検出するものである.

解説 1 正しい.測光部には,光電子増倍管(光子のエネルギーを電流に増倍する管)または半導体光電変換素子などが用いられる.
2 正しい.
3 誤り.試料採取部の導管は,水分が凝縮しないように120℃以上とする.水分があると二酸化窒素(NO_2)が水に溶解する.
4 正しい.本装置で計測する窒素酸化物とは,一酸化窒素(NO)と二酸化窒素(NO_2)の合量である.
5 正しい.本装置の原理は,一酸化窒素(NO)とオゾン(O_3)を反応させたときに生ずる化学発光を検出するものである.
$$NO + O_3 \rightarrow NO_2^* + O_2$$
$$NO_2^* \rightarrow NO_2 + 光$$
なお,NO_2は白金触媒でNOに還元して計測する. ▶答 3

4 NOₓ 化学分析法

問題1 【令和5年 問10】

「JIS K 0104 排ガス中の窒素酸化物分析方法」に規定されている次の分析方法の中から,二酸化窒素のみを対象成分ガスとするものを一つ選べ.
1 亜鉛還元ナフチルエチレンジアミン吸光光度法
2 イオンクロマトグラフ法
3 ザルツマン吸光光度法
4 ナフチルエチレンジアミン吸光光度法
5 フェノールジスルホン酸吸光光度法

解説 1 誤り.亜鉛還元ナフチルエチレンジアミン吸光光度法は,試料ガス中の窒素

酸化物 NO_x (NO + NO_2) をオゾンで酸化し，吸収液（希硫酸）に吸収させて硝酸イオンとする．亜鉛粉末で亜硝酸イオンに還元した後，スルファニルアミドおよびナフチルエチレンジアミン二塩酸塩溶液を加えて発色させ，吸光度（波長 545 nm）を測定する．
2　誤り．イオンクロマトグラフ法は，試料ガス中の窒素酸化物 NO_x (NO + NO_2) をオゾンまたは酸素で酸化し，吸収液（希硫酸＋過酸化水素水）に吸収させて硝酸イオンとする．イオンクロマトグラフに導入してクロマトグラムを記録する．
3　正しい．ザルツマン吸光光度法は，試料ガス中の二酸化窒素（NO_2）を吸収発色液（スルファニル酸-ナフチルエチレンジアミン酢酸溶液）に通して発色させ，吸光度を測定する．二酸化窒素のみを対象成分ガスとする．
4　誤り．ナフチルエチレンジアミン吸光光度法は，試料ガス中の窒素酸化物 NO_x (NO + NO_2) をアルカリ性吸収液（アルカリ性過酸化水素水-ぎ酸ナトリウム溶液）に吸収させて亜硝酸イオンとし，スルファニルアミドおよびナフチルエチレンジアミン二塩酸塩溶液を加え発色させ，吸光度（波長 545 nm）を測定する．
5　誤り．フェノールジスルホン酸吸光光度法は，試料ガス中の窒素酸化物 NO_x (NO + NO_2) をオゾンまたは酸素で酸化し，吸収液（希硫酸-過酸化水素水）に吸収させて硝酸イオンとする．フェノールジスルホン酸を加えて発色させ，吸光度（波長 400 nm）を測定する．　　　　　　　　　　　　　　　　　　　　　　　　▶答 3

■ 問題 2　　　　　　　　　　　　　　　　　　　　【令和 2 年 問 8】
「JIS K 0104 排ガス中の窒素酸化物分析方法」に規定されているザルツマン吸光光度法に関する次の記述の中から，正しいものを一つ選べ．
1　対象成分ガスは一酸化窒素のみである．
2　試料は真空フラスコ法で採取する．
3　吸収液として硫酸を用いる．
4　発色操作にはスルファニル酸-ナフチルエチレンジアミン酢酸溶液を用いる．
5　対象成分ガスはオゾン又は酸素で硝酸イオンまで酸化する．

解説　1　誤り．ザルツマン吸光光度法は，二酸化窒素（NO_2）のみを対象としている．
2　誤り．試料は吸収瓶に発色液を入れ，注射筒を接続して試料ガスを 100 mL 吸引する．
3　誤り．吸収液は，ザルツマン試薬（スルファニル酸-ナフチルエチレンジアミン酢酸溶液）である．
4　正しい．発色剤は，ザルツマン試薬（スルファニル酸-ナフチルエチレンジアミン酢酸溶液）で，吸収液そのものである．
5　誤り．対象成分ガスは二酸化窒素（NO_2）であるため，オゾンや酸素で硝酸イオンにはならない．なお，硝酸イオンまで酸化するものは過酸化水素水である．　▶答 4

■問題3 【令和元年 問10】

「JIS K 0104 排ガス中の窒素酸化物分析方法」に規定されている，イオンクロマトグラフ法に関する次の記述の ［(ア)］ ～ ［(ウ)］ に入る語句の組合せとして，正しいものを一つ選べ．

排ガス中の窒素酸化物を ［(ア)］ で酸化し，［(イ)］ に吸収させて，［(ウ)］ として定量する．

	(ア)	(イ)	(ウ)
1	オゾン又は酸素	アルカリ性過酸化水素水 － ぎ酸ナトリウム溶液	亜硝酸イオン
2	過酸化水素	0.005 mol/L 硫酸 － 過酸化水素水（1＋99）	硝酸イオン
3	過酸化水素	アルカリ性過酸化水素水 － ぎ酸ナトリウム溶液	亜硝酸イオン
4	オゾン又は酸素	アルカリ性過酸化水素水 － ぎ酸ナトリウム溶液	硝酸イオン
5	オゾン又は酸素	0.005 mol/L 硫酸 － 過酸化水素水（1＋99）	硝酸イオン

解説 （ア）「オゾン又は酸素」である．
（イ）「0.005 mol/L 硫酸 － 過酸化水素水（1＋99）」である．
（ウ）「硝酸イオン」である．安定な硝酸イオン（NO_3^-）に酸化する． ▶答 5

● 5 酸素濃度計

■問題1 【令和3年 問11】

「JIS B 7983 排ガス中の酸素自動計測器」に規定されている計測器に関する次の記述の中から，正しいものを一つ選べ．

1 ジルコニア方式の計測器の校正に用いるゼロガスとしては，高純度の窒素ガスを使用する．

2 ダンベル形の計測器で使用されるダンベルは，酸素に比べて磁化率の非常に大きい材料を棒の両端に付けたものである．

3 磁気風方式の計測器について，干渉影響試験を行う際は，規格に定める試験用ガスに対する指示値と，使用測定段階（レンジ）の最大目盛値との差を算出する．

4 電気化学式の一方式に，ジルコニア方式がある．

167

5　計測器の性能試験について，干渉成分の影響に関する項目は含まれない．

解説　1　誤り．ジルコニア方式の計測器（**図2.4**参照）は，ジルコニア素子が固体電解質となり，酸素濃淡電池を形成し，比較ガスと試料ガスの酸素濃度の差を起電力として検出する電気化学式の一方式であるから，酸素濃度0％のガスを使用することはできない．したがって，高純度の窒素ガスを使用することはできない．大気中の酸素濃度（20.7％）を用いるか，既知の酸素濃度ガスを使用する．なお，測定範囲は0.1〜25％である．

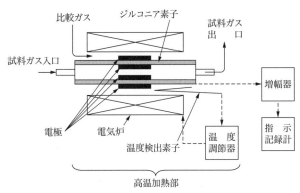

図2.4　ジルコニア方式酸素計
（出典：「JIS B 7983 排ガス中の酸素自動計測器」）

2　誤り．ダンベル形酸素計測器（**図2.5**参照）におけるダンベルとは，（酸素に比べて）磁化率の小さい石英などで作られた中空の球体を棒の両端に取り付けたものである．ダンベル形酸素計測器は，ダンベルと試料ガス中の酸素との磁化の強さによって生じるダンベルの偏位置（酸素が磁気に吸引されるため流れが生じダンベルを動かす）を，ダンベルの棒に取り付けた鏡の反射光で拡大して測るものである．

3　誤り．磁気風方式の計測器（**図2.6**参照）について，干渉影響試験を行う際は，規格に定める試験用ガス（二酸化炭素10％で窒素バランス，一酸化炭素0.1％で窒素バランス）に対する指示値と，使用測定段階（レンジ）の最大目盛値との比率を算出する．「差」が誤り．

4　正しい．

5　誤り．計測器の性能試験について，干渉成分の影響に関する項目は含まれる．

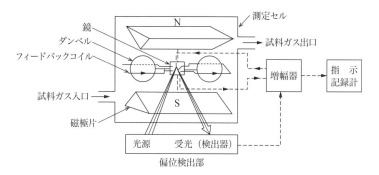

図 2.5　ダンベル形磁気力方式酸素計
(出典:「JIS B 7983 排ガス中の酸素自動計測器」)

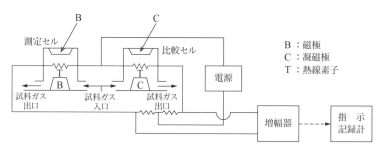

図 2.6　磁気風方式酸素計
(出典:「JIS B 7983 排ガス中の酸素自動計測器」)

▶ 答 4

■ **問題 2**　　　　　　　　　　　　　　【令和元年 問11】　☑☑☑

「JIS B 7983 排ガス中の酸素自動計測器」に規定されている計測器に関して，次の記述の中から誤っているものを一つ選べ．

1　磁気式の計測器には，磁気風方式と磁気力方式がある．
2　試料採取部の構成要素としては，採取管，粗フィルタ，導管，微フィルタなどがある．
3　ゼロドリフトとは，「計測器の最小目盛に対する指示値のある期間内の変動」のことである．
4　干渉成分の影響について試験を行う際の試験用ガスは，磁気風方式とジルコニア方式のどちらの計測器とも同一組成のものを用いる．
5　ジルコニア方式は，電気化学式の一方式である．

解説　1　正しい．磁気式の計測器には，磁気風方式（図 2.6 参照）と磁気力方式があ

る．磁気風方式は，磁界内で吸引された酸素分子の一部が熱線フィラメントで加熱されて磁性を失うと，さらに冷たくて磁性の強い酸素分子が吸引されるため，フィラメントの温度が低下するので，それを白金線の抵抗変化として検出する方式である．磁気力方式には，ダンベル形（図 2.5 参照）と圧力検出形（**図 2.7** 参照）がある．圧力検出形は，電磁コイルに交流電位をかけた交番磁界内で，酸素分圧に働く断続的な吸引力を磁界内に一定流量で流入する補助ガス（窒素ガスまたは空気）の背圧変化量として，酸素を検出するものである．

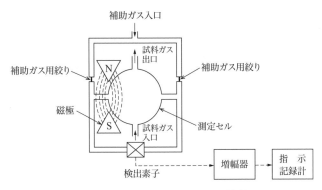

図 2.7 圧力検出形磁気力方式酸素計の構成例
(出典：「JIS B 7983 排ガス中の酸素自動計測器」)

2, 3　正しい．
4　誤り．干渉成分の影響について試験を行う際の試験用ガスは，磁気風方式（図 2.6 参照）とジルコニア方式（図 2.4 参照）では異なる．磁気風方式では，二酸化炭素 10％ に窒素バランス，または一酸化炭素 0.1％ に窒素バランスでいずれも 2 成分であるのに対し，ジルコニア方式では一酸化炭素 0.1％＋酸素 4％ に窒素バランスで 3 成分である．
5　正しい．ジルコニア方式は，ジルコニア素子が固体電解質となり，酸素濃淡電池を形成し，比較ガスと試料ガスの酸素濃度の差を起電力として検出する電気化学式の一方式である．
▶答 4

■ **問題 3**　　　　　　　　　　　　　　　　　【平成 30 年 12 月 問 11】✓✓✓

「JIS B 7983 排ガス中の酸素自動計測器」に規定されている計測器に関する次の記述の中から，誤っているものを一つ選べ．
1　磁気式の計測器は，常磁性体である酸素分子を，高温に加熱することで磁化された際に生じる吸引力を利用して，酸素濃度を測定する装置である．
2　ジルコニア方式は，高温に加熱されたジルコニア素子の両端に電極を設け，その一方に試料ガス，他方に空気を流して酸素濃度差を与えて両極間に生じる起電力を

検出する方式である.
3 　除湿器は，試料ガス又は反応用ガス中の水分を凝縮などの方法によって除去する装置である.
4 　試料採取部において，試料ガス中のダストを除去するためにフィルタが用いられる.
5 　可搬形の計測器では，ゼロドリフト試験における4時間当たりの最大偏差が，各測定段階（レンジ）ごとに規定の範囲内であることが求められている.

解説 　1 　誤り. 強磁性体である酸素分子は，高温に加熱することで磁性を失い，吸引力を失って上昇する. 磁気式の計測器（磁気風方式：図2.6参照）は，こうした気流の流れがフィラメントの温度を変化させ，それが抵抗の変化となることを利用して酸素濃度を測定する装置である.
2 　正しい. ジルコニア方式（図2.4参照）は，高温に加熱されたジルコニア素子の両端に電極を設け，その一方に試料ガス，他方に空気を流して酸素濃度差を与えて両極間に生じる起電力（濃淡電池）を検出する方式である.
3〜5 　正しい. ▶答1

● 6 　一酸化炭素濃度計

■問題1 　【令和6年 問10】
「JIS K 0098 排ガス中の一酸化炭素分析方法」に規定されている試料ガス採取方法に関する次の記述の中から，誤っているものを一つ選べ.
1 　ガスクロマトグラフ法で，コックが一つ付いた真空採取用捕集瓶を使う場合，容量は100 mL 〜 1,000 mLのものを用いる.
2 　試料ガス採取管は，排ガス中の共存成分によって腐食されないような管を用いる.
3 　試料ガス中にダストが混入することを防ぐため，試料ガス採取管の先端にろ過材を入れる.
4 　配管中に水分が凝縮するおそれがある場合は，試料ガス採取管を120℃以上に加熱しなくてはならない.
5 　加熱部分における配管の接続には，すり合わせ接手管またはイソプレンゴム管を用いる.

解説 　1〜4 　正しい.
5 　誤り. 加熱部分における配管の接続には，シリコーンゴム管または四ふっ化エチレン樹脂製管を用いる. ▶答5

171

■ 問題2 【令和3年 問8】

「JIS K 0098 排ガス中の一酸化炭素分析方法」に関する次の記述の中から、誤っているものを一つ選べ。
1 この規格では、検知管法も使用することができる。
2 ガスクロマトグラフ法における試料採取には、捕集バッグを用いることができる。
3 赤外線吸収方式は、連続測定に使用することができる。
4 試料ガス採取装置において、配管中に水分が凝縮するおそれがある場合は、試料ガス採取管を 120 ℃以上に加熱しなくてはならない。
5 ガスクロマトグラフ法では、メタン化反応装置付き熱伝導検出器を使用する必要がある。

解説 1 正しい。「JIS K 0098 排ガス中の一酸化炭素分析方法」に定める規格では、検知管法も使用することができる。
2～4 正しい。
5 誤り。ガスクロマトグラフ法では、メタン化反応装置付き水素炎イオン化検出器を使用する。その他、熱伝導検出器や光イオン化検出器などが使用できる。　　▶ 答 5

● 7 浮遊粒子状物質および自動測定器

■ 問題1 【令和6年 問25】

「JIS B 7954 大気中の浮遊粒子状物質自動計測器」に規定されているベータ線吸収方式の計測器を構成する要素として、誤っているものを一つ選べ。
1 浮遊粒子状物質捕集機構
2 ろ紙供給機構
3 シンチレーション検出器
4 水晶振動子
5 流量計

解説 1 正しい。浮遊粒子状物質捕集機構は、大気を吸収し、ろ紙上に浮遊粒子状物質を捕集するもので、大気導入部に接続した部分と大気吸収ポンプを接続する部分との間に、テープ状のろ紙を着脱できる機構である。
2 正しい。ろ紙供給機構は、浮遊粒子状物質捕集用ろ紙（JIS K 0901 に規定する捕集率A1のもの）を供給し、測定後巻き取るもので、リールに巻かれたテープ状のろ紙を一定時間ごとに左右または一定方向に一定の長さだけ移動させ、測定が終了すると巻き取りリールにろ紙を巻き取る機構である。

3 正しい．シンチレーション検出器は，試料採取前後のろ紙によって吸収されるベータ線の強さを測定するものである．シンチレーション検出器は，入射するベータ線が特定の物質（シンチレーター）と相互作用することで生じる光（シンチレーション）を捉えることにより，ベータ線を検出するものである．
4 誤り．水晶振動子は，ベータ線吸収方式では使用しない．水晶振動子は，圧電天びん方式で使用され，粒子を静電的に水晶振動子上に捕集し，質量の増加に伴う水晶振動子の振動数の変化量から質量濃度を求めるものである．
5 正しい．流量計は，フロート形面積流量計（図 2.8 参照），質量流量計などを使用する．なお，質量流量計のうちコリオリ流量計（図 2.9 参照）は，流体が流れているU字型パイプに振動を与え，コリオリの力を発生させてパイプをねじらせ，そのねじれた角度 θ（質量流量に比例）を振動センサにより振動の位相差（時間差）信号として取り出すものである．

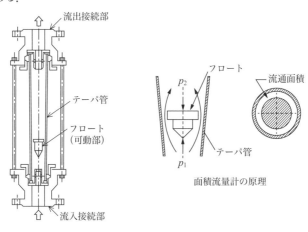

図 2.8　フロート形面積流量計とその原理[2)]

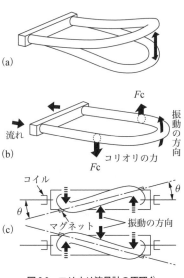

図 2.9 コリオリ流量計の原理[4)]

▶答 4

■問題 2 【令和5年 問25】

「JIS B 7954 大気中の浮遊粒子状物質自動計測器」に規定されている圧電天びん方式の自動計測器に関する次の記述の (ア) 〜 (ウ) に入る語句の組合せとして,正しいものを一つ選べ.

圧電天びん方式は,粒子を (ア) 的に水晶振動子上に捕集し,質量の (イ) に伴う水晶振動子の (ウ) の変化量から質量濃度を求めるものである.

	(ア)	(イ)	(ウ)
1	圧電	減少	電流値
2	静電	増加	振動数
3	圧電	減少	振動数
4	静電	増加	電流値
5	圧電	増加	振動数

解説 (ア)「静電」である.粒子に高電圧のもとで生成したマイナスイオンを付着させて,水晶の上に静電的に捕集する.
(イ)「増加」である.
(ウ)「振動数」である.

▶答 2

■ 問題3 【令和4年 問25】

「JIS B 7954 大気中の浮遊粒子状物質自動計測器」に関する次の記述の中から，誤っているものを一つ選べ．
1　圧電天びん方式では，浮遊粒子状物質を静電捕集するため，コロナ放電で浮遊粒子状物質の電荷を中和させる．
2　光散乱方式は，粒子による散乱光量から相対濃度として指示値を得るものである．
3　フィルタ振動方式では，検出器となる素子の先端に設けたろ紙に浮遊粒子状物質を捕集する．
4　ベータ線吸収方式で用いるベータ線源は，密封線源で，^{14}C，^{147}Pm などの低いエネルギーのものを使用している．
5　圧電天びん方式では，捕集された浮遊粒子状物質を一定時間又は定堆積量ごとに洗い流す．

解説　1　誤り．圧電天びん方式では，浮遊粒子状物質を静電捕集するため，コロナ放電で浮遊粒子状物質に電荷を与えて，水晶振動子の上に静電的に捕集する．これによる振動数の変化と捕集量の一定の関係から捕集量を得る．
2　正しい．
3　正しい．フィルタ振動方式（**図2.10**参照）では，検出器となる素子の先端に設けたろ紙に浮遊粒子状物質を捕集する．

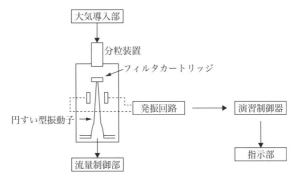

図2.10　フィルタ振動方式原理図

4, 5　正しい．　　　　　　　　　　　　　　　　　　　　　　　　　▶答 1

■ 問題4 【令和3年 問25】

「JIS B 7954 大気中の浮遊粒子状物質自動計測器」に関する次の記述の中から，正しいものを一つ選べ．

1　ベータ線吸収方式では，粒子をテープ状ろ紙上に捕集し，捕集前後のろ紙の吸収量及び反射量の変化から相対濃度を求める．
2　圧電天びん方式では，粒子を静電的に水晶振動子上に捕集し，質量の増加に伴う水晶振動子の振動数の変化量から質量濃度を求める．
3　フィルタ振動方式では，ろ紙上に捕集した粒子によるベータ線の吸収量の増加から質量濃度を求める．
4　光散乱方式では，ろ紙上に捕集した粒子による円すい状振動子の振動数の低下から質量濃度を求める．
5　吸光方式では，粒子による散乱光量から相対濃度を求める．

解説　1　誤り．ベータ線吸収方式では，ろ紙上に捕集した粒子によるベータ線の吸収量の増加から質量濃度としての指示値を得る．「粒子をテープ状ろ紙上に捕集し，捕集前後のろ紙の吸収量および反射量の変化から相対濃度を求める」方式は，吸光方式である．

2　正しい．圧電天びん方式では，粒子を静電的に水晶振動子上に捕集し，質量の増加に伴う水晶振動子の振動数の変化量（減少量）から質量濃度を求める．

3　誤り．フィルタ振動方式（図2.10参照）では，ろ紙上に捕集した粒子による円すい状振動子の振動数の低下から質量濃度としての指示を得る．「ろ紙上に捕集した粒子によるベータ線の吸収量の増加から質量濃度を求める」方式は，ベータ線吸収方式である．

4　誤り．光散乱方式では，ろ紙上に捕集せず，粒子を含んだ捕集ガスを直接，装置に導入して測定する．「ろ紙上に捕集した粒子による円すい状振動子の振動数の低下から質量濃度を求める」方式は，フィルタ振動方式である．

5　誤り．吸光方式では，粒子をテープ状ろ紙に捕集し，捕集前後のろ紙の吸収量および反射量の変化から相対濃度を求める．「粒子による散乱光量から相対濃度を求める」方式は，光散乱方式である．　▶答 2

問題5　【令和2年 問25】

「JIS B 7954 大気中の浮遊粒子状物質自動計測器」に関する次の記述の中から，誤っているものを一つ選べ．
1　環境基本法に基づく大気の汚染に係る環境基準に関する浮遊粒子状物質とは，大気中に浮遊する粒子状物質で，その粒径が1 μm以下のものをいう．
2　ベータ線吸収方式は，ろ紙上に捕集した粒子によるベータ線の吸収量の増加から質量濃度としての指示値を得るものである．
3　ベータ線吸収方式で用いるベータ線源の放射能は，3.7×10^6 Bq以下であり，放

射線障害防止法^注に規定された「放射性同位元素」には該当しないが，その取扱いには注意しなければならない．

4　圧電天びん方式は，粒子を静電的に水晶振動子上に捕集し，質量の増加に伴う水晶振動子の振動数の変化量から質量濃度を求めるものである．

5　フィルタ振動方式は，ろ紙上に捕集した粒子による円すい状振動子の振動数の低下から質量濃度としての指示を得るものである．

注：現在，放射性同位元素等による放射線障害の防止に関する法律（放射線障害防止法）は，放射性同位元素等の規制に関する法律に改称されています．
　　この法律の名称に関する内容は問題の対象外とする．

解説　1　誤り．環基法に基づく大気の汚染に係る環境基準に関する浮遊粒子状物質とは，大気中に浮遊する粒子状物質で，その粒径が $10\,\mu m$ 以下のものをいう．

2　正しい．ベータ線（電子線）吸収方式は，ろ紙上に捕集した粒子によるベータ線の吸収量の増加から質量濃度としての指示値を得るものである．なお，透過するベータ線は減少することになる．

3　正しい．ベータ線吸収方式で用いるベータ線源の放射能は，$3.7 \times 10^6\,Bq$ 以下であり，放射線障害防止法（放射性同位元素等の規制に関する法律）に規定された「放射性同位元素」には該当しないが，その取扱いには注意しなければならない．

4　正しい．圧電天びん方式は，粒子を静電的に水晶振動子上に捕集し，質量の増加に伴う水晶振動子の振動数の変化量（減少する）から質量濃度を求めるものである．

5　正しい．フィルタ振動方式（図 2.10 参照）は，ろ紙上に連続で捕集した粒子による円すい状振動子の振動数の低下から質量濃度としての指示を得るものである．なお，大気中の粉じん濃度が大気環境基準である1日平均 $100\,\mu g/m^3$ としたとき，吸引流量を $2\,L/min$ とすると，3週間強まで連続測定が可能となる．　　　▶答 1

■問題6　　　　　　　　　　　　　　　　　　　　【令和元年 問25】

「JIS B 7954 大気中の浮遊粒子状物質自動計測器」に規定されている，ベータ線吸収方式の自動計測器に関する次の記述の　(ア)　～　(ウ)　に入る語句の組合せとして，正しいものを一つ選べ．

　ベータ線吸収方式は，ろ紙上に捕集した粒子によるベータ線の吸収量の　(ア)　から　(イ)　濃度としての指示値を得るものである．ベータ線の検出器として，シンチレーション検出器や　(ウ)　検出器などを使用する．

	（ア）	（イ）	（ウ）
1	増加	相対	周波数
2	減少	相対	周波数

3	増加	質量	周波数
4	減少	質量	半導体
5	増加	質量	半導体

解説　（ア）「増加」である．
（イ）「質量」である．ベータ線（電子線）の吸収は物質の質量（および密度）と密接な関係がある．
（ウ）「半導体」である．　　　　　　　　　　　　　　　　　　　　　　　　▶答 5

問題 7　　　　　　　　　　　　　　　　　　　　　　　　【平成30年12月 問25】

「JIS B 7954 大気中の浮遊粒子状物質自動計測器」に規定されている光散乱方式の自動計測器に関する次の記述について，[（ア）]～[（ウ）]に入る語句の組合せとして，正しいものを一つ選べ．

光散乱方式は，粒子による[（ア）]光量から[（イ）]濃度としての指示値を得るものである．レーザーダイオードやタングステンランプなどが[（ウ）]として使用される．

	（ア）	（イ）	（ウ）
1	吸収	相対	ベータ線源
2	吸収	質量	光源
3	散乱	相対	ベータ線源
4	散乱	質量	ベータ線源
5	散乱	相対	光源

解説　（ア）「散乱」である．
（イ）「相対」である．相対濃度とは，粉じんの絶対濃度（質量濃度あるいは個数濃度）と1対1の関係にある物理量をいう．粒子の組成と粒径分布が同じであれば，相対濃度は質量濃度に比例する．
（ウ）「光源」である．　　　　　　　　　　　　　　　　　　　　　　　　▶答 5

●8　ホルムアルデヒド（HCHO）

問題 1　　　　　　　　　　　　　　　　　　　　　　　　【令和5年 問14】

「JIS K 0303 排ガス中のホルムアルデヒド分析方法」に規定されている分析方法として，誤っているものを一つ選べ．
1　ガスクロマトグラフ法
2　高速液体クロマトグラフ法

3　イオンクロマトグラフ法

4　吸光光度法

5　沈殿滴定法

解説　1　正しい．排ガス中のホルムアルデヒドの分析方法におけるガスクロマトグラフ法は，DNPH（2,4-ジニトロフェニルヒドラジン）溶液に捕集し誘導体化した後，クロロホルムなどによって抽出し，ガスクロマトグラフで分離定量する．

2　正しい．排ガス中のホルムアルデヒドの分析方法における高速液体クロマトグラフ法は，CEBHA（*O*-(4-シアノ-2-エトキシベンジル)ヒドロキシルアミン）の含浸捕集剤を詰めたカートリッジに捕集し誘導体化した後，アセトニトリルで溶離し，高速液体クロマトグラフで分離定量する．

3　正しい．排ガス中のホルムアルデヒドの分析方法におけるイオンクロマトグラフ法は，試料ガス中のホルムアルデヒドを水に吸収させた後，過酸化水素水（1＋9），水酸化カリウム溶液（0.05 mol/L）を加えて室温で30分間静置し，ぎ酸に酸化する．これをイオンクロマトグラフに導入し，クロマトグラムを記録する．

4　正しい．排ガス中のホルムアルデヒドの分析方法における吸光光度法は，ほう酸溶液に捕集した後，塩基性としAHMT（4-アミノ-3-ヒドラジノ-5-メルカプト-1,2,4-トリアゾール）を加えて発色させ，吸光光度を測定し定量する．

5　誤り．排ガス中のホルムアルデヒドの分析方法において沈殿滴定法は規定されていない．

▶答 5

■問題2　　　　　　　　　　　　　　　　　　　　【令和元年 問16】

「JIS K 0303 排ガス中のホルムアルデヒド分析方法」に規定されている，ホルムアルデヒド標準液の濃度の求め方に関する次の記述の　[(ア)]　～　[(ウ)]　に入る語句の組合せとして，正しいものを一つ選べ．

　ホルムアルデヒド標準液（1 mg/mL）10 mLを共通すり合わせ三角フラスコ200 mLにとり，0.05 mol/Lよう素溶液10 mL及び　[(ア)]　溶液（1 mol/L）5 mLを加え，15分間室温に放置する．　[(イ)]　（1 mol/L）8 mLを加え，残留しているよう素を直ちに0.1 mol/Lチオ硫酸ナトリウム溶液で滴定し，溶液が　[(ウ)]　色になってから，でんぷん溶液（5 g/L）1 mLを指示薬として加え，更に滴定する．別に水10 mLを用いて空試験を行う．

	（ア）	（イ）	（ウ）
1	水酸化カリウム	硫酸	淡黄
2	水酸化カリウム	アスコルビン酸溶液	青紫
3	水酸化カリウム	アスコルビン酸溶液	淡黄

| 4 | 過酸化水素 | アスコルビン酸溶液 | 青紫 |
| 5 | 過酸化水素 | 硫酸 | 淡黄 |

解説 （ア）「水酸化カリウム」である．よう素とホルムアルデヒドの反応は，次のとおりである．

$$I_2 + 2KOH + R\text{–}C(=O)H \rightarrow R\text{–}C(=O)OH + 2KI + H_2O$$

（イ）「硫酸」である．

（ウ）「淡黄」である．

▶答 1

● 9　シアン化水素（HCN）

□ 問題 1　　　　　　　　　　　　　　　　【令和 4 年 問 10】　☑☑☑

「JIS K 0109 排ガス中のシアン化水素分析方法」に規定されている吸光光度法及びガスクロマトグラフ法に関する次の記述の中から，正しいものを一つ選べ．

1　吸光光度法では，吸収液として硫酸–過酸化水素水を用いる．

2　吸光光度法では，4-アミノアンチピリン溶液で発色させる．

3　ガスクロマトグラフ法では，熱イオン化検出器を使用する．

4　ガスクロマトグラフ法では，試料ガスを吸収瓶で捕集する．

5　ガスクロマトグラフ法における定量範囲は，吸光光度法のそれよりも狭い．

解説　　1　誤り．吸光光度法では，吸収液として水酸化ナトリウム 4.0 g を 100 mL の水に溶かした水溶液を用いる．硫酸–過酸化水素水は，NO_x の化学分析方法（イオンクロマトグラフ法およびフェノールジスルホン酸吸光光度法）の吸収液として用いる．

2　誤り．吸光光度法では，4-ピリジンカルボン酸–ピラゾロン溶液で発色させる．なお，4-アミノアンチピリン溶液は，フェノール類の発色剤である．

3　正しい．ガスクロマトグラフ法では，熱イオン化検出器（FTD：Flame Thermionic Detector）を使用する．FTD は，ルビジウム（Rb）などのアルカリ塩のチップをフレームの上部に置き，高周波コイルで加熱してアルカリ塩の蒸気（ルビジウム）を発生させると，この蒸気が成分中の窒素原子やりん原子を熱イオン（CN⁻）にするので，これをイオン電流として検出する方法である．

4　誤り．ガスクロマトグラフ法では，試料ガスの採取に吸収瓶による捕集はしない．試料ガスは，必要に応じて適当な容量の捕集袋に移し替えて保存または輸送に用いるか，0.2 ～ 5 mL の注射筒を用い，必要量採取後，手早く注射針を装着し分析に用いる．なお，捕集袋は，シアン化水素の吸着の少ない材質のものを用いる．

5　誤り．ガスクロマトグラフ法における定量範囲（0.3 ～ 41.7 mg/m³ = 0.2 ～ 34.4

ppm）は，吸光光度法の定量範囲（0.6 ～ 10.4 mg/m^3 = 0.5 ～ 8.6 ppm）よりも広い．

▶答 3

■ **問題2** 　　　　　　　　　　　　　　　　　　　　　【令和3年 問10】

　「JIS K 0109 排ガス中のシアン化水素分析方法」に規定されている吸光光度法及び
ガスクロマトグラフ法に関する次の記述の中から，正しいものを一つ選べ．
1　吸光光度法では，吸収液として硫酸–過酸化水素水を用いる．
2　吸光光度法では，4-アミノアンチピリン溶液で発色させる．
3　ガスクロマトグラフ法では，熱イオン化検出器を使用する．
4　ガスクロマトグラフ法と吸光光度法では，同じ試料採取方法を用いる．
5　ガスクロマトグラフ法における定量範囲は，吸光光度法のそれと比較して狭い．

解説 　1　誤り．吸光光度法では，吸収液として水酸化ナトリウム溶液を用いる．
2　誤り．吸光光度法では，4-ピリジンカルボン酸–ピラゾロン溶液で発色させる．な
　お，4-アミノアンチピリン溶液はフェノール類の発色剤である．
3　正しい．ガスクロマトグラフ法では，シアン化水素（HCN）の検出器に熱イオン化
　検出器を使用する．熱イオン化検出器は，ルビジウム塩（アルカリソース）を付着させ
　た白金コイルに電流を流して過熱すると，ルビジウム蒸気が発生してHCNをイオン化
　し，イオン電流（CN$^-$）が流れるので，これを検出する方式である．なお，無機・有機
　りん化合物の検出器でもある．
4　誤り．ガスクロマトグラフ法の試料採取方法は，注射筒による直接採取である．吸光
　光度法の試料採取方法は，水酸化ナトリウム溶液を入れた吸収瓶を使用する採取で
　ある．
5　誤り．ガスクロマトグラフ法における定量範囲（0.1 ～ 2,500 ppm）は，吸光光度法
　の定量範囲（0.5 ～ 10 ppm）と比較して広い． 　　　　　　　　　　　　　　▶答 3

● 10　アンモニア（NH$_3$）

■ **問題1** 　　　　　　　　　　　　　　　　　　　　　【令和2年 問10】

　次の記述は，いずれも日本産業規格（JIS）に規定されている吸光光度法による排ガ
ス中の汚染物質の分析方法に関するものである．このうち，「JIS K 0099 排ガス中のア
ンモニア分析方法」に規定されているアンモニアの分析方法を表すものを一つ選べ．
1　試料ガス中の目的成分を，水酸化ナトリウム溶液に吸収させて発色させる．
2　試料ガス中の目的成分を，ジエチルアミン銅溶液に吸収させて発色させる．
3　試料ガス中の目的成分をほう酸溶液に吸収させた後，インドフェノール青を生成

させて発色させる．
4　試料ガス中の目的成分を，2,2′-アジノビス（3-エチルベンゾチアゾリン-6-スルホン酸）溶液に吸収させて発色させる．
5　試料ガス中の目的成分を希硫酸に吸収させた後，4,4′-ジアミノスチルベン-2,2′-ジスルホン酸溶液と臭化シアン溶液を加えて発色させる．

解説　1　誤り．試料ガス中の目的成分（NH₃）を，ほう酸溶液に吸収させて発色させる．
2　誤り．試料ガス中の目的成分（NH₃）を，フェノールペンタシアノニトロシル鉄(III)酸ナトリウム溶液および次亜塩素酸ナトリウム溶液を加えて，発色させる．
3　正しい．試料ガス中の目的成分（NH₃）をほう酸溶液に吸収させた後，フェノールペンタシアノニトロシル鉄(III)酸ナトリウム溶液および次亜塩素酸ナトリウム溶液を加えて，インドフェノール青を生成させて発色させる．
4　誤り．排ガス中の塩素の分析法である．試料ガス中の目的成分（塩素）を 2,2′-アジノビス（3-エチルベンゾチアゾリン-6-スルホン酸）溶液に吸収させて発色させる．「JIS K 0106 排ガス中の塩素分析方法」参照．
5　誤り．排ガス中のピリジンの分析法である．試料ガス中の目的成分（ピリジン）を希硫酸に吸収させた後，4,4′-ジアミノスチルベン-2,2′-ジスルホン酸溶液と臭化シアン溶液を加えて発色させる．「JIS K 0087：1998 排ガス中のピリジン分析方法」参照．

▶ 答 3

■ **問題2**　【平成30年12月 問10】

次の記述はいずれも日本工業規格（JIS）に規定されている排ガス中の汚染物質の分析方法に関するものである．このうち，「JIS K 0099 排ガス中のアンモニアの分析方法」に規定されているアンモニアの分析方法を述べたものを一つ選べ．
1　試料ガス中の目的成分をスルファニル酸-ナフチルエチレンジアミン酢酸溶液に吸収させて発色させ，吸光度を測定する．
2　試料ガス中の目的成分をジエチルアミン銅溶液に吸収させて発色させ，吸光度を測定する．
3　試料ガス中の目的成分をほう酸溶液に吸収させた後，フェノールペンタシアノニトロシル鉄(III)酸ナトリウム溶液及び次亜塩素酸ナトリウム溶液を加えて発色させ，吸光度を測定する．
4　試料ガス中の目的成分を水酸化ナトリウム溶液に吸収させた後，4-ピリジンカルボン酸-ピラゾロン溶液を加えて発色させ，吸光度を測定する．
5　試料ガス中の目的成分を過酸化水素水に吸収させた後，2-プロパノールと酢酸を

加え，アルセナゾⅢを指示薬として酢酸バリウム溶液で滴定する．

解説 1　誤り．二酸化窒素の分析法で，ザルツマン吸光光度法である．
2　誤り．二硫化炭素の分析法である．
3　正しい．アンモニアの分析法である．
4　誤り．シアン化水素の分析法である．
5　誤り．硫黄酸化物の分析法である．　　　　　　　　　　　　　　　▶答 3

● 11　ふっ素（F）

■ 問題 1　　　　　　　　　　　　　　　　　　　　　　【令和6年 問8】

「JIS K 0105 排ガス中のふっ素化合物分析方法」に規定されているイオンクロマトグラフ法に関する次の記述の　(ア)　～　(ウ)　に入る語句の組合せとして，正しいものを一つ選べ．

　排ガス中のふっ素化合物を　(ア)　に吸収させた後，吸収液の一定量に　(イ)　を加え　(ウ)　を通気して前処理を行う．

	（ア）	（イ）	（ウ）
1	水酸化ナトリウム溶液	陽イオン交換樹脂	空気
2	水酸化ナトリウム溶液	キレート樹脂	オゾン
3	水酸化ナトリウム溶液	陰イオン交換樹脂	オゾン
4	りん酸溶液	キレート樹脂	空気
5	りん酸溶液	陰イオン交換樹脂	オゾン

解説　（ア）「水酸化ナトリウム溶液」である．ふっ化水素は酸性を示すので，アルカリ溶液で吸収する．
（イ）「陽イオン交換樹脂」である．ふっ素化合物は溶液では陰イオンであるから，電気伝導度の妨害となる陽イオンを陽イオン交換樹脂で除去する．
（ウ）「空気」である．なお，二酸化炭素を除いた空気である．　　　　　　▶答 1

■ 問題 2　　　　　　　　　　　　　　　　　　　　　【平成30年12月 問8】

「JIS K 0105 排ガス中のふっ素化合物分析方法」に規定されているイオンクロマトグラフ法に関する次の記述の　(ア)　～　(ウ)　に入る語句の組合せとして，正しいものを一つ選べ．

　排ガス中のふっ素化合物を　(ア)　に吸収させた後，吸収液の一定量に　(イ)　を加え，　(ウ)　を通気して前処理を行う．

	（ア）	（イ）	（ウ）
1	水酸化ナトリウム溶液	キレート樹脂	二酸化炭素
2	過酸化水素水	陰イオン交換樹脂	二酸化炭素を除いた空気
3	ほう酸溶液	陽イオン交換樹脂	オゾン
4	水酸化ナトリウム溶液	陽イオン交換樹脂	二酸化炭素を除いた空気
5	ほう酸溶液	陰イオン交換樹脂	オゾン

解説 （ア）「水酸化ナトリウム溶液」である．
（イ）「陽イオン交換樹脂」である．前処理として，試料の電気伝導度を高くする陽イオンを除去するため，陽イオン交換樹脂を使用する．
（ウ）「二酸化炭素を除いた空気」である．二酸化炭素のガスの発生を抑制するためである．

▶答 4

● 12 VOC（メタンを含む）

■ 問題1 【令和5年 問16】

「JIS B 7985 排出ガス中のメタン自動計測器」に規定されていない器具，装置又は分析計を，次の中から一つ選べ．
1 赤外線ガス分析計
2 メタン化反応装置
3 吸引ポンプ
4 除湿器
5 導管

解説 1 規定あり．赤外線ガス分析計は，排出ガス中のメタン自動計測器に規定されている．
2 規定なし．メタン化反応装置は，排出ガス中のメタン自動計測器に規定されていない．メタン化反応装置は，一酸化炭素のガスクロマトグラフ法による測定で使用される．
3 規定あり．吸引ポンプは，排出ガス中のメタン自動計測器に規定されている．
4 規定あり．除湿器は，排出ガス中のメタン自動計測器に規定されている．
5 規定あり．導管は，排出ガス中のメタン自動計測器に規定されている． ▶答 2

■ 問題2 【令和3年 問14】

「JIS B 7985 排出ガス中のメタン自動計測器」に関する次の記述の中から，正しいものを一つ選べ．

1　赤外線吸収方式の計測器は，共存する二酸化炭素の影響を受けない．
2　試料採取部の導管は，メタンを濃縮するために冷却を行わなければならない．
3　選択燃焼管は，メタンを選択的に燃焼除去するために使用する．
4　選択燃焼式水素炎イオン化検出方式では，分析計に導入する助燃ガスとして合成空気を使用することができる．
5　計測器のゼロ調整は，電源投入直後にゼロガスを導入して素早く行う．

解説　1　誤り．赤外線吸収方式の計測器は，共存する二酸化炭素の影響を受ける．
2　誤り．試料採取部の導管は，水分を凝縮除去するために冷却を行わなければならない．
3　誤り．選択燃焼管は，試料ガス中の非メタン炭化水素を燃焼除去し，干渉成分の影響を低減させるための前処理装置で，メタンと非メタン炭化水素との触媒による燃焼効率の差を利用し，非メタン炭化水素を選択的に除去するために用いる．共存する非メタン炭化水素の影響が無視できる場合は，付加しなくてもよい．
4　正しい．選択燃焼式水素炎イオン化検出方式（選択燃焼管を使用する方式）では，分析計に導入する助燃ガスとして合成空気（窒素ガスと酸素ガスを空気と同じ組成で混合したもの）を使用することができる．
5　誤り．計測器のゼロ調整は，ゼロガスを設定流量で計測器に導入し，指示が安定した時点で行う．　　　　　　　　　　　　　　　　　　　　　　　　　　　▶答 4

■ **問題3**　　　　　　　　　　　　　　　　　　　　　【令和2年 問14】☑☑☑

「JIS K 0306 空気中の揮発性有機化合物の検知管による測定方法」に規定されている測定方法の概要に関する次の記述について，　(ア)　〜　(ウ)　に入る語句の組合せとして，正しいものを一つ選べ．
　測定方法は，測定対象物質用の検知管を通して試料空気を電動ポンプにて　(ア)　に吸引する方式とし，測定対象物質と検知剤との　(イ)　により生じた　(ウ)　の濃度目盛から，測定対象物質濃度を求める．

	(ア)	(イ)	(ウ)
1	連続的	反応	変色先端
2	連続的	交換	変色先端
3	連続的	反応	変色層全体の中心
4	間欠的	交換	変色層全体の中心
5	間欠的	反応	変色先端

解説　(ア)「連続的」である．
(イ)「反応」である．

(ウ)「変色先端」である. ▶答 1

問題 4 【令和元年 問14】

「JIS B 7989 排ガス中の揮発性有機化合物（VOC）の自動計測器による測定方法」に規定されている測定方法に関する次の記述について，下線を付した（ア）～（ウ）の正誤の組合せとして，正しいものを一つ選べ．

(ア) 排出口から排ガスを容器に (イ) 吸引採取した後に，容器中の試料ガスを計測器に導入してVOC濃度を測定する方法で，容器に (ウ) 捕集バッグを用いる．試料ガス中のVOC濃度が計測器の測定範囲を超える場合は，測定範囲内の濃度となるように希釈した後に，測定する．

	（ア）	（イ）	（ウ）
1	誤	誤	誤
2	誤	正	正
3	正	誤	正
4	正	正	誤
5	正	正	正

解説 VOCは，Volatile Organic Compounds の略で，大気中で気体となる有機化合物の総称である．
（ア）正しい．「排出口」である．
（イ）正しい．「吸引採取」である．
（ウ）正しい．「捕集バッグ」である． ▶答 5

問題 5 【平成30年12月 問14】

「JIS B 7985 排出ガス中のメタン自動計測器」に関する次の記述の中から，誤っているものを一つ選べ．

1 赤外線吸収方式の計測器は，共存する二酸化炭素の影響を無視できる場合，又は影響を除去できる場合に適用する．
2 選択燃焼式水素炎イオン化検出方式の計測器は，共存する非メタン炭化水素の影響を無視できる場合，又は影響を除去できる場合に適用する．
3 赤外線ガス分析計は日本工業規格（JIS）に適合するものを用いる．
4 フーリエ変換形赤外線分析計（FTIR）を用いることができる．
5 選択燃焼式水素炎イオン化検出方式による分析計の燃料ガスとして，水素を使用することはできない．

解説 1～3 正しい.
4 正しい．フーリエ変換形赤外線分析計（FTIR）を用いることができる．なお，フーリエ変換とは，複雑な吸収波形を正弦波のような性質のよくわかっている波形の重ね合わせで表す変換をいう．
5 誤り．選択燃焼式水素炎イオン化検出方式（試料ガス中の非メタン炭化水素を選択的に燃焼除去する選択燃焼管（触媒管）を用いてメタンを分離し，水素炎イオン化検出器に導入しメタン濃度を測定する方式）による分析計の燃料ガスとして，水素を使用することができる． ▶答 5

● 13 POPs（ポリ塩素化ビフェニル等）

■問題1 【令和2年 問16】

環境省の「排ガス中のPOPs（ポリ塩素化ビフェニル，ヘキサクロロベンゼン，ペンタクロロベンゼン）測定方法マニュアル」に関する次の記述の中から，誤っているものを一つ選べ．

1 排ガス中のポリ塩素化ビフェニル，ヘキサクロロベンゼン，ペンタクロロベンゼンは，フィルタによるろ過捕集，吸収瓶による液体捕集（吸収捕集）及び吸着剤カラムによる吸着捕集で捕集する．
2 ポリ塩素化ビフェニルの全209異性体が定量対象である．
3 試料採取に必要な器具類，材料及び試薬については，あらかじめ測定に妨害を及ぼす物質が認められないことを確認するとともに，測定対象物質のブランクについて可能なかぎり排除する必要がある．
4 試料ガスの採取が終了した後，試料ガス採取装置の分解は必要最低限とし，外気が混入しないようにして遮光し，試験室へ運搬する．
5 同定と定量は，キャピラリーカラムを用いるガスクロマトグラフと分解能が1,000程度の四重極形質量分析計を用いるガスクロマトグラフ質量分析法によって行う．

解説 1～4 正しい．
5 誤り．同定と定量は，キャピラリーカラムを用いるガスクロマトグラフと分解能が10,000程度の二重収束形質量分析計を用いるガスクロマトグラフ質量分析法によって行う． ▶答 5

● 14　ベンゼン（C_6H_6）

■ 問題 1　　　　　　　　　　　　　　　　【令和3年 問16】

「JIS K 0088 排ガス中のベンゼン分析方法」に規定されている分析法において，使用されない器具又は装置を次の中から一つ選べ．
1　ガスクロマトグラフ
2　吸収セル
3　ガスメータ
4　捕集バッグ
5　フーリエ変換形赤外線分析計

解説　1　正しい．ガスクロマトグラフは，排ガス中のベンゼン分析方法で使用する．
2　正しい．吸収セルは，ジニトロベンゼン吸光光度法で使用する．
3　正しい．ガスメータは，吸引ガス量の測定に使用する．
4　正しい．ガスクロマトグラフ法において，直接法による試料採取であるため，捕集バッグを使用する．
5　誤り．ガスクロマトグラフ法の検出器は，水素炎イオン化検出器を使用するため，フーリエ変換形赤外線分析計は使用しない．　　　　　　　　　　　　▶ 答 5

● 15　一酸化二窒素（N_2O）

■ 問題 1　　　　　　　　　　　　　　　　【令和4年 問14】

排ガスの分析方法に関する日本産業規格（JIS）において，ガスクロマトグラフの検出器に電子捕獲検出器が規定されているものを，次の中から一つ選べ．
1　JIS K 0086 排ガス中のフェノール類分析方法
2　JIS K 0087 排ガス中のピリジン分析方法
3　JIS K 0091 排ガス中の二硫化炭素分析方法
4　JIS K 0092 排ガス中のメルカプタン分析方法
5　JIS K 0110 排ガス中の一酸化二窒素分析方法

解説　1　該当しない．「JIS K 0086 排ガス中のフェノール類分析方法」において，ガスクロマトグラフの検出器は，水素炎イオン化検出器（FID：Flame Ionization Detector．後出の表 2.2 参照）である．
2　該当しない．「JIS K 0087 排ガス中のピリジン分析方法」において，ガスクロマトグラフの検出器は，水素炎イオン化検出器（FID．後出の表 2.2 参照）である．

3 該当しない．「JIS K 0091 排ガス中の二硫化炭素分析方法」において，ガスクロマトグラフの検出器は，炎光光度検出器（FPD：Flame Photometric Detector．後出の表 2.2 参照）である．
4 該当しない．「JIS K 0092 排ガス中のメルカプタン分析方法」において，ガスクロマトグラフの検出器は，炎光光度検出器（FPD：後出の表 2.2 参照）である．
5 該当する．「JIS K 0110 排ガス中の一酸化二窒素分析方法」において，ガスクロマトグラフの検出器は，電子捕獲検出器（ECD：Electron Capture Detector．後出の表 2.2 参照）である． ▶答 5

● 16 アクロレイン（CH₂=CHCHO）

■問題 1 【令和 4 年 問 16】

「JIS K 0089 排ガス中のアクロレイン分析方法」に関する次の記述の中から，誤っているものを一つ選べ．
1 試料ガスの採取位置は，ガスの流速の変化が著しくない位置を選ぶ．
2 試料ガスは，同一採取位置において近接した時間内で原則として 2 回以上採取し，それぞれ分析に用いる．
3 ヘキシルレゾルシノール吸光光度法は，試料ガス中にオゾン又はジエン類が 1,000 volppm 以上共存している場合に適用する．
4 ヘキシルレゾルシノール吸光光度法では，試料採取方法として吸収瓶法を用いる．
5 ガスクロマトグラフ法では，検出器として水素炎イオン化検出器を用いる．

解説 1，2 正しい．
3 誤り．ヘキシルレゾルシノール吸光光度法は，試料ガス中にオゾンまたはジエン類が 10 volppm 程度共存すると正の影響を受けるので，その影響を無視または除去できるときに適用する．
4 正しい．ヘキシルレゾルシノール吸光光度法では，試料採取方法として吸収瓶法を用いる．なお，吸収液は，4-ヘキシルレゾルシノール，エタノール，塩化水銀およびトリクロロ酢酸等を適切に混合した溶液である．
5 正しい． ▶答 3

● 17 臭素化合物

■問題 1 【令和 5 年 問 8】
「JIS K 0085 排ガス中の臭素化合物分析方法」に規定されている，滴定を用いる定

量法に関する次の記述の（ア）〜（ウ）に入る語句の組合せとして，正しいものを一つ選べ．

　排ガス中の臭素化合物を （ア） 溶液に吸収して （イ） 溶液で （ウ） に酸化する．

	（ア）	（イ）	（ウ）
1	ほう酸	過塩素酸ナトリウム	亜臭素酸イオン
2	水酸化ナトリウム	過塩素酸ナトリウム	亜臭素酸イオン
3	水酸化ナトリウム	次亜塩素酸ナトリウム	臭素酸イオン
4	過酸化水素	次亜塩素酸ナトリウム	臭素酸イオン
5	過酸化水素	塩素酸ナトリウム	過臭素酸イオン

解説　排ガス中の臭素化合物分析法では，試料ガス中の臭素化合物を吸収液（水酸化ナトリウム溶液）に吸収して，次亜塩素酸ナトリウム溶液で臭素酸イオンに酸化した後，過剰の次亜塩素酸塩をぎ酸ナトリウムで還元し，この臭素酸イオンをチオ硫酸ナトリウム溶液で滴定する．
（ア）「水酸化ナトリウム」である．
（イ）「次亜塩素酸ナトリウム」である．
（ウ）「臭素酸イオン」である．　　　　　　　　　　　　　　　　　▶ 答 3

● 18　赤外線ガス分析計

■ 問題 1　　　　　　　　　　　　　　　　　　　　　【令和6年 問11】

「JIS K 0151 赤外線ガス分析計」に規定されている分析計に関する次の記述の中から，正しいものを一つ選べ．
1　焦電形検出器は選択的検出器であるため，光学フィルタと組み合わせて使用する必要がない．
2　単光束分析計は，比較セルを通過した光が試料セルに入射する構造になっている．
3　試料ガス流量の変化に対する安定性は，当該規格に定める試験を行ったとき，「その指示変化は最大目盛値の±10% 以内でなければならない」と規定されている．
4　光源は，原則としてニクロム線，炭化けい素などの抵抗体に電流を流して加熱したものを用いる．
5　定置形と移動形の分析計で，スパンドリフトおよびゼロドリフトの性能試験について，連続測定時間の条件は同一である．

解説 1 誤り．焦電形検出器は，非選択的検出器であるため，光学フィルタと組み合わせて使用する必要がある．なお，焦電形検出器は，圧電セラミックスの一種の焦電セラミックスが赤外線を受けると温度が変化し，それに応じて自発分極（外部からの電界の作用なしに起こす誘電分極）が変化してその温度変化に応じて電荷が生じ，それを電気信号として取り出すものである．
2　誤り．単光束分析計は，比較セルを使用しない．なお，比較セルとは，試料セルにおける赤外線吸収を測定する場合の対照となるもので，赤外線を吸収しないガスを封入する．
3　誤り．試料ガス流量の変化に対する安定性は，当該規格に定める試験を行ったとき，「その指示変化は最大目盛値の±2% 以内でなければならない」と規定されている．「±10%」が誤り．
4　正しい．
5　誤り．定置形と移動形の分析計で，スパンドリフトおよびゼロドリフトの性能試験について，連続測定時間の条件は，異なる．　　　　　　　　　　　　　　▶答 4

● 19　メチルカプタン

■問題1　　　　　　　　　　　　　　　　　　　　　　　　　【令和6年 問14】

悪臭防止法における特定悪臭物質の測定方法（昭和47年環境庁告示第9号，最終改正：令和2年環境省告示第8号）の別表に規定されているメチルメルカプタンの測定に用いられる分析装置を，次の中から一つ選べ．
1　炎光光度検出器を有するガスクロマトグラフ
2　赤外分光検出器を有するガスクロマトグラフ
3　アルカリ熱イオン化検出器を有するガスクロマトグラフ
4　吸光光度検出器を有するガスクロマトグラフ
5　ガスクロマトグラフ質量分析装置

解説 1　正しい．メチルメルカプタン（CH_3SH）の測定には，炎光光度検出器を有するガスクロマトグラフを使用する．炎光光度検出器は，水素炎中で硫黄やりんを含む化合物が特定波長の光を発生することを利用した検出器である．なお，硫化水素（H_2S），硫化メチル（$(CH_3)_2S$）および二硫化メチル（$(CH_3)_2S_2$）の測定にも同じ検出器を利用する．
2　誤り．赤外分光検出器を有するガスクロマトグラフは，特定悪臭物質の測定には使用しない．
3　誤り．アルカリ熱イオン化検出器を有するガスクロマトグラフは，アルデヒド類の特

定悪臭物質の測定に使用される．なお，アセトアルデヒド類とは，アセトアルデヒド，プロピオンアルデヒド，ノルマルブチルアルデヒド，イソブチルアルデヒド，ノルマルバレルアルデヒド，イソバレルアルデヒドである．
4　誤り．吸光光度検出器を有するガスクロマトグラフは，特定悪臭物質の測定には使用しない．なお，高速液体クロマトグラフは，吸光光度検出器を用いてアルデヒド類の特定悪臭物質の測定に使用される．
5　誤り．ガスクロマトグラフ質量分析装置は，アルカリ熱イオン化検出器を有するガスクロマトグラフと同様に，アルデヒド類の特定悪臭物質の測定に使用される． ▶答 1

● 20　トリクロロエチレンおよびテトラクロロエチレン

■問題1　　　　　　　　　　　　　　　　　　　　　【令和6年 問16】

「JIS K 0305 排ガス中のトリクロロエチレン及びテトラクロロエチレン分析方法」に規定されている分析方法に関する次の記述の中から，正しいものを一つ選べ．
1　排ガスを吸収液に吸収させたのち，発色試薬を加えて発色させ，吸光度から定量する．
2　排ガスを直接捕集瓶に採取し，電子捕獲検出器を備えたガスクロマトグラフで定量する．
3　排ガスを吸収液に吸収させたのち，生成した化合物を溶媒抽出し，抽出液の吸光度を測定する．
4　定電位電解方式による自動分析計を用いて，排ガス中のトリクロロエチレンおよびテトラクロロエチレンの濃度を連続測定する．
5　捕集剤を詰めたカートリッジに捕集したのち，アセトニトリルで溶離し，高速液体クロマトグラフで定量する．

【解説】　1　誤り．このような方式は規定されていない．
2　正しい．「排ガスを直接捕集瓶に採取し，電子捕獲検出器を備えたガスクロマトグラフで定量する」方式は規定されている．
3〜5　誤り．このような方式は規定されていない． ▶答 2

2.4.2　ガスクロマトグラフの検出器

■問題1　　　　　　　　　　　　　　　　　　　　　【令和5年 問3】

括弧内のJISに規定されている分析対象化合物とそれを検出するガスクロマトグラ

フの検出器の組合せとして，誤っているものを一つ選べ．

1　（JIS K 0088 排ガス中のベンゼン分析方法）
　　ベンゼン－水素炎イオン化検出器

2　（JIS K 0089 排ガス中のアクロレイン分析方法）
　　アクロレイン－水素炎イオン化検出器

3　（JIS K 0098 排ガス中の一酸化炭素分析方法）
　　一酸化炭素－熱伝導度検出器

4　（JIS K 0092 排ガス中のメルカプタン分析方法）
　　メチルメルカプタン－炎光光度検出器

5　（JIS K 0305 排ガス中のトリクロロエチレン及びテトラクロロエチレン分析方法）
　　トリクロロエチレン－アルカリ熱イオン化検出器

解説　1　正しい．「JIS K 0088 排ガス中のベンゼン分析方法」で定めるガスクロマト
グラフに，ベンゼン–水素炎イオン化検出器を規定している．なお，水素炎イオン化検
出器（FID：Flame Ionization Detector．後出の表2.2参照）は，水素炎中で燃焼し炭素
がイオン化する物質を検出する方法（イオン電流の検出）で，ほとんどの有機化合物を
検出するが，ホルムアルデヒドやぎ酸などは検出しにくい．

2　正しい．「JIS K 0089 排ガス中のアクロレイン分析方法」で定めるガスクロマトグラ
フに，アクロレイン–水素炎イオン化検出器を規定している．

3　正しい．「JIS K 0098 排ガス中の一酸化炭素分析方法」で定めるガスクロマトグラフ
に，一酸化炭素–熱伝導度検出器を規定している．なお，熱伝導度検出器（TCD：
Thermal Conductivity Detector．後出の表2.2参照）は，キャリヤーガスと対象物質蒸
気の熱伝導度の差を利用した検出器で，物質選択性がない．

4　正しい．「JIS K 0092 排ガス中のメルカプタン分析方法」で定めるガスクロマトグラ
フに，メチルメルカプタン–炎光光度検出器を規定している．なお，炎光光度検出器
（FPD：Flame Photometric Detector．後出の表2.2参照）は，水素炎を利用する方法
で，りんや硫黄を含む化合物が特定波長の光を発生することを利用し，これらの化合物
に対して選択性のある検出器である．

5　誤り．「JIS K 0305 排ガス中のトリクロロエチレン及びテトラクロロエチレン分析方
法」で定めるガスクロマトグラフに，トリクロロエチレン–水素炎イオン化検出器また
は電子捕獲検出器を規定している．なお，電子捕獲検出器（ECD：Electron Capture
Detector．後出の表2.2参照）は，β線でキャリヤーガスをイオン化して電子を生成さ
せて電子電流を流し，試料中の物質がこの電子を捕獲すれば，電子電流が減少するの
で，これを検出する方式である．ハロゲンを含む有機化合物の高感度検出に適してい

る．また，アルカリ熱イオン化検出器（FTD：Flame Thermionic Detector．後出の表2.2参照）は，水素フレーム中にアルカリ金属塩を添加すると，アルカリ金属イオンが生成するが，りん，含窒素有機化合物，シアン化水素が金属イオンに触れるとイオン化が起こるので，これらのイオン電流の増加量を検出して定量する方法である． ▶答 5

2.4.3 ダイオキシン類

■問題1　　　　　　　　　　　　　　　　　　　　　　　【令和4年 問6】

「JIS K 0312 工業用水・工場排水中のダイオキシン類の測定方法」に規定されている試料容器及び採取操作に関する次の記述について，下線部（a）～（c）に記述した語句の正誤の組合せとして，正しいものを一つ選べ．

試料容器は，特に指定がない限り (a)ガラス製のものを用い，使用前に有機溶媒でよく洗浄したものを使用する．採取時には試料水による容器の (b)洗浄を行う．採取した試料は，試料容器に (c)空間が残らないように入れ，密栓する．

	(a)	(b)	(c)
1	正	正	正
2	正	誤	誤
3	誤	正	誤
4	誤	誤	正
5	誤	誤	誤

解説　（a）正しい．試料容器は，「ガラス製のもの」を使用する．
（b）誤り．試料水で容器の洗浄を行うと，容器の壁に付着する可能性があるので，試料水で容器の「洗浄は行わない」．
（c）誤り．試料容器の「空間が残る」ようにする．空間が残らないようにすると，栓を開けたときに懸濁物質に付着した測定対象物がこぼれ出る可能性がある． 答 2

■問題2　　　　　　　　　　　　　　　　　　　　　　　【令和3年 問6】

「JIS K 0312 工業用水・工場排水中のダイオキシン類の測定方法」に基づくダイオキシン類の同定及び定量に関する次の記述について，下線部（a）～（c）に記述した語句の正誤の組合せとして，正しいものを一つ選べ．

キャピラリーカラムを用いるガスクロマトグラフと (a)四重極形質量分析計を用いるガスクロマトグラフィー質量分析法によって行う．分解能 (b)1,000での測定を維持するため，質量校正用標準物質を測定用試料と同時にイオン源に導き，質量の変動

を補正するロックマス方式による選択イオン検出法（SIM法）で検出する．保持時間及びイオン強度比からダイオキシン類であることを確認した後，クロマトグラム上のピーク面積から (c) 内標準法によって定量を行う．

	(a)	(b)	(c)
1	誤	正	正
2	正	正	誤
3	正	誤	正
4	誤	誤	正
5	正	誤	誤

解説 　(a)　誤り．「二重収束形質量分析計」である．
(b)　誤り．「10,000」である．
(c)　正しい．「内標準法」である．内標準法とは，分析試料中に目的元素と物理的・化学的性質がよく似た物質（内標準元素）を一定量添加し，目的元素との吸光度比を同時測定して作成する検量線をいう（後出の図2.11参照）．　　　　　　　　　　　▶答 4

2.4.4　水質測定法および測定機器

● 1　JIS K 0102 および JIS K 0094 に関する出題

■ 問題1　　　　　　　　　　　　　　　　　　　　【令和6年 問4】

「JIS K 0094 工業用水・工場排水の試料採取方法」に規定されている試料の保存処理に関する次の記述の中から，誤っているものを一つ選べ．
1　カドミウムなどの金属元素の試験に用いる試料は，硝酸を加えてpH約1として保存する．
2　シアン化合物および硫化物イオンの試験に用いる試料は，水酸化ナトリウムを加えてpH約12として保存する．
3　農薬（パラチオン，メチルパラチオン，EPN，ペンタクロロフェノールおよびエジフェンホス（EDDP））の試験に用いる試料は，塩酸を加えて弱酸性として保存する．
4　よう化物イオンおよび臭化物イオンの試験に用いる試料は，ほう酸を加えてpH約9として保存する．
5　フェノール類の試験に用いる試料は，りん酸を加えてpH約4とし，試料1Lにつき硫酸銅(II)五水和物1gを加えて振り混ぜ，0℃～10℃の暗所に保存する．

解説 1 正しい．カドミウムなどの金属元素の試験に用いる試料は，水酸化物沈殿が生じないように，硝酸を加えてpH約1として保存する．
2 正しい．シアン化合物および硫化物イオンの試験に用いる試料は，シアン化水素（HCN）や硫化水素などとして揮散しないように，水酸化ナトリウムを加えてpH約12として保存する．
3 正しい．農薬（パラチオン，メチルパラチオン，EPN，ペンタクロロフェノールおよびエジフェンホス（EDDP））の試験に用いる試料は，塩酸を加えて弱酸性（りん含有農薬に対しては加水分解しないようにするため）として保存する．
4 誤り．よう化物イオンおよび臭化物イオンの試験に用いる試料は，水酸化ナトリウム溶液を加えてpH約10として保存する．
5 正しい． ▶答 4

問題 2　【令和6年 問20】

「JIS K 0102 工場排水試験方法」および「JIS K 0102-2 工業用水・工場排水試験方法–第2部：陰イオン類，アンモニウムイオン，有機体窒素，全窒素及び全りん」に規定されているふっ素化合物の試験方法を，次の中から一つ選べ．
1 ランタン-アリザリンコンプレキソン吸光光度法（ランタン-アリザリンコンプレキソン吸光光度分析法）
2 ピリジン-ピラゾロン吸光光度法（ピリジン-ピラゾロン吸光光度分析法）
3 メチレンブルー吸光光度法（メチレンブルー吸光光度分析法）
4 クロム酸バリウム吸光光度法（クロム酸バリウム吸光光度分析法）
5 インドフェノール青吸光光度法（インドフェノール青吸光光度分析法）

解説 1 該当する．ふっ素化合物の試験方法は，ランタン-アリザリンコンプレキソン吸光光度法で行うと規定されている．これはふっ素イオンにランタン-アリザリンコンプレキソン錯体を反応させて生じる青色の複合錯体の発色を利用する測定方法である．
2 該当しない．ピリジン-ピラゾロン吸光光度法（ピリジン-ピラゾロン吸光光度分析法）は，シアンイオンの試験方法である．
3 該当しない．メチレンブルー吸光光度法（メチレンブルー吸光光度分析法）は，ほう素の試験方法である．
4 該当しない．クロム酸バリウム吸光光度法（クロム酸バリウム吸光光度分析法）は，硫酸イオンの試験方法である．
5 該当しない．インドフェノール青吸光光度法（インドフェノール青吸光光度分析法）は，アンモニウムイオンの試験方法である． ▶答 1

■ 問題3　　　　　　　　　　　　　　　　　　　　【令和6年 問22】

鉛の定量法について，「JIS K 0102 工場排水試験方法」または「JIS K 0102-3 工業用水・工場排水試験方法—第3部：金属」に規定されていない試験方法を，次の中から一つ選べ．
1　フレーム原子吸光法（フレーム原子吸光分析法）
2　電気加熱原子吸光法（電気加熱原子吸光分析法）
3　水素化物発生原子吸光法（水素化物発生原子吸光分析法）
4　ICP発光分光分析法
5　ICP質量分析法

解説　1　規定あり．フレーム原子吸光法（フレーム原子吸光分析法）は，鉛の定量法として規定されている．
2　規定あり．電気加熱原子吸光法（電気加熱原子吸光分析法）は，鉛の定量法として規定されている．
3　規定なし．水素化物発生原子吸光法（水素化物発生原子吸光分析法）は，鉛の定量法として規定されていない．ひ素の試験方法（As(Ⅲ)をAsH₃の気体にさせる方式）として規定されている．なお，水素化物のAsH₃（水素化ひ素）はHがマイナスイオンとなっている結合状態である．類似用語に水素化合物がある．これは例えばH₂Se（セレン化水素）で，Hがプラスイオンとなっている結合状態である．
4　規定あり．ICP発光分光分析法は，鉛の定量法として規定されている．
5　規定あり．ICP質量分析法は，鉛の定量法として規定されている．　　　▶ 答 3

■ 問題4　　　　　　　　　　　　　　　　　　　　【令和5年 問20】

「JIS K 0102 工場排水試験方法」及び「JIS K 0102-2 工業用水・工場排水試験方法—第2部：陰イオン類，アンモニウムイオン，有機体窒素，全窒素及び全りん」に規定されている分析対象成分のうち，イオンクロマトグラフィー（イオンクロマトグラフ法）が適用されていないものを，次の中から一つ選べ．
1　ふっ素化合物
2　塩化物イオン
3　よう化物イオン
4　臭化物イオン
5　アンモニウムイオン

解説　よう化物イオン（I⁻）の分析において，「JIS K 0102 工場排水試験方法」および「JIS K 0102-2 工業用水・工場排水試験方法—第2部：陰イオン類，アンモニウムイオ

ン，有機体窒素，全窒素及び全りん」は，イオンクロマトグラフィー（イオンクロマトグラフ法）を規定していない．その理由は，よう化物イオンの不安定性にある．よう化物イオンは強い還元物質で，自らは酸化され，

$$2I^- \rightarrow I_2$$

となりやすい．紫外線でも次のように I_2 が生成する．

$$I^- + 紫外光 \rightarrow I\cdot + e^-$$
$$I\cdot + I\cdot \rightarrow I_2$$

さらに，生じた I_2 と次のように反応して，I_3^-，I_5^- が生じる．

$$I^- + I_2 \rightarrow I_3^-$$
$$I_3^- + I_2 \rightarrow I_5^-$$

▶答 3

問題 5 【令和5年 問22】

「JIS K 0094 工業用水・工場排水の試料採取方法」に規定されている試料の保存処理に関する次の記述の中から，正しいものを一つ選べ．ただし，イオンクロマトグラフ法を適用する場合は除く．

1　全窒素の試験に用いる試料は，硝酸又は硫酸を加え，pHを2～3に調節し，0℃～10℃の暗所に保存する．
2　亜硝酸イオンの試験に用いる試料は，試料1L当たりクロロホルム1mLの割合で加えて，0℃～10℃の暗所に保存する．
3　よう化物イオンの試験に用いる試料は，試料1L当たりクロロホルム1mLの割合で加えて，0℃～10℃の暗所に保存する．
4　シアン化合物の試験に用いる試料は，硝酸又は硫酸を加え，pHを2～3に調節し，0℃～10℃の暗所に保存する．残留塩素など酸化性物質が共存する場合は，L(+)-アスコルビン酸を加えて還元した後，pHを2～3に調節する．
5　溶存鉄の試験に用いる試料は，硝酸を加えてpHを約1にして保存する．

解説　1　誤り．全窒素の試験に用いる試料は，塩酸または硫酸を加え，pHを2～3に調節し，0～10℃の暗所に保存する．「硝酸」が誤り．
2　正しい．亜硝酸イオンの試験に用いる試料は，試料1L当たりクロロホルム1mLの割合で加えて，0～10℃の暗所に保存する．これは，亜硝酸イオンを硝酸イオンに酸化する硝酸菌の増殖を防ぐためである．
3　誤り．よう化物イオンの試験に用いる試料は，水酸化ナトリウム溶液（200 g/L）を加えてpHを約10にして保存する．
4　誤り．シアン化合物の試験に用いる試料は，水酸化ナトリウム溶液（200 g/L）を加

えてpHを約12にして保存する．
5　誤り．溶存鉄の試験に用いる試料は，試料採取直後にろ紙5種Cでろ過し，初めのろ液50 mLを捨て，その後のろ液を試料とし，これに硝酸を加えてpHを約1にして保存する． ▶答 2

問題6　【令和4年 問20】

「JIS K 0094 工業用水・工場排水の試料採取方法」に規定されている試料の保存処理に関する次の記述の中から，誤っているものを一つ選べ．
1　アンモニウムイオンの試験に用いる試料は，塩酸又は硫酸を加え，pHを2〜3に調節し，0℃〜10℃の暗所に保存する．
2　よう化物イオンの試験に用いる試料は，水酸化ナトリウム溶液（200 g/L）を加えてpHを約10にして保存する．
3　シアン化合物の試験に用いる試料は，水酸化ナトリウム溶液（200 g/L）を加えてpHを約12にして保存する．
4　全りんの試験に用いる試料は，硫酸又は硝酸を加えてpHを約2にして保存する．
5　溶存状態の金属元素の試験に用いる試料は，硝酸を加えてpHを約1にした後，ろ紙5種Cでろ過し，ろ液を0℃〜10℃の暗所に保存する．

解説　1〜3　正しい．
4　正しい．全りんの試験に用いる試料は，硫酸または硝酸を加えてpHを約2にして保存する．または，試料1Lにつきクロロホルム約5 mLを加えて0〜10℃の暗所に保管する．
5　誤り．溶存状態の金属元素の試験に用いる試料は，ろ紙5種Cでろ過し，初めのろ液約50 mLを捨て，その後のろ液を試料とし，これに硝酸を加えてpHを約1にして保存する． ▶答 5

問題7　【令和3年 問17】

「JIS K 0101 工業用水試験方法」又は「JIS K 0102 工場排水試験方法」に規定されている水質項目の測定方法に関する次の記述の中から，誤っているものを一つ選べ．
1　透視度は，試料の透明の程度を示すもので，透視度計に試料を入れて上部から透視して測定される．
2　散乱光濁度は，水の濁りの程度を表すもので，試料中の粒子によって散乱した光の強度を波長660 nm付近で測定して求められる．
3　電気伝導率は，溶液がもつ電気抵抗率の逆数に相当し，電気伝導度計を用いて測定される．

4 臭気強度（TON）は，臭気の強さを，ヘッドスペース-ガスクロマトグラフィー質量分析法で測定して求められる．

5 生物化学的酸素消費量（BOD）は，水中の好気性微生物によって消費される溶存酸素の量を測定して求められる．

解説 1 正しい．透視度は，試料の透明の程度を示すもので，透視度計に試料を入れて上部から透視して，底に置いた標識板の二重線が初めて明らかに見分けられるときの水層の高さで表す．

2, 3 正しい．

4 誤り．臭気強度（TON：Threshold Odor Number）は，無臭水（40℃）を加えた試料の容積は 200 mL として，無臭になるまで試料の量を減少させる．無臭となった試料量（最少試料量）を用いて次に示す式で表示する．

$$TON = \frac{200 \, mL}{においを感知できる最少試料量}$$

同一試料について 5 〜 10 人で試験を行った平均値で表す．ヘッドスペース−ガスクロマトグラフィー質量分析法では測定しない．

5 正しい．生物化学的酸素消費量（BOD：Biochemical Oxygen Demand）は，水中の好気性微生物によって消費される溶存酸素の量を測定して求める． ▶答 4

問題 8 【令和 3 年 問 20】

「JIS K 0102 工場排水試験方法」に基づく工場排水中のふっ素化合物の定量法として，規定されていないものを次の中から一つ選べ．

1 ランタン−アリザリンコンプレキソン吸光光度法

2 イオン電極法

3 イオンクロマトグラフ法

4 ランタン−アリザリンコンプレキソン発色流れ分析法

5 ICP 質量分析法

解説 「JIS K 0102 工場排水試験方法」に基づくふっ素化合物の定量法は，ランタン−アリザリンコンプレキソン吸光光度法，イオン電極法，イオンクロマトグラフ法，ランタン−アリザリンコンプレキソン発色流れ分析法の 4 つが規定されている．ICP 質量分析法は規定さていない． ▶答 5

問題 9 【令和 3 年 問 21】

「JIS K 0102 工場排水試験方法」に規定されているイオンクロマトグラフ法による塩化物イオンの分析に関する次の記述の中から，誤っているものを一つ選べ．

1　分離カラムの性能が低下した場合，溶離液の約10倍の濃度のものを調製し，分
離カラムに注入して洗浄することで，分離度が改善する場合がある.

2　懸濁物を含む試料は，十分に振り混ぜて均一にした後，ろ過することなく分析す
る必要がある.

3　サプレッサーは溶離液中の陽イオンを水素イオンに交換するためのもので，陽イ
オン交換膜又は陽イオン交換体を使用している.

4　モノカルボン酸，ジカルボン酸などの有機酸による妨害を受けることがある.

5　紫外吸収検出器は，塩化物イオンの個別測定には使用できない.

解説　1　正しい.

2　誤り. 懸濁物を含む試料は，十分に振り混ぜて均一にした後，ろ過して分析する必要
がある.

3　正しい. サプレッサー（測定対象物質以外のピークを小さくするもの）は，溶離液中
の陽イオンを水素イオンに交換するためのもので，陽イオン交換膜または陽イオン交換
体を使用している.

4　正しい.

5　正しい. 検出器には，電気伝導率検出器または紫外吸収検出器を用いる. ただし，紫
外吸収検出器は，亜硝酸イオン，硝酸イオンおよび臭化物イオンの個別または同時測定
において用い，塩化物イオンの個別測定には使用できない.　　　　　　　▶答 2

2.4
測定法および測定器関係

■問題10　　　　　　　　　　　　　　　　　　　　　【令和3年 問22】 ✓ ✓ ✓

次の記述は，「JIS K 0102 工場排水試験方法」に規定されている残留塩素の定義に
ついて記したものである.（ア）～（ウ）に入る語句の組合せとして，正しいものを一
つ選べ.

残留塩素とは，塩素剤が水に溶けて生成する 　(ア)　 及びこれがアンモニアと結合
して生じるクロロアミンをいい，前者を 　(イ)　，後者を 　(ウ)　，両者を合わせて
残留塩素という.

	（ア）	（イ）	（ウ）
1	次亜塩素酸	遊離残留塩素	結合残留塩素
2	塩化物イオン	結合残留塩素	遊離残留塩素
3	塩化物イオン	遊離残留塩素	結合残留塩素
4	過塩素酸	結合残留塩素	遊離残留塩素
5	過塩素酸	遊離残留塩素	結合残留塩素

解説　（ア）「次亜塩素酸」である. 化学式は HClO である.

(イ)「遊離残留塩素」である．水中の HClO または ClO⁻ を遊離残留塩素という．
(ウ)「結合残留塩素」である．クロロアミンは NH₂Cl, NHCl₂, NCl₃ である． ▶答 1

■問題11　　　　　　　　　　　　　　　　　　　　　　【令和2年 問4】

「JIS K 0102 工場排水試験方法」に規定されている試料保存処理に関する次の記述の中から，誤っているものを一つ選べ．
1　「100℃における過マンガン酸カリウムによる酸素消費量」の試験に用いる試料は，0℃～10℃の暗所に保存する．
2　「亜硝酸イオン」の試験に用いる試料は，1L につき 5mL のクロロホルムを加えて 0℃～10℃の暗所に保存する．
3　「シアン化合物」の試験に用いる試料は，水酸化ナトリウム溶液（200g/L）を加えて pH 約 12 として保存する．
4　「フェノール類」の試験に用いる試料は，りん酸を加えて pH 約 4 とし，試料 1L につき 1g の硫酸銅(II)五水和物を加えて混合し，0℃～10℃の暗所に保存する．
5　「クロム(VI)」の試験に用いる試料は，硝酸を加えて pH 約 1 として 0℃～10℃の暗所に保存する．

解説　1　正しい．「100℃における過マンガン酸カリウムによる酸素消費量」の試験とは，COD 試験のことで，用いる試料は 0～10℃の暗所に保存する．
2～4　正しい．
5　誤り．「クロム(VI)」の試験に用いる試料は，そのままの状態で 0～10℃の暗所に保存する．pH を下げるとクロム(VI)が還元されてクロム(III)になりやすいからである．

▶答 5

■問題12　　　　　　　　　　　　　　　　　　　　　　【令和2年 問20】

「JIS K 0102 工場排水試験方法」に規定されている懸濁物質及び蒸発残留物の試験に関する次の記述の中から，誤っているものを一つ選べ．
1　懸濁物質とは，試料をろ過したとき，ろ材上に残留する物質のことである．
2　全蒸発残留物とは，試料を蒸発乾固したときに残留する物質のことである．
3　溶解性蒸発残留物とは，試料を蒸発乾固させた後，残留物に塩酸を加えてろ過したとき，ろ材上に残留する物質のことである．
4　強熱残留物とは，懸濁物質，全蒸発残留物及び溶解性蒸発残留物のそれぞれを 600℃±25℃で 30 分間強熱したときの残留物のことで，それぞれの強熱残留物として示す．
5　強熱減量とは，強熱残留物の測定時における減少量のことで，懸濁物質，全蒸発

残留物及び溶解性蒸発残留物のそれぞれの強熱減量として示す．

解説 1, 2 正しい．
3 誤り．溶解性蒸発残留物質とは，試料を蒸発乾固させた後，ろ過材上に残留する物質のことである．
4, 5 正しい． ▶答 3

問題 13 【令和 2 年 問 22】

「JIS K 0102 工場排水試験方法」に規定されている分析法において，ICP 発光分光分析法が適用されていないものを，次の中から一つ選べ．
1 ほう素　2 全りん　3 ナトリウム　4 鉄　5 すず

解説 選択肢の中で，ICP 発光分光分析法が適用されていないものは，全りんである．りんは，りん酸イオンとして定量し，モリブデン青吸光光度法，イオンクロマトグラフ法またはモリブデン青発色による流れ分析法を適用する．その他は，ICP 発光分光分析法が適用される． ▶答 2

問題 14 【令和元年 問 21】

「JIS K 0102 工場排水試験方法」に規定されている，イオンクロマトグラフ法による陰イオン（塩化物イオン，ふっ化物イオン，亜硝酸イオン，硝酸イオン，りん酸イオン，臭化物イオン及び硫酸イオン）分析操作に関して，次の記述の中から誤っているものを一つ選べ．
1 試料中の懸濁物や有機物は，分離カラムの性能低下の原因となる場合があるので，これらの物質を含む試料は，除去操作を行った後に試験する．
2 試料中に含まれる陰イオン間の濃度の相違が大きいと，感度妨害を引き起こす場合がある．
3 操作中，溶離液に新たな気体が溶け込むのを避けるための対策を講じる．
4 イオンクロマトグラフは，測定対象イオンの濃度にかかわらず，分離カラムとサプレッサーを組み合わせた方式のものを使用する必要がある．
5 検量線を作成する際には，測定対象とする複数のイオンを含む混合標準液を使用することができる．

解説 1～3 正しい．
4 誤り．イオンクロマトグラフは，測定対象イオンの濃度が低いときに，分離カラムとサプレッサーを組み合わせた方式のものを使用し，低いピークを明確にする必要がある．
5 正しい． ▶答 4

■ 問題 15　　　　　　　　　　　　　　　　　　　　【令和元年 問22】

「JIS K 0102 工場排水試験方法」に規定されている金属元素の試験における試料の保存処理又は前処理の操作に関して，次の記述の中から誤っているものを一つ選べ．
1　溶存鉄の試験に用いる試料は，試料採取後速やかに硝酸を加え，pH 約 1 として保存する．
2　クロム (VI) の試験に用いる試料は，試料採取後，そのままの状態で 0℃ 〜 10℃ の暗所に保存する．
3　有機物及び懸濁物がきわめて少ない試料は，塩酸又は硝酸を加えて静かに煮沸する．
4　有機物が少なく，懸濁物として，水酸化物，酸化物，硫化物，りん酸塩を含む試料は，塩酸または硝酸を加えて加熱分解する．
5　酸化されにくい有機物を含む試料は，硝酸を加えて加熱分解を行った後に放冷し，硝酸を再度加え，過塩素酸を少量ずつ加えて加熱分解する．

解説　1　誤り．溶存鉄の試験に用いる試料は，採取直後にろ紙 5 種 C でろ過し，初めの 50 mL を捨て，これに硝酸を加えて pH を約 1 にして保存する．
2 〜 5　正しい．　　　　　　　　　　　　　　　　　　　　　　　　　　　　▶ 答 1

■ 問題 16　　　　　　　　　　　　　　　　　　　　【平成 30 年 12 月 問 1】

「JIS K 0102 工場排水試験方法」に規定されているイオン電極法を用いた塩化物イオンの定量に関する次の記述の中から，誤っているものを一つ選べ．
1　参照電極には，外筒液に硝酸カリウム溶液を用いた二重液絡形の銀-塩化銀電極を用いる．
2　測定容器には，ガラス製のものが使用できる．
3　酢酸塩緩衝液の添加によって，pH 約 5 に調節し，イオン強度を一定にする．
4　この方法では，硫化物イオンなどが妨害する．
5　同じ JIS に規定されているイオンクロマトグラフ法よりも，低濃度域の定量に適用できる．

解説　1　正しい．イオン電極法を用いた塩化物イオンの定量において，参照電極には，外筒液に硝酸カリウム溶液を用いた二重液絡形の銀-塩化銀電極を用いる．
2 〜 4　正しい．
5　誤り．同じ JIS に規定されているイオンクロマトグラフ法の方が，低濃度域の定量に適用できる．定量範囲は，イオンクロマトグラフ法では 0.1 〜 25 mg/L，イオン電極法では 5 〜 1,000 mg/L である．　　　　　　　　　　　　　　　　　　　▶ 答 5

問題 17 　　　　　　　　　　【平成 30 年 12 月 問 4】

「JIS K 0102 工場排水試験方法」に規定されているイオンクロマトグラフ法を用いるイオンの分析に関する次の記述の中から，誤っているものを一つ選べ．
1 ふっ化物イオンを分析する場合には，試料採取後直ちに試験を行う．直ちに行えない場合には 0℃ ～ 10℃の暗所に保存し，できるだけ早く試験する．
2 亜硝酸イオンの分析には，紫外吸収検出器を用いることができる．
3 電気伝導度検出器を用いる場合には，陽イオンを分析することができない．
4 サプレッサー方式による陰イオンの分析では，サプレッサーに陽イオン交換膜を用いることができる．
5 硫酸イオンの定量において，硫化物イオンは定量誤差の原因になる．

解説 　1，2 　正しい．
3 　誤り．電気伝導度検出器を用いる場合には，特定の陽イオンに分離すれば，その陽イオンを分析することができる．
4 　正しい．サプレッサー方式による陰イオンの分析では，サプレッサーに陽イオン交換膜を用い，陽イオンを除去して電気伝導率を下げて陰イオンだけの感度を上げることができる．
5 　正しい． 　　　　　　　　　　　　　　　　　　　　　　　　　▶ 答 3

問題 18 　　　　　　　　　　【平成 30 年 12 月 問 20】

「JIS K 0102 工場排水試験方法」に規定されている試料の保存処理に関する次の記述の中から，誤っているものを一つ選べ．
1 アンモニウムイオン，有機体窒素及び全窒素の試験に用いる試料は，塩酸又は硫酸を加え，pH 2 ～ 3 とし，0℃ ～ 10℃の暗所に保存する．
2 亜硝酸イオン及び硝酸イオンの試験に用いる試料は，クロロホルムを加えて 0℃ ～ 10℃の暗所に保存する．
3 よう化物イオン及び臭化物イオンの試験に用いる試料は，水酸化ナトリウム溶液を加えて pH 約 10 として保存する．
4 銅，亜鉛，鉛，カドミウム，マンガン，鉄などの金属元素の試験に用いる試料は，硝酸を加えて pH 約 1 として保存する．
5 シアン化合物及び硫化物イオンの試験に用いる試料は，塩酸を加えて pH 約 1 として保存する．

解説 　1 ～ 4 　正しい．
5 　誤り．シアン化合物および硫化物イオンの試験に用いる試料は，水酸化ナトリウム溶

液を加えてpH約12として保存する． ▶答 5

問題19 【平成30年12月 問22】

「JIS K 0102 工場排水試験方法」に規定されている水素化物発生ICP発光分光分析法によるひ素の定量に関する次の一連の操作において，下線を付した（ア）～（エ）の正誤の組合せとして，正しいものを一つ選べ．

a) 試料をビーカーにとり，硫酸及び (ア) 硝酸を加え，更に (イ) 過マンガン酸カリウム溶液を溶液が着色するまで滴加する．
b) 加熱板上で加熱して硫酸の白煙を発生させる．
c) 室温まで放冷した後，水，塩酸，(ウ) よう化カリウム溶液及びアスコルビン酸溶液を加えて約60分間静置し，全量フラスコに移し入れ，水を標線まで加える．
d) 連続式水素化物発生装置にアルゴンを流しながら，c) の溶液，(エ) テトラヒドロほう酸ナトリウム溶液及び塩酸を，定量ポンプで連続的に装置内に導入し，水素化ひ素を発生させる．
e) 発生した水素化ひ素と廃液とを分離した後，水素化ひ素を含む気体を発光部に導入し，波長193.696 nmの発光強度を測定する．

	（ア）	（イ）	（ウ）	（エ）
1	正	正	正	正
2	誤	正	正	正
3	正	誤	正	正
4	正	正	誤	正
5	正	正	正	誤

解説 （ア）正しい．「硝酸」である．
（イ）正しい．「過マンガン酸カリウム溶液」である．a) から b) まではひ素を酸化してⅤ価にする操作である．
（ウ）正しい．「よう化カリウム溶液」である．c) はⅤ価をⅢ価に還元する操作である．
（エ）正しい．「テトラヒドロほう酸ナトリウム溶液」である．d) はAsH_3にする操作である． ▶答 1

● 2 吸光光度法（分光光度計）

問題1 【令和6年 問5】

「JIS K 0115 吸光光度分析通則」に規定されている吸光光度分析に関する次の記述の中から，正しいものを一つ選べ．ただし，吸光光度分析においてはランバート・

ベールの法則が成立するものとする.

1　試料を透過した光の強度が透過前の光の強度と同じであったとき，吸光度は1となる.

2　透過率が0.8となる測定系の光路長を2倍の長さにした場合，透過率は0.4となる.

3　透過パーセントが10%であったとき，吸光度は約2.3となる.

4　標準液を分析種の濃度が0.5倍になるよう希釈して得られた希釈液の吸光度は，同じ測定系を用いた場合に得られる標準液の吸光度の0.5倍となる.

5　分析種Aの0.5倍のモル吸光係数を有する分析種Bについて，同じ測定系を用いて同じ吸光度を得るためには，分析種Bの濃度は分析種Aの濃度の0.5倍にする必要がある.

解説　1　誤り．試料を透過した光の強さをI，透過前の光の強さをI_0とすれば，吸光度Eは，

$$E = -\log \frac{I}{I_0} \tag{①}$$

と表せる．$I = I_0$であれば，式①は

$$E = -\log 1 = 0$$

となるから，吸光度は0である.

2　誤り．透過率が0.8となることは，次のように表される.

$$0.8 = \frac{I}{I_0} = 10^{-\varepsilon lc} \tag{②}$$

ここに，ε：モル吸光係数，l：光路長，c：モル濃度

光路長を2倍にしたときの透過率をTとして，式②のlを2倍にすると，次のように表される.

$$T = 10^{-\varepsilon 2lc} = (10^{-\varepsilon lc})^2 \tag{③}$$

式③に式②を代入すると，

$$T = (10^{-\varepsilon lc})^2 = 0.8^2 = 0.64$$

したがって，透過率は0.64となる.

3　誤り.

$$E = -\log T = -\log 0.10 = -\log 10^{-1} = 1$$

したがって，吸光度は1となる.

4　正しい.

5　誤り．分析種Aと分析種Bは題意から次のように表せる.

$$E_A = \varepsilon l c_A \tag{①}$$

$$E_B = 0.5 \varepsilon l c_B \tag{②}$$

式①のE_Aと式②のE_Bは等しい.

$$\varepsilon l c_A = 0.5\varepsilon l c_B \qquad ③$$

式③から

$$c_B = 2c_A$$

となる.すなわち,分析種Bの濃度は分析種Aの濃度の2倍にする必要がある. ▶答 4

問題2 【令和5年 問5】 ✓✓✓

「JIS K 0115 吸光光度分析通則」に規定されている吸収セルに関する次の記述の(ア)〜(ウ)に入る語句の組合せとして,正しいものを一つ選べ.

吸収セルは,気体,液体などの測定試料の光路長を ［(ア)］ ためのもので,測定波長範囲内で高い ［(イ)］ をもち,測定試料に侵されない材質からなるものである.通常,光路長10 mmの角形セルが用いられるが,吸光度が ［(ウ)］ 試料では,光路長が大きい長光路セルが有効である.

	(ア)	(イ)	(ウ)
1	最大化する	透過性	小さい
2	最大化する	遮光性	大きい
3	一定に保つ	透過性	大きい
4	一定に保つ	遮光性	小さい
5	一定に保つ	透過性	小さい

解説 (ア)「一定に保つ」である.

(イ)「透過性」である.

(ウ)「小さい」である. ▶答 5

問題3 【令和5年 問18】 ✓✓✓

分光光度計を用いて,ある成分の濃度が1.0 mmol/Lである水溶液を光路長1.0 cmのセルで測定したとき,その成分によって入射光の20%が吸収された.その成分の濃度が0.50 mmol/Lである水溶液を光路長2.0 cmのセルで測定したとき,得られる吸光度としてもっとも近い値を次の中から一つ選べ.ただし,測定される吸光度はランバート・ベールの法則(Lambert-Beer's law)に従うものとする.また,$\log_{10} 2 = 0.30$とする.

1 0.1 2 0.2 3 0.3 4 0.4 5 0.5

解説 ランバート-ベールの法則は次の式で表される.

$$T = \frac{I}{I_0} = 10^{-\varepsilon l c} \qquad ①$$

208

ここに，T：透過率，I：透過後の光の強さ，I_0：透過前の光の強さ，
ε：モル吸光係数，l：光路長〔cm〕，c：測定対象物のモル濃度〔mmol/L〕
また，吸光度 E は式①を用いて次のように表される．
$$E = -\log T = \varepsilon l c \quad ②$$
次に，式②からモル吸光係数 ε を求める．
入射光の 20% が吸収されることは，式①から
$$T = \frac{I}{I_0} = \frac{(1-0.2)I_0}{I_0} = 0.8 \quad ③$$
である．濃度 1.0 mmol/L，光路長 1.0 cm のセルで測定したときの吸光度 E_1 は，式②から
$$E_1 = -\log T = -\log 0.8 = -\log(10^{-1} \times 2^3) \fallingdotseq 1 - 3 \times 0.30 = 0.10 \quad ④$$
である．式②の右側の c と l は，それぞれ 1.0 mmol と 1.0 cm であるから，ε は式④の値を用いて次のように算出される．
$$0.1 = \varepsilon \times 1.0 \times 1.0$$
$$\varepsilon = 0.1 \quad ⑤$$
濃度 0.50 mmol/L，光路長 2.0 cm のセルで測定したときの吸光度 E_2 は，式⑤の値を用いて次のように算出される．
$$E_2 = 0.1 \times 0.50 \times 2.0 = 0.1$$

 答 1

問題 4 【令和 4 年 問 5】

「JIS K 0115 吸光光度分析通則」に規定されている吸光光度分析に関する次の記述の中から，正しいものを一つ選べ．
1 分光光度計の吸光度目盛は，重水素放電管の輝線の波長と比較して校正する．
2 検量線法による定量において，分析種濃度はできるだけ検量線の中央に来るように設定する．
3 ほうけい酸ガラス製セルは，石英ガラス製セルに比較してより短波長側の範囲で使用することができる．
4 吸光度が小さい試料を測定する場合には，光路長の短いセルが有効である．
5 発光ダイオードは，分光光度計の光源に用いることはできない．

解説 1 誤り．分光光度計の吸光度目盛は，校正用光学フィルターを用い，値付けされたときの条件を設定して，透過%または吸光度を測定し，校正用光学フィルターの認証書に与えられた値と比較して校正する．「重水素放電管の輝線の波長と比較して校正する」のは，分光光度計の波長目盛である．
2 正しい．

3　誤り．ほうけい酸ガラス製セルは，石英ガラス製セルに比較してより長波長側の範囲で使用することができる．

　　石英ガラス製セル　　　　200 ～ 2,500 nm
　　ほうけい酸ガラス製セル　320 ～ 2,000 nm
　　プラスチック製セル　　　220 ～ 　900 nm

4　誤り．吸光度が小さい試料を測定する場合には，光路長の長いセルが有効である．

5　誤り．発光ダイオードは，白色LEDおよび単色LEDである．白色LEDは，波長帯域幅をもつ光源として分光光度計に用いる．また，波長の異なる数種類の単色LEDを組み合わせて光源として用いることもある． ▶答 2

問題 5　　【令和 3 年 問 5】

「JIS K 0115吸光光度分析通則」に関する次の記述の中から，誤っているものを一つ選べ．

1　吸光度とは，光が物質を透過する割合を，透過後の光の量と透過前の光の量との比で表したものである．

2　モル吸光係数とは，特定試料の吸光度を，分析種の濃度1 mol/L，光路長1 cmのセルを用いた場合に換算した係数である．

3　複光束方式とは，光源からの光を試料側と対照側とに分岐させる光学系の一方式である．

4　ハロゲンランプは，320 nm以上の長波長域で分光光度計の光源用放射体として用いられる．

5　フォトダイオード又は電荷結合素子（CCD）を波長分散方向にアレイ状に配置したアレイ形検出器は，複数の波長における光を同時に検出することができる．

解説　1　誤り．透過後の光の強さを I，透過前の光の強さを I_0 とすれば，透過率 T は次のように表される（ランバート-ベールの法則）．

$$T = \frac{I}{I_0} = 10^{-\varepsilon l c} \qquad ①$$

ここに，ε：モル吸光係数，l：光路長，c：測定対象物質のモル濃度

吸光度 E は式①を使用して次のように定義される．

$$E = -\log T = -\log \frac{I}{I_0} = -\log 10^{-\varepsilon l c} = \varepsilon l c \qquad ②$$

吸光度 E は，式①からモル吸光係数 ε，光路長 l および測定対象物質のモル濃度 c の積で表される．なお，選択肢の「光の量」を「光の強さ」としたものは透過率の内容である．

2　正しい．モル吸光係数 ε とは，式②に示すように，特定試料の吸光度 E を，次に示す

ように分析種の濃度1mol/L，光路長1cmのセルを用いた場合に換算した係数である．
$$E = \varepsilon \times 1 \times 1 = \varepsilon$$
3〜5 正しい． ▶答1

問題6 【令和2年 問5】

吸光光度分析における定量法に関する次の記述の中から，誤っているものを一つ選べ．
1 検量線法では，吸光度と分析種の濃度との関係式によって表された検量線を作成する．
2 標準添加法で測定される吸光度は，試料溶液による吸光度に，標準液の添加による吸光度を加えたものとなる．
3 検量線が曲線となる場合には，検量線法よりも標準添加法による定量が望ましい．
4 分析種の解離や会合は，検量線が直線にならない原因となり得る．
5 試料の懸濁は，測定される吸光度に影響を与える．

解説 1 正しい．検量線法（図2.11(a)参照）では，吸光度Eの分析種の濃度cとの関係式
$$E = \varepsilon l c$$
ここに，ε：モル吸光係数，l：セルの厚さ
によって表された検量線を作成する．

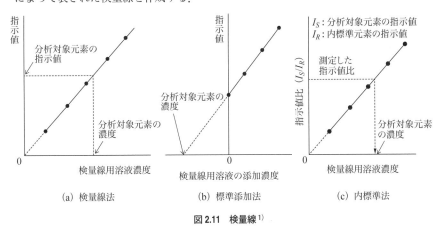

図2.11 検量線[1]

2 正しい．標準添加法（図2.11(b)参照）で測定される吸光度は，試料溶液による吸光度に，標準液の添加による吸光度を加えたものである．
3 誤り．検量線が曲線になる場合は，検量線法や標準添加法は使用できない．

4，5　正しい．　　　　　　　　　　　　　　　　　　　　　　▶答 3

■ **問題 7** 　　　　　　　　　　　　　　　　　　　【令和元年 問 5】

Lambert-Beer の法則において，他のパラメータが一定の場合，常に成り立つ関係として，正しいものを一つ選べ．
1　入射光の強度が 2 倍になると，吸光度は 2 分の 1 になる．
2　測定対象成分の濃度が 2 倍になると，透過率は 2 分の 1 になる．
3　透過率が 2 倍になると，吸光度は 2 倍になる．
4　モル吸光係数が 2 倍になると，同じ吸光度を得るために必要な光路長は 2 倍になる．
5　吸収セルの光路長が 2 倍になると，吸光度は 2 倍になる．

解説　1　誤り．入射光の強度 I が 2 倍になっても，吸光度 E は，$E = \varepsilon l c$（ここに，ε：モル吸光係数，l：光路長，c：濃度）と表されるから，入射光の強さ I には無関係で変化しない．
2　誤り．透過率 T は，$T = I/I_0 = 10^{-\varepsilon l c}$（ここに，$I$：透過光の強度）であるから，濃度 c が 2 倍になっても透過率 T は 2 分の 1 にならない．
3　誤り．透過率 T が 2 倍になっても，吸光度 E は，$E = \varepsilon l c$ であるから無関係で変化しない．
4　誤り．モル吸光係数 ε が 2 倍になると，同じ吸光度 E を得るために必要な光路長 l は，$E = \varepsilon l c$ から 2 分の 1 になる．
5　正しい．吸収セルの光路長 l が 2 倍になると，吸光度 E は，$E = \varepsilon l c$ から 2 倍になる．

▶答 5

■ **問題 8** 　　　　　　　　　　　　　　　　　　　【平成 30 年 12 月 問 5】

「JIS K 0115 吸光光度分析通則」に規定されている吸光光度法に関する次の記述の中から，正しいものを一つ選べ．
1　低圧水銀ランプからの輝線は，分光光度計の波長目盛の校正に用いられる．
2　タングステンランプは，主として紫外波長範囲の測定で光源として用いられる．
3　ほうけい酸ガラス製の吸収セルは，石英ガラス製のものに比較して紫外波長範囲での測定に適している．
4　標準添加法は，吸光光度法では用いることができない．
5　モル吸光係数は，試料を透過した光の強度と，透過前の光の強度との比を常用対数で表した数値である．

解説 1 正しい．
2 誤り．タングステンランプは，可視〜近赤外部の測定で光源として用いられる．なお，紫外線波長範囲の測定の光源には重水素放電管が用いられる．
3 誤り．ほうけい酸ガラス製の吸収セルは，可視〜赤外領域の測定に適している．なお，石英ガラス製のものは紫外波長範囲での測定に適している．
4 誤り．標準添加法（図2.11(b)参照）は，等量の分析試料を数個はかり取って，これに分析対象元素が異なった濃度として含まれるように検量線用溶液を添加して溶液列をつくり，それぞれの溶液について吸光度を測定して図2.11(b)のようにプロットし，延長線が横軸と交わる点から分析対象の濃度を求める方法である．
5 誤り．モル吸光係数を ε，試料を透過した光の強さを I，透過前の光の強さを I_0，光路長を l，試料濃度を c〔mol/L〕とすると，吸光度 E は次のように表される．

$$\frac{I}{I_0} = 10^{-\varepsilon l c}$$

$$E = -\log \frac{I}{I_0} = -\log 10^{-\varepsilon l c} = \varepsilon l c$$

したがって，モル吸光係数 ε は，吸光度 E がセルの厚さ l と濃度 c の積で与えられるときの係数である．　　　　　　　　　　　　　　　　　　　　　　　▶答 1

3 原子吸光法

■ 問題1　　　　　　　　　　　　　　　　　　　　　　　　　【令和6年 問9】

「JIS K 0121 原子吸光分析通則」に規定されている分析装置に関する次の記述の中から，誤っているものを一つ選べ．
1 電気加熱方式の原子化部に使用する発熱体は，黒鉛製または耐熱金属製のものとする．
2 水銀専用原子吸光分析装置で，試料中の水銀を原子蒸気化する方式として，還元気化方式および加熱気化方式がある．
3 水素化物発生装置は，試料溶液中の分析対象成分を還元して気体状の水素化合物とし，フレームまたは加熱吸収セルに導入する装置である．
4 フレーム方式の装置で予混合方式バーナーに用いるフレームの種類として，「アセチレン・空気」，「アセチレン・一酸化二窒素」などがある．
5 電気加熱方式の原子化部は，加熱炉内に高濃度の酸化性を有するガスを流して試料の酸化を促進する必要がある．

解説 1〜4 正しい．

5　誤り．電気加熱方式の原子化部は，加熱炉内にアルゴン，窒素，アルゴンおよび水素の混合ガスなどを流して試料の酸化の防止をする必要がある．　　　　　　　▶答 5

問題2　　　　　　　　　　　　　　　　　　　　　　　　　【令和5年 問9】

「JIS K 0121原子吸光分析通則」に規定されている原子吸光分析に関する次の記述の中から，正しいものを一つ選べ．
1　ゼーマン分裂補正方式のバックグラウンド補正で用いる磁石として，永久磁石は用いることができず，交流磁石を用いる必要がある．
2　水銀専用原子吸光分析装置には，水素化物発生装置が必要である．
3　フレーム中で分析対象元素が共存成分と作用することによって，解離しにくい化合物が生成することで吸光度が低下することがあるが，電気加熱炉中ではこの現象は生じない．
4　連続スペクトル光源補正方式における補正用光源としては，180 nm〜350 nmの範囲に分析線をもつ元素に対しては重水素ランプが最もよく用いられる．
5　溶液試料に対する定量値は，体積に対する質量比（mg/Lなど）で濃度を表示しなくてはならない．

解説　1　誤り．ゼーマン分裂補正方式では，スペクトル線の光路に磁場を掛けると，図2.12のように分裂する．Aのピークの光を目的原子が吸収するとA成分の原子吸収とバックグラウンドの合計の吸収が得られる．一方，Bのピークを目的原子に吸収させても，Aのピークと異なり吸収線から外れているため，原子は光をほとんど吸収せず，吸収は主にバックグラウンドの吸収となる．したがって，AのピークからBのピークを差し引けば，バックグラウンド影響を除いた吸収が得られることになる．磁石は永久磁石または交流磁石のいずれも使用可能である．

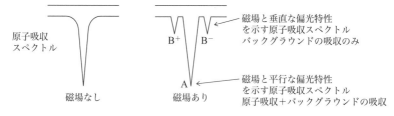

図2.12　ゼーマン分裂補正方式

2　誤り．水銀専用原子吸光分析装置には，水素化物発生装置は不要である．水銀の分析は，水銀化合物を強酸で酸化して水銀イオンにし，還元剤で水銀に還元して水銀蒸気として原子吸収させる方法と，水銀をジチゾン錯体として抽出し，磁器ボート上で加熱し

て水銀蒸気にして原子吸光する方法がある．水素化物発生装置が必要なものは，ひ素およびその化合物と，セレンおよびその化合物である．

3　誤り．フレーム中で分析対象元素が共存成分と作用することによって，解離しにくい化合物が生成することで吸光度が低下することがある．また，電気加熱炉中でもこの現象は生じる．さらに，電気加熱炉中で分析対象元素が共存成分と低沸点の化合物を生成し，灰化段階で蒸発することによっても，吸光度が低下することがある．

4　正しい．連続スペクトル光源補正方式における補正用光源としては，180～350 nmの範囲に分析線をもつ元素に対しては重水素ランプが最もよく用いられる．重水素ランプによる吸収はブロードなバックグラウンドによるものであり，中空陰極ランプ（後出の図 2.13 参照）は原子吸収とバックグラウンド吸収の和であるから，重水素ランプによる吸収を差し引けば，原子吸収が求められる．

5　誤り．溶液試料に対する定量値は，体積に対する質量比（mg/L など）で濃度を表すが，質量に対する質量比（mg/kg など）でもよい．　　　　　　　　　　　▶答 4

問題3　【令和4年 問9】

「JIS K 0121 原子吸光分析通則」に規定されている分析装置に関する次の記述の中から，誤っているものを一つ選べ．

1　中空陰極ランプは，分析用光源及びバックグラウンド補正用光源に使用することができる．
2　予混合バーナーでは，霧化された試料溶液の全量をフレームに送り込む．
3　ダブルビーム方式の装置は，光束を分割することで光源の光強度変化を補正するものである．
4　検出器には，光電子増倍管，光電管又は半導体検出器が用いられる．
5　分光器の形式には，ツェルニ・ターナー形，エシェル形などがある．

解説　1　正しい．中空陰極ランプ（図 2.13 参照）は，目的元素を中空陰極に塗布し励起することで，それに応じた波長を得られるランプである．分析用光源およびバックグラウンド補正用光源に使用することができる．

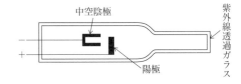

図 2.13　中空陰極放電ランプ

2　誤り．予混合バーナーでは，助燃ガスによって試料溶液がチャンバー内に吹き込まれて燃料ガスと混合され，細かい粒子だけがバーナーヘッドに送られる．径の大きな粒子は，バーナーには送られず，ドレインチューブから落下する．「霧化された試料溶液の全量をフレームに送り込む」方式は，全噴霧バーナーである．

3 正しい．ダブルビーム方式の装置（図 2.14 参照）は，光束を分割することで光源の光強度変化を補正するものである．

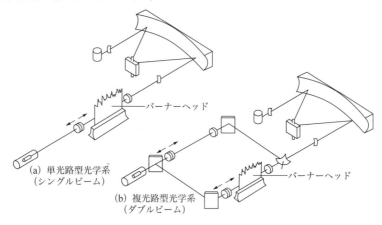

図 2.14　原子吸光分光光度計の光学系[3]

4 正しい．
5 正しい．分光器の形式には，ツェルニ・ターナー形（図 2.15 参照），エシェル形（図 2.16 参照），パッシェン・ルンゲ形（図 2.17 参照）などがある．

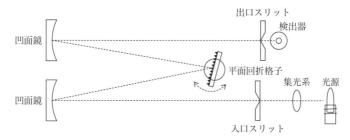

図 2.15　ツェルニ・ターナー形分光器[1]

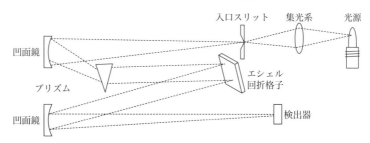

図 2.16　エシェル形分光器[1]

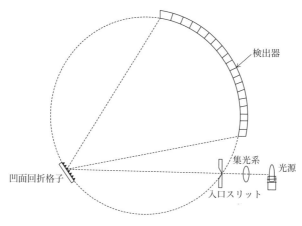

図2.17　パッシェン・ルンゲ形分光器[1)]

▶ 答 2

問題 4　　　　　　　　　　　　　　　【令和3年 問9】

「JIS K 0121 原子吸光分析通則」に規定されている分析装置のバックグラウンド補正法に関する次の記述の中から，正しいものを一つ選べ．

1. 連続スペクトル光源補正方式は，波長350 nm以下の分析線だけに使用できる．
2. 連続スペクトル光源補正方式では，バックグラウンド補正用光源から放射される光を，ミラーなどを用い原子化部を迂回（うかい）させて検出器に導く．
3. ゼーマン分裂補正方式は，磁場によってスペクトル線にゼーマン分裂を生じる現象を利用した補正法である．
4. ゼーマン分裂補正方式は，シングルビーム方式で使用できるが，ダブルビーム方式では使用できない．
5. 自己反転方式は，ランプに常に高電流を流す方式である．

解説　1　誤り．連続スペクトル光源補正方式は，重水素ランプを用いたときは波長180〜350 nmに分析線を持つ金属元素に，タングステンランプを用いたときは波長350〜800 nmに分析線を持つ金属元素に適用できる．

2　誤り．連続スペクトル光源補正方式では，バックグラウンド補正用光源ランプおよびその光線を分析用光源ランプ（中空陰極ランプ）の光軸に一致させて測定するため，原子化部を迂回させることはない．連続スペクトル光源補正方式とは，中空陰極ランプなどからの波長幅の極めて狭い光の吸収は原子吸収とバックグラウンド吸収の和であるから，連続光源で測定したブロードなバックグラウンド吸収を差し引けば原子吸収だけを

測定できることになる方式である．

3　正しい．ゼーマン分裂補正方式（図2.12参照）は，磁場によってスペクトル線にゼーマン分裂を生じる現象を利用した補正法である．この方式は，吸収スペクトルに磁場をかけると，かけた磁場と平行に偏光した光だけを吸収する中央の原子吸収線と，その両側に垂直に偏光した光だけを吸収する原子吸収線が現われるが，光源からの光も磁場に平行な偏光成分と垂直な偏光成分に分けられるので，平行な偏光成分による原子吸収とバックグラウンド吸収（分裂も偏光特性も生じない）が測定できる．垂直な偏光成分だけを測定するとバックグラウンドが測定できるので，これらの測定の差から原子吸収の補正を行う．ゼーマン分裂補正方式は，ダブルビーム方式（図2.14(b)参照）でも使用できる．

4　誤り．ゼーマン分裂補正方式は，シングルビーム方式（図2.14(a)参照）でもダブルビーム方式（図2.14(b)参照）でも使用できる．

5　誤り．自己反転方式は，中空陰極ランプに瞬間的に大電流を流すと，共鳴線の幅が広がり自己反転現象（中央が凹になる現象）が起こり，バックグラウンドのみの吸収が測定されるので，この値からバックグラウンドの補正を行う方式である．「常に」が誤り．

▶答 3

問題5　【令和2年 問9】

「JIS K 0121 原子吸光分析通則」に規定されている分析装置に関する次の記述の中から，誤っているものを一つ選べ．

1　フレーム方式の原子化部の一つとして，予混合バーナーがある．
2　電気加熱方式で使用する電気加熱炉の発熱体には，黒鉛製又は耐熱金属製がある．
3　分光器は，光源から放射されたスペクトルの中から必要な分析線だけを選び出すためのものである．
4　フレーム方式の分析装置において，フレーム中を通過する光束の位置は，分析するすべての元素種で常に同一にする．
5　水銀専用原子吸光分析装置において，試料中の水銀を原子蒸気化する方式として，加熱気化方式と還元気化方式がある．

解説　1　正しい．フレーム方式の原子化部の一つとして，予混合バーナー（あらかじめ空気と燃料を混合して燃焼する方式）がある．

2　正しい．電気加熱方式で使用する電気加熱炉の発熱体には，黒鉛製（表面を緻密にしたパイロコーティング管を主に使用）またはタンタルなどの耐熱金属製がある．

3　正しい．

4　誤り．フレーム方式の分析装置において，フレーム中の原子蒸気の密度分布（フ

レーム中を通過する光束の位置）は，元素の種類とフレームの性質とによって異なる．そのため，光源からの光をフレームのどの部分に通すかによって感度が異なるので，対象元素および分析条件に応じて，フレーム中の最適位置に光を透過させるために，バーナーの位置を調節することが望ましい．

5　正しい．水銀専用原子吸光分析装置において，試料中の水銀を原子蒸気化する方式として，加熱気化方式（水銀のジチゾン錯体を磁器ボートに入れてバーナーで加熱）と還元気化方式（還元剤として塩化ヒドロキシアンモニウムと塩化スズ (II) を使用）がある．

▶答 4

■ 問題6　　　　　　　　　　　　　　　　　　　　【令和元年 問9】

「JIS K 0121原子吸光分析通則」に規定されている，バックグラウンド補正法に関する次の記述の ［(ア)］ ～ ［(ウ)］ に入る語句の組合せとして，正しいものを一つ選べ．

自己反転補正方式は，［(ア)］ に通常の電流を流した時の吸光度と，［(イ)］ を流して自己吸収の結果として得られた吸光度との ［(ウ)］ によって，試料由来の原子吸光を得る方式である．

	（ア）	（イ）	（ウ）
1	中空陰極ランプ	高電流	差
2	重水素ランプ	低電流	和
3	重水素ランプ	低電流	差
4	中空陰極ランプ	低電流	和
5	重水素ランプ	高電流	差

解説　　（ア）「中空陰極ランプ」である．中空陰極ランプとは，分析対象物質で陰極を作り直流放電を行うと，発光スペクトルが現われ，その中に分析対象物質のスペクトルが得られるランプである．

（イ）「高電流」である．自己吸収とは，陰極内から外側に金属原子が流出して温度勾配がある場合，温度の高い内部の金属原子は温度の低い外側の金属原子より多く励起され発光するので，この光が外側の温度の低い金属原子を通過する際に吸収される現象である．高電流を流して自己吸収をさせると，吸収位置を中心に前後に分離した発光スペクトル（自己反転という）を生じるが，その中心点における吸収はバックグラウンドに相当するため，バックグラウンドの補正が可能となる．

（ウ）「差」である．

▶答 1

■ 問題7　　　　　　　　　　　　　　　　　　　【平成30年12月 問9】

以下に示した五つの語句のうち，原子吸光分析装置と ICP 発光分光分析装置の両方

で構成要素となり得るものが幾つあるか，次の1〜5の中から一つ選べ．
　ネブライザー
　ゼーマン分裂補正方式バックグラウンド補正部
　半導体検出器
　分光器
　水素化物発生装置
1　一つ　　2　二つ　　3　三つ　　4　四つ　　5　五つ

解説　① ネブライザーは原子吸光分析装置とICP発光分光分析装置の両方で構成要素となる．ネブライザーは霧吹きの一種で，液体試料をできるだけ微細な粒子として装置に導入する．
② ゼーマン分裂補正方式バックグラウンド補正部は，原子吸光分析装置のみで構成要素となる．ゼーマン分裂補正方式バックグラウンド補正部は，原子蒸気に磁場をかけると，ゼーマン効果によって分裂し，同時に偏向特性を持つが，バックグラウンド吸収は分裂もせず，偏向特性も持たないことを利用した原子吸光分析装置の干渉補正方式であり，ICP発光分光分析装置では構成要素とならない．
③ 半導体検出器は，原子吸光分析装置とICP発光分光分析装置の両方で構成要素となる．半導体検出器は，一定の波長の検出に使用する．
④ 分光器は，原子吸光分析装置とICP発光分光分析装置の両方で構成要素となる．分光器は，特定波長の選択に使用する．
⑤ 水素化物発生装置は，原子吸光分析装置とICP発光分光分析装置の両方で構成要素となる．水素化物発生装置は，セレンおよびひ素などいずれも構成要素である．　▶ 答 4

● 4　ガスクロマトグラフ分析法

問題1　【令和6年 問3】

ガスクロマトグラフに関する次の記述の中から，誤っているものを一つ選べ．
1　ライナー（インサート）は，目的とする測定に十分な不活性さを有している．
2　窒素をキャリヤーガスに使用する場合，線速度の変化によるカラム効率の変動がヘリウムに比べて小さい．
3　キャリヤーガスの線速度の最適化により，カラムによる分離を改善できる．
4　試料注入部の温度は，試料を気化させるのに十分な温度に設定する．
5　カラムオーブンの温度は，測定成分およびカラムの種類に応じて設定する．

解説　1　正しい．ライナー（インサート）は，目的とする測定に十分な不活性さを

有していることが必要である．なお，ライナー（インサート）の役割は，注入した試料を効率よく気化させ，キャリヤーガスと均一に混合してカラムに導入することである．

2　誤り．窒素は，キャリヤーガスに使用する場合，線速度の変化によるカラム効率の変動がヘリウムに比べて大きい．なお，窒素の最適線速度は 8 〜 10 cm/s，ヘリウムの最適線速度は 16 〜 20 cm/s で，窒素の最適線速度の範囲はヘリウムより狭い．

3 〜 5　正しい．　　　　　　　　　　　　　　　　　　　　　　　　　▶答 2

■問題 2　　　　　　　　　　　　　　　　　　　　　　　　【令和 4 年 問 3】

「JIS K 0114 ガスクロマトグラフィー通則」に規定されている検出器に関する次の記述の中から，正しいものを一つ選べ．

1　熱伝導度検出器は，測定対象化合物の熱伝導度がキャリヤーガスのそれに近いほど高感度に検出する．
2　水素炎イオン化検出器は有機化合物のほとんどを対象とするが，検量線の直線領域は 2 桁前後の狭い範囲に限られる．
3　電子捕獲検出器は電子親和性の高い化合物を選択的に検出し，検量線の直線領域は 7 桁前後の非常に広い範囲に及ぶ．
4　炎光光度検出器は硫黄，りん，及びすずを含有する化合物を対象とするが，硫黄の検量線は近似二次曲線となる．
5　熱イオン化検出器はりん又は塩素を含む化合物を選択的に検出し，一般にりんよりも塩素の方が感度は高い．

解説　1　誤り．熱伝導度検出器（TCD：Thermal Conductivity Detector．表 2.2 参照）は，測定対象化合物の熱伝導度がキャリヤーガスのそれと違うことによって測定するものであるが，感度そのものはあまり高くない．測定対象化合物の熱伝導度がキャリヤーガスの熱伝導度に近いほど，感度は低下する．

表 2.2　ガスクロマトグラフ分析法に用いられる検出器

検出器	原理	分析対象物質
熱伝導度検出器 (TCD：Thermal Conductivity Detector)	物質がすべて異なる熱伝導度（キャリアガスとの相違で検出）を持つことを利用する．他の検出器に比べて感度は高くない．	（原理的には）キャリアガスと異なるすべての物質
水素炎イオン化検出器 (FID：Flame Ionization Detector)	水素炎中で炭化水素化合物の炭素がイオン化することを利用する（イオン電流の利用）．	ほとんどの有機化合物

表 2.2 ガスクロマトグラフ分析法に用いられる検出器（つづき）

検出器	原理	分析対象物質
電子捕獲検出器 (ECD：Electron Capture Detector)	β線でキャリアガスをイオン化して電子を生成させて電子電流を流し，試料中の物質がこの電子を捕獲すれば電子電流が減少するので，これを検出する．	塩素化ビフェニル（PCB）やトリクロロエチレンなど有機ハロゲン化合物，ニトロ化合物
光イオン化検出器 (PID：Photo-Ionization Detector)	測定対象化合物に紫外線を照射，イオン化してイオン電流を検出して定量する．	ベンゼンやキシレンなど芳香族炭化水素
炎光光度検出器 (FPD：Flame Photometric Detector)	硫黄，りん，すずを含む化合物が水素炎中で特定波長の光を発生することを利用する．	有機（硫黄，りん，すず）化合物や硫化水素
熱イオン化検出器 (TID：Thermionic Ionization Detector, FTD：Flame Thermionic Detector)	水素フレーム中にアルカリ金属塩を添加するとアルカリ金属イオンが生成するが，りん，含窒素有機化合物，シアン化水素が金属イオンに触れるとイオン化が起こるので，これらのイオン電流の増加量を検出して定量する．	有機（りん，窒素，シアン）化合物

2　誤り．水素炎イオン化検出器（FID：Flame Photometric Detector．表 2.2 参照）は，有機化合物のほとんどを対象とするが，検量線の直線領域は，7 桁前後の非常に広い範囲にある．

3　誤り．電子捕獲検出器（ECD：Electron Capture Detector．表 2.2 参照）は，電子親和性の高い化合物を選択的に検出し，検量線の直線領域が狭いという欠点もあるが，特定の物質化合物に対して極めて高感度の検出が可能である．

4　正しい．炎光光度検出器（FPD：Flame Photometric Detector．表 2.2 参照）は，硫黄，りんおよびすずを含有する化合物を対象とするが，硫黄の検量線は近似二次曲線となる．

5　誤り．熱イオン化検出器（FTD：Flame Thermionic Detector．表 2.2 参照）は，りんまたは窒素を含む化合物を選択的に検出し，一般に窒素よりもりんの方が感度は高い．

▶ 答 4

■ 問題 3　　　　　　　　　　　　　　　　　　　　　　　　【令和 3 年 問 3】

　ガスクロマトグラフィーにおける試料の誘導体化に関する次の記述の中から，誤っているものを一つ選べ．

1　誘導体化することで，揮発性や安定性を向上させ，分離を容易にすることができる．

2　分析種を検出しやすい化学形にすることで，選択性を向上させ，高感度検出を可能とすることができる．

3 オンカラム誘導体化とは，誘導体化試薬と試料を混合した溶液を冷却した注入口に注入して反応させる方法である．
4 光学異性体を，キラル試薬を用いてジアステレオマー化することで，光学活性カラムを使わずに分離可能にできる．
5 誘導体化試薬は反応性の高い試薬が多いため，湿気を避け密栓し冷暗所に保管する．

解説 1，2 正しい．
3 誤り．オンカラム誘導体化とは，試料溶液中にあらかじめ誘導体化試薬を添加し，加熱した注入口に注入して反応させる方法である．
4 正しい．光学異性体を，キラル試薬（実像と鏡像の関係（鏡像異性体）にあり，重ね合わせることができない性質をもつ化合物の試薬）を用いてジアステレオマー化（鏡像異性体でない化合物にすること）することで，光学活性カラム（光学活性固定相を使用し，水素結合，電荷移動錯体の形成，配位結合，イオン結合などを多段的に形成させて分離を行うカラム）を使わずに分離可能にできる．
5 正しい． ▶答 3

問題 4 【令和 2 年 問 3】

「JIS K 0114 ガスクロマトグラフィー通則」に記載されているガスクロマトグラフの使用上の注意点について，誤っているものを一つ選べ．
1 広い沸点範囲をもつ試料をガスクロマトグラフに注入しても，注入する試料の組成とカラムに入る試料の組成は常に同じである．
2 試料成分濃度が高い場合，カラムによる分離に影響が出ることがある．
3 検量線作成では，標準物質及び調製に用いる器具のトレーサビリティが確保されていることが望ましい．
4 試料気化室やカラムの汚れ，注入口ゴム栓からの溶出成分などに起因するゴーストピークにより，精確なデータが得られない場合がある．
5 試料注入量が多すぎると，ライナー内で気化した溶媒及び試料成分の一部がセプタムパージから流出することがある．

解説 1 誤り．広い沸点範囲をもつ試料をガスクロマトグラフに注入すると，注入する試料の組成とカラムに入る試料の組成は，気体になる時間的ずれがあるため，常に同じとは限らない．
2〜4 正しい．
5 正しい．試料注入量が多すぎると，ライナー内で気化した溶媒および試料成分の一部

がセプタムパージから流出することがある．なお，セプタムとは，耐熱性弾性体隔壁をいう．
▶答 1

■ 問題5　【令和元年 問3】

「JIS K 0114 ガスクロマトグラフィー通則」に規定されているガスクロマトグラフの試料注入法に関して，次の記述の中から誤っているものを一つ選べ．

1　スプリット注入法では，試料導入部に設けた分岐によって，注入気化した試料の一部をカラムに導入する．

2　スプリットレス注入法では，注入気化した試料のほぼ全量がカラムに移送された段階で，気化室に残存する溶媒などをスプリット出口から系外に排出する．

3　直接注入法では，試料を加熱した気化室で瞬間気化させた後，カラムへ全量導入する．

4　コールドオンカラム注入法では，試料溶媒の沸点以上に保った注入口を通してカラムに直接試料を導入する．

5　ガラスウールまたは石英ウールをライナーに入れる目的の一つは，試料の均一な気化を促すことである．

解説　1～3　正しい．

4　誤り．コールドオンカラム注入法では，試料溶媒の沸点以下に保った注入口を通してカラムに直接試料を導入する．

5　正しい．ガラスウールまたは石英ウールをライナー（注入からカラムに移動するまでのサンプルの保持容器）に入れる目的の一つは，試料の均一な気化を促すことである．
▶答 4

■ 問題6　【平成30年12月 問3】

ガスクロマトグラフの検出器と測定時に用いるガス（キャリヤーガス，付加ガス，燃料ガス又は助燃ガス）との組合せとして，誤っているものを一つ選べ．

	検出器	測定時に用いるガス
1	電子捕獲検出器（ECD）	塩素
2	水素炎イオン化検出器（FID）	空気
3	炎光光度検出器（FPD）	水素
4	熱イオン化検出器（TID）	空気
5	熱伝導度検出器（TCD）	ヘリウム

解説　1　誤り．電子捕獲検出器（ECD：Electron Capture Detector．表 2.2 参照）の

224

キャリヤーガスは窒素である．塩素はいかなる場合にも使用しない．
2 正しい．水素炎イオン化検出器（FID：Flame Ionization Detector．表2.2参照）は，水素火炎中にキャリヤーガス（窒素やヘリウムガス）によって有機物を導入し，空気を助燃ガスとして使用する．
3 正しい．炎光光度検出器（FPD：Flame Photometric Detector．表2.2参照）のキャリヤーガスは窒素またはヘリウムガスで，水素を燃料ガス，空気を助燃ガスとして使用する．
4 正しい．熱イオン化検出器（TID：ThermIonic Detector．表2.2参照）は，水素フレームを利用し，キャリヤーガスは窒素またはヘリウムで，空気を助燃ガスとして使用する．
5 正しい．熱伝導度検出器（TCD：Thermal Conductivity Detector．表2.2参照）のキャリヤーガスはヘリウムである． ▶答 1

● 5 質量分析

■ 問題1 【令和3年 問23】

質量分析計のイオン化法とその説明に関する次の記述の中から，誤っているものを一つ選べ．
1 電子イオン化（EI）法は，大気圧下でフィラメントから放出された電子を分析種に照射しイオン化させる方法である．
2 化学イオン化（CI）法は，イオン化室に試薬ガスを導入し，試薬ガス由来の反応イオンを生成させ，イオン-分子反応によって分析種をイオン化させる方法である．
3 誘導結合プラズマ（ICP）イオン化法は，高周波誘導コイルで囲われたトーチ内で発生した高温の誘導結合プラズマにより，目的元素をイオン化させる方法である．
4 エレクトロスプレーイオン化（ESI）法は，試料溶液を高電圧が印加されたキャピラリーチューブを通して噴霧し，溶媒を気化させることによりイオン化させる方法である．
5 大気圧化学イオン化（APCI）法は，試料溶液がイオン化部でコロナ放電によって生じる溶媒イオンと試料分子がイオン-分子反応を起こしイオン化させる方法である．

解説 1 誤り．電子イオン化（EI）法は，真空下（10^{-2} Pa以下）でフィラメントから放出された電子を分析種に照射しイオン化させる方法である．
2 正しい．化学イオン化（CI）法は，イオン化室に試薬ガスを導入し，試薬ガス由来の反応イオンをEI法によって生成させ，イオン-分子反応によって分析種（A）をイオン

化させる方法である.

例：CH_5^+（試料ガス）＋ A → CH_4 ＋ AH^+

3　正しい.

4　正しい. エレクトロスプレーイオン化（ESI）法は，試料溶液を高電圧（2,000 ～ 4,000 V）が印加されたキャピラリーチューブを通して噴露し（荷電液体），液滴表面から溶媒を気化して微細な液滴になるとクーロン反発（電荷密度が増大）で一層帯電した微細粒子となって目的分子をイオン化させる方法である. この方法は目的分子を破壊することなくイオン化できる特徴がある.

5　正しい.　　　　　　　　　　　　　　　　　　　　　　　　　▶答 1

■ 問題 2　　　　　　　　　　　　　　　　【令和 2 年 問 23】

質量分析計による測定方法に関する次の記述の中から，誤っているものを一つ選べ.

1　設定した質量範囲を設定した走査速度で繰り返し走査し，走査ごとに質量スペクトルを採取・記録する方法を全イオン検出法という.

2　分析種に応じて，あらかじめ決めた特定の質量電荷比（m/z）のイオンを検出する方法を選択イオン検出法という.

3　特定のプリカーサイオンを第一アナライザーで選択し，そのイオンから生じる特定のプロダクトイオンを選んで分離・検出する方法を選択反応検出法という.

4　特定のプロダクトイオンを第二アナライザーで選択し，そのイオンを生じるプリカーサイオンを検出する方法をプロダクトイオンスキャン法という.

5　高分解能質量分析計による精密質量の測定結果から分子の組成式を推定できる.

解説　　1，2　正しい.

3　正しい. 特定のプリカーサイオン（最初に生じたイオン：目的イオン以外のイオンも結び付いている）を第一アナライザー（最初の質量分析計（MS））で選択し，次に衝突室でイオンを開裂させてイオンをバラバラ（プロダクトイオン）にし，目的イオンのみを第二アナライザー（第二の MS）で分離・検出する方法を選択反応検出法という.

4　誤り. 1 段目の質量分析計で特定の m/z 値を持つプリカーサイオンを選択し，それを衝突誘起解離（CID：Collision-Induced Dissociation）等によって断片化し，生じたプロダクトイオンをさらに選択し，2 段目の質量分析計（第二アナライザー）で測定する方法をプロダクトイオンスペクトル法という. CID は，試料のイオンにヘリウム等の希ガスを衝突させることにより生じるイオンのフラグメンテーションをいう. なお，プロダクトイオンスキャン法は，第二アナライザーで選択せず，すべてのプロダクトイオンを検出する方法をいう.

5　正しい.　　　　　　　　　　　　　　　　　　　　　　　　　▶答 4

226

● 6 ガスクロマトグラフ質量分析法

■ 問題 1 　　　　　　　　　　　　　　　　　　　【令和 6 年 問 23】

ガスクロマトグラフ質量分析計（GC/MS）のイオン化法として誤っているものを，次の中から一つ選べ.
1 電子イオン化法
2 正イオン化学イオン化法
3 負イオン化学イオン化法
4 誘導結合プラズマイオン化法
5 エレクトロスプレーイオン化法

解説 1 正しい. ガスクロマトグラフ質量分析計（GC/MS）のイオン化法では，電子イオン化法（EI：Electron Ionization）が最も一般的で多く使用されている. 電子イオン化法は，真空下（10^{-2} Pa 以下）でフィラメントから放出された電子を分析種に照射しイオン化させる方法である.

2 正しい. 正イオン化学イオン化法（Positive ion Chemical Ionization：PCI）は，一定の圧力（133 Pa 程度）になるように試薬ガス（メタンなど）を満たし，これをフィラメントから照射された電子などによりイオン化（電子イオン化で一次イオン化）し，生じた反応イオンと試料分子とのイオン-分子反応によりイオン化を行う方法である.

$$CH_4 + e^- \rightarrow CH_4^+, CH_3^+, CH_2, \cdots + 2e^- \cdots$$
$$CH_4^+ + CH_4 \rightarrow CH_5^+ + CH_3 \cdot$$
$$CH_3^+ + CH_4 \rightarrow C_2H_5^+ + H_2$$

試料を M とすれば次のように正イオンが付加する（プロトン移動反応の場合）.

$$M + CH_5^+ \rightarrow MH^+ + CH_4$$
$$M + C_2H_5^+ \rightarrow MH^+ + C_2H_4$$

3 正しい. 負イオン化学イオン化法（Negative ion Chemical Ionization：NCI）は，基本的には PCI と同じであるが，フィラメントから放出された電子が電子親和性の高い化合物と共鳴的な捕獲反応を起こし，試料分子をイオン化する.

$$M + e^- \rightarrow M^-$$

4 正しい. 誘導結合プラズマ（ICP：Inductively Coupled Plasma）イオン化法は，高周波誘導コイルで囲われたトーチ内で発生した高温の誘導結合プラズマにより，目的元素をイオン化させる方法である.

5 誤り. エレクトロスプレーイオン化法（ESI：Electro Spray Ionization）は，試料溶液を高電圧（2,000 ～ 4,000 V）に印加されたキャピラリーチューブに通して噴霧（荷電液体）し，液滴表面から溶媒が気化して微細な液滴になるとクーロン反発（電荷密度

2.4

測定法および測定器関係

が増大）で一層帯電した微細粒子となって目的分子をイオン化させる方法である．この方法は目的分子を破壊することなくイオン化できる特徴がある．液体クロマトグラフィーと質量分析の組合せで使用される． ▶答 5

■問題2　　　　　　　　　　　　　　　　　　　　【令和4年 問23】　✓ ✓ ✓

「JIS K 0123 ガスクロマトグラフィー質量分析通則」に規定されているガスクロマトグラフィー質量分析法（GC/MS）に関する次の記述の（ア）～（ウ）に入る語句の組合せとして，正しいものを一つ選べ．

気体又は液体の混合物試料をガスクロマトグラフ質量分析計（GC-MS）に導入すると，分析種はガスクロマトグラフで分離され，連続的に質量分析計のイオン源に導かれて ［（ア）］ される．生じた正又は負のイオンは，［（イ）］ に入り，［（ウ）］ に応じて分離される．分離されたイオンは，順次，検出部でその量に対応する電気信号に変換され，各種クロマトグラム及び質量スペクトルとして記録される．

	（ア）	（イ）	（ウ）
1	イオン化	質量分離部	分子量
2	誘導体化	試料導入部	質量電荷数比
3	イオン化	電気伝導度測定部	分子量
4	誘導体化	試料導入部	イオン半径
5	イオン化	質量分離部	質量電荷数比

解説　（ア）「イオン化」である．

（イ）「質量分離部」である．

（ウ）「質量電荷数比」である．質量mによって分離されるのではなく，質量mと電荷数zの比（m/z）に応じて分離される． ▶答 5

■問題3　　　　　　　　　　　　　　　　　　　　【令和元年 問23】　✓ ✓ ✓

ガスクロマトグラフ質量分析計で用いられる電子イオン化（EI）法において，イオン源の構成要素と成り得ないものを一つ選べ．

1　フィラメント
2　引き出し電極
3　誘導コイル
4　押し出し電極
5　電子トラップ

解説　ガスクロマトグラフ質量分析計で用いられる電子イオン化（EI：Electron Ionization）法は，熱したフィラメントから高熱の電子が放出され，それを気体試料に衝突させてイオン化するものである．イオン源の構成要素として，誘導コイルは使用しない．フィラメント，押し出し電極（正の電圧が印加された電極で，イオン源から押し出す機能），引き出し電極（イオンレンズに導く機能），電子トラップなどは構成要素である．誘導コイルはプラズマの発生に使用する．　　　　　　　　　　　　　　　　　　　　　　　▶答 3

7　ICP

問題 1　【令和5年 問7】

「JIS K 0116 発光分光分析通則」における ICP 発光分光分析に関する次の記述の（ア）～（エ）に入る語句の組合せとして，正しいものを一つ選べ．

イオン化干渉とは試料溶液中に高濃度の共存元素が存在する場合，これらの元素のイオン化のときに発生する [（ア）] によって，プラズマ内の電子密度が増加し，イオン化率が変化する現象をいう．特に，アルカリ金属，アルカリ土類金属などのイオン化エネルギーの [（イ）] 元素が多量に存在すると，測定対象元素のイオン化率が大きく変化する．この変化を受ける割合は， [（ウ）] 観測方式の方が大きいために， [（エ）] 観測方式を用いることが望ましい．

	（ア）	（イ）	（ウ）	（エ）
1	光	高い	軸方向	横方向
2	光	低い	横方向	軸方向
3	電子	高い	横方向	軸方向
4	電子	低い	横方向	軸方向
5	電子	低い	軸方向	横方向

解説　（ア）「電子」である．
（イ）「低い」である．
（ウ）「軸方向」である．
（エ）「横方向」である．　　　　　　　　　　　　　　　　　　　　　　　▶答 5

問題 2　【令和3年 問7】

ICP 発光分光分析において，共存元素による分光干渉の影響を軽減する方法として，誤っているものを一つ選べ．
1　干渉を受けない分析線を選択する．
2　共存元素の影響を数値的に差し引く元素間干渉補正を行う．
3　共存元素のスペクトルを試料溶液のスペクトルから差し引く補正を行う．

4　バックグラウンド補正を行う.

5　標準添加法による定量を行う.

解説　1〜3　正しい.

4　正しい.共存元素の影響をバックグラウンドとして,バックグラウンド補正を行う.

5　誤り.標準添加法(図2.11(b)参照)は,一定量の分析対象物質を分析試料に添加して分析を行う方法であるが,この方法は共存物質の影響を排除した方法ではないので,分光干渉の影響を軽減できない.なお,共存元素による分光干渉を避けるには,内標準法(図2.11(c)参照)を使用する.　▶答 5

問題3　【令和元年 問7】

「JIS K 0116 発光分光分析通則」において,ICP発光分光分析による定量法や補正法として記載されていないものを一つ選べ.

1　内標準法

2　標準添加法

3　同位体希釈分析法

4　分光干渉補正

5　バックグラウンド補正

解説　1　記載あり.内標準法(図2.11(c)参照)は,目的元素と物理的・化学的性質がよく似た物質(内標準元素)を試料中に添加し,両者の吸光度を測定し,目的元素の指示値I_Sと内標準元素の指示値I_Rから両者の比(I_S/I_R)を求め,図2.11(c)のような検量線を作成する方法である.

2　記載あり.標準添加法(図2.11(b)参照)は,等量の分析試料を数個はかり取って,これに分析対象元素が異なった濃度として含まれるように検量線用溶液を添加して溶液列をつくり,それぞれの溶液について吸光度を測定して図2.11(b)のようにプロットし,延長線が横軸と交わる点から分析対象の濃度を求める方法である.

3　記載なし.同位体希釈分析法は,単位重量当りの放射能(比放射能)がわかっている物質の一定量を非放射性の同じ物質と混合した後,その物質の一部を純粋に分離して比放射能を測定し,希釈度を知るもので,ICP質量分析法に使用される.

4　記載あり.分光干渉補正は記載されている.

5　記載あり.バックグラウンド補正は記載されている.　▶答 3

問題4　【平成30年12月 問7】

ICP発光分光分析法における干渉とその原因の組合せとして,誤っているものを一

つ選べ.

	干渉	原因
1	物理干渉	標準液と試料溶液との粘度の違い
2	分光干渉	測定対象元素の波長に近接する分子バンドスペクトル
3	物理干渉	プラズマ内の電子密度の増加
4	イオン化干渉	共存する高濃度のアルカリ金属
5	分光干渉	高濃度で含まれる元素の発光によって増加するバックグラウンド

解説 1 正しい. 物理干渉には, 標準液と試料溶液との粘度の違いが関係する.

2 正しい. 分光干渉には, 測定対象元素の波長に近接する分子バンドスペクトルが関係する.

3 誤り. 物理干渉には, プラズマ内の電子密度の増加は関係しない. プラズマ内の電子密度の増加は, イオン化干渉に関係する. イオン化干渉とは, 試料溶液中に高濃度の共存元素が存在する場合, これらの元素のイオン化のときに発生する電子によって, プラズマ内の電子密度が増加し, イオン化率が変化する現象をいう. 特に, アルカリ金属, アルカリ土類金属などのイオン化エネルギーの低い元素が多量に存在すると, 測定対象元素のイオン化率が大きく変化する.

4 正しい. イオン化干渉には, 共存する高濃度のアルカリ金属が影響する.

5 正しい. 分光干渉には, 高濃度で含まれる元素の発光によって増加するバックグラウンドが関係する. ▶答 3

● 8 ICP 質量分析法

■ 問題 1 【令和 6 年 問 7】

「JIS K 0133:2022 誘導結合プラズマ質量分析通則」に規定されているスペクトル干渉に関する次の記述の中から, 誤っているものを一つ選べ.

1 分析対象元素の同位体と原子量が近接した元素が共存するときに, 同重体イオンによる干渉が発生する場合がある.

2 アルゴンプラズマをイオン化源とする場合は, ArO^+, $ArOH^+$, Ar_2^+などのアルゴンに起因する多原子イオンが現れる.

3 塩酸を含む溶液では, ClO^+, Cl_2^+, $ArCl^+$などの塩素原子を含む多原子イオンが現れる.

4 硝酸を含む溶液では, 純水の場合と比較して多原子イオンが著しく増加することはない.

5 二価イオンは, 当該の一価イオンの 2 倍の質量電荷数比 (m/z) の位置にスペク

トルが現れる.

解説 1 正しい. 分析対象元素の同位体と原子量が近接した元素が共存するときに, 同重体イオンによる干渉が発生する場合がある. 例えば, Fe^{2+}の原子量は56, ArO^+の分子量も56であるから, 干渉が発生する可能性がある.

2～4 正しい.

5 誤り. 二価イオンは, 当該の一価イオンの1/2倍の質量電荷数比 (m/z) の位置にスペクトルが現れる. ▶答 5

■問題2 【令和4年 問7】 ✓✓✓

「JIS K 0133 高周波プラズマ質量分析通則」に規定されているICP質量分析法で用いるコリジョン・リアクションセルに関する次の記述について, 下線部 (a)～(c) に記述した語句の正誤の組合せとして, 正しいものを一つ選べ.

コリジョン・リアクションセルは, 測定対象元素以外のイオンが引き起こす (a) 非スペクトル干渉を除去又は低減するための装置であり, (b) 質量分離部の後ろに設ける. 外部から気体分子（水素, ヘリウム, アンモニアなど）を導入したセルと呼ばれる箱の中をプラズマからのイオンが通過するときに, 気体分子とイオンとの間で相互作用が生じる. この相互作用の結果として, 測定対象元素イオンと干渉イオンの選別が行われるとともに, (c) イオンの運動エネルギーの収束も生じる.

	(a)	(b)	(c)
1	正	正	正
2	正	誤	誤
3	誤	正	誤
4	誤	誤	正
5	誤	誤	誤

解説 コリジョンセルを使用するコリジョン法は, 外部から導入した気体分子（水素, ヘリウム, アンモニアなど）の測定対象イオンと干渉イオンに対する衝突確率の差に着目した方法である. 気体分子が干渉イオンに高い確率で衝突すれば, 干渉イオンが運動エネルギーを失い除去される.

リアクションセルを使用するリアクション法は, 外部から導入した気体分子に対する測定対象イオンと干渉イオンの反応性の違いに着目した方法である. 気体分子と干渉イオンの反応が測定対象イオンより大きければ, 干渉イオンが除去される.

(a) 誤り. 正しくは, 「スペクトル干渉」である.

(b) 誤り. 正しくは, 「質量分離部の前」である.

(c) 正しい．「イオンの運動エネルギー」である． ▶答 4

問題 3 【令和 2 年 問 7】

ICP 質量分析法に関する次の記述の中から，誤っているものを一つ選べ．
1. ネブライザーとスプレーチャンバーは，それぞれ液体試料を霧状にし，粒径の小さい霧を選別する働きがある．
2. インターフェース部は，プラズマで生成したイオンを，細い孔（オリフィス）を通して真空中に取り込み，質量分離部へ導く働きがある．
3. イオンレンズ部は，イオンを効率よく引き出し，質量分離部へ導くとともに，妨害となる紫外光などを遮断する働きがある．
4. 四重極形質量分析計は，目的元素のイオンを通過させ，目的元素と等しい質量電荷比（m/z）の妨害分子イオンを遮断する働きがある．
5. 二次電子増倍管検出器によるパルス検出方式は，検出器に到達したイオンを一つずつ計数してイオンカウント数とする方法である．

解説 1～3 正しい．
4 誤り．四重極形質量分析計は，4 本の電極棒を配置し，相対する 2 本を組みとしてそれぞれに正負の直流電圧と交流電圧を重畳して印加し，目的元素のイオン（質量電荷比（m/z））を通過させるが，目的元素と等しい質量電荷比（m/z）の妨害成分イオンも通過させる働きがある．
5 正しい． ▶答 4

問題 4 【平成 30 年 12 月 問 23】

ICP 質量分析装置の構成に関する次の記述の中から，正しいものを一つ選べ．
1. スプレーチャンバーは，ネブライザーから発生させた霧のうち，粒径の大きい霧だけを選択して，プラズマに導く役割を持つ．
2. インターフェース部には，サンプリングコーン及びスキマーコーンを使用している．
3. イオンレンズ部は，プラズマから中性粒子を効率よく質量分離部に導くための部分である．
4. 四重極形質量分析計では，固定磁場を利用してイオンをその質量によって分離する．
5. 検出部は，質量分離部で分離された電子を検出し，読み取り可能な信号に変換する部分である．

解説 1 誤り．スプレーチャンバーは，ネブライザーから発生させた霧のうち，粒径の小さい霧だけを選択して，プラズマに導く役割を持つ．

2 正しい．インターフェース部（生成したイオンを高真空状態の質量分析部へ導くためのもの）には，サンプリングコーン（1 mmφ程度のオリフィスを持つ）およびスキマーコーン（$0.3 \sim 1$ mmφ程度のオリフィスを持つ）を使用している．

3 誤り．イオンレンズ部は，プラズマからイオンを効率よく質量分離部に導くための部分で，プラズマの強い光が検出器に入らないようにするためのものである．

4 誤り．四重極形質量分析計では，4本の円柱（ロッド）を平行に設置し，対向するロッドには同じ電位を，隣り合うロッドには正負逆の電位をかけ，電位を高速で切り替え，イオンをその質量によって分離するものである．

5 誤り．検出部は，質量分離部で分離されたイオンを検出し，読み取り可能な信号に変換する部分である．すなわち，イオンが高電圧の変換ダイオードに衝突して電子が放出され，さらにこの電子が高電圧のシンチレーターに衝突して光子が放出され，この光子が光電子増倍管で増幅され，信号として取り出される． ▶答 2

● 9 高速液体クロマトグラフ法（MS/MS法も含む）

■ 問題1 【令和5年 問21】 ✓ ✓ ✓

「JIS K 0124 高速液体クロマトグラフィー通則」に規定されている分析方法に関する次の記述の中から，誤っているものを一つ選べ．

1 半値幅とピーク高さの積をピーク面積とする方法は，リーディングやテーリングが著しい場合には適用しない．

2 送液ポンプは流量設定可能範囲が広く，かつ流量設定精度が高いものが望ましい．

3 カラムの仕様を表示する場合，カラム管の材質，長さ，内径及び充塡剤名を記載する．

4 クロマトグラフィー管の材質としては，分析種に対して十分な活性を有するものを用いる．

5 測定法の感度に比較して試料の濃度が低い場合は試料の濃縮を行う．

解説 液体クロマトグラフィー（LC）は，移動相として液体を用いるクロマトグラフィーで，カラムの固定相と移動相との間で生じる各分析種の相互作用の差によって混合物の分離を行う物理化学的分離分析法の一つである．移動相をポンプを用いて高圧で送液することによって，短時間で高性能の分離を得るようにして分析する方法を高速液体クロマトグラフィー（HPLC）と呼ぶ．

1 〜 3 正しい．

4 誤り．クロマトグラフィー管の材質としては，分析種に対して不活性なものを用いる．

5　正しい. ▶答 4

■問題 2 【令和 5 年 問 23】

「JIS K 0136 高速液体クロマトグラフィー質量分析通則」に規定されている MS/
MS 法で用いられる選択反応モニタリング（SRM：selected reaction monitoring）に
ついて，次の記述の（ア）～（ウ）に入る語句の組合せとして，正しいものを一つ
選べ.

選択反応モニタリングとは，プリカーサーイオンから生じる特定の ［(ア)］ の質量
を連続的に検出する方法である. 測定対象化合物と同一保持時間で，かつ， ［(イ)］
と同一質量をもつ妨害物質が存在しても，妨害物質が測定対象化合物と同一質量の
［(ウ)］ を生じない限り，その影響を排除できる.

	（ア）	（イ）	（ウ）
1	プロダクトイオン	プリカーサーイオン	フラグメントイオン
2	フラグメントイオン	プロダクトイオン	分子イオン
3	プロダクトイオン	フラグメントイオン	プリカーサーイオン
4	フラグメントイオン	分子イオン	プロダクトイオン
5	分子イオン	プリカーサーイオン	フラグメントイオン

解説　プリカーサーイオンとは，イオンがある一定以上のエネルギーで衝突解離ガス
（CID（Collision Induced Dissociation）ガス：アルゴンが多く使用される）と衝突する
と，イオンの解離が起こる現象のうち，衝突前のイオンを指す. 衝突解離により生成され
たイオンをプロダクトイオンと呼ぶ. なお，フラグメントイオンとは，関連分子イオンの
結合が開裂して生成したイオンをいう.
（ア）「プロダクトイオン」である.
（イ）「プリカーサーイオン」である.
（ウ）「フラグメントイオン」である. ▶答 1

■問題 3 【令和 2 年 問 21】

「JIS K 0124 高速液体クロマトグラフィー通則」に関する次の記述の中から，
誤っているものを一つ選べ.
1　分離度とは，目的成分のピークと隣接するピークとの強度の比をいう.
2　溶離液とは，カラムに保持されている分析種を展開，溶出させる移動相として用
いる液体のことである.
3　基本的な装置の構成要素として，移動相送液部，試料導入部，分離部，検出部，
データ処理部などがある.

2.4

測定法および測定器関係

4 手動で試料を導入する際に，一定容量を計量して導入するため，試料ループを使用することができる．

5 移動相に溶解している空気を除去し，気泡の発生による流量やバックグラウンドの不安定化を防ぐために，脱気装置が用いられる．

解説 1 誤り．分離度とは，目的成分のピークが隣接するピークからどの程度分離しているかを示す尺度である．

2, 3 正しい．

4 正しい．手動で試料を導入する際に，一定容量を計量して導入するため，試料ループ（標準 20 μL）を使用することができる．

5 正しい． ▶答 1

問題4 【平成30年12月 問21】 ✓✓✓

「JIS K 0124 高速液体クロマトグラフィー通則」に規定されている分析操作に関する次の記述の中から，誤っているものを一つ選べ．

1 試料の前処理操作を行う目的の一つとして，カラム及び分析機器の保護並びに劣化の防止がある．

2 溶離液は分析種，充填剤，検出器などの種類に応じて適切なものを選択する．

3 検出感度や選択性を高める目的で，プレカラム誘導体化法又はポストカラム誘導体化法が使用されることがある．

4 測定中は，溶離液の組成を変化させてはならない．

5 対象とする分析種や固定相に用いる物質の種類などによって，必要に応じて溶離液を使用前に脱水する．

解説 1〜3 正しい．

4 誤り．測定中は，溶離液の組成を連続的に変化させて複雑な混合物の分離を改善したり，分離時間を短縮したりするグラジエント抽出法が適用されている．

5 正しい． ▶答 4

● 10 イオンクロマトグラフ法

問題1 【令和6年 問21】 ✓✓✓

「JIS K 0127 イオンクロマトグラフィー通則」に規定されている定量分析に関する次の記述の中から，正しいものを一つ選べ．

1 水試料中の不溶物を除去する際に，ろ過を用いることはできない．

2 　環境試料の分析値は，採取条件および採取方法によって影響を受けるため，事前に十分に考慮した上で試料を採取する．
3 　絶対検量線法を用いる場合は，必ず5段階以上の濃度の標準液を測定する．
4 　検出器として，電気伝導度検出器を使用することはできない．
5 　定量には必ずピーク面積を使用し，ピーク高さを使用することはできない．

解説 　1 　誤り．水試料中の不溶物を除去する際に，ろ過を用いることができる．
2 　正しい．
3 　誤り．絶対検量線法（検量線法については図2.11(a)参照）を用いる場合は，3段階以上の濃度の標準液を測定する．
4 　誤り．検出器として，電気伝導度検出器を使用することができる．
5 　誤り．定量にはピーク面積またはピーク高さを使用することができる． ▶答 2

■問題2　　　　　　　　　　　　　　　　　　　　　　　　【令和4年 問21】

「JIS K 0127 イオンクロマトグラフィー通則」に規定されている，サプレッサーに関する次の記述の（ア）〜（ウ）に入る語句の組合せとして，正しいものを一つ選べ．
　サプレッサーは (ア) 交換部位（膜又は樹脂）を介した (ア) 交換によって (イ) の電気伝導度を低下し，測定イオンの対イオンをより電気伝導度の (ウ) イオンに交換することでSN（シグナルノイズ）比を改善し，測定感度を高める．

	（ア）	（イ）	（ウ）
1	イオン	固定相	低い
2	イオン	溶離液	高い
3	溶媒	カラム	低い
4	イオン	溶離液	低い
5	溶媒	カラム	高い

解説 　（ア）「イオン」である．サプレッサー（Suppressor）は，バックグラウンドを抑制するという意味で，バックグラウンドを小さくして測定対象イオンのピークを大きくし，測定感度を高めるものである．
（イ）「溶離液」である．
（ウ）「高い」である． ▶答 2

■問題3　　　　　　　　　　　　　　　　　　　　　　　　【令和元年 問4】

イオンクロマトグラフ法による陰イオンの定量において，下図のクロマトグラムが得られたとき，「JIS K 0102 工場排水試験方法」で規定されている分離度 R を表す式

として，正しいものを一つ選べ．ただし，第1ピークの保持時間（s）をt_{R1}，第2ピークの保持時間（s）をt_{R2}，第1ピークのピーク幅（s）をW_1，第2ピークのピーク幅（s）をW_2とする．

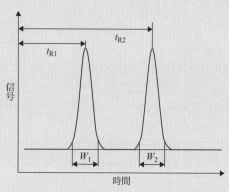

1. $R = \dfrac{2 \times (t_{R2} - t_{R1})}{W_1 + W_2}$ 2. $R = \dfrac{t_{R2} - t_{R1}}{W_1 + W_2}$ 3. $R = \dfrac{2 \times (t_{R2} + t_{R1})}{W_1 + W_2}$

4. $R = \dfrac{t_{R2} + t_{R1}}{W_1 + W_2}$ 5. $R = \dfrac{t_{R2} - t_{R1}}{2 \times (W_1 + W_2)}$

解説 イオンクロマトグラフ法における分離度Rは，ピークの保持時間の差を半値幅の平均値で割った値

$$R = \frac{(t_{R2} - t_{R1})}{(W_1 + W_2)/2} = \frac{2(t_{R2} - t_{R1})}{W_1 + W_2}$$

ここに，t_{R1}：第1ピークの保持時間〔s〕，t_{R2}：第2ピークの保持時間〔s〕，

W_1：第1ピークのピーク幅〔s〕，W_2：第2ピークのピーク幅〔s〕

で定義されている． ▶答 1

● 11 PCB

■ 問題1 【令和5年 問6】

「JIS K 0093 工業用水・工場排水中のポリクロロビフェニル（PCB）試験方法」に関する次の記述の（ア）～（ウ）に入る語句の組合せとして，正しいものを一つ選べ．

ガスクロマトグラフ法では，試料中のPCBをヘキサンで抽出し，脱水・濃縮後，（ア）分解を行う．分解した溶液について再びヘキサンで抽出し，脱水・濃縮する．濃縮液について（イ）を用いたカラムクロマトグラフ分離を行い，溶出液を再

び濃縮し，一定量とする．この溶液の一定量をガスクロマトグラフに導入し，検出器に $\boxed{（ウ）}$ を用いた方法で定量する．

	（ア）	（イ）	（ウ）
1	アルカリ	シリカゲル	熱伝導度検出器（TCD）
2	アルカリ	けいそう土	熱伝導度検出器（TCD）
3	アルカリ	シリカゲル	電子捕獲検出器（ECD）
4	電気	けいそう土	電子捕獲検出器（ECD）
5	電気	シリカゲル	電子捕獲検出器（ECD）

解説　（ア）「アルカリ」である．脂肪酸などを分離するためである．

（イ）「シリカゲル」である．極性の強いものを使用する．

（ウ）「電子捕獲検出器（ECD）」である．表2.2参照．　　　　▶答 3

■ 問題 2　　　　　　　　　　　　　　　　　　【令和元年 問6】

「JIS K 0093 工業用水・工場排水中のポリクロロビフェニル（PCB）試験方法」に規定されている試験方法に関して，次の記述の下線を付した（ア）～（ウ）の正誤の組合せとして，正しいものを一つ選べ．

　試料に塩化ナトリウム及び内標準物質を添加した後，PCBをヘキサンで抽出し，脱水・濃縮する．濃縮液についてヘキサンを用いた (ア) シリカゲルによるカラムクロマトグラフ分離を行い，溶液を再び濃縮し，これにペリレン-d_{12}を添加し，一定量とする．その一定量を (イ) 水素炎イオン化検出器付ガスクロマトグラフ（GC-FID）に導入し，(ウ) 選択イオン検出法（SIM法）又は全イオン検出法（TIM法）を用いて定量する．

	（ア）	（イ）	（ウ）
1	正	正	正
2	正	正	誤
3	正	誤	正
4	誤	正	正
5	誤	誤	誤

解説　（ア）正しい．「シリカゲル」である．

（イ）誤り．「ガスクロマトグラフ質量分析計（GC/MS）」である．

（ウ）正しい．「選択イオン検出法（SIM法）」である．　　　　▶答 3

2.4 測定法および測定器関係

■問題3　　　　　　　　　　　　　　　　　　【平成30年12月 問6】

「JIS K 0093 工業用水・工場排水中のポリクロロビフェニル（PCB）試験方法」に規定されているガスクロマトグラフ法に関する次の記述について，(ア)〜(ウ)に入る語句の組合せとして，正しいものを一つ選べ．

試料中のPCBをヘキサンで抽出し，脱水・濃縮後，(ア)を行う．分解した溶液について再びヘキサンで抽出し，脱水・濃縮する．濃縮液について(イ)を用いたカラムクロマトグラフ分離を行い，溶出液を再び濃縮し，一定量とする．この溶液の一定量をガスクロマトグラフに導入し，検出器(ウ)を用いた方法で定量する．

	(ア)	(イ)	(ウ)
1	加水分解	フロリジル	水素炎イオン化検出器（FID）
2	加水分解	シリカゲル	水素炎イオン化検出器（FID）
3	加水分解	シリカゲル	電子捕獲検出器（ECD）
4	アルカリ分解	シリカゲル	電子捕獲検出器（ECD）
5	アルカリ分解	フロリジル	電子捕獲検出器（ECD）

解説　（ア）「アルカリ分解」である．
（イ）「シリカゲル」である．
（ウ）「電子捕獲検出器（ECD）」である．　　　　　　　　　　▶答 4

● 12　塩素化炭化水素

■問題1　　　　　　　　　　　　　　　　　　【令和3年 問24】

「JIS K 0125 用水・排水中の揮発性有機化合物試験方法」に規定されている，電子捕獲検出器（ECD）を用いたヘッドスペース-ガスクロマトグラフ法の測定対象物質として，誤っているものを一つ選べ．
1　四塩化炭素
2　ベンゼン
3　クロロホルム
4　トリクロロエチレン
5　ジクロロメタン

解説　電子捕獲検出器（ECD：Electron Capture Detector．表2.2参照）は塩素（有機塩素化合物）を選択的に検出する検出器であるから，塩素を有しないベンゼンには適用できない．なお，ヘッドスペースとは，バイアル（小瓶のこと）に試料溶液を入れたときのスペース（空間）をいい，気液平衡となった時点でスペースの気体をシリンジで取り出し

ECDの試料とする. ▶答 2

問題 2 【令和2年 問24】

「JIS K 0125 用水・排水中の揮発性有機化合物試験方法」に規定されている試料の採取及び取扱いに関する次の記述の中から,誤っているものを一つ選べ.
1 試料容器は,40 mL～500 mL のガラス製ねじ蓋付容器とし,ねじ蓋には四ふっ化エチレン樹脂フィルム(又は同等の品質のもの)で内ばりしたものを用いる.
2 試料容器は,あらかじめメタノール(又はアセトン)及びトルエン(又はジクロロメタン)で洗浄した後,105℃±2℃で約3時間加熱し,試験環境からの汚染の影響を受けないようにデシケーター中で放冷する.
3 試料を,試料容器に泡立てないように移し入れ,気泡が残らないように満たして密栓する.
4 ホルムアルデヒドの試験に用いる試料は,精製水及びアセトンで洗浄したガラス容器に泡立てないように静かに採取し,満水にして直ちに密栓する.
5 試験は試料採取後直ちに行う.直ちに行えない場合には,4℃以下の暗所で凍結させないで保存し,できるだけ早く試験する.

解説 1 正しい.
2 誤り.試料容器は,あらかじめ A2 または A3 の水で洗浄した後,105℃±2℃で約3時間加熱し,試験環境からの汚染の影響を受けないようにデシケーター中で放冷する.
3～5 正しい. ▶答 2

● 13 ペルフルオロオクタンスルホン酸またはペルフルオロオクタン酸

問題 1 【令和5年 問24】

「JIS K 0450-70-10 工業用水・工場排水中のペルフルオロオクタンスルホン酸及びペルフルオロオクタン酸試験方法」に規定されているペルフルオロオクタンスルホン酸及びペルフルオロオクタン酸の定量に関する次の記述について,下線部 (a)～(c) の正誤の組合せとして,正しいものを一つ選べ.
　測定用溶液の一定量を (a) 高速液体クロマトグラフタンデム質量分析計に導入し,(b) エレクトロスプレーイオン化(ESI)法を用いてペルフルオロオクタンスルホン酸及びペルフルオロオクタン酸をイオン化し,(c) 全イオン検出法を用いて測定し,検量線法によって定量する.

　　(a)　(b)　(c)
1　 正　 正　 正

2	正	正	誤
3	正	誤	正
4	誤	正	正
5	正	誤	誤

解説 高速液体クロマトグラフタンデム質量分析計（LC-MS/MS）とは，液体クロマトグラフ（LC）により分離した分析対象成分を専用のインターフェース（イオン源）を介してイオン化し，生成するイオンを質量分析計（MS）で分離して特定の質量のイオンを解離・フラグメント化させ，それらのイオンをさらに質量分析計で検出する分析装置をいう．なお，タンデムとは本来2頭立ての馬車を意味するが，2台の質量計（MS/MS）を直列に結合して使用することを表し，その間に衝突活性化室をもつ装置のことをいう．原理としては，まず試料をイオン化させた後，1台目のMSで特定の質量数のイオンのみを選択して衝突活性化室に導き，Xe（キセノン）などの不活性ガスと衝突させ，2次的なイオン（プロダクトイオン）を2台目のMSで検出する方法である．LC/MSと同様に，分析対象は液体に溶解しイオン化するものであればほとんどの化合物が測定可能であるが，LC-MS/MS法はLC/MS法と異なり，特定の質量のみを選択し，フラグメント化することができるため，微量成分定量分析に極めて適した装置である．

(a) 正しい．「高速液体クロマトグラフダンデム質量分析計」である．ペルフルオロオクタンスルホン酸（$CF_3(CF_2)_7SO_3H$：略称 PFOS）やペルフルオロオクタン酸（$CF_3(CF_2)_6COOH$：略称 PFOA）の分析には，高速液体クロマトグラフタンデム質量分析計が使用される．

(b) 正しい．「エレクトロスプレーイオン化（ESI）法」である．ESIは，真空下でフィラメントから放出された数十eV以上のエネルギーを持つ電子を分析種に照射し，イオン化するものである．

(c) 誤り．「選択反応検出法」である．MSを2つ使用し，特定のプロダクトイオンのみを選択し高感度で検出する方法をいう．　　　　　　　　　　　　　　　　　　▶答 2

■問題2　　　　　　　　　　　　　　　　　　　　　　　　【令和2年 問6】

「JIS K 0450-70-10 工業用水・工場排水中のペルフルオロオクタンスルホン酸及びペルフルオロオクタン酸試験方法」に規定されているペルフルオロオクタンスルホン酸及びペルフルオロオクタン酸の定量に関する記述について，下線部 (a) 〜 (c) に記述した語句の正誤の組合せとして，正しいものを一つ選べ．

　測定用溶液の一定量を (a) 高速液体クロマトグラフタンデム質量分析計に導入し，(b) 電子イオン化（EI）法を用いてペルフルオロオクタンスルホン酸及びペルフルオロオクタン酸をイオン化し，(c) 選択反応検出法（SRM）を用いて測定し，検量線を

242

用いて定量する.

	(a)	(b)	(c)
1	正	正	正
2	正	正	誤
3	正	誤	正
4	誤	誤	正
5	正	誤	誤

解説 (a) 正しい.「高速液体クロマトグラフタンデム質量分析計」である. ペルフル
オロオクタンスルホン酸（$CF_3(CF_2)_7SO_3H$：略称 PFOS）やペルフルオロオクタン酸
（$CF_3(CF_2)_6COOH$：略称 PFOA）の分析には, 高速液体クロマトグラフタンデム質量分
析計が使用される. 問題1【令和5年 問24】の解説参照.

(b) 誤り.「エレクトロスプレーイオン化（ESI）法」である. ESIは, 高分子をフラグ
メント化することなく, 帯電液滴を使用し, 主にプロトン（H^+）が試料分子に作用
し, プロトン化分子（分子にプロトンを付加すること）または脱プロトンでイオン化す
る方法である.

(c) 正しい.「選択反応検出法」である. 検出には, 選択反応検出法（SRM：Selected
Reaction Monitoring）を用いる. ▶答 3

問題 3 【令和元年 問24】

「JIS K 0450-70-10 工業用水・工場排水中のペルフルオロオクタンスルホン酸及び
ペルフルオロオクタン酸試験方法」に関する次の記述の中から, 誤っているものを一
つ選べ.

1 試料容器は, ポリプロピレン製ねじ蓋瓶を用いる.

2 試験は試料採取後, 直ちに行う. 直ちに行えない場合には, 0℃ 〜 10℃ の暗所
に保存し, できるだけ早く試験する.

3 試料の前処理には, 固相カラムを用いる.

4 前処理操作から得られた溶出液は, 40℃以下で加熱しながら, 窒素を緩やかに
吹き付け, 一度乾固させてから測定用溶液とする.

5 定量には, 高速液体クロマトグラフタンデム質量分析計を用いる.

解説 1 正しい. 試料容器は, ふっ素樹脂関係は汚染のおそれがあるため避け, ポリ
プロピレン製ねじ蓋瓶を用いる. なお, 分析対象物質は, ペルフルオロオクタンスルホン
酸（$CF_3(CF_2)_7SO_3H$：略称 PFOS）およびペルフルオロオクタン酸（$CF_3(CF_2)_6COOH$：
略称 PFOA）である.

2.4 測定法および測定器関係

2, 3　正しい．
4　誤り．前処理操作から得られた溶出液は，40℃以下で加熱しながら，窒素を緩やかに吹き付け，約1 mL になるまで濃縮し，測定用溶液とする．「乾固」しない．
5　正しい．定量には，高速液体クロマトグラフタンデム質量分析計（問題1【令和5年問24】の解説参照）を用いる．　　　　　　　　　　　　　　　　　　　　▶答 4

●14　フタル酸エステル類（フタル酸ジエチルなど）

■問題1　　　　　　　　　　　　　　　　　　　　【令和6年 問6】

「JIS K 0450-30-10 工業用水・工場排水中のフタル酸エステル類試験方法」に規定されている次の記述の中から，誤っているものを一つ選べ．
1　この試験では，試薬，有機溶媒及び器具類からの汚染に注意が必要である．
2　試料容器は，共栓ガラス瓶1,000 mL を用いることができる．
3　試験は試料採取後，常温で1週間程度静置してから行う．
4　試料の前処理には，溶媒抽出法または固相抽出法を用いることができる．
5　定量には，選択イオン検出法または全イオン検出法を用いることができる．

解説　1，2　正しい．
3　誤り．試験は試料採取後，直ちに行う．直ちに行えない場合には，0～10℃の暗所に保存し，できるだけ早く試験する．冷所に保存する場合には，凍結させないようにする．
4，5　正しい．　　　　　　　　　　　　　　　　　　　　　　　　　　　▶答 3

■問題2　　　　　　　　　　　　　　　　　　　　【令和4年 問24】

「JIS K 0450-30-10 工業用水・工場排水中のフタル酸エステル類試験方法」に関する次の記述の中から，誤っているものを一つ選べ．
1　この試験では，試薬，器具類や操作時の汚染に特に注意が必要である．
2　試料容器は，容量1,000 mL の共栓ガラス瓶を用いることができる．
3　試料の前処理には，塩酸又は硝酸による分解を用いることができる．
4　定量には，ガスクロマトグラフ質量分析法を用いることができる．
5　ガスクロマトグラフへの試料導入方法は，スプリットレス注入法（非分割導入方式）による．

解説　1，2　正しい．
3　誤り．試料の前処理には，溶媒抽出法（抽出液はヘキサン）または固相抽出法を用いる．塩酸または硝酸による分解は行わない．

4　正しい．
5　正しい．ガスクロマトグラフへの試料導入方法は，スプリットレス注入法（非分割導入方式：注入した試料は全量カラムに導入され分析する方式）による．　▶答 3

● 15　アルキルフェノール類（ノニルフェノールなど）

■ 問題 1　　　　　　　　　　　　　　　　【平成 30 年 12 月 問 24】

「JIS K 0450-20-10 工業用水・工場排水中のアルキルフェノール類試験方法」に関する次の記述の中から，誤っているものを一つ選べ．
1　試料容器には，共栓ガラス瓶を用いることができる．
2　試験は試料採取後，常温で 1 週間程度静置してから行う．
3　試料の前処理には，溶媒抽出法又は固相抽出法を適用する．
4　試料の濃縮には，ロータリーエバポレーターを用いることができる．
5　測定には，ガスクロマトグラフ質量分析法を用いることができる．

解説　1　正しい．
2　誤り．試験は試料採取後，直ちに行う．直ちに行えないときは，0 ～ 10℃の暗所に保存し，できるだけ早く試験する．冷所に保存する場合には，凍結させないようにする．
3 ～ 5　正しい．　▶答 2

● 16　イオン電極

■ 問題 1　　　　　　　　　　　　　　　　　　　【令和 4 年 問 1】

イオン電極を用いたイオン濃度の測定装置の構成要素と成り得るものとして，「JIS K 0122 イオン電極測定方法通則」に規定されていないものを一つ選べ．
1　電位差計　　2　高周波電源　　3　比較電極
4　温度計　　　5　ポンプ

解説　イオン電極にはイオンに応答する感応膜があり，この感応膜部が試料溶液中の特定イオンと接すると，そのイオン活量に応じた膜電位を生じる．試料溶液中に浸漬した比較電極を，イオン電極の対極として高入力抵抗の直流電位差計に接続し，両電極間の電位差を測定することによって，イオン濃度を測定する．

　イオン電極測定に，高周波電源は使用しない．電位差計，比較電極，温度計（温度によって電位差が異なる），ポンプ（フローインジェクション用）などは使用する（**図 2.18** および **図 2.19** 参照）．

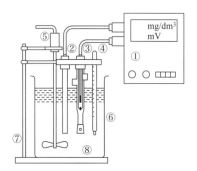

①電位差計またはイオン濃度計
②イオン電極
③比較電極（二重液絡形）
④温度計
⑤かくはん器
⑥試料容器
⑦電極スタンド
⑧試料

図 2.18 イオン電極を用いるバッチ形測定装置の構成の一例
（出典：「JIS K 0122 イオン電極測定方法通則」）

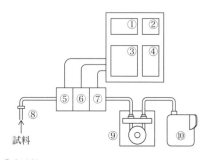

①表示部
②プリンタ
③信号増幅部（アナログ/デジタル信号変換部を含む）
④制御部（信号処理装置を含む）
⑤イオン電極 A
⑥イオン電極 B
⑦比較電極
⑧吸引ノズル
⑨ポンプ
⑩廃液タンク

図 2.19 イオン電極を用いるフロー形測定装置の構成の一例
（出典：「JIS K 0122 イオン電極測定方法通則」）

▶ 答 2

■問題 2　【令和 2 年 問 1】

以下の表はイオン電極の種類の例を示している．表中の（ア）〜（ウ）に入る内容の組合せとして，正しいものを一つ選べ．

電極の種類	電極の形式	応答こう配*	測定 pH 範囲
（ア）	固体膜電極（単結晶）	$-50 \sim -60$	$5 \sim 8$
Ca^{2+}	液体膜電極	（イ）	$5 \sim 8$
CN^-	固体膜電極	$-50 \sim -60$	（ウ）

*応答こう配は，（mV/10 倍濃度変化（25℃））で表した値である．

	（ア）	（イ）	（ウ）
1	F^-	$25 \sim 30$	$11 \sim 13$
2	NH_4^+	$-100 \sim -120$	$11 \sim 13$
3	Cl^-	$-100 \sim -120$	$2 \sim 13$
4	NH_4^+	$25 \sim 30$	$2 \sim 5$
5	F^-	$-100 \sim -120$	$2 \sim 5$

解説 （ア）「F⁻」である．単結晶には三ふっ化ランタンなどが使用される．
（イ）「25 ～ 30」である．2価イオンの応答勾配（絶対値）は，1価イオンの半分である．
（ウ）「11 ～ 13」である．
　なお，Cl⁻およびNH₄⁺の内容は**表2.3**のとおりである．

表2.3　イオン電極の種類と特性
（出典：「JIS K 0122 イオン電極測定方法通則」）

電極の種類	電極の形式	応答勾配	測定 pH の範囲
Cl⁻	固体膜電極	−50 ～ −60	2 ～ 11
	液体膜電極	同上	3 ～ 10
NH₄⁺	液体膜電極	50 ～ 60	4 ～ 8

▶答 1

● 17　マイクロプラスチック

■ **問題1**　　　　　　　　　　　　　　　　　　　　　　　【令和6年 問17】

　「河川・湖沼マイクロプラスチック調査ガイドライン」（令和5年環境省水・大気環境局水環境課）に記載されている河川水中のマイクロプラスチックの分析に関する次の記述の中から，誤っているものを一つ選べ．
1　5 mm 未満のプラスチック片・繊維を調査対象とする．
2　0.3 mm 程度の目開きの大きさのプランクトンネットを用いて，河川水中のマイクロプラスチックを採取する．
3　採取試料中に植物片等の有機物が多い場合には，有機溶媒による抽出処理を行う．
4　採取試料中に土粒子等の無機物が多い場合には，無機物とプラスチックとの比重の違いを利用した分離処理を行う．
5　プラスチックの同定には，フーリエ変換赤外分光光度計の全反射測定法が使用できる．

解説　1　正しい．マイクロプラスチックは，5 mm 未満のプラスチック片・繊維を調査対象とする．
2　正しい．
3　誤り．採取試料中に植物片等の有機物が多い場合には，酸化処理を行う．有機溶媒による抽出処理は行わない．
4　正しい．

5 正しい．プラスチックの同定には，フーリエ変換赤外分光光度計の全反射測定法が使用できる．なお，フーリエ変換赤外分光光度計の全反射測定法は，試料に赤外光を照射すると，透過または反射した光量は分子結合の振動や回転運動のエネルギーと関係し，それらが分子の構造や官能基の情報をスペクトルとして現すことから物質の定性や同定を行うものである． ▶答 3

● 18　用水・排水の農薬

■ 問題1　【令和6年 問24】

「JIS K 0128 用水・排水中の農薬試験方法」に規定されていない試験方法を，次の中から一つ選べ．
1　ガスクロマトグラフ質量分析法
2　熱イオン化検出器（FTD）を用いたガスクロマトグラフ法
3　炎光光度検出器（FPD）を用いたガスクロマトグラフ法
4　水素炎イオン化検出器（FID）を用いたガスクロマトグラフ法
5　電子捕獲検出器（ECD）を用いたガスクロマトグラフ法

解説　1　規定あり．ガスクロマトグラフ質量分析法は，「JIS K 0128　用水・排水中の農薬試験方法」に規定されている．
2　規定あり．熱イオン化検出器（FTD：Flame Thermionic Detector．表2.2参照）を用いたガスクロマトグラフ法は，規定されている．
3　規定あり．炎光光度検出器（FPD：Flame Photometric Detector．表2.2参照）を用いたガスクロマトグラフ法は，規定されている．
4　規定なし．水素炎イオン化検出器（FID：Flame Ionization Detector．表2.2参照）を用いたガスクロマトグラフ法は，規定されていない．
5　規定あり．電子捕獲検出器（ECD：Electron Capture Detector．表2.2参照）を用いたガスクロマトグラフ法は，規定されている． ▶答 4

2.4.5　流れ分析

■ 問題1　【令和6年 問19】

「JIS K 0170-5 流れ分析法による水質試験方法–第5部：フェノール類」に規定されているフェノール類の測定の原理に関する次の記述の　(ア)　～　(ウ)　に入る語句の組合せとして，正しいものを一つ選べ．

フローインジェクション分析では，細管中を連続して流れている [(ア)] 中に試料を注入し，これと連続的に細管中を流れている4-アミノアンチピリン溶液および [(イ)] 溶液とを混合する．フェノール類は，[(イ)] によって酸化され，キノン化合物となる．これと4-アミノアンチピリンとが反応して [(ウ)] 色素が生成する．この色素の510 nm付近の吸光度を測定する．

	（ア）	（イ）	（ウ）
1	キャリヤー液	ヘキサシアノ鉄(III)酸カリウム	赤のアミノアンチピリン
2	キャリヤー液	サリチル酸ナトリウム	赤のアミノアンチピリン
3	キャリヤー液	サリチル酸ナトリウム	青色の化合物
4	蒸留試薬溶液	サリチル酸ナトリウム	青色の化合物
5	蒸留試薬溶液	ヘキサシアノ鉄(III)酸カリウム	青色の化合物

解説 フローインジェクション分析については図2.20を参照．

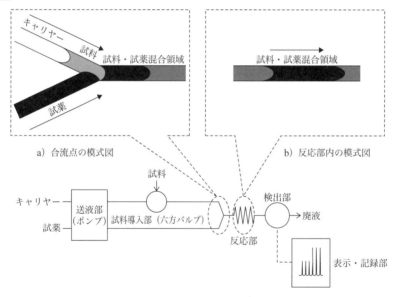

図2.20 フローインジェクション分析基本構造図（一例）
（出典：「JIS K 0126 流れ分析通則」）

(ア)「キャリヤー液」である．
(イ)「ヘキサシアノ鉄(III)酸カリウム」である．
(ウ)「赤のアミノアンチピリン」である． ▶ 答 1

■問題2　　　　　　　　　　　　　　　　　　　　　　【令和5年 問19】

「JIS K 0170-9 流れ分析法による水質試験方法–第9部：シアン化合物」に規定されているシアン化物の測定に関する次の記述の（ア）及び（イ）に入る語句の組合せとして，正しいものを一つ選べ．

（ア）では，空気によって分節されたりん酸塩緩衝液の連続的な流れの中に，前処理した試料を混合して，クロラミンT及び（イ）を反応させることによって生成する青色の化合物の吸光度を測定してシアン化物イオンを定量する．

	（ア）	（イ）
1	シーケンシャルインジェクション分析	ブロモチモールブルー溶液
2	フローインジェクション分析	4-ピリジンカルボン酸-ピラゾロン溶液
3	フローインジェクション分析	ブロモチモールブルー溶液
4	連続流れ分析	4-ピリジンカルボン酸-ピラゾロン溶液
5	連続流れ分析	ブロモチモールブルー溶液

解説　連続流れ分析については図 2.21 を参照．

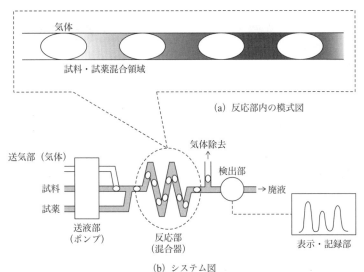

図 2.21　連続流れ分析基本構成図（一例）
（出典：「JIS K 0126 流れ分析通則」）

（ア）「連続流れ分析」である．
（イ）「4-ピリジンカルボン酸–ピラゾロン溶液」である．
　シーケンシャルインジェクション分析は，細管内に必要量の試料および試薬を逐次吸引

した後，それらを逆方向に送液して混合して反応させ，下流に設けた検出器で分析対象成分を検出して定量する方法である．また，フローインジェクション分析（図2.20参照）は，連続流れ分析のように空気によって分節せず，細管中をりん酸塩緩衝液が連続的に流れているところが連続流れ分析と異なる．
▶答 4

■ **問題3** 【令和4年 問19】

「JIS K 0126 流れ分析通則」に規定されているフローインジェクション分析に関する次の記述の中から，誤っているものを一つ選べ．
1. 試料導入部を構成する導入器には，一定の容積をもつループを備えた六方バルブなどが用いられる．
2. 試料導入部は，必ず検出部の上流に配置される．
3. 試料は，必ずキャリヤーの流れの中に導入される．
4. 試料の導入に，自動試料導入装置（オートサンプラー）を用いる場合がある．
5. 導入した試料に含まれる分析対象成分は，細管内での分散・混合によって試薬と反応する．

解説 フローインジェクション分析については図2.20を参照．
1, 2 正しい．
3 誤り．試料は，キャリヤーの流れの中に導入する場合と，キャリヤーを使用しないで試料の流れの中に試薬を導入する場合がある．
4, 5 正しい．
▶答 3

■ **問題4** 【令和3年 問19】

「JIS K 0126 流れ分析通則」に規定されている連続流れ分析に関する次の記述の（ア）〜（ウ）に入る語句の組合せとして，正しいものを一つ選べ．
　一定流量で細管内を流れている試薬などを ［(ア)］ で分節し，分節で生じたセグメントに試料を導入する．セグメント内での ［(イ)］ によって分析対象成分と試薬との反応を促進し，下流に設けた検出器で ［(ウ)］ を検出して定量する方法である．

	（ア）	（イ）	（ウ）
1	気体	混合	反応生成物
2	有機溶媒	混合	抽出成分
3	気体	抽出分離	抽出成分
4	有機溶媒	抽出分離	反応生成物
5	気体	抽出分離	反応生成物

解説　（ア）「気体」である．
（イ）「混合」である．
（ウ）「反応生成物」である．　　　　　　　　　　　　　　　　　　　　▶答 1

■問題5　　　　　　　　　　　　　　　　　　　　【令和2年 問19】

「JIS K 0126 流れ分析通則」に規定されている流れ分析に関する次の記述の中から，誤っているものを一つ選べ．
1　溶媒抽出，固相抽出などの抽出を，流れの中で行うことができる．
2　気泡分離，気体透過膜分離などの気液分離を，流れの中で行うことができる．
3　流路を構成する細管の材質として，ふっ素樹脂やステンレス鋼などを用いることができる．
4　検出器として，吸光光度検出器，誘導結合プラズマ質量分析計などを用いることができる．
5　分析対象成分の濃度の基準となる標準液などを用いずに，定量を行うことができる．

解説　1　正しい．
2　正しい．気泡分離，気体透過膜分離（ガス透過性のふっ素樹脂製細管をガラス管の中に通した二重管構造のもの）などの気液分離を，流れの中で行うことができる．
3　正しい．
4　正しい．検出器として，吸光光度検出器，誘導結合プラズマ質量分析計などを用いることができる．その他，蛍光検出器，化学発光検出器，電気化学検出器，炎光検出器，原子吸光検出器，誘導結合プラズマ発光分光検出器などを用いることができる．
5　誤り．分析対象成分の濃度の基準となる標準液などを用いずに，定量を行うことはできない．
　　　　　　　　　　　　　　　　　　　　　　　　　　　　　　　　　　▶答 5

■問題6　　　　　　　　　　　　　　　　　　　　【令和元年 問19】

流れ分析に関する次の記述の中から，誤っているものを一つ選べ．
1　流れ分析は，「JIS K 0102 工場排水試験方法」において，有機物と無機物の両方の分析で採用されている．
2　フローインジェクション分析は，細管内の流れを気体で分節することで，試料と試薬とを効率よく混合することを特徴とする．
3　連続流れ分析では，送液部にペリスタルティック（ペリスタ形）ポンプを用いることができる．
4　フローインジェクション分析では，吸光度以外を測定する検出器も用いることが

できる.
5　連続流れ分析では，分析対象成分に相当する応答曲線のピーク高さを用いて定量を行うことができる.

解説　1　正しい.
2　誤り. フローインジェクション分析は，細管内の試薬または試料の流れの中にそれぞれ試料または試薬を導入し，反応操作などを行った後，下流に設けた検出部で分析成分を検出して定量する分析方法で，分節のための気体を挿入しない. 「細管内の流れを気体で分節することで，試料と試薬とを効率よく混合することを特徴とする」ものは，連続流れ分析である.
3　正しい. 連続流れ分析では，送液部にペリスタルティック（ペリスタ形）ポンプ（軟質チューブをローラーでしごいて送液するポンプ）を用いることができる.
4, 5　正しい.　　　　　　　　　　　　　　　　　　　　　　　　　　　　▶答 2

問題 7　　　　　　　　　　　　　　　　　　【平成 30 年 12 月 問 19】
「JIS K 0126 流れ分析通則」に規定されている流れ分析に関する次の記述の中から，誤っているものを一つ選べ.
1　流れ分析では，流れの中で試料と試薬とを反応させた成分を連続的に検出，定量する.
2　連続流れ分析装置における送気部は，試料を乾燥させるための気体を送気する.
3　反応部では，希釈，試薬との反応，抽出などを行うことができる.
4　検出器として，分光光度検出器，蛍光検出器，原子吸光分析計などが用いられる.
5　「JIS K 0102 工場排水試験方法」において，フェノール類やアンモニウムイオンの分析法として採用されている.

解説　1　正しい.
2　誤り. 連続流れ分析装置における送気部は，試料と試料の間を分離（分節）するための気体を送気する. 「試料を乾燥させるため」が誤り.
3〜5　正しい.　　　　　　　　　　　　　　　　　　　　　　　　　　　▶答 2

2.4 測定法および測定器関係

253

2.4.6　環境基準，試料採取法および測定法

■ 問題1　【令和4年 問22】

環境基本法に基づく「水質汚濁に係る環境基準」において，「人の健康の保護に関する環境基準」に定められた項目とその基準値の組合せとして，誤っているものを一つ選べ．

	項目	基準値
1	カドミウム	0.003 mg/L 以下
2	全シアン	検出されないこと
3	鉛	0.01 mg/L 以下
4	ひ素	0.001 mg/L 以下
5	総水銀	0.0005 mg/L 以下

解説　1　正しい．カドミウムの環境基準は，0.003 mg/L 以下である．
2　正しい．全シアンの環境基準は，「検出されないこと」である．
3　正しい．鉛の環境基準は，0.01 mg/L 以下である．
4　誤り．ひ素の環境基準は，0.01 mg/L 以下である．
5　正しい．総水銀の環境基準は，0.0005 mg/L 以下である．　　　▶ 答 4

■ 問題2　【令和2年 問17】

環境試料の採取法に関する次の記述の中から，誤っているものを一つ選べ．
1　ハイボリウムエアサンプラは，大気中に浮遊する粒子状物質の捕集装置の一つである．
2　キャニスターは，空気中の揮発性有機化合物などを測定するための採取器の一つである．
3　ハイロート採水器は，降水試料の採取器の一つである．
4　エクマンバージ採泥器は，水底の表層堆積物の採取器の一つである．
5　サーバーネットは，浅い河川の底などに生息する生物の採取器の一つである．

解説　1　正しい．ハイボリウムエアサンプラは，大気中に浮遊する粒子状物質の捕集装置（100～1,200 L/min 程度）の一つである．
2　正しい．キャニスターは，空気中の揮発性有機化合物などを測定するための採取器の一つであり，内面を不活性処理したステンレス製またはガラス製の球状のガスサンプリング容器で，減圧にして試料を採取する．

3　誤り．ハイロート採水器は，**図2.22**に示すような採水器で，河川，湖沼，海水などの採水に利用する．おもりを付けた金属製の枠の中に試料容器を取り付けた採水器である．所定の水深に達したところで，採水用鎖またはひもを引張り，瓶の口を開けて採水し，採水用鎖またはひもを緩めて蓋をして引き上げる．
4　正しい．

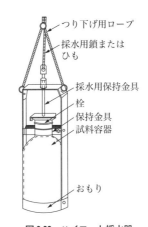

図2.22　ハイロート採水器
(出典：「JIS K 0094 工業用水・工場排水の試料採取方法」)

5　正しい．サーバーネットは，浅い河川の底などに生息する生物だけでなく，水域でマイクロプラスチックなどの異物なども採取する，網の目の小さいネットである．

2.5　濃度計の保守・校正・操作

■問題1　　　　　　　　　　　　　　　　　　　　【令和6年 問15】

濃度計の校正に関する次の記述の中から，誤っているものを一つ選べ．

1　「JIS B 7953 大気中の窒素酸化物自動計測器」における吸光光度方式の動的校正は，スパン調整用等価液を用いて行う．
2　「JIS B 7954 大気中の浮遊粒子状物質自動計測器」における光散乱方式の等価入力は，散乱板を検出部に装着して用いる．
3　「JIS B 7983 排ガス中の酸素自動計測器」におけるジルコニア方式のゼロガスは，最大目盛値の10％程度の酸素を含む窒素バランスの混合ガスを用いる．

4 「JIS K 0801 濁度自動計測器」におけるスパン校正液は，調製ホルマジン標準液を水で希釈して調製する．
5 「JIS K 0803 溶存酸素自動計測器」におけるゼロ校正液は，亜硫酸ナトリウムを水に溶かして調製する．

解説 1 誤り．「JIS B 7953 大気中の窒素酸化物自動計測器」における吸光光度方式の動的校正は，ゼロ調整ゼロガス（レンジの0％）を設定流量で導入し，指示の安定後，ゼロ調整を行う．次に二酸化窒素（80〜95 ppb）とスパンガス（レンジの80〜100％）を設定流量で導入し，指示の安定後，スパン調整を行う．
2〜5　正しい．　　　　　　　　　　　　　　　　　　　　　　　　　▶答 1

■ **問題 2**　　　　　　　　　　　　　　　　　　　　　　　【令和3年 問15】

「JIS K 0055 ガス分析装置校正方法通則」に規定されているガス分析装置の設置，配管，接続に関する次の記述の中から，誤っているものを一つ選べ．
1　分析装置は，振動，電源電圧変動，温度変動などの影響のない環境に設置する．
2　校正用ガスを分析装置に導入するための配管接続は，できる限り短く，定められた導入口に接続する．
3　配管の材質には，吸着性，反応性及び透過性が大きいものを用いる．
4　高圧ガス容器に充てんされた校正用ガスを使用する際には，圧力調整機構をもつ調整器を使用する．
5　圧力調整器のダイアフラムの材質は，吸着性，反応性の小さいものを使用する．

解説　1，2　正しい．
3　誤り．配管の材質には，吸着性，反応性および透過性が小さいものか無視できるもの（例えば，ステンレス鋼，四ふっ化エチレン樹脂など）を用いる．
4，5　正しい．　　　　　　　　　　　　　　　　　　　　　　　　　▶答 3

■ **問題 3**　　　　　　　　　　　　　　　　　　　　　　　【令和元年 問15】

「JIS K 0055 ガス分析装置校正方法通則」に規定されている校正用ガスを用いた分析装置の校正に関して，次の記述の中から正しいものを一つ選べ．
1　校正用ガスは，スパンガス，中間点ガスのみを指す．
2　スパンガスは，分析装置の所定の測定レンジの，最大目盛付近の目盛値を校正するために用いる．
3　中間点ガスは，校正用ガスを調製する際に，目的成分ガスをある濃度に希釈するために用いる．

4 高純度物質から一定濃度の校正用ガスを連続的に発生させる方法には，拡散デニューダ法と蒸気圧法がある．
5 校正用ガスを分析装置に導入するための配管接続は，できる限り長くする．

[解説] 1 誤り．校正用ガスは，ゼロガス，スパンガス，中間点ガスを指す．
2 正しい．
3 誤り．中間点ガスは，分析装置の所定の測定段階（レンジ）内の，最小目盛と最大目盛の間の目盛値を校正するために用いる．
4 誤り．高純度物質から一定濃度の校正用ガスを連続的に発生させる方法には，パーミエーションチューブ（P-tube）法（ふっ素樹脂管にガスを液化封入したものをP-tubeといい，これを一定温度に保持すると液化ガスが一定の速度で管内から浸透するので，一定量の希釈ガスを送り，混合して目的濃度の校正用ガスを連続的に調整する方法）と，蒸気圧法がある．拡散デニューダ法は，管状構造のデニューダ内面に捕集用試薬を塗布し，大気を通気してガス成分と粒子状成分との拡散係数の違いを利用して両者を分別するものである．
5 誤り．校正用ガスを分析装置に導入するための配管接続は，できる限り短くする．
▶答 2

問題 4 【平成30年12月 問15】

「JIS K 0055 ガス分析装置校正方法通則」に規定されている校正用ガスに関する次の記述の中から，誤っているものを一つ選べ．
1 校正用ガスとは，ゼロガス，スパンガス，中間点ガスの総称である．
2 校正用ガス調製装置は，未知濃度の目的成分ガスから校正用ガスを調製することができる．
3 ゼロガスは，分析装置の最小目盛値を校正するために用いる．
4 希釈ガスは，校正用ガスを調製する際に，目的成分ガスをある濃度に希釈するために用いる．
5 校正用ガスの調製，充てんには，ガラス製容器を使用することができる．

[解説] 1 正しい．
2 誤り．校正用ガス調製装置は，未知濃度の目的成分ガスから校正用ガスを調製することができない．
3〜5 正しい．
▶答 2

2.6 その他（取引または証明用の濃度計）

■問題1 【平成30年12月 問17】

「JIS K 0050 化学分析方法通則」に従って器具を洗浄した．次の操作の中から誤っているものを一つ選べ．
1 金属元素の分析に用いるガラス器具を，硝酸を用いて洗浄した．
2 金属元素の分析に用いる磁器器具を，塩酸を用いて洗浄した．
3 白金るつぼの洗浄に，クレンザー入り洗剤を用いた．
4 プラスチック器具の洗浄に，中性洗浄剤を用いた．
5 酸や洗浄剤で洗浄した後に，「JIS K 0557 用水・排水の試験に用いる水」に規定されている種別A4の水を用いて洗浄した．

解説 1 正しい．金属元素の分析に用いるガラス器具を，硝酸を用いて洗浄する．
2 正しい．金属元素の分析に用いる磁器器具を，塩酸を用いて洗浄する．
3 誤り．白金るつぼの洗浄に，研磨されるのでクレンザー入り洗剤を用いない．
4 正しい．プラスチック器具の洗浄に，中性洗浄剤を用いる．
5 正しい．酸や洗浄剤で洗浄した後に，「JIS K 0557 用水・排水の試験に用いる水」に規定されている種別A4の水を用いて洗浄する．　　　　　　　　　　　　　▶答 3

第 3 章

計量関係法規
（法規）

3.1 計量法の目的および定義

■問題1　【令和6年 問1】

計量法第1条の目的及び同法第2条の定義等に関する次の記述のうち，誤っているものを一つ選べ．

1. 「計量単位」とは，計量の基準となるものをいう．
2. 「計量器」とは，計量をするための器具，機械又は装置のことをいう．
3. 計量法は，計量の基準を定め，適正な計量の実施を確保し，もって経済の発展及び文化の向上に寄与することを目的とする．
4. 「標準物質」とは，政令で定める物象の状態の量の特定の値が付された物質であって，当該物象の状態の量の計量をするための計量器の誤差の測定に用いるものをいう．
5. 「特定計量器」とは，取引又は証明における計量に使用される全ての計量器をいう．

解説　1　正しい．法第2条（定義等）第1項本文参照．
2　正しい．法第2条（定義等）第4項参照．
3　正しい．法第1条（目的）参照．
4　正しい．法第2条（定義等）第6項参照．
5　誤り．「特定計量器」とは，主として一般消費者の生活の用に供される計量器のうち，適正な計量の実施を確保するためにその構造または器差に係る基準を定める必要があるものとして政令で定めるものをいう．法第2条（定義等）第4項参照．　▶答 5

■問題2　【令和6年 問2】

計量法第2条第2項に規定する取引及び証明の定義に関する次の記述の（ ア ）～（ ウ ）に入る語句の組合せとして，正しいものを一つ選べ．

「取引」とは，有償であると無償であるとを問わず，物又は（ ア ）の給付を目的とする業務上の行為をいい，「証明」とは，（ イ ）に又は業務上他人に一定の事実が真実である旨を（ ウ ）することをいう．

	（ ア ）	（ イ ）	（ ウ ）
1	役務	公	通知
2	労務	公	通知
3	役務	私的	通知
4	役務	公	表明

| 5 | 労務 | 私的 | 表明 |

解説 （ア）「役務」である．
（イ）「公」である．
（ウ）「表明」である．
　法第2条（定義等）第2項参照． ▶答 4

問題3　【令和5年 問1】

計量法第1条に規定する法の目的に関する次の記述の（ ア ）〜（ ウ ）に入る語句の組合せとして，正しいものを一つ選べ．

　第1条　この法律は，計量の（ ア ）を定め，（ イ ）な計量の実施を確保し，もって経済の発展及び（ ウ ）の向上に寄与することを目的とする．

	（ア）	（イ）	（ウ）
1	標準	適切	生活
2	基準	適切	文化
3	基準	適正	文化
4	標準	最適	文化
5	基準	適正	生活

解説 （ア）「基準」である．
（イ）「適正」である．
（ウ）「文化」である．
　法第1条（目的）参照． ▶答 3

問題4　【令和5年 問2】

計量法第2条に規定する用語の定義に関する次の記述の中から，正しいものを一つ選べ．
1　「特定計量器」とは，取引又は証明における計量に使用される全ての計量器のことをいう．
2　「証明」とは，公私を問わず，有償で一定の事実が真実である旨を表明することをいう．
3　「計量器の校正」とは，適正な計量を行うために計量器を調整することをいう．
4　「取引」とは，有償であると無償であるとを問わず，物又は役務の給付を目的とする行政上の行為をいう．
5　「計量」とは，物象の状態の量を計ることをいう．

解説 1　誤り．「特定計量器」とは，取引若しくは証明における計量に使用され，または主として一般消費者の生活の用に供される計量器のうち，適正な計量の実施を確保するためにその構造または器差に係る基準を定める必要があるものとして政令で定めるものをいい，すべての計量器ではない．法第2条（定義等）第4項参照．
2　誤り．「証明」とは，有償であると無償であるとを問わず，公にまたは業務上他人に一定の事実が真実である旨を表明することをいう．法第2条（定義等）第2項参照．
3　誤り．「計量器の校正」とは，その計量器の表示する物象の状態の量と法第134条（特定標準器等の指定）第1項の規定による指定に係る計量器または同項の規定による指定に係る器具，機械若しくは装置を用いて製造される標準物質が現示する計量器の標準となる特定の物象の状態の量との差を測定することをいう．法第2条（定義等）第7項参照．
4　誤り．「取引」とは，有償であると無償であるとを問わず，物または役務の給付を目的とする業務上の行為をいい，行政上の行為に限らない．法第2条（定義等）第2項参照．
5　正しい．「計量」とは，物象の状態の量を計ることをいう．法第2条（定義等）第1項本文参照．　　　　　　　　　　　　　　　　　　　　　▶答 5

問題5　　　　　　　　　　　　　　　【令和4年 問1】

計量法の目的及び定義に関する次の記述の中から，誤っているものを一つ選べ．

1　計量器の製造には，経済産業省令で定める改造が含まれ，計量器の修理には，当該経済産業省令で定める改造以外の改造が含まれる．
2　計量法は，計量の基準を定め，適正な計量の実施を確保し，もって経済の発展及び文化の向上に寄与することを目的とする．
3　車両若しくは船舶の運行又は火薬，ガスその他の危険物の取扱いに関して人命又は財産に対する危険を防止するためにする計量であって政令で定めるものは，計量法の適用に関しては，証明とみなす．
4　計量法において，「取引」とは，物又は役務の給付を目的とする業務上の行為をいい，無償の場合は含まれない．
5　計量法において，「標準物質」とは，政令で定める物象の状態の量の特定の値が付された物質であって，当該物象の状態の量の計量をするための計量器の誤差の測定に用いるものをいう．

解説 1　正しい．法第2条（定義等）第5項参照．
2　正しい．法第1条（目的）参照．
3　正しい．法第2条（定義等）第3項参照．
4　誤り．計量法において，「取引」とは，物または役務の給付を目的とする業務上の行為をいい，無償の場合も含まれる．法第2条（定義等）第2項参照．

5　正しい．法第2条（定義等）第6項参照．　　　　　　　　　　　▶答 4

問題6　　　　　　　　　　　　　　　　　　　【令和4年 問2】

計量法第2条第4項に規定する特定計量器の定義に関する次の記述の（　ア　）～（　ウ　）に入る語句の組合せとして，正しいものを一つ選べ．

「特定計量器」とは，取引若しくは証明における計量に使用され，又は主として一般消費者の生活の用に供される計量器のうち，適正な計量の実施を確保するためにその（　ア　）又は器差に係る（　イ　）を定める必要があるものとして（　ウ　）で定めるものをいう．

	（ア）	（イ）	（ウ）
1	構造	標準	政令
2	製造	標準	経済産業省令
3	構造	基準	政令
4	製造	標準	政令
5	構造	基準	経済産業省令

解説　（ア）「構造」である．
（イ）「基準」である．
（ウ）「政令」である．

法第2条（定義等）第4項参照．　　　　　　　　　　　▶答 3

問題7　　　　　　　　　　　　　　　　　　　【令和3年 問1】

計量法第1条に規定する目的に関する次の記述の（　ア　）～（　ウ　）に入る語句の組合せとして，正しいものを一つ選べ．

第1条　この法律は，計量の（　ア　）を定め，（　イ　）な計量の実施を確保し，もって（　ウ　）の向上に寄与することを目的とする．

	（ア）	（イ）	（ウ）
1	基準	正確	経済の発展及び文化
2	標準	最適	産業の発展及び文化
3	標準	適正	産業の発展及び国民の生活
4	基準	適正	経済の発展及び文化
5	方法	最適	経済の発展及び国民の生活

解説　（ア）「基準」である．
（イ）「適正」である．

(ウ)「経済の発展及び文化」である.
法第1条（目的）参照. ▶答 4

問題8 【令和3年 問2】

計量法第2条に規定する定義に関する次の記述の中から，誤っているものを一つ選べ.
1 計量法において，「計量器」とは，計量をするための器具，機械又は装置をいう．
2 計量法において，「証明」とは，公に又は業務上他人に一定の事実が真実である旨を表明することをいう．
3 計量法において，「特定計量器」とは，取引又は証明における計量に使用される全ての計量器をいう．
4 計量法において，「計量単位」とは，計量の基準となるものをいう．
5 計量法において，「標準物質」とは，政令で定める物象の状態の量の特定の値が付された物質であって，当該物象の状態の量の計量をするための計量器の誤差の測定に用いるものをいう．

解説 1 正しい．法第2条（定義等）第4項参照．
2 正しい．法第2条（定義等）第2項参照．
3 誤り．計量法において，「特定計量器」とは，取引若しくは証明における計量に使用され，または主として一般消費者の生活の用に供される計量器のうち，適正な計量の実施を確保するためにその構造または器差に係る基準を定める必要があるものとして政令で定めるものをいう．法第2条（定義等）第4項参照．
4 正しい．法第2条（定義等）第1項参照．
5 正しい．法第2条（定義等）第6項参照． ▶答 3

問題9 【令和2年 問1】

計量法の目的及び定義に関する次の記述の中から，誤っているものを一つ選べ．
1 計量法において，「計量単位」とは，計量の基準となるものをいう．
2 計量法において，計量器の製造には，改造は含まれない．
3 計量法において，「計量器」とは，計量をするための器具，機械又は装置をいう．
4 計量法は，計量の基準を定め，適正な計量の実施を確保し，もって経済の発展及び文化の向上に寄与することを目的とする．
5 体積，時間，粘度は計量法第2条第1項第1号の「物象の状態の量」に含まれる．

解説 1 正しい．法第2条（定義等）第1項本文参照．

264

2 誤り．計量法において，計量器の製造に，改造は含まれる．法第2条（定義等）第5項参照．
3 正しい．法第2条（定義等）第4項参照．
4 正しい．法第1条（目的）参照．
5 正しい．法第2条（定義等）第1項第一号参照． ▶答 2

■ 問題10 【令和2年 問2】

計量法第2条第2項に規定する取引及び証明の定義に関する次の記述の（ ア ）〜（ ウ ）に入る語句の組合せとして，正しいものを一つ選べ．

「取引」とは，有償であると無償であるとを問わず，物又は（ ア ）の給付を目的とする業務上の行為をいい，「証明」とは，（ イ ）に又は業務上他人に一定の事実が真実である旨を（ ウ ）することをいう．

	（ア）	（イ）	（ウ）
1	財	公	公表
2	役務	取引相手	公表
3	財	取引相手	公表
4	役務	公	表明
5	財	取引相手	表明

解説 （ア）「役務」である．
（イ）「公」である．
（ウ）「表明」である．
法第2条（定義等）第2項参照． 答 4

■ 問題11 【令和元年 問1】

計量法第1条の目的及び同法第2条の定義等に関する次の記述の中から，誤っているものを一つ選べ．

1 計量法は，計量の基準を定め，適正な計量の実施を確保し，もって経済の発展及び文化の向上に寄与することを目的とする．
2 「取引」とは，物又は役務の給付を目的とする業務上の行為をいい，無償の場合は，含まれない．
3 車両又は船舶の運行に関して，人命又は財産に対する危険を防止するためにする計量であって政令で定めるものは，計量法の適用に関しては，証明とみなす．
4 「計量器」とは，計量をするための器具，機械又は装置をいう．
5 計量器の製造には，経済産業省令で定める改造を含むものとし，計量器の修理に

は，当該経済産業省令で定める改造以外の改造を含む．

解説 1　正しい．法第1条（目的）参照．
2　誤り．「取引」とは，物または役務の給付を目的とする業務上の行為をいい，有償であると無償であると問わないから，無償の場合も含まれる．法第2条（定義等）第2項参照．
3　正しい．法第2条（定義等）第3項参照．
4　正しい．法第2条（定義等）第4項参照．
5　正しい．法第2条（定義等）第5項参照．　　　　　　　　　　　▶答 2

問題12　【令和元年 問2】

計量法第2条に規定する特定計量器の定義に関する次の記述の（　ア　）〜（　ウ　）に入る語句の組合せとして，正しいものを一つ選べ．

「特定計量器」とは，取引若しくは証明における計量に使用され，又は主として一般消費者の生活の用に供される計量器のうち，適正な計量の実施を確保するためにその（　ア　）又は器差に係る（　イ　）を定める必要があるものとして（　ウ　）で定めるものをいう．

	（ア）	（イ）	（ウ）
1	構成	規格	政令
2	構造	基準	経済産業省令
3	構成	標準	経済産業省令
4	構造	基準	政令
5	構造	標準	経済産業省令

解説　（ア）「構造」である．
（イ）「基準」である．
（ウ）「政令」である．
　法第2条（定義等）第4項参照．　　　　　　　　　　　　　　　　▶答 4

問題13　【平成30年12月 問1】

計量法第1条の目的及び同法第2条の定義等に関する次の記述の中から，誤っているものを一つ選べ．
1　「特定計量器」とは，取引又は証明における計量に使用される全ての計量器のことをいう．
2　「計量単位」とは，計量の基準となるものをいう．

3 計量法は，計量の基準を定め，適正な計量の実施を確保し，もって経済の発展及び文化の向上に寄与することを目的とする．

4 計量器の製造には，経済産業省令で定める改造を含むものとし，計量器の修理には，当該経済産業省令で定める改造以外の改造を含むものとする．

5 「証明」とは，公に又は業務上他人に一定の事実が真実である旨を表明することをいう．

解説 1 誤り．「特定計量器」とは，取引若しくは証明における計量に使用され，または主として一般消費者の生活の用に供される計量器のうち，適正な計量の実施を確保するためにその構造または器差に係る基準を定める必要があるものとして政令で定めるものをいう．法第2条（定義等）第4項参照．

2 正しい．法第2条（定義等）第1項参照．

3 正しい．法第1条（目的）参照．

4 正しい．法第2条（定義等）第5項参照．

5 正しい．法第2条（定義等）第2項参照． ▶答 1

問題14 【平成30年12月 問2】

計量法第2条に規定する取引の定義に関する次の記述の（ ア ）～（ ウ ）に入る語句の組合せとして，正しいものを一つ選べ．

「取引」とは，（ ア ）であると（ イ ）であるとを問わず，物又は役務の給付を目的とする（ ウ ）上の行為をいう．

	（ ア ）	（ イ ）	（ ウ ）
1	直接	間接	業務
2	有償	無償	業務
3	直接	間接	法律
4	有償	無償	法律
5	有償	無償	慣習

解説 （ア）「有償」である．

（イ）「無償」である．

（ウ）「業務」である．

法第2条（定義等）第2項参照． ▶答 2

3.1

計量法の目的および定義

3.2 計量単位など

3.2.1 計量単位

■ 問題 1　　　　　　　　　　　　　　　　　　　【令和6年 問3】

国際単位系に係る計量単位として計量法第3条に規定され，計量法別表第1に掲げる物象の状態の量と計量単位の組合せとして，正しいものを一つ選べ．

　　　（物象の状態の量）　　　　　（計量単位）
1　　電力量　　　　　　　　ワット
2　　静電容量　　　　　　　クーロン
3　　動粘度　　　　　　　　平方メートル毎分
4　　熱量　　　　　　　　　カロリー
5　　質量　　　　　　　　　キログラム　グラム　トン

解説　1　誤り．電力量の法定計量単位は，ジュール（J）またはワット秒（W·s），ワット時（W·h）である．
2　誤り．静電容量の法定計量単位は，ファラド（F）である．クーロン（C）は電気量の法定計量単位である．
3　誤り．動粘度の法定計量単位は，平方メートル毎秒（m²/s）である．
4　誤り．熱量の法定計量単位は，ジュール（J）またはワット秒（W·s），ワット時（W·h）である．電力量と同じことに注意．
5　正しい．質量の法定計量単位は，キログラム（kg），グラム（g），トン（t）である．法第3条（国際単位系に係る計量単位）および別表第1参照．　　　　　　　　▶答 5

■ 問題 2　　　　　　　　　　　　　　　　　　　【令和6年 問4】

計量法第3条に規定する国際単位系に係る計量単位に関する次の記述の（　ア　）と（　イ　）に入る語句の組合せとして，正しいものを一つ選べ．

　第3条　計量法第2条第1項第1号に掲げる物象の状態の量のうち別表第1の上欄に掲げるものの計量単位は，同表の下欄に掲げるとおりとし，その定義は，（　ア　）の決議その他の計量単位に関する国際的な決定及び慣行に従い，（　イ　）で定める．

　　　　　　　　　（　ア　）　　　　　　　　（　イ　）
1　　国際法定計量機関総会　　　　　省令

2	国際法定計量機関総会	政令
3	国際電気通信連合全権委員会議	省令
4	国際度量衡総会	省令
5	国際度量衡総会	政令

解説 （ア）「国際度量衡総会」である．
（イ）「政令」である．
法第3条（国際単位系に係る計量単位）参照． ▶答 5

問題3 【令和5年 問3】

次に示す国際単位系に係る計量単位として計量法第3条に規定され，同法別表第1に掲げられている物象の状態の量とその計量単位の組合せとして，誤っているものを一つ選べ．

	（物象の状態の量）	（計量単位）
1	電力量	ジュール又はワット秒 ワット時
2	熱量	ジュール又はワット秒 ワット時
3	体積	立方メートル リットル
4	角速度	メートル毎秒 メートル毎時
5	照度	ルクス

解説 1 正しい．電力量の法定計量単位は，ジュール（J）またはワット秒（W·s），ワット時（W·h）である．
2 正しい．熱量の法定計量単位は，電力量と同じで，ジュール（J）またはワット秒（W·s），ワット時（W·h）である．
3 正しい．体積の法定計量単位は，立方メートル（m³），リットル（ℓ，L）である．
4 誤り．角速度の法定計量単位は，ラジアン毎秒（rad/s）である．
5 正しい．照度の法定計量単位は，ルクス（lx）である． ▶答 4

問題4 【令和5年 問4】

計量法第9条第1項に規定する非法定計量単位による目盛等を付した計量器に関する次の記述の（ ア ）〜（ ウ ）に入る語句の組合せとして，正しいものを一つ選べ．
　第9条　第2条第1項第1号に掲げる物象の状態の量の計量に使用する計量器であって非法定計量単位による目盛又は表記を付したものは，（ ア ）し，又は（ ア ）の目的で（ イ ）してはならない．第5条第2項の政令で定める計

量単位による目盛又は表記を付した計量器であって，専ら同項の政令で定める
（　ウ　）に使用するものとして経済産業省令で定めるもの以外のものについて
も，同様とする．

	（　ア　）	（　イ　）	（　ウ　）
1	販売	陳列	輸出すべき貨物の取引又は証明
2	輸出	所持	特殊の計量
3	販売	陳列	特殊の計量
4	輸出	製造	特殊の計量
5	販売	所持	輸出すべき貨物の取引又は証明

解説　（ア）「販売」である．

（イ）「陳列」である．

（ウ）「特殊の計量」である．

法第9条（非法定計量単位による目盛等を付した計量器）第1項参照．　　　▶答 3

□ **問題5**　　　　　　　　　　　　　　　　　　　　　　【令和4年 問3】 ✓ ✓ ✓

　次に示す法定計量単位とその物象の状態の量との組合せとして，正しいものを一つ
選べ．

	（法定計量単位）	（物象の状態の量）
1	メートル毎秒	加速度
2	グレイ	放射能
3	トン	力
4	ルクス	光度
5	クーロン	電気量

解説　1　誤り．メートル毎秒（m/s）は，速度の法定計量単位である．加速度の法
定計量単位はメートル毎秒毎秒（m/s^2）である．

2　誤り．グレイ（Gy＝J/kg）は，単位質量当たりの吸収線量の単位である．放射能の
法定計量単位はベクレル（Bq）で，1秒間の崩壊数である．

3　誤り．トン（t）は，質量の法定計量単位である．力の法定計量単位はニュートン（N＝
$kg \cdot m/s^2$）で，質量×加速度である．

4　誤り．ルクス（lx）は，照度の法定計量単位である．光度の法定計量単位はカンデラ
（cd）である．

5　正しい．クーロン（C）は，電気量の法定計量単位である．

法第3条（国際単位系に係る計量単位）および別表第1参照．　　　　　▶答 5

問題6　【令和4年 問4】

計量法第8条に規定する非法定計量単位の使用の禁止に関する次の記述の（ア）～（ウ）に入る語句の組合せとして，正しいものを一つ選べ．

第8条　第3条から第5条までに規定する計量単位（以下「法定計量単位」という．）以外の計量単位（以下「非法定計量単位」という．）は，第2条第1項第1号に掲げる物象の状態の量について，取引又は証明に用いてはならない．

2　第5条第2項の政令で定める計量単位は，同項の政令で定める特殊の計量に係る取引又は証明に用いる場合（ ア ），取引又は証明に用いてはならない．

3　前2項の規定は，次の取引又は証明に（ イ ）．

一　輸出すべき貨物の取引又は証明

二　（ ウ ）に係る取引又は証明

三　日本国内に住所又は居所を有しない者その他の政令で定める者相互間及びこれらの者とその他の者との間における取引又は証明であって政令で定めるもの

	（ア）	（イ）	（ウ）
1	以外は	限り，適用する	貨物の輸入
2	でなければ	については，適用しない	貨物の輸入
3	でなければ	準用する	輸入すべき貨物の設計
4	以外は	準用する	日本船舶以外の船舶の修理
5	以外は	については，適用しない	輸入すべき貨物の設計

解説　（ア）「でなければ」である．
（イ）「については，適用しない」である．
（ウ）「貨物の輸入」である．
法第8条（非法定計量単位の使用の禁止）参照． 　▶答 2

問題7　【令和3年 問3】

次に示す法定計量単位とその物象の状態の量との組合せとして，正しいものを一つ選べ．

	（法定計量単位）	（物象の状態の量）
1	モル毎リットル	物質量
2	クーロン	起電力
3	シーベルト	放射能
4	平方メートル	体積
5	ラジアン	角度

3.2 計量単位など

解説 1 誤り．モル毎リットル（mol/L）は，物質量の体積濃度の法定計量単位である．物質量の法定計量単位はモル（mol）である．
2 誤り．クーロン（C）は，電気量の法定計量単位である．起電力の法定計量単位はボルト（V）である．
3 誤り．シーベルト（Sv）は，線量当量の法定計量単位である．放射能の法定計量単位はベクレル（Bq）である．
4 誤り．平方メートル（m^2）は，面積の法定計量単位である．体積の法定計量単位は立方メートル（m^3）である．
5 正しい．ラジアン（rad）は，角度の法定計量単位である．
法第3条（国際単位系に係る計量単位）および別表第1参照． ▶答 5

■ **問題8** 【令和3年 問4】

計量単位に関する次の記述の中から，誤っているものを一つ選べ．
1 計量法第3条では，計量法第2条第1項第1号に掲げる物象の状態の量のうち別表第1の上欄（物象の状態の量）に掲げるものの計量単位は，同表の下欄（計量単位）に掲げるとおりとし，その定義は，国際法定計量委員会の決議その他の計量単位に関する国際的な決定及び慣行に従い，政令で定める，と規定されている．
2 計量法第5条第1項では，計量法第3条及び第4条に規定する計量単位のほか，これらの計量単位に10の整数乗を乗じたものを表す計量単位及びその定義は，政令で定める，と規定されている．
3 法定計量単位には，計量法第5条第2項に規定されている，海面における長さの計量その他の政令で定める特殊の計量に用いる長さ，質量，角度，面積，体積，速さ，加速度，圧力又は熱量の計量単位が含まれる．
4 非法定計量単位は，計量法第2条第1項第1号に掲げる物象の状態の量について，日本国内に住所又は居所（法人にあっては営業所）を有しない者相互間における取引又は証明に使用することができる．
5 計量法第2条第1項第1号に掲げる物象の状態の量の計量に使用する非法定計量単位による目盛又は表記を付した計量器であって，輸出すべき計量器その他の政令で定めるものは，販売することができる．

解説 1 誤り．「国際法定計量委員会」が誤りで，正しくは「国際度量衡総会」である．法第3条（国際単位系に係る計量単位）参照．
2 正しい．法第5条（その他の計量単位）第1項参照．
3 正しい．法第5条（その他の計量単位）第2項参照．
4 正しい．法第8条（非法定計量単位の使用の禁止）第3項第三号参照．

5　正しい．法第8条（非法定計量単位の使用の禁止）第3項第一号参照． ▶答 1

■問題9　　　　　　　　　　　　　　　　　　　　　　　【令和2年 問3】

国際単位系に係る計量単位として計量法第3条に規定され，同法別表第1に掲げられている物象の状態の量と計量単位との組合せとして，誤っているものを一つ選べ．

	（物象の状態の量）	（計量単位）
1	密度	モル毎立方メートル　キログラム毎立方メートル
2	質量	キログラム　グラム　トン
3	光束	ルーメン
4	温度	ケルビン　セルシウス度又は度
5	圧力	パスカル又はニュートン毎平方メートル　バール

解説　1　誤り．密度の法定計量単位は，キログラム毎立法メートル（kg/m^3），グラム毎立法メートル（g/m^3），グラム毎リットル（g/L）である．
2　正しい．質量の法定計量単位は，キログラム（kg），グラム（g），トン（t）である．
3　正しい．光束の法定計量単位は，ルーメン（lm）である．なお，光度の法定計量単位はカンデラ（cd）である．
4　正しい．温度の法定計量単位は，ケルビン（K），セルシウス度（℃）または度である．
5　正しい．圧力の法定計量単位は，パスカル（Pa）またはニュートン毎平方メートル（N/m^2），バール（bar）である．
法第3条（国際単位系に係る計量単位）および別表第1参照． ▶答 1

■問題10　　　　　　　　　　　　　　　　　　　　　　【令和2年 問4】

計量法第9条に規定する非法定計量単位による目盛等を付した計量器に関する次の記述の（　ア　）～（　ウ　）に入る語句の組合せとして，正しいものを一つ選べ．
　第9条　第2条第1項第1号に掲げる物象の状態の量の計量に使用する計量器であって非法定計量単位による（　ア　）を付したものは，販売し，又は販売の目的で（　イ　）してはならない．第5条第2項の政令で定める計量単位による（　ア　）を付した計量器であって，専ら同項の政令で定める特殊の計量に使用するものとして経済産業省令で定めるもの以外のものについても，同様とする．
　2　前項の規定は，（　ウ　）すべき計量器その他の政令で定める計量器については，適用しない．

	（ア）	（イ）	（ウ）
1	目盛又は表記	所持	輸出
2	目盛及び記号	陳列	輸入

3	目盛及び記号	製造	輸出
4	目盛又は表記	所持	輸入
5	目盛又は表記	陳列	輸出

解説 （ア）「目盛又は表記」である．
（イ）「陳列」である．
（ウ）「輸出」である．
法第9条（非法定計量単位による目盛等を付した計量器）第1項および第2項参照．

▶答 5

問題11　【令和元年 問3】

国際単位系に係る計量単位として計量法第3条に規定され，同法別表第1に掲げられている物象の状態の量と計量単位との組合せとして，誤っているものを一つ選べ．

（物象の状態の量）　　　　　　　　（計量単位）
1　角度　　　　　ラジアン　度　秒　分
2　周波数　　　　ヘルツ
3　圧力　　　　　パスカル又はニュートン毎平方メートル　バール
4　電力量　　　　ジュール又はワット秒　ワット時
5　照度　　　　　カンデラ

解説 1　正しい．角度の法定計量単位は，ラジアン（rad），度（°），分（′），秒（″）である．
2　正しい．周波数の法定計量単位は，ヘルツ（Hz）である．
3　正しい．圧力の法定計量単位は，パスカル（Pa）またはニュートン毎平方メートル（N/m^2），バール（bar）である．
4　正しい．電力量の法定計量単位は，ジュール（J）またはワット秒（W·s），ワット時（W·h）である．
5　誤り．照度の法定計量単位は，ルクス（lx）である．カンデラ（cd）は光度の法定計量単位である．
法第3条（国際単位系に係る計量単位）および別表第1参照．

▶答 5

問題12　【令和元年 問4】

計量法第8条に規定する非法定計量単位の使用の禁止に関する次の記述の（　ア　）及び（　イ　）に入る語句として，正しいものを一つ選べ．

第8条　第3条から第5条までに規定する計量単位（以下「法定計量単位」という.）以外の計量単位（以下「非法定計量単位」という.）は，第2条第1項第1号に掲げる物象の状態の量について，（　ア　）に用いてはならない.

2　第5条第2項の政令で定める計量単位は，同項の政令で定める（　イ　）に係る（　ア　）に用いる場合でなければ，（　ア　）に用いてはならない.

	（　ア　）	（　イ　）
1	取引又は証明	特定計量器
2	取引又は証明	特殊の計量
3	貨物の輸入のための計量	外国製造者
4	計量器の製造	届出製造事業者
5	計量器の製造	特殊の計量

解説　（ア）「取引又は証明」である.

（イ）「特殊の計量」である.

法第8条（非法定計量単位の使用の禁止）第1項および第2項参照.　　　　▶答 2

■ 問題13　　　　　　　　　　　　　　【平成30年12月 問3】

国際単位系に係る計量単位として計量法第3条に規定され，同法別表第1に掲げられている物象の状態の量と計量単位との組合せとして，誤っているものを一つ選べ.

	（物象の状態の量）	（計量単位）
1	体積	立方メートル　リットル
2	回転速度	毎秒　毎分　毎時
3	動粘度	平方メートル毎秒
4	起電力	ワット
5	光束	ルーメン

解説　1　正しい.体積の法定計量単位は，立法メートル（m^3）またはリットル（L）である.

2　正しい.回転速度の法定計量単位は，毎秒（s^{-1}），毎分（m^{-1}），毎時（h^{-1}）である.

3　正しい.動粘度の法定計量単位は，平方メートル毎秒（m^2/s）である.

4　誤り.起電力の法定計量単位は，ボルト（V）である.ワット（W）は電力（1秒間の仕事）の法定計量単位である.

5　正しい.光束の法定計量単位は，ルーメン（lm）である.

法第3条（国際単位系に係る計量単位）および別表第1参照.　　　　▶答 4

問題14 【平成30年12月 問4】

計量法第7条に規定する計量単位に関する次の記述の（ ア ）及び（ イ ）に入る語句の組合せとして，正しいものを一つ選べ．

第7条　第3条から前条までに規定する計量単位の（ ア ）であって，計量単位の（ ア ）による表記において（ イ ）となるべきものは，経済産業省令で定める．

	（ ア ）	（ イ ）
1	略字	基準
2	記号	標準
3	略字	規格
4	記号	基準
5	略字	標準

解説　（ア）「記号」である．
（イ）「標準」である．
法第7条（記号）参照．　　　　　　　　　　　　　　　　　　▶答 2

3.2.2　特定商品および特定物象量

問題1 【令和6年 問6】

計量法第13条第1項の政令で定める特定商品（密封をしたときに特定物象量を表記すべき特定商品）に該当するものを全て挙げている組合せを次の1～5のうちから一つ選べ．

ア　アイスクリーム
イ　素干しえび
ウ　すじこ
エ　魚肉ハム及び魚肉ソーセージ
オ　海藻及びその加工品のうち，生鮮のもの及び冷蔵したもの

1　ア，ウ，エ　　2　ア，イ，オ　　3　イ，ウ，エ
4　イ，エ，オ　　5　ウ，エ，オ

解説　法第13条（密封をした特定商品に係る特定物象量の表記）第1項の政令（特定商品の販売に係る計量に関する政令）で定める特定商品に該当するものは，次のとおりである．

ア 該当しない．「アイスクリーム」は該当しない．「特定商品の販売に係る計量に関する政令」第5条（密封をしたときに特定物象量を表記すべき特定商品）第一号～第十五号参照．
イ 該当する．「素干しえび」は該当する．同上第十二号（一）参照．
ウ 該当する．「すじこ」は該当する．同上第十三号（一）参照．
エ 該当する．「魚肉ハム及び魚肉ソーセージ」は該当する．同上第十三号（二）参照．
オ 該当しない．「海藻及びその加工品のうち，生鮮のもの及び冷蔵したもの」は，該当しない．同上第一号～第十五号参照． ▶答 3

■問題 2 　　　　　　　　　　　　　　　　　　　　　　【令和5年 問5】

計量法第12条第1項に規定する政令で定める特定商品とその特定物象量（特定商品ごとに政令で定める物象の状態の量）の組合せとして，当該政令に規定されていないものを次の中から一つ選べ．

	（特定商品）	（特定物象量）
1	野菜ジュース	質量
2	しょうゆ	質量
3	ソース	質量
4	飲料（医薬用のものを除く．）のうちアルコールを含まないもの	質量
5	液化石油ガス	質量

解説 1 規定あり．野菜ジュースの特定物象量は，質量または体積である．
2 規定なし．しょうゆの特定物象量は，体積である．質量は定められていない．
3 規定あり．ソースの特定物象量は，質量または体積である．
4 規定あり．「飲料（医薬用のものを除く）のうちアルコールを含まないもの」の特定物象量は，質量または体積である．
5 規定あり．液化石油ガスの特定物象量は，質量または体積である．
法第12条（特定商品の計量）第1項および「特定商品の販売に係る計量に関する政令」別表第1参照． ▶答 2

■問題 3 　　　　　　　　　　　　　　　　　　　　　　【令和3年 問5】

次に示す商品のうち，計量法第13条第1項の政令で定める商品として該当するものを全て挙げている組合せを一つ選べ．
ア らっきょう漬け（缶詰及び瓶詰を除く．）
イ マーマレード

ウ　アイスクリーム

エ　干しのり

1　ア，イ　　2　ア，エ　　3　イ，ウ　　4　ウ，エ　　5　ア，ウ，エ

解説　法第13条第1項の政令で定める商品（密封をしたときに特定物象量を表記すべき特定商品）に該当するものは，らっきょう漬け（缶詰および瓶詰を除く）およびマーマレードである．アイスクリームおよび干しのりは該当しない（除外されている）．

　法第13条（密封をした特定商品に係る特定物象量の表記）第1項および「特定商品の販売に係る計量に関する政令」別表第1参照．　　　　　　　　　　　　　　▶答 1

問題4 【令和3年 問6】

　計量法第13条第1項の規定に関する次の記述の（　ア　）～（　ウ　）に入る語句の組合せとして，正しいものを一つ選べ．

　第13条　政令で定める特定商品の（　ア　）の事業を行う者は，その特定商品をその（　イ　）に関し密封（商品を容器に入れ，又は包装して，その容器若しくは包装又はこれらに付した封紙を破棄しなければ，当該物象の状態の量を増加し，又は減少することができないようにすることをいう．以下同じ．）をするときは，量目公差を超えないようにその（　イ　）の計量をして，その容器又は包装に経済産業省令で定めるところによりこれを（　ウ　）．

	（　ア　）	（　イ　）	（　ウ　）
1	取引	内容量	表記することができる
2	販売	内容量	表記することができる
3	販売	特定物象量	表記しなければならない
4	製造	特定物象量	表記することができる
5	製造	特定物象量	表記しなければならない

解説　（ア）「販売」である．

（イ）「特定物象量」である．

（ウ）「表記しなければならない」である．

　法第13条（密封をした特定商品に係る特定物象量の表記）第1項参照．　　　▶答 3

問題5 【令和2年 問5】

　計量法第12条第1項に規定する次の記述の（　ア　）～（　ウ　）に入る語句の組合せとして，正しいものを一つ選べ．

　第12条　政令で定める商品（以下「特定商品」という．）の（　ア　）の事業を行

う者は，特定商品をその特定物象量（特定商品ごとに政令で定める物象の状態の量をいう．以下同じ．）を（　イ　）により示して販売するときは，政令で定める誤差（以下「量目公差」という．）を超えないように，その特定物象量の（　ウ　）をしなければならない．

	（　ア　）	（　イ　）	（　ウ　）
1	製造	法定計量単位	計量
2	製造	計量単位	計測
3	販売	法定計量単位	計測
4	販売	計量単位	計量
5	販売	法定計量単位	計量

解説　（ア）「販売」である．

（イ）「法定計量単位」である．

（ウ）「計量」である．

　法第12条（特定商品の計量）第1項参照．　　　　　　　　　　　　　　　▶答 5

■ 問題6　　　　　　　　　　　　　　　　　　　　　　　【令和2年 問6】

　次に示す計量法第12条第1項の政令で定める商品（特定商品）と，その特定物象量（特定商品ごとに政令で定める物象の状態の量）の組合せとして，誤っているものを一つ選べ．

	（特定商品）	（特定物象量）
1	牛乳（脱脂乳を除く．）	質量又は体積
2	ソース	質量又は体積
3	アルコールを含む飲料（医薬用のものを除く．）	体積
4	潤滑油	質量又は体積
5	灯油	体積

解説　1　正しい．牛乳（脱脂乳を除く）の特定物象量は，質量または体積である．

2　正しい．ソースの特定物象量は，質量または体積である．

3　正しい．アルコールを含む飲料（医薬用のものを除く）の特定物象量は，体積である．

4　誤り．潤滑油の特定物象量は，体積である．質量は定められていない．

5　正しい．灯油の特定物象量は，体積である．

　法第12条（特定商品の計量）第1項および「特定商品の販売に係る計量に関する政令」別表第1参照．　　　　　　　　　　　　　　　　　　　　　　　　　　▶答 4

問題7 【令和元年 問5】

計量法第13条第1項の政令で定める商品（密封をしたときに特定物象量を表記すべき特定商品）に該当しないものを一つ選べ．
1　油菓子（1個の質量が3グラム未満のもの．）　2　ゆでめん
3　もち　4　家庭用合成洗剤　5　小麦粉

解説　選択肢の中で，法第13条第1項の政令で定める商品（密封をしたときに特定物象量を表記すべき特定商品）に該当しないものは，ゆでめんである．他は，該当する．なお，むしめんも該当しない．
法第13条（密封をした特定商品に係る特定物象量の表記）第1項および「特定商品の販売に係る計量に関する政令」別表第1参照．　　▶答 2

問題8 【平成30年12月 問5】

次に示す商品のうち，計量法第13条第1項の政令で定める特定商品（密封をしたときに特定物象量を表記すべき特定商品）に該当しないものを一つ選べ．
1　精米　2　小麦粉　3　生鮮の野菜　4　しょうゆ　5　液化石油ガス

解説　選択肢の中で，法第13条第1項の政令で定める商品（密封をしたときに特定物象量を表記すべき特定商品）に該当しないものは，生鮮の野菜である．他は，該当する．
法第13条（密封をした特定商品に係る特定物象量の表記）第1項および「特定商品の販売に係る計量に関する政令」別表第1参照．　　▶答 3

3.3　適正な計量の実施

3.3.1　正確な計量

問題1 【令和6年 問5】

計量法に定める商品の販売に係る計量に関する次の記述の（ ア ）～（ ウ ）に入る語句の組合せとして，正しいものを一つ選べ．
　第15条（ ア ）は，計量法第12条第1項若しくは第2項に規定する者がこれらの規定を遵守せず，第13条第1項若しくは第2項に規定する者が同条各項の規定

を遵守せず，又は第14条第1項若しくは第2項に規定する者が同条各項の規定を遵守していないため，当該特定商品を購入する者の利益が害されるおそれがあると認めるときは，これらの者に対し，必要な措置をとるべきことを（　イ　）することができる．

2　（　ア　）は，前項の規定による（　イ　）をした場合において，その（　イ　）を受けた者がこれに従わなかったときは，その旨を公表することができる．

3　（　ア　）は，計量法第12条第1項若しくは第2項又は第13条第1項若しくは第2項の規定を遵守していないため第1項の規定による（　イ　）を受けた者が，正当な理由がなくてその（　イ　）に係る措置をとらなかったときは，その者に対し，その（　イ　）に係る措置をとるべきことを（　ウ　）ことができる．

	（　ア　）	（　イ　）	（　ウ　）
1	経済産業大臣	指導	公表する
2	経済産業大臣	勧告	公表する
3	経済産業大臣	勧告	命ずる
4	都道府県知事又は特定市町村の長	勧告	命ずる
5	都道府県知事又は特定市町村の長	指導	公表する

解説　（ア）「都道府県知事又は特定市町村の長」である．

（イ）「勧告」である．

（ウ）「命ずる」である．

法第15条（勧告等）第1項～第3項参照．　　　　　　　　　　　　　　　▶答 4

■問題2　　　　　　　　　　　　　　　　　　　　　　　　　【令和5年 問6】

特定商品に関する計量法第13条の下線部ア～オのうち，正しいものを1～5の中から一つ選べ．

第13条　ア：経済産業省令で定める特定商品のイ：製造の事業を行う者は，その特定商品をその特定物象量に関し密封（商品を容器に入れ，又は包装して，その容器若しくは包装又はこれらに付した封紙を破棄しなければ，当該物象の状態の量を増加し，又は減少することができないようにすることをいう．以下同じ．）をするときは，ウ：量目誤差を超えないようにその特定物象量の計量をして，その容器又は包装に経済産業省令で定めるところによりこれをエ：表示しなければならない．

2　前項のア：経済産業省令で定めるオ：特定商品以外の特定商品のイ：製造の事業を行う者がその特定商品をその特定物象量に関し密封をし，かつ，その容器又は包装にその特定物象量を法定計量単位によりエ：表示するときは，ウ：量目誤

差を超えないようにその<u>エ：表示</u>する特定物象量の計量をし，かつ，その<u>エ：表示</u>は同項の経済産業省令で定めるところによらなければならない．

　3　（略）

1　ア　　2　イ　　3　ウ　　4　エ　　5　オ

解説　ア　誤り．正しくは「政令」である．

イ　誤り．正しくは「販売」である．

ウ　誤り．正しくは「量目公差」である．

エ　誤り．正しくは「表記」である．

オ　正しい．「特定商品以外の特定商品」である．

　法第13条（密封をした特定商品に係る特定物象量の表記）参照．　　　　　　　　▶答 5

■ **問題3**　　　　　　　　　　　　　　　　　　　　　　　【令和4年 問5】

　計量法第10条に規定する正確な計量に関する次の記述の（　ア　）〜（　ウ　）に入る語句の組合せとして，正しいものを一つ選べ．

　第10条　物象の状態の量について，法定計量単位により取引又は証明における計量をする者は，正確にその物象の状態の量の計量を（　ア　）．

　2　都道府県知事又は政令で定める市町村若しくは特別区（以下「特定市町村」という．）の長は，前項に規定する者が同項の規定を遵守していないため，適正な計量の実施の確保に著しい支障を生じていると認めるときは，その者に対し，必要な措置をとるべきことを（　イ　）することができる．ただし，第15条第1項の規定により（　イ　）することができる場合は，この限りでない．

　3　都道府県知事又は特定市町村の長は，前項の規定による（　イ　）をした場合において，その（　イ　）を受けた者がこれに従わなかったときは，その旨を（　ウ　）することができる．

	（　ア　）	（　イ　）	（　ウ　）
1	しなければならない	勧告	指導
2	するように努めなければならない	勧告	公表
3	しなければならない	指導	勧告
4	するように努めなければならない	指導	公表
5	しなければならない	指導	公表

解説　（ア）「するように努めなければならない」である．

（イ）「勧告」である．

（ウ）「公表」である．

法第10条参照.　　　　　　　　　　　　　　　　　　　　　　　　　　　　　　　　▶答 2

問題 4　　　　　　　　　　　　　　　　　　【令和4年 問6】

計量法第12条第1項に規定する商品の販売に係る計量に関する次の記述の
（　ア　）〜（　ウ　）に入る語句の組合せとして，正しいものを一つ選べ.

第12条　政令で定める商品（以下「（　ア　）」という.）の販売の事業を行う者
は，（　ア　）をその（　イ　）（（　ア　）ごとに政令で定める物象の状態の量
をいう. 以下同じ.）を法定計量単位により示して販売するときは，政令で定め
る誤差（以下「（　ウ　）」という.）を超えないように，その（　イ　）の計量
をしなければならない.

	（　ア　）	（　イ　）	（　ウ　）
1	特定商品	特定物象量	量目公差
2	特定商品	指定物象量	量目誤差
3	指定商品	指定物象量	量目誤差
4	指定商品	指定物象量	量目公差
5	指定商品	特定物象量	量目誤差

解説　（ア）「特定商品」である.

（イ）「特定物象量」である.

（ウ）「量目公差」である.

法第12条（特定商品の計量）第1項参照.　　　　　　　　　　　　　　　　　　▶答 1

問題 5　　　　　　　　　　　　　　　　　　【令和元年 問6】

計量法第14条第1項の規定に関する次の記述の（　ア　）〜（　ウ　）に入る語句
の組合せとして，正しいものを一つ選べ.

第14条　前条第1項の政令で定める特定商品の輸入の事業を行う者は，その
（　ア　）に関し密封をされたその特定商品を（　イ　）するときは，その容器
又は包装に，（　ウ　）計量をされたその（　ア　）が同項の経済産業省令で定
めるところにより表記されたものを販売しなければならない.

	（　ア　）	（　イ　）	（　ウ　）
1	物象の状態の量	販売	量目公差を超えないように
2	物象の状態の量	輸入して販売	適正に
3	特定物象量	販売	正確に
4	特定物象量	輸入して販売	量目公差を超えないように
5	特定物象量	輸入	正確に

3.3

適正な計量の実施

解説 （ア）「特定物象量」である.

（イ）「輸入して販売」である.

（ウ）「量目公差を超えないように」である.

　法第14条（輸入した特定商品に係る特定物象量の表記）第1項参照.　　　　　　▶答4

□ 問題6　　　　　　　　　　　　　　　　　　　　　【平成30年12月 問6】✓✓✓

　計量法第15条に規定する特定商品に関する次の記述の（　ア　）～（　ウ　）に入る語句の組合せとして，正しいものを一つ選べ.

　第15条　都道府県知事又は特定市町村の長は，第12条第1項若しくは第2項に規定する者がこれらの規定を遵守せず，第13条第1項若しくは第2項に規定する者が同条各項の規定を遵守せず，又は前条第1項若しくは第2項に規定する者が同条各項の規定を遵守していないため，当該特定商品を（　ア　）する者の利益が害されるおそれがあると認めるときは，これらの者に対し，必要な措置をとるべきことを（　イ　）することができる.

　2　都道府県知事又は特定市町村の長は，前項の規定による（　イ　）をした場合において，その（　イ　）を受けた者がこれに従わなかったときは，その旨を公表することができる.

　3　都道府県知事又は特定市町村の長は，第12条第1項若しくは第2項又は第13条第1項若しくは第2項の規定を遵守していないため第1項の規定による（　イ　）を受けた者が，正当な理由がなくてその（　イ　）に係る措置をとらなかったときは，その者に対し，その（　イ　）に係る措置をとるべきことを（　ウ　）ことができる.

	（　ア　）	（　イ　）	（　ウ　）
1	販売	勧告	警告する
2	計量	指示	命ずる
3	計量	勧告	指示する
4	購入	命令	警告する
5	購入	勧告	命ずる

解説 （ア）「購入」である.

（イ）「勧告」である.

（ウ）「命ずる」である.

　法第15条（勧告等）第1項～第3項参照.　　　　　　　　　　　　　　　　　　▶答5

3.3.2　計量器の使用または使用方法等に関する規則

■ 問題1　　　　　　　　　　　　　　　　　　　　【令和6年 問7】
計量法第16条の使用の制限に関する次の記述のうち，正しいものを一つ選べ．
1　特定計量器でないものは，取引又は証明における法定計量単位による計量に使用してはならない．
2　有効期間を経過した検定証印が付されている特定計量器であっても，取引又は証明における法定計量単位による計量の使用に供するために所持してもよい．
3　検定証印が付されていない特定計量器であっても，取引又は証明における法定計量単位による計量に使用できる場合がある．
4　タクシーメーターは，検定証印が付されていれば，取引又は証明における法定計量単位による計量に使用できる．
5　水道メーターの検定証印の有効期間は，7年である．

解説　1　誤り．計量器でないものは，取引または証明における法定計量単位による計量を使用してはならない．「特定計量器」が誤り．法第16条（使用の制限）第1項本文および第一号参照．
2　誤り．有効期限を経過した検定証印が付されている特定計量器は，取引または証明における法定計量単位による計量の使用に供するために所持してはならない．法第16条（使用の制限）第1項本文および第三号参照．
3　正しい．検定証印が付されていない特定計量器であっても，取引または証明における法定計量単位による計量に使用できる場合がある．指定製造事業者が製造した特定計量器に基準適合証印を付した特定計量器がこれに該当する．法第16条（使用の制限）第1項本文および第二号ロ参照．
4　誤り．タクシーメーターは，装置検査証印が付されており，有効期間を経過していないものであれば，取引または証明における法定計量単位による計量に使用できる．令第7条（装置検査に係る特定計量器）参照．
5　誤り．水道メーターの検定証印の有効期間は，8年である．法第72条（検定証印）第2項，令第18条（検定証印等の有効期間のある特定計量器）別表第3第二号イ参照．

▶ 答 3

■ 問題2　　　　　　　　　　　　　　　　　　　　【令和5年 問7】
次の特定計量器を取引又は証明における法定計量単位による計量に使用するとき，検定証印又は基準適合証印が付される必要のないものを一つ選べ．

1 皮革面積計
2 ガラス製体温計
3 タクシーメーター
4 最大需要電力計
5 自重計

解説 選択肢の中で，特定計量器を取引または証明における法定計量単位による計量に使用するとき，検定証印または基準適合証印が付される必要のないものは，自重計である．その他は検定証印または基準適合証印が付される必要がある．なお，自重計とは，土砂などを運搬する大型自動車に取り付けられ，その車の最大積載量を指示する計器をいう．
　法第16条（使用の制限）第1項本文かっこ書および令第5条（使用の制限の特例に係る特定計量器）第二号参照． ▶答 5

■ **問題 3** 【令和4年 問7】

次の計量器を取引又は証明における法定計量単位による計量に使用する場合，検定証印又は基準適合証印が付される必要のないものを一つ選べ．
1 騒音計
2 巻尺
3 タクシーメーター
4 最大需要電力計
5 皮革面積計

解説 巻尺は，計量器であるが特定計量器ではないため，検定証印または基準適合証印が付される必要がない．その他は検定証印または基準適合証印が付される必要がある．
　令第2条（特定計量器），法第16条（使用の制限）第1項本文かっこ書および令第5条（使用の制限の特例に係る特定計量器）参照． ▶答 2

■ **問題 4** 【令和4年 問11】

計量法第18条の使用方法等の制限の対象となる特定計量器として誤っているものを，次の中から一つ選べ．
1 水道メーター
2 燃料油メーター
3 ガスメーター
4 酒精度浮ひょう

5　最大需要電力計

解説　選択肢の中で，使用方法等の制限の対象とならない特定計量器は，酒精度浮ひょうである．その他は使用方法等の制限の対象となる特定計量器である．
　法第18条（使用方法等の制限）および令第9条（使用方法等の制限に係る特定計量器）別表第2第五号かっこ書参照．　　　　　　　　　　　　　　　　　　　　▶答 4

■ **問題5**　　　　　　　　　　　　　　　　　　　　　　　【令和3年 問7】

　計量法第16条第1項の規定に関する次の記述の（　ア　）～（　ウ　）に入る語句の組合せとして，正しいものを一つ選べ．

　第16条　次の各号の一に該当するもの（船舶の喫水により積載した貨物の質量の計量をする場合におけるその船舶及び政令で定める特定計量器を除く．）は，取引又は証明における法定計量単位による計量【・・中略・・】に使用し，又は使用に供するために所持してはならない．

　　一　（　ア　）でないもの

　　二　次に掲げる特定計量器以外の特定計量器

　　　イ　経済産業大臣，都道府県知事，日本電気計器検定所又は経済産業大臣が指定した者（以下「指定検定機関」という．）が行う検定を受け，これに合格したものとして第72条第1項の（　イ　）が付されている特定計量器

　　　ロ　経済産業大臣が指定した者が製造した特定計量器であって，第96条第1項【・・中略・・】の表示が付されているもの

　　三　第72条第2項の政令で定める特定計量器で同条第1項の（　イ　）又は第96条第1項の表示【・・中略・・】が付されているものであって，（　イ　）等の有効期間を（　ウ　）したもの

	（　ア　）	（　イ　）	（　ウ　）
1	計量器	検定証印	経過
2	器具，機械又は装置	検定証印	抹消
3	計量器	基準適合証印	抹消
4	器具，機械又は装置	基準適合証印	経過
5	器具，機械又は装置	検定証印	経過

解説　（ア）「計量器」である．
（イ）「検定証印」である．
（ウ）「経過」である．
　法第16条（使用の制限）第1項参照．　　　　　　　　　　　　　　　　　▶答 1

3.3
適正な計量の実施

■ 問題6　　　　　　　　　　　　　　　　　　　　【令和2年 問7】

計量器等の使用に関する次の記述の中から，正しいものを一つ選べ．
1　ノギスは特定計量器ではないため，取引又は証明における法定計量単位による計量に使用することはできない．
2　計量法第16条第1項第3号に規定する検定証印等が付されていない特定計量器（車両等装置用計量器を除く．）であっても，取引又は証明における法定計量単位による計量に使用してよい場合がある．
3　液化石油ガスメーターは，計量法第18条の政令で定めるところにより使用する場合でなければ，取引又は証明における法定計量単位による計量に使用してはならない．
4　検定証印等が付されている全ての特定計量器は，取引又は証明における法定計量単位による計量に使用してよい．
5　特殊容器については，全て，計量法第17条第1項の政令で定める商品を同項の経済産業省令で定める高さまで満たして，体積を法定計量単位により示して販売する場合には，同法第16条第1項の規定は適用されないことから，取引又は証明における法定計量単位による計量に使用することができる．

解説　1　誤り．精密測定ができるノギスは，一般消費者になじみがない理由で特定計量器ではないが，取引または証明における法定計量単位による計量に使用することができる．特定計量器については，令第2条（特定計量器）参照．
2　正しい．法第16条（使用の制限）第1項第3号に規定する検定証印等が付されていない特定計量器（車両等装置用計量器を除く）であっても，同上第1項本文かっこ書に該当する特定計量器，例えば，検定が技術上困難である排ガス流速計，排ガス流量計などは，取引または証明における法定計量単位による計量に使用してよい．令第5条（使用の制限の特例に係る特定計量器）参照．
3　誤り．液化石油ガスメーターは，法第18条（使用方法等の制限）の政令で定めるところにより使用する特定計量器に該当しない．したがって，政令で定めるところにより使用する場合でなくても，取引または証明における法定計量単位による計量に使用することができる．令第9条（使用方法等の制限に係る特定計量器）および別表第2参照．
4　誤り．検定証印等が付されている特定計量器に有効期間があるものについて，その期間が過ぎたものは，取引または証明における法定計量単位による計量に使用してはならない．法第16条（使用の制限）第1項本文および第三号参照．
5　誤り．特殊容器については，透明または半透明の容器（経済産業省令で定めるもの）であって法第63条（表示）第1項の表示が付されているものは，法第17条（特殊容器

の使用）第1項の政令で定める商品を同項の経済産業省令で定める高さまで満たして，体積を法定計量単位により示して販売する場合には，法第16条（使用の制限）第1項の規定は適用されないことから，取引または証明における法定計量単位による計量に使用することができる．法第17条（特殊容器の使用）第1項かっこ書および令第8条（特殊容器の使用に係る商品）参照．　　　　　　　　　　　　　　　　　　　▶答 2

■問題7　　　　　　　　　　　　　　　　　【令和元年 問7】

計量器等の使用に関する次のア〜エの記述のうち，正しいものがいくつあるか，次の1〜5の中から一つ選べ．

ア　計量器でないものは，取引又は証明における法定計量単位による計量に使用してはならない．

イ　検定証印が付されているすべての特定計量器は，取引又は証明における法定計量単位による計量に使用することができる．

ウ　経済産業大臣が指定した者が製造した経済産業省令で定める型式に属する特殊容器を使用する者は，あらかじめ，経済産業省令で定める事項を都道府県知事に届け出なければならない．

エ　特定の方法に従って使用し，又は特定の物若しくは一定の範囲内の計量に使用しなければ正確に計量をすることができない特定計量器であって政令で定めるものは，政令で定めるところにより使用する場合でなければ，取引又は証明における法定計量単位による計量に使用してはならない．

1　0個　　2　1個　　3　2個　　4　3個　　5　4個

解説　ア　正しい．法第16条（使用の制限）第1項本文参照．

イ　誤り．検定証印が付されている特定計量器であっても，検定証印等の有効期間を経過したものは，取引または証明における法定計量単位による計量に使用できない．法第16条（使用の制限）第1項本文および第三号参照．

ウ　誤り．経済産業大臣が指定した者が製造した経済産業省令で定める型式に属する特殊容器を使用する者は，表示が付されているものに政令で定める商品を経済産業省令で定める高さまで満たして体積を法定単位により示して販売する．「あらかじめ，経済産業省令で定める事項を都道府県知事に届け出なければならない」定めはない．法第17条（特殊容器の使用）第1項参照．

エ　正しい．水道メーターやガスメーターなどが該当する．法第18条（使用方法の制限）および令第18条（使用方法の制限に係る特定計量器）参照．　　　　　　　　　▶答 3

3.3

適正な計量の実施

問題 8　　　　　　　　　　　　　　　　　　【平成30年12月 問7】

計量器等の使用に係る計量法の規定に関する次の記述の中から，正しいものを一つ選べ．

1. 経済産業大臣，都道府県知事又は指定検定機関が行う検定を受け，これに合格したものとして計量法第72条第1項の検定証印が付されている特定計量器でなければ，取引又は証明における法定計量単位による計量に使用してはならない．
2. 車両その他の機械器具に装置して使用される特定計量器であって政令で定めるもの（車両等装置用計量器）は，都道府県知事，特定市町村の長又は指定定期検査機関が行う装置検査を受け，これに合格したものとして計量法第75条第2項の装置検査証印（有効期間を経過していないものに限る．）が付されているものでなければ，取引又は証明における法定計量単位による計量に使用してはならない．
3. 計量法第72条第2項の政令で定める特定計量器（検定証印の有効期間のある特定計量器）について，同条第1項の検定証印が付されているものであって，検定証印の有効期間を経過したものは，定期検査に合格したものとして同法第24条に定める定期検査済証印が付された場合に限り，取引又は証明における法定計量単位による計量に使用することができる．
4. 特定の方法に従って使用し，又は特定の物若しくは一定の範囲内の計量に使用しなければ正確に計量をすることができない特定計量器であって政令で定めるものは，政令で定めるところにより使用する場合でなければ，取引又は証明における法定計量単位による計量に使用してはならない．
5. 計量法第72条第2項の政令で定める特定計量器（検定証印の有効期間のある特定計量器）で同条第1項の検定証印が付されているものを修理した場合は，経済産業省令で定める修理済表示を届出修理事業者により付された場合に限り，取引又は証明における法定計量単位による計量に使用することができる．

解説　1　誤り．経済産業大臣，都道府県知事，日本電気計器検定所または指定検定機関が行う検定を受け，これに合格したものとして法第72条（検定証印）第1項の検定証印が付されている特定計量器でなければ，取引または証明における法定計量単位による計量に使用してはならない．「日本電気計器検定所」が欠落している．法第16条（使用の制限）第1項第2号イ参照．

2　誤り．車両その他の機械器具に装置して使用される特定計量器であって政令で定めるもの（車両等装置用計量器）は，経済産業大臣，都道府県知事または指定検定機関が行う装置検査を受け，これに合格したものとして法第75条（装置検査）第2項の装置検査証印（有効期間を経過していないものに限る）が付されているものでなければ，取引

または証明における法定計量単位による計量に使用してはならない．法第16条（使用の制限）第3項参照．

3　誤り．法第72条（検定証印）第2項の政令で定める特定計量器（検定証印の有効期間のある特定計量器）について，同条第1項の検定証印が付されているものであって，検定証印の有効期間を経過したものは，取引または証明における法定計量単位による計量に使用することができない．なお，「定期検査に合格したものとして同法第24条に定める定期検査済証印が付された」特定計量器は，同法第72条（検定証印）第2項の政令で定める特定計量器と異なる．令第10条（定期検査の対象となる特定計量器），第18条（検定証印等の有効期間のある特定計量器）および別表第3参照．

4　正しい．法第18条（使用方法等の制限）参照．

5　誤り．法第72条（検定証印）第2項の政令で定める特定計量器（検定証印の有効期間のある特定計量器）で同条第1項の検定証印が付されているものを修理した場合は，経済産業省令で定める修理済表示を届出製造事業者または届出修理事業者により付すことができる．修理済表示は義務付けされていない．修理済表示を届出修理事業者により付されていない場合でも，取引または証明における法定計量単位による計量に使用することができる．なお，自動車等給油メーターの修理については検定の申請が必要である．法第50条（有効期間のある特定計量器に係る修理）第1項～第2項および則第14条（修理の基準）第1項第四号ただし書参照．　　　　　　　　　　　　　▶答 4

3.3.3　定期検査

■問題1　　　　　　　　　　　　　　　　　　　　　【令和6年 問8】

定期検査に関する次のア～エの記述のうち，誤っているものを全て挙げている組合せを1～5のうちから一つ選べ．

ア　特定計量器のうち，その構造，使用条件，使用状況等からみて，その性能及び器差に係る検査を定期的に行うことが適当であると認められるものであって政令で定めるものを取引又は証明における計量に使用する者は，その特定計量器について，政令で定める期間ごとに，経済産業大臣が行う定期検査を受けなければならない．

イ　都道府県知事が定期検査の実施について計量法第21条第2項の規定により公示したときは，当該定期検査を行う区域内の市町村の長は，その対象となる特定計量器の数を調査し，経済産業省令で定めるところにより，都道府県知事に報告しなければならない．

ウ 定期検査の合格条件の一つに，その器差が経済産業省令で定める使用公差を超えないこと，がある．

エ 計量法第25条に規定する定期検査に代わる計量士による検査を実施する者は，当該検査を実施するために必要な経済産業省令で定める器具，機械又は装置及び特定計量器の種類に応じて経済産業省令で定める計量士である旨を，あらかじめ，経済産業大臣に届けなければならない．

1 ア，イ　　2 ア，ウ　　3 ア，エ　　4 イ，ウ　　5 イ，エ

解説 ア 誤り．特定計量器のうち，その構造，使用条件，使用状況等からみて，その性能および器差に係る検査を定期的に行うことが適当であると認められるものであって政令で定めるものを取引または証明における計量に使用する者は，その特定計量器について，政令で定める期間ごとに，その事業所を管轄する都道府県知事（その所在地が特定市町村の区域にある場合にあっては，特定市町村の長）が行う定期検査を受けなければならない．「経済産業大臣」が誤り．法第19条（定期検査）第1項本文参照．

イ 正しい．法第22条（事前調査）参照．

ウ 正しい．法第23条（定期検査の合格条件）第1項第三号参照．

エ 誤り．このような定めはない．なお，定期検査の実施期日前に検査をした計量士は，その特定計量器が定期検査の合格条件に適合するときは，経済産業省令で定めるところにより，その旨を記載した証明書をその特定計量器を使用する者に交付し，また特定計量器に所定の表示および検査の年月を付すことができ，これを使用する者が，政令で定める期間以内にその事業所の所在地を管轄する都道府県知事または特定市町村の長に実施期間までにその旨を届けたときは，当該定期検査を受けることを要しない．法第25条（定期検査に代わる計量士による検査）第1項～第3項参照．　　▶答 3

問題2 【令和5年 問8】

計量法第25条第1項に規定する定期検査に代わる計量士による検査に関する次の記述の（ ア ）～（ ウ ）に入る語句の組合せとして，正しいものを一つ選べ．

第25条 第19条第1項の規定により定期検査を受けなければならない（ ア ）であって，その（ ア ）の種類に応じて経済産業省令で定める計量士が，第23条第2項及び第3項の経済産業省令で定める方法による検査を実施期日前第19条第1項第3号の政令で定める期間以内に行い，第3項の規定により表示を付したものについて，これを（ イ ）が，その事業所の所在地を管轄する都道府県知事又は特定市町村の長に（ ウ ）にその旨を届け出たときは，当該（ ア ）については，同条の規定にかかわらず，当該定期検査を受けることを要しない．

	（ ア ）	（ イ ）	（ ウ ）
1	計量器	当該計量器を検査した者	実施期日まで
2	特定計量器	当該特定計量器を検査した者	実施期日後
3	特定計量器	使用する者	実施期日まで
4	計量器	使用する者	実施期日後
5	特定計量器	当該特定計量器を検査した者	実施期日まで

解説 （ア）「特定計量器」である．

（イ）「使用する者」である．

（ウ）「実施期日まで」である．

　法第25条（定期検査に代わる計量士による検査）第1項参照．　　　　　　▶答 3

問題 3 【令和4年 問8】

　定期検査の対象となる特定計量器及び実施時期を規定した計量法施行令に関する次の記述の（　ア　）～（　ウ　）に入る語句の組合せとして，正しいものを一つ選べ．

（定期検査の対象となる特定計量器）

　第10条　計量法第19条第1項の政令で定める特定計量器は，次のとおりとする．

　　一　（　ア　）（第5条第1号又は第2号に掲げるものを除く．以下同じ．），分銅及びおもり

　　二　（　イ　）

（定期検査の実施時期）

　第11条　計量法第21条第1項の政令で定める期間は，（　ア　），分銅及びおもりにあっては2年とし，（　イ　）にあっては（　ウ　）とする．

	（ ア ）	（ イ ）	（ ウ ）
1	自動捕捉式はかり	皮革面積計	1年
2	自動捕捉式はかり	抵抗体温計	3年
3	非自動はかり	皮革面積計	1年
4	非自動はかり	抵抗体温計	1年
5	非自動はかり	皮革面積計	3年

解説 （ア）「非自動はかり」である．

（イ）「皮革面積計」である．

（ウ）「1年」である．

　令第10条（定期検査の対象となる特定計量器）および第11条（定期検査の実施時期）参照．　　　　　　▶答 3

3.3

適正な計量の実施

■ 問題4 【令和3年 問8】

定期検査に関する次の記述の中から，誤っているものを一つ選べ．
1　計量法第20条の規定に基づき，都道府県知事又は特定市町村の長は，その指定する者に，定期検査を行なわせることができる．
2　計量法第22条の規定に基づき，都道府県知事が定期検査の実施について計量法第21条第2項の規定により公示したときは，当該定期検査を行う区域内の市町村の長は，その対象となる特定計量器の数を調査し，経済産業省令で定めるところにより，都道府県知事に報告しなければならない．
3　計量法第23条に規定する定期検査の合格条件の一つに，その器差が経済産業省令で定める検定公差を超えないこと，がある．
4　計量法第24条の規定に基づき，定期検査に合格した特定計量器には，経済産業省令で定めるところにより，定期検査済証印を付するものとし，当該定期検査済証印には，その定期検査を行った年月を表示するものとする．
5　計量法第24条の規定に基づき，定期検査に合格しなかった特定計量器に検定証印等が付されているときは，その検定証印等を除去する．

【解説】　1　正しい．法第20条（指定定期検査機関）第1項参照．
2　正しい．法第22条（事前調査）参照．
3　誤り．「検定公差」が誤りで，正しくは「使用公差」である．法第23条（定期検査の合格条件）第1項第三号参照．
4　正しい．法第24条（定期検査済証印等）第1項および第2項参照．
5　正しい．法第24条（定期検査済証印等）第3項参照．　▶答 3

■ 問題5 【令和2年 問8】

計量法第19条の定期検査の対象となる特定計量器に該当しないものの組合せを一つ選べ．
　ア　非自動はかり
　イ　自動はかり
　ウ　分銅及びおもり
　エ　アネロイド型血圧計
1　ア，イ　　2　ア，ウ　　3　ア，エ　　4　イ，ウ　　5　イ，エ

【解説】　法第19条（定期検査）の定期検査の対象となる特定計量器に該当するものは，
①　非自動はかり，分銅およびおもり
②　皮革面積計

である.

ア　該当する．非自動はかりは，定期検査対象の特定計量器である．

イ　該当しない．自動はかりは，定期検査対象の特定計量器ではない．

ウ　該当する．分銅およびおもりは，定期検査対象の特定計量器である．

エ　該当しない．アネロイド型血圧計は，定期検査対象の特定計量器ではない．

　令第10条（定期検査の対象となる特定計量器）第1項参照．　　　　　　　　▶ 答 5

■問題6　　　　　　　　　　　　　　　　　　　　　**【令和元年 問8】**

　定期検査に関する次のア～エの記述のうち，正しいものがいくつあるか，次の1～5の中から一つ選べ．

　ア　定期検査の対象となる特定計量器は，検定証印又は基準適合証印が付された非自動はかりのみであり，当該非自動はかりを取引又は証明における法定計量単位による計量に使用する者は，当該非自動はかりの検定証印等を付した年月から2年ごとに，その事業所（事業所がない者にあっては，住所．）の所在地を管轄する都道府県知事（その所在地が特定市町村の区域にある場合にあっては，特定市町村の長）が行う定期検査を受けなければならない．

　イ　やむを得ない事由により，都道府県知事又は特定市町村の長が指定した場所において定期検査を受けることができない者が，あらかじめ，都道府県知事又は特定市町村の長にその旨を届け出ることにより，その届出に係る非自動はかりに関して，直近の定期検査を行った年月から2年を超えない期日までに，当該届出をした者の事業所（事業所がない者にあっては，住所．）において当該非自動はかりの定期検査を受けることができる．

　ウ　市町村の長は，定期検査の実施について，都道府県知事が指定する場所を当該市町村において公示するとともに，その対象となる非自動はかりの数及び当該非自動はかりの直近の定期検査を行った年月を調査し，経済産業省令で定めるところにより，都道府県知事に報告しなければならない．

　エ　定期検査の合格条件は，検定証印等が付されていること，直近の定期検査を行った年月から2年を超えないものであること，その性能が経済産業省令で定める技術上の基準に適合すること及びその器差が経済産業省令で定める使用公差を超えないこと，である．

1　0個　　2　1個　　3　2個　　4　3個　　5　4個

解説　ア　誤り．定期検査の対象となる特定計量器は，検定証印または基準適合証印が付された非自動はかり，分銅，おもりおよび皮革面積計であり，当該非自動はかり，分銅およびおもりを取引または証明における法定計量単位による計量に使用する者は，

295

検定証印等を付した年月から2年ごとに，皮革面積計では1年ごとに，その事業所（事業所がない者にあっては，住所）の所在地を管轄する都道府県知事（その所在地が特定市町村の区域にある場合にあっては，特定市町村の長）が行う定期検査を受けなければならない．令第10条（定期検査の対象となる特定計量器）第1項および第2項並びに第11条（定期検査の実施時期）参照．

イ　誤り．やむを得ない事由により，都道府県知事または特定市町村の長が指定した場所において定期検査を受けることができない者が，あらかじめ，都道府県知事または特定市町村の長にその旨を届け出ることにより，その届出に係る非自動はかり，分銅，おもりおよび皮革面積計に関して，届出があった日から1か月を超えない範囲内で都道府県知事または特定市町村の長が指定する期日に都道府県知事または特定市町村の長が指定する場所で定期検査を行う．法第21条（定期検査の実施時期等）第3項参照．

ウ　誤り．市町村の長は，定期検査の実施について，都道府県知事または特定市町村の長が指定する場所を当該市町村において公示するとともに，その対象となる非自動はかり，分銅，おもりおよび皮革面積計の数を経済産業省令で定めるところにより，都道府県知事に報告しなければならない．法第21条（定期検査の実施時期等）第2項および第22条（事前調査）参照．

エ　誤り．定期検査の合格条件は，①検定証印等が付されていること，②その性能が経済産業省令で定める技術上の基準に適合すること，③その器差が経済産業省令で定める使用公差を超えないこと，である．「直近の定期検査を行った年月から2年を超えないものであること」は定められていない．法第23条（定期検査の合格条件）第1項参照．

▶答1

■問題7　　　　　　　　　　　　　　　　　　　　【平成30年12月 問8】

定期検査に関する次のア～エの記述のうち，誤っているものの組合せを一つ選べ．

ア　都道府県知事又は特定市町村の長は，定期検査を行う区域，その対象となる特定計量器，その実施の期日及び場所並びに計量法第20条第1項の規定により指定定期検査機関にこれを行わせる場合にあっては，その指定定期検査機関の名称をその期日の1月前までに公示するものとする．

イ　疾病，旅行その他やむを得ない事由により，都道府県知事又は特定市町村の長が公示した実施期日に定期検査を受けることができない者が，あらかじめ，都道府県知事又は特定市町村の長にその旨を届け出たときは，その届出に係る特定計量器は，定期検査を受けることを免除される．

ウ　定期検査に代わる計量士による検査をした計量士は，その特定計量器が定期検査の合格条件に適合するときは，経済産業省令で定めるところにより，その旨を記載した証明書をその特定計量器を使用する者に交付し，その特定計量器に経済

産業省令で定める方法により表示及び検査をした年月を付することができる.

エ　定期検査は，該当する全ての特定計量器ごとに2年に1回（度），区域ごとに行う.

1　ア，イ　　2　ア，エ　　3　イ，ウ　　4　イ，エ　　5　ウ，エ

解説　ア　正しい．法第21条（定期検査の実施時期等）第2項参照.

イ　誤り．疾病，旅行その他やむを得ない事由により，都道府県知事または特定市町村の長が公示した実施期日に定期検査を受けることができない者が，あらかじめ，都道府県知事または特定市町村の長にその旨を届け出たときは，その届出に係る特定計量器は，その届出があった日から1月を超えない範囲内で，都道府県知事または特定市町村の長が指定する期日に都道府県知事または特定市町村の長が指定する場所で定期検査を行う．法第21条（定期検査の実施時期等）第3項参照.

ウ　正しい．法第25条（定期検査に代わる計量士による検査）第3項参照.

エ　誤り．定期検査は，非自動はかり，分銅およびおもりにあっては2年に1回（度），皮革面積計にあっては1年に1回（度），区域ごとに行う．令第11条（定期検査の実施時期）参照.　　　　　　　　　　　　　　　　　　　　　▶答4

3.3.4　指定定期検査機関

■問題1　　　　　　　　　　　　　　　　　　　　　【令和6年 問9】

指定定期検査機関に関する次の記述のうち，誤っているものを一つ選べ.

1　計量法第26条の指定定期検査機関の指定は，経済産業省令で定める基準を満たすものとして都道府県知事又は特定市町村の長が選定した者を指定することにより行う.

2　計量法第28条の指定の基準の一つに，経済産業省令で定める条件に適合する知識経験を有する者が定期検査を実施し，その数が経済産業省令で定める数以上であること，がある.

3　計量法第30条の規定により，指定定期検査機関は，検査業務に関する規程を定め，都道府県知事又は特定市町村の長の認可を受けなければならない.

4　計量法第32条の規定により，指定定期検査機関は，検査業務の全部又は一部を休止し，又は廃止しようとするときは，経済産業省令で定めるところにより，あらかじめ，その旨を都道府県知事又は特定市町村の長に届け出なければならない.

5　計量法第33条の規定により，指定定期検査機関は，毎事業年度開始前に，その

事業年度の事業計画及び収支予算を作成し，都道府県知事又は特定市町村の長に提出しなければならない．

解説　1　誤り．法第26条（指定）の指定定期検査機関の指定は，検査業務を行おうとする者の申請により，経済産業省令で定める基準を満たすものとして都道府県知事または特定市町村の長が行う．法第20条（指定定期検査機関）第1項，第26条（指定）および第28条（指定の基準）参照．
2　正しい．法第28条（指定の基準）第二号参照．
3　正しい．法第30条（業務規程）第1項参照．
4　正しい．法第32条（業務の休廃止）参照．
5　正しい．法第33条（事業計画等）第1項参照． ▶答 1

■ **問題 2**　【令和5年 問9】
計量法第28条の指定定期検査機関の指定の基準に関する次の記述のうち，誤っているものを一つ選べ．
1　検査業務を適確かつ円滑に行うに必要な経済産業省令で定める技術上の管理基準を有するものであること．
2　経済産業省令で定める器具，機械又は装置を用いて定期検査を行うものであること．
3　経済産業省令で定める条件に適合する知識経験を有する者が定期検査を実施し，その数が経済産業省令で定める数以上であること．
4　法人にあっては，その役員又は法人の種類に応じて経済産業省令で定める構成員の構成が定期検査の公正な実施に支障を及ぼすおそれがないものであること．
5　検査業務を適確かつ円滑に行うに必要な経理的基礎を有するものであること．

解説　1　誤り．このような定めはない．法第28条（指定の基準）参照．
2　正しい．同上第一号参照．
3　正しい．同上第二号参照．
4　正しい．同上第三号参照．
5　正しい．同上第五号参照． ▶答 1

■ **問題 3**　【令和4年 問9】
計量法第36条に規定する指定定期検査機関の役員及び職員の地位に関する次の記述の（ ア ）～（ ウ ）に入る語句の組合せとして，正しいものを一つ選べ．
　第36条　検査業務に従事する指定定期検査機関の役員又は職員は，（ ア ）その

他の罰則の適用については，法令により（　イ　）に従事する職員と（　ウ　）．

	（　ア　）	（　イ　）	（　ウ　）
1	刑法	公務	みなす
2	刑法	私務	みなす
3	計量法	公務	みなす
4	計量法	私務	する
5	計量法	公務	する

解説　（ア）「刑法」である．

（イ）「公務」である．

（ウ）「みなす」である．

　法第36条（役員及び職員の地位）参照．　　　　　　　　　　　▶答 1

■問題4　　　　　　　　　　　　　　　　　　　　　【令和3年 問9】

　指定定期検査機関の欠格事項について，次のア〜オの記述のうち，計量法第27条各号の規定に該当しないものの組合せを一つ選べ．

　ア　計量法又は計量法に基づく命令の規定に違反し，罰金以上の刑に処せられ，その執行を終わり，又は執行を受けることがなくなった日から2年を経過しない者

　イ　計量法第38条の規定により指定を取り消され，その取消しの日から2年を経過しない者

　ウ　法人であって，その業務を行う役員のうちに計量法又は計量法に基づく命令の規定に違反し，罰金以上の刑に処せられ，その執行を終わり，又は執行を受けることがなくなった日から2年を経過しない者があるもの

　エ　法人であって，その業務を行う職員のうちに計量法第38条の規定により指定を取り消され，その取消しの日から2年を経過しない者があるもの

　オ　法人であって，その業務を行うにあたり，品質管理の方法に関する事項（経済産業省令で定めるものに限る）に変更があったとき，あらかじめ，経済産業大臣に対してその旨の届け出をしなかったもの

1　ア，イ　　2　ア，オ　　3　イ，エ　　4　ウ，オ　　5　エ，オ

解説　ア　該当する．法第27条（欠格条項）第一号参照．

イ　該当する．同上第二号参照．

ウ　該当する．同上第三号参照．

エ　該当しない．「職員」が誤りで，正しくは「役員」である．同上第三号参照．

オ　該当しない．「品質管理の方法に関する事項」は定められていない．同上第一号〜第

三号参照. ▶答 5

問題 5　　【令和 2 年 問 9】

指定定期検査機関に関する次の記述の中から，誤っているものを一つ選べ．
1　指定定期検査機関の指定は，3 年を下らない政令で定める期間ごとにその更新を受けなければ，その期間の経過によって，その効力を失う．
2　指定定期検査機関は，経済産業省令で定めるところにより，品質管理に関する規程を定め，都道府県知事又は特定市町村の長の認可を受けなければならない．
3　指定定期検査機関は，経済産業省令で定めるところにより，帳簿を備え，定期検査に関し経済産業省令で定める事項を記載し，これを保存しなければならない．
4　指定定期検査機関は，検査業務の全部又は一部を休止し，又は廃止しようとするときは，経済産業省令で定めるところにより，あらかじめ，その旨を都道府県知事又は特定市町村の長に届け出なければならない．
5　指定定期検査機関は，毎事業年度開始前に，その事業年度の事業計画及び収支予算を作成し，都道府県知事又は特定市町村の長に提出しなければならない．

解説　1　正しい．法第 28 条の 2（指定の更新）第 1 項参照．
2　誤り．「品質管理」が誤りで，正しくは「業務規程」である．法第 30 条（業務規程）第 1 項参照．
3　正しい．法第 31 条（帳簿の記載）参照．
4　正しい．法第 32 条（業務の休廃止）参照．
5　正しい．法第 33 条（事業計画等）第 1 項参照． ▶答 2

問題 6　　【令和元年 問 9】

指定定期検査機関の指定の基準に関する次のア〜エの記述のうち，計量法第 28 条に規定されている事項に該当しないものの組合せとして，正しいものを一つ選べ．
ア　経済産業省令で定める条件に適合する知識経験を有する者が定期検査を実施し，その数が経済産業省令で定める数以上であること．
イ　法人にあっては，その役員又は法人の種類に応じて経済産業省令で定める構成員の構成が定期検査の公正な実施に支障を及ぼすおそれがないものであること．
ウ　検査業務を適確かつ円滑に行うに必要な技術的能力を有するものであること．
エ　検査業務を適正に行うに必要な業務の実施の方法が定められているものであること．
1　ア，イ　　2　ア，ウ　　3　イ，ウ　　4　イ，エ　　5　ウ，エ

解説 ア 該当する．法第28条（指定の基礎）第二号参照．

イ 該当する．同上第三号参照．

ウ 該当しない．「検査業務を適確かつ円滑に行うに必要な技術的能力を有するものであること」は定められていない．同上第一号〜第六号参照．

エ 該当しない．「検査業務を適正に行うに必要な業務の実施の方法が定められているものであること」は定められていない．同上参照． ▶答 5

問題7 【平成30年12月 問9】 ☑ ☑ ☑

指定定期検査機関が実施する定期検査の方法に関する次の記述の（ ア ）〜（ ウ ）に入る語句の組合せとして，正しいものを一つ選べ．

指定定期検査機関は，定期検査を行うときは，（ ア ）で定める（ イ ）を用い，かつ，（ ア ）で定める条件に適合する（ ウ ）に定期検査を実施させなければならない．

	（ ア ）	（ イ ）	（ ウ ）
1	政令	器具，機械又は装置	品質管理推進責任者
2	政令	特定標準器	品質管理推進責任者
3	経済産業省令	特定標準器	知識経験を有する者
4	政令	特定標準器	知識経験を有する者
5	経済産業省令	器具，機械又は装置	知識経験を有する者

解説 （ア）「経済産業省令」である．

（イ）「器具，機械又は装置」である．

（ウ）「知識経験を有する者」である．

法第28条（指定の基準）第一号および第二号参照． ▶答 5

3.4 正確な特定計量器などの供給

3.4.1 特定計量器の製造・修理・販売・譲渡

問題1 【令和6年 問10】 ☑ ☑ ☑

特定計量器の販売に関する次の記述のうち，正しいものを一つ選べ．

1 政令で定める特定計量器の販売事業者が遵守すべき事項が経済産業省令で規定されているが，販売事業者が当該事項を遵守しない場合，経済産業大臣は当該販売事業者に対し，勧告を行うことができる．

2 販売事業者は，その届出に係る事項に変更があったときは，遅滞なく，その旨を経済産業大臣に届け出なければならない．

3 政令で定める特定計量器の販売（輸出のための販売を除く．）の事業を行おうとする者は，事業の区分に従い，あらかじめ，氏名又は名称等を，当該特定計量器の販売をしようとする営業所の所在地を管轄する都道府県知事を経由して，経済産業大臣に届け出なければならない．

4 販売（輸出のための販売を除く．）の事業の届出が必要となる特定計量器は，非自動はかり（政令で定めるものを除く．），分銅及びおもりのみである．

5 販売事業者は，その届出に係る事業を廃止しようとするときは，あらかじめ，その旨を届け出なければならない．

解説 1 誤り．「経済産業大臣」が誤りで，正しくは「都道府県知事」である．法第52条（遵守事項）第2項参照．

2 誤り．「経済産業大臣」が誤りで，正しくは「都道府県知事」である．法第51条（事業の届出）第2項参照．

3 誤り．「都道府県知事を経由して，経済産業大臣に」が誤りで，正しくは「都道府県知事に」である．法第51条（事業の届出）第1項本文参照．

4 正しい．令第13条（販売の事業の届出に係る特定計量器）参照．

5 誤り．「廃止しようとするときは，あらかじめ，」が誤りで，正しくは「廃止したときは，遅滞なく，」である．法第51条（事業の届出）第2項で準用する同第45条（廃止の届出）第1項参照． ▶答 4

問題 2 【令和6年 問11】

計量法第57条に規定する譲渡等の制限に関する次の記述の（ ア ）～（ ウ ）に入る語句の組合せとして，正しいものを一つ選べ．

第57条 体温計その他の政令で定める特定計量器の製造，（ ア ）又は輸入の事業を行う者は，検定証印等（第72条第2項の政令で定める特定計量器にあっては，有効期間を経過していないものに限る．次項において同じ．）が付されているものでなければ，当該特定計量器を譲渡し，貸し渡し，又は（ イ ）を委託した者に引き渡してはならない．ただし，輸出のため当該特定計量器を譲渡し，貸し渡し，又は引き渡す場合において，あらかじめ，（ ウ ）に届け出たときは，この限りでない．

	（ ア ）	（ イ ）	（ ウ ）
1	修理	製造	都道府県知事
2	修理	修理	都道府県知事
3	販売	製造	経済産業大臣
4	修理	修理	経済産業大臣
5	販売	修理	都道府県知事

解説 （ア）「修理」である．
（イ）「修理」である．
（ウ）「都道府県知事」である．
法第57条（譲渡等の制限）第1項参照． ▶答 2

■ **問題3** 【令和5年 問11】

特定計量器の製造又は修理に関する次の記述の中から，正しいものを一つ選べ．
1 届出製造事業者は，その届出に係る事業を廃止しようとするときは，あらかじめその旨を経済産業大臣に届け出なければならない．
2 特定計量器である電気計器の製造の事業を行おうとする者は，あらかじめ都道府県知事を経由して経済産業大臣に届け出なければならない．
3 届出製造事業者又は届出修理事業者は，特定計量器の修理をしたときは，経済産業省令で定める基準に従って，当該特定計量器の検査を行わなければならない．
4 特定計量器の製造の事業を行おうとする者は，自己が取引又は証明における計量以外にのみ使用する特定計量器を製造する場合であっても，その事業の届出をしなければならない．
5 届出製造事業者について合併があったときは，合併後存続する法人又は合併により設立した法人は，その届出製造事業者の地位を承継しない．

解説 1 誤り．届出製造事業者は，その届出に係る事業を廃止したときは，遅滞なく，その旨を経済産業大臣に届け出なければならない．法第45条（廃止の届出）第1項参照．
2 誤り．特定計量器である電気計器の製造の事業を行おうとする者は，あらかじめ経済産業大臣に届け出なければならない．電気計器以外の特定計量器の場合は，都道府県知事を経由して経済産業大臣に届け出なければならない．法第40条（事業の届出）第1項および第2項参照．
3 正しい．届出製造事業者または届出修理事業者は，特定計量器の修理をしたときは，経済産業省令で定める基準に従って，当該特定計量器の検査を行わなければならない．

法第43条（検査義務）および第47条（検査義務）参照．
4　誤り．特定計量器の製造の事業を行おうとする者は，自己が取引又は証明における計量以外にのみ使用する特定計量器を製造する場合は，その事業の届出は不要である．法第40条（事業の届出）第1項本文かっこ書参照．
5　誤り．届出製造事業者について合併があったときは，合併後存続する法人または合併により設立した法人は，その届出製造事業者の地位を承継する．法第41条（承継）参照．

▶答 3

■ **問題4** 【令和4年 問10】

計量法第50条第1項で規定する一定期間の経過後修理が必要となる特定計量器として誤っているものを，次の中から一つ選べ．
1　ガスメーター
2　水道メーター
3　照度計
4　電力量計
5　積算熱量計

解説　照度計は，法第50条（有効期間のある特定計量器に係る修理）第1項で規定する一定期間の経過後修理が必要となる特定計量器と定められていない．その他は定められている．

法第50条（有効期間のある特定計量器に係る修理）第1項，令第12条（一定期間の経過後修理が必要となる特定計量器）参照．

▶答 3

■ **問題5** 【令和3年 問10】

特定計量器の製造又は修理（経済産業省令で定める軽微な修理を除く．）に関する次の記述の中から，誤っているものを一つ選べ．
1　届出製造事業者又は届出修理事業者は，特定計量器の修理をしたときは，経済産業省令で定める基準に従って，当該特定計量器の検査を行わなければならない．
2　届出製造事業者は，その届出に係る事業を廃止したときは，遅滞なく，その旨を経済産業大臣に届け出なければならない．
3　届出修理事業者は，当該特定計量器の修理をしようとする事業所の名称又は所在地に変更があったときは，遅滞なく，その旨を都道府県知事（電気計器の届出修理事業者にあっては，経済産業大臣）に届け出なければならない．
4　届出製造事業者は，その届出に係る特定計量器の修理の事業を行うときは，修理の事業を行う旨を都道府県知事に届け出なければならない．

5　届出製造事業者又は届出修理事業者は，計量法第72条第2項の政令で定める特定計量器であって一定期間の経過後修理が必要となるものとして政令で定めるものについて，経済産業省令で定める基準に従って修理をしたときは，経済産業省令で定めるところにより，これに表示を付することができる．

解説　1　正しい．法第47条（検査義務）参照．
2　正しい．法第45条（廃止の届出）第1項参照．
3　正しい．法第46条（事業の届出）第2項で準用する同第42条（変更の届出等）第1項参照．
4　誤り．届出製造事業者が，その届出に係る特定計量器の修理の事業を行うときは，届出は不要である．同上第1項本文ただし書参照．
5　正しい．法第50条（有効期間のある特定計量器に係る修理）第1項参照．　　▶答 4

■ 問題6　　　　　　　　　　　　　　　　　　　　　　【令和3年 問11】

特定計量器の販売，譲渡等に関する次の記述の中から，正しいものを一つ選べ．
1　政令で定める特定計量器の販売（輸出のための販売を除く．）の事業を行う者は，経済産業省令で定める事業の区分に従い，遅滞なく，氏名又は名称，事業の区分，当該特定計量器の販売をしようとする営業所の名称及び所在地を当該特定計量器の販売をしようとする営業所の所在地を管轄する都道府県知事に届け出なければならない．
2　販売事業者は，その届出に係る事業を廃止しようとするときは，あらかじめ，その旨を都道府県知事に届け出なければならない．
3　経済産業大臣，都道府県知事又は特定市町村の長は，販売事業者が計量法第52条第1項の経済産業省令で定める事項を遵守しないため，当該特定計量器に係る適正な計量の実施の確保に支障を生じていると認めるときは，当該販売事業者に対し，これを遵守すべきことを勧告することができる．
4　主として一般消費者の生活の用に供される特定計量器（計量法第57条第1項の政令で定める特定計量器を除く．）であって政令で定めるものの届出製造事業者は，当該特定計量器を販売する時までに，経済産業省令で定めるところにより，これに表示を付さなければならない．
5　酒精度浮ひょうは，計量法第57条の規定により譲渡等が制限されているため，検定証印等が付されているものでなければ，譲渡し，貸し渡し，又は修理を委託した者に引き渡してはならない．

解説　1　誤り．「遅滞なく」が誤りで，正しくは「あらかじめ」である．法第51条

(事業の届出) 第1項本文参照.
2 誤り.「廃止しようとするときは，あらかじめ」が誤りで，正しくは「廃止したときは，遅滞なく」である．法第51条(事業の届出)第2項で準用する同第45条(廃止の届出)第1項参照.
3 誤り.「経済産業大臣，都道府県知事又は特定市町村の長」が誤りで，正しくは「都道府県知事」である．法第52条(遵守事項)第2項参照.
4 正しい．法第54条(表示)第1項参照.
5 誤り．酒精度浮ひょうは，法第57条(譲渡等の制限)第1項の政令で定める特定計量器に定められていない．定められている特定計量器は，ガラス製体温計，抵抗体温計，アネロイド型血圧計である．令第15条(譲渡等の制限に係る特定計量器)参照.

▶答 4

■問題7　　　　　　　　　　　　　　　　　　　　【令和2年 問10】

特定計量器の製造又は修理に関する次の記述の中から，正しいものを一つ選べ．
1 自己が取引又は証明における計量以外にのみ使用する特定計量器の製造の事業を行おうとする者は，計量法第40条第1項の規定に基づき事業の届出をしなければならない.
2 届出製造事業者は，特定計量器を製造したときは，経済産業省令で定める基準に従って，当該特定計量器の検査を行わなければならない．ただし，計量法第16条第1項第2号ロの指定を受けた者(指定製造事業者)が同法第95条第2項の規定により検査を行う場合は，この限りでない.
3 届出製造事業者は，その届出に係る事業を廃止しようとするときは，経済産業省令で定めるところにより，あらかじめ，その旨を経済産業大臣に届け出なければならない.
4 届出製造事業者が，計量法第40条第1項の規定による届出に係る特定計量器の修理の事業を行おうとする場合は，その修理の事業の届出をしなければならない.
5 電気計器以外の特定計量器の修理の事業を行おうとする者は，あらかじめ，当該特定計量器の修理をしようとする事業所の所在地を管轄する都道府県知事を経由して，経済産業大臣に届け出なければならない.

解説　1 誤り．自己が取引または証明における計量以外にのみ使用する特定計量器の製造の事業を行おうとする者は，法第40条(事業の届出)第1項の規定に基づき事業の届出をする必要はない．法第40条(事業の届出)第1項本文かっこ書参照.
2 正しい．届出製造事業者は，特定計量器を製造したときは，経済産業省令で定める基準に従って，当該特定計量器の検査を行わなければならない．ただし，法第16条(使

用の制限）第1項第二号ロの指定を受けた者（指定製造事業者）が法第95条（基準適合義務等）第2項の規定により，自ら検査を行う場合は，この限りでない．法第43条（検査義務）参照．

3　誤り．届出製造事業者は，その届出に係る事業を廃止したときは，遅滞なく，経済産業省令で定めるところにより，その旨を，都道府県知事を経由して経済産業大臣に届け出なければならない．法第45条（廃止の届出）第1項および第2項参照．

4　誤り．届出製造事業者が，法第40条（事業の届出）第1項の規定による届出に係る特定計量器の修理の事業を行おうとする場合は，その修理の事業の届出は不要である．法第46条（事業の届出）第1項本文ただし書参照．

5　誤り．電気計器以外の特定計量器の修理の事業を行おうとする者は，あらかじめ，当該特定計量器の修理をしようとする事業所の所在地を管轄する都道府県知事に届け出なければならない．なお，電気計器の特定計量器の修理は，経済産業大臣に届け出なければならない．法第46条（事業の届出）第1項本文参照．　　　　　　▶答 2

■問題8　　　　　　　　　　　　　　　　　　【令和2年 問11】

計量法第57条の規定により譲渡等が制限されている特定計量器の組合せとして，正しいものを一つ選べ．

ア　密度浮ひょう
イ　ガラス製体温計
ウ　抵抗体温計
エ　アネロイド型血圧計
オ　照度計

1　ア，イ，ウ　　2　ウ，エ，オ　　3　イ，ウ，エ
4　ア，エ，オ　　5　ア，イ，オ

解説　法第57条（譲渡等の制限）の規定により譲渡等が制限されている特定計量器は，ガラス製体温計，抵抗体温計，アネロイド型血圧計である．

令第15条（譲渡等の制限に係る特定計量器）参照．　　　　　　▶答 3

■問題9　　　　　　　　　　　　　　　　　　【令和元年 問10】

特定計量器の製造，修理及び販売に関する次の記述の中から，正しいものを一つ選べ．

1　特定計量器の修理（経済産業省令で定める軽微な修理を除く．）の事業を行おうとする者は，その事業の届出に際し，計量士の氏名を都道府県知事に届け出なければならない．

3.4
正確な特定計量器などの供給

307

2 ガラス製体温計又は抵抗体温計の販売（輸出のための販売を除く．）の事業を行おうとする者は，計量法第51条の規定に基づき，当該体温計の販売をしようとする営業所の所在地を管轄する都道府県知事に届け出なければならない．

3 電気計器以外の特定計量器の製造の事業を行おうとする者は，経済産業省令で定める事業の区分に従い，あらかじめ，市町村の長を経由して都道府県知事にその製造の事業の届出をしなければならない．

4 都道府県知事は，経済産業大臣が指定する特定計量器を製造する事業者が政令で定める事項を遵守していないため，適正な計量の実施の確保に著しい支障を生じていると認めるときは，国立研究開発法人産業技術総合研究所に対し，必要な措置をとるべきことを求めることができる．

5 届出修理事業者は，事業の届出をした事項（事業の区分を除く．）に変更があったときは，遅滞なく，その旨を都道府県知事（電気計器の届出修理事業者にあっては，経済産業大臣）に届け出なければならない．

解説 1 誤り．特定計量器の修理（経済産業省令で定める軽微な修理を除く）の事業を行おうとする者は，その事業の届出に際し，計量士の氏名を都道府県知事に届け出なければならない定めはない．法第46条（事業の届出）第1項参照．

2 誤り．ガラス製体温計または抵抗体温計の販売（輸出のための販売を除く）の事業を行おうとする者は，どこにも届け出る必要がない．なお，非自動はかり，分銅およびおもりの販売（輸出のための販売を除く）の事業を行おうとする者は，法第51条（事業の届出）の規定に基づき，事業の区分に従い，あらかじめ所定の事項を当該特定計量器の販売をしようとする営業所の所在地を管轄する都道府県知事に届け出なければならない．法第51条（事業の届出）第1項本文および令第13条（販売の事業の届出に係る特定計量器）参照．

3 誤り．電気計器以外の特定計量器の製造の事業を行おうとする者は，経済産業省令で定める事業の区分に従い，あらかじめ，都道府県知事を経由して経済産業大臣にその製造の事業の届出をしなければならない．法第40条（事業の届出）第1項および第2項参照．

4 誤り．経済産業大臣は，経済産業大臣が指定する特定計量器を製造する事業者（指定製造事業者）が省令で定める事項を遵守していないと認めるときは，指定製造事業者に対し，必要な措置をとるべきことを求めることができる．「著しい支障を生じていると認めるとき」は要件ではない．また，国立研究開発法人産業技術総合研究所に対して求めるものではない．法第98条（改善命令）第一号および第二号参照．

5 正しい．法第46条（事業の届出）第2項参照． ▶答 5

問題10　　　　　　　　　　　　　　　　　　　　　　　　　【令和元年 問11】

　計量法第57条に規定する譲渡等の制限に関する次の記述の（　ア　）～（　ウ　）に入る語句の組合せとして，正しいものを一つ選べ.

　第57条　体温計その他の政令で定める特定計量器の製造，修理又は（　ア　）の
　　事業を行う者は，検定証印等（第72条第2項の政令で定める特定計量器にあっ
　　ては，有効期間を経過していないものに限る．次項において同じ．）が付されて
　　いるものでなければ，当該特定計量器を譲渡し，貸し渡し，又は（　イ　）に引
　　き渡してはならない．ただし，輸出のため当該特定計量器を譲渡し，貸し渡し，
　　又は引き渡す場合において，あらかじめ，（　ウ　）に届け出たときは，この限
　　りでない.

	（　ア　）	（　イ　）	（　ウ　）
1	販売	販売を委託した者	経済産業大臣
2	販売	修理を委託した者	都道府県知事
3	輸入	修理を委託した者	都道府県知事
4	販売	販売を委託した者	都道府県知事
5	輸入	販売を委託した者	経済産業大臣

解説　（ア）「輸入」である.

（イ）「修理を委託した者」である.

（ウ）「都道府県知事」である.

　法第57条（譲渡等の制限）第1項参照.　　　　　　　　　　　　　　　　　▶答3

問題11　　　　　　　　　　　　　　　　　　　　　　　【平成30年12月 問10】

　特定計量器の製造，修理及び販売に関する次の記述の中から，正しいものを一つ選べ.

1　届出製造事業者は，特定計量器を製造したときは，経済産業省令で定める基準に
　従って，当該特定計量器の検定を行わなければならない.

2　販売（輸出のための販売を除く．）の事業の届出が必要となる特定計量器は，非
　自動はかり，自動はかり，分銅及びおもりである.

3　届出製造事業者は，その届出に係る事業を廃止しようとするときは，あらかじ
　め，その旨を経済産業大臣に届け出なければならない.

4　届出製造事業者又は届出修理事業者は，特定計量器の修理をしたときは，経済産
　業省令で定める基準に従って，当該特定計量器の検査を行わなければならない.

5　経済産業大臣は，政令で定める特定計量器の販売の事業を行う者（以下「販売事

業者」という.）が経済産業省令で定める事項を遵守しないため，当該特定計量器
に係る適正な計量の実施の確保に支障を生じていると認めるときは，当該販売事業
者に対し，これを遵守すべきことを勧告することができる．

解説 　1　誤り．届出製造事業者は，特定計量器を製造したときは，経済産業省令で
定める基準に従って，当該特定計量器の検査を行わなければならない．「検定」が誤り．
なお，「検定」は経済産業大臣や都道府県知事などが行う場合に使われる用語である．
法第43条（検査義務）参照．

2　誤り．販売（輸出のための販売を除く）の事業の届出が必要となる特定計量器は，非
自動はかり，分銅およびおもりである．「自動はかり」が誤り．令第13条（販売の事業
の届出に係る特定計量器）参照．

3　誤り．届出製造事業者は，その届出に係る事業を廃止したときは，遅滞なく，その旨
を経済産業大臣に届け出なければならない．法第45条（廃止の届出）第1項参照．

4　正しい．法第47条（検査義務）参照．

5　誤り．都道府県知事は，政令で定める特定計量器の販売の事業を行う者（以下「販売
事業者」という）が経済産業省令で定める事項を遵守しないため，当該特定計量器に係
る適正な計量の実施の確保に支障を生じていると認めるときは，当該販売事業者に対
し，これを遵守すべきことを勧告することができる．「経済産業大臣」が誤り．法第52
条（遵守事項）第2項参照．　　　　　　　　　　　　　　　　　　　　　　▶答4

■問題12　　　　　　　　　　　　　　　　　　【平成30年12月 問11】

特定計量器の製造の事業を行おうとする者（自己が取引又は証明における計量以外
にのみ使用する特定計量器の製造の事業を行う者を除く．）が，あらかじめ，経済産
業大臣に届け出なければならないものとして計量法第40条第1項に規定されている
事項に該当しないものを，次の中から一つ選べ．

1　氏名又は名称及び住所並びに法人にあっては，その代表者の氏名
2　事業の区分
3　当該特定計量器を製造しようとする工場又は事業場の名称及び所在地
4　当該特定計量器の検査のための器具，機械又は装置であって，経済産業省令で定
　めるものの名称，性能及び数
5　品質管理の方法に関する事項

解説　1～4　該当する．

5　該当しない．「品質管理の方法に関する事項」は，定められていない．
法第40条（事業の届出）第1項第一号～第四号参照．　　　　　　　　　　▶答5

3.4.2 特殊容器

問題1 【令和5年 問10】

特殊容器に関する次の記述の中から，誤っているものを一つ選べ．
1 特殊容器とは，透明又は半透明の容器であって経済産業省令で定めるものをいう．
2 特殊容器の製造の事業を行う者が計量法第17条第1項の指定を受けようとする場合，法定事項を記載した申請書を経済産業大臣に提出しなければならない．
3 外国において本邦に輸出される特殊容器の製造の事業を行う者も，第17条第1項の指定を受けることができる．
4 計量法第17条第1項の政令で定める商品（特殊容器の使用に係る商品）の一つとして，脱脂乳がある．
5 経済産業大臣は，計量法第17条第1項の指定を受けた者が，不正の手段により当該指定を受けたときは，その指定を取り消すことができる．

解説 1 正しい．法第17条（特殊容器の製造）第1項かっこ書参照．
2 正しい．法第58条（指定）および第59条（指定の申請）参照．
3 正しい．法第58条（指定）参照．
4 誤り．脱脂乳は，特殊容器の使用に係る商品から除外されている．令第8条（特殊容器に係る商品）第一号参照．
5 正しい．法第67条（指定の取消し）第三号参照． ▶答 4

3.5 検定などの制度

3.5.1 検定・検査・有効期間

問題1 【令和6年 問12】

計量法第72条第2項において，構造，使用条件，使用状況等からみて，検定について有効期間を定めることが適当であると認められるものとして政令で定める特定計量器に該当する組合せとして，正しいものを1～5のうちから一つ選べ．
ア 酒精度浮ひょう

イ　ガスメーター

　ウ　アネロイド型圧力計

　エ　ガラス電極式水素イオン濃度指示計

　オ　非自動はかり

1　ア，イ　　2　ア，ウ　　3　イ，ウ　　4　イ，エ　　5　エ，オ

解説　ア　該当しない．酒精度浮ひょうは，検定の有効期間を定められていない．令第18条（検定証印等の有効期間のある特定計量器）および別表第3参照．

イ　該当する．ガスメーターは，検定の有効期間を10年もしくは7年と定めている．同上別表第3第二号ホ参照．

ウ　該当しない．アネロイド型圧力計は，検定の有効期間を定められていない．同上別表第3参照．

エ　該当する．ガラス電極式水素イオン濃度指示計は，検定の有効期間を6年と定めている．同上別表第3第十号ロ参照．

オ　該当しない．非自動はかりは，検定の有効期間を定められていない．同上別表第3参照．
　　　　　　　　　　　　　　　　　　　　　　　　　　　　　　　　　▶答 4

問題2 【令和5年 問12】

計量法第71条第1項に規定する検定の合格条件に関する次の記述の（　ア　）～（　ウ　）に入る語句の組合せとして，正しいものを一つ選べ．

第71条　検定を行った特定計量器が次の各号に適合するときは，合格とする．

　一　その（　ア　）（性能及び材料の性質を含む．）が経済産業省令で定める技術上の基準に適合すること．

　二　その（　イ　）が経済産業省令で定める（　ウ　）を超えないこと．

	（　ア　）	（　イ　）	（　ウ　）
1	構造	器差	使用公差
2	能力	誤差	使用公差
3	構造	誤差	使用公差
4	能力	誤差	検定公差
5	構造	器差	検定公差

解説　（ア）「構造」である．

（イ）「器差」である．

（ウ）「検定公差」である．

法第71条（合格条件）第1項第一号および第二号参照．
　　　　　　　　　　　　　　　　　　　　　　　　　　　　　　　　　▶答 5

■問題3　　　　　　　　　　　　　　　　　【令和3年 問12】

計量法第72条第2項において，構造，使用条件，使用状況等からみて，検定について有効期間を定めることが適当であると認められるものとして政令で定める特定計量器に該当する組合せとして，正しいものを一つ選べ．
ア　非自動はかり
イ　自動はかり
ウ　水道メーター
エ　比重浮ひょう
オ　アネロイド型血圧計
1　ア，ウ　　2　ア，オ　　3　イ，ウ　　4　イ，オ　　5　ウ，エ

解説　選択肢の中で有効期間のある特定計量器は，自動はかりと水道メーターである．令第18条（検定証印等の有効期間のある特定計量器）別表第3参照．　　▶答 3

■問題4　　　　　　　　　　　　　　　　　【令和2年 問12】

計量法第70条の規定により，特定計量器について同法第16条第1項第2号イの検定を受けようとする者は政令に定める区分に従い，申請書を提出しなければならないが，当該申請書の提出先として誤っているものを，次の中から一つ選べ．
1　経済産業大臣
2　都道府県知事
3　特定市町村の長
4　日本電気計器検定所
5　指定検定機関

解説　法第70条（検定の申請）の規定により，特定計量器について法第16条（使用の制限）第1項第二号イの検定を受けようとする者は政令に定める区分に従い，申請書を提出しなければならないが，当該申請書の提出先は，経済産業大臣，都道府県知事，日本電気計器検定所，指定検定機関である．「特定市町村の長」は申請書の提出先に定められていない．

法第70条（検定の申請）参照．　　▶答 3

■問題5　　　　　　　　　　　　　　　　　【平成30年12月 問12】

定期検査及び検定に関する次の記述の中から，誤っているものを一つ選べ．
1　計量法第19条第1項（定期検査）の政令で定める特定計量器の一つとして，自動はかり，がある．

2 　特定計量器について計量法第16条第1項第2号イの検定を受けようとする者は，政令で定める区分に従い，経済産業大臣，都道府県知事，日本電気計器検定所又は指定検定機関に申請書を提出しなければならない．
3 　検定を行った特定計量器の合格条件の一つとして，その構造（性能及び材料の性質を含む．）が経済産業省令で定める技術上の基準に適合すること，がある．
4 　検定に合格しなかった特定計量器に検定証印又は基準適合証印（以下「検定証印等」という．）が付されているときは，その検定証印等を除去する．
5 　ガラス製体温計，抵抗体温計及びアネロイド型血圧計の製造，修理又は輸入の事業を行う者は，検定証印等が付されているものでなければ，当該特定計量器を譲渡し，貸し渡し，又は修理を委託した者に引き渡してはならない．ただし，輸出のため当該特定計量器を譲渡し，貸し渡し，又は引き渡す場合において，あらかじめ，都道府県知事に届け出たときは，この限りでない．

解説 　1　誤り．法第19条（定期検査）第1項の政令で定める特定計量器として，非自動はかり，分銅，おもりおよび皮革面積計がある．自動はかりは該当しない．令第10条（定期検査の対象となる特定計量器）第1項参照．
2 　正しい．法第70条（検定の申請）参照．
3 　正しい．法第71条（合格条件）第1項第一号参照．
4 　正しい．法第72条（検定証印）第4項，第96条（表示）第1項および「指定製造事業者の指定等に関する省令」参照．
5 　正しい．法第57条（譲渡等の制限）第1項および令第15条（譲渡等の制限に係る特定計量器）第一号〜第三号参照．

3.5.2　型式の承認

■問題1　　　　　　　　　　　　　　　　　　　　　　　【令和6年 問13】

特定計量器の型式の承認に関する次の記述のうち，正しいものを一つ選べ．
1 　特定計量器を販売する事業者は，その販売する特定計量器の型式について，政令で定める区分に従い，経済産業大臣又は日本電気計器検定所の承認を受けることができる．
2 　型式の承認を受けた届出製造事業者（承認製造事業者）は，その承認に係る型式に属する特定計量器を製造するときは，経済産業省令で定める条件に適合する知識経験を有する者が検査を実施しなければならない．

3 型式の承認を受けた届出製造事業者（承認製造事業者）は，その承認に係る型式に属する特定計量器を製造したときは，経済産業省令で定めるところにより，これに型式承認表示を付することができる．

4 型式の承認の有効期間は，特定計量器ごとに政令で定める期間ごととし，型式承認表示にその満了の年月を表示しなければならない．

5 経済産業大臣は，型式の承認を受けた届出製造事業者（承認製造事業者）が当該特定計量器の製造技術基準への適合義務に違反していると認めるときは，直ちにその承認を取り消すことができる．

解説 1 誤り．「特定計量器を販売する事業者」が誤りで，正しくは「届出製造事業者」である．法第76条（製造事業者に係る型式の承認）第1項参照．

2 誤り．「経済産業省で定める条件に適合する知識経験を有する者が検査を実施しなければならない」が誤りで，正しくは「その構造（性能および材料の性質を含む）が経済産業省令で定める技術上の基準に適合すること」である．法第80条（承認製造事業者に係る基準適合義務）で準用する同第71条（合格条件）第1項第一号参照．

3 正しい．法第84条（表示）第1項参照．

4 誤り．「その満了の年月を」が誤りで，正しくは「その表示を付した年を」である．法第84条（表示）第1項および第2項参照．

5 誤り．「直ちにその承認を取り消すことができる」が誤りで，正しくは「その者に対し，製造する特定計量器が製造技術基準に適合するために必要な措置をとるべきことを命ずることができる」である．法第86条（改善命令）参照． ▶ 答 3

■問題2 【令和5年 問13】

計量法第80条に規定する承認製造事業者に係る基準適合義務に関する次の記述の（ ア ）～（ ウ ）に入る語句の組合せとして，正しいものを一つ選べ．

　第80条 承認製造事業者は，その承認に係る（ ア ）に属する（ イ ）を製造するときは，当該（ イ ）が第71条第1項第1号の経済産業省令で定める（ ウ ）するようにしなければならない．（以下略）

	（ ア ）	（ イ ）	（ ウ ）
1	区分	特定計量器	定期検査に合格
2	区分	基準器	技術上の基準に適合
3	型式	基準器	基準器検査に合格
4	型式	特定計量器	定期検査に合格
5	型式	特定計量器	技術上の基準に適合

3.5
検定などの制度

解説 （ア）「型式」である.
（イ）「特定計量器」である.
（ウ）「技術上の基準に適合」である.
法第80条（承認製造事業者に係る基準適合義務）参照. ▶答 5

■ 問題3 【令和4年 問13】✓✓✓

製造事業者に係る型式の承認に関する次の記述の中から，誤っているものを一つ選べ.
1 承認製造事業者がその届出に係る特定計量器の製造の事業を廃止したときは，その承認は効力を失う.
2 経済産業大臣は，承認製造事業者が不正の手段によりその製造する特定計量器の型式の承認を受けたときは，その承認を取り消すことができる.
3 承認製造事業者は，当該特定計量器を製造する工場又は事業場の名称に変更があったときは，遅滞なく，その旨を経済産業大臣又は日本電気計器検定所に届け出なければならない.
4 承認製造事業者とは，届出製造事業者であって，その製造する特定計量器の型式について承認を受けた者をいう.
5 届出製造事業者は，その製造する特定計量器の型式について，政令で定める区分に従い，経済産業大臣，日本電気計器検定所又は当該特定計量器の検定を行う指定検定機関の承認を受けることができる.

解説 1 正しい. 法第87条（承認の失効）参照.
2 正しい. 法第88条（承認の取消し）第三号参照.
3 正しい. 法第79条（変更の届出）第1項参照.
4 正しい. 同上第1項かっこ書参照.
5 誤り. 届出製造事業者は，その製造する特定計量器の型式について，政令で定める区分に従い，経済産業大臣または日本電気計器検定所の承認を受けることができる.「当該特定計量器の検定を行う指定検定機関の承認」は認められていない. 法第76条（製造事業者に係る型式の承認）第1項参照. ▶答 5

■ 問題4 【令和3年 問13】✓✓✓

特定計量器の型式の承認に関する次の記述の中から，正しいものを一つ選べ.
1 国内において特定計量器の製造の事業を行う者がその製造する特定計量器の型式の承認を受けるためには，届出製造事業者でなければならない.
2 型式の承認には有効期間の定めはないため，更新を受ける必要はない.

3 承認製造事業者が，有効期間のある特定計量器に付する計量法第 76 条第 1 項の表示には，その型式の有効期間満了の年を表示するものとする．
4 承認製造事業者の承認を取り消され，その取消しの日から 3 年を経過しない者は，型式の承認を受けることができない．
5 型式の承認を受けようとする届出製造事業者は，特定計量器を製造する工場又は事業場における品質管理の方法に関する事項（経済産業省令で定めるものに限る．）を記載した申請書を経済産業大臣に提出しなければならない．

解説 1 正しい．法第 76 条（製造事業者に係る型式の承認）第 1 項参照．
2 誤り．型式の承認には有効期間の定めがある．法第 83 条（承認の有効期間等）第 1 項参照．
3 誤り．表示には，その表示を付した年を表示する．法第 84 条（表示）第 2 項参照．
4 誤り．「3 年」が誤りで，正しくは「1 年」である．法第 77 条（承認の基準）第 1 項参照．
5 誤り．「品質管理の方法に関する事項」は，型式の承認の事項に含まれていない．法第 76 条（製造事業者に係る型式の承認）第 2 項参照． ▶ 答 1

■ **問題 5** 【令和 2 年 問 13】

特定計量器の型式の承認に関する次の記述の中から，誤っているものを一つ選べ．
1 届出製造事業者は，計量法第 76 条第 1 項の承認を受けようとする型式の特定計量器について，当該特定計量器の検定を行う指定検定機関の行う試験を受けることができる．
2 承認製造事業者は，その承認に係る型式に属する特定計量器を製造する工場又は事業場の名称に変更があったときは，遅滞なく，その旨を経済産業大臣（計量法第 168 条の 2 の規定により，国立研究開発法人産業技術総合研究所）又は日本電気計器検定所に届け出なければならない．
3 承認外国製造事業者は，その承認に係る型式に属する特定計量器で本邦に輸出されるものを製造するときは，当該特定計量器が製造技術基準に適合するようにしなければならない．
4 届出製造事業者は，その製造する特定計量器の型式について，政令で定める区分に従い，経済産業大臣（計量法第 168 条の 2 の規定により，国立研究開発法人産業技術総合研究所）又は日本電気計器検定所の承認を受けることができる．
5 承認輸入事業者は，その承認に係る型式に属する特定計量器を販売するときは，必ず製造技術基準に適合するものを販売しなければならない．

解説 1　正しい．法第 78 条（指定検定機関の試験）第 1 項参照．
2　正しい．法第 79 条（変更の届出等）第 1 項参照．
3　正しい．法第 89 条（外国製造事業者に係る型式の承認等）第 2 項参照．
4　正しい．法第 76 条（製造事業者に係る型式の承認）第 1 項参照．
5　誤り．承認輸入事業者は，その承認に係る型式に属する特定計量器を販売するときは，製造技術基準に適合するものを販売しなければならないが，輸出のため当該特定計量器を販売する場合（ただし国内における使用は不可）において，あらかじめ，都道府県知事に届け出たときは，この限りではない．法第 82 条（承認輸入事業者に係る基準適合義務）参照． ▶答 5

■ **問題 6**　　　　　　　　　　　　　　　　　　　　【令和元年 問 13】

特定計量器の型式の承認に関する次の記述の中から，正しいものを一つ選べ．
1　型式の承認は，届出製造事業者でなければ受けることができない．
2　型式の承認は，特定計量器ごとに政令で定める期間ごとにその更新を受けなければ，その期間の経過によって，その効力を失う．
3　特定計量器は，型式の承認を受けていなければ，検定に合格することができない．
4　型式の承認は，経済産業大臣に届け出ることにより，これを他の届出製造事業者（同一の事業の区分に限る）に承継することができる．
5　型式の承認は，すべて経済産業大臣が行う．

解説 1　誤り．型式の承認は，届出製造事業者だけでなく，輸入事業者でも受けることができる．法第 81 条（輸入事業者に係る承認等）第 1 項参照．
2　正しい．法第 83 条（承認の有効期間等）第 1 項参照．
3　誤り．特定計量器は，型式の承認を受けていなくても，技術上の基準に適合すれば，検定に合格する．法第 71 条（合格条件）第 1 項および第 77 条（承認の基準）第 2 項参照．
4　誤り．型式の承認は，これを他の届出製造事業者（同一の事業の区分に限る）に承継し，所定の事項に変更があったとき，遅滞なく，その旨を経済産業大臣または日本電気計器検定所に届け出なければならない．法第 79 条（変更の届出等）第 1 項および第 2 項参照．
5　誤り．型式の承認は，経済産業大臣または日本電気計器検定所が行う．法第 76 条（製造事業者に係る型式の承認）第 1 項参照． ▶答 2

■ **問題 7**　　　　　　　　　　　　　　　　　　　【平成 30 年 12 月 問 13】

特定計量器の型式の承認に関する次の記述の中から，正しいものを一つ選べ．
1　承認製造事業者とは，国内にある届出製造事業者であって，その製造する特定計

量器の型式について承認を受けた者のことを指す.

2　届出製造事業者は，その製造する特定計量器の型式について，政令で定める区分に従い，経済産業大臣，日本電気計器検定所又は当該特定計量器の検定を行う指定検定機関の承認を受けることができる.

3　承認製造事業者は，その承認に係る型式に属する特定計量器を製造する工場又は事業場の名称及び所在地に変更があるときは，あらかじめ，その旨を経済産業大臣，日本電気計器検定所又は当該特定計量器の検定を行う指定検定機関に届け出なければならない.

4　経済産業大臣は，承認外国製造事業者がその承認に係る型式に属する特定計量器を製造する際，当該特定計量器が製造技術基準に適合していないと認めるときは，その者に対し，その製造する特定計量器が製造技術基準に適合するために必要な措置をとるべきことを命ずることができる.

5　型式の承認は，承認製造事業者若しくは承認外国製造事業者がその届出に係る特定計量器の製造の事業を廃止したとき，又は承認輸入事業者が特定計量器の輸入の事業を廃止したとき以外には，その効力を失うことはない.

解説　1　正しい．法第76条（製造事業者に係る型式の承認）第1項および第79条（変更の届出等）第1項参照.

2　誤り．届出製造事業者は，その製造する特定計量器の型式について，政令で定める区分に従い，経済産業大臣または日本電気計器検定所の承認を受けることができる.「当該特定計量器の検定を行う指定検定機関」が誤り．法第76条（製造事業者に係る型式の承認）第1項参照.

3　誤り．承認製造事業者は，その承認に係る型式に属する特定計量器を製造する工場または事業場の名称および所在地に変更があったときは，遅滞なく，その旨を経済産業大臣または日本電気計器検定所に届け出なければならない.「あらかじめ」および「当該特定計量器の検定を行う指定検定機関」が誤り．法第79条（変更の届出等）第1項参照.

4　誤り．経済産業大臣は，承認外国製造事業者がその承認に係る型式に属する特定計量器を製造する際，当該特定計量器が製造技術基準に適合していないと認めるときは，その者に対し，その製造する特定計量器が製造技術基準に適合するために必要な措置をとるべきことを請求することができる.「命ずる」が誤り．なお，「命ずる」を正しいとした場合，「承認外国製造事業者」が誤りで，正しくは「承認製造事業者または承認輸入事業者」である.　法第89条（外国製造事業者に係る型式の承認等）第4項および第86条（改善命令）参照.

5　誤り．型式の承認は，承認製造事業者若しくは承認外国製造事業者がその届出に係る

特定計量器の製造の事業を廃止したとき，または承認輸入事業者が特定計量器の輸入の事業を廃止したとき以外に，承認の有効期間の経過や，承認の取り消しによってもその効力を失うことがある．法第83条（承認の有効期間等）第1項，第87条（承認の失効）および第88条（承認の取消し）参照．　　　　　　　　　　　　　　　▶答 1

3.5.3　指定製造事業者

■問題1　　　　　　　　　　　　　　　　　　　　　　【令和6年 問14】

指定製造事業者に関する次の記述の（　ア　）～（　ウ　）に入る語句の組合せとして，正しいものを一つ選べ．

指定製造事業者は，その指定に係る工場又は事業場において，（　ア　）特定計量器を製造するときは，当該特定計量器が経済産業省令で定める技術上の基準に適合し，かつ，その器差が経済産業省令で定める（　イ　）を超えないようにしなければならない．

また，指定製造事業者は，経済産業省令で定めるところにより，その指定に係る工場又は事業場において製造する（　ア　）特定計量器について，（　ウ　）を行い，その（　ウ　）記録を作成し，これを保存しなければならない．

	（ア）	（イ）	（ウ）
1	法第76条第1項の承認に係る型式に属する	検定公差	検定
2	取引又は証明における計量に使用する	使用公差	検定
3	取引又は証明における計量に使用する	使用公差	検査
4	法第76条第1項の承認に係る型式に属する	使用公差	検査
5	法第76条第1項の承認に係る型式に属する	検定公差	検査

解説　（ア）「法第76条第1項の承認に係る型式に属する」である．
（イ）「検定公差」である．
（ウ）「検査」である．
法第95条（基準適合義務等）第1項および第2項参照．　　　　　　▶答 5

■問題2　　　　　　　　　　　　　　　　　　　　　　【令和5年 問14】

指定製造事業者に関する次の記述の中から，正しいものを一つ選べ．

1　指定製造事業者の指定は，届出製造事業者又は外国製造事業者の申請により，経済産業省令で定める事業の区分に従い，その工場又は事業場の所在地を管轄する都道府県知事が行う．

2 指定製造事業者の指定を受けようとする届出製造事業者は，当該工場又は事業場
における品質管理の方法について，その指定に係る特定計量器の検定を行う指定検
定機関の調査を受けなければならない.

3 指定製造事業者は，製造のロットごとに適切な数の特定計量器を抜き取り，抜き
取った特定計量器が検定公差を超えないことを確認できれば，当該ロットに属する
特定計量器に基準適合証印を表示することができる.

4 指定製造事業者は，その指定に係る工場又は事業場において製造する型式承認を
受けた型式に属する特定計量器（計量法第95条第1項ただし書の規定の適用を受
けて製造されるものを除く.）について，検査を行い，その検査記録を作成し，こ
れを保存しなければならない.

5 指定製造事業者は，その指定に係る申請書に記載した品質管理の方法に関する事
項を変更しようとするときは，事前にその旨を指定検定機関に届け出なければなら
ない.

3.5 検定などの制度

解説 1 誤り．指定製造事業者の指定は，経済産業大臣が行う．法第91条（届出製
造業者に係る指定の申請）第1項本文参照.

2 誤り．「受けなければならない」が誤りで，正しくは「受けることができる」である.
法第93条（指定検査機関の調査）第1項参照.

3 誤り．指定製造事業者は，製造のロットごとに適切な数の特定計量器を抜き取り，抜
き取った特定計量器が承認型式に適合していること，すべての特定計量器の構造が技術
上の基準に適合していること，およびその器差が検定交差を超えないことを確認できれ
ば，当該ロットに属する特定計量器に基準適合承認印を表示することができる．法第
95条（基準適合義務等）第1項，第96条（表示）第1項および第2項並びに「指定製
造事業者の指定等に関する省令」第7条（検査方法等）参照.

4 正しい．法第95条（基準適合義務等）第2項参照.

5 誤り．指定製造事業者は，その指定に係る申請書に記載した品質管理の方法に関する
事項を変更したときは，遅滞なく，その旨を経済産業大臣に届け出なければならない.
法第94条（変更の届出等）第1項参照. ▶答 4

■問題3 【令和4年 問14】 ✓ ✓ ✓

指定製造事業者に関する次の記述の中から，正しいものを一つ選べ

1 指定製造事業者の指定を受けようとする届出製造事業者は，当該工場又は事業場
における品質管理の方法について，その指定に係る特定計量器の検定を行う指定検
定機関の調査を受けなければならない.

2 指定製造事業者は，その指定に係る申請書に記載した品質管理の方法に関する事

項を変更しようとするときは，事前にその旨を指定検定機関に届け出なければならない．
3　指定製造事業者は，製造のロットごとに適切な数の特定計量器を抜き取り，抜き取った特定計量器の器差が検定公差を超えないことを確認できれば，当該ロットに属する特定計量器に基準適合証印を表示することができる．
4　指定製造事業者の指定を取り消され，その取消しの日から2年を経過しない者は，再び指定を受けることができない．
5　指定製造事業者の指定は，届出製造事業者又は外国製造事業者の申請により，経済産業省令で定める事業の区分に従い，その工場又は事業場の所在地を管轄する都道府県知事が行う．

解説　1　誤り．指定製造事業者の指定を受けようとする届出製造事業者は，当該工場または事業場における品質管理の方法について，その指定に係る特定計量器の検定を行う指定検定機関の調査を受けることができる．「調査を受けなければならない」が誤り．法第91条（届出製造事業者に係る指定の申請）第2項ただし書参照．
2　誤り．指定製造事業者は，その指定に係る申請書に記載した品質管理の方法に関する事項に変更があったときは，遅滞なく，その旨を経済産業大臣に届け出なければならない．法第94条（変更の届出等）第1項および第91条（届出製造事業者に係る指定の申請）第1項第五号参照．
3　誤り．指定製造事業者が特定計量器に基準適合証印を表示するためには，製造のロットごとに適切な数の特定計量器を抜き取り，抜き取った特定計量器の型式を確認しなければならない．また，器差の検査と省令で定める検定公差を超えないことの確認は，すべての特定計量器に対して行わなければならず，その他検査記録の作成および保存等が必要である．法第95条（基準適合義務等）第2項および「指定製造事業者の指定等に関する省令」第7条（検査方法等）参照．
4　正しい．法第92条（指定の基準）第1項第二号参照．
5　誤り．指定製造事業者の指定は，届出製造事業者または外国製造事業者の申請により，経済産業省令で定める事業の区分に従い，その工場または事業場ごとに経済産業大臣が行う．法第90条（指定），第91条（届出製造事業者に係る指定の申請）第1項および第92条（指定の基準）第2項参照．　　　▶答 4

■**問題4**　　　　　　　　　　　　　　　　　　　　　【令和3年 問14】
指定製造事業者に関する次の記述の中から，誤っているものを一つ選べ．
1　経済産業大臣は，指定製造事業者の指定の申請に係る工場又は事業場における品質管理の方法が経済産業省令で定める基準に適合すると認めるときでなければ，そ

の指定をしてはならない．
2 指定製造事業者の指定は，届出製造事業者又は外国製造事業者の申請により，計量法第40条第1項の経済産業省令で定める事業の区分に従い，その工場又は事業場ごとに行う．
3 指定製造事業者の指定を受けようとする外国製造事業者は，氏名又は名称，住所及び法人にあってはその代表者の氏名，事業の区分，計量法第40条第1項の規定による届出の年月日並びに品質管理の方法に関する事項を記載した申請書を経済産業大臣に提出しなければならない．
4 指定製造事業者は，申請に係る事項のうち，品質管理の方法に関する事項（経済産業省令で定めるものに限る．）について変更があったときは，遅滞なく，その旨を経済産業大臣に届け出なければならない．
5 届出製造事業者は，指定製造事業者の指定の申請に係る工場又は事業場における品質管理の方法について，当該特定計量器の検定を行う指定検定機関の行う調査を受けることができる．

解説 1 正しい．法第91条（届出製造事業者に係る指定の申請）第1項第五号および第92条（指定の基準）第2項参照．
2 正しい．法第90条（指定）参照．
3 誤り．「計量法第40条第1項の規定による届出の年月日」は除外されている．法第101条（外国製造事業者に係る指定等）第1項で準用する同第91条（届出製造事業者に係る指定の申請）第1項参照．
4 正しい．法第94条（変更の届出等）第1項参照．
5 正しい．法第93条（指定検定機関の調査）第1項参照． ▶答 3

■ 問題5　　　　　　　　　　　　　　　　　　　　【令和2年 問14】
指定製造事業者に関する次の記述の中から，正しいものを一つ選べ．
1 指定製造事業者は，計量法第76条第1項の承認に係る型式に属する特定計量器を製造した場合，経済産業省令で定める技術上の基準に適合しているときは，校正証明書を交付することができる．
2 指定製造事業者は，指定の申請書に記載した計量法第40条第1項の経済産業省令で定める事業の区分を変更しようとするときは，あらかじめ，その旨を経済産業大臣に届け出なければならない．
3 指定製造事業者の指定は，届出製造事業者又は外国製造事業者の申請により，経済産業省令で定める事業の区分に従い，その工場又は事業場を管轄する都道府県知事が行う．

4　計量法に違反し，罰金の刑に処せられ，その執行を終えた日から1年を経過した者は，指定製造事業者の指定を受けることができる．

5　指定製造事業者の指定を受けようとする届出製造事業者は，その指定の申請に係る工場又は事業場における品質管理の方法について，当該特定計量器の検定を行う指定検定機関の行う調査を受けることができる．

解説　1　誤り．指定製造事業者は，法第76条（製造事業者に係る型式の承認）第1項の承認に係る型式に属する特定計量器を製造した場合，経済産業省令で定める技術上の基準に適合しているとき，校正証明書を交付することができる定めはない．法第5章「検定等」第2節「型式の承認」（第76条〜第89条）参照．

2　誤り．指定製造事業者は，指定の申請書に記載した法第40条（事業の届出）第1項の経済産業省令で定める事業の区分を変更しようとするとき，その旨を経済産業大臣に届け出る定めはない．法第42条（変更の届出）第1項参照．

3　誤り．指定製造事業者の指定は，届出製造事業者または外国製造事業者の申請により，経済産業省令で定める事業の区分に従い，その工場または事業場ごとに経済産業大臣が行う．法第90条（指定）および第91条（届出製造事業者に係る指定の申請）第1項本文参照．

4　誤り．計量法に違反し，罰金の刑に処せられ，その執行を終えた日から2年を経過しない者は，指定製造事業者の指定を受けることができない．法第92条（指定の基準）第1項第一号参照．

5　正しい．法第91条（届出製造事業者に係る指定の申請）第2項ただし書および第93条（指定検定機関の調査）第1項参照．　　　　　　　　　　　　　　　　　▶答 5

問題6　　　　　　　　　　　　　　　　　　　　　　　　【令和元年 問14】☑☑☑

計量法第16条第1項第2号ロの指定（指定製造事業者の指定）を受けようとする届出製造事業者が，申請書に記載しなければならない事項として同法第91条第1項に規定されている事項に該当しないものを一つ選べ．

1　事業の区分

2　工場又は事業場の名称及び所在地

3　第40条第1項の規定による届出の年月日

4　品質管理の方法に関する事項（経済産業省令で定めるものに限る．）

5　国際標準化機構及び国際電気標準会議が定めた試験所に関する基準に適合するものであることを示す事項

解説　選択肢の中で，法第16条（使用の制限）第1項第二号ロの指定（指定製造事業

者の指定）を受けようとする届出製造事業者が，申請書に記載しなければならない事項として法第91条（届出製造事業者に係る指定の申請）第1項に規定されている事項に該当しないものは，「国際標準化機構及び国際電気標準会議が定めた試験所に関する基準に適合するものであることを示す事項」である．他の事項は，該当する．

法第91条（届出製造事業者に係る指定の申請）第1項参照． ▶答 5

■問題7 【平成30年12月 問14】

指定製造事業者に関する次の記述の中から，誤っているものを一つ選べ．
1 指定製造事業者の指定は，届出製造事業者又は外国製造事業者の申請により，経済産業省令で定める事業の区分に従い，その工場又は事業場ごとに行う．
2 指定製造事業者の指定は，政令で定める期間ごとに更新を受けなければ，その期間の経過によって，その効力を失う．
3 経済産業大臣は，指定製造事業者の指定の申請に係る工場又は事業場における品質管理の方法が経済産業省令で定める基準に適合すると認めるときでなければ，その指定をしてはならない．
4 指定製造事業者の指定を取り消され，その取消しの日から2年を経過しない者は，再び指定を受けることができない．
5 計量法第96条第1項の規定に基づき，指定製造事業者が，製造した特定計量器に付することができる表示は，基準適合証印である．

解説 1 正しい．法第90条（指定）第1項参照．
2 誤り．指定製造事業者の指定に，更新の定めはない．法第99条（指定の取消し）参照．
3 正しい．法第92条（指定の基準）第2項参照．
4 正しい．同上第1項第二号参照．
5 正しい．法第96条（表示）第1項および「指定製造事業者の指定等に関する省令」第7条（検査方法等）第七号参照． ▶答 2

3.5.4 基準器検査

■問題1 【令和6年 問15】

基準器検査に関する次の記述のうち，誤っているものを一つ選べ．
1 検定，定期検査その他計量器の検査であって経済産業省令で定めるものに用いる計量器の検査を基準器検査という．
2 基準器検査に合格した計量器には，経済産業省令で定めるところにより，基準器

検査証印を付する．
3　計量器が基準器検査に合格したときは，基準器検査を申請した者に対し，器差，器差の補正の方法及び基準器検査証印の有効期間を記載した基準器検査成績書を交付する．
4　基準器検査を申請した者が基準器検査に合格しなかった計量器に係る基準器検査成績書の交付を受けているときは，その記載に消印を付する．
5　基準器は，経済産業省令で定められた者以外に譲渡，又は貸し渡すことはできない．

解説　1　正しい．法第102条（基準器検査）第1項参照．
2　正しい．法第104条（基準器検査証印）第1項参照．
3　正しい．法第105条（基準器検査成績書）第1項参照．
4　正しい．法第105条（基準器検査成績書）第3項参照．
5　誤り．「基準器は，経済産業省令で定められた者以外に譲渡，又は貸し渡すことはできない」定めはない．なお，基準器を譲渡し，または貸し渡すときは，基準器検査成績書をともにしなければならない定めがある．法第105条（基準器検査成績書）第4項参照．
▶答 5

■問題2　　　　　　　　　　　　　　　　　　　　　　　　　【令和5年 問15】
基準器検査に関する次の記述の中から，誤っているものを一つ選べ．
1　基準器検査とは，検定，定期検査その他計量器の検査であって経済産業省令で定めるものに用いる計量器の検査をいう．
2　基準器検査を行う計量器の種類及びこれを受けることができる者は，経済産業省令で定められている．
3　基準器検査の合格条件は，基準器検査を行った計量器の構造が経済産業省令で定める技術上の基準に適合し，かつ，その器差が経済産業省令で定める基準に適合することである．
4　基準器検査に合格した計量器には，経済産業省令で定めるところにより，その有効期間が付される．
5　基準器を譲渡し，又は貸し渡すときは，基準器検査成績書をともにしなければならない．

解説　1　正しい．法第102条（基準器検査）第1項参照．
2　正しい．同上第2項参照．
3　正しい．法第103条（基準器検査の合格条件）第1項第一号および第二号参照．

4　誤り．基準器検査に合格した計量器には，経済産業省令で定めるところにより，有効期間を記載した基準器検査成績書が交付される．法第105条（基準器検査成績書）第1項参照．

5　正しい．同上第4項参照． ▶答 4

■**問題3** 【令和4年 問15】

基準器検査に関する次の記述の中から，誤っているものを一つ選べ．
1　基準器検査は，政令で定める区分に従い，経済産業大臣，都道府県知事，特定市町村の長又は日本電気計器検定所が行う．
2　基準器検査の合格条件は，基準器検査を行った計量器の構造が経済産業省令で定める技術上の基準に適合し，かつ，その器差が経済産業省令で定める基準に適合することである．
3　基準器を譲渡し，又は貸し渡すときは，基準器検査成績書をともにしなければならない．
4　基準器検査を受けることができる者は，経済産業省令で定められている．
5　基準器検査を申請した者が基準器検査に合格しなかった計量器に係る基準器検査成績書の交付を受けているときは，その記載に消印を付する．

解説　1　誤り．基準器検査は，政令で定める区分に従い，経済産業大臣，都道府県知事または日本電気計器検定所が行う．「特定市町村の長」が誤り．法第102条（基準器検査）第1項参照．
2　正しい．法第103条（基準器検査の合格条件）第1項第一号および第二号参照．
3　正しい．法第105条（基準器検査成績書）第4項参照．
4　正しい．法第102条（基準器検査）第2項参照．
5　正しい．法第104条（基準器検査証印）第3項参照． ▶答 1

■**問題4** 【令和3年 問15】

基準器検査に関する次の記述の中から，誤っているものを一つ選べ．
1　経済産業省令で定める基準器については，基準器検査成績書にその用途又は使用の方法を記載する．
2　基準器検査の合格条件は，基準器検査を行った計量器の構造が経済産業省令で定める技術上の基準に適合し，かつ，その器差が経済産業省令で定める基準に適合することである．
3　基準器を貸し渡すときは，基準器検査成績書をともにしなければならない．
4　基準器検査を行った計量器の器差が経済産業省令で定める基準に適合するかどう

かは，その計量器に計量法第144条第1項の登録事業者が交付した計量器の校正に係る同項の証明書が添付されているものは，当該証明書により定めることができる．
5　基準器検査証印の有効期間は，6年である．

解説　1　正しい．法第105条（基準器検査成績書）第2項参照．
2　正しい．法第103条（基準器検査の合格条件）第1項第一号および第二号参照．
3　正しい．法第105条（基準器検査成績書）第4項参照．
4　正しい．法第103条（基準器検査の合格条件）第3項参照．
5　誤り．基準器検査証印の有効期間は，計量器の種類ごとに経済産業省令で定める期間である．なお，6年に該当する基準器は存在しない．法第104条（基準器検査証印）第2項および基準器検査規則第21条（基準器検査証印の有効期間）参照．　▶答 5

■ **問題 5**　　　　　　　　　　　　　　　　　　　【令和2年 問15】
基準器検査に関する次の記述の中から，誤っているものを一つ選べ．
1　基準器を譲渡するときは，基準器検査成績書をともにしなければならない．
2　基準器検査の合格条件は，その構造が経済産業省令で定める技術上の基準に適合すること，のみである．
3　基準器検査に合格した計量器には，経済産業省令で定めるところにより，基準器検査証印を付する．
4　基準器検査を受けることができる者は，経済産業省令で定められている．
5　基準器検査証印の有効期間は，計量器が基準器検査に合格したときに交付される基準器検査成績書に記載される．

解説　1　正しい．法第105条（基準器検査成績書）第4項参照．
2　誤り．基準器検査の合格条件は，その構造が経済産業省令で定める技術上の基準に適合すること，およびその器差が経済産業省令で定める基準に適合することである．法第103条（基準器検査の合格条件）第1項第一号および第二号参照．
3　正しい．法第104条（基準器検査証印）第1項参照．
4　正しい．法第102条（基準器検査）第2項参照．
5　正しい．法第105条（基準器検査成績書）第1項参照．　▶答 2

■ **問題 6**　　　　　　　　　　　　　　　　　　　【令和元年 問15】
基準器検査に関する次の記述の中から，誤っているものを一つ選べ．
1　アネロイド型血圧計の検定において，その器差が経済産業省令で定める検定公差を超えないかどうかは，基準器検査に合格した計量器を用いて定めなければならない．

2　基準器検査を受ける計量器の器差が経済産業省令で定める基準に適合するかどうかは，その計量器に計量法第144条第1項の登録事業者が交付した計量器の校正に係る同項の証明書が添付されているものは，当該証明書により定めることができる．

3　基準器検査は，政令で定める区分に従い，経済産業大臣，都道府県知事又は指定検定機関が行う．

4　基準器検査に合格した計量器には，経済産業省令で定めるところにより，基準器検査証印を付する．

5　基準器検査を申請した者が基準器検査に合格しなかった計量器に係る基準器検査成績書の交付を受けているときは，その記載に消印を付する．

解説　1　正しい．法第71条（合格条件）第3項参照．

2　正しい．法第103条（基準器検査の合格条件）第3項参照．

3　誤り．基準器検査は，政令で定める区分に従い，経済産業大臣，都道府県知事または日本電気計器検定所が行う．「指定検定機関」は行わない．法第102条（基準器検査）第1項参照．

4　正しい．法第104条（基準器検査証印）第1項参照．

5　正しい．同上第3項参照．　　　　　　　　　　　　　　　　　　　▶答3

問題7　　　　　　　　　　　　　　　　　　　　【平成30年12月 問15】

基準器検査に関する次の記述の中から，正しいものを一つ選べ．

1　基準器検査は，申請により，希望すれば誰でも受けることができる．

2　基準器検査証印の有効期間は，計量器の種類にかかわらず，5年である．

3　基準器は，経済産業省令で定められた者以外に譲渡することはできない．

4　基準器検査の合格条件は，基準器検査を行った計量器の構造が経済産業省令で定める技術上の基準に適合し，かつ，その器差が経済産業省令で定める基準に適合することである．

5　基準器の所有者は，基準器を他人に貸し渡すときは，基準器検査成績書をともに貸し渡してはならない．

解説　1　誤り．基準器検査は，申請により，希望すれば誰でも受けることができるわけではなく，経済産業省令で定めている．法第102条（基準器検査）第2項参照．

2　誤り．基準器検査証印の有効期間は，計量器の種類によって異なる．法第104条（基準器検査証印）第2項参照．

3　誤り．「基準器は，経済産業省令で定められた者以外に譲渡することはできない」との定めはない．

4 正しい．法第103条（基準器検査の合格条件）第1項および第3項参照．
5 誤り．基準器の所有者は，基準器を他人に貸し渡すときは，基準器検査成績書をともに貸し渡さなければならない．法第105条（基準器検査成績書）第4項参照． ▶答 4

3.5.5 指定検定機関

■問題1　【令和4年 問12】

指定検定機関に関する次の記述の中から，誤っているものを一つ選べ．
1　指定検定機関の指定は，政令で定める区分ごとに，経済産業省令で定めるところにより，検定を行おうとする者が都道府県知事に申請することにより行う．
2　経済産業大臣は，計量法第16条第1項第2号の指定の申請が，第106条第3号において準用される第28条各号の規定による条件に適合していると認めるときでなければ，指定をしてはならないとされているが，その条件の一つに，経済産業省令で定める器具，機械又は装置を用いて検定を行うものであること，がある．
3　指定検定機関における業務規程で定めるべき事項は，経済産業省令で定める．
4　届出製造事業者は，計量法第76条第1項の承認を受けようとする型式の特定計量器について，当該特定計量器の検定を行う指定検定機関の行う試験を受けることができる．
5　指定検定機関は，検定を行う事業所の所在地を変更しようとするときは，変更しようとする日の2週間前までに，経済産業大臣に届け出なければならない．

解説　1　誤り．指定検定機関の指定は，政令で定める区分ごとに，経済産業省令で定めるところにより，検定を行おうとする者が経済産業大臣に申請することにより行う．法第106条（指定検定機関）第1項～第3項参照．
2　正しい．経済産業大臣は，法第16条（使用の制限）第1項第2号イの指定の申請が，第106条（指定検定機関）第3項（※試験問題では「第3号」と表記されている）において準用される同第28条（指定の基準）各号の規定による条件に適合していると認めるときでなければ，指定をしてはならないとされているが，その条件の一つに，経済産業省令で定める器具，機械または装置を用いて検定を行うものであること，がある．法第28条（指定の基準）第一号参照．
3　正しい．法第106条（指定検定機関）第3項において準用される同第30条（業務規程）第2項参照．
4　正しい．届出製造事業者は，法第76条（製造事業者に係る型式の承認）第1項の承

認を受けようとする型式の特定計量器について，当該特定計量器の検定を行う指定検定機関の行う試験を受けることができる．法第78条（指定検定機関の試験）第1項参照．
5　正しい．法第106条（指定検定機関）第2項参照． 　答1

問題2　　　　　　　　　　　　　　　　　　　　　【令和元年 問12】

計量法第106条第1項の政令で定める指定検定機関の指定の区分として，誤っているものを一つ選べ．
1　非自動はかり　　2　自動捕捉式はかり　　3　タクシーメーター
4　騒音計　　　　　5　振動レベル計

解説　法第106条第1項の政令で定める指定検定機関の指定の区分として，タクシーメーターは，定められていない．その他は区分として定められている．令第26条（指定検定機関の指定の区分）参照． 　答3

3.6　計量証明事業

3.6.1　計量証明の事業

問題1　　　　　　　　　　　　　　　　　　　　　【令和6年 問16】

計量証明の事業に関するア〜オの記述のうち，誤っているものがいくつあるか，次の1〜5のうちから一つ選べ．

ア　運送，寄託又は売買の目的たる貨物の積卸し又は入出庫に際して行うその貨物の長さ，質量，面積，体積又は温度の計量証明（船積貨物の積込み又は陸揚げに際して行うその貨物の質量又は体積の計量証明を除く．）の事業を行おうとする者は，計量証明事業の登録を受けなければならない．

イ　計量証明事業者は，その登録に係る事業の実施の方法に関し経済産業省令で定める事項を記載した事業規程を作成し，その登録を受けた後，遅滞なく，都道府県知事の検査を受けなくてはならない．

ウ　計量証明の事業の登録の基準の一つとして，計量証明に使用する特定計量器その他の器具，機械又は装置が経済産業省令で定める基準に適合するものであること，がある．

エ　計量証明の事業の登録の有効期間は4年である．

オ　都道府県知事は，計量証明事業者が計量法第109条各号に適合しなくなったと認めるときは，その計量証明事業者に対し，これらの規定に適合するために必要な措置をとるべきことを命ずることができる．

1　1個　　2　2個　　3　3個　　4　4個　　5　5個

解説　ア　誤り．「温度」が誤りで，正しくは「熱量」である．法第107条（計量証明の事業の登録）第一号参照．

イ　誤り．「都道府県知事の検査を受けなくてはならない」が誤りで，正しくは「都道府県知事に届け出なければならない」である．法第110条（事業規程）第1項参照．

ウ　正しい．法第109条（登録の基準）第一号参照．

エ　誤り．有効期間は定められていない．法第112条（登録の失効）参照．

オ　正しい．法第111条（適合命令）参照．　　　　　　　　　　　　　▶答 3

問題 2　【令和5年 問16】

計量法第108条に規定する計量証明の事業の登録の申請に関する次の記述の（　㋐　）～（　㋑　）に入る語句の組合せとして，正しいものを一つ選べ．

　第108条　第107条の登録を受けようとする者は，次の事項を記載した申請書をその事業所の所在地を管轄する都道府県知事に提出しなければならない．

　　一　～　四　（略）

　　五　その事業に係る（　㋐　）であって次に掲げるものの氏名（イに掲げるものにあっては，（　㋑　））及びその職務の内容

　　　イ　事業の区分に応じて経済産業省令で定める計量士

　　　ロ　事業の区分に応じて経済産業省令で定める条件に適合する（　㋒　）

	（　㋐　）	（　㋑　）	（　㋒　）
1	業務の責任者	氏名及びその登録番号	実務経験を認定された者
2	業務に従事する者	氏名及びその登録番号	知識経験を有する者
3	業務の責任者	氏名及びその生年月日	教習を修了した者
4	業務に従事する者	氏名及びその生年月日	知識経験を有する者
5	業務の責任者	氏名及びその登録番号	教習を修了した者

解説　ア　「業務に従事する者」である．

イ　「氏名及びその登録番号」である．

ウ　「知識経験を有する者」である．

法第108条（登録の申請）第五号参照．　　　　　　　　　　　　　▶答 2

問題3 【令和5年 問19】

計量証明事業の登録の基準を定めた計量法第109条の下線部ア〜オのうち，誤っているものを1〜5の中から一つ選べ．

第109条　都道府県知事は，第107条の登録の申請が次の各号に適合するときは，その登録をしなければならない．

一　計量証明に使用するア：特定計量器その他の器具，機械又は装置が経済産業省令で定める基準に適合するものであること．

二　第108条第5号イ又はロに掲げる者が当該事業に係るイ：計量管理（計量器の整備，計量の正確の保持，計量の方法の改善その他適正な計量の実施を確保するために必要な措置を講ずることをいう．）を行うものであること．

三　当該事業が第121条の2に規定する特定計量証明事業のうちウ：適正な計量の実施を確保することが特に必要なものとしてエ：政令で定める事業である場合にあっては，同条のオ：登録を受けていること．

1　ア　　2　イ　　3　ウ　　4　エ　　5　オ

解説　ア〜エ　正しい．
オ　誤り．正しくは「認定」である．
法第109条（登録の基準）参照．
　▶答 5

問題4 【令和4年 問16】

計量証明の事業に関する次の記述の中から，誤っているものを一つ選べ．

1　計量証明事業者が計量証明の事業について不正の行為をしたとき，都道府県知事は，その登録を取り消し，又は1年以内の期間を定めて，その事業の停止を命ずることができる．

2　計量証明の事業の登録を受けなければならない濃度の区分として計量法施行令第28条第1号に定められているのは，大気（大気中に放出される気体を含む．），水又は土壌（水底のたい積物を含む．）中の物質の濃度，である．

3　計量証明の事業の登録を受けようとする際の申請書には，計量証明の事業に係る業務に従事する者として，事業の区分に応じて経済産業省令で定める計量士，又は経済産業省令で定める条件に適合する知識経験を有する者の記載がなければならない．

4　計量証明事業者がその登録に係る事業を廃止したとき，又はその登録をした都道府県知事の管轄区域外に事業所を移転したときは，その登録は効力を失う．

5　計量証明の事業の登録を受けた計量証明事業者は，登録後，経済産業省令で定める事項を記載した事業規程を作成し，その事業規程に関し，都道府県知事の検査を受けなければならない．

解説 1　正しい．法第113条（登録の取消し等）本文及び第五号参照．
2　正しい．令第28条（計量証明の事業に係る物象の状態の量）第一号参照．
3　正しい．法第108条（登録の申請）第五号イおよびロ参照．
4　正しい．法第112条（登録の失効）参照．
5　誤り．計量証明の事業の登録を受けた計量証明事業者は，登録後，経済産業省令で定める事項を記載した事業規程を作成し，都道府県知事に届け出なければならない．事業規程に関し，検査を受けなければならない定めはないが，都道府県知事は，計量証明の適正な実施を確保する上で必要があると認めるときは，その事業規程を変更すべきことを命ずることができる．法第110条（事業規程）第1項および第2項参照． ▶ 答 5

■ **問題 5** 【令和4年 問18】

特定計量証明事業者及び計量証明事業者において，事業登録の基準を定めた計量法第109条第2号に基づいて実施されるその事業に係る計量管理に関する次の記述の（ア）と（イ）に入る語句の組合せとして，正しいものを一つ選べ．

計量管理とは，（ア），計量の正確の保持，（イ）その他適正な計量の実施を確保するために必要な措置を講ずることをいう．

	（ア）	（イ）
1	計量器の整備	計量の方法の改善
2	計量器の整備	計量のための器具，機械又は装置の改善
3	計量器の校正	特定計量器の検査
4	計量器の校正	計量の方法の改善
5	計量器の校正	計量のための器具，機械又は装置の改善

解説 （ア）「計量器の整備」である．
（イ）「計量の方法の改善」である．
法第109条（登録の基準）第二号参照． ▶ 答 1

■ **問題 6** 【令和3年 問16】

計量証明の事業に関する次の記述の中から，誤っているものを一つ選べ．
1　都道府県知事は，計量証明事業者が計量法第109条に規定する計量証明事業の登録の基準に適合しなくなったと認めるときは，その計量証明事業者に対し，これらの規定に適合するために必要な措置をとるべきことを命ずることができる．
2　都道府県知事は，指定計量証明検査機関にその計量証明検査の業務の全部又は一部を行わせることとしたときは，当該検査業務の全部又は一部を行わないものとする．
3　計量証明の事業の登録を受けようとする者が，その申請書に記載することが必要

な事項として，計量証明に使用する特定計量器その他の器具，機械又は装置であって経済産業省令で定めるものの名称，性能，構造及び数，がある．
4 計量証明事業者は，その計量証明の事業について計量証明を行ったときは，経済産業省令で定める事項を記載し，経済産業省令で定める標章を付した証明書を交付することができる．
5 事業規程の届出に関し，都道府県知事は，計量証明の適正な実施を確保する上で必要があると認めるときは，計量証明事業者に対し，事業規程の変更を命ずることができる．

解説 1 正しい．法第111条（適合命令）参照．
2 正しい．法第117条（指定計量証明検査機関）第2項参照．
3 誤り．「構造」は申請書に記載することが必要な事項として定められていない．法第108条（登録の申請）第四号参照．
4 正しい．法第110条の2（証明書の交付）第1項参照．
5 正しい．法第110条（事業規程）第2項参照．　　　　　　　　　　　　　　▶答3

■ 問題7　　　　　　　　　　　　　　　　　　　　　　　　　　【令和2年 問16】
計量証明の事業に関する次の記述の中から，誤っているものを一つ選べ．
1 国が，大気，水又は土壌中の物質の濃度の計量証明の事業を行う場合は，その事業所の所在地を管轄する都道府県知事の登録を受けなくてもよい．
2 計量法第109条に規定する計量証明の事業の登録の基準の一つとして，事業の区分に応じて経済産業省令で定める計量士又は経済産業省令で定める条件に適合する知識経験を有する者が当該事業に係る計量管理を行い，その数が経済産業省令で定める数以上であること，がある．
3 計量証明事業者は，その計量証明の事業について計量証明を行ったときは，経済産業省令で定める事項を記載し，経済産業省令で定める標章を付した証明書を交付することができる．
4 都道府県知事は，計量証明事業者が計量証明に使用する特定計量器その他の器具，機械又は装置が経済産業省令で定める基準に適合しなくなったと認めるときは，その計量証明事業者に対し，これらの規定に適合するために必要な措置をとるべきことを命ずることができる．
5 計量証明事業者がその登録に係る事業を廃止したとき，又はその登録をした都道府県知事の管轄区域外に事業所を移転したときは，その登録は効力を失う．

解説 1 正しい．法第107条（計量証明事業の登録）ただし書参照．

2 　誤り．法第109条（登録の基準）に規定する計量証明の事業の登録の基準の一つとして，事業の区分に応じて経済産業省令で定める計量士または経済産業省令で定める条件に適合する知識経験を有する者が当該事業に係る計量管理を行うこと，があるが，その数については定めがない．したがって，事業の区分に少なくとも一人が必要である．法第108条（登録の申請）第五号，第109条（登録の基準）第二号，則第38条（事業の区分）別表第4および第39条（登録の申請）第2項参照．
3 　正しい．法第110条の2（証明書の交付）第1項参照．
4 　正しい．法第111条（適合命令）参照．
5 　正しい．法第112条（登録の失効）参照． 　　　　　　　　　　　　　　▶答 2

■問題 8　　　　　　　　　　　　　　　　　　　　　　　【令和元年 問16】

計量法第107条の計量証明の事業の登録を受けなければ行うことができない事業として，誤っているものを一つ選べ．ただし，同条ただし書に該当する者が行う場合を除くものとする．
1 　船積貨物の積込み又は陸揚げに際して行うその貨物の質量の計量証明の事業
2 　運送，寄託又は売買の目的たる貨物の積卸し又は入出庫に際して行うその貨物の長さの計量証明の事業
3 　土壌（水底のたい積物を含む．）中の物質の濃度の計量証明の事業
4 　大気（大気中に放出される気体を含む．）中の物質の濃度の計量証明の事業
5 　音圧レベル（計量単位令別表第2第6号の聴感補正に係るものに限る．）の計量証明の事業

【解説】　1 　該当しない．「船積貨物の積込み又は陸揚げに際して行うその貨物の質量の計量証明の事業」は除外されている．法第107条（計量証明の事業の登録）第一号かっこ書参照．
2 　該当する．同上第一号参照．
3 　該当する．同上参照．
4 　該当する．同上参照．
5 　該当する．同上第二号参照． 　　　　　　　　　　　　　　　　　　　▶答 1

■問題 9　　　　　　　　　　　　　　　　　　　　　【平成30年12月 問16】

計量法第107条の計量証明の事業の登録に関する次の記述の中から，誤っているものを一つ選べ．
1 　地方公共団体は，計量証明の事業の登録を要しない．
2 　国立研究開発法人国立環境研究所は，計量証明の事業の登録を要しない．

3　計量法施行令で定める法律の規定に基づきその業務を行うことについて登録，指
定その他の処分を受けた者が当該業務として計量証明の事業を行う場合は，計量証
明の事業の登録を要しない．
4　船積貨物の積込み又は陸揚げに際して行うその貨物の質量又は体積の計量証明の
事業を行う場合は，計量証明の事業の登録を要しない．
5　計量証明の事業の登録の対象となる物象の状態の量の一つとして，温度，がある．

解説　1　正しい．法第107条（計量証明の事業の登録）ただし書参照．
2　正しい．令第26条の2（計量証明の事業の登録を要しない独立行政法人）第三号参照．
3　正しい．法第107条（計量証明の事業の登録）ただし書参照．
4　正しい．同上第一号かっこ書参照．
5　誤り．計量証明の事業の登録の対象となる物象の状態の量に，温度，はない．令第
28条（計量証明の事業に係る物象の状態の量）参照．　　　　　　　　　▶ 答 5

3.6.2　特定計量証明事業

■問題1　　　　　　　　　　　　　　　　　　　　　　【令和6年 問18】

　特定計量証明事業の認定に関する計量法第121条の2の下線部ア～オのうち，
誤っているものを1～5のうちから一つ選べ．
　特定計量証明事業を行おうとする者は，経済産業省令で定める事業の区分に従い，
ア：経済産業大臣が指定した者（指定計量証明検査機関）に申請して，その事業が次
の各号に適合している旨のイ：認定を受けることができる．
　一　特定計量証明事業を適正に行うに必要なウ：管理組織を有するものであること．
　二　特定計量証明事業を適確かつ円滑に行うに必要なエ：技術的能力を有するもの
であること．
　三　特定計量証明事業を適正に行うに必要なオ：業務の実施の方法が定められてい
るものであること．
1　ア　　2　イ　　3　ウ　　4　エ　　5　オ

解説　ア　誤り．正しくは「経済産業大臣が指定した者（特定計量証明認定機関）」
である．
イ　正しい．「認定を受けることができる．」である．
ウ　正しい．「管理組織」である．
エ　正しい．「技術的能力」である．

オ　正しい．「業務の実施の方法」である．
法第121条の2（認定）参照． ▶答 1

問題2 【令和6年 問19】

特定計量証明事業に関する次の記述のうち，誤っているものを一つ選べ．
1　認定特定計量証明事業者は，計量法第121条の2の認定を受けた事業の区分に係る計量証明を行ったときは，経済産業省令で定める事項を記載し，経済産業省令で定める標章を付した証明書を交付しなければならない．
2　計量法第121条の3第2項に規定するもののほか，認定特定計量証明事業者は，計量証明に係る証明書以外のものに，経済産業省令で定める標章又はこれと紛らわしい標章を付してはならない．
3　計量法第121条の2の認定は，3年ごとにその更新を受けなければ，その期間の経過によって，その効力を失う．
4　認定特定計量証明事業者は，その認定に係る事業を廃止したときは，遅滞なく，その旨を経済産業大臣に届け出なければならない．
5　経済産業大臣又は都道府県知事若しくは特定市町村の長は，計量法の施行に必要な限度において，政令で定めるところにより，認定特定計量証明事業者に対し，その業務に関し報告させることができる．

解説　1　誤り．「交付しなければならない」が誤りで，正しくは「交付することができる」である．法第121条の3（証明書の交付）第1項参照．
2　正しい．同上第3項参照．
3　正しい．法第121条の4（認定の更新）第1項および令第29条の3（認定特定計量証明事業者の認定の有効期間）参照．
4　正しい．法第121条の6（準用）で準用する同第65条（廃止の届出）参照．
5　正しい．法第147条（報告の徴収）第1項参照． ▶答 1

問題3 【令和5年 問18】

計量法第121条の2の特定計量証明事業の定義に関する次の文章中の下線部ア〜ウのうち，正しいものをすべて挙げているものを1〜5の中から一つ選べ．
　特定計量証明事業とは，計量法第107条第2号に規定するア：物象の状態の量でイ：極めて微量のものの計量証明を行うためにウ：高度の計量管理を必要とするものとして政令で定める事業をいう．
1　ア　　2　イ　　3　ウ　　4　ア，イ　　5　ア，ウ

解説 ア 正しい．「物象の状態の量」である．
イ 正しい．「極めて微量」である．
ウ 誤り．正しくは「高度の技術」である．
法第121条の2（認定）本文かっこ書参照． ▶答 4

■ **問題4** 　　　　　　　　　　　　　　　　　　【令和4年 問19】

特定計量証明事業に関する次の記述の中から，正しいものを一つ選べ．

1. 特定計量証明事業を行おうとする者は，経済産業省令に定める事業の区分に従い，経済産業大臣が指定した者（以下「指定計量証明検査機関」という．）に申請して，その事業が計量法第121条の2各号に適合している旨の認定を受けなければならない．

2. 特定計量証明事業者の認定を受けようとする者及びその更新を受けようとする者は，実費を勘案して指定計量証明検査機関が定める額の手数料を納付しなければならない．

3. 認定特定計量証明事業者は，認定を受けた事業の区分に係る計量証明を行ったときは，経済産業省令で定める事項を記載し，経済産業省令で定める標章を付した証明書を交付することができる．

4. 認定特定計量証明事業者は，認定を受けた事業の区分に係る計量証明を行うことを求められたときは，いかなる場合であっても速やかに計量証明を行い，証明書を交付しなければならない．

5. 認定特定計量証明事業者は，認定に係る事業を廃止するときは，あらかじめ，その旨を経済産業大臣に届け出なければならない．

解説 1 誤り．特定計量証明事業を行おうとする者は，経済産業省令に定める事業の区分に従い，経済産業大臣または経済産業大臣が指定した者（以下「特定計量証明認定機関」という）に申請して，その事業が法第121条の2（認定）各号に適合している旨の認定を受けなければならない．法第121条の2（認定）前文参照．

2 誤り．特定計量証明事業者の認定を受けようとする者およびその更新を受けようとする者は，実費を勘案して政令が定める額の手数料を納付しなければならない．法第158条（手数料）本文，第十号および第十一号参照．

3 正しい．法第121条の3（証明書の交付）第1項参照．

4 誤り．認定特定計量証明事業者は，認定を受けた事業の区分に係る計量証明を行うことを求められたときは，いかなる場合であっても速やかに計量証明を行い，証明書を交付しなければならないという定めはない．法第3節「特定計量証明事業」参照．

5 誤り．認定特定計量証明事業者は，認定に係る事業を廃止したときは，遅滞なく，そ

の旨を経済産業大臣に届け出なければならない．法第121条の6（準用）で準用する同第65条（廃止の届出）参照． ▶答 3

問題 5 【令和3年 問18】

特定計量証明事業の認定に関する計量法第121条の2各号の下線部ア〜ウのうち，誤っているもののみを全て挙げているものを一つ選べ．
- 一　特定計量証明事業を適正に行うに必要な　ア：管理組織　を有するものであること．
- 二　特定計量証明事業を適確かつ円滑に行うに必要な　イ：技術的能力　を有するものであること．
- 三　特定計量証明事業を適正に行うに必要な　ウ：計量管理の方法　が定められているものであること．

1　ア　　2　イ　　3　ウ　　4　ア，イ　　5　イ，ウ

解説 ア　正しい．法第121条の2（認定）第一号参照．
イ　正しい．同上第二号参照．
ウ　誤り．正しくは「業務の実施の方法」である．同上三号参照． ▶答 3

問題 6 【令和3年 問19】

認定特定計量証明事業者に関する次のア〜エの記述のうち，経済産業大臣がその認定を取り消すことができる事由として計量法第121条の5各号に規定するもののみを全て挙げている組合せを一つ選べ．
- ア　認定特定計量証明事業者が，認定を受けるための要件である計量法第121条の2各号のいずれかに適合しなくなったとき．
- イ　認定特定計量証明事業者が，計量証明に係る証明書以外のものに，経済産業省令で定める標章又はこれと紛らわしい標章を付したとき．
- ウ　認定特定計量証明事業者において，認定を受けた事業の区分における計量管理を行う者として都道府県知事に届け出た計量士が，計量法又は同法に基づく命令の規定に違反したとき．
- エ　認定特定計量証明事業者が，不正の手段により計量法第121条の2の認定又は同法第121条の4第1項の認定の更新を受けたとき．

1　ア，エ　　　2　ア，イ，ウ　　　3　ア，イ，エ
4　ア，ウ，エ　　5　イ，ウ，エ

解説 ア　正しい．法第121条の5（認定の取消し）第一号参照．

イ　誤り．標章に関係して認定を取り消す定めはない．同上第一号および第二号参照．
ウ　誤り．計量士が計量法による命令の規定に違反しても認定を取り消す定めはない．同上第一号および第二号参照．
エ　正しい．同上第二号参照．　　　　　　　　　　　　　　　▶答 1

問題 7　【令和 2 年 問 18】

特定計量証明事業の証明書の交付に関する計量法第 121 条の 3 の条文中の下線部ア～エのうち，誤っているもののみを全て挙げている組合せを一つ選べ．

第 121 条の 3　計量法第 121 条の 2 の認定を受けた者（以下「ア：認定特定計量証明事業者」という．）は，同条の認定を受けたイ：物象の状態の量の区分に係る計量証明を行ったときは，経済産業省令で定める事項を記載し，ウ：経済産業省令で定める標章を付した証明書を交付することができる．

2　何人も，前項に規定する場合を除くほか，計量証明に係る証明書に同項のエ：標章を付してはならない．

3　前項に規定するもののほか，ア：認定特定計量証明事業者は，計量証明に係る証明書以外のものに，第 1 項のエ：標章を付してはならない．

1　ア，ウ　　2　ア，エ　　3　イ，ウ　　4　イ，エ　　5　ウ，エ

解説　ア　正しい．「認定特定計量証明事業者」である．
イ　誤り．正しくは「事業の区分」である．
ウ　正しい．「経済産業省令で定める標章」である．
エ　誤り．正しくは「標章又はこれと紛らわしい標章を付して」である．
法第 121 条の 3（証明書の交付）第 1 項～第 3 項参照．　　　　　▶答 4

問題 8　【令和 2 年 問 19】

特定計量証明事業に関する次の記述の中から，誤っているものを一つ選べ．

1　特定計量証明事業とは，計量法第 107 条第 2 号に規定する物象の状態の量で極めて微量のものの計量証明を行うために高度の技術を必要とするものとして政令で定める事業をいう．

2　特定計量証明事業のうち適正な計量の実施を確保することが特に必要なものとして政令で定める事業を行おうとする者は，計量法第 121 条の 2 の各号に適合している旨の認定を受けていれば，都道府県知事による同法第 107 条の計量証明の事業の登録を受けることを要しない．

3　特定計量証明事業の認定は，3 年を下らない政令で定める期間ごとにその更新を受けなければ，その期間の経過によって，その効力を失う．

4　特定計量証明事業の認定を受けようとする者及びその認定の更新を受けようとする者は，実費を勘案して政令で定める額の手数料を納付しなければならない．

5　経済産業大臣は，計量法第121条の2の認定をしたときには，その旨を公示しなければならない．

解説　1　正しい．法第121条の2（認定）本文かっこ書参照．

2　誤り．特定計量証明事業のうち適正な計量の実施を確保することが特に必要なものとして政令で定める事業を行おうとする者は，法第121条の2（認定）の各号に適合している旨の認定を受けていても，都道府県知事による法第107条（計量証明の事業）の計量証明の事業の登録を受けなければならない．除外規定は定められていない．法第107条（計量証明の事業の登録）第二号および第121条の2（認定）参照．

3　正しい．法第121条の4（認定の更新）第1項参照．

4　正しい．法第158条（手数料）第1項第十号参照．

5　正しい．法第159条（公示）第1項第十二号参照．　　　　　　　　▶答2

問題9　　　　　　　　　　　　　　　　　　　　【令和元年 問18】

計量法第121条の2の特定計量証明事業の定義に関する次の記述の下線部（ア）〜（ウ）のうち，誤っているもののみをすべて挙げている組合せを一つ選べ．

特定計量証明事業とは，計量法第107条第2号に規定する（ア）特定物象量で（イ）極めて微量のものの計量証明を行うために（ウ）高度の計量管理を必要とするものとして政令で定める事業をいう．

1　（ア）　　　　2　（イ）　　　　3　（ア），（イ）
4　（ア），（ウ）　5　（イ），（ウ）

解説　（ア）誤り．正しくは「物象の状態の量」である．
（イ）正しい．「極めて微量」である．
（ウ）誤り．正しくは「高度の技術」である．
法第121の2（認定）本文かっこ書参照．　　　　　　　　　　　　▶答4

問題10　　　　　　　　　　　　　　　　　　　【令和元年 問19】

特定計量証明事業に関する次のア〜エの記述のうち，正しいものがいくつあるか，次の1〜5の中から一つ選べ．

ア　特定計量証明事業を行おうとする者は，計量法第121条の2の規定により，経済産業省令で定める事業の区分に従い，その事業所ごとに，経済産業大臣の登録を受けなければならない．

342

イ　計量法又は同法に基づく命令の規定に違反し，罰金以上の刑に処せられ，その執行を終わり，又は執行を受けることがなくなった日から3年を経過しない事業者は，計量法第121条の2に規定する特定計量証明事業の登録を受けることができない．

ウ　計量法第121条の2に規定する特定計量証明事業の登録を受けるための要件の一つとして，事業の区分に応じて経済産業省令で定める条件に適合する知識経験を有する計量士が計量管理を行い，その方法が経済産業省令で定める基準に適合するものであること，がある．

エ　計量法第121条の2に規定する特定計量証明事業の登録は，3年を下らない政令で定める期間ごとにその更新を受けなければ，その期間の経過によって，その効力を失う．

1　0個　　2　1個　　3　2個　　4　3個　　5　4個

解説　ア　誤り．特定計量証明事業を行おうとする者は，法第121条の2（認定）の規定により，経済産業省令で定める事業の区分に従い，経済産業大臣または特定計量証明認定機関の認定を受けなければならない．法第121条の2（認定）本文参照．

イ　誤り．「登録」が「認定」の誤りであるが，このような定めはない．同上第一号，第二号および第三号参照．

ウ　誤り．「登録」が「認定」の誤りであるが，このような定めはない．同上参照．

エ　誤り．法第121条の2（認定）に規定する特定計量証明事業の認定は，3年を下らない政令で定める期間ごとにその更新を受けなければ，その期間の経過によって，その効力を失う．「登録」が誤り．法第121条の4（認定の更新）第1項参照．　▶答 1

■ **問題11**　　　　　　　　　　　　　　　　　　　【平成30年12月 問18】

特定計量証明事業について経済産業大臣が行うことと定められている事項に関する次の記述の中から，誤っているものを一つ選べ．

1　特定計量証明事業者の認定及びその旨の公示

2　認定特定計量証明事業者において，認定を受けた事業の計量管理を行う者として届け出た計量士が計量法又は同法に基づく命令の規定に違反したときの解任命令

3　認定特定計量証明事業者が不正の手段により計量法第121条の2の認定を受けたときの認定の取消し及びその旨の公示

4　認定特定計量証明事業者が計量法第121条の2各号のいずれかに適合しなくなったときの認定の取消し及びその旨の公示

5　計量法第121条の2の特定計量証明認定機関の指定及びその旨の公示

343

解説 1　正しい．法第121条の2（認定）本文および第159条（公示）第1項第十二号参照．

2　誤り．経済産業大臣については「解任命令」はいかなる場合にも規定されていない．計量法や命令に違反した場合，経済産業大臣は，登録の取消し，または1年以内の期間を定めて計量士の名称の使用の停止を命ずることができる．法第123条（登録の取消し等）参照．

3　正しい．法第121条の5（認定の取消し）第二号および第159条（公示）第1項第十三号参照．

4　正しい．法第121条の5（認定の取消し）第一号および第159条（公示）第1項第十三号参照．

5　正しい．法第121条の8（指定の基準）および第159条（公示）第1項第十一号参照．

▶答 2

■ **問題12**　　　　　　　　　　　　　　　　　　　　　　　　　【平成30年12月 問19】

特定計量証明事業の認定に関する計量法第121条の2第1号から第3号の規定として，次のア～ウのうち，正しいものの組合せを一つ選べ．

ア　特定計量証明事業を適正に行うに必要な管理組織を有するものであること．
イ　特定計量証明事業を適確かつ円滑に行うに必要な経理的基礎を有するものであること．
ウ　特定計量証明事業を適正に行うに必要な業務の実施の方法が定められているものであること．

1　イ　　2　ア，イ　　3　ア，ウ　　4　イ，ウ　　5　ア，イ，ウ

解説　ア　正しい．法第121条の2（認定）第一号参照．
イ　誤り．「経理的基礎」が誤りで，正しくは「技術的能力」である．同上第二号参照．
ウ　正しい．同上第三号参照．

▶答 3

3.6.3　計量証明検査

■ **問題1**　　　　　　　　　　　　　　　　　　　　　　　　　　【令和6年 問17】

計量証明検査に関する次の記述のうち，誤っているものを一つ選べ．

1　都道府県知事が行う計量証明検査に代わる検査の一つとして，主任計量者による検査がある．

2　計量証明検査の合格条件の一つとして，計量証明検査を行った特定計量器の性能

が経済産業省令で定める技術上の基準に適合すること，がある．
3 　計量証明検査に合格した特定計量器には，経済産業省令で定めるところにより，計量証明検査済証印を付する．
4 　計量証明事業者は，計量証明に使用する非自動はかりについて，2年ごとに計量証明検査を受けなくてはならない．
5 　都道府県知事は，指定計量証明検査機関に，計量証明検査を行わせることができる．

解説　1 　誤り．「主任計量者」が誤りで，正しくは「計量士」である．法第120条（計量証明検査に代わる計量士による検査）第1項参照．
2 　正しい．法第118条（計量証明検査の合格条件）第1項第二号参照．
3 　正しい．法第119条（計量証明検査済証印等）第1項参照．
4 　正しい．法第116条（計量証明検査）第1項，令第29条（計量証明検査を行うべき期間）第1項および別表第5第一号参照．
5 　正しい．法第117条（指定計量証明検査機関）第1項参照．　　　　　　　▶答 1

問題2　【令和5年 問17】

計量証明検査に関する次の記述の中から，誤っているものを一つ選べ．
1 　計量証明検査に合格した特定計量器に付する計量証明検査済証印には，その計量証明検査の有効期間を表示するものとする．
2 　計量証明検査に合格しなかった特定計量器に検定証印等が付されているときは，その検定証印等を除去しなければならない．
3 　騒音計，振動レベル計，濃度計（ガラス電極式水素イオン濃度検出器及び酒精度浮ひょうを除く）の計量証明検査を受けるべき期間は3年ごとである．
4 　計量証明検査を行った特定計量器が合格となる条件の一つに，検定証印等（政令で定める特定計量器で有効期間のあるものは，有効期間を経過していないもの）が付されていること，がある．
5 　都道府県知事は，計量証明検査を行おうとする申請者を指定計量証明検査機関として指定し，その指定計量証明検査機関に，計量証明検査を行わせることができる．

解説　1 　誤り．計量証明検査に合格した特定計量器に付する計量証明検査済証印には，その計量証明検査を行った年月を表示するものとする．「有効期間」が誤り．法第119条（計量証明検査済証印等）第1項および第2項参照．
2 　正しい．同上第3項参照．
3 　正しい．法第116条（計量証明検査）第1項，令第29条（計量証明検査を行うべき

期間）第1項および別表第5第三号～第五号参照．
4　正しい．法第118条（計量証明検査の合格条件）第1項第一号参照．
5　正しい．法第117条（指定計量証明検査機関）第1項，第121条（指定計量証明検査機関の指定等）参照．　　　　　　　　　　　　　　　　　　　▶答1

問題3　【令和4年 問17】

計量証明検査に関する次の記述の中から，誤っているものを一つ選べ．
1　計量証明検査を行った特定計量器の合格となる全ての条件は，その性能が経済産業省令で定める技術上の基準に適合すること及びその器差が経済産業省令で定める使用公差を超えないことである．
2　計量証明事業者が特定計量器として非自動はかりを計量証明に使用する場合，その計量証明事業者は計量証明の事業の登録を受けた日から起算して2年ごとに，都道府県知事が行う計量証明検査を受けなければならない．
3　計量証明検査に合格しなかった特定計量器に検定証印等が付されているときは，その検定証印等を除去する．
4　計量証明検査に合格した特定計量器には，経済産業省令で定めるところにより，その計量証明検査を行った年月を表示した計量証明検査済証印を付する．
5　都道府県知事は，指定計量証明検査機関を指定し，その者に計量証明検査を行わせることができる．

解説　1　誤り．計量証明検査を行った特定計量器の合格となるすべての条件は，検定証印等が付されていること，その性能が経済産業省令で定める技術上の基準に適合することおよびその器差が経済産業省令で定める使用公差を超えないことである．法第118条（計量証明検査の合格条件）第1項第一号～第三号参照．
2　正しい．令第29条（計量証明検査を行うべき期間）第1項および別表第5第一号参照．
3　正しい．法第119条（計量証明検査済証印等）第3項参照．
4　正しい．法第119条（計量証明検査済証印等）第1項参照．
5　正しい．法第117条（指定計量証明検査機関）第1項参照．　　　　▶答1

問題4　【令和3年 問17】

計量法第118条第1項に規定する計量証明検査の合格条件に関する次の記述の（　ア　）～（　ウ　）に入る語句の組合せとして，正しいものを一つ選べ．
　第118条　計量証明検査を行った特定計量器が次の各号に適合するときは，合格とする．

346

一 （ ア ）（計量法第72条第2項の政令で定める特定計量器にあっては，有効期間を経過していないものに限る．）が付されていること．
二 その性能が経済産業省令で定める（ イ ）に適合すること．
三 その器差が経済産業省令で定める（ ウ ）を超えないこと．

	（ ア ）	（ イ ）	（ ウ ）
1	検定証印等	品質管理の基準	検定公差
2	計量証明検査済証印等	品質管理の基準	検定公差
3	検定証印等	技術上の基準	検定公差
4	検定証印等	技術上の基準	使用公差
5	計量証明検査済証印等	技術上の基準	使用公差

解説 （ア）「検定証印等」である．
（イ）「技術上の基準」である．
（ウ）「使用公差」である．
　法第118条（計量証明検査の合格条件）第1項第一号～第三号参照．　　　　　▶答4

問題5　　　　　　　　　　　　　　　　　　　　　　　【令和2年 問17】

計量証明検査に関する次の記述の中から，正しいものを一つ選べ．
1　適正計量管理事業所の指定を受けた計量証明事業者がその指定に係る事業所において計量証明に使用する特定計量器は，都道府県知事が行う計量証明検査を受けなければならない．
2　計量法第118条第1項に規定する計量証明検査の合格条件の一つとして，その構造が経済産業省令で定める技術上の基準に適合すること，がある．
3　計量証明検査の合格条件のうち，器差に関する条件に適合するかどうかは，経済産業省令で定める方法により，特定標準器又は特定標準物質を用いて定めなければならない．
4　計量証明検査済証印には，その計量証明検査を行った年月を表示するものとする．
5　都道府県知事は，計量証明検査を行った特定計量器が計量法第118条第1項各号に規定する計量証明検査の合格条件に適合するときは，経済産業省令で定めるところにより，その器差を記載した証明書をその特定計量器を使用する者に交付しなければならない．

解説　　1　誤り．適正計量管理事業所の指定を受けた計量証明事業者がその指定に係る事業所において計量証明に使用する特定計量器は，その計量士が検査するため，都道府県知事が行う計量証明検査を受ける必要がない．法第116条（計量証明検査）第1項

ただし書第二号および第2項参照.

2　誤り．法第118条（計量証明検査の合格条件）第1項に規定する計量証明検査の合格条件の一つとして，その性能が経済産業省令で定める技術上の基準に適合すること，がある．「構造」が誤り．法第118条（計量証明検査の合格条件）第1項第二号参照.

3　誤り．計量証明検査の合格条件のうち，器差に関する条件に適合するかどうかは，経済産業省令で定める方法により，標準器または標準物質を用いて定めなければならない．「特定標準器又は特定標準物質」が誤り．法第118条（計量証明検査の合格条件）第3項参照．なお，「特定標準器または特定標準物質」は国家計量標準で，これによって特定第2次標準等を経て「標準器または標準物質」が校正される．法第118条（計量証明検査の合格条件）第3項および第134条（特定標準器等の指定）参照.

4　正しい．法第119条（計量証明検査済証印等）第2項参照.

5　誤り．都道府県知事は，計量証明検査を行った特定計量器が法第118条（計量証明検査の合格条件）第1項各号に規定する計量証明検査の合格条件に適合するとき，経済産業省令で定めるところにより，その器差を記載した証明書をその特定計量器を使用する者に交付する定めはない．また合格したことの表示であるから，合格内容までも計量証明検査済証印に記載することはない．その計量証明検査を行った年月を表示するものである．法第119条（計量証明検査済証印等）参照.　　　　▶答4

問題6 　　　　　　　　　　　　　　　　　【令和元年 問17】✓✓✓

次の特定計量器のうち，計量証明事業者が計量法第116条の規定に基づき計量証明検査を受けなければならない特定計量器として政令で定めるものについて，誤っているものを一つ選べ.

1　非自動はかり　　2　皮革面積計　　3　騒音計

4　振動レベル計　　5　ガラス電極式水素イオン濃度検出器

解説　選択肢の中で，計量証明事業者が法第116条（計量証明検査）の規定に基づき計量証明検査を受けなければならない特定計量器として政令で定めるものについて，誤っているものは「ガラス電極式水素イオン濃度検出器」であり，除外されている．他の特定計量器は該当する.

令第29条（計量証明検査を行うべき期間）第1項および別表第5参照.　　　　▶答5

問題7 　　　　　　　　　　　　　　　【平成30年12月 問17】✓✓✓

計量証明検査及び指定計量証明検査機関に関する次の記述の中から，正しいものを一つ選べ.

1　計量証明事業者が計量証明に使用する特定計量器であって，特定計量器の種類に

応じて経済産業省令で定める計量士が，経済産業省令で定める方法により検査を行い，その計量証明事業者がその事業所の所在地を管轄する都道府県知事又は特定市町村の長にその旨を届け出たときは，当該特定計量器については，計量証明検査を受けることを要しない．

2　皮革面積計の計量法第116条第1項の政令で定める計量証明検査を受けるべき期間は，2年である．

3　騒音計の計量法第116条第1項第1号の政令で定める計量証明検査を受けることを要しない期間は，3年である．

4　指定計量証明検査機関は，計量証明検査を行う事業所の所在地を変更しようとするときは，変更しようとする日の2週間前までに，都道府県知事に届け出なければならない．

5　指定計量証明検査機関は，検査業務に関する規程を定め，都道府県知事又は特定市町村の長の認可を受けなければならない．

解説　1　誤り．計量証明事業者が計量証明に使用する特定計量器であって，特定計量器の種類に応じて経済産業省令で定める計量士が，経済産業省令で定める方法により検査を行い，その計量証明事業者がその事業所の所在地を管轄する都道府県知事にその旨を届け出たときは，当該特定計量器については，計量証明検査を受けることを要しない．「又は特定市町村の長」が誤り．法第120条（計量証明検査に代わる計量士による検査）第1項参照．

2　誤り．皮革面積計の法第116条（計量証明検査）第1項の政令で定める計量証明検査を受けるべき期間は，1年である．令第29条（計量証明検査を行うべき期間）第1項および別表第5第二号参照．

3　誤り．騒音計の法第116条（計量証明検査）第1項第一号の政令で定める計量証明検査を受けることを要しない期間は，6月である．令第29条（計量証明検査を行うべき期間）第1項および別表第5第三号参照．

4　正しい．法第121条（指定計量証明検査機関の指定等）第2項で準用する同第106条（指定検査機関）第2項参照．

5　誤り．指定計量証明検査機関は，検査業務に関する規程を定め，都道府県知事の認可を受けなければならない．「又は特定市町村の長」が誤り．法第121条（指定計量証明検査機関の指定等）第2項で準用する同第30条（業務規程）第1項参照．　　▶答 4

3.7 適正な計量管理

3.7.1 計量士

■問題1　　　　　　　　　　　　　　　　　【令和6年 問20】

計量法第122条に規定する計量士に関する次の記述の（ア）～（ウ）に入る語句の組合せとして，正しいものを一つ選べ．

第122条　経済産業大臣は，計量器の検査その他の（ア）を適確に行うために必要な知識経験を有する者を計量士として（イ）する．

2　次の各号の一に該当する者は，経済産業省令で定める計量士の区分（以下単に「計量士の区分」という．）ごとに，氏名，生年月日その他経済産業省令で定める事項について，前項の規定による（イ）を受けて，計量士となることができる．

一　計量士国家試験に合格し，かつ，計量士の区分に応じて経済産業省令で定める（ウ）その他の条件に適合する者

二　（略）

	（ア）	（イ）	（ウ）
1	計量管理	登録	実務の経験
2	適正な計量	認定	事業の経験
3	計量管理	認定	事業の経験
4	適正な計量	認定	実務の経験
5	計量管理	登録	事業の経験

解説　（ア）「計量管理」である．
（イ）「登録」である．
（ウ）「実務の経験」である．
　法第122条（登録）第1項，第2項本文および第一号参照．　　▶答 1

■問題2　　　　　　　　　　　　　　　　　【令和6年 問21】

計量法第123条に規定する計量士に関する次の記述の（ア）～（ウ）に入る語句の組合せとして，正しいものを一つ選べ．

第123条　経済産業大臣は，計量士が次の各号の一に該当するときは，その（ア）を取り消し，又は1年以内の期間を定めて，計量士の名称の使用の停止を命ずることができる．

一 この法律又はこの法律に基づく（　イ　）に違反したとき．

二 前号に規定する場合のほか，（　ウ　）の業務について不正の行為をしたとき．

三 不正の手段により第122条第1項の（　ア　）を受けたとき．

	（　ア　）	（　イ　）	（　ウ　）
1	認定	勧告	特定計量器の検査
2	登録	命令の規定	特定計量器の検査
3	認定	命令の規定	計量管理
4	登録	勧告	計量管理
5	登録	勧告	特定計量器の検査

解説　（ア）「登録」である．

（イ）「命令の規定」である．

（ウ）「特定計量器の検査」である．

　法第123条（登録の取消し等）本文および第一号～第三号参照．　　　　▶ 答 2

□ 問題3　　　　　　　　　　　　　　　　【令和5年 問20】

　計量法第122条第2項に規定する計量士の登録に関する次の記述の（　ア　）～（　ウ　）に入る語句の組合せとして，正しいものを一つ選べ．

　第122条　（略）

　2　次の各号の一に該当する者は，（　ア　）で定める計量士の区分（以下単に「計量士の区分」という．）ごとに，氏名，生年月日その他経済産業省令で定める事項について，前項の規定による登録を受けて，計量士となることができる．

　　一　計量士国家試験に合格し，かつ，計量士の区分に応じて経済産業省令で定める（　イ　）その他の条件に適合する者

　　二　国立研究開発法人産業技術総合研究所が行う第166条第1項の教習の課程を修了し，かつ，計量士の区分に応じて経済産業省令で定める（　イ　）その他の条件に適合する者であって，（　ウ　）が前号に掲げる者と同等以上の学識経験を有すると認めた者

	（　ア　）	（　イ　）	（　ウ　）
1	政令	実技の能力	計量行政審議会
2	経済産業省令	実務の経験	計量行政審議会
3	経済産業省令	実技の能力	経済産業大臣
4	政令	実務の経験	経済産業大臣
5	政令	実技の能力	経済産業大臣

3.7

適正な計量管理

解説 （ア）「経済産業省令」である．
（イ）「実務の経験」である．
（ウ）「計量行政審議会」である．
法第122条（登録）第2項参照．

問題4　【令和5年　問21】

計量士に関する次の記述の中から，誤っているものを一つ選べ．
1　経済産業大臣は，計量器の検査その他の計量管理を定期的に行うために必要な知識経験を有する者を計量士として認定する．
2　経済産業大臣は，計量士が計量法又は計量法に基づく命令の規定に違反したときは，その登録を取り消し，又は1年以内の期間を定めて，計量士の名称の使用の停止を命ずることができる．
3　不正の手段により計量士の登録を受けたために計量士の登録を取り消され，その取消しの日から1年を経過しない者は，計量士の登録を受けることができない．
4　計量士でない者は，計量士の名称を用いてはならない．
5　計量士国家試験は，計量士の区分ごとに，計量器の検査その他の計量管理に必要な知識及び技能について，毎年少なくとも1回経済産業大臣が行う．

解説　1　誤り．「定期的」が誤りで，正しくは「適確」である．法第122条（登録）第1項参照．
2　正しい．法第123条（登録の取消し等）本文および第一号参照．
3　正しい．法第122条（登録）第3項第二号および第123条（登録の取消し等）第三号参照．
4　正しい．法第124条（名称の使用制限）参照．
5　正しい．法第125条（計量士国家試験）参照．

問題5　【令和4年　問20】

計量法第122条に規定する計量士の登録に関する次の記述の（ ア ）〜（ オ ）に入る語句として，正しいものを1〜5の中から一つ選べ．
　第122条　経済産業大臣は，計量器の検査その他の計量管理を適確に行うために必要な（ ア ）を有する者を計量士として登録する．
　2　次の各号の一に該当する者は，（ イ ）で定める計量士の区分（以下単に「計量士の区分」という．）ごとに，氏名，生年月日その他経済産業省令で定める事項について，前項の規定による登録を受けて，計量士となることができる．
　一　（ ウ ）に合格し，かつ，計量士の区分に応じて経済産業省令で定める

（エ）その他の条件に適合する者
　二　国立研究開発法人産業技術総合研究所（以下「研究所」という．）が行う第166条第1項の教習の課程を修了し，かつ，計量士の区分に応じて経済産業省令で定める（エ）その他の条件に適合する者であって，（オ）が前号に掲げる者と同等以上の学識経験を有すると認めた者
1　（ア）技能
2　（イ）政令
3　（ウ）計量士資格認定試験
4　（エ）実務の経験
5　（オ）経済産業大臣

解説　（ア）誤り．正しくは「知識経験」である．
（イ）誤り．正しくは「経済産業省令」である．
（ウ）誤り．正しくは「計量士国家試験」である．
（エ）正しい．「実務の経験」である．
（オ）誤り．正しくは「計量行政審議会」である．
法第122条（登録）第1項および第2項参照．　　　　　▶答 4

問題6　【令和4年 問21】

計量士に関する次の記述の中から，誤っているものを一つ選べ．
1　計量士でない者は，計量士の名称を用いてはならない．
2　経済産業大臣は，計量士が不正の手段により計量法第122条第1項の登録を受けたとき，その登録を取り消し，又は2年以内の期間を定めて，計量士の業務の停止を命ずることができる．
3　計量士国家試験は，計量士の区分ごとに，計量器の検査その他の計量管理に必要な知識及び技能について，毎年少なくとも1回経済産業大臣が行う．
4　計量士登録簿は，経済産業省に備える．
5　計量士は，計量士登録証の記載事項に変更があったときは，遅滞なく，経済産業省令で定めるところにより，その住所又は勤務地を管轄する都道府県知事を経由して，経済産業大臣に申請し，計量士登録証の訂正を受けなければならない．

解説　1　正しい．法第124条（名称の使用禁止）参照．
2　誤り．経済産業大臣は，計量士が不正の手段により法第122条（登録）第1項の登録を受けたとき，その登録を取り消し，または1年以内の期間を定めて，計量士の業務の停止を命ずることができる．「2年以内」が誤り．法第123条（登録の取消し等）本文お

よび第三号参照．
3　正しい．法第125条（計量士国家試験）参照．
4　正しい．令第33条（計量士登録簿）参照．
5　正しい．令第35条（計量士登録証の訂正）参照．

■問題7　【令和3年 問20】

計量士に関する次のア～エの記述のうち，誤っているもののみを全て挙げている組合せを一つ選べ．

　ア　計量法第147条第1項の規定に基づき，経済産業大臣又は都道府県知事若しくは特定市町村の長は，計量法の施行に必要な限度において，計量士に対し，特定計量器の使用の状況に関し報告させることができる．

　イ　計量士が特定計量器の検査を行い計量法第25条第1項の規定を満たすときは，都道府県知事又は特定市町村の長が行う定期検査を受けることを要しない．

　ウ　計量士であれば，都道府県知事が行う特定計量器の検定を代わりに行うことができる．

　エ　計量士の登録を受けるためには，計量士国家試験に合格していること又は計量行政審議会の認定を受けていることが必要である．

1　ア，イ　　2　ア，ウ　　3　ア，エ　　4　イ，ウ　　5　イ，エ

解説　ア　誤り．「特定計量器の使用の状況」に関する報告は定められていない．法第147条（報告の徴収）第1項～第3項参照．
イ　正しい．法第25条（定期検査に代わる計量士による検査）第1項参照．
ウ　誤り．計量士は，都道府県知事が行う特定計量器の検定を代わりに行うことができる定めはない．法第5章「検定等」第1節「検定，変成器付電気計器検査及び装置検査」参照．
エ　正しい．法第122条（登録）第2項第一号および第二号参照．

■問題8　【令和3年 問21】

計量法第123条に規定する計量士の登録の取消し等に関する次の記述の（　ア　）～（　ウ　）に入る語句の組合せとして，正しいものを一つ選べ．

第123条　（　ア　）は，計量士が次の各号の一に該当するときは，その登録を取り消し，又は1年以内の期間を定めて，計量士の（　イ　）の停止を命ずることができる．

　一　この法律又はこの法律に基づく命令の規定に違反したとき．

　二　前号に規定する場合のほか，特定計量器の（　ウ　）の業務について不正の

行為をしたとき.

三　（略）

	（ ア ）	（ イ ）	（ ウ ）
1	経済産業大臣	業務	検査
2	経済産業大臣又は都道府県知事	業務	校正
3	経済産業大臣	名称の使用	検査
4	経済産業大臣	名称の使用	校正
5	経済産業大臣又は都道府県知事	名称の使用	検査

解説　（ア）「経済産業大臣」である.

（イ）「名称の使用」である.

（ウ）「検査」である.

法第123条（登録の取消し等）本文，第一号および第二号参照.　　▶答 3

問題9　　　　　　　　　　　　　　【令和2年 問20】

計量法第122条に規定する計量士の登録に関する次の記述の（　ア　）～（　ウ　）に入る語句の組合せとして，正しいものを一つ選べ.

第122条　経済産業大臣は，計量器の（　ア　）その他の計量管理を適確に行うために必要な知識経験を有する者を計量士として登録する.

2　次の各号の一に該当する者は，経済産業省令で定める計量士の区分（以下単に「計量士の区分」という.）ごとに，氏名，生年月日その他経済産業省令で定める事項について，前項の規定による登録を受けて，計量士となることができる.

一　（　イ　），かつ，計量士の区分に応じて経済産業省令で定める実務の経験その他の（　ウ　）に適合する者

	（ ア ）	（ イ ）	（ ウ ）
1	検査	国立研究開発法人産業技術総合研究所が行う計量法第166条第1項の教習の課程を修了し	基準
2	校正	計量士国家試験に合格し	条件
3	検査	計量士国家試験に合格し	基準
4	校正	国立研究開発法人産業技術総合研究所が行う計量法第166条第1項の教習の課程を修了し	条件
5	検査	計量士国家試験に合格し	条件

解説　ア「検査」である.

3.7 適正な計量管理

イ 「計量士国家試験に合格し」である．
ウ 「条件」である．
法第122条（登録）第1項および第2項第一号参照． ▶答 5

問題10 【令和2年 問21】

計量士に関する次の記述の中から，正しいものを一つ選べ．
1　経済産業省令で定める計量士の区分は，二つである．
2　計量士登録証に記載すべき事項として政令で定めるものは，氏名，住所その他経済産業省令で定めるもの，である．
3　計量士資格認定証（計量法施行令第30条第2項の規定により交付を受けたもの）を失ったときは，経済産業省令で定めるところにより，その住所又は勤務地を管轄する都道府県知事を経由して，経済産業大臣に申請し，計量士資格認定証の再交付を受けることができる．
4　計量士登録証の交付を受けた者は，その登録が取り消されたときは，遅滞なく，その住所又は勤務地を管轄する都道府県知事に返納しなければならない．
5　計量士の登録を受けようとする者は，経済産業省令で定めるところにより，その住所又は勤務地を管轄する都道府県知事を経由して，経済産業大臣に登録の申請をしなければならない．

解説　1　誤り．経済産業省令で定める計量士の区分は，濃度関係，騒音・振動関係，一般計量士の三つである．則第50条（計量士の区分）参照．
2　誤り．計量士登録証に記載すべき事項として政令で定めるものは，氏名，生年月日その他経済産業省令で定めるもの，である．「住所」は省かれている．法第122条（登録）第2項および則第51条（登録の条件）参照．
3　誤り．計量士資格認定証（令第30条（計量行政審議会の認定）第2項の規定により交付を受けたもの）を失ったときは，経済産業省令で定めるところにより，その住所または勤務地を管轄する都道府県知事を経由して，審議会に申請し，計量士資格認定証の再交付を受けることができる．「経済産業大臣」が誤り．令第31条（計量士資格認定証の再交付）参照．
4　誤り．計量士登録証の交付を受けた者は，その登録が取り消されたときは，遅滞なく，その住所または勤務地を管轄する都道府県知事を経由して，経済産業大臣に返納しなければならない．「都道府県知事」が誤り．返納先は経済産業大臣である．令第37条（計量士登録証の返納）参照．
5　正しい．令第32条（登録の申請）第1項参照． ▶答 5

■問題11　　　　　　　　　　　　　　　　　　　　　　【令和元年 問20】
　計量士に関する次のア～エの記述のうち，正しいものの組合せを一つ選べ．
　ア　計量士の登録を受けようとする者は，計量士国家試験に合格し，かつ計量行政審議会の認定を受けなければならない．
　イ　一般計量士の区分の計量士国家試験の合格者は，経済産業省令で定める実務の経験がないと計量士の登録を受けることができない．
　ウ　経済産業大臣又は都道府県知事若しくは特定市町村の長は，計量法の施行に必要な限度において，計量士に対し，特定計量器の検査の業務の状況について報告させることができる．
　エ　計量士の登録は，政令で定める期間ごとにその更新を受けなければ，その期間の経過によって，その効力を失う．
1　ア，イ　　2　ア，ウ　　3　イ，ウ　　4　イ，エ　　5　ウ，エ

解説　ア　誤り．計量士の登録を受けようとする者は，計量士国家試験に合格し，かつ，計量士の区分に応じて経済産業省令で定める実務の経験その他の条件に適合する者でなければならない．「計量行政審議会の認定を受けなければならない」が誤り．法第122条（登録）第2項第一号参照．
イ　正しい．同上参照．
ウ　正しい．法第147条（報告の聴取）第1項参照．
エ　誤り．計量士の登録について，更新の定めはない．法第122条（登録）～第126条（政令及び省令への委任）参照．
▶答 3

■問題12　　　　　　　　　　　　　　　　　　　　　　【令和元年 問21】
　計量士に関する次の記述の中から，誤っているものを一つ選べ．
1　経済産業大臣は，計量士が特定計量器の検査の業務について不正の行為をしたときは，その登録を取り消し，又は1年以内の期間を定めて，計量士の名称の使用の停止を命ずることができる．
2　計量士は，計量士登録証の記載事項に変更があったときは，遅滞なく，経済産業省令で定めるところにより，その住所又は勤務地を管轄する都道府県知事を経由して，経済産業大臣に申請し，計量士登録証の訂正を受けなければならない．
3　国立研究開発法人産業技術総合研究所が行う計量法第166条第1項の教習の課程を修了した者は，経済産業省令で定める実務の経験その他の条件に適合する者であって，経済産業大臣が計量士国家試験の合格者と同等以上の学識経験を有すると認めれば，計量士の登録を受けることができる．
4　計量士登録証の交付を受けた者は，その登録が取り消されたときは，遅滞なく，

その住所又は勤務地を管轄する都道府県知事を経由して，当該計量士登録証を経済産業大臣に返納しなければならない．

5　計量法又は計量法に基づく命令の規定に違反して，罰金以上の刑に処せられ，その執行を終わり，又は執行を受けることがなくなった日から1年を経過しない者は，計量士として登録を受けることができない．

解説　1　正しい．法第123条（登録の取消し等）本文および第二号参照．

2　正しい．令第35条（計量士登録証の訂正）参照．

3　誤り．国立研究開発法人産業技術総合研究所が行う法第166条（計量に関する教習）第1項の教習の課程を修了した者は，経済産業省令で定める実務の経験その他の条件に適合する者であって，計量行政審議会が計量士国家試験の合格者と同等以上の学識経験を有すると認めれば，計量士の登録を受けることができる．「経済産業大臣」が誤り．法第122条（登録）第2項第二号参照．

4　正しい．令第37条（計量士登録証の返納）本文および第一号参照．

5　正しい．法第122条（登録）第3項第一号参照．　　　　　　　　　　　　　▶答3

問題13　　　　　　　　　　　　　　　　　　　　【平成30年12月 問20】　✓ ✓ ✓

計量法第122条に規定する計量士の登録に関する次の記述の（　ア　）～（　ウ　）に入る語句の組合せとして，正しいものを一つ選べ．

第122条　経済産業大臣は，計量器の検査その他の（　ア　）を適確に行うために必要な（　イ　）を有する者を計量士として登録する．

2　次の各号の一に該当する者は，経済産業省令で定める計量士の区分（以下単に「計量士の区分」という．）ごとに，氏名，生年月日その他経済産業省令で定める事項について，前項の規定による登録を受けて，計量士となることができる．

一　計量士国家試験に合格し，かつ，計量士の区分に応じて経済産業省令で定める（　ウ　）その他の条件に適合する者

	（　ア　）	（　イ　）	（　ウ　）
1	計量管理	学識経験	実務の経験
2	品質管理	知識経験	学識経験
3	計量管理	知識経験	実務の経験
4	品質管理	実務の経験	知識経験
5	正確な計量	知識経験	実務の経験

解説　（ア）「計量管理」である．

（イ）「知識経験」である．

(ウ)「実務の経験」である．
法第122条（登録）第1項および第2項第一号参照． ▶答 3

問題14　【平成30年12月 問21】

計量士に関する次の記述の中から，正しいものを一つ選べ．
1　計量士国家試験に合格した者は，自動的に計量士の名称を用いることができる．
2　経済産業大臣は計量士の登録をしたときであっても，必ずしも計量士登録証を交付する必要はない．
3　計量士は，計量士登録証を汚し，損じ，又は失ったときは，経済産業省令で定めるところにより，その住所又は勤務地を管轄する都道府県知事を経由して，経済産業大臣に申請し，計量士登録証の再交付を受けることができる．
4　計量士登録簿は，経済産業省及び都道府県に備える．
5　計量士登録証の再交付を受けた者は，失った計量士登録証を発見したときは，遅滞なく，その発見した計量士登録証を経済産業大臣に直接返納しなければならない．

解説　1　誤り．計量士国家試験に合格した者は，自動的に計量士の名称を用いることはできず，計量士の区分に応じて経済産業省令で定める実務の経験その他の条件に適合する者が，登録を受けて計量士の名称を用いることができる．法第122条（登録）第2項本文参照．
2　誤り．経済産業大臣は計量士の登録をしたときは，計量士登録証を交付する．令第34条（計量士登録証の交付）第1項参照．
3　正しい．令第36条（計量士登録証の再交付）参照．
4　誤り．計量士登録簿は，経済産業省に備える．令第33条（計量士登録簿）参照．
5　誤り．計量士登録証の再交付を受けた者は，失った計量士登録証を発見したときは，遅滞なく，その住所または勤務地を管轄する都道府県知事を経由して，経済産業大臣に返納しなければならない．令第37条（計量士登録証の返納）前文および第二号参照．
▶答 3

3.7.2　適正計量管理事業所

問題1　【令和6年 問22】

適正計量管理事業所に関する次の記述のうち，誤っているものを一つ選べ．
1　適正計量管理事業所の指定の申請書の記載事項の一つとして，使用する特定計量器の検査を行う計量士の氏名，登録番号及び計量士の区分がある．

2 　適正計量管理事業所の指定の申請をした者は，遅滞なく，当該事業所における計量管理の方法について，経済産業大臣が行う検査を受けなければならない．
3 　適正計量管理事業所の指定を受けた者は，経済産業省令で定めるところにより，帳簿を備え，当該事業所において使用する特定計量器について計量士が行った検査の結果を記載し，これを保存しなければならない．
4 　都道府県知事は，適正計量管理事業所の指定を受けた者（国の事業所以外の事業所に限る．）が，計量管理の方法が経済産業省令で定める基準に適合しなくなったときは，その者に対し，これらの基準に適合するために必要な措置をとるべきことを命ずることができる．
5 　適正計量管理事業所の指定を受けた者は，当該事業所において，経済産業省令で定める様式の標識を掲げることができる．

解説　1　正しい．法第127条（指定）第2項第四号参照．
2　誤り．「経済産業大臣」が誤りで，正しくは「当該都道府県知事または特定市町村の長」である．法第127条（指定）第3項参照．
3　正しい．法第129条（帳簿の記載）参照．
4　正しい．法第131条（適合命令）参照．
5　正しい．法第130条（標識）第1項参照．　　　　　　　　　　　　▶ 答 2

■**問題2**　　　　　　　　　　　　　　　　　　　　　　　【令和5年 問22】
適正計量管理事業所に関する次の記述の中から，正しいものを一つ選べ．
1 　都道府県知事又は特定市町村の長は，適正計量管理事業所の指定の申請をした者が当該事業所で行う計量管理の方法について，必要があると認めるときは，その計量管理の方法を変更すべきことを命ずることができる．
2 　経済産業大臣は，適正計量管理事業所の指定を受けた者が当該事業所で行う計量管理の方法について，経済産業省令で定める基準に適合しなくなったと認めるときは，その指定を取り消すことができる．
3 　適正計量管理事業所の指定を受けた者は，当該適正計量管理事業所において，経済産業省令で定める様式の標識を掲げなければならない．
4 　適正計量管理事業所の指定を受けた者は，帳簿を備え，当該適正計量管理事業所において使用する特定計量器について計量士が行った検査の結果を記載し，これを保存しなければならない．
5 　適正計量管理事業所の指定を受けた者が，計量士の氏名，登録番号及び計量士の区分の変更を届け出なかった場合，経済産業大臣は適合するために心要な措置を取らなければならない．

[解説] 1　誤り．「計量管理の方法を変更するべきことを命ずることができる」ことは，定められていない．法第131条（適合命令）参照．
2　誤り．このような定めはない．法第132条（指定の取消し）第一号～第三号参照．
3　誤り．「掲げなければならない」が誤りで，正しくは「掲げることができる」である．法第130条（標識）第1項参照．
4　正しい．法第129条（帳簿の記載）参照．
5　誤り．適正計量管理事業所の指定を受けた者が，計量士の指名，登録番号および計量士の区分の変更を届け出なかった場合，20万円以下の過料に処せられる．法第133条（準用）において，第62条（変更の届出等）第1項中「第59条各号」とあるのを「第127条第2項各号」と読み替えるので，その変更（計量士の氏名，登録番号および計量士の区分）の届出を怠ると，第178条（罰則）による罰則が科せられる．　▶答 4

■ 問題3　【令和4年 問22】

計量法第128条の適正計量管理事業所の指定の基準に関する次の記述の（ ア ）～（ ウ ）に入る語句の組合せとして，正しいものを一つ選べ．

第128条　経済産業大臣は，前条第1項の指定の申請が次の各号に適合すると認められるときは，その指定をしなければならない．
一　（ ア ）の種類に応じて経済産業省令で定める計量士が，当該事業所で使用する（ ア ）について，経済産業省令で定めるところにより，（ イ ）行うものであること．
二　その他（ ウ ）が経済産業省令で定める基準に適合すること．

	（ア）	（イ）	（ウ）
1	特定計量器	計画的に検定を	計量管理の方法
2	基準器	検査を定期的に	計量管理の方法
3	特定計量器	検査を定期的に	計量管理の方法
4	基準器	基準器検査を	品質管理の方法
5	特定計量器	計画的に検定を	品質管理の方法

[解説]　（ア）「特定計量器」である．
（イ）「検査を定期的に」である．
（ウ）「計量管理の方法」である．
法第128条（指定の基準）本文，第一号および第二号参照．　▶答 3

■ 問題4　【令和3年 問22】

適正計量管理事業所に関する次の記述の中から，誤っているものを一つ選べ．

1 適正計量管理事業所の指定を受けた者は，当該適正計量管理事業所において，経済産業省令で定める様式の標識を掲げることができる．
2 適正計量管理事業所の指定を受けた者は，経済産業省令で定めるところにより，帳簿を備え，当該適正計量管理事業所において使用する特定計量器について計量士が行った検査の結果を記載し，これを保存しなければならない．
3 経済産業大臣は，適正計量管理事業所の指定を受けた者が計量法第128条に規定する指定の基準に適合しなくなったと認めるときは，その者に対し，その指定を取り消すことができる．
4 適正計量管理事業所の指定の申請をした者は，遅滞なく，当該事業所における計量管理の方法について，当該都道府県知事又は特定市町村の長が行う検査を受けなければならない．
5 適正計量管理事業所の指定を受けるための申請書に記載することが必要な事項として，使用する特定計量器の検査を行う計量士の氏名，登録番号及び計量士の区分，がある．

解説 1 正しい．法第130条（標識）第1項参照．
2 正しい．法第129条（帳簿の記載）参照．
3 誤り．その指定を取り消すことはできず，適合しなくなった規定に適合するために必要な措置をとるべきことを命ずることができるだけである．法第131条（適合命令）参照．
4 正しい．法第127条（指定）第3項参照．
5 正しい．同上第2項第四号参照． ▶答 3

■ **問題5** 【令和2年 問22】

適正計量管理事業所に関する次の記述の中から，正しいものを一つ選べ．
1 適正計量管理事業所の指定を受けるための申請書に記載することが必要な事項の一つとして，経済産業省令で定める条件に適合する知識経験を有する者の氏名及びその職務の内容，がある．
2 適正計量管理事業所の指定の申請をした者は，遅滞なく，当該事業所における計量管理の方法について，国の事業所にあっては経済産業大臣，その他の事業所にあっては当該事業所を管轄する都道府県知事が行う検査を受けなければならない．
3 適正計量管理事業所の指定の基準の一つとして，特定計量器の種類に応じて経済産業省令で定める計量士が，当該事業所で使用する特定計量器について，経済産業省令で定めるところにより，検査を定期的に行うものであること，がある．
4 経済産業大臣は，適正計量管理事業所の指定を受けた者が，不正の手段によりそ

の指定を受けたときは，その指定を取り消し，又は1年以内の期間を定めて，その事業の停止を命ずることができる．

5　適正計量管理事業所の指定を受けた者は，指定を受けた事業所の所在地を変更しようとするときは，変更しようとする日の2週間前までに，経済産業大臣に届け出なければならない．

解説　1　誤り．適正計量管理事業所の指定を受けるための申請書に記載することが必要な事項に「経済産業省令で定める条件に適合する知識経験を有する者の氏名及びその職務の内容」は定められていない．法第127条（指定）第2項第一号〜第五号参照．

2　誤り．適正計量管理事業所の指定の申請をした者は，遅滞なく，当該事業所における計量管理の方法について，当該都道府県知事または指定市町村の長が行う検査を受けなければならない．同上第3項参照．

3　正しい．法第128条（指定の基準）第一号参照．

4　誤り．経済産業大臣は，適正計量管理事業所の指定を受けた者が，不正の手段によりその指定を受けたときは，その指定を取り消すことができる．「1年以内の期間を定めて，その事業の停止を命ずることができる」定めはない．法第132条（指定の取消し）本文および第四号参照．

5　誤り．適正計量管理事業所の指定を受けた者は，指定を受けた事業所の所在地を変更したときは，遅滞なく，経済産業大臣に届け出なければならない．法第133条（準用）で準用する同第62条（変更の届出等）第1項参照．　　　　　　　　▶ 答 3

問題6　　　　　　　　　　　　　　　　　　【令和元年 問22】

適正計量管理事業所に関する次の記述の中から，誤っているものを一つ選べ．

1　適正計量管理事業所の指定を受けた計量証明事業者がその指定に係る事業所において使用する特定計量器は，都道府県知事が行う計量証明検査を受けることを要しない．

2　適正計量管理事業所の指定を受けた者がその指定に係る事業所において使用する特定計量器について，計量法第49条第1項ただし書の経済産業省令で定める修理をした場合において，その修理をした特定計量器の性能が経済産業省令で定める技術上の基準に適合し，かつ，その器差が経済産業省令で定める使用公差を超えないときは，その特定計量器の検定証印等を除去しなくてもよい．

3　適正計量管理事業所の指定を受けた者は，当該適正計量管理事業所において，経済産業省令で定める様式の標識を掲げることができる．

4　経済産業大臣は，特定計量器を使用する事業所であって，適正な計量管理を行うものについて，適正計量管理事業所の指定を行う．

363

5 適正計量管理事業所の指定を受けた者がその指定に係る事業所において計量証明の事業を行う場合は，計量証明事業の登録を受けることを要しない．

解説 1 正しい．法第116条（計量証明検査）第1項第二号参照．
2 正しい．法第49条（検定証印等の除去）第1項ただし書参照．
3 正しい．法第130条（標識）第1項参照．
4 正しい．法第127条（指定）第1項参照．
5 誤り．適正計量管理事業所の指定を受けた者であっても，その指定に係る事業所において計量証明の事業を行う場合は，計量証明事業の登録を受けることを要する．「適正計量管理事業所の指定」と「計量証明事業」とは直接関係がないので，計量証明事業を行うためには登録が必要である．法第107条（計量証明事業の登録）本文および第127条（指定）第1項参照． ▶答5

■ **問題7** 【平成30年12月 問22】

適正計量管理事業所に関する次の記述の中から，誤っているものを一つ選べ．

1 適正計量管理事業所の指定を受けた者がその指定に係る事業所において使用する特定計量器は，都道府県知事又は特定市町村の長が行う定期検査を受けることを要しない．
2 適正計量管理事業所の指定を受けた者は，経済産業省令で定めるところにより，帳簿を備え，当該適正計量管理事業所において使用する特定計量器について計量士が行った検査の結果を記載し，これを保存しなければならない．
3 適正計量管理事業所の指定の基準の一つとして，特定計量器の種類に応じて経済産業省令で定める計量士が，当該事業所で使用する特定計量器について，経済産業省令で定めるところにより，検査を定期的に行うものであること，がある．
4 経済産業大臣は，適正計量管理事業所の指定を受けた者が計量法第128条に規定する指定の基準に適合しなくなったと認めるときは，その者に対し，これらの規定に適合するために必要な措置をとるべきことを命ずることができる．
5 適正計量管理事業所の指定を受けるための申請書に記載することが必要な事項の一つとして，品質管理の方法に関する事項（経済産業省令で定めるものに限る．），がある．

解説 1 正しい．法第19条（定期検査）第1項第二号参照．
2 正しい．法第129条（帳簿の記載）参照．
3 正しい．法第128条（指定の基準）第一号参照．
4 正しい．法第131条（適合命令）参照．

364

5　誤り．「品質管理」が誤りで，正しくは「計量管理」である．法第127条（指定）第2項第五号参照．　▶答 5

3.8　計量器の校正

3.8.1　特定標準器等による校正（それ以外も含む）

■問題1　【令和6年 問23】

計量器の校正等に関する次の記述のうち，正しいものを一つ選べ．
1　特定標準器とは，計量器の標準となる計量単位を現示する計量器として経済産業大臣が指定したものをいう．
2　特定標準器を用いて行う計量器の校正は，経済産業大臣，日本電気計器検定所，指定校正機関又は計量器の校正等の事業を行う者が行う．
3　計量法において「標準物質の値付け」とは，その標準物質に付された物象の状態の量の値を，その物象の状態の量と特定標準物質が現示する計量器の標準となる特定の物象の状態の量との差を測定して，改めることをいう．
4　計量器の校正等の事業を行う者は，校正を行う計量器の表示する物象の状態の量又は値付けを行う標準物質に付された物象の状態の量ごとに，都道府県知事に申請して，登録を受けることができる．
5　計量器の校正等の事業を行う者の登録は，2年ごとにその更新を受けなければ，その期間の経過によって，その効力を失う．

解説　1　誤り．「計量単位」が誤りで，正しくは「特定の物象の状態の量」である．法第134条（特定標準器等の指定）第1項および第2項参照．
2　誤り．「又は計量器の校正等の事業を行う者」が誤りで，正しくは誤りの部分を削除したものである．法第135条（特定標準器による校正等）第1項参照．
3　正しい．法第2条（定義等）第8項参照．
4　誤り．「都道府県知事」が誤りで，正しくは「経済産業大臣」である．法第143条（登録）第1項参照．
5　誤り．「2年」が誤りで，正しくは「4年」である．法第144条の2（登録の更新）および令第38条の2（校正等の事業を行う者の登録の有効期間）参照．　▶答 3

問題2 【令和5年 問23】

特定標準器による校正等を行う指定校正機関に関する次の記述の中から，誤っているものを一つ選べ．
1 指定校正機関は，経済産業大臣が指定する．
2 指定校正機関は，特定標準器による校正等を行ったときは，経済産業省令で定める事項を記載し，経済産業省令で定める標章を付した証明書を交付するものとする．
3 指定校正機関は，特定標準器による校正等を行うことを求められたときは，正当な理由がある場合を除き，特定標準器による校正等を行わなければならない．
4 指定校正機関の指定の基準には，計量士として登録された者を置く規定はない．
5 指定校正機関が特定標準器による校正等を行う場合に徴収する手数料は，指定校正機関ごとに設けられた手数料規定により定められ，経済産業大臣の認可は不要である．

解説　1 正しい．法第135条（特定標準器による校正等）第1項参照．
2 正しい．法第136条（証明書の交付等）第1項参照．
3 正しい．法第137条（特定標準器による校正等の義務）参照．
4 正しい．法第140条（指定の基準）参照．
5 誤り．経済産業大臣の認可が必要である．第158条（手数料）第2項参照． ▶答 5

問題3 【令和4年 問23】

計量法第134条第1項に規定する特定標準器等に関する次の記述の（ ア ）〜（ ウ ）に入る語句の組合せとして，正しいものを一つ選べ．

第134条 （ ア ）は，計量器の標準となる特定の物象の状態の量を（ イ ）する計量器又はこれを（ イ ）する標準物質を製造するための器具，機械若しくは装置を（ ウ ）するものとする．

	（ア）	（イ）	（ウ）
1	経済産業大臣	現示	校正
2	経済産業大臣	表示	校正
3	経済産業大臣	現示	指定
4	指定校正機関	表示	指定
5	指定校正機関	現示	校正

解説　（ア）「経済産業大臣」である．
（イ）「現示」である．
（ウ）「指定」である．

法第134条（特定標準器等の指定）第1項参照． ▶答 3

問題 4 【令和4年 問24】

計量法第143条第1項で定める計量器の校正等（特定標準器以外の計量器による校正等）の事業を行う者の登録の有効期間として，正しいものを一つ選べ．
1　1年
2　2年
3　3年
4　4年
5　有効期間はない

解説　法第143条（登録）第1項で定める計量器の校正等（特定標準器以外の計量器による校正等）の事業を行う者の登録の有効期間は4年である．
法第144条の2（登録の更新）第1項および令第38条の2（校正等の事業を行う者の登録の有効期間）参照． ▶答 4

問題 5 【令和3年 問24】

計量器の校正に関する次の記述の（　ア　）～（　ウ　）に入る語句の組合せとして，正しいものを一つ選べ．

計量法において，「計量器の校正」とは，その計量器の表示する物象の状態の量と計量法第134条第1項の規定による指定に係る計量器が（　ア　）する計量器の（　イ　）となる特定の物象の状態の量との差を（　ウ　）ことをいう．

	（ア）	（イ）	（ウ）
1	現示	標準	測定する
2	現示	基準	測定する
3	現示	標準	改める
4	表示	基準	改める
5	表示	標準	改める

解説　（ア）「現示」である．
（イ）「標準」である．
（ウ）「測定する」である．
法第2条（定義等）第7項参照． ▶答 1

問題6　【令和2年 問23】

計量法第143条第2項に規定する計量器の校正等の事業を行う者の登録の適合要件の一つに関する次の記述の（　ア　）～（　ウ　）に入る語句の組合せとして，正しいものを一つ選べ．

国際標準化機構及び（　ア　）が定めた（　イ　）を行う機関に関する（　ウ　）に適合するものであること．

	（ア）	（イ）	（ウ）
1	国際度量衡委員会	校正	基準
2	国際電気標準会議	校正	基準
3	国際度量衡委員会	検査	基準
4	国際電気標準会議	検査	試験
5	国際度量衡委員会	校正	試験

解説　（ア）「国際電気標準会議」である．
（イ）「校正」である．
（ウ）「基準」である．
法第143条（登録）第2項第二号参照． ▶ 答 2

問題7　【令和2年 問24】

計量法第8章第2節の特定標準器以外の計量器による校正等に関する次の記述の中から，誤っているものを一つ選べ．

1. 計量器の校正等の事業を行う者は，校正を行う計量器の表示する物象の状態の量又は値付けを行う標準物質に付された物象の状態の量ごとに，経済産業大臣に申請して，計量法第143条の登録を受けなければならない．
2. 登録を受けた計量器の校正等の事業を行う者（以下この問において「登録事業者」という．）は，特定標準器による校正をされた計量器を用いて計量器の校正を行ったときは，経済産業省令で定める事項を記載し，経済産業省令で定める標章を付した証明書（以下この問において「JCSS証明書」という．）を交付することができる．
3. 登録事業者が自ら販売し，又は貸し渡す計量器について計量の校正を行う者である場合にあっては，その登録事業者は，JCSS証明書を付して計量器を販売し，又は貸し渡すことができる．
4. 登録事業者ではない計量器の校正等の事業を行う者は，計量器の校正等に係る証明書に，計量法第144条第1項の経済産業省令で定める標章又はこれと紛らわしい標章を付してはならない．

5 計量器の校正等の事業を行う者の登録は，3年を下らない政令で定める期間ごとにその更新を受けなければ，その期間の経過によって，その効力を失う．

解説 1 誤り．計量器の校正等の事業を行う者は，校正を行う計量器の表示する物象の状態の量または値付けを行う標準物質に付された物象の状態の量ごとに，経済産業大臣に申請して，法第143条（登録）の登録を受けることができる．「受けなければならない」が誤り．法第143条（登録）第1項参照．
2 正しい．法第144条（証明書の交付）第1項参照．
3 正しい．同上第2項参照．
4 正しい．同上第3項参照．
5 正しい．法第144条の2（登録の更新）第1項参照．

問題 8　【令和元年 問23】

特定標準器及び計量法第135条第1項に規定する特定標準器による校正等に関する次の記述の中から，誤っているものを一つ選べ．
1 経済産業大臣は，計量器の標準となる特定の物象の状態の量を現示する計量器又はこれを現示する標準物質を製造するための器具，機械若しくは装置を指定する．
2 日本電気計器検定所は，特定標準器による校正等を行うことはできない．
3 指定校正機関は，特定標準器による校正等を行ったときは，経済産業省令で定める事項を記載し，経済産業省令で定める標章を付した証明書を交付する．
4 指定校正機関は，特定標準器による校正等を行うことを求められたときは，正当な理由がある場合を除き，特定標準器による校正等を行わなければならない．
5 指定校正機関の指定は，経済産業省令で定めるところにより，特定標準器による校正等を行おうとする者の申請により，その業務の範囲を限って行う．

解説 1 正しい．法第134条（特定標準器等の指定）第1項参照．
2 誤り．日本電気計器検定所は，特定標準器による校正等を行うことができる．法第135条（特定標準器による校正等）第1項参照．
3 正しい．なお，指定校正機関だけではなく，経済産業大臣や日本電気計器検定所も，標章を付した証明書を交付する．法第136条（証明書の交付等）第1項参照．
4 正しい．法第137条（特定標準器等による校正等の義務）参照．
5 正しい．法第138条（指定の申請）参照．

問題 9　【平成30年12月 問23】

計量法第134条第1項に規定する特定標準器等に関する次の記述の（ ア ）〜

（ウ）に入る語句の組合せとして，正しいものを一つ選べ．

第134条（ア）は，計量器の標準となる特定の物象の状態の量を現示する計量器又はこれを現示する標準物質を（イ）するための器具，機械若しくは装置を（ウ）するものとする．

	（ア）	（イ）	（ウ）
1	経済産業大臣	計量	指定
2	経済産業大臣	計量	校正
3	経済産業大臣	製造	指定
4	指定校正機関	計量	校正
5	指定校正機関	製造	指定

解説 （ア）「経済産業大臣」である．
（イ）「製造」である．
（ウ）「指定」である．
法第134条（特定標準器等の指定）第1項参照． ▶答 3

3.8.2 登録および登録事業者

■問題1 【令和5年 問24】

計量法第143条第2項第1号に規定する計量器の校正等の事業を行う者の適合要件の一つに関する次の記述の（ア）～（ウ）に入る語句の組合せとして，正しいものを一つ選べ．

（ア）による校正等をされた計量器若しくは（イ）又はこれらの計量器若しくは（イ）に（ウ）して段階的に計量器の校正等をされた計量器若しくは（イ）を用いて計量器の校正等を行うものであること．

	（ア）	（イ）	（ウ）
1	特定標準器	特定標準物質	連続
2	特定計量器	標準物質	連鎖
3	特定標準器	標準物質	連鎖
4	特定計量器	標準物質	連続
5	特定標準器	特定標準物質	連鎖

解説 （ア）「特定標準器」である．

(イ)「標準物質」である.
(ウ)「連鎖」である.
　法第143条（登録）第2項第一号参照.　　　　　　　　　　　　▶答 3

問題2　【令和元年 問24】

　計量法第143条第1項で定める計量器の校正等の事業を行う者の，登録の有効期間として，正しいものを一つ選べ.
1　2年　　2　3年　　3　4年　　4　5年　　5　有効期間はない

解説　法第143条（登録）第1項で定める計量器の校正等の事業を行う者の，登録の有効期間は，4年である.
　令第38条の2（校正等の事業を行う者の登録の有効期間）参照.　　　　▶答 3

問題3　【平成30年12月 問24】

　経済産業大臣が計量器の校正等の事業を行う者を登録するにあたり，当該登録の申請が適合すべき要件として計量法第143条第2項に二つの要件が規定されているが，次のア〜オのうち，その要件として正しいものの組合せを一つ選べ.
　ア　特定標準器による校正等をされた計量器若しくは標準物質又はこれらの計量器若しくは標準物質に連鎖して段階的に計量器の校正等をされた計量器若しくは標準物質を用いて計量器の校正等を行うものであること.
　イ　国際標準化機構が定めた品質マネジメントシステムに関する基準に適合するものであること.
　ウ　国際標準化機構及び国際電気標準会議が定めた校正を行う機関に関する基準に適合するものであること.
　エ　計量器の校正等に使用する特定標準器その他の器具，機械又は装置が経済産業省令で定める基準に適合するものであること.
　オ　計量器の校正等が不公正になるおそれがないものとして，経済産業省令で定める基準に適合するものであること.
1　ア，ウ　　2　ア，エ　　3　イ，エ　　4　イ，オ　　5　ウ，オ

解説　ア　正しい．法第143条（登録）第2項第一号参照.
　イ　誤り．このような定めはない.
　ウ　正しい．法第143条（登録）第2項第二号参照.
　エ　誤り．このような定めはない.
　オ　誤り．このような定めはない.　　　　　　　　　　　　　　▶答 1

3.8 計量器の校正

3.8.3 標章

■問題1 【令和6年 問24】

計量法第143条第1項の登録を受けた計量器の校正等の事業を行う者は，同法第144条第1項の規定により，計量器の校正等を行ったときは，経済産業省令で定める標章を付した証明書を交付することができるとされているが，この証明書に用いる標章を，次のうちから一つ選べ．

1 　2 　3

4 JCSS　5 jCSS

解説　1　該当しない．この標章は，検定証印である．法第72条（検定証印）第1項および特定計量器検定検査規則第23条（検定証印）第1項参照．
2　該当しない．JNLAとは，Japan National Laboratory Accreditation systemの略称であり，1997（平成9）年9月より工業標準化法（JIS法）に基づく試験所認定制度として運営され，2004（平成16）年10月1日より新たにJIS法に基づく試験事業者登録制度として運用が始まったものである．
3　該当しない．MLAP（エムラップ）とは，特定計量証明事業者認定制度（Specified Measurement Laboratory Accreditation Program）の略称であり，ダイオキシン類などの極微量物質の計量証明の信頼性の向上を図るため，2001（平成13）年6月の計量法の改正により導入された認定制度である．法第121条の3（証明書の交付）第1項および則第49条の7（計量証明書）第2項参照．
4　該当する．JCSSとは，Japan Calibration Service Systemの略称であり，この標章は，事業登録（計量器の校正等を行う者の登録）を受けた事業者が交付する証明書に付記する標章である．法第144条（証明書の交付）第1項および則第94条（証明書）第2項参照．
5　該当しない．この標章は，産業技術総合研究所と日本電気計器検定所から発行する証明書である．法第136条（証明書の交付）第1項および則第82条（証明書）第2項参照．

▶ 答 4

■問題2　　　　　　　　　　　　　　　　　　【令和3年 問23】

計量法第143条第1項の登録を受けた計量器の校正等の事業を行う者は，同法第144条第1項の規定により計量器の校正等を行ったときは，経済産業省令で定める標章を付した証明書を交付することができるとされているが，この証明書に用いる標章を，次の中から一つ選べ．

解説　1　該当しない．問題1【令和6年 問24】2の解説参照．
2　該当しない．問題1【令和6年 問24】3の解説参照．
3　該当しない．問題1【令和6年 問24】5の解説参照．
4　該当する．問題1【令和6年 問24】4の解説参照．
5　該当しない．この標章は，基準器検査証印である．基準器検査に合格したときに付する．法第104条（基準器検査証印）第1項参照．
▶答 4

3.9　立入検査・罰則等

■問題1　　　　　　　　　　　　　　　　　　【令和6年 問25】

計量法の雑則及び罰則に関する次の記述のうち，正しいものを一つ選べ．
1　計量士が特定計量器の検査の業務について不正の行為をした場合，経済産業大臣による勧告を受けるが，登録が取り消されることはない．
2　経済産業大臣は，定期検査，検定に必要な用具であって，経済産業省令で定めるものを都道府県知事又は特定市町村の長に有償で貸し付けることができる．
3　計量法第2条第1項第1号に掲げる物象の状態の量の計量に使用する計量器であって非法定計量単位による目盛又は表記を付したものを，販売し，又は販売の目的で陳列した者は，50万円以下の罰金に処する．
4　計量法に基づく立入検査の権限は，犯罪捜査のために認められたものである．

5 計量法第148条第1項に基づく立入検査を受ける者が，立入検査をする職員が行う同項に基づく計量器の検査を拒んでも，罰則の適用を受けることはない．

解説 1 誤り．計量士が特定計量器の検査の業務について不正の行為をした場合，その登録を取り消されることがある．法第123条（登録の取消し等）本文および第二号参照．
2 誤り．「有償」が誤りで，正しくは「無償」である．法第167条（検定用具等の貸付け）参照．
3 正しい．法第173条（罰則）本文および第一号で準用する同第9条（非法定計量単位による目盛りを付した計量器）第1項参照．
4 誤り．「認められたものである」が誤りで，正しくは「認められたものと解釈してはならない」である．法第148条（立入検査）第5項参照．
5 誤り．「拒んでも，罰則の適用を受けることはない」が誤りで，正しくは「拒んだ場合，罰則の適用を受ける」である．20万円以下の罰金である．法第175条（罰則）第三号参照．　　　　　　　　　　　　　　　　　　　　　　　　▶答 3

■ **問題 2**　　　　　　　　　　　　　　　　　　　　　　【令和5年 問25】
計量法の雑則及び罰則に関する次の記述の中から，誤っているものを一つ選べ．
1 経済産業大臣又は都道府県知事若しくは特定市町村の長は，計量法の施行に必要な限度において，政令で定めるところにより，計量士に対し，その業務に関し報告させることができる．
2 計量法に基づく立入検査の権限は，犯罪捜査のために認められたものと解釈してはならない．
3 計量士でない者が，計量士の名称を用いた場合，1年以下の懲役若しくは50万円以下の罰金に処し，又はこれを併科する．
4 都道府県知事が計量証明事業者に事業の停止を命じた場合において，当該事業者が当該命令に違反した場合，1年以下の懲役若しくは100万円以下の罰金に処し，又はこれを併科する．
5 法定計量単位以外の計量単位を，計量法第2条第1項第1号に掲げる物象の状態の量について，取引又は証明に用いた場合（計量法第8条第3項に規定する場合を除く．），50万円以下の罰金に処する．

解説 1 正しい．法第147条（報告の徴収）第1項参照．
2 正しい．法第148条（立入検査）第5項参照．
3 誤り．計量士でない者が，計量士の名称を用いた場合，50万円以下の罰金に処すだ

けで，1年以下の懲役は定められていない．法第173条（罰則）第一号および第124条（名称の使用制限）参照．
4 正しい．法第170条（罰則）第二号および第113条（登録の取消し等）参照．
5 正しい．法第173条（罰則）第一号および第8条（非法定計量単位の使用の禁止）第1項参照．
▶答 3

問題3 【令和4年 問25】

計量法の雑則及び罰則に関する次の記述の中から，誤っているものを一つ選べ．
1 計量士が計量法第123条に基づく計量士の名称の使用の停止命令に違反した場合は，罰金に処する．
2 非法定計量単位による目盛又は表記を付した計量器を所有した者は，罰金に処する．
3 計量法に規定する経済産業大臣の権限に属する事務の一部は，政令で定めるところにより，都道府県知事が行うこととすることができる．
4 都道府県知事又は特定市町村の長は，計量法の施行に必要な限度において，その職員に，指定定期検査機関又は指定計量証明検査機関の事務所に立ち入り，業務の状況若しくは帳簿，書類その他の物件を検査させることができる．
5 経済産業大臣は，国立研究開発法人産業技術総合研究所に立入検査を行わせた場合において，その所在の場所において検査を行わせることが著しく困難であると認められる計量器があったときは，その所有者又は占有者に対し，期限を定めて，これを提出すべきことを命ずることができる．

解説 1 正しい．法第173条（罰則）第二号参照．
2 誤り．非法定計量単位による目盛または表記を付した計量器を所有した者は，罰金に処する定めはないが，取引または証明に用いた場合，販売し，または販売の目的で陳列した場合は，罰金に処せられる．法第173条（罰則）第一号，第8条（非法定計量単位の使用の禁止）第1項および第9条（非法定計量単位による目盛等を付した計量器）第1項参照．
3 正しい．法第168条の8（都道府県が処理する事務）参照．
4 正しい．法第148条（立入検査）第3項参照．
5 正しい．法第149条（計量器等の提出）第2項参照．
▶答 2

問題4 【令和3年 問25】

計量法の雑則及び罰則に関する次の記述の中から，正しいものを一つ選べ．
1 都道府県知事は，計量法の施行に必要な限度において，その職員に，指定検定機

関，特定計量証明認定機関又は指定校正機関の事務所又は事業所に立ち入り，帳簿，書類その他の物件を検査することができる．

2　計量士が特定計量器の検査の業務について不正の行為をした場合，経済産業大臣から勧告を受けるが，登録が取り消されることはない．

3　経済産業大臣は，計量法の施行に必要な限度において，指定検定機関に対して，その業務の状況に関して報告をさせることができるが，経理の状況については報告させることはできない．

4　経済産業大臣は，計量法第148条第1項（立入検査）の規定に基づきその職員に検査させた場合において，その所在の場所において検査させることが著しく困難であると認められる計量器があったときは，その所有者又は占有者に対し，期限を定めて，これを提出すべきことを命ずることができ，国は当該命令によって生じた損失を所有者又は占有者に対し補償しなければならない．

5　経済産業大臣又は都道府県知事は，計量法の施行に必要な限度において，その職員に，計量器の販売の事業を行う者の事業所に立ち入り，計量器，帳簿，書類その他の物件を検査させることができるが，特定市町村の長は，その職員に計量器の販売の事業を行う者の事業所に立ち入り，検査させることはできない．

解説　1　誤り．「都道府県知事」が誤りで，「経済産業大臣」が正しい．法第148条（立入検査）第2項参照．

2　誤り．不正行為をした場合，勧告を受けることなく，その登録を取り消されることがある．法第123条（登録の取消し等）本文参照．

3　誤り．経理の状況についても報告をさせることができる．法第147条（報告の徴収）第2項参照．

4　正しい．法第149条（計量器等の提出）第1項，第2項および第4項参照．

5　誤り．特定市町村の長も，その職員に計量器の販売の事業を行う者の事業所に立ち入り，検査させることができる．法第148条（立入検査）第1項参照．　　　▶答 4

□ 問題5　　　　　　　　　　　　　　　　【令和2年 問25】　☑ ☑ ☑

計量法の雑則及び罰則に関する次の記述の中から，正しいものを一つ選べ．

1　経済産業大臣は，その職員に工場において取引又は証明における法定計量単位による計量に使用されている特定計量器を検査させた場合において，その特定計量器の性能が経済産業省令で定める技術上の基準に適合していないときは，検定証印等を除去することができるが，一般家庭は，立入検査の対象でないため，取引又は証明に使用されている特定計量器について検定証印等を除去することはできない．

2　計量法に基づく立入検査の権限は，犯罪捜査のために認められたものである．

3 　計量法第148条に基づく立入検査を行う職員は，その身分を示す証明書を携帯し，要請があった場合に限り，関係者に提示する必要がある．
4 　指定定期検査機関の役員又は職員は，計量法第31条の規定（帳簿の記載）に違反して同条に規定する事項を帳簿に記載しなかった場合には，罰金に処する．
5 　経済産業大臣は，定期検査，検定に必要な用具であって，経済産業省令で定めるものを都道府県知事又は特定市町村の長に有償で貸し付けることができる．

解説　1　誤り．経済産業大臣は，その職員に工場において取引または証明における法定計量単位による計量に使用されている特定計量器を検査させた場合において，その特定計量器の性能が経済産業省令で定める技術上の基準に適合していないときは，検定証印等を除去することができ，一般家庭は，立入検査の対象でないが，取引または証明に使用されている特定計量器（水道メーターやガスメーターなど）について検定証印等を除去することができる．法第148条（立入検査）第1項，第154条（立入検査によらない検定証印等の除去）第1項および令第40条（立入検査によらない検定証印等の除去に係る特定計量器）参照．
2　誤り．計量法に基づく立入検査の権限は，犯罪捜査のために認められたものではない．法第148条（立入検査）第5項参照．
3　誤り．法第148条（立入検査）に基づく立入検査を行う職員は，その身分を示す証明書を携帯し，要請に関係なく関係者に提示する必要がある．法第148条（立入検査）第4項参照．
4　正しい．法第176条（罰則）第一号参照．
5　誤り．経済産業大臣は，定期検査，検定に必要な用具であって，経済産業省令で定めるものを都道府県知事または特定市町村の長に無償で貸し付けなければならない．法第167条（検定用具等の貸付け）参照．　　　　　　　　　　　　　　▶ 答 4

問題6　【令和元年 問25】

計量法の雑則及び罰則に関する次の記述の中から，正しいものを一つ選べ．
1 　検定証印が付されている特定計量器であって，当該検定証印の有効期間を経過したものを取引又は証明における法定計量単位による計量に使用した者は，懲役若しくは罰金に処し，又はこれを併科する．
2 　非法定計量単位による目盛又は表記を付した計量器を所有した者は，罰金に処する．
3 　都道府県知事又は特定市町村の長は，この法律の施行に必要な限度において，指定定期検査機関又は指定計量証明検査機関に対し，その業務の状況に関しては報告させることができるが，経理の状況に関しては報告させることはできない．

4 経済産業大臣は，政令で定める特定計量器であって取引又は証明における法定計量単位による計量に使用されているものの性能が，経済産業省令で定める技術上の基準に適合していないと認める場合であっても，立入検査をしなければその特定計量器に付されている検定証印等を除去することができない．
5 計量法に基づいて立入検査を行うことができる者は，経済産業省，都道府県及び特定市町村の職員のみである．

解説 1 正しい．法第172条（罰則）本文および第一号並びに第16条（使用の制限）第1項第三号参照．
2 誤り．非法定計量単位による目盛または表記を付した計量器を販売し，または販売の目的で陳列したものは，罰金に処せられるが，単に「所有」しただけでは罰金に処せられることはない．法第173条（罰則）第一号および第9条（非法定計量単位による目盛等を付した計量器）第1項参照．
3 誤り．都道府県知事または特定市町村の長は，この法律の施行に必要な限度において，指定定期検査機関または指定計量証明検査機関に対し，その業務の状況に関して報告させることができ，経理の状況に関しても報告させることができる．法第147条（報告の聴取）第3項参照．
4 誤り．経済産業大臣は，政令で定める特定計量器であって取引または証明における法定計量単位による計量に使用されているものの性能および器差が，経済産業省令で定める合格基準に適合していないときは，立入検査をしなくても特定計量器に付されている検定証印等を除去しなければならない．法第72条（検定証印）第4項および第71条（合格条件）第1項参照．
5 誤り．計量法に基づいて立入検査を行うことができる者は，経済産業省，都道府県および特定市町村の職員のみではなく，経済産業大臣，都道府県知事および特定市町村の長も可能である．法第148条（立入検査）第1項参照． ▶答 1

□ **問題7** 【平成30年12月 問25】
計量法の雑則及び罰則に関する次の記述の中から，正しいものを一つ選べ．
1 計量法第148条第1項に基づく立入検査において，届出製造事業者は立入検査をする職員が行う同項に基づく計量器の検査を拒んだとしても，罰則の適用を受けることはない．
2 都道府県知事は，計量法の施行に必要な限度において，指定検定機関に対し，その業務又は経理の状況に関し報告させることができる．
3 計量士でない者が，計量士の名称を用いても，罰則の適用を受けることはない．
4 都道府県知事は，指定定期検査機関から検査業務の休廃止の届出があったとき

は，その旨を公示しなければならない．

5　計量法第148条に基づく立入検査をする職員は，その身分を示す証明書を携帯し，要請があった場合に限り，関係者に提示する必要がある．

解説　1　誤り．法第148条（立入検査）第1項に基づく立入検査において，届出製造事業者は立入検査をする職員が行う同項に基づく計量器の検査を拒んだ場合は，罰則の適用を受ける．20万円以下の罰金である．法第175条（罰則）第三号参照．

2　誤り．都道府県知事は，指定検定機関に対し，その業務または経理の状況に関し報告させることができない．経済産業大臣の権限である．法第147条（報告の徴収）第2項参照．

3　誤り．計量士でない者が，計量士の名称を用いると，罰則の適用を受ける．50万円以下の罰金である．法第173条（罰則）第一号参照．

4　正しい．法第159条（公示）第2項第二号参照．

5　誤り．法第148条（立入検査）に基づく立入検査をする職員は，その身分を示す証明書を携帯し，要請に関係なく関係者に提示しなければならない．法第148条（立入検査）第4項参照．　▶答 4

第4章

計量管理概論
（管理）

4.1 計測管理

■ **問題 1** 【令和 6 年 問 1】

計測管理に関する次の記述の中から，誤っているものを一つ選べ．
1. 計測管理においては，測定の目的に合わせて，測定すべき対象と特性を適切に選択し，方針を示すことが重要である．
2. 生産のための計測には，製品設計，製造工程設計などの製造準備の段階で行われるオフライン計測と，製造の段階で行われるオンライン計測がある．
3. 測定担当者間の測定技術の差によるデータのばらつきを小さくするために，測定手順を標準化することや，測定担当者を教育・訓練することが重要である．
4. 工程中の測定器が不調で測定値が取れなかった場合は，過去の測定値を代わりに記録する．
5. 製造工程の制御のために行われる測定の偶然誤差は，その工程で製造される製品のばらつきに影響を与える．

解説　1～3　正しい．
4 誤り．工程中の測定器が不調で測定値が取れなかった場合は，過去の測定値を代わりに記録することはできない．工程中の測定は現在の工程の測定値を求めるためのものである．したがって，測定値が取れなかった場合は欠損となる．
5 正しい．　　　　　　　　　　　　　　　　　　　　　　　　　　　▶答 4

■ **問題 2** 【令和 6 年 問 2】

計測管理の考え方に関する次の（ア）～（オ）の記述について，正しい記述の組合せを下の中から一つ選べ．
（ア）計測管理とは，計測の目的を達成させるため，測定の計画・実施・活用という一連の業務の流れを，広い視点で体系的に整備し管理することである．
（イ）測定の計画では，測定の目的を実現するために，どのような特性をどのような方法で測定すべきかを適切に判断することが重要である．
（ウ）測定器を選定するときは，測定の目的にかかわらず，分解能の高い測定器を選ぶ必要がある．
（エ）測定結果を評価した結果，測定の不確かさが目的に対して十分でない場合には，測定システムを見直し改善する必要がある．
（オ）計測管理は，工程管理，品質管理，安全管理，環境管理など様々な分野の基

礎となる活動であり，独立性が重要なので，関連する他の部署とは連携せず，独自の活動を進める必要がある．
1 （ア），（イ），（ウ）
2 （ア），（イ），（エ）
3 （ア），（ウ),（オ）
4 （イ），（エ），（オ）
5 （ウ），（エ），（オ）

解説　（ア）正しい．
（イ）正しい．
（ウ）誤り．測定器を選定するときは，測定の目的に合った分解能の測定器を選ぶ必要がある．
（エ）正しい．
（オ）誤り．計測管理は，工程管理，品質管理，安全管理，環境管理など様々な分野の基礎となる活動であり，関連性が重要なので，関連する他の部署と連携し，組織全体の活動を進める必要がある．　　　　　　　　　　　　　　　　　　　　　　▶答 2

■ 問題 3　　　　　　　　　　　　　　　　　　　　　　　【令和 5 年 問 1】
計測管理に関する次の記述の中から，誤っているものを一つ選べ．
1　計測管理とは，計測の目的を効率的に達成するため，計測の活動全体を体系的に管理することである．
2　計測の目的に応じて測定対象量や測定システムの選定を行うことは，計測管理の重要な役割である．
3　計測管理では，必要に応じて測定におけるトレーサビリティの確保を計画することが重要である．
4　測定結果が計測の目的を満たしているかどうかを評価する際に，測定の不確かさを考慮することが重要である．
5　計測管理は，品質管理・安全管理・環境管理などとは関連しないため，他部門とは連携せず，独立して活動を行う必要がある．

解説　1〜4　正しい．
5　誤り．計測管理は，品質管理・安全管理・環境管理などと関連するため，他部門と連携して活動を行う必要がある．　　　　　　　　　　　　　　　　　　　　▶答 5

問題4 【令和5年 問2】

製造工程の計測管理に関する次の記述の中から，誤っているものを一つ選べ．

1. 製造工程における測定には，工程を流れる製品の特性を対象に行う測定や，工程の設定条件・環境条件を対象に行う測定，さらに最終段階で不適合品を見つける検査のための測定などがある．
2. 製造工程の制御のために行われる測定のばらつきは，その工程で製造される製品のばらつきに影響を与えない．
3. 製造工程で使用する測定器を選択する場合，製造する製品の許容差も考慮する．
4. 製造工程で使用する測定器の校正周期は，測定器の仕様，使用環境，測定頻度なども考慮して設定する．
5. 製品特性の設計値からのずれにより生じる経済損失（社会的損失）を損失関数として評価し，それを用いて計測管理の方式を改善するという考え方がある．

解説 1 正しい．
2 誤り．製造工程の制御のために行われる測定のばらつきは，その工程で製造される製品のばらつきに影響を与える．
3～5 正しい． ▶答 2

問題5 【令和5年 問3】

測定の信頼性確保のために行われる「校正」，「検証」及び「妥当性確認」の定義に関する次の記述の空欄（ア）～（ウ）に入る語句の組合せとして正しいものを，下の中から一つ選べ．

「JIS Z 8103 計測用語」において，（ ア ）は「指定の条件下において，第一段階で，測定標準によって提供される不確かさを伴う量の値とそれに対応する指示値との不確かさを伴う関係を確立し，第二段階で，この情報を用いて指示値から測定結果を得るための関係を確立する操作」と定義されている．一方，（ イ ）は「与えられたアイテムが指定された要求事項を満たしているという客観的証拠の提示」と定義されている．また，（ ウ ）は「指定された要求事項が意図した用途に十分であることの（ イ ）」と定義されている．

	（ア）	（イ）	（ウ）
1	校正	検証	妥当性確認
2	検証	校正	妥当性確認
3	校正	妥当性確認	検証
4	検証	妥当性確認	校正

5 妥当性確認　　検証　　校正

解説　（ア）「校正」である．「JIS Z 8103 計測用語」番号401参照．
（イ）「検証」である．同上番号406参照．
（ウ）「妥当性確認」である．同上番号407参照．　　　　　　　　▶答 1

問題6　【令和4年 問1】

　製品生産のプロセスを開発段階，製造準備段階及び製造段階に分類したとき，それぞれの段階での計測管理に関する次の記述の中から，誤っているものを一つ選べ．
1　開発段階では，製品開発を目的とした製品特性の測定において，必ずしもJIS等の規格に準拠した測定方法を使う必要はない．
2　製造準備段階では，製造工程で使われる測定器の保守や管理の方法を決めるだけでなく，測定担当者の教育・訓練も必要である．
3　製造準備段階では，製造工程の管理や検査のために行われる測定について不確かさの大きさを予測しておくことが必要である．
4　製造段階では，不適合品を次工程に送らないことが重要であるため，必ず各工程の最後に，トレーサビリティが確保された測定で全数を検査する必要がある．
5　各段階において，新しい測定方法や測定器を導入するか否かの決定は，測定能力だけでなく導入コストや既存機器の性能などを考慮した上で判断することが重要である．

解説　1～3　正しい．
4　誤り．製造段階では，不適合品を次工程に送らないことが重要であるが，各工程の最後だけではなく，必要に応じて工程の途中で測定することもあり，トレーサビリティが確保された測定でなくてもよい．製品によっては全数を検査する必要がない場合もあり，ロット検査または抜き取り検査法でもよい場合がある．
5　正しい．　　　　　　　　　　　　　　　　　　　　　　　▶答 4

問題7　【令和4年 問2】

　品質や計測に関連するマネジメントシステム規格で規定している計測管理の内容に関する次の記述の中から，誤っているものを一つ選べ．
1　「JIS Q 17025試験所及び校正機関の能力に関する一般要求事項」では，試験所及び校正機関の能力，公平性及び一貫した運営に関する一般要求事項を規定している．
2　「JIS Q 9001品質マネジメントシステム–要求事項」では，製品及びサービスが要求事項に対して適合していることを検証するために，監視又は測定を用いる場合，組織は，結果が妥当で信頼できるものであることを確実にするために必要な資

源を明確にし，提供しなければならないとされている．

3　「JIS Q 9001 品質マネジメントシステム–要求事項」では，測定のトレーサビリティが要求事項となっている場合，測定機器は，必ず直接的に国家計量標準によって校正を行わなければならないとされている．

4　「JIS Q 10012 計測マネジメントシステム–測定プロセス及び測定機器に関する要求事項」では，計量要求事項への適合性を支援し，実証するために使用する，測定プロセスの運用管理及び測定機器の計量確認に関する一般的な要求事項を規定している．

5　「JIS Q 10012 計測マネジメントシステム–測定プロセス及び測定機器に関する要求事項」では，計測マネジメントシステムの目的は，測定機器及び測定プロセスが，組織の製品の品質に影響を与えるような不正確な結果を出すリスクを運用管理することであるとされている．

解説　1，2　正しい．

3　誤り．「JIS Q 9001 品質マネジメントシステム–要求事項」では，測定のトレーサビリティが要求事項となっている場合，測定機器は，定められた間隔で，または使用前に，国際計量標準または国家計量標準に対してトレーサブルである計量標準に照らして校正もしくは検証，またはそれらの両方を行う．そのような標準が存在しない場合には，校正または検証に用いた拠り所を，文書化した情報として保持する．したがって，「必ず直接的に国家計量標準によって校正を行わなければならない」とはされていない．

4，5　正しい．　　　　　　　　　　　　　　　　　　　　　　　　　　　　▶答 3

問題8　　　　　　　　　　　　　　　　　　　　　　　【令和3年 問1】

計測管理に関する次の記述の中から，誤っているものを一つ選べ．

1　計測管理とは，計測の目的を効率的に達成するため，計測の活動全体を体系的に管理することである．

2　計測管理の業務は，測定の計画，測定の実施，測定結果の活用に加えて，これらの活動をサポートし管理することまでの取り組みで構成されている．

3　測定では，常に外部の校正機関で校正された測定器を使用する必要がある．

4　測定で得られた測定値及びその不確かさの大きさが適正に求められていることを確認することは計測管理の重要な活動である．

5　計測管理を効果的に遂行するためには，計測管理担当部署だけでなく製造や検査などの担当部署も含めた組織全体での取り組みが重要である．

解説　1，2　正しい．

3　誤り．測定では，内部で校正された測定器を使用すればよく，必要に応じて外部の校正機関で校正された測定器を使用すればよい．また，研究業務で測定器を使用する場合，校正しない測定器を使用する場合もある．
4, 5　正しい． ▶答 3

問題 9　【令和 3 年 問 2】

測定の目的や活用に関する次の記述の中から，誤っているものを一つ選べ．
1　測定の計画では，測定の目的を明確にし，その目的を達成できるように測定対象量，測定システム，測定方法などを定める．
2　測定の計画では，測定の目的を達成するために必要な測定の不確かさが実現できるかどうかを検証することが重要である．
3　測定の現場では，定められた測定条件に基づき測定作業を実施し，測定対象に対して要求される基準に適合しないデータは廃棄する．
4　測定結果の活用では，測定結果の技術的な意味を明確にし，その情報に基づいて測定の目的が達成されたかどうかを確認する．
5　測定の目的の設定から目的達成の確認までの一連の活動を総括し，今後の測定に活かすことは計測管理の重要な役割である．

解説　1, 2　正しい．
3　誤り．測定の現場では，定められた測定条件に基づき測定作業を実施し，測定対象に対して要求される基準に適合しないデータであっても廃棄しないで保存しておく．後で要求される基準に適合しないデータが出た環境条件を解析する場合などもあり，二度と得られないデータだからである．
4, 5　正しい． ▶答 3

問題 10　【令和 2 年 問 2】

計測管理における目的特性と代用特性について述べた次の記述の中で，誤っているものを一つ選べ．
1　測定において，測定の目的との関連性が明白で，測定の目的を実現するため直接的に知ることが望まれる特性を目的特性という．
2　測定コストが高い，技術的に難しいなどの理由で，目的特性を直接的に測定することが難しいときに，目的特性の代わりに測定対象量とする特性を代用特性という．
3　代用特性を利用するときには，代用特性と目的特性の間に成立する関係を把握しておく必要がある．
4　目的特性との間に強い負の相関がある特性は，代用特性として利用することはで

きない．
5 代用特性は，目的特性とは異なる測定単位をもっていることがある．

解説 1〜3 正しい．
4 誤り．目的特性との間に強い負の相関がある特性は，一定の関係式が成り立つため，代用特性として利用することができる．
5 正しい． ▶答 4

問題 11 【令和元年 問2】

計測管理について述べた次の文章のうち，（ ア ）から（ ウ ）の空欄にあてはまる語句の組合せとして正しいものを，下の1から5の中から一つ選べ．

計測管理とは，「計測の目的を効率的に達成するため，計測の活動全体を体系的に管理すること」（「JIS Z 8103 計測用語」）である．その中では，計測の活動の中核である測定を確実に行うために，測定の計画において，計測の目的に合わせて測定すべき対象と測定すべき特性を選択し，測定方法，測定条件及び測定器の選定などを適切に行うことが必要である．また，測定器をトレーサビリティの確保された測定標準によって校正することにより，測定結果の（ ア ）を確保することができる．さらに，測定結果の不確かさを評価することにより，測定の（ イ ）を定量的に知ることができる．最後に，測定の実施により得られた結果を評価し，関連する部署と共に，対策を決め，それを実施することによって計測の目的が達成される．このことによって，計量法第1条に規定された計量法の目的である「経済の発展及び（ ウ ）の向上に寄与すること」ができる．

	（ア）	（イ）	（ウ）
1	普遍性	信頼性	文化
2	独自性	真度	技術
3	独自性	真度	文化
4	独自性	信頼性	技術
5	普遍性	真度	文化

解説 （ア）「普遍性」である．
（イ）「信頼性」である．
（ウ）「文化」である． ▶答 1

問題 12 【令和元年 問3】

計測管理に関する次の記述の中から，誤っているものを一つ選べ．

1. 計測管理では，生産現場で使用される測定器の管理だけでなく，計測の目的に沿った測定の計画から実施・活用までの一連の活動を体系的に管理する．
2. 計測の目的にしたがって測定すべき特性を決めるとき，その特性は法律に定められたものだけが対象になるとは限らない．
3. 計測管理では，測定結果の信頼性を向上させるだけでなく，測定結果の活用に取り組むことが重要である．
4. 生産における計測には，研究開発・設計・製造準備等で行われるオフライン計測と，製造現場における工程で実施されるオンライン計測がある．
5. 企業内の研究開発のために実施される測定では，国際規格または日本産業規格（JIS）で定められた測定機器と測定方法を選択する必要がある．

解説 1～4 正しい．
5 誤り．企業内の研究開発のために実施される測定では，国際規格または日本産業規格（JIS）で定められた測定機器と測定方法を選択する必要はない．効率的で安価な場合であれば，研究開発も目的に沿った測定機器と測定方法を選択する方がよい． ▶答 5

■問題13 【平成30年12月 問1】

計測管理の進め方に関する次の記述の中から，誤っているものを一つ選べ．

1. 計測管理は，計測の目的を達成させるため，測定の計画・実施・活用という一連の業務の流れを，広い視点で体系的に管理することである．
2. 測定の計画では，計測の目的を達成させるために，どのような特性を，どのような方法で測定するかを決定し，測定を確実に実施できるようにする．
3. 測定に使用する測定機器を決めるとき，測定の目的にかかわらず，小さな不確かさが実現できるように，できるだけ分解能の高い測定機器を選ぶ．
4. 測定結果を評価して，測定の不確かさが目的に対して十分でない場合は，測定の計画を見直し，改善する．
5. 計測管理は，工程管理，品質管理，安全管理，環境管理など様々な分野での管理のために重要な活動なので，関連する部署と協力して進める．

解説 1，2 正しい．
3 誤り．測定に使用する測定機器を決めるとき，測定の目的に応じた不確かさを考慮して，適切な測定機器を選ぶ．
4，5 正しい． ▶答 3

■ 問題14 【平成30年12月 問2】

　製造工程における計測管理に関する次の記述の中から，誤っているものを一つ選べ．
1　製造工程における測定では，測定対象を単に測定するだけではなく，その測定の意義や目的を明確にすることが重要である．
2　製造された製品の検査に使用する測定器を選択する場合，許容差などの製品に要求される基準を考慮する必要がある．
3　製造工程の管理に使用する測定器のドリフトは，その工程で生産される製品の特性値に影響する．
4　製造工程の管理に使用する測定器の最適な校正周期は，工程のばらつきの大きさのみで決めることができる．
5　測定誤差を小さくするために製造工程の管理に使用する測定器の校正周期を短くすると，測定器の管理コストが大きくなることがある．

解説　1～3　正しい．
4　誤り．製造工程の管理に使用する測定器の最適な校正周期は，工程のばらつきの大きさ，使用環境や経時変化，校正費用などで決める．
5　正しい．　　　　　　　　　　　　　　　　　　　　　　　　　　　　▶答 4

4.2 計測における単位とトレーサビリティ

4.2.1 単　位

■ 問題1 【令和6年 問4】

　下記の（ア）は量の名称，（イ）は対応するSI組立単位の固有の名称及び記号，（ウ）はそれをSI基本単位により表現したものである．（ア）及び（イ）に対応する（ウ）について，誤っているものを次の中から一つ選べ．

	（ア）量の名称	（イ）SI組立単位の固有の名称（記号）	（ウ）SI基本単位による表現
1	力	ニュートン（N）	$m \cdot kg \cdot s^{-2}$
2	圧力	パスカル（Pa）	$m^{-1} \cdot kg \cdot s^{-2}$

3	仕事	ジュール（J）	$m^2 \cdot kg \cdot s$
4	電荷	クーロン（C）	$s \cdot A$
5	電圧	ボルト（V）	$m^2 \cdot kg \cdot s^{-3} \cdot A^{-1}$

解説 1 正しい．力は，ニュートン（N）の記号で表し，SI基本単位による表現は，「力＝質量×加速度」であるから，$kg \cdot m/s^2 = m \cdot kg \cdot s^{-2}$ となる．

2 正しい．圧力は，パスカル（Pa）の記号で表し，SI基本単位による表現は，「圧力＝力/面積」であるから，$N/m^2 = (kg \cdot m/s^2)/m^2 = m^{-1} \cdot kg \cdot s^{-2}$ となる．

3 誤り．仕事は，ジュール（J）の記号で表し，SI基本単位による表現は，「仕事＝力×距離」であるから，$N \cdot m = kg \cdot m/s^2 \cdot m = m^2 \cdot kg \cdot s^{-2}$ となる．

4 正しい．電荷は，クーロン（C）の記号で表し，SI基本単位による表現は，「電荷＝時間×電流」であるから，$s \cdot A$ となる．

5 正しい．電圧は，ボルト（V）の記号で表し，SI基本単位による表現は，「電圧＝仕事（エネルギー）÷電荷」であるから，$J/C = (kg \cdot m/s^2 \cdot m)/(s \cdot A) = m^2 \cdot kg \cdot s^{-3} \cdot A^{-1}$ となる．

▶ 答 3

4.2 計測における単位とトレーサビリティ

■ 問題 2 【令和5年 問4】

次の表は，国際単位系（SI）で用いられるSI接頭語から幾つか抜粋し，名称，記号及び乗数を示したものである．表の（ア）～（ウ）に入る名称（記号）の組合せとして正しいものを，下の中から一つ選べ．

表：SI接頭語（抜粋）

名称（記号）	乗数
クエタ（Q）	10^{30}
ヨタ（Y）	10^{24}
エクサ（E）	10^{18}
（ ア ）	10^{12}
メガ（M）	10^6
（ イ ）	10^{-6}
（ ウ ）	10^{-12}
アト（a）	10^{-18}
ヨクト（y）	10^{-24}
クエクト（q）	10^{-30}

	（ア）	（イ）	（ウ）
1	テラ（T）	マイクロ（μ）	ピコ（p）
2	ギガ（G）	ナノ（n）	フェムト（f）

391

3	テラ (T)	ナノ (n)	ピコ (p)
4	テラ (T)	マイクロ (μ)	フェムト (f)
5	ギガ (G)	マイクロ (μ)	ピコ (p)

解説 （ア）「テラ（T）」である．
（イ）「マイクロ（μ）」である．
（ウ）「ピコ（p）」である． ▶答 1

問題 3 【令和4年 問4】

国際単位系（SI）において，固有の名称を持つ組立単位の一つであるボルト（V）を SI 基本単位のみで表したとき，正しいものを次の中から一つ選べ．
1　$kg \cdot m^2 \cdot s^{-3} \cdot A^{-2}$　　2　$kg \cdot m^2 \cdot s^{-2}$　　3　$kg \cdot m^2 \cdot s^{-3}$
4　$kg \cdot m^2 \cdot s^{-2} \cdot A^{-1}$　　5　$kg \cdot m^2 \cdot s^{-3} \cdot A^{-1}$

解説　$V = J/C$ であるから，J（ジュール）と C（クーロン）について，国際単位系（SI）で表せばよい．
$$V = J/C = (N \cdot m)/(s \cdot A) = (kg \cdot m/s^2 \cdot m)/(s \cdot A) = kg \cdot m^2 \cdot s^{-3} \cdot A^{-1}$$

▶答 5

問題 4 【令和3年 問4】

2019 年 5 月 20 日に SI 基本単位のうちキログラム（質量），アンペア（電流），ケルビン（熱力学温度），モル（物質量）の定義が改定された．この改定によってすべての基本単位が基礎物理定数及びその他の不変定数を基にした定義となり，それぞれの基本単位間の依存関係は以下の図のようになった．図において，矢印が向かう SI 基本単位は，矢印の出発元となる基本単位に依存していることを示している．

下に示す選択肢のうち「真空中の光の速さ c」に依存せず定義される基本単位はどれか，下の中から一つ選べ．

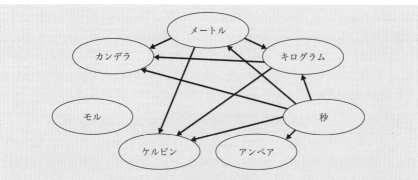

図 SI基本単位の依存関係

1 秒（時間）
2 キログラム（質量）
3 ケルビン（熱力学温度）
4 メートル（長さ）
5 カンデラ（光度）

［解説］ 1 該当する．秒（時間の単位：記号はs）は，セシウム133原子の摂動を受けない基底状態の超微細構造遷移周波数を単位Hz（s^{-1}に等しい）で表したときに，その数値を9,192,631,770と定めることによって定義される．なお，旧定義では，秒はセシウム133原子の基底状態の二つの超微細構造準位の間の遷移に対応する放射の周期の9,192,631,770倍の継続時間である．

2 該当しない．キログラム（質量の単位：記号はkg）の定義は，プランク定数hを単位J·s（$kg·m^2·s^{-1}$に等しい）で表したときに，その数値を$6.62607015 \times 10^{-34}$と定めることによって定義される．ここで，メートル（m）は真空中の光の速さcを用いて定義される．なお，旧定義では，国際キログラム原器の質量による．

3 該当しない．ケルビン（熱力学温度の単位：記号はK）は，ボルツマン定数kを単位$J·K^{-1}$（$kg·m^2·s^{-2}·K^{-1}$に等しい）で表したときに，その数値を1.380649×10^{-23}と定めることによって定義される．ここで，メートル（m）は真空中の光の速さcを用いて定義される．なお，旧定義では，水の三重点の熱力学温度の1/273.16である．

4 該当しない．メートル（長さの単位：記号はm）は，真空中の光の速さcを単位$m·s^{-1}$で表したときに，その数値を299,792,458と定めることによって定義される．ここで，メートル（m）は真空中の光の速さcを用いて定義される．なお，旧定義では，1秒の299,792,458分の1の時間に光が真空中を伝わる行程の長さである．

5 該当しない．カンデラ（光度の単位：記号はcd）は，周波数540×10^{12}Hzの単色放

射の視感効果度 K_{cd} を単位 lm·W^{-1}（cd·sr·W^{-1} あるいは cd·sr·kg^{-1}·m^{-2}·s^3 に等しい：sr は立体角の単位ステラジアン）で表したときに，その数値を 683 と定めることによって定義される．ここで，メートル（m）は真空中の光の速さ c を用いて定義される．なお，旧定義では，周波数 540×10^{12} Hz の単色放射を放出し，所定の方向におけるその放射強度が $1/683$ W·sr^{-1} である光源の，その方向における光度である． ▶ 答 1

問題 5 【令和2年 問4】

改正された計量単位令が 2019 年（令和元年）5 月 20 日に施行となった．この改正には，国際単位系（SI）の七つの基本単位のうち四つについて，定義値としての基礎物理定数に基づく定義へと変わったことが反映された．定義が変わった四つの基本単位の組合せとして正しいものを次の中から一つ選べ．

1　キログラム，アンペア，ケルビン，モル
2　キログラム，アンペア，ケルビン，カンデラ
3　キログラム，アンペア，秒，カンデラ
4　キログラム，メートル，秒，モル
5　キログラム，メートル，ケルビン，カンデラ

解説　基礎物理定数に基づく定義へと変わったことが反映された 4 つの基本単位は次のとおりである．

キログラム（kg）　プランク定数に基づく．
アンペア（A）　電気素量に基づく．
ケルビン（K）　ボルツマン定数に基づく．
モル（mol）　アボガドロ定数に基づく．
計量単位令（2023（令和 5）年 12 月 28 日施行）参照． ▶ 答 1

問題 6 【令和元年 問4】

国際単位系（SI）に関する次の記述の中から，正しいものを一つ選べ．

1　SI における基本量は質量，電流，熱力学温度，物質量の四つから構成される．
2　SI 基本単位に対する正式な定義は国際度量衡総会（CGPM）によって採択される．
3　電流を表す SI 基本単位は V（ボルト）である．
4　熱力学温度を表す SI 基本単位は ℃（セルシウス度）である．
5　固有の名称と記号を持つ SI 単位は SI 基本単位である．

解説　1　誤り．SI における基本量は，長さ，質量，時間，電流，熱力学温度，物質量，光度の 7 つから構成される．

2　正しい．SI基本単位に対する正式な定義は国際度量衡総会（CGPM：Conférence Générale des Poids et Mesures）によって採択される．
3　誤り．電流を表すSI基本単位はA（アンペア）である．V（ボルト）は電圧の単位で，SI基本単位ではない．
4　誤り．熱力学温度を表すSI基本単位はK（ケルビン）である．
5　誤り．固有の名称と記号を持つSI単位はSI基本単位ではない．例えば，力を表すN（ニュートン）は，固有の名称「ニュートン」と記号Nを持つSI単位であるが，SI基本単位ではない．
▶答 2

問題 7　【平成30年12月 問4】

国際単位系（SI）において，ある組立単位を基本単位で表示すると $m^2 \cdot kg \cdot s^{-3}$ になる．この組立単位として正しいものを，次の中から一つ選べ．
1　パスカル（Pa）
2　ジュール（J）
3　ワット（W）
4　クーロン（C）
5　ファラド（F）

解説　1　誤り．パスカル　$Pa = N/m^2 = (kg \cdot m/s^2)/m^2 = m^{-1} \cdot kg \cdot s^{-2}$
2　誤り．ジュール　$J = N \cdot m = kg \cdot m/s^2 \cdot m = m^2 \cdot kg \cdot s^{-2}$
3　正しい．ワット　$W = J/s = (N \cdot m)/s = (kg \cdot m/s^2 \cdot m)/s = m^2 \cdot kg \cdot s^{-3}$
4　誤り．クーロン　$C = s \cdot A$
5　誤り．ファラド　$F = C/V = (s \cdot A)/(W/A) = s \cdot A^2/W = s \cdot A^2/(m^2 \cdot kg/s^3)$
　　　　　　　　　　$= m^{-2} \cdot kg^{-1} \cdot s^4 \cdot A^2$
▶答 3

4.2.2　国家標準および測定のトレーサビリティ

問題 1　【令和6年 問11】

測定のトレーサビリティに関する次の記述の中から，誤っているものを一つ選べ．
1　トレーサビリティは測定結果の性質を表している．
2　国際測定標準や国家測定標準が確立されていない量については，トレーサビリティを確保することができない．
3　トレーサビリティを確保するためには，校正階層の各段階において不確かさが把握され，記録されていることが必要である．

4　認証標準物質は，トレーサビリティの連鎖において測定標準の役割を果たすことができる.

5　測定者，測定器，測定方法などが異なる，同一測定対象量に対する複数の測定結果がある場合，それぞれの測定結果のトレーサビリティが確保されていれば，測定結果は不確かさの範囲の中で整合していることが期待できる.

解説　1　正しい.

2　誤り．国際測定標準や国家測定標準が確立されていない量についても，所定の要件（JAB RL331:2020 参照）に照らして，技術的に妥当な校正手段に従って測定結果のトレーサビリティを確保することができる.

3〜5　正しい.　　　　　　　　　　　　　　　　　　　　　　　　　　　　　▶答 2

問題 2　　　　　　　　　　　　　　　　　　　　　　　　　【令和 6 年 問 12】✓ ✓ ✓

標準とトレーサビリティに関する次の記述の中から，誤っているものを一つ選べ.

1　測定標準は，測定器の校正や測定の信頼性の確認などに用いるため，量の値とその不確かさが明確になっていることが必須である.

2　「標準不確かさが 1 µΩ の 100 Ω 測定標準抵抗器」は，量の定義を現示した測定標準の一つである.

3　実用標準とは，測定器又は測定システムを校正又は検証するために，日常的に用いる測定標準のことである.

4　分析機器の校正や管理で使用される標準物質は，不確かさが不明であっても，量の値が明確であれば，トレーサビリティを確保するための測定標準として使用することができる.

5　測定結果の相対的な大小関係の把握のみが目的の場合，SI へのトレーサビリティの確保は必要ではないことがある.

解説　1〜3　正しい.

4　誤り．分析機器の校正や管理で使用される標準物質は，不確かさが不明であれば，量の値が明確であっても，トレーサビリティを確保するための測定標準として使用することはできない.

5　正しい.　　　　　　　　　　　　　　　　　　　　　　　　　　　　　　▶答 4

問題 3　　　　　　　　　　　　　　　　　　　　　　　　　【令和 5 年 問 11】✓ ✓ ✓

測定標準に関する次の記述の空欄（ア）〜（ウ）に入る語句の組合せとして正しいものを，下の中から一つ選べ.

測定標準は，「JIS Z 8103 計測用語」において「何らかの参照基準として用いる，表記された（　ア　）及びその（　イ　）をもつ，ある与えられた量の定義を現示したもの」と定義されている．この定義どおり，測定標準は，他の同種の量に対して測定値及び（　イ　）を確定し，それによって，他の測定標準，測定器又は測定システムの校正を通して，トレーサビリティを確立する際の参照基準としてしばしば用いられる．ここで，"量の定義の現示"は，測定システム，実量器又は（　ウ　）によって与えることができる．

	（ア）	（イ）	（ウ）
1	量の値	不確かさ	標準物質
2	量の種類	誤差	物理法則
3	量の値	不確かさ	物理法則
4	量の種類	不確かさ	標準物質
5	量の種類	誤差	標準物質

解説　（ア）「量の値」である．
（イ）「不確かさ」である．
（ウ）「標準物質」である．
「JIS Z 8103 計測用語」番号 410 参照．　　　　　　　　　　　　　　　　　　▶ 答 1

■ **問題4**　　　　　　　　　　　　　　　　　　　　　　　　　　　【令和5年 問12】

トレーサビリティは，「JIS Z 8103 計測用語」において「個々の校正が不確かさに寄与する，切れ目なく連鎖した，文書化された校正を通して，測定結果を参照基準に関係付けることができる測定結果の性質」と定義されている．トレーサビリティに関する次の記述の中から，誤っているものを一つ選べ．

1　参照基準の代表的なものとして国家標準がある．
2　国際単位系（SI）における測定単位の定義を参照基準とするトレーサビリティを，SIへのトレーサビリティということがある．
3　トレーサビリティが成立するには，参照基準から最終の測定システムまでの校正の段階的な連鎖である校正階層が確立している必要がある．
4　参照基準から最終の測定システムに到る校正の段階的な連鎖に沿って，校正の不確かさは必然的に増加する．
5　測定結果のトレーサビリティが確保されていることは，与えられた測定の目的に対して，測定結果の不確かさが十分に小さいことを保証する．

解説　1 ～ 4　正しい．

5　誤り．測定結果のトレーサビリティが確保されていることは，与えられた測定の目的に対して，測定結果の不確かさが十分に小さいことを保証するものではない． ▶答 5

■問題5　【令和4年 問11】

測定のトレーサビリティに関する次の記述の中から，正しいものを一つ選べ．
1　国家計量標準機関が測定標準を提供していない量に関してはトレーサビリティを確保することができない．
2　トレーサビリティの最上位に位置する国家計量標準機関が提供している測定標準の不確かさはゼロである．
3　トレーサビリティが確保されていることの証明のためには，トレーサビリティ体系図が必須である．
4　測定結果のトレーサビリティは，不確かさが与えられた目的に対して十分であることを保証するものではない．
5　トレーサビリティはSI単位で表された測定結果でのみ確保できる．

解説　1　誤り．国家計量標準機関が測定標準を提供していない量に関しても，所定の要件（JAB RL331:2020 参照）に照らして，技術的に妥当な校正手段に従って測定結果のトレーサビリティを確保することができる．
2　誤り．トレーサビリティの最上位に位置する国家計量標準機関が提供している測定標準の不確かさがゼロであるとは限らない．
3　誤り．トレーサビリティが確保されていることの証明のために，トレーサビリティ体系図は必須ではない．
4　正しい．
5　誤り．トレーサビリティはSI単位ではない単位で表された測定結果でも確保できる．

▶答 4

■問題6　【令和3年 問11】

測定標準とトレーサビリティに関する次の記述の中から，誤っているものを一つ選べ．
1　現場で使用する測定器から得られる測定値が，国家標準又は国際標準にトレーサブルであるためには，校正に使用する測定標準のトレーサビリティを確保しておくことが必要である．
2　どの測定器を使用しても，ある範囲で同等とみなせる値が得られるようにするための方法の一つが，測定器のトレーサビリティを確保しておくことである．
3　測定のトレーサビリティを確保しても，個々の測定値のばらつきをゼロにするこ

とはできない．
4　測定器の校正では，用いた測定標準の値と，それを測定したときの測定器の指示値との差の大きさがある値以内であることが，トレーサビリティの確保された校正であることの条件である．
5　全ての測定器を社内の最上位の測定標準で適切に校正し，かつ，その測定標準を外部の校正機関でトレーサビリティの確保された校正をしておくことは，社内の測定のトレーサビリティを確保する方法の一つである．

解説　1〜3　正しい．
4　誤り．トレーサビリティが確保された校正とは，国家標準または国際標準につながる経路を確保すること（それらの標準器で校正すること）をいい，「用いた測定標準の値と，それを測定したときの測定器の指示値との差の大きさがある値以内であること」ではない．
5　正しい．　　　　　　　　　　　　　　　　　　　　　　　　　　　▶ 答 4

■ **問題 7**　　　　　　　　　　　　　　　　　　　　　　　【令和 2 年 問 11】
トレーサビリティと不確かさに関する次の記述の中から，正しいものを一つ選べ．
1　組立量は，測定結果のトレーサビリティを確保することはできない．
2　測定結果のトレーサビリティの確保は，与えられた目的に対して不確かさが十分であることを保証する．
3　測定標準に付与された値の不確かさは，その測定標準を用いて行った校正の不確かさを表している．
4　国家計量標準機関が測定標準を供給している量以外の量に関しては，測定結果のトレーサビリティを確保することはできない．
5　測定結果のトレーサビリティを確保していることの証明として，トレーサビリティの経路を示すトレーサビリティ体系図は必ずしも必要ではない．

解説　1　誤り．組立量は，測定結果のトレーサビリティを確保することができる．
2　誤り．測定結果のトレーサビリティの確保は，上位の標準によって次々と校正され最終的に国家標準または国際標準などにつなげることであって，「与えられた目的に対して不確かさが十分であることを保証する」ものではない．
3　誤り．測定標準に付与された値の不確かさは，その測定標準を用いて行った校正の不確かさを必ずしも表していない．
4　誤り．国家計量標準機関が測定標準を供給している量以外の量に関しても，所定の要件（JAB RL331:2020 参照）に照らして，技術的に妥当な校正手段に従って測定結果

のトレーサビリティを確保することができる．
5　正しい．　　　　　　　　　　　　　　　　　　　　　　　▶答 5

■ **問題8**　　　　　　　　　　　　　　　　　【令和2年 問12】

測定標準とトレーサビリティに関する次の記述の中から，誤っているものを一つ選べ．
1　参照標準とは，ある組織又はある場所において，ある与えられた種類の量の他の測定標準を校正するために指定された測定標準のことである．
2　測定標準は，量の値とその不確かさが明確になっていることが必要である．
3　トレーサビリティとは，個々の校正が不確かさに寄与する，切れ目なく連鎖した，文書化された校正を通して，測定結果を参照基準に関係付けることができる測定結果の性質のことである．
4　トレーサビリティの確保のためには，校正対象の測定器による繰返し測定のばらつきが，校正に用いる測定標準の不確かさに比べて十分に小さい必要がある．
5　認証標準物質をもとに作成し，かつ不確かさが明確になっている標準物質は，測定標準として分析機器の校正に用いることができる．

解説　1～3　正しい．
4　誤り．トレーサビリティの確保のためには，校正対象の測定器による繰返し測定のばらつきが，校正に用いる測定標準の不確かさに比べて十分に小さい必要はない．
5　正しい．　

■ **問題9**　　　　　　　　　　　　　　　　　【令和元年 問11】

測定標準とトレーサビリティに関する次の記述の中から，誤っているものを一つ選べ．
1　ある測定値が国家標準にトレーサブルであるための条件の一つは，測定に使用する測定器についてトレーサビリティが確保された校正を行なうことである．
2　測定のトレーサビリティを確保しておくと，どの測定器を使用しても，同一測定対象の測定値が不確かさの範囲内で一致することが期待できる．
3　ある測定器の校正証明書に不確かさが記載されていれば，その測定器で得た測定値は国家標準にトレーサブルであるといえる．
4　測定のトレーサビリティを確保する目的は，測定値のばらつきをゼロにすることではない．
5　分析計を用いた濃度の測定において，トレーサビリティを確保するための測定標準として，認証標準物質を利用することができる．

解説 1, 2 正しい.

3 誤り. ある測定器の校正証明書に不確かさが記載されていても, その測定器が国家標準でトレーサビリティを確保されていなければ, その測定器で得た測定値は国家標準にトレーサブルであるといえない.

4, 5 正しい. ▶答 3

問題10 【令和元年 問12】

測定標準とトレーサビリティに関する次の (ア) から (ウ) の記述について, 内容の正誤の組合せとして正しいものを, 下の1から5の中から一つ選べ.

(ア) 民間の校正事業者が国家標準に対するトレーサビリティを確保するためには, 使用する測定器が国の計量標準機関で校正されている必要がある.

(イ) ある測定器について, 従来よりも不確かさが小さい校正証明書を新たに取得することによって, その測定器の測定値の偶然誤差を低減することができる.

(ウ) ある測定器を用いた測定において, 従来よりも繰返し測定の回数を増して平均値を算出し測定値とする. このようにしても, 測定値の不確かさはその測定器の校正の不確かさよりも小さくならない.

	(ア)	(イ)	(ウ)
1	正	正	正
2	正	正	誤
3	誤	正	誤
4	誤	誤	誤
5	誤	誤	正

解説 (ア) 誤り. 民間の校正事業者が国家標準に対するトレーサビリティを確保するためには, 使用する測定器が国の計量標準機関 (一次標準機関) で校正されているか, 一次標準機関から標準を供給される二次標準機関 (民間企業などが該当) で校正されている必要がある.

(イ) 誤り. ある測定器について, 従来よりも不確かさが小さい校正証明書を新たに取得することによっても, その測定器の測定値の偶然誤差を低減することはできない. 偶然誤差はいかなる場合にも低減できない.

(ウ) 正しい. ある測定器を用いた測定において, 従来よりも繰返し測定の回数を増して平均値を算出し測定値とする. このようにしても, 測定値の不確かさは標準器を使用して算出するため, その測定器の校正の不確かさよりも小さくならない. ▶答 5

■ 問題 11　　　　　　　　　　　　　　　　【平成 30 年 12 月 問 12】

測定のトレーサビリティに関する次の記述の中から，誤っているものを一つ選べ．
1　トレーサビリティが確保されていれば，測定結果が，通常は国家標準又は国際標準である決められた基準につながる経路が確立している．
2　国家標準へのトレーサビリティを確保した測定器を用いて，適切に管理した測定で得た測定結果は，国家標準にトレーサブルである．
3　測定器の校正を通じてトレーサビリティを確保することにより，測定結果の不確かさはゼロになる．
4　企業内の限られた範囲で実施される測定においては，トレーサビリティの確保を必要としない場合がある．
5　測定器の校正に使用する測定標準に検査成績書が発行されていることだけでは，トレーサビリティが確保されていることにはならない．

解説　1, 2　正しい．
3　誤り．測定器の校正を通じてトレーサビリティを確保しても，測定結果の不確かさはゼロにならない．
4　正しい．企業内の限られた範囲で実施される測定においては，研究などの測定関係においては，トレーサビリティの確保を必要としない場合がある．
5　正しい．

4.3　測定誤差の性質・計測用語

■ 問題 1　　　　　　　　　　　　　　　　【令和 6 年 問 3】

「JIS Z 8103 計測用語」に定義された用語である「次元 1 の量（無次元量）」に関する次の記述の中から，誤っているものを一つ選べ．
1　次元 1 の量とは，「量の次元において，基本量に対応する因数のすべての指数が 0 である量」である．
2　事物の個数は単なる数値であり，次元 1 の量ではない．
3　平面角を表す単位 rad は次元 1 の量を表す単位である．
4　同じ種類の二つの量の比で定義される量は次元 1 の量である．
5　溶液の濃度等を表すために用いられる単位 mol/mol は，次元 1 の量を表す単位

である.

解説 1 正しい.次元1の量とは,「量の次元において,基本量に対応する因数のすべての指数が0である量」である.なお,次元0は点であり,次元1は直線である.
2 誤り.事物の個数は,次元1の量である.
3 正しい.平面角θを表す単位radは,円を取り上げると,半径をr,円周上の長さをLとすれば,$r\theta = L$,$\theta = \dfrac{L}{r} = \dfrac{長さ}{長さ} = 長さ^0$であるから,無次元量(指数が0)となり,次元1の量を表す単位である.
4 正しい.同じ種類の二つの量の比で定義される量は,無次元量となり,次元1の量である.
5 正しい.溶液の濃度等を表すために用いられる単位mol/molは,無次元量となり,次元1の量を表す単位である.　　　　　　　　　　　　　　　　　　　　▶答 2

問題2　【令和6年 問5】

測定の不確かさ評価に関する次の記述の中から,誤っているものを一つ選べ.ここで,測定モデル(測定の数学モデル)とは,入力量の関数として出力量(測定対象量)を表した式のことをいう.
1 感度係数は出力量を対象の入力量で偏微分することによって求められるが,入力量の値が変化したときの出力量の値の変化を確認することによって実験的に求められることもある.
2 感度係数は一般に単位を持つ.
3 合成標準不確かさは標準偏差として表した出力量の不確かさである.
4 合成標準不確かさを求める際,各入力量の標準不確かさに感度係数を掛けることで,合成される不確かさ成分の単位をすべて出力量の単位にそろえてから合成を行う.
5 各入力量の標準不確かさを入力量の値の絶対値で割ることによって相対標準不確かさを求め,それらの二乗和の平方根を求めれば,測定モデルによらず合成標準不確かさを求めることができる.

解説 1 正しい.
2 正しい.感度係数は,一般的に単位を持つ.例えば,出力量が電流y(単位:A),入力量が質量M(単位:kg)のとき,感度係数をβとし,$y = \beta M$の関係があるとすれば,βは$A\cdot kg^{-1}$の次元を持つ.
3 正しい.合成標準不確かさは,標準不確かさで表現された不確かさ成分を分散(標準偏差の2乗)の合成方法で合成して一つの値にまとめたもので,標準偏差として表した

出力量の不確かさである.

4　正しい.

5　誤り. 各入力量の標準不確かさを入力量の値の絶対値で割ることによって相対標準不確かさを求め，それらの2乗和の平方根を求めれば，測定モデルが入力量の積または商のみで表されるとき，合成標準不確かさを求めることができる. 以下にその理由を示す.

不確かさを合成する式（不確かさの伝ぱ則という）は次のように表される.

$$u_c{}^2(y) = \sum_{i=1}^{n} \left(\frac{\partial y}{\partial x_i}\right)^2 u^2(x_i) \qquad ①$$

ここに，$y = f(x_1, x_2, \cdots, x_n)$，$u_c(y)$：合成標準不確かさ，$y$：出力量，

$\dfrac{\partial y}{\partial x_i}$：感度係数，$x_i$：入力量，$u(x_i)$：入力量の不確かさ

今，次のような測定モデルである指数関数を考える.

$$y = cx_1{}^{p1}x_2{}^{p2}\cdots x_n{}^{pn} \qquad ②$$

式②を x_i について偏微分する.

$$\frac{\partial y}{\partial x_i} = (cx_1{}^{p1}x_2{}^{p2}\cdots x_{i-1}{}^{pi-1}\cdot x_{i+1}{}^{pi+1}\cdots x_n{}^{pn})p_i x_i{}^{pi-1} \qquad ③$$

式③の両辺に x_i を掛けて整理する.

$$\left(\frac{\partial y}{\partial x_i}\right)x_i = (cx_1{}^{p1}x_2{}^{p2}\cdots x_{i-1}{}^{pi-1}\cdot x_{i+1}{}^{pi+1}\cdots x_n{}^{pn})p_i x_i{}^{pi}$$
$$= p_i(cx_1{}^{p1}x_2{}^{p2}\cdots x_{i-1}{}^{pi-1}\cdot x_i{}^{pi}\cdot x_{i+1}{}^{pi+1}\cdots x_n{}^{pn}) = p_i y \qquad ④$$

式④を変形する.

$$\frac{\partial y}{\partial x_i} = \frac{p_i y}{x_i} \qquad ⑤$$

式⑤を式①に代入する.

$$u_c{}^2(y) = \sum_{i=1}^{n}\left(\frac{\partial y}{\partial x_i}\right)^2 u^2(x_i) = \sum_{i=1}^{n}\left(p_i\left(\frac{y}{x_i}\right)\right)^2 u^2(x_i)$$
$$= \sum_{i=1}^{n}\left(p_i\left(\frac{u(x_i)}{x_i}\right)\right)^2 y^2 \qquad ⑥$$

式⑥は次のように変形できる.

$$\left(\frac{u_c(y)}{y}\right)^2 = \sum_{i=1}^{n}\left(p_i\left(\frac{u(x_i)}{x_i}\right)\right)^2 \qquad ⑦$$

式⑦の右辺は，入力量の標準不確かさ $u(x_i)$ を入力量 x_i で除したものであり，相対標準不確かさの2乗和となっている. 左辺は合成標準不確かさ $u_c(y)$ を出力量 y で除したものであり，相対標準不確かさ $\dfrac{u_c(y)}{y}$ の2乗となっている. 式⑦の右辺から相対標準不確かさ $\left(\dfrac{u_c(y)}{y}\right)^2$ を求め，出力量 y の2乗の値を掛け，平方根を求めれば，合成標準不

確かさの値 $u_c(y)$ を求めることができる．このように，相対標準不確かさから合成標準不確かさを求めることができる測定モデルは，入力量の積または商で表される測定モデルである． ▶答 5

問題 3 【令和6年 問6】

以下の箇条1) ～ 4) は，ある出力量（測定対象量）Y の不確かさを算出する手順について説明したものである．（ ア ）～（ ウ ）の空欄に入る語句の組合せとして正しいものを下の中から一つ選べ．

1) 出力量 Y と全ての入力量 X_i $(i = 1, 2, \cdots, n)$ との関係を次の測定の数学モデルとして表現する．
$$Y = f(X_1, X_2, \cdots, X_n)$$
2) 各入力量 X_i の推定値 x_i 及びその（ ア ）不確かさ $u(x_i)$ を，一連の観測値の統計的解析に基づくタイプA評価か，他の方法に基づくタイプB評価によって求める．
3) 不確かさの伝ぱ則により，（ イ ）不確かさを算出する．
4) 合理的に出力量 Y に結び付けられ得る値の分布の大部分を含むと期待される区間に要求される信頼の水準に基づいて包含係数 k を決定し，これを（ イ ）不確かさに乗じて（ ウ ）不確かさ U を得る．

	（ア）	（イ）	（ウ）
1	標準	合成標準	拡張
2	合成標準	拡張	標準
3	標準	拡張	合成標準
4	合成標準	標準	拡張
5	拡張	合成標準	標準

解説 （ア）「標準」である．
（イ）「合成標準」である．
（ウ）「拡張」である． ▶答 1

問題 4 【令和5年 問5】

測定の不確かさ評価に関する次の記述の中から，誤っているものを一つ選べ．

1 測定誤差は，一般に誤差の性質に応じて偶然誤差と系統誤差に分類できるが，測定の不確かさは評価方法に応じてタイプA評価とタイプB評価に分類されている．
2 不確かさのタイプA評価とは，一連の測定値の統計的解析による評価である．
3 不確かさのタイプB評価とは，統計的解析によらず，文献・仕様書・校正証明書などの外部情報や測定者の知識・経験などに基づいて行う評価である．

4.3 測定誤差の性質・計測用語

4　測定対象量が複数の入力量の関数として得られる場合は，各入力量の標準不確か
さを評価し，これらを不確かさの伝ぱ則を用いて合成することにより，測定対象量
の不確かさを求める．

5　不確かさの伝ぱ則は，タイプA評価で得られた不確かさの合成にのみ用いられ，
タイプB評価で得られた不確かさの合成には適用されない．

解説　1〜4　正しい．

5　誤り．不確かさの伝ぱ則は，タイプA評価で得られた不確かさの合成だけではなく，
タイプB評価で得られた不確かさの合成にも，標準偏差に相当する値を推定し標準不
確かさが得られるのであれば，適用される．　　　　　　　　　　　　　　▶答 5

■ **問題 5**　　　　　　　　　　　　　　　　　　　　【令和 5 年 問 6】　☑ ☑ ☑

ある測定対象量 y は，二つの入力量 x_i（$i = 1, 2$）から，次の測定モデルにより計
算される．

$$y = ax_1 + bx_2$$

ただし，a, b は定数である．

この測定モデルに基づき，不確かさの伝ぱ則により y の合成標準不確かさ $u_c(y)$ を
求めたい．$u_c(y)$ の計算式として正しいものを，次の中から一つ選べ．

ここで，$u(x_i)$ は x_i の標準不確かさであり，x_1 と x_2 の間に相関はないものとする．

1　$u_c(y) = u(x_1) + u(x_2)$

2　$u_c(y) = au(x_1) + bu(x_2)$

3　$u_c(y) = \sqrt{u^2(x_1) + u^2(x_2)}$

4　$u_c(y) = \sqrt{a^2 u^2(x_1) + b^2 u^2(x_2)}$

5　$u_c(y) = y\sqrt{\left[\dfrac{u(x_1)}{x_1}\right]^2 + \left[\dfrac{u(x_2)}{x_2}\right]^2}$

解説　ある測定対象量 y が，2 つの入力量 x_1，x_2 から，次の式で表されるとする（ただ
し，a, b は定数）．

$$y = ax_1 + bx_2$$

このとき，y の合成標準不確かさ $u_c(y)$ は，x_1 と x_2 の標準不確かさをそれぞれ $u(x_1)$ と
$u(x_2)$ とすれば，次のように表される．

$$u_c(y) = \sqrt{a^2 u^2(x_1) + b^2 u^2(x_2)}$$

▶答 4

■ 問題6　　　　　　　　　　　　　　【令和5年 問14】

「JIS Z 8103 計測用語」に基づく校正又は測定に関する次の記述の中から，誤っているものを一つ選べ．
1　校正では，最終的に，実際の測定のときに得られる測定システムの指示値から測定対象の量の値を示す測定結果を得るための関係を求める．
2　校正において，指示値から測定結果を得るための関係を表す情報は，測定標準によって提供される量の値とそれに対応する指示値との関係から得ることができる．
3　校正は，表明（statement），校正関数，校正線図，校正曲線又は校正表の形で表すことがある．
4　測定において，ある目的に対して不確かさが無視できると考えられる場合は，測定結果を単一の測定値として表現することがある．
5　"自己校正（self-calibration）"と呼ばれる測定システムの調整（adjustment）は，校正の一種である．

解説　1　正しい．「JIS Z 8103 計測用語」番号401参照．
2〜4　正しい．
5　誤り．"自己校正（self-calibration）"と呼ばれる測定システムの調整（adjustment）は，校正とは異なり，混同すべきではない．　　　　　　　　　　　　　　▶ 答 5

■ 問題7　　　　　　　　　　　　　　【令和4年 問3】

「JIS Z 8103 計測用語」が定義する用語に関する次の記述の中から，誤っているものを一つ選べ．
1　「測定のかたより」とは，測定値の母平均から真値を引いた値のことである．
2　「精確さ」とは，測定値と測定対象量の真値との一致の度合いのことである．
3　「測定のばらつき」とは，測定者が気付かずにおかした過ちによる，ふぞろいの程度のことである．
4　「有効数字」とは，測定値などを表す数字のうちで，位取りを示すだけの0を除いた，意味のある数字のことである．
5　「繰返し性」とは，一連の測定の繰返し条件の下での測定の精密さのことである．

解説　1, 2　正しい．
3　誤り．「測定のばらつき」とは，ふぞろいの程度のことである．「測定者が気付かずにおかした過ちによる」測定値は，「まちがい」である．
4, 5　正しい．　　　　　　　　　　　　　　　　　　　　　　　　　　▶ 答 3

■ 問題8 　　　　　　　　　　　　　　　　　　【令和4年 問5】

測定の信頼性についての次の記述の中から，誤っているものを一つ選べ．
1　測定を繰返し行い，その平均値を測定結果とするとき，繰返し回数が多いほど，偶然誤差による平均値のばらつきの程度は小さくなる．
2　「JIS Z 8103 計測用語」では，指定された条件の下で，同じ又は類似の対象について，反復測定によって得られる指示値又は測定値の間の一致の度合いを精密さとして定義している．
3　測定器の精密さの指標として，指定された条件下での一連の測定値の標準偏差を用いることができる．
4　測定の不確かさ評価は，すべて自らが取得した一連の測定値の統計的解析に基づいて行う必要があり，第三者が取得したデータ等の外部情報は利用してはならない．
5　間接測定の場合，測定結果の不確かさは，測定対象量と一定の関係にある各量の測定結果の不確かさを評価し合成して求めることができる．

解説　　1〜3　正しい．
4　誤り．測定の不確かさ評価は，自らが取得した一連の測定値の統計的解析に基づいて行うことが基本であるが，必要に応じて第三者が取得したデータ等の外部情報を利用してもよい．
5　正しい．　　　　　　　　　　　　　　　　　　　　　　　　　　▶答 4

■ 問題9 　　　　　　　　　　　　　　　　　　【令和4年 問6】

測定の不確かさに関する次の記述の中から，誤っているものを一つ選べ．
1　不確かさは，「JIS Z 8103 計測用語」では「測定値に付随する，合理的に測定対象量に結び付けられ得る値の広がりを特徴づけるパラメータ」と定義されている．
2　標準不確かさは，標準偏差として表した不確かさである．
3　「測定における不確かさの表現のガイド（GUM）」では，測定の不確かさを「偶然不確かさ」と「系統不確かさ」に分類している．
4　アナログ計器の読取りにおける人によるかたよりは，測定における不確かさの原因となる可能性がある．
5　合成標準不確かさは，測定モデルの入力量に付随する個々の標準不確かさを用いて得られる標準不確かさである．

解説　　1, 2　正しい．
3　誤り．「測定における不確かさの表現のガイド（GUM）」では，不確かさの評価の方法を，「タイプA評価」として一連の測定値の統計的解析による不確かさの一成分の評

価と,「タイプB評価」としてタイプA評価以外の方法による不確かさの一成分の評価に分類している.タイプB評価の例として,以前の測定値,経験や一般的知識,校正証明書の記載データ,機器メーカの仕様などがある.

4, 5　正しい. ▶答 3

問題 10　【令和 4 年 問 12】

「JIS Z 8103 計測用語」において,測定標準は「何らかの参照基準として用いる,表記された量の値及びその不確かさをもつ,ある与えられた量の定義を現示したもの.」と定義されている.測定標準に関する次の記述の中から,誤っているものを一つ選べ.

1　量の定義の現示とは,定義された量の値を実現し示すことである.量の値は,測定システム,実量器又は標準物質によって与えることができる.

2　測定標準を用いたとき,その測定標準の量の値及び不確かさは測定標準の校正証明書等に書かれているものを用いなければならないので,環境の影響や経年変化を考慮してはならない.

3　測定標準は,他の測定標準,測定器又は測定システムの校正を通して,トレーサビリティを確立する際の参照基準として用いることができる.

4　測定標準を指す用語にはいろいろあり,例えば,「標準器」は測定標準として使われる計器及び実量器を指している.実量器の例として,標準分銅やブロックゲージがある.

5　計量法では,法定計量分野で特定計量器の検定又は定期検査に用いる測定標準に相当するものを「基準器」と呼んでいるが,不確かさを付すことは要求していない.

解説　1　正しい.

2　誤り.測定標準を用いたとき,その測定標準の量の値および不確かさは測定標準の校正証明書等に書かれているものを用いなければならないが,環境の影響や経年変化を考慮する必要がある.

3〜5　正しい. ▶答 2

問題 11　【令和 3 年 問 3】

「JIS Z 8103 計測用語」において規定されている,測定値の評価に用いられる用語や指標に関する次の記述の中で,誤っているものを一つ選べ.

1　「真度」及び「正確さ」は,かたよりの小さい程度を表す.

2　「精密さ」及び「精度」は,ばらつきの小さい程度を表す.

3　「精確さ」及び「総合精度」は,測定値の総合的な良さを表す.

4　「正確さ」と「精確さ」は，同じ発音であるが，意味は異なるので注意が必要である．

5　かたよりの小さい程度を定量的に表すには，例えば「標準偏差」を用いることができる．

解説　1　正しい．「真度」および「正確さ」は，かたよりの小さい程度を表す．なお，かたよりとは母平均から真の値を引いた値である．

2　正しい．「精密さ」および「精度」は，ばらつきの小さい程度を表す．ばらつきとは測定値のふぞろいの程度を表す．

3，4　正しい．

5　誤り．ばらつきの小さい程度を定量的に表すには，例えば「標準偏差」を用いることができる．「かたより」が誤り．　　　　　　　　　　　　　　　　　　▶答 5

問題 12 【令和3年 問6】

測定の不確かさ評価に関する（ア）〜（オ）の記述について，その正誤の組合せとして正しいものを，下の中から一つ選べ．

（ア）測定標準を用いて測定器を校正した後，測定試料を測定した．このときの測定標準の校正証明書の情報を測定試料の測定値の不確かさ評価に利用した．

（イ）校正から測定までの期間に測定器に生じ得る時間的変化（ドリフト）の効果を，測定の不確かさの要因の一つとした．

（ウ）トレーサビリティが確保された測定標準を用いて測定器を校正したので，その測定器の校正の不確かさをゼロとした．

（エ）合成標準不確かさに包含係数を乗じて拡張不確かさを求めた．

（オ）認証標準物質の認証値の拡張不確かさを分散の形で表した．

	（ア）	（イ）	（ウ）	（エ）	（オ）
1	正	誤	正	正	誤
2	正	正	誤	正	誤
3	誤	誤	正	誤	正
4	正	正	誤	誤	正
5	誤	誤	誤	正	誤

解説　（ア）正しい．測定標準を用いて測定器を校正した後，測定試料を測定した場合，このときの測定標準の校正証明書の情報を測定試料の測定値の不確かさ評価に利用することは適切である．

410

(イ) 正しい．校正から測定までの期間に測定器に生じ得る時間的変化（ドリフト）の効果を，測定の不確かさの要因の一つとすることは適切である．
(ウ) 誤り．トレーサビリティが確保された測定標準を用いて測定器を校正しても，その測定器の校正の不確かさはゼロにはならない．
(エ) 正しい．合成標準不確かさに包含係数を乗じて拡張不確かさを求める．
(オ) 誤り．認証標準物質の認証値の拡張不確かさは，分散の形はなく，包含係数 $k=2$ で約95％信頼の水準の不確かさで表す． ▶答 2

問題13 【令和3年 問12】

「JIS Z 8103 計測用語」において，次の文章で定義される用語として正しいものを，下の中から一つ選べ．

「個々の校正が不確かさに寄与する，切れ目なく連鎖した，文書化された校正を通して，測定結果を参照基準に関係付けることができる測定結果の性質．」

1 トレーサビリティ
2 校正階層
3 拡張不確かさ
4 測定結果の比較性
5 測定結果の両立性

解説 「個々の校正が不確かさに寄与する，切れ目なく連鎖した，文書化された校正を通して，測定結果を参照基準に関係付けることができる測定結果の性質」は，トレーサビリティである． ▶答 1

問題14 【令和2年 問1】

「JIS Z 8103 計測用語」では，測定は「ある量をそれと同じ種類の量の測定単位と比較して，その量の値を実験的に得るプロセス」，計測は「特定の目的をもって，測定の方法及び手段を考究し，実施し，その結果を用いて所期の目的を達成させること」，また，計測管理は「計測の目的を効率的に達成するため，計測の活動全体を体系的に管理すること」と定義されている．計測管理の実施に関する次の記述の中で誤っているものを一つ選べ．

1 計測の計画段階では，関連部署と協力して，まず計測の目的を確認し，それが実現できるよう測定すべき対象と特性を決める．さらに，測定器，測定方法，測定条件などを含めた測定システムを適切に選択することも重要である．
2 計測の目的の実現に必要となる測定システムの精確さを見積もることが重要である．ただし，必要となる精確さの見積もりは計測の計画段階では行えないので，測

定の実施段階で行う必要がある.

3　測定の実施段階では，計測の計画で決められた作業を確実に行うことが重要である．これを可能とするため，計測の計画段階では，測定担当者が疑問なく作業ができるよう十分な詳しさで作業の方法や手順を記述しておく必要がある.

4　測定により得られた測定結果は，単に記録するだけでなく，関連部署と協力してそれを吟味し，その結果に基づいて，必要があれば計測の目的を実現するための対策を策定し，実行することが重要である.

5　校正に用いる測定標準として国家標準にトレーサビリティがとれたものを使うことにより，測定結果の普遍性を確保することができる．計測の計画段階で，使用する測定標準を決めておく必要がある.

解説　　1　正しい.

2　誤り．計測の目的の実現に必要となる測定システムの精確さを見積もることが重要である．ただし，必要となる精確さの見積もりは計測の実施段階では行えないので，測定の計画段階で行う必要がある．「計画段階」と「実施段階」が逆である.

3～5　正しい.　　　　　　　　　　　　　　　　　　　　　　　　　　▶答2

問題15　　　　　　　　　　　　　　　　　　　　　【令和2年 問3】✓✓✓

「JIS Z 8103 計測用語」に規定されている用語に関する次の記述の中から，正しいものを一つ選べ.

1　「次元1の量」の例として，コイルの巻数や試料中の分子の数などの事物の個数がある.

2　「順序尺度量」とは，大きさに従って同じ種類の他の量との順序関係を完全に決定できる量で，値の差には意味があるが，値の比には物理的に確定的な意味はない.

3　「影響量」とは，測定される量の値の変化に対する，測定システムの指示値の変化の比率を表す量である.

4　「間接測定」とは，ある組立量を，それに関連するすべての基本量の測定によって決定する測定方法である.

5　「名義的性質」とは，現象，物体又は物質の性質であって，一般的に数値として表される.

解説　　1　正しい．「次元1の量」とは，事物の個数をいい，例として，コイルの巻数や試料中の分子の数などの事物の個数がある.

2　誤り．「順序尺度量」とは，大きさに従って同じ種類の他の量との順序関係を完全に決定できる量で，値の差および値の比には物理的に確定的な意味はない．例として，0

412

から 5 までのスケールによる腹痛の主観的レベルがある.
3 誤り.「影響量」とは, 測定対象量以外で, 測定結果に影響を与える量をいい, 例として, 棒の長さの測定に用いるマイクロメータの温度および棒の温度などがある.
4 誤り.「間接測定」とは, 測定対象量と一定の関係にある幾つかの他の量の測定によって, 測定対象量の値を導き出す測定方法である.「ある組立量を, それに関連するすべての基本量の測定によって決定する測定方法」は, 絶対測定である.
5 誤り.「名義的性質」とは, 現象, 物体または物質の性質であって, 大きさをもたないものである. 例として, 人間の性別, 塗料見本の色, 化学分野でのスポット (斑点: spot) 試験の色, 国名コードなどがある. 答 1

問題 16 【令和 2 年 問 5】

次の記述(ア)〜(ウ)は「JIS Z 8103 計測用語」で規定されている用語の定義を示したものである. それぞれの定義に該当する用語の組合せとして正しいものを, 下の中から一つ選べ.
(ア) 測定者が気付かずにおかした誤り, 又はその結果求められた測定値.
(イ) 測定値の母平均から真値を引いた値.
(ウ) 指定された条件の下で, 同じ又は類似の対象について, 反復測定によって得られる指示値又は測定値の間の一致の度合い.

	(ア)	(イ)	(ウ)
1	ばらつき	誤差	精密さ
2	まちがい	誤差	正確さ
3	ばらつき	かたより	正確さ
4	まちがい	かたより	精密さ
5	まちがい	誤差	精密さ

解説 (ア)「測定者が気付かずにおかした誤り, 又はその結果求められた測定値」は,「まちがい」である.
(イ)「測定値の母平均から真値を引いた値」は,「かたより」である.
(ウ)「指定された条件の下で, 同じ又は類似の対象について, 反復測定によって得られる指示値または測定値の間の一致の度合い」は,「精密さ」である. 答 4

問題 17 【令和 2 年 問 6】

不確かさに関する次の記述の中から, 誤っているものを一つ選べ.
1 標準不確かさは, 標準偏差で表した測定の不確かさである.
2 不確かさの評価の方法には, タイプ A 評価として一連の測定値の統計的解析によ

る，不確かさの一成分の評価と，タイプB評価としてタイプA評価以外の方法による，不確かさの一成分の評価がある．

3　合成標準不確かさは，測定結果を幾つかの他の量の値によって求めるときの，これらの各量の変化に応じて測定結果がどれだけ変わるかによって重み付けした，標本分散又は他の量との標本共分散の積の平方根に等しい．

4　拡張不確かさは，測定結果について，合理的に測定対象量に結び付けられ得る値の分布の大部分を含むと期待する区間を定める不確かさである．

5　包含係数は，拡張不確かさを求めるために合成標準不確かさに乗じる数として用いられる数値係数である．

解説　1　正しい．

2　正しい．不確かさの評価の方法には，タイプA評価として一連の測定値の統計的解析による，不確かさの一成分の評価と，タイプB評価としてタイプA評価以外の方法による，不確かさの一成分の評価がある．タイプB評価の例として，以前の測定値，経験や一般的知識，校正証明書の記載データ，機器メーカの仕様などがある．

3　誤り．合成標準不確かさは，測定結果を幾つかの他の量の値によって求めるときの，これらの各量の変化に応じて測定結果がどれだけ変わるかによって重み付けした，標本分散または他の量との標本共分散の和の平方根に等しい．「積」が誤り．

4, 5　正しい．　　　　　　　　　　　　　　　　　　　　　　　　　　　　　▶答 3

問題18　　　　　　　　　　　　　　　　　　　　　【令和元年 問1】

「JIS Z 8103 計測用語」で定義されている用語「計測」，「計量」，および「測定」に関する次の（ア）から（ウ）の記述について，記述内容の正誤の組合せとして正しいものを，下の1から5の中から一つ選べ．

（ア）計測とは，特定の目的をもって，測定の方法及び手段を考究し，実施し，その結果を用いて所期の目的を達成させることである．

（イ）計量とは，社内的に取り決めた測定標準を基礎とする計測のことである．

（ウ）測定とは，ある量をそれと同じ種類の量の測定単位と比較して，その量の値を実験的に得るプロセスのことである．

	（ア）	（イ）	（ウ）
1	正	正	正
2	正	正	誤
3	正	誤	正
4	誤	正	誤
5	誤	誤	正

解説 （ア）正しい．
（イ）誤り．計量とは，公的に取り決めた測定標準を基礎とする計測のことである．
（ウ）正しい． ▶答 3

問題19 【令和元年 問5】

測定誤差に関する次の記述の中から，誤っているものを一つ選べ．
1. 測定誤差とは，測定値から真の値を引いた値であり，その符号も含まれる．
2. 総合誤差とは，種々の要因によって生じる誤差成分のすべてを含めた総合的な誤差である．
3. ばらつきとは，測定値がそろっていないこと，又はふぞろいの程度である．
4. 偶然誤差とは，反復測定において，予測が不可能な変化をする測定誤差の成分である．
5. 繰返し性とは，異なる測定場所，異なるオペレータ，異なる測定システム，及び同一又は類似の対象についての反復測定の精密さである．

解説 1～4 正しい．
5 誤り．繰返し性とは，同一測定場所，同一オペレータ，同一測定システム，および同一または類似の対象についての反復測定の精密さである． ▶答 5

問題20 【令和元年 問6】

測定の不確かさに関する次の記述の中から，正しいものを一つ選べ．
1. ある物体の質量を複数回の繰返し測定によって求めた．その結果，測定値のばらつきがなかったので，その質量の測定結果の不確かさをゼロとした．
2. 不確かさの評価において，測定作業中に生じた測定対象量の変化は不確かさの要因になり得ない．
3. 校正結果の不確かさには，校正に使用した測定標準の値の不確かさが含まれる．
4. 測定の不確かさは，その測定で考えられるすべての不確かさ要因についてばらつきを評価する実験を実施しなければ評価できない．
5. 測定データの記録ミスも不確かさの要因である．

解説 1 誤り．ある物体の質量を複数回の繰返し測定によって求めたものは，Aタイプの評価となる．その質量の測定結果の不確かさは，Bタイプの評価（以前の測定値，経験や一般的知識，校正証明書に記載のデータなど）も考慮して評価しなければならないため，Aタイプの不確かさがゼロでも，ゼロとはならない可能性がある．

2　誤り．不確かさの評価において，測定作業中に生じた測定対象量の変化は不確かさの要因になり得る．
3　正しい．
4　誤り．測定の不確かさは，影響の小さい要因を無視する．
5　誤り．測定データの記録ミスは不確かさの要因ではない．　　　　　▶答 3

問題 21　【平成 30 年 12 月 問 3】

「JIS Z 8103 計測用語」に含まれる用語について，次のA～Cの記述の正誤の組合せとして正しいものを，下の中から一つ選べ．

A 「国際標準」とは，国際的な合意によって認められた標準であって，異なった地域間を輸送するための標準のことをいう．
B 「二次標準」とは，同一の量の一次標準と比較して値が決定された標準のことをいう．
C 「実用標準」とは，計器，実量器又は標準物質を，日常的に校正又は検査するために用いられる標準のことをいう．

	A	B	C
1	正	正	正
2	正	正	誤
3	正	誤	正
4	誤	正	正
5	誤	誤	誤

解説　A　誤り．「国際標準」とは，国際的な合意によって認められた標準であって，当該量の他の標準に値付けするための基礎として国際的に用いられるものをいう．
B, C　正しい．　　　　　▶答 4

問題 22　【平成 30 年 12 月 問 5】

測定誤差に関する次のア～エの記述について，正しい記述の組合せを下の中から一つ選べ．

ア　相対誤差は，系統誤差と偶然誤差のそれぞれの2乗の和の平方根として求められる．
イ　測定器に負のかたよりがある場合でも，実際の測定値は真の値より大きくなることもある．
ウ　測定者が気付かずに犯した誤りやその結果得られた測定値はまちがいと呼ばれ，測定作業に慣れた熟練者でもまちがいは発生する．

エ　精密測定室で測定の不確かさを評価した測定器を，環境条件が大きく変動する
工程中で用いても，精密測定室で用いる場合と同程度の不確かさで測定できる．

1　ア，イ，ウ　　2　ア，イ，エ　　3　イ，ウ　　4　ウ，エ　　5　エ

解説　ア　誤り．相対誤差は，誤差を平均値で除した値で，単位はない．系統誤差は
かたよりで，母平均から真の値を引いた値で単位がある．偶然誤差はばらつきで，母標
準偏差で表され単位がある．したがって，相対誤差は系統誤差や偶然誤差から求めるこ
とはできない．

イ，ウ　正しい．

エ　誤り．精密測定室で測定の不確かさを評価した測定器を，環境条件が大きく変動す
る工程中で用いた場合，精密測定室で用いる場合と異なる不確かさで測定される．

▶答 3

問題 23 【平成 30 年 12 月 問 6】

測定値の標準不確かさを評価する方法として，タイプ A 評価とタイプ B 評価の二
通りの方法がある．このうちタイプ A 評価は，一連の観測値の統計的解析による評
価である．ある測定対象量を n 回反復測定して得たデータ q_i $(i = 1, 2, \cdots, n)$ があ
り，その平均 $\bar{q} = \dfrac{1}{n} \sum\limits_{i=1}^{n} q_i$ をこの測定対象量に対する測定値とすることにした．測定
値 $\bar{q}$ の標準不確かさ $u(\bar{q})$ をタイプ A 評価するため，データ q_i の標本標準偏差 s を計算
し，これを使って $u(\bar{q})$ を求めた．このとき，標本標準偏差 s と標準不確かさ $u(\bar{q})$ の計
算式の次の組合せの中から，正しいものを一つ選べ．

ただし，データ q_i は互いに統計的に独立であるとする．

1　$s = \sqrt{\dfrac{1}{n} \sum\limits_{i=1}^{n} (q_i - \bar{q})^2}, \qquad u(\bar{q}) = \dfrac{s}{\sqrt{n}}$

2　$s = \sqrt{\dfrac{1}{n} \sum\limits_{i=1}^{n} (q_i - \bar{q})^2}, \qquad u(\bar{q}) = \dfrac{s}{n}$

3　$s = \sqrt{\dfrac{1}{n} \sum\limits_{i=1}^{n} (q_i - \bar{q})^2}, \qquad u(\bar{q}) = \dfrac{s}{\sqrt{n-1}}$

4　$s = \sqrt{\dfrac{1}{n-1} \sum\limits_{i=1}^{n} (q_i - \bar{q})^2}, \qquad u(\bar{q}) = \dfrac{s}{n}$

5　$s = \sqrt{\dfrac{1}{n-1} \sum\limits_{i=1}^{n} (q_i - \bar{q})^2}, \qquad u(\bar{q}) = \dfrac{s}{\sqrt{n}}$

解説 標本標準偏差 s は，n 個の測定データから平均値 $\bar{q}$ を求めて，偏差平方和を $(n-1)$ で除し，その平方根をとるから

$$s = \sqrt{\frac{1}{n-1} \sum_{i=1}^{n} (q_i - \bar{q})^2}$$

となる．標準不確かさ $u(\bar{q})$ は，標本標準偏差 s を測定データ数 n の平方根で除した

$$u(\bar{q}) = \frac{s}{\sqrt{n}}$$

で与えられる． ▶答 5

■問題24 【平成30年12月 問11】 ✓ ✓ ✓

「JIS Z 8103 計測用語」で定義された測定標準に関する次の記述の中から，誤っているものを一つ選べ．

1 測定標準とは，基準として用いるために，ある単位又はある量の値を定義，実現，保存又は再現することを意図した計器，実量器，標準物質又は測定系のことである．

2 測定標準は基準として用いるので，その値に再現性があり，安定なものであることが要求される．

3 測定標準の値の不確かさは，その測定標準で校正された測定器を用いた測定の不確かさの一成分となる．

4 測定標準を試験所内での測定の精密さの管理に用いる場合，その測定標準の値は国家標準にトレーサブルであることが必須である．

5 測定のトレーサビリティを確保するための測定標準として，認証標準物質を用いることができる．

解説 1 ～ 3 正しい．

4 誤り．測定標準を試験所内での測定の精密さの管理に用いる場合，試験所内で測定目的が達成されればよいので，その測定標準の値が国家標準にトレーサブルであることは必ずしも必要ではない．

5 正しい． ▶答 4

4.4 統計の基礎

4.4.1 平均値・期待値・分散・測定値・有効数字のばらつき

■問題1 【令和6年 問7】

測定における統計的解析に関する次の記述の中から，誤っているものを一つ選べ．

1 測定値の母集団とは，定まった条件の下で，仮想的に無限回の測定を反復したときに得られると想定される無限個の測定値の集合である．

2 測定値の標本とは，定まった条件の下で，実際に有限回の測定を行った結果得られる測定値の一組である．

3 測定値の母集団についての平均を母平均，標本についての平均を標本平均という．

4 標本平均は，母平均の最良推定値であり，母平均に一致する．

5 確率密度関数のモードとは，確率密度関数が局所的に最大値をとる値である．

解説 1～3 正しい．

4 誤り．標本平均の平均（期待値）は，母平均の最良推定値であり，母平均と一致する．

5 正しい． ▶答 4

■問題2 【令和6年 問8】

製造ラインにおいて，ある一日に生産されたすべての製品を母集団とみなし，製品寸法の母平均が目標値 M からずれているかどうかを仮説検定する．このため，製品を10個サンプリングし，それらの寸法を測定した．これらの測定値を使い，危険率を5%として母平均の両側検定（標準正規分布を用いるいわゆる Z-検定）を行った結果，「有意差はない」という結果が得られた．この検定について正しい記述を，次の中から一つ選べ．

ただし，この製造ラインは長年運用しており，製品の寸法の母標準偏差が既知であると考えてよい．また，一日に生産された製品の数は近似的に無限個とみなしてよい．

1 検定結果は，「その日に生産された製品の母平均と M が等しいということが5%の危険率で示された．」を意味する．

2 検定結果は，「その日に生産された製品の母平均と M が等しい確率が95%以上である．」と解釈される．

3 危険率5%というのは，有意水準95%と同意である．

4 この検定では母標準偏差が既知であったので標準正規分布を用いたが，母標準偏

差が未知の場合は，標準正規分布を用いることはできず，スチューデントのt-分布が広く用いられている．

5　一般的に，統計的検定での「有意差はない」という結論は，「値が一致していることが証明できた」ということを意味する．

解説　1　誤り．検定結果は，「その日に生産された製品の母平均とMが等しくないことが，5%の危険率で示された．」を意味する．なお，Z-検定において，$Z = \dfrac{\bar{x} - \mu}{\sqrt{\sigma^2/n}}$（ここに，$\bar{x}$：データの平均，$\mu$：母平均，$\sigma$：母分散，$n$：サンプル数）である．

2　誤り．検定結果は，「その日に生産された製品の母平均とMの等しい確率が95%である．」と解釈される．

3　誤り．危険率5%というのは，有意水準5%と同意である．

4　正しい．

5　誤り．一般的に，統計的検定での「有意差はない」という結論は，「有意水準と比較して差がないと判断する」ことを意味し，「値が一致していること」は意味しない．　▶答 4

■ **問題3**　　　　　　　　　　　　　　　　　　　　　　　　　【令和6年 問9】

説明変数xのn個の値$x_1, x_2, \cdots, x_n$それぞれに対して得た応答変数yの値$y_1, y_2, \cdots, y_n$がある．これらを使ってyをxの比例式$y = bx$（b定数）としてあてはめる回帰分析を行うとき，あてはめにおける残差の分散を求める式として正しいものを次の中から一つ選べ．

ただし，以下で$\bar{x}$はx_i（$i = 1, 2, \cdots, n$）の平均，$\bar{y}$はy_i（$i = 1, 2, \cdots, n$）の平均，bは得られた回帰係数の推定値とする．

1　$\dfrac{\sum\limits_{i=1}^{n}(x_i - \bar{x})(y_i - \bar{y})}{\sum\limits_{i=1}^{n}(x_i - \bar{x})^2}$　　2　$\dfrac{\sum\limits_{i=1}^{n}x_i y_i}{\sum\limits_{i=1}^{n}x_i^2}$　　3　$\dfrac{\sum\limits_{i=1}^{n}(y_i - \bar{y})^2}{n - 1}$

4　$\dfrac{\sum\limits_{i=1}^{n}(y_i - bx_i)^2}{n - 1}$　　5　$\dfrac{\sum\limits_{i=1}^{n}(y_i - bx_i)^2}{n - 2}$

解説　残差平方和S_eは，次のように表される．

$$S_e = \sum_{i=1}^{n}(y_i - bx_i)^2 \tag{①}$$

ただし，bは次のように与えられる．

$$b = \frac{S_{xy}}{S_{xx}}$$

ここに，$S_{xy} = \dfrac{\sum_{i=1}^{n}(x_i - \bar{x})}{y_i - \bar{y}}$，$S_{xx} = \sum_{i=1}^{n}(x_i - \bar{x})^2$

式①の分散は，次のように求められる．

$$\text{分散} = \dfrac{S_e}{n-1} = \dfrac{\sum_{i=1}^{n}(y_i - bx_i)^2}{n-1}$$

▶答 4

■ **問題 4**　　　　　　　　　　　　　　　　　　　【令和 5 年 問 7】

正規分布の性質についての次の記述の中から，誤っているものを一つ選べ．

ただし，μ は平均，σ は標準偏差，exp( ) は指数関数（自然対数の底 e のべき乗を表す関数）である．

1. x を確率変数として，正規分布は以下の確率密度関数 $f(x)$ で表される．

$$f(x) = \dfrac{1}{\sigma\sqrt{2\pi}} \exp\left[-\dfrac{(x-\mu)^2}{2\sigma^2}\right]$$

2. μ が 0，σ が 1 の正規分布を，標準正規分布という．
3. 正規分布は μ を中心に左右対称の分布をしている．
4. 正規分布において確率変数 x の値が $\mu - \sigma \leq x \leq \mu + \sigma$ の範囲に存在する確率は，約 95% である．
5. 一般に，繰返し測定における測定値の標本平均の確率分布は，繰返し数を増加させるに従い，中心極限定理によって正規分布に近づく．

解説　1　正しい．x を確率変数として，正規分布は以下の確率密度関数 $f(x)$ で表される．

$$f(x) = \dfrac{1}{\sigma\sqrt{2\pi}} \exp\left[-\dfrac{(x-\mu)^2}{2\sigma^2}\right]$$

2　正しい．$\mu = 0$，$\sigma = 1$ の正規分布を標準正規分布という．

$$f(x) = \dfrac{1}{\sqrt{2\pi}} \exp\left[-\dfrac{x^2}{2}\right]$$

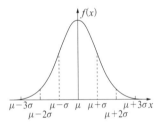

図 4.1　正規分布

3　正しい．正規分布は μ を中心に左右対称の分布をしている（**図 4.1** 参照）．

4　誤り．正規分布において，確率変数 x の値が $\mu - \sigma \leq x \leq \mu + \sigma$ の範囲に存在する確率は，約 68% である．なお，$\mu - 2\sigma \leq x \leq \mu + 2\sigma$ の範囲に存在する確率は約 95%，$\mu - 3\sigma \leq x \leq \mu + 3\sigma$ の範囲に存在する確率は約 99.7% である（図 4.1 参照）．

5　正しい．

▶答 4

■ 問題5 　　　　　　　　　　　　　　　　　　　　　【令和5年 問8】

ある測定で得られたデータ群の平均は10，分散は5であった．このデータ群に含まれる個々のデータを2倍してから5を引くという変換をしたデータ群の平均と分散の値について，正しい組合せを次の中から一つ選べ．

	平均	分散
1	15	5
2	15	20
3	10	10
4	5	5
5	15	0

解説 ある測定で得られるデータ群 $(x_1, \cdots, x_n)$ の平均が10，分散が5であれば，次のように表される．

平均：$\dfrac{x_1 + \cdots + x_n}{n} = 10$ 　　　　　　　　　　　　　　①

分散：$\dfrac{(x_1 - 10)^2 + \cdots + (x_n - 10)^2}{n - 1} = 5$ 　　　　　　②

個々のデータを2倍にして5を引くと，平均および分散は，式①および式②から次のように表される．

平均：$\dfrac{(2x_1 - 5) + \cdots + (2x_n - 5)}{n} = \dfrac{2(x_1 + \cdots + x_n)}{n} - \dfrac{5n}{n} = 2 \times 10 - 5 = 15$

分散：$\dfrac{(2x_1 - 5 - 15)^2 + \cdots + (2x_n - 5 - 15)^2}{n - 1}$

$= \dfrac{(2x_1 - 20)^2 + \cdots + (2x_n - 20)^2}{n - 1}$

$= \dfrac{4(x_1 - 10)^2 + \cdots + 4(x_n - 10)^2}{n - 1}$

$= 4 \times \dfrac{(x_1 - 10)^2 + \cdots + (x_n - 10)^2}{n - 1}$

$= 4 \times 5 = 20$

▶ 答 2

■ 問題6 　　　　　　　　　　　　　　　　　　　　　【令和5年 問18】

数値の有効数字に関する次の記述のうち，誤っているものを一つ選べ．

1　数値を表す数字のうちで，位取りを表すだけの数字0を除いた，意味のある数字を有効数字という．

2　有効数字を考慮して数値を丸める一般的な方法として四捨五入がある．
3　二つの数値について乗算，除算を行った結果の有効数字の桁数は，二つの数値のうち有効数字の桁数が少ない数値の有効数字の桁数と同じにする．
4　二つの数値について加算，減算を行った結果の有効数字の桁数は，二つの数値のうち絶対値が大きい数値の有効数字の桁数と同じにする．
5　円周率 π の有効数字は無限桁であるとみなしてよい．

解説　1〜3　正しい．
4　誤り．二つの数値について加算，減算を行った結果の有効数字の桁数は，二つの数値の最後の桁の位が一番高いものと同じにする．例えば，13.1 + 15.123 であれば，13.1 の最後の有効数字は小数第1位，15.123 の最後の有効数字は小数第3位であるから，位が一番高いものは小数第1位の13.1である．したがって，13.1 + 15.123 = 28.223 を四捨五入等により小数第1位に合わせるから28.2となる．
5　正しい． ▶答 4

問題7　【令和4年 問7】

同一の測定対象量を n 回反復測定して得られたデータ $x_1, x_2, \cdots, x_n$ を統計的に解析するときの考え方について述べた次の記述の中から，誤っているものを一つ選べ．

1　測定を仮想的に無限回反復したときに得られる無限個のデータの集合を，測定値の母集団と呼ぶ．
2　n 個のデータ $x_1, x_2, \cdots, x_n$ は，測定値の母集団から無作為に取り出した標本とみなすことができる．
3　母集団の性質を表す母平均や母分散のようなパラメータを一般に母数，標本から計算される標本平均や標本分散のような量を一般に統計量という．
4　次の式で計算される統計量 $\bar{x}$ は，母平均に対する不偏推定量（かたよりのない推定量）である．
$$\bar{x} = \frac{1}{n}\sum_{i=1}^{n} x_i$$
5　次の式で計算される統計量 s^2 は，母分散に対する不偏推定量（かたよりのない推定量）である．
$$s^2 = \frac{1}{n}\sum_{i=1}^{n}(x_i - \bar{x})^2$$
ただし，$\bar{x}$ は標本平均である．

解説　1〜3　正しい．

4 正しい．次の式で計算される統計量$\bar{x}$は，母平均に対する不偏推定量（かたよりのない推定量）である．

$$\bar{x} = \frac{1}{n}\sum_{i=1}^{n} x_i$$

5 誤り．次の式で計算される統計量s^2は，母分散に対する不偏推定量（かたよりのない推定量）である．

$$s^2 = \frac{1}{n-1}\sum_{i=1}^{n}(x_i - \bar{x})^2$$

ただし，$\bar{x}$は標本平均である．　　　　　　　　　　　　　　　　　▶答 5

■問題8　　　　　　　　　　　　　　　　　　　　　【令和4年 問8】

　測定データの統計処理に関する次の（ア）〜（ウ）の記述には，「測定データが正規分布に従っている」という仮定がなければ成立しないものと，仮定がなくても成立するものがある．次の各記述の成立について，この仮定が必要か不必要かを指定した下の組合せの中で，正しいものを一つ選べ．

　（ア）　測定データの不偏分散の期待値は，母分散と一致する．

　（イ）　標本平均を求めるための測定データ数が十分大きくなれば，測定データの標本平均の分布は中心極限定理によって正規分布に近づく．

　（ウ）　F検定によって，2つの測定データ群のばらつきの間に違いがあるといえるかが判定できる．

	（ア）	（イ）	（ウ）
1	不必要	不必要	必要
2	不必要	必要	不必要
3	必要	不必要	不必要
4	必要	不必要	必要
5	不必要	必要	必要

解説　（ア）「不必要」である．「測定データの不偏分散の期待値が，母分散と一致する」ことは，測定データが正規分布に従っていることを仮定しなくても成立する．

（イ）「不必要」である．「標本平均を求めるための測定データ数が十分大きくなれば，測定データの標本平均の分布は中心極限定理によって正規分布に近づく」ことは，測定データが正規分布に従っていることを仮定しなくても成立する．なお，近似的には正規分布と考えてもよい．

（ウ）「必要」である．「F検定によって，2つの測定データ群のばらつきの間に違いがあるといえるかが判定できる」ことは，測定データが正規分布に従っていることを仮定し

なければ成立しない. ▶答 1

■問題 9 【令和 3 年 問 5】

ある測定で得られる測定値のばらつきには，測定者の違いに伴うばらつき（その母分散は σ_A^2）と，測定の繰返しに伴うばらつき（その母分散は σ_B^2）の二つの成分が含まれている．3 人の測定者がそれぞれ 4 回の繰返し測定を行うことで得られた計 12 個の測定値の平均値を求めるとき，この平均値の母分散を表す式として正しいものを，下の中から一つ選べ.

ただし，測定の繰返しに伴うばらつきと，測定者の違いに伴うばらつきは，統計的に独立であるとする.

1 $\sigma_A^2 + \sigma_B^2$ 2 $\dfrac{\sigma_A^2}{3} + \dfrac{\sigma_B^2}{4}$ 3 $\dfrac{\sigma_A^2}{3} + \dfrac{\sigma_B^2}{12}$
4 $\dfrac{\sigma_A^2}{12} + \dfrac{\sigma_B^2}{4}$ 5 $\dfrac{\sigma_A^2}{12} + \dfrac{\sigma_B^2}{12}$

解説 母集団の分布が正規分布で，その母標準偏差 σ がわかっている場合，データの平均値の母分散は，測定データを n とすれば，σ^2/n で表される．したがって，測定者は 3 人であるから，測定者の違いに伴うばらつきの母分散は，$\sigma_A^2/3$ となる．測定の繰返しに伴うばらつきの母分散は，データの数が 3 人 × 4 回/人 = 12 回で $n = 12$ となるから，$\sigma_B^2/12$ となる．以上から，この平均値の母分数を表す式は

$$\dfrac{\sigma_A^2}{3} + \dfrac{\sigma_B^2}{12}$$

となる． ▶答 3

■問題 10 【令和 3 年 問 8】

統計及び確率に関する用語の説明として，次の記述の中から誤っているものを一つ選べ.

1 サンプリングにより得られた値の和を，サンプリングした個数で割った量を，標本平均という.
2 サンプリングにより得られた値から，それらの標本平均を引いた偏差の 2 乗和を，サンプリングした個数から 1 を引いた数で割った量を，標本分散（不偏分散）という.
3 サンプリングにより得られた一対の値から，それぞれの標本平均を引いた偏差の積の和を，サンプリングした対の個数から 1 を引いた数で割った量を，標本共分散（不偏共分散）という.
4 標本分散の非負の平方根を標本標準偏差という.

5　標本分散を標本平均で割った量を標本変動係数という.

解説　1　正しい. サンプリングにより得られた値x_nの和を, サンプリングした個数nで割った量を, 標本平均$\bar{x}$という.

$$\bar{x} = \frac{x_1 + \cdots + x_n}{n}$$

2　正しい. サンプリングにより得られた値x_iから, それらの標本平均$\bar{x}$を引いた偏差の2乗和を, サンプリングした個数nから1を引いた数で割った量を, 標本分散（不偏分散）s^2という.

$$s^2 = \frac{1}{n-1}\sum_{i=1}^{n}(x_i - \bar{x})^2$$

3　正しい. サンプリングにより得られた一対の値(x_i, y_i)から, それぞれの標本平均$(\bar{x}, \bar{y})$を引いた偏差の積の和を, サンプリングした対の個数nから1を引いた数で割った量を, 標本共分散（不偏共分散）S_{xy}という.

$$S_{xy} = \frac{1}{n-1}\sum_{i=1}^{n}(x_i - \bar{x})(y_i - \bar{y})$$

4　正しい. 標本分散の非負の平方根を標本標準偏差sという.

5　誤り. 標本標準偏差sを標本平均$\bar{x}$で割った量を標本変動係数CVという.「標本分散」が誤り.

$$CV = \frac{s}{\bar{x}}$$

▶ 答 5

問題11　　　　　　　　　　　　　　　　　　　　　【令和2年 問7】 ✓ ✓ ✓

　ある測定器Aと, より高価で精密な測定器Bがある. 測定器Aの繰返し性を標準偏差で評価するとσ_Aであり, 測定器Bの繰返し性σ_Bの4倍であることが分かっている.

　このとき, 測定器Aで繰返し測定を行い, その平均値を求めることで, 測定器Bによる1回の測定結果と同等な繰返し性を持つ結果を得ることを考えた. 適切な繰返し測定の回数として正しいものを, 次の中から一つ選べ.

　ただし, 各測定に付随する誤差は統計的に独立とする.

1　2回　　2　4回　　3　8回　　4　16回　　5　24回

解説　標準偏差がσであるものについて, n回の繰返し測定を行った場合の標準偏差は$\sigma/\sqrt{n}$で表される. 題意から次の式が成立する.

$$\sigma_A = 4\sigma_B \tag{①}$$

$$\frac{\sigma_A}{\sqrt{n}} = \frac{\sigma_B}{\sqrt{1}} \tag{②}$$

式①と式②から

$$\sigma_A = 4 \times \frac{\sigma_A}{\sqrt{n}} \qquad ③$$

となる．式③からnを算出する．

$$\sqrt{n} = 4$$
$$n = 16$$

▶ 答 4

4.4 統計の基礎

■問題 12 【令和 2 年 問 8】 ✓ ✓ ✓

　ある工場で製造される円筒形状部品の直径xの分布を表す確率密度関数を$p(x)$とするとき，次の記述の中から誤っているものを一つ選べ．

1　積分$\displaystyle\int_{d_1}^{d_2} p(x)dx$は，直径$x$が$d_1$から$d_2$の範囲にある確率を表す．

2　直径xの平均値は積分$\displaystyle\int_0^{\infty} x \cdot p(x)dx$で与えられる．

3　直径xが mm（ミリメートル）を単位として表されるとき，確率密度関数$p(x)$の単位はmm^{-1}である．

4　直径xの分布の全範囲にわたる積分$\displaystyle\int_0^{\infty} p(x)dx$は，その工場で一日に製造される当該部品の個数を表している．

5　直径xの分布が，平均μ，標準偏差σの正規分布に従うと考えられるとき，$p(x)$は次の式で与えられる．

$$p(x) = \frac{1}{\sqrt{2\pi}\sigma} \exp\left[-\frac{(x-\mu)^2}{2\sigma^2}\right]$$

解説　1　正しい．積分$\displaystyle\int_{d_1}^{d_2} p(x)dx$は，直径$x$が$d_1$から$d_2$の範囲にある確率を表す．

2　正しい．直径xの平均値は積分$\displaystyle\int_0^{\infty} x \cdot p(x)dx$で与えられる．

3　正しい．直径xが mm を単位として表されるとき，確率密度関数$p(x)$の単位は，xとdxの単位が mm であるから，mm^{-1}である．

4　誤り．直径xの分布の全範囲にわたる積分$\displaystyle\int_0^{\infty} p(x)dx$は，その工場で一日に製造される当該部品のすべてが含まれることを表し，個数を表すものではない．

5　正しい．直径xの分布が，平均μ，標準偏差σの正規分布に従うと考えられるとき，$p(x)$は次の式で与えられる．

$$p(x) = \frac{1}{\sqrt{2\pi}\sigma} \exp\left[-\frac{(x-\mu)^2}{2\sigma^2}\right]$$

▶ 答 4

問題13 【令和元年 問7】

ある測定器を用いて，それぞれ4個の値からなる5組の指示値を得た．標本分散が最も大きな値を示す組はどれか．次の中から一つ選べ．

1　0.125，　0.225，　0.325，　0.425
2　1.250，　2.250，　3.250，　4.250
3　5.125，　10.225，　15.325，　20.425
4　12.500，　22.500，　32.500，　42.500
5　51.250，　52.250，　53.250，　54.250

解説　標本分散 s^2 は次の式で表される．

$$s^2 = \frac{1}{n-1}\sum_{i=1}^{n}(x_i - \bar{x})$$

ここに，x_i：指示値，$\bar{x}$：標本平均，n：指示値の数（ここでは4）

5組とも n は共通であるから，s^2 が最も大きい値の組の特定は，$(x_i - \bar{x})$ が最も大きい組となるが，標本平均 $\bar{x}$ を算出しなくても，選択肢はいずれも等差数列となっているから，最初の値と2番目の値の差の大小だけの比較でよい．

1　$0.225 - 0.125 = 0.100$
2　$2.250 - 1.250 = 1.000$
3　$10.225 - 5.125 = 5.1$
4　$22.500 - 12.500 = 10.000$
5　$52.250 - 51.250 = 1.000$

以上から4が正解．　　　　　　　　　　　　　　　　　　　　　　　▶答 4

問題14 【令和元年 問8】

母平均が μ，母分散が σ^2 である母集団から n 個の標本 x_i （$i = 1, 2, \cdots, n$）を得た．これらの標本平均を $\bar{x}$，標本分散を s^2 としたとき，選択肢の名称と数式との組合せとして正しいものを，次の1から5の中から一つ選べ．

	名称	数式
1	標本平均 $\bar{x}$ の期待値	$\dfrac{\sum_{i=1}^{n} x_i}{n}$
2	標本平均 $\bar{x}$ の分散	$\dfrac{\sigma}{\sqrt{n}}$
3	標本平均 $\bar{x}$ の分散の推定値	$\dfrac{s^2}{n}$
4	標本分散 s^2 の自由度	$\sqrt{n}$

5 標本x_iの母標準偏差の推定値　σ

解説　1　誤り．標本平均$\bar{x}$の期待値は，μである．
2　誤り．標本平均$\bar{x}$の分散は，$\dfrac{\sigma^2}{n}$である．
3　正しい．標本平均$\bar{x}$の分散の推定値は，$\dfrac{s^2}{n}$である．
4　誤り．標本分散s^2の自由度は，$n-1$である．
5　誤り．標本x_iの母標準偏差の推定値は，$s \times \sqrt{\dfrac{n}{n-1}}$である．　　▶答3

問題 15　【平成30年12月 問7】

標準偏差に関する次の記述の中から，誤っているものを一つ選べ．
1　確率変数xが平均μ，標準偏差σの正規分布に従うとき，xが$[\mu-2\sigma, \mu+2\sigma]$の範囲に含まれる確率は約95%である．
2　平均が0，半幅がaの一様分布（矩形分布）に従う確率変数の標準偏差は，$a/\sqrt{3}$である．
3　互いに独立なn個の確率変数x_i ($i = 1, 2, \cdots, n$) が平均μ，標準偏差σの正規分布に従うとき，確率変数$\bar{x} = \dfrac{1}{n}\sum_{i=1}^{n} x_i$は，平均$\mu$，標準偏差$\sigma/\sqrt{n}$の正規分布に従う．
4　確率変数xが平均μ，標準偏差σの正規分布に従うとき，確率変数$z = 2x$の標準偏差は4σである．
5　互いに独立な確率変数x_1, x_2の標準偏差をそれぞれσ_1, σ_2とするとき，確率変数$w = x_1 - x_2$の標準偏差は$\sqrt{\sigma_1^2 + \sigma_2^2}$である．

解説　1　正しい．確率変数xが平均μ，標準偏差σの正規分布に従うとき，xが$[\mu-2\sigma, \mu+2\sigma]$の範囲に含まれる確率は約95%である．なお，$x$が$[\mu-\sigma, \mu+\sigma]$の範囲に含まれる確率は約68%で，$[\mu-3\sigma, \mu+3\sigma]$の範囲に含まれる確率は約99.7%である．
2　正しい．確率密度$f(x) = b$とすれば，平均が0，半幅がaの一様分布（矩形分布）に従う確率変数の標準偏差σの2乗（σ^2）は，次のように表される．ただし，$\displaystyle\int_{-\infty}^{\infty} f(x)dx = 1$から$\displaystyle\int_{-\infty}^{\infty} b\,dx = 1$で，$b \times 2a = 1$から$b = \dfrac{1}{2a}$となる．

$$\sigma^2 = \int_{-a}^{a}(x-0)^2 f(x)dx = \int_{-a}^{a} x^2 b\,dx = \int_{-a}^{a} \dfrac{x^2 dx}{2a} = \dfrac{1}{2a} \times \dfrac{2}{3}a^3 = \dfrac{a^2}{3}$$

したがって，
$$\sigma = \dfrac{a}{\sqrt{3}}$$

となる．

3 正しい．互いに独立なn個の確率変数x_i ($i = 1, 2, \cdots, n$) が平均μ，標準偏差σの正規分布に従うとき，確率変数$\bar{x} = \dfrac{1}{n}\displaystyle\sum_{i=1}^{n} x_i$は，平均$\mu$，標準偏差$\dfrac{\sigma}{\sqrt{n}}$の正規分布に従う．

4 誤り．確率変数xが平均μ，標準偏差σの正規分布に従うとき，次の式で表される確率変数$z = 2x$の標準偏差は2σである．

$$s = \sqrt{\frac{1}{n}\sum_{i=1}^{n}(z_i - \bar{z})^2} = \sqrt{\frac{1}{n}\sum_{i=1}^{n}(2x_i - 2\mu)^2} = 2\sqrt{\frac{1}{n}\sum_{i=1}^{n}(x_i - \mu)^2} = 2\sigma$$

5 正しい．互いに独立な確率変数x_1, x_2の標準偏差をそれぞれσ_1, σ_2とするとき，確率変数$w = x_1 - x_2$の標準偏差は$\sqrt{\sigma_1^2 + \sigma_2^2}$である． ▶答 4

問題 16 【平成30年12月 問8】

確率変数xが平均10，分散1の確率分布に従うとき，確率変数x^2の期待値として正しいものを次の中から一つ選べ．

1　1　　2　11　　3　100　　4　101　　5　110

解説 次の式を使用する．ただし，$\mu = E(X) = \displaystyle\int_{-\infty}^{\infty} x f(x) dx$, $\displaystyle\int_{-\infty}^{\infty} f(x) dx = 1$である．$E(X)$は$x$の期待値，$E(X^2)$は$x^2$の期待値，$f(x)$は確率密度関数である．分散$V(X)$は次のように表される．

$$\begin{aligned}
V(X) &= \int_{-\infty}^{\infty}(x - \mu)^2 f(x) dx = \int_{-\infty}^{\infty}(x^2 - 2\mu x + \mu^2) f(x) dx \\
&= \int_{-\infty}^{\infty} x^2 f(x) dx - 2\mu \int_{-\infty}^{\infty} x f(x) dx + \mu^2 \int_{-\infty}^{\infty} f(x) dx \\
&= E(X^2) - 2E(X) \times E(X) + (E(X))^2 = E(X^2) - 2(E(X))^2 + (E(X))^2 \\
&= E(X^2) - (E(X))^2
\end{aligned} \quad ①$$

式①を変形して，与えられた数値を代入する．ただし，$E(X) = 10$, $V(X) = 1$である．
$E(X^2) = V(X) + (E(X))^2 = 1 + 10^2 = 101$

▶答 4

4.4.2　いろいろな分布

問題 1 【令和4年 問9】

次の図は，対をなす2変数x, yを測定したデータを散布図としてプロットした3

通りのケースを示す．各ケースで求めた2変数間の標本相関係数 r_i の大小関係について正しいものを，下の中から一つ選べ．ここで，i はケース番号で $i = 1, 2, 3$ である．

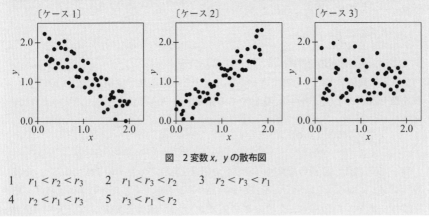

図　2変数 x, y の散布図

1　$r_1 < r_2 < r_3$　　2　$r_1 < r_3 < r_2$　　3　$r_2 < r_3 < r_1$
4　$r_2 < r_1 < r_3$　　5　$r_3 < r_1 < r_2$

解説　2変数間の標本相関係数 r_i は，ケース1では勾配が負であるから $r_1 < 0$，ケース2では勾配が正であるから $r_2 > 0$，ケース3では勾配がほとんどないため $r_3 \fallingdotseq 0$ である．したがって，

$$r_1 < r_3 < r_2$$

である．　　　　　　　　　　　　　　　　　　　　　　　　　　　　　▶答 2

問題2　【令和3年 問7】

無限個とみなすことができるほど多数の製品の中から n 個の製品をランダムに抜き取り，各製品が適合品か不適合品かを判定する．1個の製品が適合品である確率を R とすると，抜き取った n 個のうち x 個が適合品である確率は以下の $P(x)$ で計算できる．この確率質量関数 $P(x)$ を持つ確率分布の名称として正しいものを，下の中から一つ選べ．ただし，n は，$n = 1, 2, \cdots$ であり，R は，$0 < R < 1$ である．

$$P(x) = \frac{n!}{x!(n-x)!} R^x (1-R)^{n-x}$$

1　2項分布
2　正規分布
3　超幾何分布
4　F 分布
5　ポアソン分布

解説　1　正しい．2項分布は次のように表される．

$$P(x) = \frac{n!}{x!(n-x)!} \times R^x(1-R)^{n-x}$$

2 誤り．正規分布は次のように表される．

$$P(x) = \frac{1}{\sqrt{2\pi}\sigma} e^{-\frac{(x-\mu)^2}{2\sigma^2}}$$

ここに，μ：分布の母平均，σ：母標準偏差

3 誤り．超幾何分布は，全部で N 個あり，そのうち適合品が A 個，この N 個の中から n 個を取り出したとき，適合品が x 個である確率分布 $P(x)$ を表すもので，次のように表される．

$$P(x) = \frac{{}_A C_x \times {}_{N-A} C_{n-x}}{{}_N C_n}$$

4 誤り．F 分布は，2組の母集団の母分散の相違を見極めるための手法であるため，製品をランダムに取り出した場合，それが適合品か不適合品であるかの判定には使用しない．

5 誤り．ポアソン分布は，2項分布の式において，$nR = \mu$ で $n \to \infty$，$R \to 0$ とすれば，次のように表される．

$$P(x) = \frac{\mu x e^{-\mu}}{x!}$$

▶答 1

問題 3 【令和元年 問9】

40人の男子をサンプルとして，それぞれの身長と体重を測定した．身長（単位 cm）を横軸，体重（単位 kg）を縦軸にとって散布図を描いたところ図のようになった．これら40組の身長と体重の間の標本相関係数の値として適切なものを，下の1から5の中から一つ選べ．

1　0.8
2　1.1
3　0.8 kg/cm
4　1.1 kg/cm
5　1.1 cm/kg

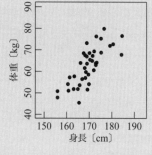

図 40人の男子の身長と体重の散布図

解説 標本相関係数 r は次のように表される．

$$r = \frac{S_{xy}}{\sqrt{S_{xx}S_{yy}}}$$

ここに，$S_{xy} = \sum_{i=1}^{n}(x_i - \bar{x})(y_i - \bar{y})$，$S_{xx} = \sum_{i=1}^{n}(x_i - \bar{x})^2$，$S_{yy} = \sum_{i=1}^{n}(y_i - \bar{y})^2$

rの値は$-1 \leqq r \leqq 1$であるから，選択肢2，4，5は誤り．また，rは無次元であるため，選択肢の3，4，5も誤り．残る選択肢1は，図から$r = 0.8$は妥当な値と推察され，これが正解である． 答 1

4.5 実験計画および分散分析の基本

問題1　【令和6年 問10】

測定システムの評価や改善を図るために用いられる手法として，実験計画法やロバストパラメータ設計がある．これらの実験で取り上げる主な因子を説明した次の記述の中から，正しいものを一つ選べ．

1　制御因子は，システムの機能が入力と出力との間の対応関係であるときに，出力を意図的に変化させる入力として取り上げる因子である．

2　誤差因子は，実験の精度を上げる目的で，実験の場を層別するために取り上げる因子で，層別因子ともいう．

3　標示因子は，水準を指定することはできるが，最適な水準を選ぶことが目的ではなく，その水準ごとに制御因子の最適水準を知ることや交互作用の解析を目的として取り上げる因子である．

4　ブロック因子は，出力のばらつきの原因となる使用条件・環境条件やシステムの内部変数などで，実際の場では制御できないが，実験ではその影響を意図的に出力に含ませるために取り上げる因子である．

5　信号因子は，いくつかの水準を設定し，その中から最適な水準を選ぶ目的で取り上げる因子である．

解説　1　誤り．制御因子は，いくつかの水準を設定し，その中から最適な水準を選ぶ目的でとりあげる因子である．水準とは，例えば温度因子の場合，200℃，300℃，400℃をとりあげると3水準となる．選択肢の内容は信号因子である．

2　誤り．誤差因子は，測定器の出力のばらつきの原因となる使用条件・環境条件や測定システムの内部変数などで，現実の測定の場では制御できないが，実験ではその影響を

意図的に出力に含ませるためにとりあげる因子である.

3　正しい．標示因子は，水準を指定することはできるが，最適な水準を選ぶことが目的ではなく，その因子の水準ごとに制御因子の最適水準を知ることや交互作用の解析を目的としてとりあげる因子である.

4　誤り．ブロック因子は，この因子の主効果やほかの因子との相互作用を，現実の測定の場で利用することはできないが，実験の中でこれを無視してしまうと実験誤差が大きくなるため，実験誤差からその効果を分離して実験精度を高めるためにとりあげる因子である．例えば，実験日，実験場所，実験装置等の違いをブロック化し，1つの因子と考える場合などである．選択肢の内容は誤差因子である.

5　誤り．信号因子は，測定器の出力を意図的に変化させる目的でとりあげる因子で，その水準設定のために値が既知の測定標準が利用されることが多い因子である．例えば，$y = \beta M$ の関係がある場合，M を信号因子という．選択肢の内容は制御因子である.

▶答 3

問題 2 【令和5年 問9】 ✓ ✓ ✓

　ある濃度に調製された溶液を瓶に小分けした．小分けした瓶から10本サンプリングし，それぞれの瓶に充填されている溶液に対し繰返し2回の濃度測定を行った．得られた測定データの分散分析表を次に示す．このとき，瓶間の濃度の違いを示す母分散の推定値を求める式として正しいものを，下の中から一つ選べ．

表：分散分析表

要因	平方和 S	自由度 f	分散（平均平方）V	分散の期待値 E (V)
瓶間	S_A	$f_A = 9$	$S_A/9 = V_A$	$\sigma_e^2 + 2\sigma_A^2$
繰返し	S_e	$f_e = 10$	$S_e/10 = V_e$	σ_e^2
合計	S_T	$f_T = 19$	—	—

σ_A^2：瓶間の濃度の違いを示す母分散
σ_e^2：繰返しの母分散

1　V_A　　2　V_e　　3　$\dfrac{V_A}{V_e}$　　4　$\dfrac{V_A}{10}$　　5　$\dfrac{V_A - V_e}{2}$

解説　繰返し母分散（不偏分散）の推定値を $\hat{\sigma}_e^2$ とすれば

$$\hat{\sigma}_e^2 = V_e \tag{①}$$

である．瓶間の濃度の違いを示す母分散（不偏分散）の推定値を $\hat{\sigma}_A^2$ とすれば，瓶間の分散の推定値 V_A は次のように表される．

$$V_A = \hat{\sigma}_e^2 + 2\hat{\sigma}_A^2 \tag{②}$$

式②に式①を代入して整理する．

$$V_A = V_e + 2\hat{\sigma}_A{}^2$$
$$\hat{\sigma}_A{}^2 = \frac{V_A - V_e}{2}$$

▶ 答 5

■問題3 　　　　　　　　　　　　　　　　　　　　【令和5年 問15】 ✓ ✓ ✓

　測定の優劣を評価するために利用できる指標の一つに，測定のSN比がある．測定対象量の真値（信号因子）Mと測定器の指示値yに比例式の関係を想定するとき，感度係数（傾き）をβ，想定した直線からの指示値のずれの分散（誤差分散）をσ^2とすると，SN比ηは，

$$\eta = \frac{\beta^2}{\sigma^2} = \frac{\frac{1}{r}(S_\beta - V_e)}{V_e}$$

で求めることができる．ここで，rは有効除数，S_βは回帰による平方和，V_eは誤差分散の推定値を表している．

　信号因子Mの各水準M_i $(i = 1, 2, \cdots, m)$ を，誤差因子Nの各水準N_j $(j = 1, 2, \cdots, n)$ の条件下で測定器に入力したとき，測定器の出力（指示値）y_{ij}を表のように得た．この場合の有効除数rを求める式として正しいものを，下の中から一つ選べ．

表：ある測定器の出力結果

		誤差因子 N				
		N_1	$\cdots$	N_j	$\cdots$	N_n
	M_1	y_{11}	$\cdots$	y_{1j}	$\cdots$	y_{1n}
		$\vdots$		$\vdots$		$\vdots$
信号因子 M	M_i	y_{i1}	$\cdots$	y_{ij}	$\cdots$	y_{in}
		$\vdots$		$\vdots$		$\vdots$
	M_m	y_{m1}	$\cdots$	y_{mj}	$\cdots$	y_{mn}

1　$r = \sum_{i=1}^{m} M_i^4$ 　　2　$r = n\sum_{i=1}^{m} M_i^2$ 　　3　$r = \sum_{i=1}^{m} M_i$

4　$r = n\sum_{i=1}^{m} M_i$ 　　5　$r = nM_m$

解説　Mとyの関係式

$$y = \beta M + e \tag{①}$$

式①の誤差eを求める．

$$e^2 = (y - \beta M)^2 \tag{②}$$

式②のMを変化させたときのe^2の和が最小になるようにβを定めると，βは次のよう

4.5

実験計画および分散分析の基本

に表される.

$$\beta = \frac{M_1 y_1 + \cdots + M_m y_m}{n(M_1{}^2 + \cdots + M_m{}^2)} \qquad \text{③}$$

ここに, $y_1 = \sum_{j=1}^{n} y_{1j}$, $y_m = \sum_{j=1}^{n} y_{mj}$ である.

また, y_{mn} の全2乗和 S_T は次のように表される.

$$S_T = y_{11}{}^2 + y_{21}{}^2 + \cdots + y_{mn}{}^2 = S_e + n\beta^2(M_1{}^2 + \cdots + M_m{}^2)$$
$$= S_e + S_\beta \qquad \text{④}$$

ここに, S_e:誤差変動, S_β:比例項の変動 $(= n\beta^2(M_1{}^2 + \cdots + M_m{}^2))$ ⑤

S_β は, 式③および式⑤から次のようにも表される.

$$S_\beta = \frac{(M_1 y_1 + \cdots + M_m y_m)^2}{n(M_1{}^2 + \cdots + M_m{}^2)} \qquad \text{⑥}$$

式⑥の分母について

$$r = n \sum_{i=1}^{m} M_i{}^2$$

としたものが有効除数である. なお, S_β は式⑤から βM の2乗の項(式①から y^2)であるが, βM からの差の2乗(分散 V_e)を差し引いた値 $(S_\beta - V_e)$ を $\beta^2 = (S_\beta - V_e)/r$ として

$$\text{SN比} = \frac{\beta^2}{\sigma^2} = \frac{\dfrac{1}{r}(S_\beta - V_e)}{V_e}$$

を算出する. ▶答2

■問題4 【令和4年 問10】

実験計画法に関する次の記述の空欄(ア)～(ウ)に入る語句の組合せとして正しいものを,下の中から一つ選べ.

実験の計画においては,実験に取り上げる因子を実験結果に影響があると考えられる条件の中から選び,取り上げた因子の水準の組合せとその実験を行う順序を決める.そのとき,ランダム化(無作為化),ブロック化(局所管理),実験の反復というフィッシャーの三原則を考慮する.

ランダム化とは,実験を行う順序等を無作為に決めることであり,実験に取り上げていない条件が原因で生じる(ア)が,調べようとする要因効果に交絡することを防ぐことができる.

ブロック化とは,実験全体を小さく区切ってその内部が比較的均一なブロックを作り,その中に実験単位を配置することである.ブロック内の実験誤差が実験全体の実験誤差より(イ)なり,調べようとする要因効果を検出しやすくなる.

実験の反復とは,取り上げた因子の水準の組合せでの実験を複数回実施することであり,それは(ウ)の大きさを知るために行う.

	（ア）	（イ）	（ウ）
1	かたより	小さく	実験誤差
2	かたより	大きく	実験誤差
3	かたより	大きく	主効果
4	ばらつき	小さく	主効果
5	ばらつき	大きく	実験誤差

解説　（ア）「かたより」である．母平均から真の値を引いた値である．
（イ）「小さく」である．
（ウ）「実験誤差」である．　　　　　　　　　　　　　　　　▶ 答 1

問題 5　　　　　　　　　　　　　　　　　【令和 4 年 問 16】

　次の文章は，ある測定システムの測定値のばらつきを小さくするため，SN 比を用いた改善の手順を記したものである．空欄（ア）〜（エ）に入る語句の組合せとして正しいものを，下の中から一つ選べ．

　測定システムを構成する要素の中から，水準選択が可能な 2 つの因子 A 及び B を選定し，それぞれ 3 水準とした実験を行ったところ，図のような SN 比の要因効果図が得られた．ここで，因子は互いに独立しており，交互作用は十分小さい．

　システムとして，測定値のばらつきが最も小さくなるのは，SN 比が最も（　ア　）なる水準の組合せのときであり，因子 A は水準（　イ　）を，因子 B は水準（　ウ　）を選択する．現行のシステムは，A2 と B2 の組合せであり，SN 比が最大になる組合せに変更したときの改善の効果は，SN 比で表すと（　エ　）となる．これは，ばらつきを約半分に抑えることが期待できることを意味する．

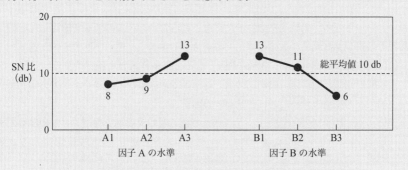

図　SN 比の要因効果図（図中の数値は各水準での SN 比の平均値を示す）

	（ア）	（イ）	（ウ）	（エ）
1	小さく	A1	B3	6 db

2	小さく	A2	B2	2 db
3	大きく	A1	B3	2 db
4	大きく	A3	B1	2 db
5	大きく	A3	B1	6 db

解説　（ア）「大きく」である．
（イ）「A3」である．
（ウ）「B1」である．
（エ）「6 db」である．

(A3のSN比 + B1のSN比) − (A2のSN比 + B2のSN比)
= (13 + 13) − (9 + 11) = 6 db

$$10 \log \eta = 10 \log \frac{\beta^2}{\sigma^2} = 6 \text{ dB}$$

$$20 \log \frac{\beta}{\sigma} = 6$$

$$\log \frac{\beta}{\sigma} = 0.3$$

$$\frac{\beta}{\sigma} \fallingdotseq 2$$

信号 β が，ばらつき σ を約半分に抑えることが期待できることを意味する．　　▶ 答 5

■ 問題6　　　　　　　　　　　　　　　　　　　　　　【令和3年 問10】

　測定方法の改善を目的とする実験では，その測定方法に関わる様々な変数が因子としてとりあげられる．これらの因子には，信号因子，誤差因子（ノイズ因子ともいう），制御因子，標示因子，及びブロック因子（層別因子ともいう）などがある．次の（ア）から（オ）の説明文は，それぞれこれらの中の一つの因子を説明したものである．各説明文と因子を対応づけた下の組合せの中から，正しいものを一つ選べ．

（ア）測定器の出力のばらつきの原因となる使用条件・環境条件や測定システムの内部変数などで，現実の測定の場では制御できないが，実験ではその影響を意図的に出力に含ませるためにとりあげる因子

（イ）いくつかの水準を設定し，その中から最適な水準を選ぶ目的でとりあげる因子

（ウ）水準を指定することはできるが，最適な水準を選ぶことが目的ではなく，その因子の水準ごとにほかの因子の最適水準を知る目的でとりあげる因子

（エ）この因子の主効果やほかの因子との相互作用を，現実の測定の場で利用することはできないが，実験の中でこれを無視してしまうと実験誤差が大きくなるため，実験誤差からその効果を分離して実験精度を高めるためにとりあげる因子

（オ）測定器の出力を意図的に変化させる目的でとりあげる因子で，その水準設定のために値が既知の測定標準が利用されることが多い因子

	（ア）	（イ）	（ウ）	（エ）	（オ）
1	信号因子	ブロック因子	標示因子	誤差因子	制御因子
2	制御因子	誤差因子	信号因子	標示因子	ブロック因子
3	制御因子	信号因子	ブロック因子	誤差因子	標示因子
4	ブロック因子	標示因子	誤差因子	制御因子	信号因子
5	誤差因子	制御因子	標示因子	ブロック因子	信号因子

解説 （ア）「誤差因子」である．誤差因子は，測定器の出力のばらつきの原因となる使用条件・環境条件や測定システムの内部変数などで，現実の測定の場では制御できないが，実験ではその影響を意図的に出力に含ませるためにとりあげる因子である．

（イ）「制御因子」である．制御因子は，いくつかの水準を設定し，その中から最適な水準を選ぶ目的でとりあげる因子である．水準とは，例えば温度因子の場合，200℃，300℃，400℃をとりあげると3水準となる．

（ウ）「標示因子」である．標示因子は，水準を指定することはできるが，最適な水準を選ぶことが目的ではなく，その因子の水準ごとにほかの因子の最適水準を知る目的でとりあげる因子である．

（エ）「ブロック因子」である．ブロック因子は，この因子の主効果やほかの因子との相互作用を，現実の測定の場で利用することはできないが，実験の中でこれを無視してしまうと実験誤差が大きくなるため，実験誤差からその効果を分離して実験精度を高めるためにとりあげる因子である．例えば，実験日，実験場所，実験装置等の違いをブロック化し，1つの因子と考える場合などである．

（オ）「信号因子」である．信号因子は，測定器の出力を意図的に変化させる目的でとりあげる因子で，その水準設定のために値が既知の測定標準が利用されることが多い因子である．例えば，$y = \beta M$ の関係がある場合，M を信号因子という． ▶ 答 5

■ **問題7**　　　　　　　　　　　　　【令和3年 問16】

測定条件を適切に選択することにより測定システムのSN比の改善を図りたい．そのための改善実験に関する次の記述の中から，誤っているものを一つ選べ．

1 測定条件によってSN比を改善する実験では，測定条件を制御因子として選び，その水準の組合せで実験を行い，SN比を求め，SN比の大きい制御因子の水準の組合せを最適条件として選ぶことができる．

2 いろいろな測定条件の下で，測定環境の変化を誤差因子としたSN比を求め，それらのSN比を比較することによって測定環境の変化に対してロバストな測定条件を選ぶことができる．

3 SN比を改善するための実験では，SN比を比較するための内側実験計画とSN比を求めるための外側実験計画の直積実験を行う．内側実験計画には信号因子を割付け，外側実験計画には制御因子，誤差因子を割付ける．

4 制御因子の水準ごとのSN比の平均値をプロットした要因効果図は，最適条件の選定に使用される．

5 測定条件の改善効果は，制御因子の最適条件におけるSN比と，ベースラインとした現行条件におけるSN比との差で求められる．

解説 1 正しい．

2 正しい．いろいろな測定条件の下で，測定環境の変化を誤差因子としたSN比を求め，それらのSN比を比較することによって測定環境の変化に対してロバスト（頑強）な測定条件を選ぶことができる．

3 誤り．SN比を改善するための実験では，SN比を比較するための内側実験計画とSN比を求めるための外側実験計画の直積実験を行う．内側実験計画には制御因子を割付け，外側実験計画には信号因子，誤差因子を割付ける．「信号因子」と「制御因子」が逆である．なお，直積実験とは，直交表（どの2列をとってもその水準のすべての組合せが同数回となる配列）を用いた実験をいう．

4，5 正しい． ▶答3

□ 問題8 【令和2年 問10】 ✓ ✓ ✓

次の表は，因子Aを取り上げた繰返しのある一元配置の実験を行った結果の分散分析表である．この表に関する下の記述の中から誤っているものを一つ選べ．

表 分散分析表

要因	平方和	自由度	平均平方（分散）	分散比
因子A	S_A	f_A	V_A	F_0
誤差e	S_e	f_e	V_e	
合計T	S_T	f_T	—	

1 f_T は，因子Aの水準数と測定の繰返し数によって定まる値である．

2 f_e は，測定の繰返し数のみで定まる値である．

3　f_A は，因子 A の水準数のみで定まる値である．

4　V_A は，平方和 S_A を自由度 f_A で割ることによって求めることができる．

5　分散比 F_0 は V_A と V_e の比であり，因子 A の効果が統計的に有意であるかどうかを検討する場合に用いる．

解説　1　正しい．f_T は，因子 A の水準数（因子数）と測定の繰返し数によって定まる値である．

2　誤り．f_e は，測定の繰返し数と水準数（因子数）で定まる値である．

3　正しい．f_A は，因子 A の水準数（因子数）のみで定まる値である．

4, 5　正しい．　　　　　　　　　　　　　　　　　　　　　　　　　　▶答 2

問題 9　　　　　　　　　　　　　　　　　　　　【令和元年 問10】☑☑☑

繰返しのある一元配置の実験を行い，得られた測定データから以下の分散分析表をまとめる．この分散分析表の中の V_A，V_e，及び F_0 の計算式の組合せとして正しいものを，下の 1 から 5 の中から一つ選べ．

分散分析表

要因	平方和	自由度	平均平方（分散）	分散比
因子 A	S_A	f_A	V_A	F_0
誤差 e	S_e	f_e	V_e	
合計 T	S_T	f_T	—	

	V_A	V_e	F_0
1	$\dfrac{S_A}{f_A}$	$\dfrac{S_e}{f_e}$	$\dfrac{V_A}{V_e}$
2	$\dfrac{S_A}{f_A - 1}$	$\dfrac{S_e}{f_e - 1}$	$\dfrac{V_e}{V_A}$
3	$\dfrac{S_A}{f_A - 1}$	$\dfrac{S_e}{f_e}$	$\dfrac{V_A}{V_e}$
4	$\dfrac{S_A}{f_A}$	$\dfrac{S_e}{f_e - 1}$	$\dfrac{V_A}{V_e}$
5	$\dfrac{S_A}{f_A}$	$\dfrac{S_e}{f_e}$	$\dfrac{V_e}{V_A}$

解説　V_A は，因子 A の分散で $\dfrac{S_A}{f_A}$ で与えられる．

V_e は，誤差 e の分散で $\dfrac{S_e}{f_e}$ で与えられる．

F_0 は，分散比（因子 A の分散と誤差の分散の比）で $\dfrac{V_A}{V_e}$ で与えられる．　　▶答 1

■ 問題10　　　　　　　　　　　　　　　　　【平成30年12月 問10】

実験計画法に関する次の記述の中から，誤っているものを一つ選べ．
1　実験計画法とは，特性値に対して影響のありそうな因子をいくつか取り上げて，その因子の効果を効率的に評価するための方法である．
2　実験の無作為化，反復，局所管理を実験計画法におけるフィッシャーの三原則という．
3　実験の無作為化の目的は，実験で発生する偶然誤差を小さくすることである．
4　実験で取り上げた要因効果の有意性は，要因効果の分散と実験誤差の分散との比を F 検定することによって検証することができる．
5　繰り返しのない二元配置実験において，実験で取り上げた二つの因子間の交互作用は実験誤差と分離できない．

解説　1　正しい．
2　正しい．実験の無作為化（実験順序のランダム化：系統誤差の偶然誤差への転化），反復（実験の繰り返し：実験誤差の大きさの評価），局所管理（比較のためのブロック化：系統誤差の除去）を実験計画法におけるフィッシャーの三原則という．
3　誤り．実験の無作為化の目的は，実験で発生する系統誤差を小さくすることである．「偶然誤差」が誤り．偶然誤差を取り除くことはできない．
4　正しい．実験で取り上げた要因効果の有意性は，要因効果の分散 V_A と実験誤差 V_e の分散との比（V_A/V_e）を F 検定することによって検証することができる．
5　正しい．繰り返しのない二元配置実験において，実験で取り上げた二つの因子間の交互作用 $S_{A \times B}$ は実験誤差 S_e と分離できない．そのため，S_e の中に $S_{A \times B}$ が含まれていると考えて検定を行う．　　　　　　　　　　　　　　　　　　　　▶ 答 3

4.6　回帰分析と相関分析

■ 問題1　　　　　　　　　　　　　　　　　【令和5年 問10】

回帰分析についての下の記述の中から，誤っているものを一つ選べ．
ただし，本問でいう直線回帰分析は，回帰式 $y = \alpha + \beta x$ を想定し，最小二乗法により次のパラメータが求められるものとする．
　切片の推定値：$\hat{\alpha} = \bar{y} - \hat{\beta}\bar{x}$

$$傾きの推定値:\hat{\beta} = \frac{\sum_{i=1}^{n}(x_i - \bar{x})(y_i - \bar{y})}{\sum_{i=1}^{n}(x_i - \bar{x})^2}$$

ここに，

(x_i, y_i)：直線回帰分析に用いたデータ $(i = 1, 2, \cdots, n)$

$\bar{x}, \bar{y}$：x, y それぞれのデータの平均

である．

1 直線回帰分析を行うと，切片と傾きの推定値が得られるが，あくまでも推定値であり，推定された切片と傾きは誤差を持つ．
2 直線回帰分析を行うと，推定された直線は必ず $(\bar{x}, \bar{y})$ を通る．
3 直線回帰分析では，一般に，傾きの推定値 $\hat{\beta}$ が変動したときそれに応じて切片の推定値 $\hat{\alpha}$ も変動するため，$\hat{\alpha}$ と $\hat{\beta}$ の間には相関が存在する．
4 直線回帰分析における残差分散の自由度は，回帰分析に用いたデータ点数を n として，$n - 1$ となる．
5 直線回帰分析よりも高次の多項式回帰分析を行う際，多項式の次数を高くすれば当てはまりは良くなるが，高くし過ぎると推定した関数が非現実的なものになる場合がある．

解説 1 正しい．

2 正しい．直線回帰式は，各データが平均値 $(\bar{x}, \bar{y})$ からのずれを表すので，直線は必ず $(\bar{x}, \bar{y})$ を通る．参考：問題3【令和2年 問9】の解説において，式③は $a = \bar{y} - b\bar{x}$ となる．これを $y = a + bx$ に代入すると，$y = \bar{y} - b\bar{x} + bx$，したがって，$y = b(x - \bar{x}) + \bar{y}$ であるから $(\bar{x}, \bar{y})$ を通る．

3 正しい．

4 誤り．直線回帰分析における残差分散の自由度は，全体の自由度（すべてのデータの数から1を引いたもの）から要因の自由度（ここでは x で1つ）を引いたものであるから，回帰分析に用いたデータ点数を n とすれば，$n - 1 - 1 = n - 2$ となる．

5 正しい．　　　　　　　　　　　　　　　　　　　　　　　　　　　　▶答 4

問題2　　　　　　　　　　　　　　　　　　　　　　　【令和3年 問9】

相関・回帰に関する次の記述の中から，正しいものを一つ選べ．

1 因果関係が存在しない因子の間では，相関関係が認められることはない．
2 最小二乗法に基づく一次回帰分析を行って得た傾きの推定値は，説明変数と目的変数を入れ替えて一次回帰分析を行って得た傾きの推定値の逆数と等しい．

3　因子Aと様々な因子との間で相関分析を行い，因子Bとの間に最も強い相関が認められれば，因子Aの変動の主要因は因子Bであると結論づけることができる．

4　多項式回帰分析を行う場合，多項式の次数を高くすればするほど当てはまりが良くなるため，できる限り高い次数の多項式回帰分析を行うほうが良い．

5　因果関係が存在する因子間であっても，因子間の関係が直線的でない場合は相関係数がほぼゼロとなる場合もある．

解説　1　誤り．因果関係が存在しない因子の間でも，相関関係が認められることがある（例：クーラーの販売量とアイスクリームの販売量）．なお，因果関係が存在しない場合は相関分析を，存在する場合は回帰分析を適用する．

2　誤り．相関係数 r は，y の x に対する回帰係数を b とし，x の y に対する回帰係数を b' とすれば，$r^2 = bb'$ となるから，$r = \pm 1$ 以外は b と $1/b'$ は一致しない．

3　誤り．例えば，因子Aが先行して因子Bがそれに伴って変動する場合，因子Aの変動の主要因は因子Bであるとは結論づけられない．

4　誤り．多項式回帰分析を行うと，予測精度が向上する傾向にあるが，高い次数では，データの種類を増やすことによって意味のない見せかけの予測精度が向上することがあり，オーバーフィッティング（過剰適合）の現象が現れるので，注意が必要である．したがって，「できる限り高い次数の多項式回帰分析を行うほうが良い」は誤り．

5　正しい．相関関係は直線を前提としているため，因果関係が存在する因子間であっても，因子間の関係が直線的でない場合（**図 4.2** 参照），相関係数はほぼゼロとなる．

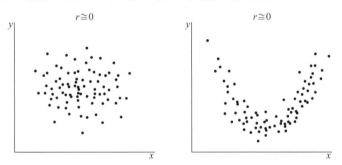

図 4.2　散布図の代表的なパターン

▶ 答 5

■ **問題 3**　　　　　　　　　　　　　　　　　　　【令和 2 年 問 9】

電圧計の校正を行うために，標準電圧発生器で発生した電圧 x_i（$i = 1, 2, \ldots, 10$）のそれぞれに対して電圧計の指示値 y_i を得た．次に発生電圧 x を説明変数，電圧計の

指示値 y を従属変数とする一次回帰式 $y = a + bx$ を最小二乗法により求めることにした．この回帰式の回帰係数 b の計算式として正しいものを一つ選べ．

ただし，$\bar{x}$，$\bar{y}$ はそれぞれ x_i，y_i の標本平均であり，説明変数 x は誤差を含まないものとする．

1 $\dfrac{\bar{y}}{\bar{x}}$
2 $\displaystyle\sum_{i=1}^{10}(y_i - \bar{y})^2$
3 $\displaystyle\sum_{i=1}^{10}(x_i - \bar{x})(y_i - \bar{y})$

4 $\dfrac{\displaystyle\sum_{i=1}^{10}(x_i - \bar{x})(y_i - \bar{y})}{\displaystyle\sum_{i=1}^{10}(x_i - \bar{x})^2}$
5 $\dfrac{\displaystyle\sum_{i=1}^{10}(x_i - \bar{x})(y_i - \bar{y})}{\sqrt{\displaystyle\sum_{i=1}^{10}(x_i - \bar{x})^2} \times \sqrt{\displaystyle\sum_{i=1}^{10}(y_i - \bar{y})^2}}$

解説 $y = a + bx$ を $y_i = a + bx_i + e_i$ として次の残差平方和 S_e の最小限を次のように計算する．ここでは，$i = 1, 2, \cdots, n (= 10)$ とし，$\displaystyle\sum_{i=1}^{10}$ を $\sum$ と略記する．

$$S_e = \sum e_i^2 = \sum(y_i - (a + bx_i))^2 = \sum(y_i^2 - 2y_i(a + bx_i) + a^2 + 2abx_i + b^2x_i^2)$$

次に

$$\frac{\partial S_e}{\partial a} = 0 \qquad \text{①}$$

$$\frac{\partial S_e}{\partial b} = 0 \qquad \text{②}$$

から a，b を求めると次のように表される．

式①から

$$\sum(0 - 2y_i(1 + 0) + 2a + 2bx_i + 0) = 0$$
$$\sum(a + bx_i - y_i) = 0$$
$$na + b\sum x_i - \sum y_i = 0$$
$$a = \frac{\sum y_i - b\sum x_i}{n} \qquad \text{③}$$

式②から

$$\sum(0 - 2y_i(0 + x_i) + 0 + 2ax_i + 2bx_i^2) = 0$$
$$\sum(-y_ix_i + ax_i + bx_i^2) = 0$$
$$a\sum x_i + b\sum x_i^2 - \sum x_iy_i = 0 \qquad \text{④}$$

式③の a を式④に代入する．

$$\frac{\sum y_i - b\sum x_i}{n} \times \sum x_i + b\sum x_i^2 - \sum x_iy_i = 0$$

$$b = \frac{\sum x_i y_i - \sum y_i \times \dfrac{\sum x_i}{n}}{\sum x_i{}^2 - \dfrac{\left(\sum x_i\right)^2}{n}} \tag{5}$$

ここで，式⑤の分母は次のように変形できる．

$$
\begin{aligned}
\sum x_i{}^2 - \frac{\left(\sum x_i\right)^2}{n} &= \sum x_i{}^2 - 2n\left(\frac{\sum x_i}{n}\right)^2 + n\left(\frac{\sum x_i}{n}\right)^2 \\
&= \sum x_i{}^2 - 2n\left(\frac{\sum x_i}{n} \times \frac{\sum x_i}{n}\right) + n\bar{x}^2 \qquad \because \bar{x} = \frac{\sum x_i}{n} \\
&= \sum x_i{}^2 - 2\bar{x}\sum x_i + \sum \bar{x}^2 \\
&= \sum x_i{}^2 - \sum 2\bar{x}x_i + \sum \bar{x}^2 \\
&= \sum (x_i{}^2 - 2\bar{x}x_i + \bar{x}^2) = \sum (x_i - \bar{x})^2
\end{aligned}
\tag{6}
$$

また，式⑤の分子は次のように変形される．

$$
\begin{aligned}
&\sum x_i y_i - \sum y_i \times \frac{\sum x_i}{n} \\
&= \sum x_i y_i - \sum y_i \times \frac{\sum x_i}{n} - \sum x_i \times \frac{\sum y_i}{n} + \sum x_i \times \frac{\sum y_i}{n} \\
&= \sum x_i y_i - \frac{\sum y_i}{n} \times \sum x_i - \frac{\sum x_i}{n} \times \sum y_i + n\frac{\sum x_i}{n} \times \frac{\sum y_i}{n} \\
&= \sum x_i y_i - \bar{y}\sum x_i - \bar{x}\sum y_i + n\bar{x}\bar{y} \\
&= \sum (x_i y_i - \bar{y}x_i - \bar{x}y_i + \bar{x}\bar{y}) = \sum (x_i - \bar{x})(y_i - \bar{y})
\end{aligned}
\tag{7}
$$

以上から b は次のように表される．

$$b = \frac{\displaystyle\sum_{i=1}^{10}(x_i - \bar{x})(y_i - \bar{y})}{\displaystyle\sum_{i=1}^{10}(x_i - \bar{x})^2}$$

なお，式⑦は，次のようにも表されることに注意．

$$\sum x_i y_i - \sum y_i \times \frac{\sum x_i}{n} = \sum x_i y_i - \sum y_i \times \bar{x} = \sum (x_i y_i - y_i\bar{x}) = \sum (x_i - \bar{x})y_i$$

$$
\begin{aligned}
\sum x_i y_i - \sum y_i \times \frac{\sum x_i}{n} &= \sum x_i y_i - \frac{\sum y_i}{n} \times \sum x_i = \sum x_i y_i - \bar{y}\sum x_i \\
&= \sum (x_i y_i - \bar{y}x_i) = \sum (y_i - \bar{y})x_i
\end{aligned}
$$

すなわち，$\sum (x_i - \bar{x})(y_i - \bar{y}) = \sum (x_i - \bar{x})y_i = \sum (y_i - \bar{y})x_i$ となる．

なお，通常，次の記号がよく用いられる．

$$S_{xy} = \sum (x_i - \bar{x})(y_i - \bar{y})$$
$$S_{xx} = \sum (x_i - \bar{x})^2$$

▶ 答 4

問題 4 　【平成30年12月 問9】

　ある測定器を校正するため，認証値 x_i が付与された k 水準の測定標準を準備し，それぞれに対する測定器の指示値 y_i を求めた．これらを k 組のデータ対 (x_i, y_i) $(i = 1, 2, \cdots, k)$ を用いて，測定器の指示値の，認証値に対する一次回帰分析を行うとき，回帰係数の計算式として正しいものを次の中から一つ選べ．

　ただし，$\bar{x}$ 及び $\bar{y}$ は，それぞれ x_i 及び y_i の平均である．

1　$\dfrac{\bar{x}}{\bar{y}}$　　2　$\dfrac{\bar{y}}{\bar{x}}$　　3　$\dfrac{\sum_{i=1}^{k} x_i^2}{\sum_{i=1}^{k} y_i^2}$

4　$\dfrac{\sum_{i=1}^{k}(x_i - \bar{x})(y_i - \bar{y})}{\sqrt{\sum_{i=1}^{k}(x_i - \bar{x})^2} \times \sqrt{\sum_{i=1}^{k}(y_i - \bar{y})^2}}$　　5　$\dfrac{\sum_{i=1}^{k}(x_i - \bar{x})(y_i - \bar{y})}{\sum_{i=1}^{k}(x_i - \bar{x})^2}$

解説　y_i の誤差を e_i とすれば，一次式を次のように表す．

$$y_i = a + bx_i + e_i \tag{①}$$

残差平方和 S_e は，

$$S_e = \sum_{i=1}^{k} e_i^2 \tag{②}$$

で，式①を用いると

$$S_e = \sum_{i=1}^{k}\{y_i - (a + bx_i)\}^2 \tag{③}$$

となる．未知数 a, b は，S_e を最小にするように決めると，次のように表される．

$$a = \bar{y} - b\bar{x} \tag{④}$$

$$b = \dfrac{S_{xy}}{S_{xx}} \tag{⑤}$$

ここで，

$$S_{xy} = \sum_{i=1}^{k}(x_i - \bar{x})(y_i - \bar{y}) \tag{⑥}$$

$$S_{xx} = \sum_{i=1}^{k}(x_i - \bar{x})^2 \tag{⑦}$$

である．

▶答 5

4.7 校正方法とSN比

問題1 【令和6年 問13】

「JIS Z 9090 測定−校正方式通則」に基づく測定器の校正に関する次の記述について，空欄（ ア ）〜（ エ ）に当てはまる語句の組合せとして正しいものを下の中から一つ選べ．

校正には大きく（ ア ）と（ イ ）の2つの作業がある．（ ア ）は測定標準を用いて測定器の読みがどのくらいずれているかを知る作業である．（ イ ）は測定の正確さを確保するために，そのずれを直す作業である．

校正には様々な方式がある．例えば，（ ア ）だけを行う校正方式では，測定器の読みのずれがあらかじめ定めた限界以内の場合は測定器を（ ウ ）する．また，無校正の校正方式では，ある定められた期間を経過した段階で校正を行わずに測定器を（ エ ）する．

	（ア）	（イ）	（ウ）	（エ）
1	点検	修正	継続使用	廃棄
2	点検	修正	継続使用	継続使用
3	点検	修正	廃棄	継続使用
4	修正	点検	継続使用	廃棄
5	修正	点検	廃棄	継続使用

解説 （ア）「点検」である．
（イ）「修正」である．
（ウ）「継続使用」である．
（エ）「廃棄」である．　　　　　　　　　　　　　　　　　　　　　　　　　▶答 1

問題2 【令和6年 問14】

電子はかりの校正を行うために，標準の値 x_i ($i = 1, 2, \cdots, 5$) のそれぞれに対する電子はかりの指示値 y_i を得た．各測定の前には毎回はかりのゼロ点調整を行った．これら5組のデータ (x_i, y_i) から最小二乗法を用いて，標準の値 x に対する電子はかりの指示値 y の関係式 $y = bx$ を求めるとき，b の推定値を求める式として正しいものを次の中から一つ選べ．

ただし，$\bar{x}$ 及び $\bar{y}$ はそれぞれ x_i 及び y_i の平均である．

1 $\dfrac{\bar{y}}{\bar{x}}$　　2 $\dfrac{\sum_{i=1}^{5} x_i y_i}{\sum_{i=1}^{5} x_i^2}$　　3 $\dfrac{\sum_{i=1}^{5} y_i}{\sqrt{\sum_{i=1}^{5} x_i^2}}$

4 $\dfrac{\sum_{i=1}^{5}(x_i - \bar{x})(y_i - \bar{y})}{\sum_{i=1}^{5} x_i^2}$　　5 $\dfrac{\sum_{i=1}^{5}(x_i - \bar{x})(y_i - \bar{y})}{\sum_{i=1}^{5}(x_i - \bar{x})^2}$

解説　残差平方和S_eは，次のように表される．
$$S_e = \sum_{i=1}^{5}(y_i - bx_i)^2 \quad \text{①}$$
式①の右辺を次のように変形する．
$$S_e = \sum_{i=1}^{5}(y_i^2 - 2x_i y_i b + x_i^2 b^2) \quad \text{②}$$
式②について，S_eの最小値を求めるため，$\dfrac{\partial S_e}{\partial b} = 0$とすれば，
$$0 = \sum_{i=1}^{5}(0 - 2x_i y_i + 2x_i^2 b) \quad \text{③}$$
となる．式③を整理する．
$$0 = -2\sum_{i=1}^{5} x_i y_i + 2b\sum_{i=1}^{5} x_i^2$$
$$b = \dfrac{\sum_{i=1}^{5} x_i y_i}{\sum_{i=1}^{5} x_i^2} \quad \text{④}$$

▶答 2

問題3　【令和6年 問15】

測定のSN比ηは，測定対象量の値Mと測定器の読みyとの間に関係式$y = \alpha + \beta M + \varepsilon$を仮定したとき，$\eta = \beta^2/\sigma^2$で与えられる．ここで，$\alpha$は$y$切片，$\beta$は感度係数，$\varepsilon$は読み$y$に含まれる誤差であり，$\sigma^2$は$\varepsilon$の分散である．このような測定のSN比に関する次の記述の中から，誤っているものを一つ選べ．

1 ηは，Mの二乗の逆数と同じ単位を持っている．
2 ηを求めるときにはσ^2の値を推定する必要があるが，σ^2の値の推定にはMの真の値がかならず必要である．
3 ηの逆数は，測定器を校正した後の測定対象量の推定値の誤差分散を表す．
4 SN比は，β^2/σ^2のように真数で表される場合と，その対数変換に基づいてデシベル表示される場合がある．

5 η を用いて2台の測定器を比較したとき，η の値が大きい測定器の方が校正後の誤差は小さい．

解説 1 正しい．$y = \alpha + \beta M + \varepsilon$ において，y は測定器の読みであるから無単位で，α や ε も同様であると考えてよい．したがって，βM を無単位とするため，β の単位は M の単位の逆数となる．よって，$\eta = \beta^2/\sigma^2$ は，σ^2（ε の分散）が無単位であるので β の2乗の単位と同じであり，M の2乗の逆数と同じ単位を持つ．

2 誤り．η を求めるときは σ^2 の値を推定する必要があるが，σ^2 の値の推定には M の真の値が必ずしも必要ではなく，M の水準間の相対関係がわかっていれば可能である．

3 正しい．η の逆数は，次のように測定器を校正した後の測定対象量の推定値の誤差分散を表す．
$$y = \alpha + \beta M + \varepsilon \quad ①$$
式①を変形する．
$$M = \frac{y - \alpha}{\beta} - \frac{\varepsilon}{\beta} \quad ②$$
式②の ε/β は誤差で，その2乗 β^2/σ^2 は，誤差分散であり，η の逆数である．

4 正しい．SN (Signal/Noise) 比は，β^2/σ^2 のように真数で表される場合と，その対数変換に基づいてデシベル表示される場合がある．

5 正しい．η を用いて2台の測定器を比較したとき，η の値が大きい測定器の方が，信号 β に対する誤差 σ が小さいため，校正後の誤差は小さい． ▶答 2

問題4 【令和6年 問16】

図 (a), (b), (c) は，3台の測定器A, B, Cについて，標準の値 M に対する測定器の読み y の値と，その関係式をグラフで示したものである．測定器の比較についての下の記述の中から，誤っているものを一つ選べ．

ここで，各図で感度係数をそれぞれ β_a，β_b，β_c で表しており，縦軸，横軸のスケールは同じとする．また，記号 $\approx$ は両辺がほぼ等しいことを示す．

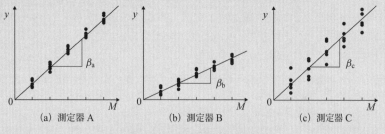

図 標準の値 M と測定器の読み y の関係

1 測定のSN比の大きさを比較することで，測定器の校正後の誤差の比較を行うことができる．
2 測定器の感度係数が$\beta_a > \beta_b$で誤差分散が$\sigma_a^2 \approx \sigma_b^2$の関係にある場合，測定器Bより測定器Aの方がSN比は大きくなる．
3 測定器の感度係数が$\beta_b < \beta_c$のとき，測定器Cが測定器BよりSN比が大きくなるとは限らない．
4 測定器の感度係数が$\beta_a \approx \beta_c$で誤差分散が$\sigma_a^2 < \sigma_c^2$の関係にある場合，測定器Cより測定器Aの方がSN比は大きくなる．
5 測定器の感度係数が$\beta_a = 2\beta_b$で誤差分散が$\sigma_a^2 \approx \sigma_b^2$の関係にある場合，測定器AのSN比は測定器Bの約2倍大きくなる．

解説 1 正しい．

2 正しい．測定器の感度係数が$\beta_a > \beta_b$で誤差分散が$\sigma_a^2 \approx \sigma_b^2$の関係にある場合，SN比は，$\mathrm{SN_A} = \dfrac{\beta_a^2}{\sigma_a^2} > \mathrm{SN_B} = \dfrac{\beta_b^2}{\sigma_b^2}$であるから，測定器Bより測定器AのSN比は大きくなる．

3 正しい．測定器の感度係数が$\beta_b < \beta_c$のとき，本問の図から測定器Cのばらつきは測定器Bより大きいので$\sigma_b^2 < \sigma_c^2$であるから，$\mathrm{SN_B} = \dfrac{\beta_b^2}{\sigma_b^2}$と$\mathrm{SN_C} = \dfrac{\beta_c^2}{\sigma_c^2}$を比較した場合，$\mathrm{SN_B} < \mathrm{SN_C}$とは限らない．

4 正しい．測定器の感度係数が$\beta_a \approx \beta_c$で誤差分散が$\sigma_a^2 < \sigma_c^2$の関係にある場合，測定器Cの$\mathrm{SN_C} = \dfrac{\beta_c^2}{\sigma_c^2}$より測定器Aの$\mathrm{SN_A} = \dfrac{\beta_a^2}{\sigma_a^2}$の方が大きくなる．

5 誤り．測定器の感度係数が$\beta_a = 2\beta_b$で誤差分散が$\sigma_a^2 \approx \sigma_b^2$の関係にある場合，測定器AのSN比は，感度係数を2乗するため，測定器Bの約4倍大きくなる． ▶ 答 5

問題5 【令和5年 問13】

「JIS Z 9090 測定−校正方式通則」に基づいた校正の種類に関する次の記述の中から，誤っているものを一つ選べ．

ただし，測定器の読みをy，標準の値をM，感度係数をβとする．また，以下における想定関係式とは，yとMの間に成立すると想定した関係式を意味する．

1 零点校正とは，零点の読みy_0を用いて定点の校正を行うことであり，想定関係式は，$y = y_0 + M$である．
2 基準点校正とは，基準点M_0の読みy_0を用いて定点の校正を行うことであり，想定関係式は，$y = y_0 + (M - M_0)$である．
3 零点比例式校正とは，任意の点（その読みをy_0とする）を零点として，傾斜の

校正を行うことであり，想定関係式は，$y = y_0 + \beta M$である．

4　基準点比例式校正とは，基準点M_0の読みy_0を用いて定点の校正を行った後，傾斜の校正を行うことであり，想定関係式は，$y = y_0 + \beta(M - M_0)$である．

5　一次式校正とは，読みの平均値$\bar{y}$及び標準の値の平均値$\bar{M}$を用いて，定点の校正及び傾斜の校正を同時に行うことであり，想定関係式は，$y = \bar{y} + \beta(M - \bar{M})$である．

解説　1　正しい．零点校正とは，零点の読みy_0を用いて定点の校正を行うことであり，想定関係式は，

$$y = y_0 + M$$

である．

2　正しい．基準点校正とは，基準点M_0の読みy_0を用いて定点の校正を行うことであり，想定関係式は，

$$y = y_0 + (M - M_0)$$

である．

3　誤り．零点比例式校正とは，零点の読みを零と仮定して傾斜の校正を行うことであり，想定関係式は，

$$y = \beta M$$

である．「任意の点（その読みをy_0とする）を零点として，傾斜の校正を行うことであり，その想定関係式は，$y = y_0 + \beta M$である」ものは，目盛間隔校正である．

4　正しい．基準点比例式校正とは，基準点M_0の読みy_0を用いて定点の校正を行った後，傾斜の校正を行うことであり，想定関係式は，

$$y = y_0 + \beta(M - M_0)$$

である．

5　正しい．一次校正とは，読みの平均値$\bar{y}$および標準の値の平均値$\bar{M}$を用いて，定点の校正および傾斜の校正を同時に行うことであり，想定関係式は，

$$y = \bar{y} + \beta(M - \bar{M})$$

である．　　　　　　　　　　　　　　　　　　　　　　　　　　　　　▶答 3

問題6　　　　　　　　　　　　　　　　　　　【令和5年 問16】

圧力Pの大きさを電圧Vに変換して出力する圧力センサーにおいて，PとVの関係は次の式で表せるとする．

$$V = \beta P + \varepsilon$$

ここで，βは入力Pに対する出力Vの感度係数，εは出力Vに含まれる誤差を表し，εの標準偏差はσ_Vであるとする．βとσ_Vの大きさは，圧力センサーの種類に

よって変わり得る.

このような圧力センサーがA, B, Cの三種類あり, それぞれのβとσ_Vの値は次の通りであった.

センサーA: $\beta = 1\,\text{mV/Pa}$, $\sigma_V = 10\,\text{mV}$
センサーB: $\beta = 4\,\text{mV/Pa}$, $\sigma_V = 10\,\text{mV}$
センサーC: $\beta = 4\,\text{mV/Pa}$, $\sigma_V = 20\,\text{mV}$

センサーA, B, Cそれぞれに対する測定のSN比$\eta(A)$, $\eta(B)$, $\eta(C)$の大小関係として正しいものを, 次の中から一つ選べ.

1 $\eta(A) < \eta(B) < \eta(C)$
2 $\eta(A) < \eta(C) < \eta(B)$
3 $\eta(B) < \eta(A) < \eta(C)$
4 $\eta(B) < \eta(C) < \eta(A)$
5 $\eta(C) < \eta(B) < \eta(A)$

解説 SN比ηは次のように表される.

$$\eta = \frac{\beta^2}{\sigma_V^2} \tag{①}$$

式①にそれぞれのセンサーの数値を代入して$\eta(A)$, $\eta(B)$, $\eta(C)$を算出する.

センサーA $\eta(A) = \dfrac{\beta^2}{\sigma_V^2} = \dfrac{1^2}{10^2} = 0.01$

センサーB $\eta(B) = \dfrac{\beta^2}{\sigma_V^2} = \dfrac{4^2}{10^2} = 0.16$

センサーC $\eta(C) = \dfrac{\beta^2}{\sigma_V^2} = \dfrac{4^2}{20^2} = 0.04$

したがって, $\eta(A) < \eta(C) < \eta(B)$ となる. ▶答 2

■ 問題7 【令和4年 問13】

「JIS Z 9090 測定−校正方式通則」に基づく測定器の定期校正には, 一般に点検及び（又は）修正という, 役割を異にする2種類の作業が含まれる. このような測定器の校正に関する次の記述の中から, 誤っているものを一つ選べ.

1 測定器の点検では, 測定標準を用いて測定器のかたよりの大きさを求め, あらかじめ定めた限界値と比較する.

2 測定器の修正では, 測定標準を用いて, 測定器の指示値から測定対象量の値を求めるための校正式を新たに求め直す.

3 測定器の点検及び修正を行う校正方式では, 点検の結果, 測定器のかたよりの大きさが修正限界内にあれば, 修正を行わず継続して測定器を使用する. 修正限界を

超えた場合は，修正した後に測定器を使用する．
4　測定器の点検だけで修正は含まない校正方式，及び修正だけで点検は含まない校正方式では，測定器のかたよりの大きさを一定限度内に抑えるという，校正の目的を達成することができない．
5　測定器の点検も修正も行わず，予防保全の目的で定期的に測定器の廃棄・更新を行う無校正の校正方式もある．

解説　1～3　正しい．
4　誤り．測定器の点検だけで修正は含まない校正方式，および修正だけで点検は含まない校正方式でも，測定器のかたよりの大きさを一定限度内に抑えるという，校正の目的を達成することはできる．
5　正しい．　　　　　　　　　　　　　　　　　　　　　　　　　　　　▶答 4

問題 8 【令和4年 問14】

ある力センサを繰返し2回で校正したとき，力標準機で発生した力の大きさと，その力を与えたときのセンサの出力電圧の関係は表に示すとおりであった．このセンサに未知の力を印加したところ，その出力は75.0 mVであった．このときの力の値として最も近い値を，下の中から一つ選べ．ただし，力標準機の誤差は無視でき，この力の範囲ではセンサの出力は直線性が確保されているものとする．

表　力と出力電圧の関係

力標準機の値 (kN)	出力電圧 (mV)	
	繰返し 1回目	繰返し 2回目
10.00	60.1	60.1
20.00	110.0	110.2

1　12.48 kN　　2　12.98 kN　　3　13.62 kN　　4　14.05 kN　　5　17.02 kN

解説　力標準機の値が10.00 kNの場合の平均出力電圧は，

$$\frac{60.1 + 60.1}{2} = 60.1 \,\mathrm{mV} \qquad ①$$

である．同様に，力標準機の値が20.00 kNの場合の平均出力電圧は，

$$\frac{110.0 + 110.2}{2} = 110.1 \,\mathrm{mV} \qquad ②$$

である．
　力標準機の値を Y 〔kN〕，出力電圧を X 〔mV〕とすれば，力標準機の値と出力電圧の関係は，次のように表される（β および α は定数）．

$$Y = \beta X + \alpha \qquad ③$$

式③に式①と式②の値を代入して，β と α を求める．

$$10.00 = \beta \times 60.1 + \alpha \qquad ④$$
$$20.00 = \beta \times 110.1 + \alpha \qquad ⑤$$

式⑤－式④から

$$10.00 = 50.0\beta$$
$$\beta = 0.2 \qquad ⑥$$

となる．

式④に式⑥の値を代入して，α を算出する．

$$10.00 = 0.2 \times 60.1 + \alpha$$
$$\alpha = 10.00 - 0.2 \times 60.1 = -2.02 \qquad ⑦$$

式⑥と式⑦から，式③は次のように表される．

$$Y = 0.2X - 2.02 \qquad ⑧$$

式⑧の X に 75.0 mV を代入して，Y〔kN〕を求める．

$$Y = 0.2 \times 75.0 - 2.02 = 12.98 \,\text{kN}$$

▶答 2

問題 9 【令和 4 年 問 15】

測定の SN 比に関する次の記述の中から，誤っているものを一つ選べ．

1 測定の SN 比は，測定対象量の値の変化に対し，測定器の指示値がどれほど忠実に対応するかを表す指標である．

2 測定の SN 比を求めるとき，測定器の指示値 y と測定対象量の真値 M の値の間に $y = \beta M + e$ の関係式を想定することが多い．ここで β は感度を表す定数であり，e は指示値の誤差を表す．このとき測定の SN 比は，e の分散を σ^2 として，σ^2/β^2 で表される．

3 測定の SN 比を用いて 2 台の測定器を比較したとき，SN 比の大きい測定器の方が校正後の誤差は小さい．

4 測定対象量の真値 M がわからなくとも，M の水準間の間隔や比の値がわかっていれば，SN 比を比較できることがある．

5 検出対象の物理量は同じだが検出原理が異なる二つのセンサは，センサの出力信号となる物理量が違っていても，SN 比の比較に意味がある．

解説 1 正しい．

2 誤り．測定の SN 比を求めるとき，測定器の指示値 y と測定対象量の真値 M の値の間に $y = \beta M + e$ の関係式を想定することが多い．ここで β は感度を表す定数であり，e は

指示値の誤差を表す．このとき測定のSN比は，eの分散をσ^2として，β^2/σ^2で表される．「σ^2/β^2」が誤り．

3〜5　正しい． ▶答 2

■ 問題 10 【令和3年 問13】 ✓ ✓ ✓

ある測定器は，測定対象量の値Mと測定器の読みyの関係を零点比例式で表すことができる．この測定器を「JIS Z 9090測定–校正方式通則」に基づき校正するときの一連の手順は，次の（ア）〜（エ）である．この校正手順に関する下の記述の中から誤っているものを一つ選べ．

（ア）Mとyの関係式は$y = \beta M$で表され，また修正限界Dはあらかじめ定めておく．

（イ）標準の値M_0を測定したときの測定器の読みy_0を得た．このときの測定値$\hat{M}$を，これまで用いてきた校正式$\hat{M} = y_0/\hat{\beta}$から求め，$|\hat{M} - M_0|$と$D$とを比較した．

（ウ）$|\hat{M} - M_0| > D$であったので関係式の修正を行う．修正では，k個の標準の値$M_1, M_2, \cdots, M_k$について，それぞれ繰返しn回の読みy_{ij}（$i = 1, 2, \cdots, k, j = 1, 2, \cdots, n$）を得た．これらのデータ及び次の式より新しい感度係数$\hat{\beta}'$を求めた．

$$\hat{\beta}' = \frac{\displaystyle\sum_{i=1}^{k}\sum_{j=1}^{n} M_i y_{ij}}{n\displaystyle\sum_{i=1}^{k} M_i^2}$$

（エ）校正後の新たな測定値を，読みyと感度係数$\hat{\beta}'$を用いた新しい校正式$\hat{M} = y/\hat{\beta}'$から求める．

1　（ア）の修正限界Dは，通常この測定対象における許容値よりも小さい値を採用する．

2　（ウ）は修正と呼ぶのに対し，（イ）は点検という．

3　（イ）で$|\hat{M} - M_0|$がDを超えない場合は，修正は不要である．

4　（ウ）で求めた感度係数$\hat{\beta}'$の値は，通常これまでに用いてきた$\hat{\beta}$の値とは異なる．

5　（エ）で求めた測定値の誤差は，通常（イ）の段階で読みから求めた測定値の誤差よりも大きい．

解説 1　正しい．

2　正しい．$|\hat{M} - M_0|$とDとの比較は点検といい，$|\hat{M} - M_0| > D$の場合，関係式を修正するため，n個のデータから感度係数$\hat{\beta}'$を算出する．

3, 4　正しい．

5　誤り．新たな感度係数を用いて求めた測定値の誤差は，通常，修正前の感度係数を用

いて求めた測定値の誤差よりも小さい． ▶答 5

■問題 11 【令和3年 問14】

「JIS Z 8103 計測用語」に定められた校正に関する次の記述の中から，誤っているものを一つ選べ．
1 校正の第一段階では，測定標準によって提供される不確かさを伴う量の値とそれに対応する指示値との不確かさを伴う関係を確立する．
2 校正の第二段階では，第一段階の情報を用いて測定器の指示値から測定結果を得るための関係を確立する．
3 校正は，主に測定器の使用において生じる測定値の偶然誤差を除くために実施する．
4 校正に用いる測定標準の不確かさ及び校正作業に伴う不確かさは，その校正を受けた測定器を用いて求める測定値の不確かさに影響する．
5 校正は，自己校正と呼ばれる測定システムの調整と混同すべきではない．

解説 1，2 正しい．
3 誤り．偶然誤差は除くことができないため，校正は，主に測定器の使用において生じる測定値の偶然誤差以外の誤差を除くために実施する．
4 正しい．
5 正しい．校正には，調整の意味合いは含まれておらず，測定システムの調整の前提条件となるものであるから，自己校正と呼ばれる測定システムの調整と混同すべきではない．

▶答 3

■問題 12 【令和3年 問15】

測定のSN比とは，測定対象量の値の変化に対して，測定器が確実にその変化量を検出し，指示値として示すことができるかどうかを表した指標である．ある測定器において，測定対象量の値をx，測定器の指示値をyとしたときのxとyの関係式を$y = \alpha + \beta x + \varepsilon$とする．ここで，$\alpha$は$y$切片，$\beta$は回帰係数，$\varepsilon$は指示値の誤差である．この測定器によりいくつかの$x$に対する読み$y$を得たところ，$\varepsilon$の標準偏差$\sigma$が$\sigma = 0.1$で，$\beta = 1$であった．このとき，この測定のSN比を真数で表した値として，正しいものを一つ選べ．

1　0.01　　2　0.5　　3　10　　4　100　　5　1,000

解説 SN比ηは，εの標準偏差をσ，回帰係数をβとすれば，次のように表される．

$$\eta = \frac{\beta^2}{\sigma^2} \tag{①}$$

式①に与えられた数値を代入してηを算出する．

$$\eta = \frac{1^2}{0.1^2} = 100$$

▶答 4

■問題 13 【令和 2 年 問 13】

校正に関する次の記述の中から，誤っているものを一つ選べ．

1. 校正を実施するためには，表記された量の値及びその不確かさを持つ何らかの測定標準が必要である．
2. 校正の第一段階は，測定標準が与える値と測定器の指示値との間の不確かさを伴う関係を確立することである．
3. 測定標準が与える値とその値に対応する測定器の指示値の関係を表す関係式に利用される関数は多項式のみである．
4. 測定標準が与える値とその値に対応する測定器の指示値の関係を表す関係式を決定するための手法に最小二乗法がある．
5. 校正の第二段階は，測定器の指示値から測定結果を得るための関係を確立することである．

解説 1，2 正しい．

3 誤り．測定標準が与える値とその値に対応する測定器の指示値の関係を表す関係式に利用される関数は多項式（一次式が多い）や単項式である．

4，5 正しい．

▶答 3

■問題 14 【令和 2 年 問 14】

「JIS Z 9090 測定-校正方式通則」に基づいた測定器の定期校正について述べた次の記述の中から，誤っているものを一つ選べ．

1. 「点検及び修正を行う校正方式」での定期校正では，測定器の誤差の大きさを調べる点検を定期的に行い，判明した誤差の大きさがあらかじめ決めておいた限界値を超えたときには，校正式を求め直す修正を行う．
2. 「点検及び修正を行う校正方式」以外の定期校正の方式として，「点検だけ行う校正方式」，「修正だけ行う校正方式」，点検も修正も行わない「無校正の校正方式」がある．
3. 校正式を求め直す修正に用いる測定標準は，点検に用いる測定標準とは別のものを使用しなければならない．
4. 「点検だけを行う校正方式」では，定期的な点検において判明した誤差の大きさ

があらかじめ決めておいた限界値を超えたとき，その測定器を廃棄し，新しい測定器と交換する．
5 「無校正の校正方式」では，あらかじめ決めておいた測定器の使用期間を越えたとき，予防保全的にその測定器を廃棄し，新しい測定器と交換する．

解説 1，2 正しい．
3 誤り．校正式を求め直す修正に用いる測定標準は，点検に用いる測定標準と同じものを使用しなければならない．
4，5 正しい． ▶答 3

問題 15 【令和2年 問15】

値の異なる測定標準 M があり，その測定標準を測定したときの測定器の指示値 y，指示値の誤差を ε とし，y と M の関係式として $y = \alpha + \beta M + \varepsilon$ を仮定する（$\alpha : y$ 切片）．このとき，測定のSN比 η は，傾き β の二乗 β^2 と指示値の誤差 ε の分散 σ^2 から計算することができる．このような測定のSN比に関する次の記述の中から，誤っているものを一つ選べ．

1 測定のSN比は，$\eta = \beta^2/\sigma^2$ として計算する．
2 二種類の測定器が同一の測定対象量を測っている場合，それぞれの測定器の指示値の単位が異なっていても，SN比を用いて性能の良否を比較することができる．
3 測定のSN比は，測定標準の単位の二乗の逆数と同じ次元を持っている．
4 測定のSN比をデシベル変換（対数変換）する場合，デシベル変換後のSN比は，常に正の値になる．
5 二つの測定器の性能を測定のSN比により比較する場合，SN比が大きい測定器を選択するとよい．

解説 1，2 正しい．
3 正しい．測定のSN比 $\eta = \beta^2/\sigma^2$ において，β の次元は無次元で，σ^2 は ε の誤差分散であるからその平方根は測定標準の単位と同じ次元であるので，測定のSN比は，測定標準の単位の2乗の逆数と同じ次元を持っている．
4 誤り．測定のSN比をデシベル変換（対数変換）する場合，デシベル変換後のSN比は，常に正の値とは限らない．
5 正しい．二つの測定器の性能を測定のSN比により比較する場合，SN比が大きい測定器を選択するとよい．誤差（ノイズ：σ）より傾き（β）の方が大きいからである．

▶答 4

問題16 【令和2年 問16】

SN比の比較により，現行器より優れた測定器を選択したい．そこで，現行器及び候補となる測定器A，Bの優劣を，一次式校正を前提としたSN比により評価する．値の分かっている測定物の量を信号 M，誤差因子の水準を N_1, N_2 とし，各測定器の出力 y を測定したところ次の図が得られた．この図のデータからSN比を求め，測定器を比較するとき，判断として正しいものを，下の中から一つ選べ．

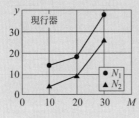
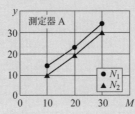
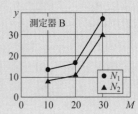

図　各測定器における信号 M に対する出力 y

1. 現行器と測定器Aでは，広範囲の出力に対応している現行器を選択するのがよい．
2. 現行器と測定器Bでは，誤差因子に対するばらつきが大きい現行器を選択するのがよい．
3. 三つの測定器では，グラフが直線的であり，さらに誤差因子に対するばらつきの小さい測定器Aを選択するのがよい．
4. 三つの測定器では，信号 M が10から20の範囲においては，傾きの最も小さい測定器Bを選択するのがよい．
5. 現行器と測定器A，BのSN比は変わらないので，現行器，測定器A，または測定器Bのいずれを選択してもよい．

解説　1　誤り．現行器と測定器Aでは，誤差因子の水準 N_1 と N_2 の間が現行器より測定器Aの方が小さいので，測定器Aの方がSN比が大きく，また測定器Aの方がグラフが直線的であるため，現行器Aを選択するのがよい．

2　誤り．現行器と測定器Bでは，誤差因子の水準 N_1 と N_2 の間が現行器より測定器Bの方が小さいので，測定器Bの方がSN比が大きいため，測定器Bを選択するのがよい．

3　正しい．

4　誤り．三つの測定器では，信号 M が10から20の範囲においては，傾きの最も大きい測定器Aを選択するのがよい．傾きが大きいとは，感度が高いことを表す．

5　誤り．現行器と測定器A，BのSN比の大きさは，測定器A＞測定器B＞現行器であるため，測定器Aを選択すべきである．

▶答 3

問題 17 【令和元年 問13】

校正に関する次の記述の中から，誤っているものを一つ選べ．
1. 校正では，測定標準によって提供される値とそれに対応する指示値との関係を求める．
2. 測定器の指示値から測定結果を得るために，校正式を用いることが多いが，校正線図や校正表などを用いることもある．
3. 測定の誤差の中には，校正に基づいて調整を行っても取り除けない誤差成分がある．
4. ある測定器を校正すれば，その測定器によって測定された値の不確かさはその校正の不確かさと等しくなる．
5. 測定に要求される不確かさを考慮したうえで，測定器を改めて校正せずに，測定器メーカがつけた目盛をそのまま用いて測定することがある．

解説 1，2 正しい．
3 正しい．測定の誤差の中には，校正に基づいて調整を行っても取り除けない誤差成分（偶然誤差）がある．
4 誤り．測定器を校正しても，その測定器によって測定された値の不確かさはその校正の不確かさと偶然誤差が異なるため，等しくなるとは限らない．
5 正しい． ▶答 4

問題 18 【令和元年 問14】

「JIS Z 9090 測定–校正方式通則」に基づく測定器の校正に関する次の記述の中から，誤っているものを一つ選べ．
1. 校正においては常に，点検と修正を同じ時間間隔で実施する必要がある．
2. 標準器には，ブロックゲージのように量の値を一つ示すものと，標準尺のように複数の値を示すものとがある．
3. 経時的変化に起因する測定標準の値の変化は，測定標準の誤差に含まれる．
4. 校正後の測定器を使用して得られた測定値には，校正作業による誤差が含まれる．
5. 校正における修正限界は，測定器の修正の必要性を判断する基準であり，一般に，測定対象となる製品の許容差より小さい値をとる．

解説 1 誤り．校正において，点検と修正は，点検の結果によって修正を行う．測定値の誤差が修正限界内の場合は，修正を行わずそのまま計測器を使用する．測定値の誤差が修正限界を超えた場合は，修正を行い，計測器を使用する．
2〜5 正しい． ▶答 1

問題 19 【令和元年 問15】

次の文章は測定のSN比に関する記述である．（ ア ）から（ ウ ）の空欄にあてはまる式または語句の組合せとして正しいものを，下の1から5の中から一つ選べ．

測定のSN比とは，測定対象量の値の変化に対して，測定器が確実にその変化量を検出し，指示値として示すことができるかどうかを表した指標である．測定対象量の値をx，測定器の指示値をyとしたときのxとyの関係式を$y = \alpha + \beta x + \varepsilon$とする．ここで$\alpha$は$y$切片，$\beta$は回帰係数，$\varepsilon$は指示値の誤差である．$\varepsilon$の標準偏差を$\sigma$で表すと，SN比$\eta$は（ ア ）と定義される．その測定器の校正後の誤差分散をσ_c^2とすると，（ イ ）と表される．2台の測定器を比較するとき，このSN比の大きさを用いて2台の測定器の（ ウ ）の比較をすることができる．

	（ア）	（イ）	（ウ）
1	$\eta = \sigma^2/\beta^2$	$\sigma_c^2 = 1/\eta$	優劣
2	$\eta = \beta^2/\sigma^2$	$\sigma_c^2 = 1/\eta^2$	耐久性
3	$\eta = \beta^2/\sigma^2$	$\sigma_c^2 = 1/\eta$	優劣
4	$\eta = \sigma^2/\beta^2$	$\sigma_c^2 = 1/\eta^2$	優劣
5	$\eta = \sigma^2/\beta^2$	$\sigma_c^2 = 1/\eta$	耐久性

解説 （ア）「$\eta = \beta^2/\sigma^2$」である．
（イ）「$\sigma_c^2 = 1/\eta$」である．

$$y = \alpha + \beta x + \varepsilon$$

校正後は

$$\hat{y} = \alpha + \beta \hat{x} + \sigma$$

となる．したがって，測定対象の値は

$$\hat{x} = \frac{\hat{y}}{\beta} - \frac{\alpha}{\beta} - \frac{\sigma}{\beta}$$

である．$(\sigma/\beta)^2$は，校正後の誤差分散に相当するから

$$\sigma_c^2 = \left(\frac{\sigma}{\beta}\right)^2 = \frac{\sigma^2}{\beta^2} = \frac{1}{\eta} である．$$

（ウ）「優劣」である．SN比は誤差に対する信号の比であり，この値が大きいことは，信号に対する誤差が小さいことを表すから，信頼のおける測定値となる． ▶答 3

問題 20 【令和元年 問16】

次の文章は，測定のSN比を求めて測定方法を改善する過程を述べたものである．（ ア ）から（ エ ）の空欄にあてはまる語句の組合せとして正しいものを，下の1から5の中から一つ選べ．

最適な水準を選ぶための（ ア ）因子として，測定条件A～Gを選択し，それぞれ3水準を設定して直交表L_{18}に割り付けた．また，測定対象量の値を意図的に変化させるための（ イ ）因子Mを3水準設定した．さらに，（ ウ ）因子Nとして指示値のばらつきの原因となる複数の条件を調合し，指示値が小さくなる条件N_1及び指示値が大きくなる条件N_2の2水準を設定した．

直交表の各行の条件における測定のSN比を求めるため，MとNの水準の全ての組合せについて指示値を得た．測定方法の改善につながるように，指示値からSN比ηを求め，（ ア ）因子A～Gの水準別のSN比の平均値の比較を行い，SN比が最も（ エ ）なる（ ア ）因子の水準を選び，その組合せを求めた．

	（ ア ）	（ イ ）	（ ウ ）	（ エ ）
1	制御	信号	標示	小さく
2	制御	信号	誤差	大きく
3	信号	制御	誤差	大きく
4	信号	制御	誤差	小さく
5	制御	信号	標示	大きく

解説 （ア）「制御」である．
（イ）「信号」である．
（ウ）「誤差」である．
（エ）「大きく」である．SN比は誤差に対する信号の比であり，この値が大きいことは，信号に対する誤差が小さいことを表すから，信頼のおける測定値となる． ▶答 2

■ 問題21　　　　　　　　　　　　　【平成30年12月 問13】

「JIS Z 9090 測定－校正方式通則」における校正方式に関する次の記述の中から，誤っているものを一つ選べ．
1　測定器の読みと測定標準の値との平均的なずれの修正を，一般に定点の校正という．
2　測定器の読みと測定標準の値との直線関係を表す感度係数の修正を，一般に傾斜の校正という．
3　基準点での測定標準の値及び測定器の読みを用いて定点の校正を行うことを，基準点校正という．
4　零点の読みを零と仮定して傾斜の校正を行うことを，零点比例式校正という．
5　基準点での測定標準の値及び測定器の読みを用いて定点の校正を行った後，傾斜の校正を行う校正を，1次式校正という．

解説 1 正しい．測定器の読み y と測定標準の値 M との平均的なずれの修正を，一般に定点の校正という．
$$y = y_0 + M$$
ここに，y_0：零点の読み

2 正しい．測定器の読み y と測定標準の値 M との直線関係を表す感度係数 β の修正を，一般に傾斜の校正という．
$$y = y_0 + \beta M$$

3 正しい．基準点での測定標準の値 M_0 および測定器の読み y を用いて定点の校正を行うことを，基準点校正という．
$$y = y_0 + (M - M_0)$$
ここに，M_0：基準点，y_0：基準点における読み

4 正しい．零点の読みを零と仮定して傾斜の校正を行うことを，零点比例式校正という．
$$y = \beta M$$

5 誤り．基準点での測定標準の値および測定器の読みを用いて定点の校正を行った後，傾斜の校正を行う校正を，基準点比例式校正という．
$$y = y_0 + \beta(M - M_0)$$

■問題22　【平成30年12月 問14】

「JIS Z 9090 測定-校正方式通則」に基づく，生産工程で使用する測定器の校正に関する次の記述の中から，誤っているものを一つ選べ．
1 校正では，製品などの実際の測定対象を標準として用いることがある．
2 校正に用いる標準の誤差は，測定値の誤差の大きさに影響する．
3 校正方式には，点検は行わず修正のみ行い，新しい校正式を求める方式がある．
4 校正を行っても，経時的変化によって生じた測定器のかたよりを小さくすることはできない．
5 校正方式や校正間隔は，校正によって得られる効果と，校正に要するコストや手間を総合的に判断し，決定するのがよい．

解説 1 正しい．校正では，実物標準として，製品などの実際の測定対象を標準として用いることがある．
2, 3 正しい．
4 誤り．校正を行って，経時的変化によって生じた測定器のかたよりを小さくすることができる．
5 正しい．

▶答 4

問題 23 　　　　　　　　　　　　　　　　　　【平成30年12月 問15】

測定のSN比に関する次の記述の中から，誤っているものを一つ選べ．ただし，以下で，信号とは測定対象量の大きさを表すものとする．
1. 測定のSN比とは，信号が変化したときに，測定器の指示値が忠実に変化しているかどうかを表わす指標である．
2. 測定のSN比を求める実験では，値のわかった信号の水準をいくつか変えながら，それぞれに対応する測定器の指示値を得る．
3. 測定のSN比を求める実験では，誤差因子の選択にかかわらず，得られるSN比の値は同じ値になる．
4. 測定のSN比は，対数をとってデシベル値に変換することで，近似的に要因効果についての加法性を持つことが期待される．
5. デシベル値に変換する前の測定のSN比の単位は，信号の単位の2乗の逆数である．

解説　1，2　正しい．
3　誤り．測定のSN比を求める実験では，誤差因子の選択によって，得られるSN比の値は異なる．
4　正しい．
5　正しい．信号の読みをy，基準点をM_0，M_0のときの信号値をy_0，傾斜（または信号の大きさ）をβ，信号の読みyの誤差をeとすると，$y = y_0 + \beta(M - M_0) + e$となる．$e$は信号$y$と同じ単位であるから，$e$の分散を$\sigma^2$とすれば$y^2$と$\sigma^2$は同じ単位であり，SN比$\eta = \beta^2/\sigma^2$において，デシベル値に変換する前の測定のSN比$\eta$の単位は，信号$y$の単位の2乗の逆数である．　　▶答 3

問題 24 　　　　　　　　　　　　　　　　　　【平成30年12月 問16】

測定のSN比を利用することで，測定器の比較や測定条件の改善を行うことができる．測定のSN比による比較と改善に関する次の記述の中から，誤っているものを一つ選べ．
1. 測定のSN比が大きいことは，校正後の誤差の大きさが小さいことを意味する．
2. 二種類の測定器の測定原理が異なっていても，測定対象量が同じであれば，測定のSN比を用いて，校正後の誤差の大きさを比較できる．
3. 二種類の測定器の比較において，測定環境を誤差因子として取り上げてSN比を比較することで，環境変化に対してよりロバスト（頑健）な測定器を選ぶことができる．
4. 測定のSN比を改善する実験では，信号因子，誤差因子，制御因子を一つの直交

表に割り付けた実験を行うことにより，SN比の信頼性の高い評価が可能となる．
5　測定のSN比の改善においては，改善による誤差の低減の効果と改善にかかるコストをともに考慮し，それらのバランスに配慮するべきである．

解説　1　正しい．測定のSN比が大きいことは，求める信号がノイズの信号より大きいため，校正後の誤差の大きさが小さいことを意味する．
2，3　正しい．
4　誤り．測定のSN比を改善する実験では，信号因子と誤差因子を直交表の外側に，制御因子を直交表の内側に割り付けた実験を行うことにより，SN比の信頼性の高い評価が可能となる．
5　正しい．　　　　　　　　　　　　　　　　　　　　　　　　　　　▶答 4

4.8　管理図・品質管理・工程管理

■問題1　【令和6年 問21】

次の（ア）〜（ウ）は，品質管理で用いられる，管理図，パレート図，ヒストグラムについて説明したものである．図の名称と説明文の組合せとして正しいものを下の中から一つ選べ．

（ア）不具合原因等の項目別にデータを集計し，出現頻度の高い順に項目を並べた棒グラフを描くとともに，出現頻度の累積百分率を折れ線グラフとして重ね書きした図で，どの項目を重点的に対処すればよいかを検討するために用いることができる．

（イ）測定値等のデータが存在する範囲をいくつかの区間に分割し，区間ごとのデータの出現頻度を，出現頻度に比例する面積をもち，区間幅を横幅にもつ長方形を並べて表現した図で，データの分布を視覚的に表現するために用いることができる．

（ウ）管理限界とともに，サンプルの一連の測定値または統計量の値を，時間等の特定の順序で打点したもので，工程が統計的管理状態にあるか否かを判断するために用いることができる．

　　　　（ア）　　　　　（イ）　　　　　（ウ）
1　ヒストグラム　　パレート図　　管理図

2	ヒストグラム	管理図	パレート図
3	管理図	ヒストグラム	パレート図
4	パレート図	管理図	ヒストグラム
5	パレート図	ヒストグラム	管理図

解説 (ア)「パレート図」である．パレート図（**図4.3** 参照）は，不具合原因等の項目別にデータを集計し，出現頻度の高い順に項目を並べた棒グラフを描くとともに，出現頻度の累積百分率を折れ線グラフとして重ね書きした図で，どの項目を重点的に対処すればよいかを検討するために用いることができる．

(イ)「ヒストグラム」である．ヒストグラム（**図4.4** 参照）は，測定値等のデータが存在する範囲をいくつかの区間に分割し，区間ごとのデータの出現頻度を，出現頻度に比例する面積をもち，区間幅を横軸にもつ長方形を並べて表現した図で，データの分布を視覚的に表現するために用いることができる．

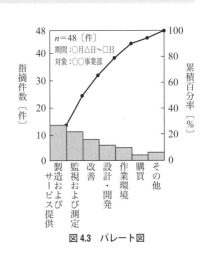

図4.3 パレート図

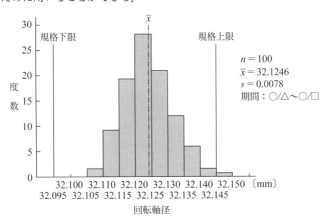

図4.4 ヒストグラム

(ウ)「管理図」である．管理図（**図4.5** 参照）は，管理限界とともに，サンプルの一連の測定値または統計量の値を，時間等の特定の順序で打点したもので，工程が統計的管理状態にあるか否かを判断するために用いることができる．なお，図中の R は測定値の最

高と最低の差である．

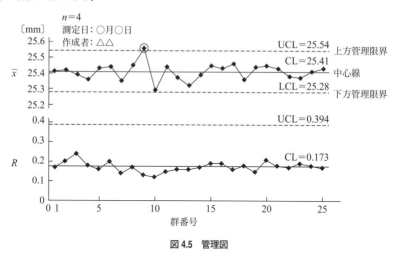

図 4.5　管理図

▶ 答 5

問題 2 【令和 6 年 問 23】

製品特性の目標値が m の製品を連続製造する工程において，製品を n 個製造するごとに 1 個の製品の特性 y を測定する．y の目標値からのずれの大きさ $|y-m|$ があらかじめ定めた調整限界 D 以下ならそのまま製造を継続し，D を超えていれば製品特性が m に一致するよう工程に調整を加える．このとき，出荷する製品の特性 y が目標値 m と厳密には一致しないことで生じる社会的損失 L_1 と，製品特性の測定作業および工程の調整作業に必要な管理コスト L_2 の和 L_1+L_2 を最小にするような n と D の組合せを選ぶことにより工程管理を最適化する考え方がある．このような工程管理に関する次の記述の中から，誤っているものを一つ選べ．

ただし，L_1 と L_2 は製造する製品 1 個あたりに換算した金額で表すものとする．また，工程の時間的変動はランダムウォーク（酔歩）のように生じるとする．

1　L_1 は，品質工学における損失関数の考え方にもとづいて $L_1 = k\sigma^2$ のように表すことができる．ここで σ^2 は出荷する製品の $(y-m)^2$ の平均値で，k は比例定数である．
2　測定間隔 n を長くすると，$|y-m|$ が D を超えたことに気がつかずに，m からのずれの大きい製品の製造を続ける期間が長くなるため，L_1 は大きくなる．
3　調整限界 D を大きくすると，$|y-m|$ が相対的に大きい製品も製造されるため，L_1 は大きくなる．
4　時間的に安定した工程と不安定な工程の二つの工程があるとき，n と D を同じに設定しても，安定した工程では工程の調整が必要となる頻度が低いため，L_2 は小

さくなる．
5 時間的に安定した工程と不安定な工程の二つの工程があっても，それぞれの工程ごとにnとDの最適な値を設定しておけば，和$L_1 + L_2$の大きさは二つの工程で同じになる．

解説 1 正しい．L_1（社会的損失）は，品質工学における損失関数の考え方にもとづいて，$L_1 = k\sigma^2$（ここに，σ^2：出荷する製品の$(y-m)^2$の平均値，k：比例定数）のように表すことができる．

2〜4 正しい．

5 誤り．時間的に安定した工程と不安定な工程の二つの工程があった場合，それぞれの工程ごとに$L_1 + L_2$を最小にするようなnとDの最適な値を設定すると，和$L_1 + L_2$の大きさは二つの工程で同じにならず，安定した工程の方が小さくなる． ▶ 答 5

■ **問題3** 【令和6年 問24】

「JIS Z 9020-2 管理図−第2部：シューハート管理図」に基づくシューハート管理図（以下，単に管理図という）についての次の記述のうち，誤っているものを一つ選べ．ここで，標準値とは管理図による管理のために事前に与えられた工程のパラメータの値をいう．

1 管理図には，管理特性に対応して，計量値管理図と計数値管理図の二種類がある．
2 標準値には，規定の要求値や目標値，工程が管理状態にあるときの長期にわたるデータから推定した値などがある．
3 標準値は，工程のデータを基にするので，工程における生産コストやサービスの必要性に関わる経済性に配慮して定めることはない．
4 標準値が与えられていない場合の管理図は，工程を統計的管理状態にすることを目的として，偶然原因以外による変動を検出するために用いる．
5 標準値が与えられている場合の管理図では，複数の観測値からなる群の統計量の値と，それに対応する標準値との差異が，偶然原因だけによる変動から予測されるばらつきの大きさとは異なるかどうかを統計的に判断する．

解説 1 正しい．管理図には，管理特性に対応して，計量値（重量，長さ，濃度など連続的数値）管理図と計数値（不良品の個数など不連続的数値）管理図の二種類がある．

2 正しい．

3 誤り．標準値は，工程のデータを基にするので，工程における生産コストやサービスの必要性に関わる経済性に配慮して定める．

4，5 正しい． ▶ 答 3

問題 4 【令和5年 問20】

製品の信頼性を確認するために行う試験に関し，次の（ア）～（エ）は，耐久性試験，限界試験，環境試験及び加速試験のいずれかを説明したものである．試験の種類と説明の組合せとして，正しいものを下の中から一つ選べ．

（ア）ストレス要因を持続的または反復的に加え，時間の経過による性能への影響度合いを確認する試験

（イ）温度，湿度，振動，衝撃，外気及び電磁気などの外的な要因が及ぼす性能への影響度合いを確認する試験

（ウ）物理的な破壊や機能停止など，与えられた性能が発揮できなくなる水準を確認する試験

（エ）試験時間の短縮を目的に，あらかじめ設定された環境・動作仕様よりも厳しい条件下で行う試験

	（ア）	（イ）	（ウ）	（エ）
1	耐久性試験	加速試験	環境試験	限界試験
2	耐久性試験	環境試験	限界試験	加速試験
3	限界試験	加速試験	耐久性試験	環境試験
4	限界試験	環境試験	耐久性試験	加速試験
5	加速試験	耐久性試験	限界試験	環境試験

解説 （ア）ストレス要因を持続的または反復的に加え，時間の経過による性能への影響度合いを確認する試験は，耐久性試験である．

（イ）温度，湿度，振動，衝撃，外気および電磁気などの外的な要因が及ぼす性能への影響度合いを確認する試験は，環境試験である．

（ウ）物理的な破壊や機能停止など，与えられた性能が発揮できなくなる水準を確認する試験は，限界試験である．

（エ）試験時間の短縮を目的に，あらかじめ設定された環境・動作仕様よりも厳しい条件下で行う試験は，加速試験である．　　　　　　　　　　　　　　　　　　▶答 2

問題 5 【令和5年 問21】

次の文章は，品質管理活動で使用されるある図について記述したものである．この文章が表す図の名称として正しいものを，下の中から一つ選べ．

ある製品の製造工程において，ある期間内で発生した不適合品を対象に，その不適合の理由を分類して，横軸を不適合の理由，縦軸を不適合品数とし，不適合品数の多い順に棒グラフで表した．さらに，不適合の理由ごとの不適合品数の割合を不適合品

数の多い理由から順に累積した累積百分率として求め，それを折れ線グラフとして棒グラフの上に追記した．この図を用いることで，優先的に対策すべき不適合の理由を特定し，その対策をとったときの効果を推測することができる．
1　ヒストグラム　　2　特性要因図　　3　パレート図
4　散布図　　　　　5　管理図

解説　1　ヒストグラムについては図4.4を参照．
2　特性要因図（**図4.6**参照）は，目的とする品質管理の特性と，その結果をもたらす原因や手段との関係を系統的に線で結んで表した図であり，品質に影響する要因の抽出に用いられる．特性要因図では測定データの数値を使用しない．

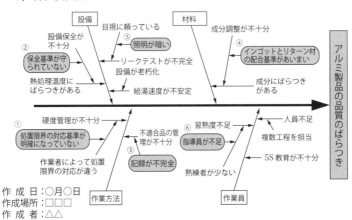

図4.6　特性要因図

3　パレート図（図4.3参照）は，問題文にあるように，測定対象別に問題指摘件数のデータを収集してグラフ化し，同時に累積和を示したものである．これが正解である．
4　散布図（**図4.7**参照）は，二つの特性値が組になった複数のデータについて，一つの特性値を縦軸に，もう一つの特性値を横軸に取って打点した図であり，二つの特性値間の関係を調べる場合に用いることができる．
5　管理図については図4.5を参照．

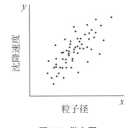

図4.7　散布図

▶ 答 3

■**問題6**　　　　　　　　　　　　　　【令和5年 問23】
製品の特性値 y が，製品設計において設定した設計値（目標値）m からずれたこと

による社会的損失を定量的に表す指標として，品質工学の損失関数がある．損失関数 $L(y)$ の表式として正しいものを，次の中から一つ選べ．

ただし，k は正の定数である．

1　$L(y) = ky - m$　　2　$L(y) = ky + m$　　3　$L(y) = k(y - m)$
4　$L(y) = k(y - m)^2$　　5　$L(y) = \dfrac{k}{(y - m)^2}$

解説　製品の特性値 y が，製品設計において設定した設計値（目標値）m からずれたことによる社会的損失を定量的に表す損失関数は，特性値 y が設計値（目標値）m からプラス側に外れてもマイナス側に外れても社会的損失 $L(y)$ が大きくなる（図 4.8 参照）．そのためには，k を正の定数として，

$$L(y) = k(y - m)^2$$

でなければならない．

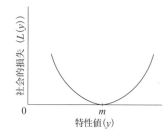

図 4.8　特性値 y と社会的損失 $L(y)$

▶答 4

問題 7 【令和 5 年 問 24】

製造工程の管理と改善に関する次の記述の中から，誤っているものを一つ選べ．

1　工程の改善にあたっては，工程能力や不適合品の発生頻度などの現状を把握して対策を講じ，対策後は一定期間，工程状態の安定性や改善の効果を確認する必要がある．
2　製造工程における検査では，製品を測定・試験し，判定基準に基づいて個々の製品の適合・不適合又は製品群としてのロットの合格・不合格の判定を行う．
3　$\bar{X}$ 管理図には，製品特性の目標値を示す中心線とその上下に管理限界線が引かれる．管理限界線には製品の規格限界を使用しなければならない．
4　管理図上の管理限界線から特性値の打点が外れたり，打点の位置が連続して一方向に上昇したりするなど時間経過に対する特異な変化の傾向が認められるような場合には，そのような現象が発生する原因を調査することが必要である．
5　工程能力指数 C_p は，製品を製造する工程の能力を評価する指標であり，規格幅と製造された製品特性のばらつきの比から求められる．

解説　1　正しい．工程の改善にあたっては，工程能力（定められた規格限度内で製品を生産できる能力）や不適合品の発生頻度などの現状を把握して対策を講じ，対策後

は一定期間，工程状態の安定性や改善の効果を確認する必要がある．
2 　正しい．
3 　誤り．$\bar{X}$管理図には，製品特性の目標値を示す中心線とその上下に管理限界線が引かれる．管理限界線は，中心線$\pm A_2\bar{R}$で表される．A_2は，$3/(d_2\sqrt{n})$で与えられる．nは試料の大きさ，d_2は試料の大きさnによって定まる値である．$\bar{R}$はR管理図の中心線としてのR（群の中の最大値と最小値の差）の平均値である．したがって，管理限界線には製品の規格限界を使用せず，$A_2\bar{R}$（3σに近い値）を使用する．
4 　正しい．
5 　正しい．工程能力指数C_pは，製品を製造する工程の能力を評価する指標であり，規格幅と製造された製品統制のばらつきの比から求められる．

$$C_\mathrm{p} = \frac{上側規格限界 - 下側規格限界}{6 \times プロセスの全変動の標準偏差}$$

▶ 答 3

問題 8 【令和 4 年 問 21】

品質管理ではQC七つ道具と呼ばれる様々な手法が用いられる．このような手法の特徴について説明した次の記述の中から，誤っているものを一つ選べ．
1 　ヒストグラムとは，データを特性値の大きさに応じて組分けし，組分けされた各組に属するデータの個数について示した近接する長方形からなる図である．
2 　パレート図とは，特性の項目ごとの出現頻度を表す棒グラフを出現頻度の大きい順に並べるとともに，その累積比率を表す折れ線グラフを示した図である．
3 　特性要因図とは，横軸に要因，縦軸に対象とする事象の特性値をプロットした図である．
4 　散布図とは，二つの特性値が組になった複数のデータについて，一つの特性値を縦軸に，もう一つの特性値を横軸に取り，各組のデータを打点した図である．
5 　チェックシートとは，調査などでデータを収集する際に，データの特徴をマークなどで簡単にチェックできるようにした表または図である．

解説 　1 　正しい．図 4.4 参照．
2 　正しい．図 4.3 参照．
3 　誤り．特性要因図（図 4.6 参照）とは，目的とする品質管理の特性と，その結果をもたらす原因や手段との関係を系統的に線で結んで表した図であり，品質に影響する要因の抽出に用いられる．「横軸に要因，縦軸に対象とする事象の特性値をプロットした図」は，棒グラフや折れ線グラフなどのグラフである．
4 　正しい．図 4.7 参照．

5　正しい． ▶答 3

問題 9 【令和 4 年 問 23】

工程管理に関する次の記述の中から，誤っているものを一つ選べ．
1　管理図は，管理限界とともに，連続したサンプルから計算された統計量の値を時間順などで打点した図であり，工程の維持管理を目的として用いられる．
2　$\bar{x}$–R 管理図において，検査結果の打点が管理限界から外れた場合，すみやかに製品の設計見直しを行う．
3　工程における製品の検査とは，製品の測定や試験を行い，検査目的によって定めた判定基準に基づき個々の製品または製品群の合格，不合格の判定を行うことである．
4　工程において，製品検査に使用する測定機器の適正な点検・校正，また保守・保全ができていない場合，製品の検査結果に影響する．
5　工程において，規格幅に対する相対的なばらつきの大きさが小さい製品を生産できる能力を示す指標として工程能力指数がある．

解説　1　正しい．図 4.5 参照．
2　誤り．$\bar{x}$–R 管理図（$\bar{X}$–R 管理図）において，検査結果の打点が管理限界から外れた場合，すみやかにその原因を明らかにする．
3〜5　正しい． ▶答 2

問題 10 【令和 4 年 問 24】

一定の時間間隔ごとに製品を測定しながら生産する製造工程がある．現状では製品特性の測定を 1 日に定められた回数行い，工程を管理している．次に示す工程管理における改善活動の中から，誤っているものを一つ選べ．
1　工程を調べた結果，製造工程の温度変化が製品特性に影響を与えることがわかったので，製造工程の温度変化を低減させた．
2　工程での製品特性値の変動が大きいので，1 日に製品特性を測定する回数を増やし，その結果に基づいて工程をフィードバック制御するようにした．
3　工程能力指数（$C_p = \Delta/6s$）を計算し，指数の値が大きくなるように Δ を大きくした．ここで，Δ は製品特性の規格幅，s は製品特性のばらつきの標準偏差を表す．
4　現行の管理幅より狭い管理幅に変更し，その管理幅より特性値が外れないように工程にフィードバック制御する工程管理方法を実施した．
5　製品仕様に比べて，工程で使用する測定器の値の読みとり桁数が不足気味だったので，読みとり桁数の多い測定器を導入した．

解説 1　正しい．工程を調べた結果，製造工程の温度変化が製品特性に影響を与えることがわかったら，製造工程の温度変化を低減させる．
2　正しい．工程での製品特性値の変動が大きいときは，1日に製品特性を測定する回数を増やし，その結果に基づいて工程をフィードバック制御するようにする．
3　誤り．工程能力指数（$C_p = \Delta/6s$　ここに，Δ：製品特性の規格幅，s：製品特性のばらつきの標準偏差）を計算し，指数の値が大きくなるようにsを小さくする．
4　正しい．現行の管理幅より狭い管理幅に変更し，その管理幅より特性値が外れないように工程にフィードバック制御する工程管理方法を実施する．
5　正しい．製品仕様に比べて，工程で使用する測定器の値の読みとり桁数が不足気味であるときは，読みとり桁数の多い測定器を導入する．　　　　　　　　　　▶ 答 3

■ **問題11**　　　　　　　　　　　　　　　　　　　　　　【令和3年 問21】

品質管理の活動に関する次の記述の中で，誤っているものを一つ選べ．
1　品質管理の改善ではPDCAサイクルが重要視されており，改善を計画－実施－評価－処置という流れで進めることにより，合理的，効率的に改善を行うことができる．
2　測定により得られた数値データから測定対象の特徴を明らかにする技法の一つとして，特性要因図法がある．
3　工程の管理や解析のために用いられる管理図は，連続したサンプルから得られた統計量の値を特定の順序で打点した図であり，打点される統計量の種類によって，種類と用途が分かれている．
4　製品の検査では，ある決められた方法で製品を測定し，個々の製品又は製品群が目的とした仕様を満足しているかどうかの判断を行う．
5　品質管理のための計測として，製品の検査の他に，製造工程管理のための計測，開発設計段階で行われる計測などがある．

解説 1　正しい．品質管理の改善ではPDCA（Plan（計画），Do（実施），Check（評価），Action（処置））サイクルが重要視されており，改善を計画－実施－評価－処置という流れで進めることにより，合理的，効率的に改善を行うことができる．
2　誤り．測定により得られた数値データから測定対象の特徴を明らかにする技法の一つとして，パレート図法がある．これは図4.3に示すように，測定対象別に問題指摘件数のデータを収集してグラフ化し，同時に累積和を示したものである．なお，特性要因図は，図4.6のように，目的とする品質管理の特性と，その結果をもたらす原因や手段との関係を系統的に線で結んで表した図であり，品質に影響する要因の抽出に用いられる．特性要因図では測定データの数値を使用しない．

3　正しい．図4.5参照．
4，5　正しい．　　　　　　　　　　　　　　　　　　　　　　　　▶答 2

■問題12　【令和3年 問23】

ある製品の製造プロセスの工程能力を，工程能力指数 C_p を用いて評価したい．評価に用いる特性値は，規格幅（＝上側規格限界 − 下側規格限界）の値が30で，プロセスの全変動の標準偏差の値が3.33と既知である．このプロセスの工程能力指数 C_p の値が入る範囲として正しいものを，下の中から一つ選べ．ただし，製造プロセスは統計的管理状態にあり，特性値は正規分布に従い，かたよりは無いものとする．また，選択肢カッコ内は多くのプロセスで採用されている判断基準である．

1　$C_p \geq 1.67$（工程能力は十分すぎる．）
2　$1.67 > C_p \geq 1.33$（工程能力は十分である．）
3　$1.33 > C_p \geq 1.00$（工程能力はあるが十分とはいえない．）
4　$1.00 > C_p \geq 0.67$（工程能力は不足している．）
5　$0.67 > C_p$（工程能力は非常に不足している．）

解説　工程能力指数 C_p は，次のように表される．

$$C_p = \frac{\text{上側規格限界} - \text{下側規格限界}}{6 \times \text{プロセスの全変動の標準偏差}} \qquad ①$$

式①に与えられた数値を代入する．

$$C_p = \frac{30}{6 \times 3.33} \fallingdotseq 1.5$$

C_p の下限は，一般的に1.33が許容できる最小値としてみなされている．したがって，最小値が1.33以上で，1.5を含むものは

$$1.67 > C_p \geq 1.33$$

である．　　　　　　　　　　　　　　　　　　　　　　　　　　　▶答 2

■問題13　【令和3年 問24】

ある工業製品の生産工程での「JIS Z 9020-2 管理図−第2部：シューハート管理図」に基づく管理に関わる次の記述の中から，誤っているものを一つ選べ．

1　管理図は，出荷検査などの生産工程内で採取したデータを，時間順やサンプル番号順などでグラフ上に打点し，データの変化を可視化することで，工程の変動や安定性を捉えやすくするために用いる．
2　管理図には計量値を用いる場合と計数値を用いる場合があり，データの種類に応じて適切な管理図を選択する．
3　採取したデータのばらつきには，製品のばらつきと測定のばらつきが含まれて

いる．
4 管理限界には製品の仕様における許容限界を用いるため，管理限界を超えた点が打たれた場合は不適合品が必ず発生している．
5 工程が安定していると判断される場合，新たな管理限界を設定し直すことで，工程のさらなる改善に努めることができる．

解説 1 正しい．図4.5参照．
2 正しい．管理図には計量値（例：重量，長さ，濃度など連続的数値）を用いる場合と計数値（不良品の個数など不連続的数値）を用いる場合があり，データの種類に応じて適切な管理図を選択する．
3 正しい．
4 誤り．管理限界には製品の仕様における許容限界を用いるが，管理限界を超えた点が打たれた場合，不適合品が発生している可能性はあるが，測定誤差も含まれるため，不適合品が必ず発生しているとは限らない．
5 正しい．　　　　　　　　　　　　　　　　　　　　　　　　　　　▶答 4

問題14　　【令和2年 問21】

ある組立工程での一ヶ月間に発生した不適合品を原因別に層別し，原因別度数と，度数の多い原因から順に合計した累積相対度数を求めた次のグラフがある．このグラフに関する下の記述の中で，誤っているものを一つ選べ．

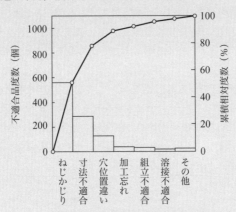

図　不適合品の原因別の度数と累積相対度数を示したグラフ

1 このようなグラフをパレート図という．
2 不適合の原因は，ねじかじり，寸法不適合，穴位置違いの順に多い．
3 ねじかじり，寸法不適合，穴位置違いだけで，不適合全体の80％以上を占めて

いる.

4　不適合の主な原因が把握できたので，不適合品の数を減らすために，ねじかじり，寸法不適合，穴位置違いの三つの原因に対して重点的に対策を講じることにする.

5　縦軸を，不適合品度数から不適合による損失を金額に換算した値に代えてグラフ化することは望ましくない.

解説　1　正しい．一定期間に発生した不適合品を原因別に層別し，原因別度数と，度数の多い原因から順に合計した累積相対度数を求めたグラフをパレート図という．

2，3　正しい．

4　正しい．不適合の主な原因が把握できた場合，不適合品の数を減らすために，ねじかじり，寸法不適合，穴位置違いの三つの原因に対して重点的に対策を講じることにすることが適切である．

5　誤り．縦軸を，不適合品度数から不適合による損失を金額に換算した値に代えてグラフ化することは，損失の大きさからの原因別の管理図となり，望ましい．　　　▶答 5

問題 15　　　　　　　　　　　　　　　　　　　　　　　　　【令和 2 年 問 23】

管理図に関する次の記述の空欄（ア）〜（エ）に入る語句の組合せとして，正しいものを一つ選べ．

「JIS Z 9020-1 管理図−第 1 部：一般指針」では，管理図は「連続したサンプルから計算した統計量の値を特定の順序で打点し，その値によって工程の管理を進め，変動を低減し，維持管理するための（　ア　）を含んだ図」と定義されている．すなわち，管理図は，統計量の値を時間順やサンプル番号順などでグラフ上に打点してデータの変化を示し，工程の変動や安定性などの変化を捉えやすくするために用いられる．

管理図は，計量管理で重要な役割を果たしているが，管理図には（　イ　）のデータを用いる場合，（　ウ　）のデータを用いる場合があり，データの種類によって用いられる管理図はさまざまである．例えば，$\bar{X}$ 管理図は，製品特性の測定値の（　エ　）をプロットしたもので，（　イ　）のデータを用いる管理図である．また，不適合品数など，数えられたデータを示す（　ウ　）を用いる管理図には，c 管理図，np 管理図などがある．

	（ア）	（イ）	（ウ）	（エ）
1	管理限界	計量値	計数値	平均値
2	許容差	計数値	計量値	平均値
3	管理限界	計量値	計数値	範囲
4	許容差	計量値	計数値	平均値

| 5 | 管理限界 | 計数値 | 計量値 | 範囲 |

解説 （ア）「管理限界」である.

（イ）「計量値」である. 連続的な値を取るもので, 時間, 面積, 濃度, 質量などをいう.

（ウ）「計数値」である. 不適合品数や個数など非連続的な値をいう.

（エ）「平均値」である.　　　　　　　　　　　　　　　　　　　　　　　　　▶答 1

■ 問題 16　　　　　　　　　　　　　　　　　　　　　　　　【令和2年 問24】

　ある製造工程では, 作られている製品の特性を一定のチェック間隔で測定して, 工程の状態をチェックしている. この工程において, 測定値 y の製品特性の目標値 m からのずれ δ $(\delta = |y - m|)$ の大きさが, あらかじめ決められた調整限界を超えていれば, そのずれをゼロに近づけるように工程の調整を行い, 超えていなければそのまま工程を動かす管理方式を採用している. このとき, 製品の測定, 工程の調整にもコストがかかり, 製品一個あたりについて, 製品を測定するためのコストを B, 工程を調整するためのコストを C とする. さらに, δ の二乗平均を σ^2 で表せば, 製品の特性が目標値からずれたことで発生する製品一個あたりの社会的損失 L $(L = k\sigma^2,\ k:$ 損失に関する定数) が求められる.

　この管理方式の管理にかかるコスト B 及び C と, その結果作られる製品が目標値よりずれたことで発生する社会的損失 L との和として, この管理方法の総合的な損失 Q が求められる. この総合的な損失 Q を小さくするように管理方法を最適化することができる.

$$Q = B + C + L$$

この考え方に基づく工程の管理方法の最適化に関する次の記述の中から, 誤っているものを一つ選べ.

1　チェック間隔と調整限界は, 工程管理の最適化のためのパラメータとなる.

2　チェック間隔を短くすると工程のドリフトが早く調整できるが, 測定回数が増えるので B と L はともに大きくなる.

3　調整限界を小さくすれば, 調整の頻度は上がり, C は大きくなるが, 工程のドリフトを早く調整できるため L は小さくなる.

4　測定の精確さは, 製品の目標値からのずれの二乗平均 σ^2 に影響を与え, さらに L にも影響を与える.

5　現行の Q と最適な管理方式のパラメータから求めた Q とを比較することにより, 最適な管理方式が, 現行の工程管理方式よりどの程度改善されるかを定量的に推定できる.

解説 1　正しい.

2　誤り. チェック間隔を短くすると工程のドリフトが早く調整でき, 測定回数が増えるので, B（製品を測定するためのコスト）および C（工程を調整するためのコスト）は大きくなるが, L（製品1個当たりの社会的損失）は小さくなる.

3　正しい. 調整限界を小さくすれば, 調整の頻度は上がり, C（工程を調整するためのコスト）は大きくなるが, 工程のドリフトを早く調整できるため L（製品1個当たりの社会的損失）は小さくなる.

4　正しい. 測定の精確さは, 製品の目標値からのずれの2乗平均 σ^2 に影響を与え, さらに L（製品1個当たりの社会的損失）にも影響を与える.

5　正しい. 現行の Q（総合的な損失）と最適な管理方式のパラメータから求めた Q とを比較することにより, 最適な管理方式が, 現行の工程管理方式よりどの程度改善されるかを定量的に推定できる.

▶答 2

■ **問題17**　　　　　　　　　　　　　　　　　　【令和元年 問21】

　品質管理を行う際に用いられる手法に関する次の（ア）から（ウ）の記述について, 正誤の組合せとして正しいものを, 下の1から5の中から一つ選べ.

（ア）$\bar{X}$ 管理図は, 測定した製品の不良率を時系列でプロットしたもので, 工程の状態を管理する場合に用いることができる.

（イ）パレート図は, 不適合等の発生状況を項目別に集計し, 出現頻度の高い順に並べるとともに, 累積和を示した図である. 不適合に対する対策として重点を置くべきポイントを明らかにする場合などに用いることができる.

（ウ）ヒストグラムは, 測定値の存在する範囲をいくつかの区間に分け, 各区間を底辺として, その区間に属する測定値の度数に比例する面積をもつ長方形を並べた図である. 分布の形やばらつきの視覚的な分析に用いることができる.

	（ア）	（イ）	（ウ）
1	誤	正	誤
2	誤	正	正
3	誤	誤	正
4	正	誤	誤
5	正	正	誤

解説　（ア）誤り. $\bar{X}$ 管理図（図4.5参照）は, 測定した製品の平均値を時系列でプロットしたもので, 工程の状態を管理する場合に用いることができる.「不良率」が誤り.

(イ) 正しい．図4.3参照．
(ウ) 正しい．図4.4参照． 答 2

問題18　【令和元年 問23】

工程管理に関する次の記述の中から，誤っているものを一つ選べ．
1. 工程管理では，工程で生産された製品特性を一定の範囲内に収めるために，設備や作業の管理・維持をする．
2. 工程が安定状態にあるとき，工程で生産される製品の品質について，その達成能力の評価指標として，工程能力指数が用いられる．
3. 工程の状態を表す特性値の変動を示した図を管理図といい，工程の安定状態の確保・維持を目的に使用される．
4. 管理図において，管理対象となる工程からの試料の採取個数を変えた場合であっても管理限界線の値は再計算しない．
5. $\bar{X}$-R管理図は，工程において製品特性の時間的変動の把握に使用する代表的な管理図であり，製品特性の平均およびばらつきの変化を一緒に管理することができる．

解説　1　正しい．
2　正しい．工程が安定状態にあるとき，工程で生産される製品の品質について，その達成能力の評価指標として，工程能力指数（公差範囲内で製品を生産できる能力を表す指標）が用いられる．
3　正しい．図4.5参照．
4　誤り．管理図において，管理対象となる工程からの試料の採取個数を変えた場合，管理限界線の値は再計算する．
5　正しい． 答 4

問題19　【令和元年 問24】

次の文章は，損失関数を利用して製造工程の管理を合理的に行おうとする考え方を説明したものである．このような工程管理の方法について述べた記述として誤っているものを，下の1から5の中から一つ選べ．

製品品質の定量的指標として用いられる損失関数の考え方によると，ある製品の特性の値がx，その特性の製造目標値がmのとき，その製品は$k(x-m)^2$（kは正の定数）の経済的損失を発生すると考える．ある工程について，そこで作られる製品のxの値はばらつきをもつため，$(x-m)^2$をxについて平均した値をσ^2と表すと，この工程は製品1個あたり$L_1 = k\sigma^2$の損失を発生すると考えることができる．

一方，この工程を管理するため，製品n個を製造する毎に1個の製品を抜き出して

その特性の値xを測定し，$|x-m|$が事前に定めた管理限界Dを超えていれば$|x-m|$をゼロにするように工程を調整し，超えていなければ工程を調整せずに製造を継続する．このような，製品を測定したり工程を調整したりするのに要するコストの総額を製品1個あたりに換算した値をL_2とする．

工程管理を合理的に行うために，工程管理のパラメータであるn（測定間隔）とD（管理限界）を，上記のL_1とL_2の和L_1+L_2を最小化するように決定する．

ただし，工程の調整をしないと$(x-m)^2$の期待値は工程稼働時間に比例して大きくなるものとする．

1 L_1は，使用者の手にわたった製品が期待通りに機能しないために発生する社会的損失を表していると解釈できる．

2 測定間隔nの値を小さくすれば，測定頻度が増えるためL_2は大きくなる．

3 測定間隔nの値を小さくすれば，σ^2が小さくなるためL_1は小さくなる．

4 管理限界Dの値を小さくすれば，σ^2が小さくなるためL_1は小さくなる．

5 管理限界Dの値を小さくすれば，工程の調整頻度が減るため，L_2は小さくなる．

解説 1〜4 正しい．

5 誤り．管理限界Dの値を小さくすれば，工程の調整頻度が増えるため，L_2は大きくなる． ▶答 5

問題20 【平成30年12月 問21】 ✓ ✓ ✓

次の文章は，ある生産ラインにおける工程改善のアプローチを記述したものである．品質管理で用いられる図の名称について，空欄（ ア ）〜（ ウ ）に入る語句の組合せとして正しいものを，下の中から一つ選べ．

不良品の発生率を減らすため，現在の不良品の発生状況を現象別に（ ア ）で分類したところ，ある現象だけで不良全体の約80％を占めていることがわかった．その原因を探るべく，関係者を集め，4Mと呼ばれる作業者（Man），設備（Machine），材料（Material），製造方法（Method）の観点で意見を出し合い（ イ ）にまとめた．

次に，（ イ ）で洗い出した各項目が不良の発生にどれだけ影響しているかを把握するため，項目ごとに水準を設定した実験を行い，この実験結果に基づいてより大きな改善が期待できる項目に対策を講じた．その後，対策の効果を確認するため，（ ウ ）を用いて不良率を経時的にプロットし，不良の発生状況を日々監視している．

	（ ア ）	（ イ ）	（ ウ ）
1	ヒストグラム	特性要因図	管理図
2	ヒストグラム	要因効果図	箱ひげ図

3	パレート図	要因効果図	箱ひげ図
4	パレート図	特性要因図	管理図
5	パレート図	要因効果図	管理図

解説 (ア)「パレート図」である．図4.3参照．
(イ)「特性要因図」である．図4.6参照．
(ウ)「管理図」である．図4.5参照． ▶答 4

問題 21 【平成30年12月 問23】

次の図は，ある工業製品における生産工程の管理状態を $\bar{X}$–R 管理図で示したものである．この状態の解釈及び対応として，誤っているものを下の中から一つ選べ．
ただし，図の上側は平均 $\bar{X}$，下側は範囲 R の時間推移をそれぞれ表す．

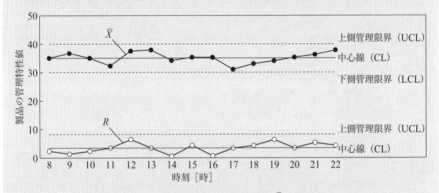

図 ある工業製品における生産工程の $\bar{X}$–R 管理図

1 この工程は統計的管理状態にある．
2 平均 $\bar{X}$ 及び範囲 R が管理限界の内側にあっても，規格から外れた製品が発生している可能性はある．
3 17時以降，平均 $\bar{X}$ に連続した上昇が見られるため，工程に異常がないかを調査することが望ましい．
4 範囲 R に0近傍の点がいくつか見られるため，直ちに生産を停止し，これまで生産した製品を全数検査するとともに，測定器の校正を実施する．
5 さらなる安定生産に向け，管理限界を見直すことがある．

解説 1 正しい．この工程は管理限界内にあるので，統計的管理状態にある．
2 正しい．平均 $\bar{X}$ および範囲 R（測定値の最高と最低の差）が管理限界の内側にあっても，規格から外れた製品が発生している可能性はある（特に12時）．

3　正しい．
4　誤り．範囲 R にある 0 近傍の点のいくつかは，平均値 X も中心線にあるため，管理状態が極めて安定していることを表しているので，「直ちに生産を停止し，これまで生産した製品を全数検査する」必要はない．
5　正しい．　　　　　　　　　　　　　　　　　　　　　　　　　　　▶答 4

■ 問題 22　　　　　　　　　　　　　　　　【平成 30 年 12 月 問 24】
工程管理のために行われる測定に関する次の記述の中から，誤っているものを一つ選べ．
1　一定時間毎にサンプリングした製品を測定したデータのばらつきには，製品のばらつきと測定のばらつきが含まれている．
2　工程管理の目的で使用する測定器は，工程の管理幅を考慮して選択する必要がある．
3　工程の管理では，常に，製品の仕様で定められたすべての特性をすべての製品について測る必要がある．
4　工程内で使用される測定器の安定性を確認する方法の一つに，特性値の安定性が確認された製品を実物標準とし，これを定期的に測定する方法がある．
5　これまで生産した製品の特性値の目標値からのずれが，その許容差に比べ十分に小さい場合でも，工程の稼働状態を調べるための測定を実施すべきである．

解説　1　正しい．
2　正しい．工程管理の目的で使用する測定器は，工程の管理幅を考慮して選択する必要がある．必要以上の精度を持つ測定器は不必要である．
3　誤り．工程の管理では，安定な特性は測る頻度を大幅に落とし，不安定な特性だけ必要に応じた方法と頻度で測る必要がある．
4, 5　正しい．　　　　　　　　　　　　　　　　　　　　　　　　　　▶答 3

4.9 標準化・規格の整合

■ 問題 1　　　　　　　　　　　　　　　　　　【令和 6 年 問 25】
企業や組織における標準化に関する次の記述の中から，誤っているものを一つ選べ．
1　標準化では，企業や組織の方針を実現するための方法を具体的に示し，メン

バー全員が同じ目標に向かい業務遂行にあたれるようにする.

2　熟練者の優れた技術やノウハウは,他のメンバーが容易に実践できるものではないため,標準化の対象にすべきではない.

3　標準化されていないことが原因で,製造工程における手直しが多い,製造コストがばらつく,プロジェクトの進捗が遅れるといった問題が起こりうる.

4　標準には,製品に関わる,材料,製造工程,検査方法,仕上がり基準等を定めたものや,日常の業務運営に関するものまで,様々な種類がある.

5　複数の製品やサービスをシステムとして組み合わせて利用する場合,製品やサービスの接続方法を標準化しておくことが望ましい.

解説　1　正しい.

2　誤り.熟練者の優れた技術やノウハウであっても,他のメンバーが容易に実践できるように標準化の対象とすべきである.

3〜5　正しい.　　　　　　　　　　　　　　　　　　　　　　　　　　▶答 2

■ 問題 2　　　　　　　　　　　　　　　　　　　　　　【令和 5 年 問 25】

標準化に関する次の(ア)〜(ウ)の記述の正誤の組合せとして正しいものを,下の中から一つ選べ.

(ア) JIS と通称されている規格は,2019 年に日本工業規格から日本産業規格へと名称が改められた.日本産業規格は強制規格であり,日本産業規格に適合しない製品の製造・販売・使用や適合しない方法の使用は禁止されている.

(イ) 貿易の技術的障害に関する協定(TBT 協定)において,工業製品等の各国の規格が不必要な貿易障害とならないよう,国際規格を基礎とした日本産業規格等の国内規格の策定の原則が規定されている.

(ウ) 産業標準化法は,国際標準の制定への協力により国際標準化を促進すること等によって,鉱工業品の品質の改善や公共の福祉の増進等に寄与することを目的とする.

	(ア)	(イ)	(ウ)
1	正	正	誤
2	正	誤	誤
3	正	誤	正
4	誤	誤	正
5	誤	正	正

解説　(ア) 誤り.JIS と通称されている規格は,2019 年に日本工業規格から日本産

業規格へと名称が改められた．日本産業規格は強制規格ではなく，日本産業規格に適合しない製品の製造・販売・使用や適合しない方法の使用は禁止されていない．
（イ）正しい．貿易の技術的障害に関する協定（TBT協定：Agreement on Technical Barriers to Trade）において，工業製品等の各国の規格が不必要な貿易障害とならないよう，国際規格を基礎とした日本産業規格等の国内規格の策定の原則が規定されている．
（ウ）正しい．　　　　　　　　　　　　　　　　　　　　　　　　　　▶答 5

■問題3　　　　　　　　　　　　　　　　　　　　　　　【令和4年 問25】

計測管理における社内標準化に関する次の記述の中から，誤っているものを一つ選べ．
1　社内標準化を進めるにあたっては，目標を明確にすることが重要である．
2　社内標準化の目標の一つに，コスト低減がある．
3　社内標準化を進めても，製品品質が向上するとは限らない．
4　社内標準は品質に重大な影響を及ぼすため，一旦制定したら変更してはならない．
5　検査における誤りを防ぐために記録様式を統一することも，社内標準化の重要な活動の一つである．

解説　　1，2　正しい．
3　正しい．社内標準化を進めても，製品品質が向上するとは限らない．製品品質が安定化する．
4　誤り．社内標準は品質に重大な影響を及ぼすが，必要に応じて変更することができる．
5　正しい．　　　　　　　　　　　　　　　　　　　　　　　　　　▶答 4

■問題4　　　　　　　　　　　　　　　　　　　　　　　【令和3年 問25】

標準化は，製品，プロセス又はサービスをその目的に適合させるために複数の特定の目標（aims）をもってもよい．次の（ア）から（エ）は，標準化の目標に関する説明である．（ア）から（エ）の説明の正誤の組合せとして正しいものを，下の中から一つ選べ．
　（ア）部品やサービス内容を統一することにより，コスト削減を図ることは標準化の目標の一つである．
　（イ）複数の製品を接続して用いる場合，それぞれの製品が問題を引き起こすことなく且つ全体として連携して機能するように，製品間の接続方法の標準化を行うことは標準化の目標の一つである．
　（ウ）製品やサービスまたその運用に伴って生じる容認できない危害を防ぎ安全を担保することは，標準化の目標の一つである．

(エ) 検査者により検査結果がばらつくことを抑制するために検査手順を標準化することは標準化の目標の一つである.

	(ア)	(イ)	(ウ)	(エ)
1	正	誤	誤	正
2	誤	正	誤	正
3	誤	正	正	誤
4	正	誤	正	誤
5	正	正	正	正

解説 (ア)～(エ) 正しい.　　　▶答 5

■問題5　【令和2年 問25】

2019年（令和元年）7月1日より，JISと通称される規格は日本工業規格から日本産業規格へと名称が改められた．日本産業規格は産業標準を全国的に統一し，又は単純化することによって，鉱工業品等の品質の改善，生産能率の増進その他生産等の合理化，取引の単純公正化及び使用又は消費の合理化を図り，あわせて公共の福祉の増進に寄与することを目的としている．日本産業規格に関する次の記述の中から，正しいものを一つ選べ．

1　日本産業規格は任意標準であり，日本産業規格に適合しない製品の製造・販売・使用や，適合しない方法の使用などを禁ずるものではない．ただし，法令が日本産業規格を引用する場合，強制標準に準じる強制力をもつことがある．
2　電磁的記録などのデータや役務などのサービスは日本産業規格の標準化の対象分野ではない．
3　国及び地方公共団体が鉱工業品を買い入れるとき，日本産業規格を尊重して仕様を定める必要はない．
4　主務大臣の登録を受けた者の認証を受けずに日本産業規格への適合の表示を行った場合の罰則はない．
5　経済産業省内に日本産業規格に関する調査審議を行うための日本産業標準調査会が設置されているので，日本産業規格の主務大臣は経済産業大臣のみである．

解説　1　正しい．日本産業規格は任意標準であり，日本産業規格に適合しない製品の製造・販売・使用や，適合しない方法の使用などを禁ずるものではない．ただし，法令（産業標準化法）が日本産業規格を引用する場合，強制標準に準じる強制力をもつことがある．産業標準化法第30条（鉱工業品の日本産業規格への適合の表示）参照．

2 誤り．電磁的記録などのデータや役務などのサービスは日本産業規格の標準化の対象分野である．産業標準化法第2条（定義）第1項第七号～第八号および第十号～第十三号参照．
3 誤り．国および地方公共団体が鉱工業品を買い入れるとき，日本産業規格を尊重して仕様を定める必要がある．産業標準化法第69条（日本産業規格の尊重）参照．
4 誤り．主務大臣の登録を受けた者の認証を受けずに日本産業規格への適合の表示を行った場合の罰則がある．産業標準化法第78条（罰則）第一号参照．
5 誤り．経済産業省内に日本産業規格に関する調査審議を行うための日本産業標準調査会が設置されているが，JISは鉱工業の分野が多いこともあり，主務大臣は，経済産業大臣である場合が多いが，内容により厚生労働大臣や国土交通大臣などの場合もある．産業標準化法第3条（日本産業標準調査会）第2項および第11条（産業標準の制定）参照． ▶答1

問題6 【令和元年 問25】

「JIS Z 8002 標準化及び関連活動—一般的な用語」に記載されている規格の整合について述べた次の文章のうち，（ア）から（ウ）の空欄にあてはまる語句の組合せとして正しいものを，下の1から5の中から一つ選べ．

　計測管理を取り巻く環境には，多種多様な規格が用意されている．ここでいう規格とは，与えられた状況において最適な秩序を達成することを目的に，共通的に繰り返して使用するために，活動又はその結果に関する規則，指針又は特性を規定する文書のことである．国際規格，国家規格をはじめとして，団体規格，社内規格などがある．それぞれの規格の運用に当たって，重要になるのが各々の規格の整合である．

　整合規格は，同じ主題について異なる（ア）が承認している規格であって，製品，プロセス及びサービスの互換性を確保しているもの，又はこれらの規格に従って得られた試験結果若しくは情報の相互理解を確保しているもののことである．整合規格には，内容及び表現形式の両者が一致している「一致規格」や，内容は一致しているが，表現形式が異なる「（イ）」などがある．また，国際規格と整合している規格のことを「（ウ）」という．

	（ア）	（イ）	（ウ）
1	認定機関	部分一致規格	国際整合規格
2	認定機関	内容一致規格	比較可能規格
3	標準化団体	内容一致規格	国際整合規格
4	標準化団体	内容一致規格	比較可能規格
5	標準化団体	部分一致規格	比較可能規格

解説 （ア）「標準化団体」である．
（イ）「内容一致規格」である．
（ウ）「国際整合規格」である． ▶答 3

問題 7 【平成30年12月 問25】

標準化に関する下の記述の中から誤っているものを一つ選べ．
1. 製造工程を標準化することにより，短期的に製品の性能を必ず向上させることができる．
2. 部品やプロセスを統一することにより，製品製造のコスト削減を図ることがある．
3. 検査者により検査結果が異なることを防ぐために，検査手順を標準化することがある．
4. 複数の製品を接続して用いる場合に，それぞれの製品が問題を引き起こすことなく全体として機能するように，製品間の接続方法の標準化を行うことがある．
5. 製品やサービスまたその運用によって生じる危害を防ぎ，安全を実現することは，標準化の目的の一つになり得る．

解説 1 誤り．製造工程を標準化することにより，短期的に製品の質は安定化するが，性能は必ずしも向上せず，別の対応が必要である．
2～5 正しい． ▶答 1

4.10 製品の検査・サンプリング

問題 1 【令和6年 問22】

JIS抜取検査方式に関する次の記述の（ ア ）～（ ウ ）に入る語句の組合せとして正しいものを下の中から一つ選べ．

JIS抜取検査方式では，確率についての数学的理論に基づいて，不満足な品質水準のロットを合格とする危険率である（ ア ）及び満足な品質水準のロットを不合格とする危険率である（ イ ）が定量的に与えられているため，これらの危険率を考慮した適切な抜取検査方式を選択できる．例えば，JIS Z 9015-1に規定されたロットごとの検査に対するAQL（合格品質限界）指標型の抜取検査方式では，製品の不適合品率がAQLの設定値から低下するにしたがって，ロットの（ ウ ）が小さくなる．

	（ア）	（イ）	（ウ）
1	消費者危険	生産者危険	不合格率及び生産者危険
2	生産者危険	消費者危険	不合格率及び消費者危険
3	消費者危険	生産者危険	合格率及び消費者危険
4	生産者危険	消費者危険	合格率及び生産者危険
5	生産者危険	消費者危険	合格率及び消費者危険

解説　（ア）「消費者危険」である．
（イ）「生産者危険」である．
（ウ）「不合格率及び生産者危険」である．
　なお，AQL（合格品質限界）は，Acceptance Quality Limit の略である．　▶答 1

■問題 2　【令和 5 年 問 22】

　製造工程で行われる製品の検査に関する次の記述の中から，誤っているものを一つ選べ．

1　検査の目的，製品の仕様及び工程能力などを考慮して必要な検査項目を決めることが重要である．
2　全数検査か抜取検査かの検査方式の選択においては，検査が製品に及ぼす影響や検査コストを考慮することが必要である．
3　抜取検査において，合格と判定されたロットに含まれるすべての製品は，不適合品でないことが保証される．
4　検査手順の標準化は，検査者によって検査結果が異なるという事象の発生を減らすために有効である．
5　製品の検査を行っても，検査前の製品のばらつきを小さくすることはできない．

解説　1　正しい．検査の目的，製品の仕様および工程能力（定められた規格限度内で製品を生産できる能力）などを考慮して必要な検査項目を決めることが重要である．
2　正しい．
3　誤り．抜取検査において，合格と判定されたロットに含まれるすべての製品は，不適合品でないことが保証されたわけではない．
4，5　正しい．　▶答 3

■問題 3　【令和 4 年 問 22】

　製品の開発・生産プロセスで実施される検査に関する次の記述の中から，誤っているものを一つ選べ．

1　検査とは，製造工程で実施される出荷検査だけでなく，試作品の検査や仕入れた部品の検査など，開発・調達段階でも計画・実施されるもので，品質保証活動の一部を担っている．

2　仕入先から材料や部品等を受け入れるときに実施する検査のことを受入検査という．

3　ロット保証における抜取検査では，ロットの合否を決める判定基準を緩和するにつれ，不適合品が市場へ流出する確率が高くなる．これを消費者危険という．

4　ロット保証における抜取検査では，ロットの合否を決める判定基準を厳しくするにつれ，適合品が不適合品と判定され，廃棄または手直し工程に回される確率が高くなる．これを生産者危険という．

5　全数検査では，製造したすべての製品について，製品仕様に明記されたすべての特性を検査する．

解説　1〜4　正しい．

5　誤り．全数検査では，製造したすべての製品について，製品仕様に明記されたすべての特性を検査するのではなく，必要な項目だけに限定してもよい．　　　　▶答 5

□問題4　　　　　　　　　　　　　　　　　　　　　　　　　**【令和3年 問22】** ✓ ✓ ✓

　次の（ア）から（エ）は，サンプリングに関する説明である．（ア）から（エ）の説明の正誤の組合せとして正しいものを，下の中から一つ選べ．

（ア）サンプリング個数や採取量を大きくしても，母集団のパラメータの推定精度は向上しない．

（イ）サンプリングした試料を測定するとき，測定結果に影響を与え得る要因として，採取時期，採取方法，採取量，試料の保存条件などがある．

（ウ）集落サンプリングは，母集団をいくつかの集落に分け，その集落の中からいくつかの集落をランダムに選び，選んだ集落についてはそれに含まれるサンプリング単位をすべて取るサンプリングである．

（エ）層別サンプリングは，母集団をいくつかの層に分け，分けられた各々の層から一つ以上のサンプリング単位をランダムに取るサンプリングである．

	（ア）	（イ）	（ウ）	（エ）
1	誤	正	正	正
2	誤	正	誤	正
3	正	正	誤	誤
4	誤	正	正	誤
5	正	誤	正	正

解説 （ア）誤り．サンプリング個数や採取量を大きくすると，母集団のパラメータの推定精度は向上する．
（イ）〜（エ）正しい． ▶答 1

問題 5 【令和2年 問22】

検査の方式に関する次の記述の中で，誤っているものはどれか，一つ選べ．
1 全数検査は，検査対象が検査で破壊されない特性の場合にのみ使える方式である．
2 全数検査とは，検査対象品の全数について，仕様で定めた全ての項目を検査する方式のことである．
3 全数検査や抜取検査等の検査方式の選択は，検査の目的やコストを十分に考慮して行うことが必要である．
4 抜取検査では，実際に検査をしていない製品についても「適合」か「不適合」の判断がされる．
5 抜取検査では，抜き取った検査対象品に不適合品が含まれていても，それが検査基準で定めた個数以下であれば，そのロット全体は「適合」と判定される．

解説 1 正しい．
2 誤り．全数検査とは，検査対象品の全数について，仕様で定めたすべての項目を検査するものではない．検査するのは必要な項目だけでよい．
3〜5 正しい． ▶答 2

問題 6 【令和元年 問22】

サンプリングに関する次の記述の中から，誤っているものを一つ選べ．
1 サンプリングは，対象物質に関してできるだけ真の姿に近い情報が得られるように行う．
2 対象物質は固体，粉体，液体，気体など様々な状態を示すため，その状態を考慮してサンプリング方法を選択する．
3 採取個数や採取量を大きくしても，母集団のパラメータの推定精度は向上しない．
4 安定性が低い対象物質のサンプリングは難しいことが多く，抜き取った標本は母集団を代表していない可能性がある．
5 サンプリングが測定に影響を与える要因として，採取時期，採取方法，採取量，試料の保存条件等が考えられる．

解説 1, 2 正しい．
3 誤り．採取個数や採取量を大きくすると，母集団のパラメータの推定精度は向上す

る．現実にはコストを少なくして最大効果が得られる採取個数や採取量となる．
4, 5　正しい．　　　　　　　　　　　　　　　　　　　　　　▶答 3

問題 7　　　　　　　　　　　　　　　　　　【平成 30 年 12 月 問 22】

次のAからCは，サンプリングについて説明した文章である．AからCの説明の正誤の組合せとして正しいものを，下の中から一つ選べ．

A　集落サンプリングは，母集団をいくつかの集落に分け，全集落からいくつかの集落をランダムに選び，選んだ集落に含まれるサンプリング単位をすべて取るサンプリングである．

B　層別サンプリングは，母集団をいくつかの層に分け，全部の層からいくつかの層をランダムに選び，選んだ各層から一つ以上のサンプリング単位をランダムに取るサンプリングである．

C　系統サンプリングは，母集団中のサンプリング単位が，生産順のような何らかの順序で並んでいるとき，一定の間隔でサンプリング単位を取るサンプリングである．

	A	B	C
1	正	正	誤
2	誤	正	誤
3	正	誤	誤
4	誤	正	正
5	正	誤	正

解説　A　正しい．

B　誤り．層別サンプリングは，母集団をいくつかの層に分け（合理的に行われる必要がある），全部の層からサンプリングするが，各層からサンプリングする方法は，ランダムに取るサンプリングである．

C　正しい．　　　　　　　　　　　　　　　　　　　　　　　　▶答 5

4.11　信頼性の基礎（保全性，アベイラビリティ）

問題 1　　　　　　　　　　　　　　　　　　　　【令和 6 年 問 20】
故障が生じると運転を停止し，修理が完了後に運転を再開する工程がある．この工

程の操業開始以来の故障実績を下の表に示す．ここで，修理に要する時間は動作時間には含まれない．この工程において，あるとき故障してから次に故障するまでの動作時間（故障間動作時間）の期待値は，過去の故障実績から計算される MTBF（平均故障間動作時間）によって推定できる．ただし，故障率は操業開始からの経過時間で変わり得るので，故障間動作時間の期待値は，下表にある記録のうち直近 400 時間の動作時間から求まる MTBF によって推定している．

この工程において，もし累積動作時間が 1,000 時間経過後のある時点で故障が生じたとすると，その次に故障するまでの動作時間の期待値として正しいものを，下の中から一つ選べ．

表　工程の操業開始以来の故障の実績

操業開始以来の 累積動作時間	累積故障回数
100 時間	17 回
200 時間	21 回
400 時間	25 回
600 時間	27 回
800 時間	29 回
1,000 時間	32 回

1　16 時間　　2　31 時間　　3　66 時間　　4　80 時間　　5　85 時間

解説　題意から，直近 400 時間は，累積動作時間 600 時間から累積動作時間 1,000 時間の差である．この間の稼働時間から MTBF（Mean Time Between Failures：平均故障間動作時間）を求める．400 時間内の故障回数は 32 回－27 回＝5 回である．MTBF は 400 時間/5 回＝80 時間/回となる．したがって，累積動作時間が 1,000 時間経過後のある時点で故障が生じたとし，その次に故障するまでの動作時間の期待値は，80 時間となる．

▶答 4

問題 2　　　　　　　　　　　　　　　　　　　　　　　　【令和 4 年 問 20】

「JIS Z 8115 ディペンダビリティ（総合信頼性）用語」において，保全は下図のように分類されている．「時間計画保全」の説明として正しいものを，下の中から一つ選べ．

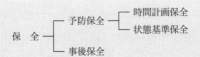

図　保全の管理上の分類

1　物理的状態の評価に基づく保全のことである．物理的状態の判断は，スケジュールに従って行われるオペレータによる観察や状態監視によって行われることがある．
2　人間の介在なしに実行される保全のことである．アイテムに対して，人が直接接近することなく実施される．
3　フォールトの検出後に直ちに実行しないで，規定の保全規則に従って，その必要性を明確化した後に時期を繰り延べて実行する保全のことである．
4　定期保守とも呼ばれ，規定した時間計画に従って実行される保全のことである．
5　コンピュータプログラム等を更新するなど，保全性または他の属性を向上させるために行われるソフトウェア保全のことである．

解説　時間計画保全は，定期保守とも呼ばれ，規定した時間計画に従って実行される保全のことである．
1　誤り．「物理的状態の評価に基づく保全」は，状態基準（監視）保全である．物理的状態の判断は，スケジュールに従って行われるオペレータによる観察や状態監視によって行われることがある．
2　誤り．「人間の介在なしに実行される保全」は，自動保全である．アイテムに対して，人が直接接近することなく実施される．
3　誤り．「フォールトの検出後に直ちに実行しないで，規定の保全規則に従って，その必要性を明確化した後に時期を繰り延べて実行する保全」は，繰延べ保全である．
4　正しい．
5　誤り．「コンピュータプログラム等を更新するなど，保全性または他の属性を向上させるために行われるソフトウェア保全」は，完全化保全である．　　　▶ 答 4

■ **問題3**　　　　　　　　　　　　　　　　　　　　　　　　【令和3年 問20】

「JIS Z 8115 ディペンダビリティ（総合信頼性）用語」の保全に関する次の記述の中から，誤っているものを一つ選べ．
1　予防保全は，アイテムの劣化の影響を緩和し，かつ，故障の発生確率を低減するために行う保全である．
2　事後保全は，フォールト（故障状態）検出後，アイテムを要求どおりの実行状態に修復させるために行う保全である．

3 事後保全には，規定した時間計画に従って実行される時間計画保全と，物理的状態の評価に基づく状態基準保全がある．
4 繰延べ保全は，フォールト（故障状態）の検出後直ちに開始しないで，規定の保全規則に従って，その必要性を明確にした後に時期を繰り延べて実行する事後保全である．
5 経時保全は予防保全の一種であり，アイテムが予定の累積動作時間に達したとき行う．

解説 1，2 正しい．

3 誤り．予防保全には，規定した時間計画に従って実行される時間計画保全と，物理的状態の評価に基づく状態基準保全がある．「事後保全」が誤り．なお，事後保全は，緊急保全，通常事後保全および繰延べ保全に分けられる（**図4.9**参照）．

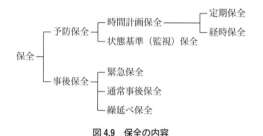

図4.9 保全の内容

4，5 正しい．　　　　　　　　　　　　　　　　　　　　　　　　　　　▶答 3

■ **問題4**　　　　　　　　　　　　　　　　　　　　　【令和2年 問20】

「JIS Z 8115 ディペンダビリティ（総合信頼性）用語」で規定されるアイテムに関する次の記述の中から，誤っているものを一つ選べ．
1 故障したアイテムは，実行可能な状態に戻すことができる修理アイテムと，戻すことができない非修理アイテムに分類される．
2 信頼性とは，アイテムが，与えられた条件の下，与えられた期間，故障せずに，要求どおりに遂行できる能力である．
3 耐久性とは，与えられた運用及び保全条件で，有用寿命の終わりまで，要求どおりに実行できるアイテムの能力である．
4 ロバストネスとは，アイテムが無効な入力又はストレスとなる環境条件で，正しく機能を遂行できる度合である．
5 平均故障間動作時間（MTBF）は，非修理アイテムにも適用できる．

解説 1〜4 正しい．
5 誤り．平均故障間動作時間（MTBF：Mean Time Between Failures）は，修理アイテムに対してだけに用いられる．非修理アイテムに対しては，平均故障寿命が使われる．

▶答 5

■問題 5 　　　　　　　　　　　　　　　　　　　　【令和元年 問20】

保全は，アイテムが要求どおりに実行可能な状態に維持され，又は修復されることを意図した，全ての技術的活動及び管理活動の組合せである．保全に関する次の記述の中から誤っているものを一つ選べ．
1 予防保全は，アイテムの劣化の影響を緩和し，かつ，故障の発生確率を低減するために行う保全である．
2 予防保全には，規定した時間計画に従って実行される時間計画保全と，物理的状態の評価に基づく状態監視保全とがある．
3 事後保全は，フォールト（故障状態）の検出後，アイテムを要求どおりの実行状態に修復させるために行う保全のことである．
4 実際の運用及び保全の条件下での，保全性の評価尺度として用いられる運用アベイラビリティは，平均アップ時間と平均ダウン時間とにより次式で表される．

$$運用アベイラビリティ = \frac{平均アップ時間 + 平均ダウン時間}{平均アップ時間}$$

5 状態監視保全では故障や異常が起こる前の予兆を素早く把握することが重要であり，事後保全では発生した故障の状況を素早く把握することが重要である．

解説 1〜3 正しい．
4 誤り．実際の運用および保全の条件下での，保全性の評価尺度として用いられる運用アベイラビリティは，平均アップ時間（MUT：平均動作可能時間ともいう）と平均ダウン時間（MDT：平均動作不能時間ともいう）とにより次式で表される．

$$運用アベイラビリティ = \frac{平均アップ時間}{平均アップ時間 + 平均ダウン時間}$$

5 正しい．　　　　　　　　　　　　　　　　　　　　　　　　　　　　　　　▶答 4

■問題 6 　　　　　　　　　　　　　　　　　　　　【平成30年12月 問20】

ある機械を，修理をしながら使用した．ある期間中において，この機械の故障の記録を確認すると下図のようであった．なお，各故障後に行った修理に要する時間は，いずれの故障においても3時間であった．この期間中の機械の平均故障間動作時間（MTBF）として正しいものを，下の中から一つ選べ．

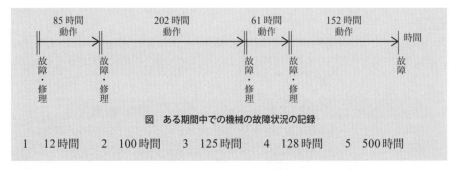

図 ある期間中での機械の故障状況の記録

1　12時間　　2　100時間　　3　125時間　　4　128時間　　5　500時間

解説　平均故障間動作時間（MTBF：Mean Time Between Failures）は，修理しながら使用する系で，機器，部品などの故障と次の故障の間の動作時間の平均値であり，信頼の尺度を表す．したがって，次のように算出される．

$$\frac{85時間 + 202時間 + 61時間 + 152時間}{4} = 125時間$$

▶ 答 3

4.12　自動制御（伝達関数や1次遅れ系など）・自動化

■ **問題1**　　　　　　　　　　　　　　　　　　　【令和6年　問17】

製造工程の自動化と制御に関する次の記述の中から，誤っているものを一つ選べ．
1　多くの製造工程のシステムにおいて自動化が図られているが，その方式は全てフィードフォワード制御系の構成によるものである．
2　自動制御系の設計・解析には，時間の関数である信号のラプラス変換に基づき導出される伝達関数を用いることができる．
3　自動制御系の解析では，主としてシステムの動的特性が解析の対象となる．
4　多くの制御要素の複合的結合により構成される制御系の全体的入出力特性を求めるために，伝達関数に関する等価変換の手法を用いることができる．
5　インパルス応答法は，自動制御系の動的特性を調べるための一つの手法である．

解説　1　誤り．多くの製造工程のシステムにおいて自動化が図られているが，その方式はすべてフィードフォワード制御系（制御対象に加わる外乱を検出して結果を待たず操作量を調節する制御）の構成によるものではなく，フィードバック制御系（与えた

操作量の結果を目標値と比較し，それらを一致させるように操作量を生成させる制御）の構成や，プログラム制御の構成なども多くある．

2　正しい．自動制御系の設計・解析には，時間の関数である信号のラプラス変換（線形微分方程式を変数変換によって容易に解けるようにする手法）に基づき導出される伝達関数（システムの入力と出力の関係を表す関数）を用いることができる．

3, 4　正しい．

5　正しい．インパルス応答（非常に短い信号を入力したときのシステムの出力）法は，自動制御系の動的特性を調べるための一つの手法である．　　　　　　　　　　　▶ 答 1

■問題 2　【令和5年 問17】

ある一次遅れ系の単位ステップ応答 $y = 1 - \exp(-t/\tau)$ を下図に示す．下図にある空欄（ア）〜（ウ）に入る式の組合せとして正しいものを，下の中から一つ選べ．

ただし，t は時間，y は系の応答，a は応答 y の $t = 0$ における接線の傾き，τ は時定数，$\exp()$ は指数関数（自然対数の底 e のべき乗を表す関数）である．

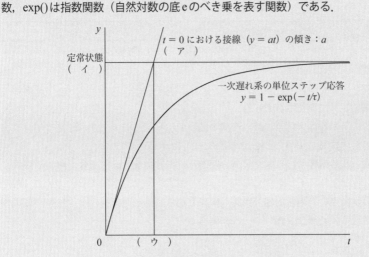

図：一次遅れ系の単位ステップ応答

	（ア）	（イ）	（ウ）
1	$a = \tau$	$y = 1$	$t = 1/\tau$
2	$a = 1/\tau$	$y = 1$	$t = \tau$
3	$a = 1/\tau$	$y = 1/\tau$	$t = 1$
4	$a = \tau$	$y = \tau^2$	$t = \tau$
5	$a = \tau$	$y = \tau$	$t = 1$

解説 （ア）$t=0$ における接線の傾き a は，$y=1-\exp(-t/\tau)$ を時間 t について微分し，$t=0$ とすれば算出される．

$$a = \frac{dy}{dt} = 0 - \left(-\frac{1}{\tau}\right)\exp\left(-\frac{t}{\tau}\right) = \frac{1}{\tau}\exp\left(-\frac{t}{\tau}\right) \quad ①$$

式①について，$t=0$ とすれば，

$$a = \frac{1}{\tau}\exp\left(-\frac{0}{\tau}\right) = \frac{1}{\tau}$$

となる．

（イ）定常状態では，$y=1-\exp(-t/\tau)$ において，$t\to\infty$ と考えるから，$y=1$ となる．

（ウ）定常状態 $y=1$ と $y=t/\tau$ の交点の t を求めればよいため，次のように算出される．

$$1 = \frac{t}{\tau}$$
$$t = \tau$$

▶答 2

■**問題3**　　【令和4年 問17】

製造工程で活用されている自動化と制御に関する次の記述の中から，誤っているものを一つ選べ．

1　今日では，多くのシステムが自動化されており，例えばフィードバック制御系が自動制御の目的で利用される．
2　自動制御系の設計・解析には，時間の関数である信号のフーリエ変換に基づき導出される伝達関数を用いることができる．
3　自動制御系の解析では，システムの静的特性だけでなく動的特性も解析の対象となる．
4　多くの制御要素の複合的結合により構成される制御系の解析には，伝達関数についての等価変換の手法を用いることができる．
5　ステップ応答法は，自動制御系の応答特性を調べるための一つの手法である．

解説　1　正しい．

2　誤り．自動制御系の設計・解析には，時間の関数である信号のラプラス変換に基づき導出される伝達関数を用いることができる．ラプラス変換とは，ある種の微分・積分を代数的な演算に置き換え，計算方法の見通しをよくするための数学的な道具として用いられる方法である．

$$例：e^{-at} \to \frac{1}{s+a}$$

3，4　正しい．

5 正しい．問題4【令和3年 問17】および問題6【令和元年 問17】の解説参照．

▶答 2

■問題4 【令和3年 問17】

計測系の特性に関する次の記述の空欄（ア）～（ウ）に入る語句の組合せとして正しいものを，下の中から一つ選べ．

計測系における入力信号が時間経過に伴って変動するときの出力信号の特性を（　ア　）という．この（　ア　）には，入力信号の形によって過渡応答や周波数応答などが含まれる．例えば，過渡応答は入力信号がある定常状態から他の定常状態へ変化したときの応答で，入力信号がステップ状に変化したときの応答をステップ応答という．

いま，ある計測系のステップ応答 $y(t)$ が次式で与えられる場合を考える．

$$y(t) = K(1 - e^{-\frac{t}{\tau}})$$

ここで，t は時間，K は出力の定常値，τ は応答の速さを特徴づける時定数，また，e は自然対数の底で，その値は約2.7である．

この式の中で，時定数 τ は出力信号の大きさが K の大きさの（　イ　）になるまでの時間である．この式で表わされる出力信号 $y(t)$ は，時間の経過とともに K の値に漸近する．その応答速度は τ に依存し，τ の値が（　ウ　）ほど応答が速くなる．

	（ア）	（イ）	（ウ）
1	静特性	約95%	大きい
2	動特性	約63%	小さい
3	動特性	約95%	小さい
4	動特性	約63%	大きい
5	静特性	約63%	小さい

解説 （ア）「動特性」である．
（イ）「約63%」である．

$$y(t) = K(1 - e^{-\frac{t}{\tau}}) \quad ①$$

式①において，$t = \tau$ とすれば，

$$y(\tau) = K(1 - e^{-\frac{\tau}{\tau}}) = K\left(1 - \frac{1}{e}\right)$$

$$\fallingdotseq K\left(1 - \frac{1}{2.7}\right) \fallingdotseq 0.63K$$

（ウ）「小さい」である．**図4.10**参照．

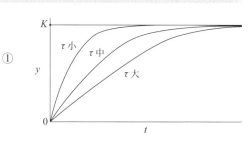

図4.10　τ の値と応答速度

▶答 2

■問題5　　　　　　　　　　　　　　　　　　　　【令和2年 問17】

生産工程で多く用いられている自動制御の用語において,「シーケンス制御」について説明しているものはどれか．次の記述の中から，正しいものを一つ選べ．

1　目標値，外乱などの情報に基づいて，制御対象の応答を正確に予測し，操作量を決定する制御方式のことである．
2　あらかじめ定められた順序又は手続きに従って制御の各段階を逐次進めていく制御方式のことである．
3　与えた操作量の結果を目標値と比較し，それらを一致させるように操作量を生成する制御方式のことである．
4　複数の制御入力と複数の制御量との間に相互干渉がある系において，制御入力をまとめて操作することによって，複数の制御量を同時に制御する制御方式のことである．
5　比例動作，積分動作及び微分動作の三つの動作を含む制御方式のことである．

解説　シーケンス制御は，あらかじめ定められた順序または手続きに従って制御の各段階を逐次進めていく制御方式のことである．

1　誤り．「目標値，外乱などの情報に基づいて，制御対象の応答を正確に予測し，操作量を決定する制御方式」は，フィードフォワード制御である．
2　正しい．
3　誤り．「与えた操作量の結果を目標値と比較し，それらを一致させるように操作量を生成する制御方式」は，フィードバック制御である．
4　誤り．「複数の制御入力と複数の制御量との間に相互干渉がある系において，制御入力をまとめて操作することによって，複数の制御量を同時に制御する制御方式」は，多変数制御である．
5　誤り．「比例動作，積分動作及び微分動作の三つの動作を含む制御方式」は，PID (Proportional Integral Differential) 制御である．　　　　　　　　　　　▶答 2

■問題6　　　　　　　　　　　　　　　　　　　　【令和元年 問17】

次の図は，一次遅れ系の単位ステップ応答について，時定数が異なる三つの例を①，②および③として示したものである．図に示した応答に関する記述として誤っているものを，下の1から5の中から一つ選べ．ただし，図の縦軸は整定値が1となるように規格化された応答を示している．また，tは時間，Tは制御系の時定数，さらに，自然対数の底は約2.7である．

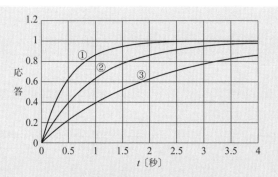

図 一次遅れ系の単位ステップ応答の例

1 単位ステップ応答により制御系の応答の速さを知ることができる．
2 一次遅れ系の単位ステップ応答を表す関数形は $1 - \exp(-t/T)$ である．
3 時定数が短いほうが応答の速い制御系である．
4 ②の制御系の時定数は，ほぼ1秒と読み取れる．
5 三つの例のうち，応答が最も遅いのは①，最も速いのは③である．

解説 1 正しい．単位ステップ応答により制御系の応答の速さを知ることができる．応答の速さは，時定数 T に従い，①→②→③の順で大きくなる．
2 正しい．一次遅れ系の単位ステップ応答を表す関数形は
$$1 - \exp\left(-\frac{t}{T}\right) \quad ①$$
である．
3 正しい．時定数 T が小さい（短い）方が，立ち上がりが早いため，応答の速い制御系である．
4 正しい．式①に $t = 1$，$T = 1$ を代入すると，
$$1 - \exp\left(-\frac{t}{T}\right) = 1 - \exp\left(-\frac{1}{1}\right) = 1 - e^{-1} \fallingdotseq 1 - \frac{1}{2.7} \fallingdotseq 0.63$$
となる．本問の図から②の制御系の時定数は，ほぼ1秒で0.63と読み取れる．
5 誤り．三つの例のうち，応答が最も遅いのは③，最も速いのは①である．　　▶答 5

問題7　　　　　　　　　　　　　　　　　　　【平成30年12月 問17】

製造工程の自動化と制御に関する次のア〜オの記述について，正しい記述の組合せを下の中から一つ選べ．
　ア　今日では，多くのシステムについて自動化が図られているが，その方式はすべてフィードバック制御系の構成によるものである．

イ　自動制御系の設計・解析には，時間の関数である信号のラプラス変換により
　　導出される伝達関数を用いることができる．
ウ　自動制御系の解析では，システムの動的特性でなく静的特性が解析の対象と
　　なる．
エ　多くの制御要素の複合的結合により構成される制御系の解析には，伝達関数
　　に関する等価変換の手法を用いることができる．
オ　インパルス応答法は，自動制御系の応答特性を調べるための一つの手法である．
1　ア，イ，ウ，オ　　　2　ア，イ，エ　　　3　イ，ウ，オ
4　イ，エ，オ　　　　　5　ウ，エ

解説　ア　誤り．今日では，多くのシステムについて自動化が図られているが，その
　　方式はすべてフィードバック制御系の構成によるものとは言えない．フィードフォ
　　ワード制御（制御対象に加わる外乱を検出して結果を待たず操作量を調節する制
　　御），プログラム制御などがある．
イ　正しい．
ウ　誤り．自動制御系の解析では，システムの動的特性（入力を変化させて出力を調
　　べる特性）と静的特性（入力を変化させないで出力を調べる特性）の両方が解析の対
　　象となる．
エ　正しい．
オ　正しい．インパルス応答法（非常に短い信号を入力したときのシステムの出力）
　　は，自動制御系の応答特性を調べるための一つの手法である．　　　　　▶答 4

4.13 情報処理関係・通信技術

■問題1　　　　　　　　　　　　　　　　　　　　　　【令和6年 問18】

　0 V ～ 5 V のアナログ電圧信号を 1 mV きざみでデジタル表示する測定器を実現し
たい．この性能を実現するために必要な AD 変換器の最小ビット数として正しいもの
を次の中から一つ選べ．
1　10 ビット　　2　11 ビット　　3　12 ビット　　4　13 ビット　　5　14 ビット

解説　n ビットで表示される数値の個数は，2^n で表示される．例えば，11 ビットでは
$2^{11} = 2,048$ であるから，2,048 個の数値を表示できる．0 ～ 5 V のアナログ電圧信号を

1 mV きざみでデジタル表示するとき，必要な数値の個数は，5 V/1 mV = 5 V/0.001 V = 5,000 個に 0 V を加えた 5,001 個必要である．したがって，次のような式を満足する最小の自然数 n を求めればよい．

$$2^n \geq 5,001 \qquad ①$$

式①に両辺の常用対数をとって，整理すると ($\log 2 \fallingdotseq 0.3$, $\log 5 = \log(10/2) = 1 - \log 2 \fallingdotseq 0.7$)，

$$\log 2^n \geq \log 5,001 \fallingdotseq \log 5,000 = \log(5 \times 10^3)$$
$$n \log 2 \geq 3 + \log 5 \fallingdotseq 3 + 0.7 = 3.7$$
$$n \times 0.3 \geq 3.7$$
$$n \geq \frac{3.7}{0.3} \fallingdotseq 12.3$$

となる．したがって，最小の自然数 n は 13 となる． ▶答 4

■ **問題2** 【令和6年 問19】

測定データは，コンピュータ処理されるケースが多くなっている．コンピュータ処理の中心となるソフトウェアについては，「JIS Z 8115 ディペンダビリティ（総合信頼性）用語」や，「JIS Q 10012 計測マネジメントシステム－測定プロセス及び測定機器に関する要求事項」などに，関連する用語や取扱いの必要事項が規定されている．このようなソフトウェアについて述べた次の記述の中から，誤っているものを一つ選べ．

1. ソフトウェアとは，情報処理システムにおけるプログラム，手順，規定，文書類及びデータのことである．
2. ソフトウェアは，プログラムを実行し，データを保存かつ転送するなどのハードウェアデバイスを必要とするが，プログラムが記録されたメディアがあれば，ハードウェアデバイスが無くても実行できる．
3. ソフトウェアには，要求事項，要求仕様書及び設計仕様書や，ソースコードのリスト，チェックリスト及びソースコードに対するコメント，さらに，ハードウェア及びソフトウェアの保守のための利用ガイドなども含まれる．
4. ソフトウェア及びその改正版は，最初に利用する前に試験及び／又は妥当性の確認を行い，使用の承認を受けて，それらの履歴を記録保存しなければならない．
5. 市販のソフトウェアは試験を必要としないことがあるが，そのソフトウェアが測定の目的にあっているかの検討は事前に必要である．

解説 1 正しい．
2 誤り．ソフトウェアは，プログラムを実行し，データを保存かつ転送するなどのハードウェアデバイスを必要とするが，プログラムが記録されたメディアがあっても，

ハードウェアデバイスがなければ実行できない．
3〜5 正しい． ▶答 2

■問題3 【令和5年 問19】

測定や計測管理の実務ではコンピュータが広く用いられるようになり，ネットワークを介した利用も増えている．コンピュータやデータ管理システムを使用する際の情報セキュリティにおける留意点に関する次の記述の中から，誤っているものを一つ選べ．
1 メンテナンス性向上のために，システム構成図を作成しておき，誰でも閲覧できるよう外部へ公開する．
2 コンピュータやデータ管理システムへアクセス可能な人を限定するとともに，離職者のアクセス権を削除するなど，アクセス権を都度及び定期的に見直す．
3 外部ネットワークに接続している場合，データの窃取（せっしゅ）や改ざんのリスクがあるため，セキュリティ面の強化を施す．
4 データは無形であるが，国・地域を越えた送信においては輸出管理の対象となる場合があり，行政当局より規制を受ける可能性がある．
5 情報漏洩やウイルス感染などの有事に備え，初動対応を示したガイドラインを策定し関係者に周知しておく．

解説 1 誤り．メンテナンス性向上のために，システム構成図は作成しておくが，ウイルスの侵入，情報の漏えい，悪用を防止するため，誰でも閲覧できるようにはせず，また外部に公開はしない．
2〜5 正しい． ▶答 1

■問題4 【令和4年 問18】

測定データの伝送と信号変換に関する次の記述の中から，誤っているものを一つ選べ．
1 測定データの伝送には，時間経過とともに連続的に変化する波形信号を伝送するアナログ伝送と，離散的に変化する波形信号を伝送するデジタル伝送がある．
2 アナログ信号からあらかじめ設定した時刻ごとの値を取り出す操作を量子化という．また，連続的な信号の大きさを幾つかの区間に区分し，各区間内を同一の値とみなすことを標本化という．
3 AD変換において，デジタル信号を表現する際のビット数を増やすことによって，アナログ信号の波形を近似するときの近似精度が向上する．
4 アナログ信号に含まれる周波数成分のうち，最も高い周波数成分の2倍を超える

周波数でサンプリングすれば，変換後のデジタル信号波形から元のアナログ信号の波形を厳密に再構成できる．

5　アナログ信号をデジタル信号に変換する際，10ビットのAD変換器で実現可能な分解能はフルスケールの$(1/2)^{10} = 1/1,024$となる．

解説　1　正しい．

2　誤り．アナログ信号からあらかじめ設定した時刻ごとの値を取り出す操作を標本化という．また，連続的な信号の大きさを幾つかの区間に区分し，各区間内を同一の値とみなすことを量子化という．「量子化」と「標本化」が逆である．

3～5　正しい．　　　　　　　　　　　　　　　　　　　　　　　　▶答2

□問題5　　　　　　　　　　　　　　　　　　　　【令和4年 問19】☑☑☑

2進数と16進数に関する次の記述の空欄（ア）～（ウ）に入る語句の組合せとして正しいものを，下の中から一つ選べ．

ただし，16進数では，10進数の10から15の数値をAからFと表すこととする．

デジタルコンピュータ内では，電圧の高低など二つの物理的状態で表すことができる2進数を用いてすべてのデータを扱っている．この2進数1桁で表せる情報量の最小単位のことを（　ア　）という．2進数では数値を表記する際に多くの桁数が必要なので，人が扱う際には2進数を16進数に変換して表記することが多い．これは，16は2の（　イ　）なので，4桁の2進数を1桁の16進数で表すことができるからである．例えば，2進数1101を16進数で表記するとDとなり，2進数0100 1110を16進数で表記すると（　ウ　）となる．

	（ア）	（イ）	（ウ）
1	ビット	累乗	4E
2	バイト	倍数	4E
3	ビット	累乗	78
4	バイト	倍数	78
5	ビット	倍数	4E

解説　（ア）「ビット」である．

（イ）「累乗」である．

（ウ）「4E」である．2進数の0100 1110を10進数で表す．

$$0 \times 2^7 + 1 \times 2^6 + 0 \times 2^5 + 0 \times 2^4 + 1 \times 2^3 + 1 \times 2^2 + 1 \times 2^1 + 0 \times 2^0$$

$$= 64 + 8 + 4 + 2 = 78$$

10進数の78を16進数で表す．78を16で割り，商4と余り14（16進数のE）から4E

となる.

$$16 \underline{)\,78} \quad 14\,(余り) \to E$$
$$4$$

10進法：0 1 2 3 4 5 6 7 8 9 10 11 12 13 14 15 16 17 18 …

16進法：0 1 2 3 4 5 6 7 8 9 A B C D E F 10 11 12 …

▶答 1

問題6 　　　　　　　　　　　　　　　　　　　【令和3年 問18】 ✓ ✓ ✓

　測定データの伝送と処理に関する次の記述の空欄（ア）〜（エ）に入る語句の組合せとして正しいものを，下の中から一つ選べ.

　データ伝送の目的は，情報を離れたところに誤りなく伝えることにあり，測定データの伝送に用いる信号は処理装置に適合すると共に，伝送に際し波形が変化し（　ア　）ものを選択する. 信号には，波形を（　イ　）に伝送するアナログ信号と，波形を（　ウ　）に伝送するデジタル信号があり，例えば，プロセス計装のダイレクトな信号として広く用いられている空気圧や電圧，電流などは（　エ　）信号である.

　近年のシステム構築では，より大容量の情報のやりとりが必要とされ，高速化・長距離化・高信頼性化など，伝送の技術革新・質向上が要求されている.

	（ア）	（イ）	（ウ）	（エ）
1	易い	連続的	離散的	アナログ
2	易い	離散的	連続的	デジタル
3	難い	連続的	離散的	アナログ
4	難い	離散的	連続的	アナログ
5	難い	連続的	離散的	デジタル

解説　（ア）「難い」である.

（イ）「連続的」である.

（ウ）「離散的」である.

（エ）「アナログ」である.　　　　　　　　　　　　　　　　　　　　　　　▶答 3

問題7 　　　　　　　　　　　　　　　　　　　【令和3年 問19】 ✓ ✓ ✓

　コンピュータ上で数値を表現するときには，10進法以外に2進法や16進法が利用される. n進法で表現された数値を（数値）$_n$のように表記することとする. 例えば$(2A)_{16}$は，16進法で表された2桁の数値2Aを表す. このとき，次の等式の中から誤っているものを一つ選べ.

ただし，16進法では，10進法の10から15の数値をAからFと表すこととする．

1　$(12)_{16} = (18)_{10}$

2　$(A0)_{16} = (160)_{10}$

3　$(1010)_2 = (10)_{10}$

4　$(23)_{10} = (11111)_2$

5　$(88)_{16} = (10001000)_2$

解説　1　正しい．16進法の12を10進法で表すと，

$$1 \times 16^1 + 2 \times 16^0 = 16 + 2 = 18$$

である．

10進法：0　1　2　3　4　5　6　7　8　9　10　11　12　13　14　15　16　17　18　…

16進法：0　1　2　3　4　5　6　7　8　9　A　B　C　D　E　F　10　11　12　…

2　正しい．16進法のA0を10進法で表すと，16進法のAは10進法の10であるから，

$$10 \times 16^1 + 0 \times 16^0 = 160$$

である．

3　正しい．2進法の1010を10進法で表すと，

$$1 \times 2^3 + 0 \times 2^2 + 1 \times 2^1 + 0 \times 2^0 = 8 + 2 = 10$$

である．

4　誤り．10進法の23を2進法で表すと，23を2で割っていき，商と余りを図のように記載して，最後の商と余りから10111となる．

$$
\begin{array}{r}
2\,)\underline{\ 23\ }\,1 \\
2\,)\underline{\ 11\ }\,1 \\
2\,)\underline{\ \ 5\ }\,1 \\
2\,)\underline{\ \ 2\ }\,0 \\
1
\end{array}
\quad 10111
$$

$$1 \times 2^4 + 0 \times 2^3 + 1 \times 2^2 + 1 \times 2^1 + 1 \times 2^0$$
$$= 16 + 0 + 4 + 2 + 1 = 23$$

5　正しい．16進法の88を10進法にし，次に2進法にする．16進法の88を10進法で表すと，

$$8 \times 16^1 + 8 \times 16^0 = 136$$

である．次にこれを2進法で表すと，図のように136を2で割っていき，最後の商と余りから10001000となる．

$$\begin{array}{r}2\,)\,136\ 0\\2\,)\ \ 68\ 0\\2\,)\ \ 34\ 0\\2\,)\ \ 17\ 1\\2\,)\ \ \ 8\ 0\\2\,)\ \ \ 4\ 0\\2\,)\ \ \ 2\ 0\\1\end{array}\ \right\}10001000$$

$1\times2^7+0\times2^6+0\times2^5+0\times2^4+1\times2^3+0\times2^2+0\times2^1+0\times2^0$
$=128+8=136$

▶答 4

問題 8 【令和2年 問18】

測定データの信号変換に関する次の記述の空欄（ア）〜（エ）に入る語句の組合せとして正しいものを，下の中から一つ選べ．

測定データの伝送に用いる信号には，時間的に連続な信号波形をそのまま伝送するアナログ信号と，離散的な信号情報を伝送するデジタル信号がある．アナログ信号の測定データをデジタルコンピュータで処理するためには，AD変換器によりデジタル信号に変換する必要がある．このとき，アナログ信号の値を一定時間間隔毎に取り出すことを（　ア　）といい，信号の値の大きさを幾つかの区間に区分し，各区間内を同一の値とみなすことを（　イ　）という．

デジタル信号は，ビット数を（　ウ　）ことで（　イ　）誤差が減り，測定データの忠実な再現が可能となる．例えば，nビットのAD変換器の分割数は2^nで与えられるので，12ビットのAD変換器による測定データの分割数は$2^{12}=4096$となる．これは，10ビットのAD変換器に比べて（　エ　）倍の分割数で信号を変換できることを意味している．

	（ア）	（イ）	（ウ）	（エ）
1	標本化	量子化	増やす	4
2	量子化	標本化	増やす	2
3	標本化	符号化	減らす	1.2
4	量子化	標本化	減らす	4
5	標本化	量子化	増やす	2

解説　（ア）「標本化」である．
（イ）「量子化」である．
（ウ）「増やす」である．
（エ）「4」である．$\dfrac{2^{12}}{2^{10}}=2^2=4$

▶答 1

問題9 【令和2年 問19】

Information and Communication Technology（ICT）への関心の高まりに伴いデータ伝送に近距離無線通信技術が利用されるようになってきた．次の中から近距離無線通信技術ではないものを一つ選べ．

1　Wi-Fi
2　Universal Serial Bus（USB）
3　Bluetooth
4　Near Field Communication（NFC）
5　Radio Frequency Identifier（RFID）

(注) 試験問題に記載されている名称は，商標または登録商標の場合があります．この問題では，「™」及び「®」を明記していません．

解説　1　近距離無線通信技術である．Wi-Fi（Wireless Fidelity）は，その電波は数十m程度届き，自宅内などで使用されている．
2　近距離無線通信技術ではない．Universal Serial Bus (USB)は，コンピュータ等の情報機器に周辺機器を接続するためのシリアルバス規格(回線や通信線の規格)の一つで，無線通信ではない．
3　近距離無線通信技術である．Bluetoothは，携帯情報機器などで数m程度の距離を接続するのに用いられる近距離（短距離）無線通信の標準規格の一つで，コンピュータと周辺機器を接続したり，スマートフォンやデジタル家電でデータを送受信するのによく用いられる．スウェーデンのエリクソン（Ericsson）社が開発したもので，IEEE 802.15.1 として標準化されている．
4　近距離無線通信技術である．Near Field Communication（NFC）は，最長十数cm程度までの至近距離で無線通信を行う技術である．
5　近距離無線通信技術である．Radio Frequency Identifier（RFID）は，ID情報を埋め込んだRFタグから，電磁界や電波などを用いた近距離（周波数帯によって数cm 〜 数m）の無線通信によって情報をやりとりするものである． ▶ 答 2

問題10 【令和元年 問18】

コンピュータ内部で小数を取り扱う手法である浮動小数点演算で用いられる二進数の小数について，次の記述の（　ア　）及び（　イ　）の空欄にあてはまる数値の組合せとして正しいものを，下の1から5の中から一つ選べ．

二進数の小数で表された値0.111を十進数に変換することを考える．二進数では0.1と0.1を足した結果は桁上がりして1となる．つまり0.1を二つ足した結果は1となるので，二進数の0.1を十進数で表すと0.5になる．二進数の0.01も同様に考え十

進数で表すと（　ア　）になる．二進数 0.111 は 0.1 + 0.01 + 0.001 であるので，これを十進数で表すと（　イ　）になる．

	（　ア　）	（　イ　）
1	0.25	0.875
2	0.25	0.7
3	0.2	0.875
4	0.2	0.7
5	0.1	0.7

解説　（ア）「0.25」である．

2 進数の 0.1 を 2 倍すると 1 となる．2 進数の 1 と 10 進数の 1 は同じである．2 倍したので，元に戻すため 2 で割ると，10 進数では 1/2 = 0.5 となる．同様に，2 進数の 0.01 を 2 倍すると 0.1 となる．これは前述のとおり 10 進数では 0.5 である．2 倍したので，元に戻すために 2 で割ると，10 進数では，0.5/2 = 0.25 となる．

（イ）「0.875」である．

2 進数の 0.001 を 2 倍すると 0.01 となる．これは 10 進数では（ア）から 0.25 である．2 倍したので，元に戻すために 2 で割ると，10 進数では 0.25/2 = 0.125 となる．

まとめると

2 進数	10 進数
0.1	0.5
0.01	0.25
0.001	0.125
合計　0.111	0.875

となる． ▶答 1

■問題 11 【令和元年 問 19】 ✓ ✓ ✓

コンピュータを用いて三つの数の和を求める．三つの数のそれぞれを単精度浮動小数点数（約 7 桁の有効桁をもつ浮動小数点数）としてコンピュータに a，b，及び c として入力し，途中の計算及び計算結果の取得を一貫して単精度浮動小数点数として行う．三つの数の和の計算精度が最も高くなる計算手順はどれか．下の 1 から 5 の中から正しいものを一つ選べ．

$$a = 123456.0$$
$$b = 0.345678$$
$$c = -123454.0$$

512

1 　まずaとbを足し算し，次にその答えとcを足し算する．
2 　まずaとcを足し算し，次にその答えとbを足し算する．
3 　まずbを10^6倍した数とaを足し算し，次にその答えとcを足し算する．最後にその結果を10^{-6}倍する．
4 　まずa及びcをそれぞれ10^{-6}倍した数同士を足し算し，次にその答えとbを足し算する．最後にその結果を10^6倍する．
5 　a，b，及びcについて，どの順番で三つの数の和を求めても計算精度は同じである．

解説　単精度浮動小数点数型では，ほとんどの10進数の小数は2進法では表現できない．そのため一定のところで丸めて近似値で表す．したがって，小数の加わる計算では，小数が加わる回数の少ない計算が高い計算精度であることになる．

1 　まずaとbを足し算すると，ここで1度の小数計算があり，次にその答えとcを足し算すると，もう一度，小数の計算をすることになるから，2度の小数計算となる．
2 　まずaとcを足し算し，次にその答えとbを足し算するから，1度の小数計算となる．ここで選択肢2は選択肢1よりも計算精度が高いことになる．
3 　まずbを10^6倍した数とaを足し算すると，桁数の異なる数値を同じとして扱うこととなり，明らかに計算間違いである．
4 　まずaおよびcをそれぞれ10^{-6}倍した数同士を足し算し，次にその答えとbを足し算すると，桁数の異なる数値を同じとして扱っているので，明らかに間違いである．
5 　a，b，およびcについて，どの順番で三つの数の和を求めても計算精度は同じでないことは，選択肢1と2の解説から明らかである．　　　　　　　　　　　　　　▶答 2

■ **問題12**　　　　　　　　　　　　　　　　　　　　　　　【平成30年12月 問18】

0〜200℃まで測定可能で，デジタル表示の最小表示単位が0.1℃の温度計がある．この温度計を実現できるAD変換器の最小ビット数をpとするとき，pビットのAD変換器で実現できるデジタル表示の測定器として正しいものを，次の中から一つ選べ．

1 　測定範囲が0〜200gで，最小表示単位が10mgの質量計
2 　測定範囲が0〜100mmで，最小表示単位が10μmのデジタルノギス
3 　測定範囲が0〜20Nで，最小表示単位が10mNの力計
4 　測定範囲が0〜500kPaで，最小表示単位が20Paの圧力計
5 　測定範囲が0〜3Vで，最小表示単位が1mVの電圧計

解説　nビットで表示できる数値の個数は，2^nで表される．例えば，11ビットでは，$2^{11} = 2,048$であるから，2,048個の数値が表示できる．0〜200℃の変位量を最小表示単位0.1℃でデジタル表示すれば，0も加えると，200℃/0.1℃ = 2,000個に1を加えた

2,001 個の数値が必要である．したがって，最小ビット数 p は，$n = 11$ でよいことになる．

1　誤り．$200\,\text{g}/10\,\text{mg} = 200\,\text{g}/0.01\,\text{g} = 20{,}000$ で，0 を考慮して 1 を加えると 20,001 個なので，$n = 15$ で 2^{15}（$= 32{,}768$）個となり，11 ビットより大きい．

2　誤り．$100\,\text{mm}/10\,\mu\text{m} = 100\,\text{mm}/0.01\,\text{mm} = 10{,}000$ 個で，0 を考慮して 1 を加えると 10,001 個なので，$n = 14$ で 2^{14}（$= 16{,}384$）個となり，11 ビットより大きい．

3　正しい．$20\,\text{N}/10\,\text{mN} = 20\,\text{N}/0.01\,\text{N} = 2{,}000$ で，0 を考慮して 1 を加えると 2,001 個なので，$n = 11$ で 2^{11}（$= 2{,}048$）個となり，11 ビットでよいからこれが正解である．

4　誤り．$500\,\text{kPa}/20\,\text{Pa} = 500\,\text{kPa}/0.02\,\text{kPa} = 25{,}000$ で，0 を考慮して 1 を加えると 25,001 個なので，$n = 15$ で 2^{15}（$= 32{,}768$）個となり，11 ビットより大きい．

5　誤り．$3\,\text{V}/1\,\text{mV} = 3\,\text{V}/0.001\,\text{V} = 3{,}000$ で，0 を考慮して 1 を加えると 3,001 なので，$n = 12$ で 2^{12}（$= 4{,}096$）個となり，11 ビットより大きい．　　　　▶答 3

■問題13　【平成30年12月 問19】✓ ✓ ✓

　コンピュータの利用に関する次の A ～ D の記述の正誤の組合せとして正しいものを，下の中から一つ選べ．

A　大量のデータの記録を目的に，コンピュータを利用することがある．

B　コンピュータに単純な繰り返し処理を行わせるとき，処理回数が大きくなるほど処理速度は遅くなる．

C　コンピュータを利用して，インターネットなどのネットワークを介した測定結果の共有を行ってはならない．

D　測定結果の解析におけるヒューマンエラーを少なくするために，コンピュータを利用することがある．

	A	B	C	D
1	正	正	正	誤
2	正	誤	誤	正
3	正	誤	正	正
4	誤	正	正	誤
5	誤	誤	誤	正

解説　A　正しい．

B　誤り．コンピュータに単純な繰り返し処理を行わせるとき，処理回数が大きくなっても処理速度は一定である．

C　誤り．ウイルス対策を十分に行っている場合は，コンピュータを利用して，インターネットなどのネットワークを介した測定結果の共有を行ってもよい．

D　正しい．　　　　▶答 2

■ 参考文献

1) 公害防止の技術と法規編集委員会 編
『新・公害防止の技術と法規2024　水質編　技術編』，産業環境管理協会（2024）
2) 公害防止の技術と法規編集委員会 編
『新・公害防止の技術と法規2024　大気編　技術編』，産業環境管理協会（2024）
3) 『作業環境測定のための機器分析の実務［特定化学物質・金属類・有機溶剤］』，
日本作業環境測定協会（2019）
4) 『高圧ガス保安技術（甲種化学・機械講習テキスト）（第12次改訂版)』，
高圧ガス保安協会（2015）
5) 三好康彦『汚水・排水処理の知識と技術』，オーム社（2002）

■索 引

■ア

アイテム 495, 496, 497
亜鉛還元ナフチルエチレンジアミン吸光光度法 165
アクロレイン 189
亜硝酸態窒素 131
アシル化 104
アセチル化 104
アセチルサリチル酸 118
アセチレンガスボンベ 145
圧電天びん方式 173, 174, 175, 176, 177
圧力検出形 170
アナログ電圧信号 504
アナログ伝送 506
アネロイド型圧力計 312
アベイラビリティ 493
アボガドロ定数 125
アミノ酸 111
アルカリ熱イオン化検出器 191, 192, 193
アルキル化 104
アルキルフェノール類 245
アルケン 93
アルゴンプラズマ 231
アルセナゾⅢ 162
アルドール縮合 100
アレイ形検出器 210
安全トラップ 159
アンチノック剤 127
安定度定数 66
アンモニア 181
アンモニア分析方法 181

■イ

硫黄酸化物 162
イオン化エネルギー 24, 25, 229
イオン化干渉 229
イオン化系列 84
イオン化法 225
イオン化率 229
イオンクロマトグラフィー 198
イオンクロマトグラフ法 162, 165, 167, 183, 197, 200, 203, 236
イオン結合 29
イオン電極 245
イオンレンズ部 233
異性体 112

■ウ

一元配置 440
一次遅れ系の単位ステップ応答 499, 502
一次ろ過材 156
一日平均値 7
一酸化炭素濃度計 171
一酸化炭素分析方法 171, 172
一般計量士 356, 357
一般粉じん発生施設 11
因子 433, 437, 440
インターフェース 242
インターフェース部 233
インドフェノール青 181, 182
インドフェノール青吸光光度法 196

■ウ

内側実験計画 440
上側規格限界 473, 476
運用アベイラビリティ 497

■エ

永久双極子モーメント 41
影響量 412
液体膜電極 246
エクマンバージ採泥器 254
エシェル形 215
エチニルベンゼン 240
エチレングリコール 103
エレクトロスプレーイオン化（ESI）法 225, 227, 241
塩基解離定数 79
炎光光度検出器 191, 193, 222, 224, 248
塩素化炭化水素 240
エンタルピー 72
エントロピー 72

■オ

オキソ酸 80
押し出し電極 228
オストワルト 127
汚染状態 13
オゾン 43
オフライン計測 382
オルト・パラ配向 107
オンカラム誘導体化 223

■カ

回帰係数 444, 445, 457, 462
回帰式 442
回帰分析 442

回折角	55
界面活性剤分子	29
化学イオン化法（CI法）	225
化学エネルギー	85
化学的酸素要求量	13
化学熱力学	72
化学発光方式	163, 165
化学反応	63
化学量論	62
拡散デニューダ法	257
核磁気共鳴分光分析	123
拡張不確かさ	410
確率変数	421
確率密度関数	419, 421, 427
ガスクロマトグラフ	187
ガスクロマトグラフィー質量分析法	194, 228
ガスクロマトグラフ質量分析装置	192
ガスクロマトグラフ質量分析法	187, 227, 248
ガスクロマトグラフ分析法	220
ガスクロマトグラフ法	
	171, 172, 180, 181, 184, 238
ガス分析装置校正方法通則	256
加速試験	470
型式承認	314
かたより	409
活量係数	76
ガラス製体積計	152
ガラス電極	141, 142
ガラス電極式水素イオン濃度検出器	345, 348
ガラス電極式水素イオン濃度指示計	141, 312
カラム	220, 223
カルボン酸	100
環境基準	2, 4
環境基本法	2, 4
環境試験	470
環境への負荷	3, 4
間接測定	408, 412
完全化保全	495
感度係数	449, 456
管理限界	466, 474, 479
管理限界線	473
管理図	466, 468, 471, 474, 476, 478, 483

■キ

気液分離器	159
幾何異性体	113
器差	312
基準器	326, 327, 328, 329, 409
基準器検査	325, 326, 328
基準器検査証印	326, 327, 328, 329, 373

基準器検査成績書	326, 327, 328
基準器検査の合格条件	326, 327, 328
基準適合証印	285
基準点校正	451, 464
基準点比例式校正	452, 464
基礎物理定数	125, 392, 394
期待値	419, 429
気体定数	125
揮発性有機化合物	8, 186
揮発性有機化合物試験方法	240
基本単位	125
キャニスター	254
キャピラリーカラム	187
吸光光度検出器	192
吸光光度分析	206, 209, 211
吸光光度分析通則	206, 208, 209, 210
吸光光度法	180, 181, 206
吸光度	207, 208, 209, 210
吸光度目盛	209
吸収瓶法	161, 189
凝縮水トラップ	160
強制標準	487
鏡像異性体	115
共存元素のスペクトル	229
強熱減量	202
強熱残留物	202
業務規程	298, 300
共有結合	29
局所管理	436
許容限度	11
キラル試薬	223
キレート樹脂	183
緊急保全	496
金属結晶	51, 54

■ク

偶然誤差	405, 415, 457, 461
組立単位	125, 154
クラウジウス–クラペイロンの式	60
グラファイト	34
繰返し性	407, 415
グリニャール（Grignard）試薬	109
繰延べ保全	495, 496
クロム酸バリウム吸光光度法	196
クロロアミン	201

■ケ

経時保全	496
計数値	469, 479
計測管理	382, 386, 387, 388
計測用語	402, 409, 457

系統サンプリング	493	高速液体クロマトグラフィー通則	234, 235
計量器の校正	365	高速液体クロマトグラフタンデム質量分析計	
計量行政審議会	351, 352, 353		241, 242
計量士	350	高速液体クロマトグラフ法	234
計量士国家試験	350, 351, 353	工程管理	466, 481
計量士登録証	353, 356	工程能力	472, 476
計量士の登録	351, 352, 354	工程能力指数	473, 474, 476
計量証明	331, 333	光電子増倍管	165
計量証明検査	344, 345, 347	光度	270, 274
計量証明検査済証印	345	高分解能質量分析計	226
計量証明検査の合格条件	345, 346	国際整合規格	489
計量証明事業	331, 333	国際単位系（SI）	268, 269, 273, 275, 391, 392
計量証明事業者	331, 333, 334	国際度量衡総会	269, 272
計量証明の事業の登録の基準	331, 335	国際標準化機構	368
計量単位	260, 264, 268	誤差因子	433, 435, 439, 463
計量値	469, 479	誤差分散	449, 462
計量法トレーサビリティ制度（JCSS）	141	ゴーストピーク	223
計量法の雑則及び罰則	373, 374, 375, 376	固体膜電極	246
ケクレ	127	国家計量標準機関	398
欠格条項	299	国家標準	141, 395
結合解離エンタルピー	54	コプラナー PCB	106
結合残留塩素	201	コリオリの力	173
ケト-エノール互変異性化	97	コリオリ流量計	173
ケルビン	393	コリジョン・リアクションセル	232
限界試験	470	コールドオンカラム注入法	224
原子化エンタルピー	54	コロイド	39
原子吸光分析通則	213, 214, 215, 217, 218	コロナ放電	175
原子吸光法	213	混成軌道	33
元素間干渉補正	229	コンフォメーション異性体	112
懸濁物質	202	**■ サ**	
検定・検査	311	採取管	156, 157, 159, 160, 161, 169, 171, 172
検定公差	294, 312	最小二乗法	448
検定証印	285, 286, 287, 289	桜田一郎	127
検定証印等	345	サーバーネット	254
検量線法	211	サプレッサー	201, 203, 237
■ コ		ザルツマン吸光光度法	165
高圧ガス容器	145, 256	酸解離定数	76, 79
公害	5	酸化還元反応	87
光学異性体	223	酸化数	32
光学活性カラム	223	産業標準化法	485, 487
公共用水域	14, 15, 16	三原子分子	36
工業用水・工場排水の試料採取方法	195	残差の分散	420
工業用水試験方法	199	三重結合	33
硬質塩化ビニル樹脂	159	三重項状態	37
校正式	453, 456, 458, 461, 464	三重水素	26
合成標準不確かさ	403, 410	酸性アミノ酸	111
校正方法	448	酸素自動計測器	167, 169
校正用ガス	256	酸素濃淡電池	168, 170
高速液体クロマトグラフ	192	酸素濃度計	167

散布図	471, 473
サンプリング	489, 492
散乱光濁度	199
残留塩素	198, 201

■シ

次亜塩素酸	201
ジアステレオマー化	223
シアン化水素	180
シアン化水素分析方法	180, 181
ジエチルアミン銅溶液	181
ジエチルエーテル	118
紫外吸収検出器	201
紫外線吸収方式	163
時間計画保全	494, 495, 496, 497
磁気風方式	167, 170
次元1の量	402, 412
シーケンシャルインジェクション分析	250
シーケンス制御	502
自己校正	407, 457
自己縮合反応	100
自己反転方式	217
自己反転補正方式	219
事後保全	495, 496, 497
示差熱分析	122
四重極形質量分析計	233
自重計	286
シス体	38
シス-トランス異性体	112
下側規格限界	473, 476
実験計画	433
実験計画法	433, 442
実験の反復	436
実在気体	44, 46
実物標準	464
質量電荷数比	228, 231
質量濃度	135, 138
質量分析	225
質量分析計	225
質量分率	67, 135, 138, 146, 151
質量分離部	228, 232
質量モル濃度	74
質量流量計	173
指定計量証明検査機関	
	334, 345, 346, 348, 375, 377
指定検定機関	330
指定校正機関	365, 366, 369
時定数	502
指定製造事業者	285, 320, 322, 323
指定地域内事業場	18

指定定期検査機関	
	294, 296, 297, 298, 299, 300, 375, 377
指定の基準	322, 323
指定ばい煙総量削減計画	9
指定物質	14, 15, 17
自動車排出ガス	10
自動制御	498
自動制御系	498
自動保全	495
脂肪族炭化水素化合物	93
ジメチルホルムアミド	146
社会的損失	468, 472, 479
社内標準化	486
車両等装置用計量器	288, 290
自由エネルギー	72, 73
臭気強度（TON）	200
しゅう酸塩pH標準液	139, 142
重水素	26
重水素放電管	209
修正限界	453, 456, 461
臭素化合物分析法	190
従属変数	445
自由度	429, 441
集落サンプリング	491, 493
修理アイテム	496
縮合重合	118
酒精度浮ひょう	287, 312
シューハート管理図	469, 476
主量子数	22
順序尺度量	412
蒸気圧法	257
使用公差	292, 294
硝酸イオン	130
常時監視	18
状態監視保全	495, 497
状態基準保全	495, 496
状態図	57
焦電形検出器	190
照度	269, 270, 274
照度計	304
譲渡等の制限	302
承認外国製造事業者	317
承認製造事業者	314, 315, 316, 317, 318
承認の基準	317
承認の有効期間	315, 317
承認輸入事業者	317
蒸発エントロピー	74
消費者危険	490
情報処理関係	504

519

使用方法等の制限	286	ゼオライト	146
除湿器	159	赤外線ガス分析計	184, 190
白川英樹	127	赤外線吸収方式	172, 185
シリカゲル	239	赤外分光検出器	191
試料気化室	223	セシウム133原子	393
試料注入量	223	説明変数	443, 444
試料の保存処理	198, 199, 202, 204	セプタム	224
ジルコニア方式	167, 169	セプタムパージ	223
信号因子	433, 435, 439, 463	ゼーマン分裂補正方式	214, 217
シンチレーション検出器	173	ゼロ校正	142
真度	409	ゼロ調整ゼロガス	256
信頼性	493, 496	零点校正	451

■ ス

		零点比例式校正	451, 464
水銀専用原子吸光分析装置	213, 218	ゼロドリフト	169
水質汚濁防止法	13	全イオン検出法	226, 239, 241
水晶振動子	173, 176	全蒸発残留物	202
水素炎イオン化検出器（FID）		全数検査	490, 491, 492
	193, 222, 224, 248	線速度	220
水素炎イオン化検出器付ガスクロマトグラフ		選択イオン検出法	226, 239
	239	選択的検出器	190
水素化合物	197	選択燃焼管	185
水素化物	197	選択燃焼式水素炎イオン化検出方式	185
水素化物発生原子吸光法	197	選択反応検出法	242, 243
水素結合	38, 91	全量フラスコ	152
ステップ応答	501		

■ ソ

ステラジアン	394	相関関係	443
スパンガス	256	相関分析	442
スパン校正	139, 142	双極子モーメント	39
スプリット注入法	224	総合誤差	415
スプリットレス注入法	224	総合信頼性	494, 495, 496
スプレーチャンバー	233	総合精度	409
スペクトル干渉	231, 232	相互作用	29

■ セ

		装置検査	290
正イオン化学イオン化法	227	装置検査証印	285
正確さ	409, 413	相転移温度	122
精確さ	407, 409	層別サンプリング	491, 493
正確な計量	280	総量規制基準	18
生活環境	15	測定誤差	402, 415
生活環境項目	14	測定のかたより	407
生活排水対策	20	測定のばらつき	384, 407, 476, 484
正規分布	421, 424, 431	測定の不確かさ	382, 383, 387, 389, 405, 408,
制御因子	433, 439, 463		410, 413, 415, 417, 418
正極活物質	85	測定標準	453, 458
生産者危険	490	外側実験計画	440
正四面体	31	ソフトウェア	505
製造事業者に係る型式の承認	315, 316, 317	損失関数	468, 472, 481

■ タ

精度	409		
生物化学的酸素消費量（BOD）	200	ダイアフラム	256
精密さ	407, 409, 413	第一イオン化エネルギー	25

ダイオキシン類	194
ダイオキシン類の測定方法	194
大気圧化学イオン化（APCI）法	225
大気汚染防止法	5
耐久性	496
耐久性試験	470
対数変換	449, 459
耐熱性弾性体隔壁	224
タイプＡ評価	405, 409
タイプＢ評価	405, 409
ダイヤモンド	34
多項式回帰分析	443, 444
多孔質物質	146
立入検査	373
立入検査・罰則等	373
ダニエル電池	85, 86
ダブルビーム方式	215
多変数制御	502
単位格子	49, 53
単結晶	246
単光束分析計	190
炭酸塩pH標準液	139, 142
単体	42
タンデム	242
ダンベル形	167, 170

■チ

チェックシート	473
チオ硫酸ナトリウム	88
置換反応	96
地球環境保全	4, 5
窒素酸化物自動計測システム	163, 165
窒素酸化物分析方法	165, 167
中間点ガス	256
中空陰極ランプ	215
注射筒	180, 181
抽出係数	92
中心極限定理	421, 424
中性りん酸塩pH標準液	139, 142
超幾何分布	431
調整限界	468, 479
帳簿の記載	360, 361, 362
直積実験	440
直線回帰分析	442
沈殿滴定法	162

■ツ

| ツェルニ・ターナー形 | 215 |

■テ

| 定期検査 | 291, 294 |
| 定期検査済証印等 | 294 |

ディペンダビリティ（総合信頼性）	
	494, 495, 496
適正計量管理事業所	347, 359, 361, 362
適正な計量の実施	280
デシケーター	241
デジタル信号	507, 508
デジタル表示	505, 513
デシベル変換	459
データ伝送	508
テトラクロロエチレン	192
テーリング	234
転位反応	96
電荷結合素子（CCD）	210
電気陰性度	25, 30, 37
電気エネルギー	85
電気化学式	167
電気加熱原子吸光法	197
電気加熱方式	213, 218
電気素量	123, 125
電気伝導率	75, 199
点検及び修正を行う校正方式	453, 458
電子イオン化法（EI法）	225, 227, 228, 242
電子親和力	24, 30
電子トラップ	228
電子捕獲検出器	192, 222, 224, 239, 240, 248
伝達関数	498, 500

■ト

同位体希釈分析法	230
透過率	122
透視度	199
同素体	42
登録事業者	370
登録の取消し等	374, 376
特殊の計量	270, 275
特殊容器	311
特性要因図	471, 473, 475, 483
特性要因図法	475
特定計量器	
	260, 261, 263, 264, 266, 285, 286, 301
特定計量器の型式の承認	316
特定計量器の製造又は修理	303, 304, 306
特定計量証明事業	337, 338
特定計量証明事業者	334
特定計量証明認定機関	337, 343
特定施設	14
特定商品	276, 278, 280, 281, 283
特定地下浸透水	18
特定標準器	365, 366, 369, 370, 371
特定標準器以外の計量器	367, 368

特定物象量 ……… 276, 278, 279, 280, 281, 283	バックグラウンド補正法 …………………… 219
届出修理事業者 ……………… 303, 304, 308, 309	バックグラウンド補正用光源 ……………… 217
届出製造事業者	発光スペクトル ……………………………… 120
……………… 303, 304, 306, 309, 314, 316, 318	発光分光分析通則 …………………… 229, 230
トランス体 ……………………………………… 38	パッシェン系列 ……………………………… 120
トリクロロエチレン ………………………… 192	パッシェン・ルンゲ形 ……………………… 216
取引及び証明の定義 ………………………… 265	ハードウェアデバイス ……………………… 505
取引又は証明 …………………………… 270, 275	パーミエーションチューブ（P-tube）法 … 257
トレーサビリティ … 142, 383, 390, 395, 409, 411	ばらつき …………………………… 409, 415
■ ナ	バルマー系列 ………………………………… 120
内標準元素 …………………………… 195, 230	パレート図 ……… 466, 471, 473, 478, 480, 483
内標準法 ………………………… 195, 211, 230	パレート図法 ………………………………… 475
内容一致規格 ………………………………… 489	ハロゲンランプ ……………………………… 210
流れ分析 ……………………………………… 248	半値幅 ………………………………………… 234
流れ分析通則 ………………………………… 251	反応定数 ………………………………………… 68
ナフチルエチレンジアミン吸光光度法 …… 165	**■ ヒ**
鉛蓄電池 ………………………………………… 85	皮革面積計 …………………………………… 293
■ ニ	光イオン化検出器 …………………………… 172
二次電子増倍管検出器 ……………………… 233	光散乱方式 …………………………………… 176
二重収束形質量分析計 ……………………… 195	引き出し電極 ………………………………… 228
ニトロ化反応 ………………………………… 105	非共有電子対 …………………………… 31, 37, 101
ニトロ基 ……………………………………… 107	非自動はかり ………………………………… 293
日本産業標準調査会 ………………………… 488	非自動はかり，分銅およびおもり ……… 295
日本電気計器検定所 ………………………… 316	ヒストグラム ……………… 466, 471, 473, 480
乳酸 …………………………………………… 118	人の健康 ………………………………… 14, 15
認証標準物質 ………………………………… 410	ビフェニル …………………………………… 103
認定特定計量証明事業者	非分割導入方式 ……………………………… 244
……………… 338, 339, 340, 341, 343	比誘電率 ……………………………………… 101
認定の取消し ………………………………… 340	標示因子 …………………………… 433, 439
■ ヌ	標識 ………………………………… 360, 361, 362
抜取検査 ………………………… 490, 491, 492	標準化 ………………………………………… 484
■ ネ	標準化団体 …………………………………… 489
熱イオン化検出器 … 180, 181, 222, 224, 248	標準正規分布 …………………………… 419, 421
熱伝導度検出器 ………… 172, 193, 221, 224	標準生成ギブズエネルギー …………………… 86
熱力学温度 …………………………………… 393	標準添加法 …………………………… 211, 230
ネブライザー ………………………………… 233	標準電極電位 …………………………………… 88
ネルンスト式 ………………………………… 84	標準物質 ………………………… 146, 260, 264
年間平均値 ……………………………………… 7	標準偏差 …………………………… 421, 452, 462
燃料使用基準 …………………………………… 12	標章 ………………………………… 341, 372
■ ハ	標本化 ………………………………… 506, 510
バイアル ……………………………………… 240	標本共分散 …………………………………… 426
ばい煙 ……………………………………… 6, 12	標本相関係数 ………………………………… 431
ばい煙量 ………………………………………… 6	標本標準偏差 ………………………………… 426
排ガス試料採取方法 …………… 156, 159, 160	標本分散 …………………… 414, 423, 425, 428
排出基準 ………………………………………… 6	標本平均 …………………… 419, 426, 445
ハイボリウムエアサンプラ ………………… 254	標本変動係数 ………………………………… 426
ハイロート採水器 …………………………… 254	ピリジン-ピラゾロン吸光光度法 ………… 196
波数 …………………………………………… 119	品質管理 ………………… 299, 300, 466, 475
バックグラウンド補正 …………… 214, 230	品質マネジメントシステム ………… 371, 385

フ

ファラデー定数	84, 86
ファンデルワールスの式	45
ファンデルワールス力	29
負イオン化学イオン化法	227
フィッシャーの三原則	436
フィードバック制御	474, 502
フィードバック制御系	498, 500, 503
フィードフォワード制御	502, 504
フィルタ振動方式	175, 176, 177
フェノールジスルホン酸吸光光度法	165
フェノールペンタシアノニトロシル鉄(III)酸ナトリウム溶液	182
フェノール類	188, 195, 202, 248, 253
フォトダイオード	210
フォールト	495
フォールト（故障状態）	495, 497
付加重合	117
付加反応	96
負極活物質	85
複光束形	163
複光束方式	210
不斉炭素原子	114
不確かさ	152, 403, 405, 458
不確かさのタイプA評価	405
不確かさのタイプB評価	405
不確かさの評価	403, 408, 413, 415, 416
フタル酸エステル類	244
フタル酸塩pH標準液	139, 142
不対電子	37
物象の状態の量	268, 269, 270, 272, 274
ふっ素	183
不適合品度数	478
浮動小数点演算	511
不偏共分散	426
不偏推定量	423, 424
浮遊粒子状物質	172
浮遊粒子状物質自動計測器	172, 174, 175, 176, 177
ブラウン運動	39
フラグメント化	242
プラズマ	229
ブランク定数	123, 125, 393
フーリエ変換形赤外線分析計	188
プリカーサイオン	226
フレーム原子吸光法	197
フレーム方式	213, 218
フローインジェクション分析	249, 251, 252
プロダクトイオン	226

プロダクトイオンスキャン法	226
ブロック因子	433, 439
ブロック化	434, 436
ブロックゲージ	461
フロート形面積流量計	173
分解能	187
分岐管	157, 160
分光干渉	229
分光干渉補正	230
分光光度計	206
分散の推定値	429
分散比	441
分散分析	433
分散分析表	434, 441
分子会合	91
分子間相互作用	46
分子間力	29
分子結晶	56
分析対象元素	231
分配比	130, 135
分離カラム	201, 203
分離度	235, 237

ヘ

平均アップ時間	497
平均故障間動作時間（MTBF）	496, 497
平均ダウン時間	497
平均分子量	44
平衡（化学平衡）	63
ヘキサクロロベンゼン	187
ヘキシルレゾルシノール吸光光度法	189
ベータ線	173
ベータ線吸収方式	173, 176, 177
ヘッドスペース-ガスクロマトグラフ法	240
ペリスタルティック（ペリスタ形）ポンプ	252
ペリレン-d_{12}	239
ペルフルオロオクタン酸	241, 243
ペルフルオロオクタンスルホン酸	241, 243
ベンズアルデヒド	103
ベンゼン分析方法	188
ペンタクロロベンゼン	187

ホ

ポアソン分布	431
ほう酸塩pH標準液	139, 142
放射性同位元素	177
放射性同位体	27
放射性物質	18, 26
法定計量単位	154, 268, 269, 270, 271, 279
保持時間	238
捕集バッグ	172, 186, 188

捕集バッグ法	161
母標準偏差の推定値	429
母分散の推定値	434
ポリ塩素化ビフェニル	187
ポリクロロビフェニル	238, 239
ボルツマン定数	125, 393
ホルムアルデヒド	178
ホルムアルデヒド分析方法	178

■マ

マイクロプラスチック	247
巻尺	286
マンガン乾電池	85

■ミ

ミセル	29
密封線源	175
ミラー指数	57

■ム

無作為化	436
無次元量	402

■メ

名義的性質	412
メタン化反応装置	184
メタン化反応装置付き熱伝導検出器	172
メタン自動計測器	184
メチルカプタン	191
メチルメルカプタン	191
メチレンブルー吸光光度法	196
目盛間隔校正	452
面指数	57
面心立方格子	37

■モ

モル吸光係数	207, 210

■ユ

有害物質	7, 14, 17, 20
有害物質使用特定施設	19
有機化学	90
有効期間	311
有効除数	435
誘導結合プラズマ（ICP）イオン化法	225, 227
誘導結合プラズマ質量分析通則	231
誘導コイル	228
誘導体化	222
誘導体化試薬	223
遊離残留塩素	201

■ヨ

要因効果図	437, 440
溶解性蒸発残留物	202
溶解度積	63, 69, 70, 76

用語	154
溶質の質量濃度	126
溶質の質量分率	126
溶質の体積分率	126
溶質の物質量	126
溶質の物質量濃度	126
溶質の物質量分率	126
溶媒の物質量	126
溶離液	235
予混合バーナー	215
予防保全	495, 497

■ラ

ライナー	220, 223, 224
ライマン系列	120
ラプラス変換	498, 500
ラマン分光分析	123
ランダム化	436
ランタン-アリザリンコンプレキソン吸光光度法	196
ランバート-ベールの法則	122, 206, 208, 210

■リ

離脱反応	96
リーディング	234
流量計	173
リュードベリ定数	121
量子化	506, 510
量目公差	282, 283
りん酸塩pH標準液	139, 142

■ル

累積相対度数	477
ル・シャトリエの法則	69

■レ

連続スペクトル光源補正方式	214, 217
連続流れ分析	250
連続流れ分析法	252

■ロ

ロット保証	491
六方最密構造	49
ロバストネス	496

■英数字

1,3-ブタジエン	118
16進法	509
2,2'-アジノビス（3-エチルベンゾチアゾリン-6-スルホン酸）溶液	182
2項分布	431
2進法	509
3,3',4,4'-テトラクロロビフェニル	103
4,4'-ジアミノスチルベン-2,2'-ジスルホン酸溶液	182

4-アミノアンチピリン溶液 ⋯⋯⋯⋯⋯ 180, 181
4-ピリジンカルボン酸–ピラゾロン溶液 180, 181

AD変換 ⋯⋯⋯⋯⋯⋯⋯⋯⋯⋯⋯⋯⋯ 506
AD変換器 ⋯⋯⋯⋯⋯⋯ 504, 507, 513
AHMT（4-アミノ-3-ヒドラジノ-5-メルカプト-
　1,2,4-トリアゾール） ⋯⋯⋯⋯⋯⋯ 179
Aldol反応 ⋯⋯⋯⋯⋯⋯⋯⋯⋯⋯⋯⋯ 108
AQL（合格品質限界） ⋯⋯⋯⋯⋯⋯ 490

Bluetooth ⋯⋯⋯⋯⋯⋯⋯⋯⋯⋯⋯⋯ 511

Cannizaro反応 ⋯⋯⋯⋯⋯⋯⋯⋯⋯⋯ 108
Clemmensen還元 ⋯⋯⋯⋯⋯⋯⋯⋯ 108

DMF ⋯⋯⋯⋯⋯⋯⋯⋯⋯⋯⋯⋯⋯⋯ 146
DNA ⋯⋯⋯⋯⋯⋯⋯⋯⋯⋯⋯⋯⋯⋯ 111
DNPH（2,4-ジニトロフェニルヒドラジン）
　⋯⋯⋯⋯⋯⋯⋯⋯⋯⋯⋯⋯⋯⋯⋯ 179

ECD（電子捕獲検出器）
　⋯⋯⋯⋯⋯⋯ 222, 224, 239, 240, 248

FID（水素炎イオン化検出器） ⋯⋯ 222, 224, 248
FPD ⋯⋯⋯⋯⋯⋯⋯⋯ 222, 224, 248
FTD ⋯⋯⋯⋯⋯⋯ 180, 222, 248
F検定 ⋯⋯⋯⋯⋯⋯⋯⋯⋯⋯⋯⋯⋯ 424
F分布 ⋯⋯⋯⋯⋯⋯⋯⋯⋯⋯⋯⋯⋯ 431

GC-FID ⋯⋯⋯⋯⋯⋯⋯⋯⋯⋯⋯⋯ 239
Grignard反応 ⋯⋯⋯⋯⋯⋯⋯⋯⋯⋯ 108

H形の陽イオン交換樹脂 ⋯⋯⋯⋯⋯ 133

ICP ⋯⋯⋯⋯⋯⋯⋯⋯⋯⋯⋯⋯⋯⋯ 229
ICP質量分析法 ⋯⋯⋯⋯⋯⋯ 197, 231
ICP発光分光分析 ⋯⋯⋯⋯⋯⋯⋯⋯ 229
ICP発光分光分析法 ⋯⋯⋯ 197, 203, 230

JCSS ⋯⋯⋯⋯⋯⋯⋯⋯⋯⋯ 141, 372
JIS K 0102およびJIS K 0094に関する出題
　⋯⋯⋯⋯⋯⋯⋯⋯⋯⋯⋯⋯⋯⋯⋯ 195
JIS K 0114ガスクロマトグラフィー通則
　⋯⋯⋯⋯⋯⋯⋯⋯⋯⋯⋯⋯⋯ 221, 223
JIS K 0450-70-10工業用水・工場排水中の
　ペルフルオロオクタンスルホン酸及び
　ペルフルオロオクタン酸試験方法 ⋯⋯ 241, 242
JIS Z 8115ディペンダビリティ ⋯⋯⋯⋯ 505

JIS抜取検査方式 ⋯⋯⋯⋯⋯⋯⋯⋯ 489
JNLA ⋯⋯⋯⋯⋯⋯⋯⋯⋯⋯⋯⋯⋯ 372

Lambert-Beerの法則 ⋯⋯⋯⋯⋯⋯ 212
LC-MS/MS ⋯⋯⋯⋯⋯⋯⋯⋯⋯⋯ 242

MLAP ⋯⋯⋯⋯⋯⋯⋯⋯⋯⋯⋯⋯ 372
MTBF ⋯⋯⋯⋯⋯⋯⋯⋯⋯ 494, 497

Near Field Communication（NFC） ⋯⋯ 511
NO_x化学分析法 ⋯⋯⋯⋯⋯⋯⋯⋯ 165
NO_x自動計測 ⋯⋯⋯⋯⋯⋯⋯⋯⋯ 163

PCB ⋯⋯⋯⋯⋯⋯⋯⋯⋯⋯ 238, 239
PDCAサイクル ⋯⋯⋯⋯⋯⋯⋯⋯ 475
pH計 ⋯⋯⋯⋯⋯⋯⋯⋯⋯⋯⋯⋯⋯ 139
pH標準液 ⋯⋯⋯⋯⋯⋯⋯⋯⋯⋯⋯ 142
PID制御 ⋯⋯⋯⋯⋯⋯⋯⋯⋯⋯⋯ 502
POPs ⋯⋯⋯⋯⋯⋯⋯⋯⋯⋯⋯⋯⋯ 187

Radio Frequency Identifier（RFID） ⋯⋯ 511

SIM法 ⋯⋯⋯⋯⋯⋯⋯⋯⋯⋯⋯⋯ 239
SI基本単位 ⋯⋯⋯⋯⋯⋯⋯⋯ 390, 392
SI組立単位 ⋯⋯⋯⋯⋯⋯⋯⋯⋯⋯ 390
SN比 ⋯⋯⋯⋯ 435, 437, 439, 448, 449, 459, 462
SRM ⋯⋯⋯⋯⋯⋯⋯⋯⋯⋯⋯⋯⋯ 242

TCD ⋯⋯⋯⋯⋯⋯⋯⋯⋯⋯ 221, 224
TID ⋯⋯⋯⋯⋯⋯⋯⋯⋯⋯⋯⋯⋯ 224
TIM法 ⋯⋯⋯⋯⋯⋯⋯⋯⋯⋯⋯⋯ 239

Universal Serial Bus（USB） ⋯⋯⋯ 511

VOC ⋯⋯⋯⋯⋯⋯⋯⋯⋯⋯ 184, 186

Wi-Fi ⋯⋯⋯⋯⋯⋯⋯⋯⋯⋯⋯⋯ 511

$\bar{X}$–R管理図 ⋯⋯⋯⋯⋯⋯⋯ 474, 481
$\bar{X}$管理図 ⋯⋯⋯⋯⋯⋯⋯⋯ 473, 480
X線回折分析法 ⋯⋯⋯⋯⋯⋯⋯⋯ 123

■記号・標章

回 ⋯⋯⋯⋯⋯⋯⋯⋯⋯⋯⋯⋯⋯⋯ 372
JCSS ⋯⋯⋯⋯⋯⋯⋯⋯⋯⋯⋯⋯⋯ 372
⬦ ⋯⋯⋯⋯⋯⋯⋯⋯⋯⋯⋯⋯⋯⋯ 373

〈著者略歴〉

三好 康彦（みよし やすひこ）

1968年 九州大学工学部合成化学科卒業
1971年 東京大学大学院博士課程中退
　　　　東京都公害局（当時）入局
2002年 博士（工学）
2005年4月～2011年3月 県立広島大学生命環境学部 教授
現　在　EIT研究所 主宰

主な著書 小型焼却炉 改訂版／環境コミュニケーションズ（2004年）
　　　　汚水・排水処理 ―基礎から現場まで―／オーム社（2009年）
　　　　公害防止管理者試験 水質関係 速習テキスト／オーム社（2013年）
　　　　公害防止管理者試験 大気関係 速習テキスト／オーム社（2013年）
　　　　公害防止管理者試験 ダイオキシン類 精選問題／オーム社（2013年）
　　　　年度版 公害防止管理者試験 水質関係 攻略問題集／オーム社
　　　　年度版 公害防止管理者試験 大気関係 攻略問題集／オーム社
　　　　年度版 第1種放射線取扱主任者試験 完全対策問題集／オーム社
　　　　年度版 高圧ガス製造保安責任者試験 乙種機械 攻略問題集／オーム社
　　　　2種冷凍機械責任者試験 合格問題集／オーム社（2024年）
　　　　その他，論文著書多数

- 本書の内容に関する質問は，オーム社ホームページの「サポート」から，「お問合せ」の「書籍に関するお問合せ」をご参照いただくか，または書状にてオーム社編集局宛にお願いします．お受けできる質問は本書で紹介した内容に限らせていただきます．なお，電話での質問にはお答えできませんので，あらかじめご了承ください．
- 万一，落丁・乱丁の場合は，送料当社負担でお取替えいたします．当社販売課宛にお送りください．
- 本書の一部の複写複製を希望される場合は，本書扉裏を参照してください．
[JCOPY]＜出版者著作権管理機構 委託出版物＞

2025年版
環境計量士試験［濃度・共通］攻略問題集

2025年4月24日　第1版第1刷発行

著　者　三好康彦
発行者　髙田光明
発行所　株式会社オーム社
　　　　郵便番号　101-8460
　　　　東京都千代田区神田錦町3-1
　　　　電話　03(3233)0641(代表)
　　　　URL https://www.ohmsha.co.jp/

© 三好康彦 2025

印刷・製本　小宮山印刷工業
ISBN978-4-274-23344-9　Printed in Japan

本書の感想募集　https://www.ohmsha.co.jp/kansou/

本書をお読みになった感想を上記サイトまでお寄せください．
お寄せいただいた方には，抽選でプレゼントを差し上げます．

関連書籍のご案内

試験の出題内容を徹底的に研究した
資格試験対策問題集／テキスト

問題集

- [年度版] 公害防止管理者試験 水質関係 攻略問題集　三好 康彦 [著]
- [年度版] 公害防止管理者試験 大気関係 攻略問題集　三好 康彦 [著]
- [年度版] 下水道第3種技術検定試験 攻略問題集　関根 康生 [著]
- [年度版] 環境計量士試験[濃度・共通] 攻略問題集　三好 康彦 [著]
- [年度版] 第1種・第2種作業環境測定士試験 攻略問題集　三好 康彦 [著]
- [年度版] 高圧ガス製造保安責任者試験 乙種機械 攻略問題集　三好 康彦 [著]
- [年度版] 高圧ガス製造保安責任者試験 乙種化学 攻略問題集　三好 康彦 [著]
- [年度版] 高圧ガス製造保安責任者試験 丙種化学（特別）攻略問題集　三好 康彦 [著]
- [年度版] 高圧ガス販売主任者試験 第二種販売 攻略問題集　三好 康彦 [著]
- [年度版] 第1種放射線取扱主任者試験 完全対策問題集　三好 康彦 [著]
- 環境計量士試験[騒音振動・共通] 合格問題集　三好 康彦 [著]
- 一般計量士試験 合格問題集(第2版)　三好 康彦 [著]
- エックス線作業主任者試験 合格問題集　三好 康彦 [著]
- 高圧ガス製造保安責任者試験 丙種化学（液石）合格問題集　三好 康彦 [著]
- 高圧ガス販売主任者試験 第一種販売 合格問題集(第2版)　三好 康彦 [著]
- 2種冷凍機械責任者試験 合格問題集　三好 康彦 [著]
- 下水道第2種技術検定試験 合格問題集(第2版)　関根 康生・飯島 豊・林 宏樹 [共著]
- 下水道管理技術認定試験 管路施設 合格問題集(第2版)　関根 康生 [著]

テキスト

- [年度版] 下水道第3種技術検定試験 合格テキスト　関根 康生 [著]
- 下水道第2種技術検定試験 標準テキスト(第2版)　関根 康生・林 宏樹 [共著]
- 下水道管理技術認定試験 管路施設 標準テキスト(第2版)　関根 康生 [著]

もっと詳しい情報をお届けできます．
○書店に商品がない場合または直接ご注文の場合は右記宛にご連絡ください．

ホームページ　https://www.ohmsha.co.jp/
TEL／FAX　TEL.03-3233-0643　FAX.03-3233-3440

E-2109-213-7